“101 计划”核心教材
计算机领域

编译原理与技术

张莉　黄春　田玲　王生原　蒋竞　编著

中国教育出版传媒集团
高等教育出版社·北京

内容提要

本书为教育部“计算机领域本科教育教学改革试点工作计划”（“101 计划”）编译原理课程项目规划教材。本书侧重编译基础，融入前沿技术，旨在着力培养未来能够突破基础研究和应用创新的计算机领域领军人才。

全书共分四部分。第一部分（1～8 章）为基础篇，包含语言与文法基础以及从词法分析到代码生成的编译全过程，力求为学生描绘从源代码到中间代码的一个完整翻译过程。第二部分（9～11 章）对程序分析和编译优化做专门讲解，突出面向特定硬件平台的代码生成和优化，培养学生的社会责任感和使命感，为国产硬件构建生态环境提供人才基础。第三部分（12～14 章）介绍编译程序生成工具，让学生掌握程序自动生成的基础方法，培养学生的抽象思维和形式化描述与推理能力。第四部分（15～16 章）对当前最流行的编译器实例进行深入分析，并介绍一些高级编译技术。

本书可作为本科计算机类专业编译原理或者编译技术课程教材，也可供相关技术人员参考使用。

编译原理与技术

1. 计算机访问https://abooks.hep.com.cn/188131，或手机扫描二维码，访问新形态教材网小程序。
2. 注册并登录，进入“个人中心”，点击“绑定防伪码”。
3. 输入教材封底的防伪码（20位密码，刮开涂层可见），或通过新形态教材网小程序扫描封底防伪码，完成课程绑定。
4. 点击“我的学习”找到相应课程即可“开始学习”。

绑定成功后，课程使用有效期为一年。受硬件限制，部分内容无法在手机端显示，请按提示通过计算机访问学习。

如有使用问题，请发邮件至 abook@hep.com.cn。

扫描二维码
访问新形态教材网
小程序

https://abooks.hep.com.cn/188131

出版说明

为深入实施新时代人才强国战略，加快建设世界重要人才中心和创新高地，教育部在2021年底正式启动实施计算机领域本科教育教学改革试点工作（简称“101计划”）。“101计划”以计算机类专业教育教学改革为突破口与试验区，从教育教学的基本规律和基础要素着手，充分借鉴国际先进资源和经验，首批改革试点工作以33所计算机类基础学科拔尖学生培养基地建设高校为主，探索建立核心课程体系和核心教材体系，提高课堂教学质量和水平，引领高校人才培养质量的整体提升。

核心教材体系建设是“101计划”的重要组成部分。“101计划”系列教材基于核心课程体系的建设成果，以计算概论（计算机科学导论）、数据结构、算法设计与分析、离散数学、计算机系统导论、操作系统、计算机组成与系统结构、编译原理、计算机网络、数据库系统、软件工程、人工智能引论等12门核心课程的知识体系为基础，充分调研国际先进课程和教材建设经验，汇聚国内具有丰富教学经验与学术水平的教师，成立本土化“核心课程建设及教材写作团队”，由12门核心课程负责人牵头，组织教材调研、确定教材编写方向以及把关教材内容。工作组成员高校教师协同分工，一体化建设教材内容、课程教学资源和实践教学内容，打造一批具有“中国特色、世界一流、101风格”的精品教材。

在教材内容上，“101计划”系列教材确立了如下的建设思路和特色：坚持思政元素的多元性，积极贯彻《习近平新时代中国特色社会主义思想进课程教材指南》，落实立德树人根本任务；坚持知识体系的系统性，构建核心课程的知识图谱，系统规划教学内容；坚持融合出版的创新性，规划“新形态教材+网络资源+实践平台+案例库”等多种出版形态；坚持能力提升的导向性，借助“虚拟教研室”组织形式、“导教班”培训方式等多渠道开展师资培训，提升课堂教学水平，提高学生综合能力；坚持产学协同的实践性，遴选一批领军企业参与，为教材的实践环节及平台建设提供技术支持。总体而言，“101 计划”系列教材将探索适应专业知识快速更新的融合教材，在体现爱国精神、科学精神和创新精神的同时，推进教学理念、教学内容和教学手段方面的有效提升，为构建高质量教材体系提供建设经验。

本系列教材在教育部高等教育司的精心指导下，由高等教育出版社牵头，联合机械工业出版社、清华大学出版社、北京大学出版社等共同完成系列教材出版任务。“101 计划”工作组从项目启动实施至今，联合参与高校、教材编写组、参与出版社，经过多次协调研讨，确定了教材出版规划和出版方案。同时，为保障教材质量，工作组邀请 23 所高校的 33 位院士和资深专家完成了规划教材的编写方案评审工作，并由 21 位院士、专家组成了教材主审专家组，对每本教材的撰写质量进行把关。

感谢“101 计划”工作组 33 所成员高校的大力支持，感谢教育部高等教育司的悉心指导，感谢北京大学郝平书记、龚旗煌校长和学校教师教学发展中心、教务部等相关部门对“101 计划”从酝酿、启动到建设全过程给予的悉心指导和大力支持。感谢各参与出版社在教材申报、立项、评审、撰写、试用等出版环节的大力投入与支持，也特别感谢 12 位课程建设负责人和各位教材编写教师的辛勤付出。

“101 计划”是一个起点，其目标是探索适合中国本科教育教学的新理念、新体系和新方法。“101 计划”系列教材将作为计算机类专业 12 门核心课程建设的一个里程碑，与“101 计划”建设中的课程体系、知识点教案、课堂提升、师资培训等环节相辅相成，有力推动我国计算机领域本科教育教学改革，全面促进课堂教学效果的进一步提升。

“101 计划”工作组

前　言

本书为教育部"计算机领域本科教育教学改革试点工作计划"("101 计划")编译原理课程项目规划教材。承载着"101 计划"中编译原理课程建设的重任,编译原理课程团队在调研国内外编译教学现状以及产业需求后,完成了编译课程知识图谱的构建,精心规划了编译课程系列教材。

编译原理与技术是计算机专业的一门非常重要的课程,是理解程序运行机理和程序安全的基础。本书定位为计算机类专业本科生的第一门编译课程的教材,着重介绍编译领域涉及的基础和通用原理,适当融入前沿技术。限于篇幅,对于现代编译器的一些工程化方法和优化技术涉及不多。

虽然本书重在介绍编译系统的构造和相关原理与技术,但是在这个过程中,也介绍并讨论了计算机/软件领域四个非常重要的原理/概念和技术:

1) 程序设计语言基础及其工作原理。

2) 程序/模型间转换的方法:实现模型从一种语言表达形式到另一种语言表达形式的(语义)等价转换方法及其相关技术。

3) 程序分析和程序理解技术。

4) 软件系统的概念。对于大多数本科生而言,编译系统是他们构造的第一个相对完整的软件系统,因此本书强调编译过程和编译系统的完整性。

为此将教材内容分为四个部分:1) 基础篇:从源代码到中间代码的一个完整翻译过程;2) 编译优化与代码生成;3) 编译器的自动生成技术;4) 编译器实例分析与高级编译技术。其中,第一部分建议各类高校作为必修内容,以保证编译过程的完整性,令学生充分理解高级程序设计语言的工作机理;第二部分、第三部分和第四部分的章节为进阶内容,各高校可根据情况选用。整体内容结构如下图所示。

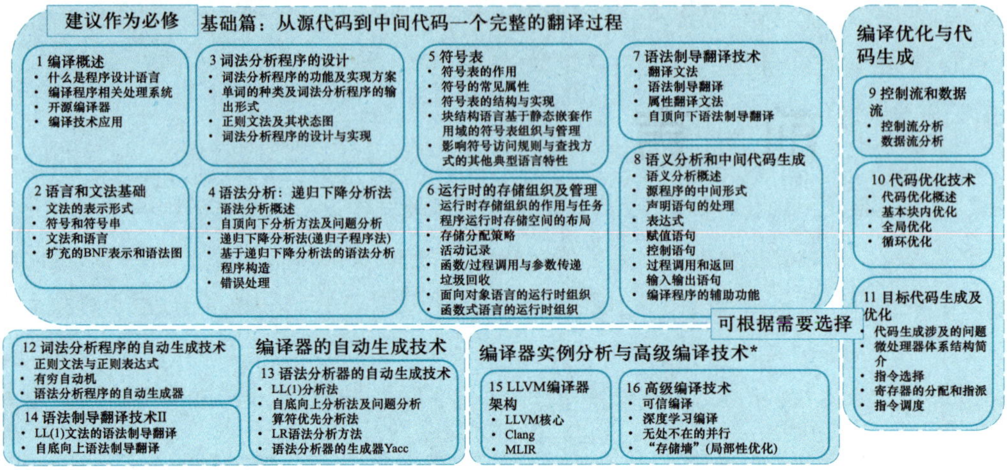

第一部分作为基础篇,重在强调程序语言基础和编译的根本任务:翻译,即程序从一种语言形式到另一种语言形式的等价翻译。首先介绍程序语言基础和文法基础,在此基础上,以编译器实际工作时的流程作为脉络,从语言和文法基础开始,讲到语义分析和代码生成,力求为学生描绘一个完整的编译(翻译)过程。相比于现有的编译教材的知识体系,增加了程序设计语言的介绍和语言设计基础知识、部分开源编译器的介绍,以及面向对象和函数式语言等现代化语言范式。为了突出编译过程的完整性,降低学生入门学习的难度,打破传统按阶段讲解的顺序,将复杂的自动生成技术和优化技术从编译过程中剥离出来,形成课程的“基础篇”,便于学生理解和掌握一个完整的编译过程和编译系统,理解高级语言的运行机理。

第二部分丰富了程序分析和编译优化的讲解,适当突出面向特定硬件平台的代码生成和优化,为国产硬件构建生态环境提供人才基础,同时培养学生的社会责任感和使命感。第三部分将编译器的自动生成技术独立作为一篇,让学生掌握程序自动生成的基础方法,培养学生的抽象思维和形式化描述与推理能力,并介绍 Yacc 等编译程序生成工具,培养学生具备利用已有工具自动生成相关代码的能力。第四部分希望与为“101 计划”编译课程组编写的另外一本教材《高级编译原理与技术》形成配合,本书仅对相关高级原理与技术做一个简介和引导,便于有兴趣的学生继续深入学习。

我们衷心地希望,通过学习本书及其配套实验教材,可以达成以下培养目标:

- 了解现代编程语言的特点和主流编译技术,知晓开源编译有关系统;
- 掌握编译系统的功能、原理和构造方法,理解高级程序设计语言的运行机理;
- 具备完整小型编译系统的设计、实现和测试的能力,从而理解将一种程序设计语言程序到另一种程序等价转化的理论和方法;
- 掌握目前主流编译优化技术,具备针对特定硬件平台进行编译优化能力,理解程序的安全问题；

- 掌握形式语言以及自动机理论在编译器前端自动生成中的应用，理解不同方法和工具的作用和局限性，并学会一种程序自动生成技术；
- 能够综合利用已有知识（程序设计、数据结构、计算机组成原理、软件工程等课程知识）解决复杂问题。

帮助读者达成以上目标也是我们不遗余力地建设编译课程和编写本套教材的初心。

本书的完成，凝聚着“101 计划”编译课程项目教材建设团队全体教师的心血。北京航空航天大学张莉教授负责本书的整体结构设计，并负责编写第 4、7、8 和 14 章；国防科技大学黄春研究员负责编写第 9、10、11、15 章和第 16 章的 16.2—16.4 节；电子科技大学田玲教授负责编写第 1、2、13 章；清华大学王生原副教授负责编写第 5、6 章和第 16 章的 16.1 节；北京航空航天大学蒋竞副教授负责编写第 3、12 章。武汉大学何炎祥教授负责对全书进行审校。

本书在编写过程中参考和引用了国内外优秀编译教材和著作中的相关内容，在此谨向原书著（译）者深表敬意和感谢。同时感谢“101 计划”编译原理虚拟教研室全体教师共同参与了调研和知识体系的构建。本书难免还有不少疏漏和差错，欢迎读者批评指正，以便在本书再版时进行修正。

“101 计划”编译原理课程团队
2023. 9

目录

第一部分　基础篇

第二部分 编译优化与代码生成

第三部分 编译器的自动生成技术

第四部分 编译器实例分析与高级编译技术

第一部分
基础篇

把高级程序设计语言翻译成汇编语言或机器语言的工作称为编译，完成这项翻译工作的软件系统称为编译程序或编译器。本书介绍编译原理及编译器的设计和实现技术，学习编译原理和技术也是深入理解程序设计语言的工作原理和设计高质量程序的基础。

基础篇为必修部分，介绍编译的基础概念和一个完整的翻译过程，即将高级语言编写的程序翻译为一个汇编伪代码(P-code)的完整过程。在此基础上，培养学生具备编写一个简单编译程序的能力，以及深入理解高级语言程序运行原理的能力。

第 1 章

编译概述

掌握编译程序设计原理和构造技术具有十分普遍的意义，是计算机科学研究者、软件工程技术人员所必须掌握的专业基础知识，可以说每一位计算机科学工作者在其整个科研生涯中，都会反复用到与编译有关的原理和技术。编译程序的设计涉及程序设计语言、计算机体系结构、形式语言理论、算法、数据结构和软件工程等多个领域。本章将介绍程序设计语言、编译程序相关处理系统、开源编译器以及编译技术应用等内容。

1.1 什么是程序设计语言

语言是思维的表现形式,人与人之间通过自然语言来传达彼此的思想,因此,语言是用来传递信息的媒介和手段。在计算机的应用领域中,程序设计语言(也称为“程序语言”或“编程语言”)充当了人与问题以及与协助解决该问题的计算机之间的通信工具,简而言之,人与计算机之间的中介就是程序设计语言。一种有效的程序设计语言能提高计算机程序的开发效率和对问题的表达能力,它必须能填补人们通常的思维方式与计算机执行所要求的精确性之间的沟壑。程序设计语言正是为更好地满足这方面的要求而不断向前发展的。

1.1.1 程序设计语言的定义方法

程序设计语言是一种人工语言。各种程序设计语言是有严格定义的(即该语言的规格说明)。语言的定义由语法和语义来规定。

1. 程序设计语言的定义与组成

1946 年第一台电子数字计算机(electronic digital computer)出现,它一问世就成为强有力的计算工具。面对预定的任务(问题),只要告诉计算机“做什么”和“怎么做”,计算机就可以自动进行计算,对给定的问题求解。为此,人们需要将计算所需的信息告诉计算机,同时也要求计算机将计算结果告诉人们。这样,人与计算机之间就要进行通信(communication),既然要通信,就需要信息的载体。因此人们设计出词汇量少、语法简单、意义明确的语言作为载体,这样的载体通常称为程序设计语言(programming language)。

每当设计出一种新类型的计算机,就随之产生一种该机器能理解并能直接执行的程序设计语言,这种语言称为机器语言(machine language)。用机器语言编写的程序由二进制代码组成,计算机可以直接执行。对人来说,机器语言程序既难编写,又难读懂。为了提高程序的可写性(writability)和可读性(readability),人们将机器语言符号化,于是产生了汇编语言(assembly language)。机器语言和汇编语言都是与机器有关的语言(machine-dependent language),通常称为低级语言(low-level language)。其他与机器无关的程序设计语言(machine-independent language)通常被称为高级语言(high-level language)。因为计算机只能理解机器语言和执行用机器语言编写的程序,而不能直接执行用汇编语言和高级语言编写的程序,所以必须将它们翻译成功能上完全等价的机器语言程序计算机才能执行。这个翻译工作由一个特殊的程序自动完成。将汇编语言程序翻译为机器语言程序的程序被称为汇编程序(assembler),又称汇编器;将高级语言程序翻译为低级语言程序的程序被称为编译程序(compiler),又称编译器。通常称编写一个高级语言的编译程序为对该语言的实现。

2. 程序设计语言的分类

语言的分类没有统一的标准,通常按不同标准有不同的分类方法和结果。最主流的是按语言设计理论基础来分类,可分为4类语言:

强制式语言

强制式语言也称命令式语言(imperative language)。其特点是命令驱动,面向语句。一个强制式语言程序由一系列语句组成,每个语句的执行引起若干存储单元中的值的改变。

应用式语言

与强制式语言不同,应用式语言(applicative language)更注重程序所表示的功能,而不是一个语句接一个语句地执行。程序的开发过程是从前面已有的函数出发构造出更复杂的函数,对初始数据集进行操作直至最终的函数可以用于从初始数据计算出最终结果。这种语言也称函数式语言。

基于规则的语言

基于规则的语言(rule-based language)程序执行过程是:检查预定的条件,若条件满足,则执行对应的动作。最有代表性的基于规则的语言是Prolog,因为Prolog的基本允许条件是谓词逻辑表达式,所以也称Prolog为逻辑程序设计语言。

面向对象语言

面向对象语言(object-oriented language)已成为当下最流行、最重要的语言。其主要特征有支持封装性、继承性和多态性。它可以把复杂的数据和用于这些数据的操作封装在一起,构成对象;还可以扩充、继承简单对象的特性,从而设计出更为复杂的对象。通过构造对象可以使面向对象语言的程序获得强制式语言的有效性,通过作用于规定数据的函数构造可以使面向对象语言的程序获得应用式语言的灵活性和可靠性。

另一种分类依据是语言的编程范式,把程序中指明如何完成一个计算任务的语言称为命令式(imperative)语言,而把程序中指明要进行哪些计算的语言称为说明性(declarative)语言。诸如C、C++、C#和Java等都是命令式语言,所有命令式语言中都有用于表示程序状态和语句的表示方法,这些语句可以改变程序状态。像ML、Haskell这样的函数式语言和Prolog这样的约束逻辑语言通常被认为是说明性语言。

1.1.2　程序设计语言发展历程与新一代编程语言

人们通常以代来划分程序设计语言的发展历程。

1. 第一代语言

第一代语言(first generation language)通常被称为机器语言,它与机器孪生。实际上,第一代语言完全依赖于机器的指令系统(instruction system)并以二进制代码表示。这类语言的程序既难编写、又难读懂。

2. 第二代语言

第二代语言(second generation language)通常被称为汇编语言,它将机器语言符号化,用符号来代表机器语言的某些属性。例如,用符号名来代表机器语言的地址码。这样既可以帮助程序员避免使用和记忆二进制代码,又能提高程序的可写性和可读性。

因为不同机器有不同的机器语言和对应的汇编语言,所以人们通常又把第二代语言称为与机器有关的语言,或面向机器的语言。

3. 第三代语言

第三代语言(third generation language)通常是指高级语言,这类语言的设计基础与冯·诺依曼体系结构有关。高级语言程序按语句顺序执行,因此又被称为面向语句的语言(sentence oriented language)。通常,每条语句对应机器的一组命令,因此又称为命令式语言。这类语言编写的程序,实际上描述的是对问题求解的计算过程,因此也有人称它为过程式语言。

第三代语言书写自然,具有更好的可读性、可写性和可修改性(modifiability),通常只需要告诉计算机"做什么"和"怎么做"。读者使用过的大多数语言都是高级语言。

4. 第四代语言

第四代语言(fourth generation language)是说明性语言,它只需要告诉计算机"做什么",而不必告诉计算机"怎么做";也就是说不需要给出具体的计算过程,系统就能自动完成任务。所以,这类语言又被称为超高级语言或甚高级语言(very high-level language),典型的例子是 SQL 语言。

5. 新一代语言

未来的编程语言将更加简洁、易用、易理解,脱离传统的冯·诺依曼体系约束并扩展到新兴领域,如量子编程、神经网络编程、人工智能编程、嵌入式编程等。新一代语言,以命令式、逻辑式和函数式为主,具有跨平台能力、高效资源管理能力以及支持能够极大缩短代码量的高级操作等特性,代表语言包括 QCL、Latte、Haskell、AutoPASS 以及 Rust 等。新一代语言所对应的编程范式如表 1.1 所示。

表1.1　新一代语言的编程范式

	命令式编程	对象式编程	函数式编程	逻辑式编程
量子编程语言	√		√	
神经网络编程语言	√	√	√	√
人工智能编程语言			√	√
嵌入式编程语言	√	√		
其他新一代编程语言	√		√	

(1) 量子编程语言

量子编程语言是用来编写量子计算和描述量子算法的程序语言,有命令式量子编程语言和函数式量子编程语言两个大类。

量子编程语言为量子计算机编程所准备,能够对量子比特资源进行有效分配管理,实现多量子计算任务并行处理,提高资源利用率;其还能提供大量高级操作以简化量子编程,代码缩减量可达50%。

量子计算机计算能力是现在经典计算机的近百倍,且拥有强大的量子信息处理能力,可以从海量信息中提取有效信息并进行加工处理。而量子计算机的完善需要配套软件的支持,包括量子编程语言、量子编程框架和量子指令集等,其中的量子编程语言是重中之重。

命令式量子编程代表语言有Q语言和QCL(quantum computation language)等,函数式量子编程代表语言有QFC(quantum flow chart)和QPL(quantum programming language)等。

(2) 神经网络编程语言

神经网络编程语言是一种神经网络算法领域的专用语言。其具有跨平台性,即不依赖操作系统,也不依赖硬件环境,可在多种系统下开发、运行和维护;且支持海量训练数据,能够处理达当前神经网络训练数据数十倍规模的海量数据;还支持多层嵌套神经网络,可根据特定的数据维度、类型以及目标运算平台,将多个层作为一个融合子图进行编译优化生成高效的计算指令。

神经网络编程语言的出现降低了神经网络的使用门槛,让用户可以集中精力于实现思想而非代码本身,从而减少了用户代码方面的负担。并且其设计支持在神经网络多层嵌套结构上进行高效计算,节省传统语言嵌套循环的巨大开销。

神经网络编程代表语言有:Latte(主要面向CPU平台)、Relay、Swift for TensorFlow(多范式语言)等。

(3) 人工智能编程语言

人工智能编程语言是一类适应于人工智能和知识工程领域、具有符号处理和逻辑推理能力的计算机程序设计语言。

人工智能编程语言具有强大的递归功能和回溯功能,可以高效地编写一些基本机制,对于人工智能编程十分有利。它具有抽象性,可以直接面向所要解决的问题,具备比面向过程语言更高的抽象层次。人工智能编程语言还具有无序性,代码没有特定的运行顺序,其运行顺序由计算机决定,而不是由编程序的人决定。

人工智能编程语言可以根据用户提供的陈述式代码自主产生解决问题的策略,并且可以利用其专业机制解决或缓解计算机比较次数指数爆炸的问题,同时兼具易用性和优秀的性能。

人工智能编程代表语言有:Prolog(逻辑式)、Haskell(函数式)等。

(4) 嵌入式编程语言

嵌入式编程语言是嵌入式系统开发领域的专用语言,其中发展最好最快的分支是机器人编程语言。它是一种程序描述语言,能十分简洁地描述工作环境和系统操作,可以把复杂的操作内容通过尽可能简单的程序来实现。

嵌入式编程语言面向硬件编程,需要了解硬件特性,然后通过编程来访问硬件,同时能克服硬件资源所带来的计算能力、I/O 接口、内存、体积、功耗等限制。其具有灵活性,可以为开发者提供最大限度的自由,使原型快速设计和实验成为可能;还具有简洁性,能用更少的代码完成更多功能,缩减代码量。

如今,嵌入式编程语言已成为机器人数控系统中一个不可或缺的部分,机器人作业在很大程度上都依靠它的程序完成。作为人机交互的重要接口和机器人实现智能化的重要方式,嵌入式编程语言的重要性也日益凸显。

嵌入式编程代表语言有:AL(命令式)、Ada、MCL、AutoPASS 等。

(5) 其他新一代编程语言

相较于目前经典编程语言,部分新一代编程语言更加关注编程过程中的安全保障。

此类语言使用所有权机制而不是垃圾收集机制,保证了内存和线程的安全。此类语言能够实现智能资源管理,通过静态分析的方式,确定所有对象的作用域与生命周期,从而可以精确地在某个对象不再会被使用时将其销毁。此类语言还能实现零开销抽象,不会引入任何可避免的开销。

相较于现在所流行的 C、C++等语言,人们还希望编程语言能够做到无 GC(garbage collection,垃圾回收)、性能高、工程性强、语言级安全性高,以及能同时得到学术研究和工程实践两方面的认可。很多高级程序语言也就应运而生。其中的代表语言有:Rust(多范式语言,但更偏向函数式)等。

1.1.3 程序设计语言的处理系统

除了机器语言外,其他任何语言编写的程序都不能直接在计算机中执行,都需要在执行前对它们进行适当的处理。语言处理系统的作用是把非机器语言编写的各种程序处理成可在计算机中直接执行的程序、最终的计算结果或其他中间形式。

按照处理方法,语言处理系统可分为编译型、解释型和混合型三类:编译型语言处理系统是采用编译方法的语言处理系统;解释型语言处理系统是采用解释方法的语言处理系统;混合型语言处理系统是兼有编译和解释两种方法的语言处理系统。

程序设计语言的规格说明书给出了该语言的定义。当输入该语言编写的程序时,该语言的语言处理系统首先要确认程序是否符合该语言的定义,并要分析程序的含义。完成这些工作的部分被称为分析部分。语言处理系统的输入程序称为源程序(source program),用于编写输入程序的语言称为源语言(source language)。

程序语言处理系统充当了程序语言与计算机之间的中介角色。所以,语言处理系统最终必须把源程序变换为能在某种计算机中执行的形式。而这部分被称为综合部分,其输出的程序称为目标程序(object program)或目标代码(object code),相应的语言称为目标语言(object language)。

把高级语言的源程序变换为语义等价的某种目标语言程序的程序称为编译程序或编译器(compiler)。这种变换过程称为编译(compile)或翻译(translate),如图 1.1 所示。

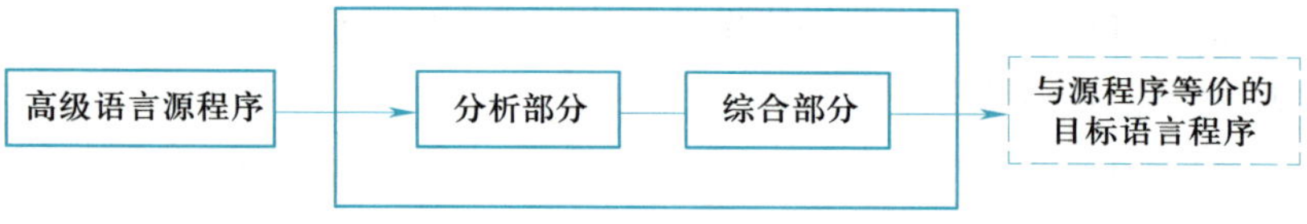

图 1.1　编译过程

1.1.4　编译程序和解释程序

在计算机科学中,翻译器是指一类计算机程序,它们将用一种编程语言(源语言)编写的计算机代码翻译成用另一种语言(目标语言)编写的计算机代码,包括编译和解释两种翻译方法。关于翻译器会在 1.2.1 中介绍。

将高级语言程序翻译成低级语言程序被称为编译。实现编译的程序称为编译程序(或编译器)。如果编译的目标程序是汇编语言程序,则目标程序还需要经过汇编程序(汇编器)汇编后机器才能直接执行。

事实上,编译程序生成的机器代码还不能直接在目标机上运行,它需要有运行时库程序(runtime library routine,简称运行程序)伴随,才能正确运行。运行程序主要是一系列的子程序,编译程序没有把这些子程序插入到目标程序,所以需要这些子程序伴随。程序的编译执行如图 1.2 所示。

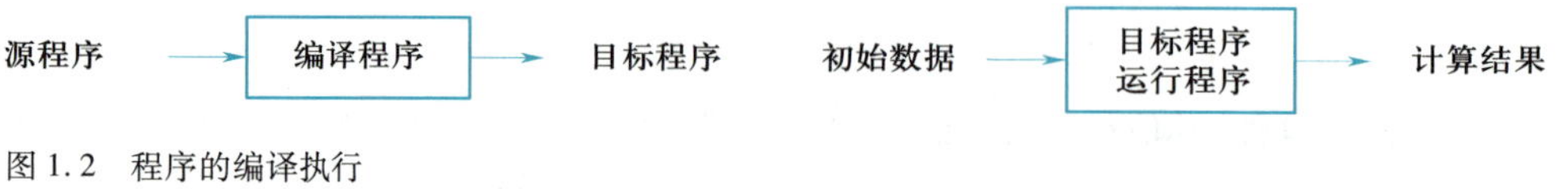

图 1.2　程序的编译执行

BASIC 是最简单的高级语言,它最早版本的实现不是编译执行,即不需要将源程序编译成目标程序,而是对源程序进行解释(分析),直接计算出结果。通常做法是,将源程序转换成一种比较容易执行的中间代码(这种中间代码与机器代码不同),中间代码的解释由软件支持,因为硬件解释器在这里不能直接使用。通常称这种支持解释的软件为解释程序或解释器(interpreter),而程序的这种执行方式称为解释执行。图 1.3 为程序解释执行示意图。

图 1.3 程序的解释执行

中间语言可以被认为是一种虚拟计算机的机器语言,解释程序就是用软件实现该虚拟计算机的模拟程序。尽管有不经编译就可以直接解释并执行源程序的解释程序,但是,解释程序往往还是和编译程序结合起来运用(先把源程序编译成中间代码,再对中间代码进行解释执行),即采用所谓编译—解释执行方式。

与纯编译方式相比较,解释执行(或编译—解释执行)方式需要对中间代码甚至源代码的每条指令(或语句)一条一条地进行解释,所以程序运行速度较慢。然而解释执行有以下优点:

- 对于需要在运行时动态确定数据的程序,可以在每次解释执行时对数据进行修改,处理非常方便。
- 中间代码里包含源程序的各种信息,可以很容易对程序进行单步执行、部分运行和排除错误等调试工作。
- 在修改源程序的过程中,可以一边对程序进行修改,一边解释执行,从而缩短了再次编译和运行所花费的时间。
- 与纯编译相比,解释执行的处理系统容易研制。
- 中间代码的存储容量相当小。
- 由于中间语言与机器无关,因此,便于把语言处理系统移植到其他计算机中。

解释程序曾被广泛应用于 Lisp、Smalltalk、APL、BASIC 等语言的处理系统。而对于命令语言、会话语言以及对可移植性要求高的语言处理系统(如 Pascal-S、Java 等)也都采用了解释执行或编译—解释执行方式。

虽然解释和编译是实现编程语言的两种主要方式,但它们并不相互排斥,因为大多数解释系统也执行一些翻译工作,就像编译器一样。术语"解释语言"或"编译语言"表示该语言的实现规范中使用的分别是解释器或编译器。高级语言在理想情况下是一种独立于特定实现的抽象语言。

对于同一种语言,可以既提供编译程序又提供解释程序。在这种情况下可以先对源程序进行解释执行,以便于测试和调试,待调试成功以后,再用编译器对正确的源程序进行编译,这样可以大大提高目标程序的运行效率。编译得到的代码运行速度往往要比解释而来的代码快上几倍乃至几十倍。

1.2 编译程序相关处理系统

编译程序把源程序翻译为目标程序，通常将这种把某种语言程序变换为与之等价的另一种语言程序的程序统称为翻译程序或变换程序(translator)。编译程序就是翻译程序的一种。

1.2.1 翻译程序

将一种语言编写的程序转换成完全等效的另一种语言编写的程序的过程称为翻译(translate)。在计算机中，翻译是由一个程序来实现的，其被称为翻译程序(translator)或翻译器。翻译器是一个通用术语，可以指代编译器、汇编器或解释器，它们可以将高级语言代码转换为另一种高级语言代码(例如Basic、C++、Fortran、Java)或转换为一种低级语言代码(即处理器可以理解的语言)，例如汇编语言或机器代码。翻译程序接受的程序称为源程序(source program)。转换后的程序称为目标程序(object program)，编写源程序的语言称为源语言(source language)，编写目标程序的语言称为目标语言(target language)，编写翻译程序的语言称为宿主语言(host language)，运行翻译程序的机器称为宿主机(host machine)。它们之间的关系如图1.4所示。

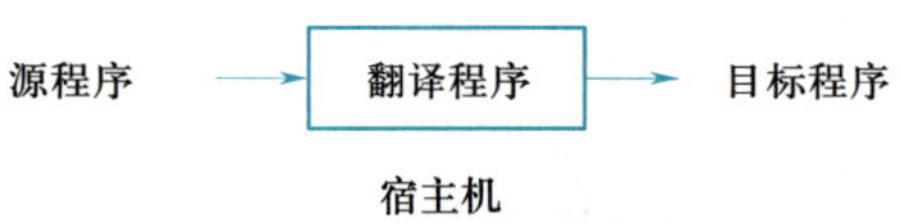

图1.4 源程序、目标程序和翻译程序之间的关系

源语言除了通常的高级语言以外，还可以是说明、描述等形式的非过程型的语言。目标语言除了机器语言以外，还可以是高级语言、中间语言等其他语言。

1.2.2 预处理器

在计算机科学中，预处理器(也称预编译器)也是一种程序，它可以对输入数据进行处理，处理后的输出结果可以作为另一个程序的输入的输出结果。这个输出结果被称为输入数据的预处理形式，它经常被其他后续程序(如编译器)所使用。处理的具体范围和方式取决于预处理器的性质；某些预处理器只能执行相对简单的文本替换和宏扩展，而另一些预处理器则具备类似成熟编程语言的能力。

计算机编程中一个常见的应用场景是在进行下一步编译之前对源代码执行预处理翻译阶段，其中包括宏处理、文件包含和语言扩展。

有时，为了更轻松地实现针对新问题的面向语言或扩充程序语言的处理系统，可以将通常由编译程序处理的语言作为预处理器的目标语言。例如用预处理器把结构化 Fortran 转换为 Fortran 和把 C++语言转换为 C 语言。

预处理器的作用是把源程序转换为其他语言的程序，然后再进行编译。因此编译过程中很难将出错信息与源程序对应，也很难进行程序调试。为了解决这一问题，有的语言具有在预处理变换后把源程序行号信息保留下来的机制(如 C 语言的# line 指令)。

1.2.3 宏处理器

在 C 和 PL/1 语言中，宏是一种标准功能。简而言之，宏是允许我们替换源程序中的字符串的一种功能。宏可以提高程序的可读性，将与机种相关的版本信息、数组大小等程序中非本质的部分分离出来，还可以通过 inline(内置)功能把函数调用展开为所调用函数的函数体，从而提高运行效率。处理宏功能的处理器被称为宏处理器。

通常情况下，宏处理器被嵌入到其他程序中，例如汇编器和编译器中。有时，它们也可用于处理任何类型文本的独立程序。宏处理器的应用广泛，目前已用于语言扩展(定义可以用现有语言组件表示的新语言结构)、需要决策的系统文本替换以及文本的重新格式化(例如从 HTML 文件中有条件地提取材料)。因此宏处理器和预处理器的区分并不严格，C 语言在预处理器中就包含了宏处理功能。

1.2.4 编译程序

编译程序的作用是把源语言变换为目标语言。实际中把源程序翻译为最终可在计算机中执行的代码，应经过如图 1.5 所示的若干过程。

编译程序必须完成两项核心任务：一是对源程序的分析，二是生成目标程序。分析部分是将源程序分解为语言的基本语法成分，然后生成与它们等价的源代码中间形式。通常将分析部分划分为词法分析、语法分析和语义分析三个阶段。综合部分接受分析部分生成的中间代码，然后根据具体的目标机系统生成目标代码，并对代码进行优化处理。一般是将综合部分划分为目标代码生成和代码优化两个阶段。图 1.6 展示了一个典型编译器的结构。下面对编译的各个阶段做简要介绍。

1. 词法分析

编译器将源程序视为一个长字符串，对它从左到右进行扫描并分析，辨识出符合词法规则的单词(符号)，也称作记号(token)，包括基本字、标识符、常数、运算符和界符等。这

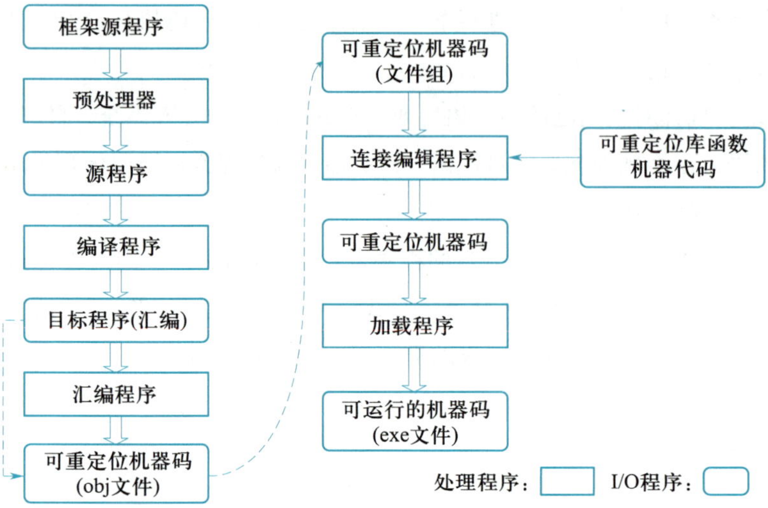

图1.5　源程序翻译为可执行代码的过程

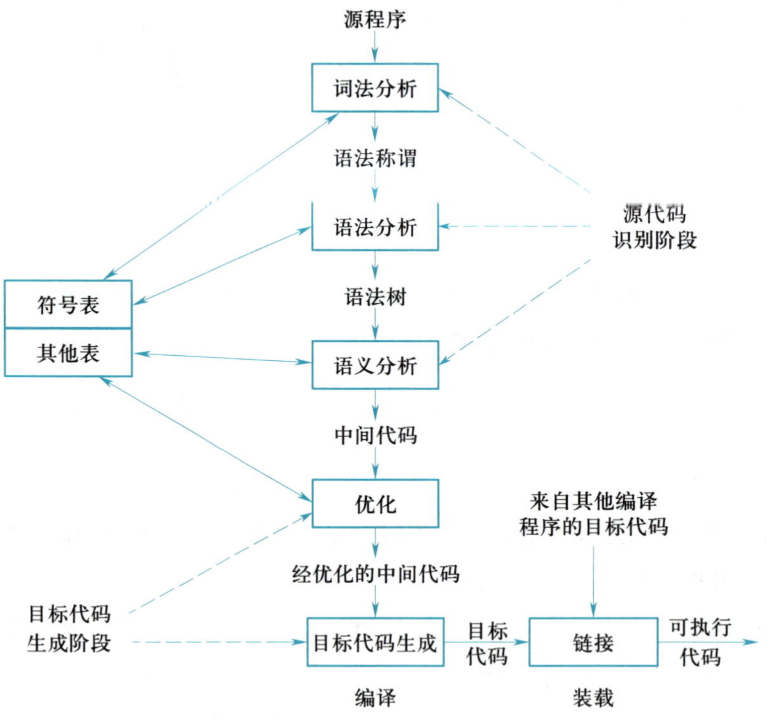

图1.6　典型编译器的结构

些符号通过特定的内码表示方法传递给后续的处理阶段。

在词法分析过程中，如果发现了不符合词法规则的非法单词符号，编译器将进行词法出错处理，并输出相应的出错信息。

2. 语法分析

语法分析是对词法分析识别出来的符号流（也可看作是符号串）按语法规则进行分

析,可以识别出各类语法单位,如表达式、短语、子句、句子和程序等,为后续进行分析与合成打下基础。

通常,语法分析是一种结构分析,分析的结果可以生成一棵语法树(分析树)。在分析过程中,如果发现了不符合语法规则的符号串,编译器将进行语法出错处理,并输出相应的出错信息。

3. 语义分析

如果经过词法分析和语法分析后的程序没有错误,便可对其进行语义分析,并按照语义要求对各种语法单位进行实质性翻译。此时可以直接生成目标程序,但这样直接生成的目标程序的执行效率往往远低于手工编写的程序。因此,大多数编译器采用中间语言来描述源程序的语义。这种中间语言往往对应着某种抽象机,其结构简单,语义明确,易于被翻译成二进制代码,同时也便于优化和移植。

4. 优化

语义分析所生成的中间代码并不依赖于任何实际机器,因此它在进行等效变换时具有较高灵活性。通过这种特性,我们可以进行一系列等效变换,使生成的目标程序占用空间更小,执行速度更快。这个过程被称为目标程序优化(optimization)。

5. 目标代码生成

根据优化后的中间代码并结合相关信息,可以生成较为有效的目标代码,即目标机的机器语言程序或汇编语言程序。如果生成的是汇编语言程序,还需要通过汇编器将其转化为目标机能识别的机器语言程序。

为了保证生成的目标机器代码的效率,代码生成阶段应考虑如何充分利用目标机器资源,如充分利用寄存器,选择执行时间短的指令等。

以上是编译器的五个编译阶段。从逻辑角度来看,编译器就是按照这五个阶段对源程序进行编译的。然而实际中,通过上述五个阶段编译出来的目标程序并不能立即执行。这是因为有些语言允许源程序的各个模块独立进行编译,生成的目标程序称为目标模块(object module),这些目标模块和输入/输出、标准函数等系统模块需要通过链接程序(linker)进行链接,成为一个可重定位程序(relocatable program),再由加载程序(loader)加载到内存中,机器才能正确执行。

6. 符号表管理

程序员在编写程序时,需要对各种数据对象和实体进行说明。编译程序会根据这些说明为各种实体建立描述符,并搜集这些实体的属性信息,以供编译的各个阶段使用。

这些描述符实际上是存储实体属性信息的表格,根据不同的实体类型,表格形式也会有所不同,其中最常用的是符号表。编译程序应当有一组表格管理程序,负责创建和维护(包括引用、查找和更新等操作)这些表格。

7. 出错处理

在编译程序的各个阶段都有可能发现源程序中的错误,特别是在语法分析阶段,可能会暴露出大量的语法错误。发现错误后,编译程序就要报告错误的性质、发生错误的地方等,同时要将错误所造成的影响限制在尽可能小的范围内,以便可以继续编译源程序的剩余部分,同时检查出剩余部分的错误。

1.2.5　程序设计环境

为了高效地开发高可靠性软件,配置完善的编程环境显得十分重要。这种环境被称为程序设计环境(programming environment)。在程序设计环境中,开发人员使用高级语言开发软件的过程如图 1.7 所示。软件开发要经过需求定义、程序外部和内部规约的设计、编码、测试和调试,以及维护等过程。在此过程中,往往要进行多次根据测试和调试的反馈结果修正代码,而且在整个过程中要应用各种软件工具。

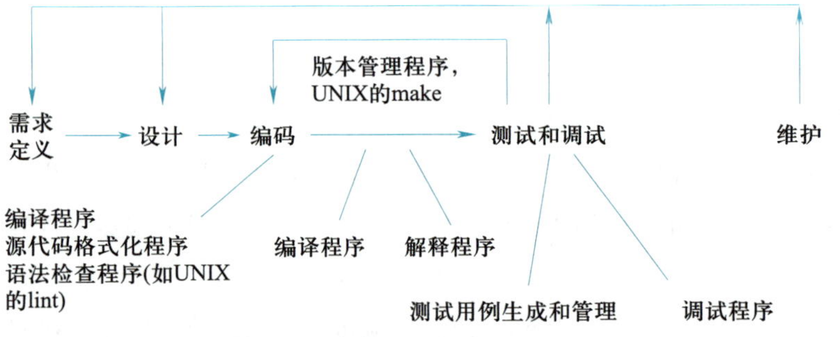

图 1.7　开发软件的过程

如今人们普遍意识到,单单提供一个语言的处理系统是不够的,更需要提供支持该语言编程的统一工具集。在早期的程序设计工具集里,各个工具通常都是独立运行的,用户不仅需要显式地调用这些工具,还需要频繁地在各个工具之间切换。而现代的程序设计环境不仅提供了许多具有可视化多窗口界面的集成工具,而且在构造这些工具时特别重视信息在工具间的有效传递。例如,在集成开发环境中编译源代码时一旦发生了错误,用户屏幕上就会弹出一个新窗口,出错的源代码会在弹出窗口中以高亮显示。这时开发人员可以直接在窗口中设置断点并进行调试,还可以不另行调用编辑器就直接修改源代码。集成开发环境提供的编辑器可以为标准的程序结构提供模板,并随着程序代码的输入自动进行语法检查。程序修改以后不必显式地调用编译器或配置管理器就可以创建新的程序版本重新运行。这样的程序开发环境能大大提高程序开发和维护的效率。

集成开发环境(integrated development environment, IDE)使得应用程序通过控制台或终端开发成为可能。早期计算机系统不支持这种开发方法,因为程序通常是用流程图编写的,在提交给编译器之前需要用穿孔卡片或纸带等介质输入程序。Dartmouth BASIC 是第一种使用 IDE 开发应用程序的语言,也是第一种设计用于在控制台或终端前使用的语言。它的 IDE 是基于命令行的,因此看起来不太像图形用户界面出现后流行的菜单驱动图形化 IDE。然而,它与集成了编辑、文件管理、编译、调试和执行等功能的现代 IDE 是一致的。

Maestro I 是由 Softlab Munich 开发的产品,被认为是世界上第一个软件集成开发环境。在 20 世纪 70 年代和 80 年代,Maestro 曾是该领域的世界领导者。而最早引入插件概念的 IDE 是 Softbench。截至 2023 年 4 月,在谷歌上搜索量最高的三个 IDE 分别是 Visual Studio、Visual Studio Code 和 Eclipse。

1.3 开源编译器

随着计算机行业的飞速发展,越来越多的编译器问世,并且都以开源的形式呈现。在众多开源编译器中,目前占据主导地位的仍然是经典的 GCC 编译器和得到快速发展的 LLVM/clang 编译器,它们以其稳定的运行表现与优秀的性能成为后来许多新型编译器模仿与改进中的重要基石。此外,近年来一些专业领域的编译器也在其各自的领域大放光彩,如专注于 GPU 的 NVCC 编译器与专注于浏览器的 V8 引擎。

在底层技术方面,我国编译器事业经过多年的不断努力,取得了长足的进步,其中以方舟编译器为代表的国产编译器更是获得了令人瞩目的成就。

1.3.1 GCC

GNU 编译器套件(GNU compiler collection,GCC)是 GNU 工程(GNU Project)中的核心工具软件之一,支持多种前端编程语言,包括 C、C++、Java、Ada 和 Fortran 等,其编译生成的目标代码可以在几乎所有处理器平台上运行,是目前使用最广泛的编译系统之一。GNU Project 和 GCC 的图标如图 1.8 所示。

1. GCC 的产生与发展

最初的 GCC 仅仅作为 C 语言的编译器,即 GNU C Compiler。于 1987 年,GCC 1.0 发布,并从同年 12 月开始陆续支持 C++、Objective-C、Objective-C++、Fortran、Java 和 Ada 等

图 1.8 GNU Project 和 GCC 的图标

语言。与此同时，GCC 也被逐渐移植到各种各样的主流处理器体系结构上，包括 i386、ix86_64、SPARC、ARM 和 MIPS 等处理器平台。

自从 1987 年 Richard Stallman 和 Len Tower 发布了 GCC 的首个版本 GCC 1.0 以来，GCC 不断地进行迭代更新，目前已经更新到 GCC 12.2.0。在 GCC 推出的各个版本中，最重大的变化发生在 2012 年 3 月，当时为了庆祝 GCC 诞生 25 周年，GCC 发布了 GCC 发展历史上最重要的版本之一 GCC 4.7.0。

2. GCC 逻辑结构

GCC 是一个复杂的软件系统，一个完整的 GCC 软件包中蕴含了数以万计的文件。下面我们对 GCC 的逻辑结构进行简要介绍，阐明 GCC 的主要模块及其相互关系。

尽管 GCC 的源代码文件数量庞大，目录结构繁杂，总体理解有一定难度，但从代码的功能和逻辑结构两个角度来看，这些代码大致可以分为如图 1.9 所示的几个部分。

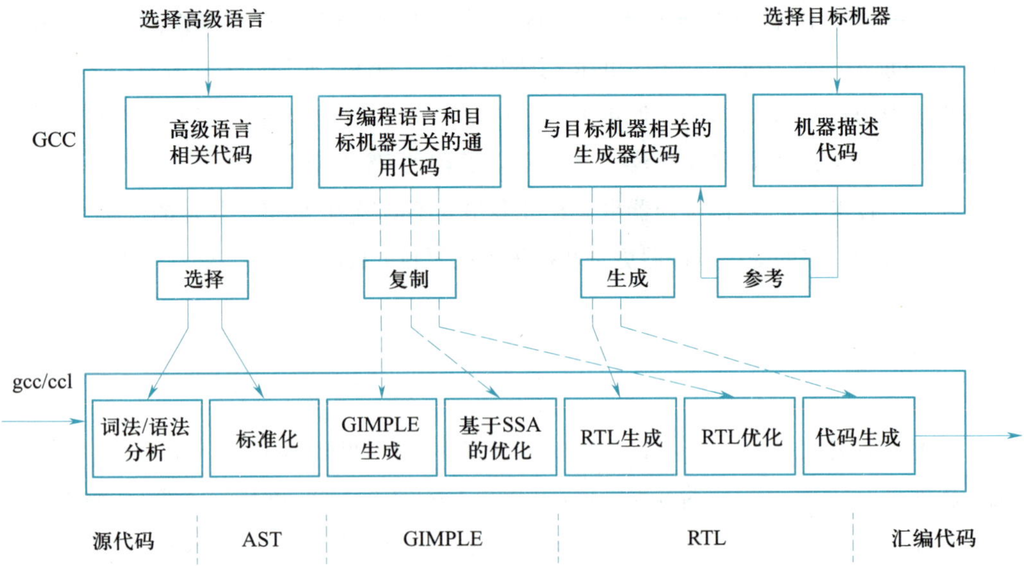

图 1.9 GCC 的组成结构

图 1.9 分为上下两个部分，上半部分使用 GCC 表示 GCC 4.4.0 的源代码内容，下半部分使用 gcc/ccl 表示使用 GCC 源代码编译生成的编译器程序。

上半部分根据 GCC 源代码的功能将其分为 4 个部分：

（1）高级语言相关代码

在 GCC 源代码中，每种 GCC 的编程语言都有其相应的处理代码，这部分代码主要完成高级编程语言的词法、语法分析等功能，从而生成该语言对应的抽象语法树（abstract syntax tree, AST），并完成其规范化操作。

（2）与编程语言和目标机器无关的通用代码

这部分代码用于生成 GIMPLE 和 RTL，以及执行数量庞大的基于 GIMPLE 和 RTL 的处理及编译优化工作。

（3）与目标机器相关的生成器代码

由于 RTL 构造及目标代码生成等部分的源代码与目标机器相关，在设计源代码时难以确定。对于这一问题，GCC 采用了一种解决思路：通过一些生成器代码，根据目标机器的机器描述文件提取目标机器信息，自动生成关于目标机器上 RTL 构造及目标代码生成的源代码，并将这些源代码与 GCC 原有的其他代码结合在一起编译。

（4）机器描述代码

一般来说，对于 GCC 支持的每一种目标机器，GCC 的代码中均有一个子目录与之对应，用来存放与该目标机器相关的机器描述代码、相应的头文件和 C 文件等。

因此，最终参与编译并生成目标机器编译器的源代码主要分为语言相关的代码、与语言及机器无关的通用代码，以及根据机器描述文件由机器相关代码生成器所生成的代码三个部分。

图 1.9 的下半部分给出了根据 GCC 的源代码所生成的目标机器编译器程序 cc1（gcc 程序所调用的编译器）的主要工作流程。从整体上看，目标机器编译器程序 cc1 的功能就是将用户输入的高级程序代码最终编译成目标机器上的汇编代码，该过程包含前端的词法分析、语法分析，中间的 GIMPLE 生成、GIMPLE 优化，以及后端的 RTL 生成、RTL 优化、代码生成等步骤。

通过对上半部分和下半部分进行对照，可以看出不同部分的 GCC 源代码在功能上的差异。

3. GCC 的特点

作为目前较为成功的编译系统之一，GCC 拥有许多显著优势，主要包括：

（1）GCC 编译系统支持众多前端编程语言，包括 C、C++、Ada、Fortran、Java、Objective-C、Objective-C++等。

（2）GCC 支持众多的目标机器体系结构，具有良好的可移植性，可以对各种主流的处理器提供支持，例如 ARM、i386、MIPS、Alpha 等。

（3）GCC 具有丰富的配套工具链支持。

（4）GCC 提供可靠、高效、高质量的目标代码。

（5）GCC 提供了对于并行编译的支持。

1.3.2 LLVM/clang

LLVM/clang 是一条编译工具链,其中包含中间语言 LLVM IR、调试器、LLVM C++标准库、静态分析工具等。LLVM 是一个编译框架,其开源和兼容性强的特点使之受到广泛应用,包括近年来热门的编程语言 Swift、Rust 等都在使用它。

1. LLVM/clang 的产生与发展

随着计算机体系结构的不断复杂以及编译理论的日益成熟,人们迫切地希望生成质量更高的代码以充分利用硬件资源,于是 Chris Lattner 发起了 LLVM 项目。

LLVM 是 Low Level Virtual Machine(低级虚拟机)的简称,但它其实是一个编译器框架。虽然随着项目不断发展,LLVM 这个名字已经无法完整地代表该项目,但是这个名称一直延续至今。LLVM 的主要功能是它可以作为多种编程语言的后端,为这些语言提供与具体编程语言无关的优化,同时也可以生成适用于不同 CPU 的代码。

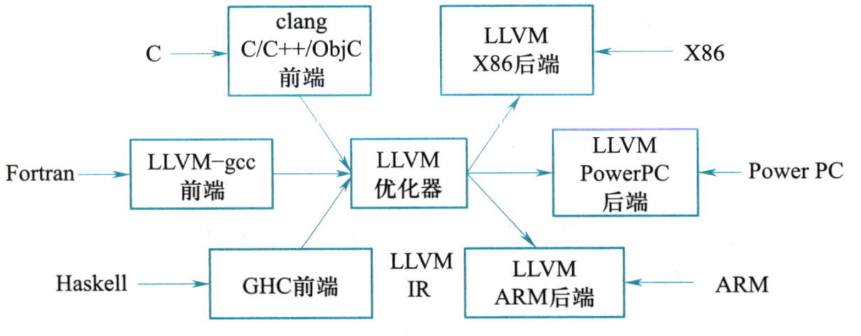

图 1.10 LLVM 的 3 阶段设计架构

如图 1.10 所示,LLVM 采用了一种 3 阶段的设计架构。LLVM 抽象出了一个底层机器,各类高级语言的前端将代码译成 LLVM IR。LLVM 框架对这些译成的 LLVM IR 应用通用的优化器优化代码,再根据不同的体系结构生成特定目标代码。

LLVM 的核心思想是全时优化,即程序在编译到执行中的任何阶段都可能被优化:

(1) 编译时优化

编译时优化包含了传统编译器所进行的优化,例如强度削弱(strength reduction)、死代码删除(dead code elimination)、并行优化等。

(2) 链接时优化

这个阶段主要进行一些过程分析。由于编译时优化看到的代码是一个个的 translation unit(翻译单元),过程间能进行的优化分析非常有限。然而链接时由于可以看到完整代码,于是可以采用全局优化算法。

(3) 安装运行时优化

这个阶段的优化主要是通过对代码进行插装,以便收集程序运行时的信息(例如找到热点代码),然后根据这些信息再有针对性地优化程序。

除了作为虚拟机框架,LLVM 目前还包含了很多子项目,其中最具盛名的就是 clang。GCC 作为开源世界的编译器标准一直表现不俗,但由于 GNU 编译器套装(GCC)系统庞大,而且被广泛使用的 Objective-C 在 GCC 中优先级较低。此外 GCC 作为一个纯粹的编译系统,与 IDE 的协同性不佳,于是基于 LLVM 的 clang 应运而生。Apple、Google 等公司都是 clang 的支持者和使用者。*C Primer* 作者 Stanley B. Lippman 认为当今世界最优秀的 C++编译器就是 LLVM/clang。

2. clang 架构

LLVM/clang 将一个 C/C++语言转换为机器语言的过程大概可以分为两个主要阶段。首先,clang 将 C/C++转换为 LLVM IR,然后 LLVM 基础框架对 LLVM IR 进行优化,并将其翻译成特定体系结构上的机器语言。clang 的整体架构如图 1.11 所示。

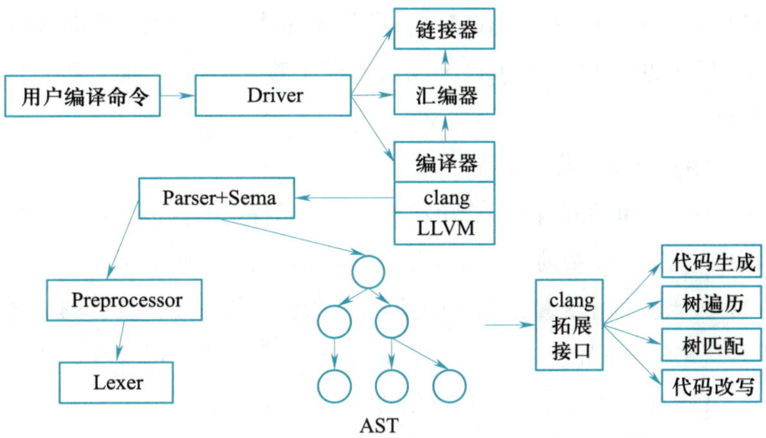

图 1.11 clang 整体架构图

(1) 驱动器

驱动器 Driver 会解析用户输入的命令行,根据解析所得参数创建出一系列进程(编译器→汇编器→链接器)共同完成代码的转换过程。

clang 在具体解析代码时,会调用 Parser 和 Sema 组成的模块进行语法解析和语义检查,将原始代码转换为一棵复杂的抽象语法树 AST,之后的操作便基于这棵树。

(2) 预处理器

clang 一个比较大的特点是它的预处理器集成在编译器中,该模块的主要功能是对代码位置进行编码,展开头文件和宏,向上层(语法分析模块)提供一个 token 流。

(3) 拓展接口

clang 的很多组件都以库的方式实现。clang 设计了一套统一的接口,来规范所有对 AST 的操作。clang 自身的代码生成、树遍历、树匹配、代码改写等实现也都基于该接口。

3. LLVM/clang 特色

（1）模块化的 clang

clang 的实现采用了库的形式，组件之间的耦合性非常低，使用 clang 的组件可以很容易地构建一些实用工具。clang 还设计了一些非常好用的接口，以支持 AST 的匹配、遍历以及源代码改写。

（2）代码 bug 检查

clang 官方开发了一个非常强大的代码静态检查工具——clang static analyzer。该工具主要基于符号执行算法和图可达性理论，可以探测到大部分代码漏洞。更重要的是，该工具具有可拓展性，用户可以通过编写自己的 checker 来做一些定制化的代码检查。

（3）clang 的作用

clang 主要用于将 C/C++等高级语言翻译成 LLVM IR。它所提供的各种能力主要针对 C/C++语言本身。相比之下，LLVM 框架实现了一个抽象的底层工具，一旦代码被翻译成 LLVM IR，LLVM 就不再关注这个程序的原始语言，而是进行统一的代码优化和代码生成。

（4）构造个人编译器

在 LLVM 框架支持下，开发者不用考虑特定的目标机汇编，只需生成 LLVM IR 即可，LLVM 框架可以帮助开发者优化目标代码，从而生成高效的本地代码。另外 LLVM 框架向开发者提供了大量封装好的基础类，极大地简化了开发者的工作。

（5）代码优化

LLVM 首次提出了全时优化的概念，将大多数编译器只在编译时优化的策略拓展到编译时、链接时和安装时。几乎每一个可能存在优化的地方都得到了关注。LLVM 本身已经实现了很多种优化算法，只需要将代码翻译成 LLVM IR 格式，就可以使用这些优化算法来优化代码。

clang 提供了对 C/C++代码分析的全套函数库，覆盖了从词法分析、语法分析到代码生成等各个阶段。而 LLVM 基础框架则抽象出了以 LLVM IR 为目标语言的底层虚拟机，使得开发者不必关注于各种体系结构的差异等因素，从而能够专注于研究的核心领域。

4. 与 GCC 相比的优势

（1）更快的编译速度

在 Gentoo 测试平台下，分别用 GCC 4.7.2 版本和 clang 3.1 版本对 eddic 进行编译。测试结果显示，在 Debug 模式下，clang 编译 Objective-C 速度是 GCC 的 3 倍。

（2）更低的内存占用

尽管 clang 抽象语法树比 GCC 的语法树包含更多的信息，但建立 clang 语法树所需的代码量比 GCC 要少。

(3) 更友好的错误检测与结果显示

clang 编译器不仅追求更快的编译速度,同时也将用户友好作为其目标之一。clang 编译器致力于优化错误检查功能,尽可能地让编译器给出的警告和错误信息更加有用。

(4) 兼容性

GCC 的应用扩展可以被认为是一种扩展的诊断结果,包括警告、错误和可以忽视的问题。从这个层面上讲,clang 与 GCC 是兼容的。

(5) 其他优势

clang 是基于库的模块化设计,便于在 IDE 中集成以及其他重用。然而 GCC 由于历史原因,始终是一个单一的可执行程序编译器,其在内部完成了从预处理到最终代码生成的全部过程,导致许多中间信息无法被其他程序重用。而 clang 通过库的支持,程序能够获取到 AST 级别的信息,代码的操控能力大大增强。

1.3.3 其他开源编译器

除了主流的通用计算机开源编译器 GCC 和 LLVM/clang,当今还有许多专业领域的开源编译器,例如,为 CUDA 编程设计的 NVCC 编译器、为 Chrome 浏览器内核所设计的 V8 编译器等。此外,我国也拥有了以方舟编译器为代表的一系列优秀的开源编译器。

1. NVCC 编译器

英伟达 NVCC 编译器是在 CUDA 架构上为 GPU 异步编程设计的专用编译器。计算机由文件扩展名决定使用 NVCC 还是主机编译器进行编译,当 CUDA 源文件请求编译时会调用 NVCC 进行编译。

NVCC 生成的可执行文件或者二进制文件,针对不同代次的 GPU 会包含一个或多个二进制可执行映像。此外,它还包含了 FIX 映像,允许 CUDA 运行时进行实时编译。这类似于 Java 的字节码,都是针对一个虚拟的架构,编译环节在实际目标硬件运行程序时进行。PTX 的实时编译仅在可执行文件不包含当前运行 GPU 的二进制映像时发生。因此,所有未来的架构与基本的虚拟架构都是向后兼容的。即使没有在某个 GPU 上执行编译的程序,也可以通过在运行时编译嵌入在可执行文件中的 PTX 代码,将该程序合法运行在该 GPU 上。

与 Java 类似,CUDA 编译也支持代码托管。定义环境变量 CUDA_DEVCODE_CACHE,将其指向一个目录,该目录会把编译的二进制文件保存以备后用。通常情况下,每次编译都需要将 PTX 代码根据目标 GPU 的类型进行转换。而采用代码托管,可以避免因此而产生的启动延时。

2. V8 编译器

V8 编译器是一个开源项目,同时也是一个杰出的 JavaScript 引擎。为了提高

JavaScript 代码的执行效率从而获得更好的网页浏览效果，它甚至直接将 JavaScript 编译成本地代码。V8 支持众多的操作系统，包括但不限于 Windows、Linux、Android、Mac OS/X 等。同时它也能支持众多的硬件架构，如 IA32、X64、ARM、MIPS 等。

V8 整个工作过程包括两个阶段：编译阶段和运行阶段。只不过鉴于 JavaScript 语言的工作方式，这两个阶段都是在用户实际使用代码的时候发生。同时，V8 还采用了一个关键策略，即延迟(deferred)思想，这使得很多 JavaScript 代码直到运行中被调用时才会编译，减少了时间开销。

V8 引擎处理源代码到本地代码的过程如图 1.12 所示，从图中可以看出，V8 也是将源代码转变成抽象语法树，但 V8 引擎并不将抽象语法树转变成字节码或者其他中间表示，而是通过 JIT 编译器中的全代码生成器利用抽象语法树直接生成本地代码，所以 V8 中没有像 Java 一样的虚拟机或者字节码解释器。这样做主要是为了减少抽象语法树到字节码的转换时间，而且这一切都在网页加载时完成，从而提高了优化的可能。

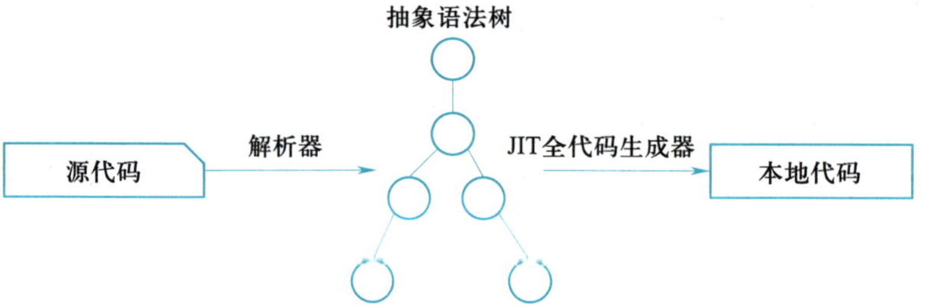

图 1.12 V8 引擎处理源代码到本地代码的过程

3. 方舟编译器

方舟编译器是由华为公司推出的首个完全自主研发的编译器平台，是华为公司专门为软件厂商研发的统一编程平台，它包含编译器、工具链、运行时的关键部件等。该编译器支持多种编程语言、多种芯片平台的联合编译与运行，能够有效地解决安卓程序“边解释边执行”的低效率问题。

方舟编译器的运行过程可以总结为：统一程序表示，统一做程序优化，生成 APK 可执行文件，在手机上以二进制码形式运行。其相当于将一部分工作在开发环境下完成，从而在一定程度上避免了额外的 Java 本地接口(Java Native Interface, JNI)开销，从而有效地提升了运行性能。

目前，方舟编译器支持 Java/Kotlin 程序字节码的前端输入，对于其他编程语言的支持(如 C/C++/JS 等)也在规划中。方舟编译器的中间表示转换器将前端输入转换成方舟 IR，并将其输送给后端的优化器，最终生成二进制文件。这些二进制文件与编译器运行时库文件相链接，生成可执行文件。这些可执行文件在方舟的运行环境中就可运行。

1.4　编译技术应用

设计编译器时关注的应用远不止编译本身。编译器还有许多其他重要用途。另外，编译器设计也影响了计算机学科中的其他领域。本节将讨论和编译技术有关的重要互动和应用。

1.4.1　程序理解工具

程序理解是计算机科学中的一个领域,与软件工程师维护现有源代码的方式密切相关。它涉及识别和研究与此过程相关的认知和其他方面。这些结果被用于开发工具和进行培训。软件维护任务通常可以分为五类:适应性维护、纠正性维护、完善性维护、代码重用以及代码优化。

开创程序理解的计算机科学家包括 Ruven Brooks、Ted J. Biggerstaff 和 Anneliese von Mayrhauser 等。

程序理解工具通过对程序进行分析,逆向提取面向对象程序的类关系图以及程序中模块(函数)之间的调用关系,记录程序数据的静态属性和结构属性,并绘制出程序的控制流程图,从而帮助用户更好地理解程序。

1.4.2　软件测试工具

软件测试是一种通过执行程序或系统来发现错误的过程。通过软件测试,我们能够客观且独立地审视软件,帮助企业了解实施软件的风险。测试技术包括但不限于以下方面:

- 从行业视角、业务视角以及实施的可行性、可用性、性能、安全性、基础设施等各种背景,来分析软件产品的完整性和正确性要求。
- 审查产品架构和产品的整体设计。
- 与产品开发人员合作,改进编码技术和设计模式,通过各种技术(如边界条件分析等)将测试纳入编写代码的过程。
- 执行程序或实际应用程序,以验证其行为是否符合预期。
- 审查部署基础设施以及相关的脚本和自动化流程。
- 通过使用监控和可观察性技术参与生产活动。

软件测试可以向用户和赞助商提供关于软件质量及潜在故障风险的客观、独立的信息。通常存在两种主要的软件测试方法——静态分析和动态测试，与此相应有两类测试工具。

1. 静态分析器

静态分析器用于对源程序进行静态分析，即在不运行该程序的情况下对其进行分析，以便发现程序中潜在的错误或异常。静态分析器的分析过程类似于语法分析程序，需要采用编译优化中常用的数据流分析和控制流分析方法。静态分析器可以检测出那些不可能被执行到的源代码，或某些未经定义（未被赋值）就引用的变量；它还能够发现程序中试图将实型变量作为指针使用等错误。

2. 动态结构测试器

动态结构测试是在给定一组测试用例的情况下执行程序，记录程序实际的执行轨迹，并将实际运行结果与预期结果进行比较，以发现程序中的错误或异常。为了实现对程序运行轨迹的追踪，需要对源程序进行分析，并在分析的基础上插入用于记录和显示程序执行轨迹的“探针”函数。

还有一些用于提升软件质量的工具，如程序切片分析工具、源代码调试器以及软件质量度量和评价工具等这些工具的操作过程也都需要对源代码进行分析，并进行相应处理。

1.4.3　自然语言处理

自然语言处理（natural language processing, NLP）是涉及语言学、计算机科学和人工智能的一个交叉学科，研究计算机与人类语言之间的交互，特别是关注如何通过计算机编程来处理和分析大量的自然语言数据。其最终目标是打造一台能够“理解”文本内容的计算机，并捕捉其中蕴含的语境微妙差异。借助该技术，我们可以准确地提取文本中包含的信息和见解，并对文本本身进行分类和组织。自然语言处理邻域所涉及的挑战主要为语音识别、自然语言理解和自然语言生成。

乔姆斯基于1956年对语言语法进行了理论分析，估计了NLP问题的难度，并影响了巴克斯-诺尔范式（Backus-Naur form, BNF）的创建。BNF用于指定“上下文无关文法”，通常用于表示编程语言语法。一种语言的BNF规范是一组派生规则，它们共同验证该语言程序代码的语法结构是否正确。

在编译过程中，词法分析器将文本转换为令牌，而解析生成器验证令牌序列。词法分析器和解析生成器分别将正则表达式和BNF规范作为输入，并生成代码和查找表，用于确定词法/解析决策，从而极大地简化了编译过程。如果在传统的编译过程中引入额外的编译阶段（以提供语法处理的智能支持），就有可能将人类语言直接翻译成自适应字节码。

1.4.4 数据库查询优化

查询是数据库系统中最基本、最常用的一种功能。用户通过 SQL 语句可以完成对数据库的复杂查询。因此,查询的执行效率和反应速度已经成为数据库用户和设计者极为关注的焦点。为了提高数据库系统的性能,优化查询功能是必不可少的。20 世纪 80 年代末,IBM Almaden 研究中心开发的可扩展数据库系统 Star-burst 首次采用了查询优化器这一新的技术。

查询优化器在接收到一条 SQL 语句后,一般分六个步骤处理 SQL 语句,如图 1.13 所示。

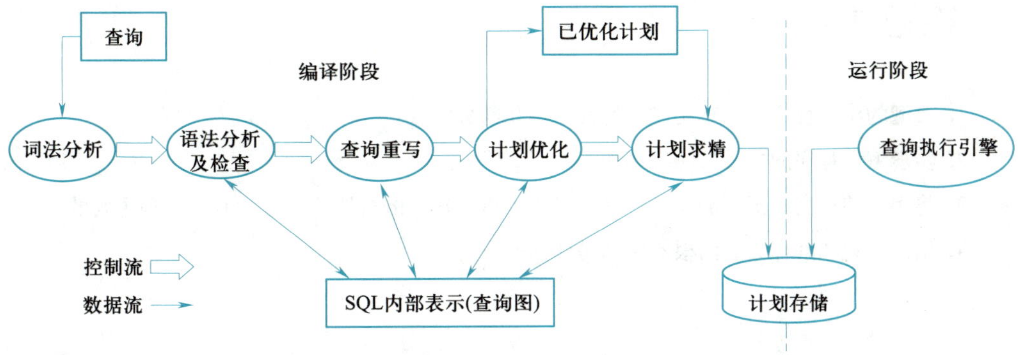

图 1.13 查询优化器的六个处理步骤

1. 词法分析

对 SQL 语句的保留字进行词法分析并转换成内部码。

2. 语法分析及检查

对 SQL 语句进行语法分析和语义检查,将语句转化为适于内部处理的形式,通常采用查询图的内部表示方式。

3. 查询重写

优化器将查询语句重写成一种等价且效率更高的形式。这为基于代价的优化提供了更多的空间。

4. 计划优化

根据可用的存取路径生成一组可能的执行计划。

5. 计划求精

优化器根据表的数据分布和统计信息评估每一个计划执行的代价，并选取代价最小的计划。

6. 查询执行引擎

根据执行计划执行具体的物理操作。

练习 1

1. 典型的编译程序在逻辑功能上通常由哪几部分组成？
2. 实现编译程序的主要方法有哪些？
3. 将用户使用高级语言编写的程序翻译为可直接执行的机器语言程序有哪几种主要的方式？
4. 编译方式和解释方式的根本区别是什么？

第 2 章

语言和文法基础

我们所使用的每种程序设计语言都有一组精确的规则来描述这种语言合式（well-formed）程序的语法结构。例如，一个 C 语言程序由多个函数组成，而每个函数由声明和语句组成，每个语句又是由表达式组成，等等。语言的文法规则为语言的设计者和编译器的开发者提供了根本依据。

- 文法给出了一个程序设计语言的精确易懂的语法规约。
- 对于某些类型的文法，可以自动地构造出高效的语法分析器，它能够确定一个源程序的语法结构。同时，语法分析器的构造过程可以揭示出语法的二义性，同时还可能发现一些容易在语言的初始设计阶段被忽略的问题。
- 一个正确设计的文法给出了一个语言的结构。该结构有助于把源程序翻译为正确的目标代码，也有助于检测错误。
- 一个文法支持逐步加入可以完成新任务的新语言构造从而迭代地演化和开发语言。如果对语言的实现遵循语言的文法结构，那么在实现中加入这些新构造的工作就变得更加容易。

本章将介绍与编译相关的形式语言理论的基本概念，它们是学习后续各章的基础。为了便于理解，本章首先以非形式化的方式介绍文法和语言的概念，随后给出文法和语言的形式化定义，之后再简单介绍形式语言理论中其他的概念，如文法产生语言、递归文法、文法的二义性和文法的实用限制等，最后介绍扩充的 BNF 表示和语法图。

2.1 文法的表示形式

人们在描述一种语言时，如果该语言只含有限数量的句子，则列出句子的有穷集即可，但对于含有无穷多个句子的语言来讲，我们该如何用有限的方式来描述这种语言呢？

以自然语言为例，人们无法列举所有句子，但人们可以给出一些规则，用这些规则来说明（或者定义）句子的组成结构。

【例 2.1】有一个由英语单词所组成的单词串：

the big elephant ate the peanut

这是否是一个正确的英语句子呢？答案是肯定的。因为从结构上看，它合乎英语文法，呈现出主谓宾结构。那么，如何来描述语言的结构呢？下面介绍句子语法结构的一些表示方法。

2.1.1 语法树

根据英语语法，例 2.1 句子的语法结构可用语法树来表示，如图 2.1 所示。语法树有助于理解一个句子语法结构的层次，也可表示一个句型各种可能的（但未必能表示所有可能的）推导过程。所以，一个句型的语法树是这些不同推导过程的共性抽象，是它们的代表。

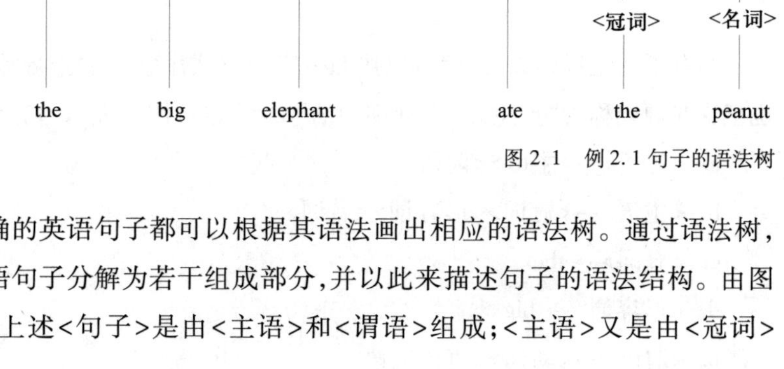

图 2.1 例 2.1 句子的语法树

任何一个语法正确的英语句子都可以根据其语法画出相应的语法树。通过语法树，也可以将任何一个英语句子分解为若干组成部分，并以此来描述句子的语法结构。由图 2.1 的语法树可看到，上述<句子>是由<主语>和<谓语>组成；<主语>又是由<冠词>

<形容词><名词>所组成;<冠词>由 the 组成,<形容词>由 big 组成,<名词>由 elephant 组成,以此类推。

在语法树中,带有尖括号的结点称为语法成分(或语法实体、语法类),在形式语言中称为非终结符号;不带尖括号的称为单词符号(简称单词或符号),在形式语言中称为终结符号。

2.1.2 规则

例 2.1 句子的语法结构也可以通过建立一组规则来描述,如用“::=”表示“由…组成”,则上面的英语句子可用下列 9 条规则来描述:

a. <句子>::=<主语><谓语> 规则(2-1)

b. <主语>::=<冠词><形容词><名词>

c. <冠词>::= the

d. <形容词>::= big

e. <谓语>::=<动词><直接宾语>

f. <动词>::= ate

g. <直接宾语>::=<冠词><名词>

h. <名词>::= peanut

i. <名词>::= elephant

这一组规则描述了例 2.1 句子的文法,因为它描述了该句子的语法结构:<句子>由<主语>后跟<谓语>组成,<主语>由<冠词>后跟<形容词>和<名词>组成,<冠词>由 the 组成,等等。

值得注意的是,在这种文法描述中,描述某个特定语法成分的规则可能不只一条。如上述规则中就有两条规则表示<名词>的组成。这种情况的存在将给语法分析工作增加复杂性。

2.1.3 由规则推导句子

当有了一组规则以后,就可以按照一定的方式用它们去推导或产生句子,因此,通常也把这些规则称为“产生式”。规则中的“::=”也可用→表示,则上述规则可改写为:

a. <句子>→<主语><谓语>

b. <主语>→<冠词><形容词><名词>

c. <冠词>→ the

d. <形容词>→ big

e. <谓语>→<动词><直接宾语>

f. <动词>→ ate

g. <直接宾语>→<冠词><名词>

h. <名词>→ peanut

i. <名词>→ elephant

用这 9 条规则可以推导出句子“the big elephant ate the peanut”,其推导过程如下:

从语法成分<句子>开始推导。在规则中找在符号→左部是<句子>的规则,并选取此规则进行第一步推导。在此选取规则 a<句子>→<主语><谓语>,通过此规则可以由<句子>直接推导出符号串<主语><谓语>,也表示语法成分<句子>可以用语法成分<主语><谓语>所组成的符号串代替。为了与产生式中的符号→相区别,用符号⇒表示推导。下一步推导就从<主语><谓语>开始。当有两个以上的语法成分同时存在时,可任选其中之一,并根据规则重复上述推导。如选择从<主语>开始推导,据此找在→左部有<主语>的规则,可找到规则 b,并用规则 b 右部的符号串代替原来符号串中的<主语>,这就产生了下面的推导:

<主语><谓语>⇒<冠词><形容词><名词><谓语>

然后再选取规则 c,对<冠词>进行推导,即:

<冠词><形容词><名词><谓语>⇒the<形容词><名词><谓语>

再选取规则 d ,对<形容词>进行推导,即:

the<形容词><名词><谓语>⇒the big<名词><谓语>

接着对<名词>进行推导,如此继续下去直到推出全部句子。

即上述英语句子的全部推导过程是:

<句子>⇒<主语><谓语>
⇒<冠词><形容词><名词><谓语>
⇒ the <形容词><名词><谓语>
⇒ the big <名词><谓语>
⇒ the big elephant <谓语>
⇒ the big elephant <动词><直接宾语>
⇒ the big elephant ate <直接宾语>
⇒ the big elephant ate <冠词><名词>
⇒ the big elephant ate the <名词>
⇒ the big elephant ate the peanut

为了表示和书写的方便,我们使用一个新的符号$\stackrel{+}{\Rightarrow}$来表示上述的推导序列,并把上述句子的推导过程缩写为:

<句子>$\stackrel{+}{\Rightarrow}$ the big elephant ate the peanut

需要注意的是,一组规则可以推导出多种句子。上述 9 条规则还可以推导出:

the big peanut ate the elephant

虽然它所表达的语义是荒谬的，但是该句子在结构上是合乎规则的。文法规则仅仅是语言结构的描述和定义，所以一个在文法上正确的句子不一定在语义上也正确。要判断一个句子是否正确，要同时进行文法和语义两方面的检查。

下面再举一个例子，说明用一组规则可以推导出不同句子这一事实，例如有下面 7 条规则：

<句子>::=<主语><谓语>

<主语>::= We

<主语>::= He

<主语>::= I

<谓语>::= ran

<谓语>::= sat

<谓语>::= ate

根据这 7 条规则，可以生成下面 9 个句子：

We ran　　He ran　　I ran

We sat　　He sat　　I sat

We ate　　He ate　　I ate

通过这个例子我们可以看到，利用包含有<句子>这种语法成分的一组规则可以描述出多种不同的句子。因此，如果可以用适当条数的规则把一种语言的全部句子描述出来，甚至可以用有穷的文法规则来完整描述有无穷句子的语言，这是非常有价值的。这种方式不但解决了语言的定义问题，而且为根据文法对语言做语法检查和翻译提供了可能。

2.2　符号和符号串

正如英语是由句子组成的，而句子又是由单词和标点符号组成的那样，程序设计语言 Pascal 语言或 C 语言也是由所有 Pascal 程序或 C 程序所组成的，而程序又是由类似于 if、begin、end 的符号以及字母和数字等基本符号所组成的。从形式上看，每个程序都是一个"基本符号"串。假设有一个基本符号集，Pascal 语言或 C 语言就可以看作是在这个基本符号集上定义的、按一定规则构成的一切基本符号串的集合。为了给出语言的形式定义，本节首先介绍符号和符号串的有关概念。

2.2.1 字母表和符号串

字母表是元素的非空有穷集合，字母表中的元素被称为符号，因此字母表也被称为符号集。不同的语言可以拥有各自独特的字母表，例如汉语的字母表中包括汉字、数字以及标点符号等。而C语言的字母表则是由字母、数字、若干专用符号及char、struct、if、do等保留字组成。

由字母表中的符号所组成的有穷序列被称为符号串。在符号串的定义中，也允许存在空符号串，用 ε 表示，即不包含任何符号的符号串。下面给出符号串的形式定义。

【定义2.1】符号串。字母表 Σ 上的符号串递归定义如下：

(1) ε 是 Σ 上的符号串；

(2) 若 x 是 Σ 上的符号串，且 $a \in \Sigma$，则 xa 和 ax 是 Σ 上的符号串；

(3) 若 y 是 Σ 上的符号串，当且仅当 y 可由(1)或(2)产生。

例如，有字母表 $\Sigma=\{a, b, c\}$，该字母表的元素“符号”为a、b、c。定义在该字母表上的符号串为 a、b、c、aa、ab、ac、ba、bb、bc、…。

为了区别符号、符号串和符号串集合，通常约定用 a、b、c、…表示符号；用 S、T、U、…或者 s、t、u、…表示符号串，用 A、B、C、…表示符号串集合。

2.2.2 符号串及其集合运算

1. 符号串相等

若 x、y 是集合上的两个符号串，当且仅当组成 x 的每一个符号和组成 y 的每一个符号依次相等时，有 $x=y$。例如，$Z=\{a, b, c\}$，若 $x=abbc$ 且 $y=abbc$，则 $x=y$。若 $x=ab$，$y=ba$，则 $x\neq y$。

2. 符号串的长度

若 x 是符号串，则其长度用 $|x|$ 表示，其数值等于组成该符号串的符号个数。例如 $x=STV$，则 $|x|=3$。

3. 符号串的联结

若 x 和 y 是两个符号串，则它们的联结记为 xy，表示将符号串 y 联结在符号串 x 的后面（也可以说将符号串 x 联结在符号串 y 的前面）从而组成新的符号串。如 $x=XY$，$y=YX$，则 $xy=XYYX$，$yx=YXXY$。一般来说，xy 不等于 yx。若 x 和 y 是 Z 上的符号串，那么，xy 和 yx 也是 Z 上的符号串，这可以根据符号串的递归定义给予证明。

根据符号串的联结运算,有

$$\varepsilon x = x\varepsilon = x$$

式中,ε 为空符号串。

4. 符号串集合的乘积运算

令 A、B 为符号串集合,两个符号串集合 A 和 B 的乘积 AB 定义如下:

$$AB = \{xy \mid x \in A, y \in B\}$$

例:如果 $A = \{a, b\}$, $B = \{c, d\}$,那么,集合 $AB = \{ac, ad, bc, bd\}$。

因为对于任意符号串 x,总有 $\varepsilon x = x\varepsilon = x$,所以,有 $\{\varepsilon\}A = A\{\varepsilon\} = A$。

注意:这里要用花括号将符号串 ε 括起来,因为乘积是对集合定义的,$\{\varepsilon\}$ 表示由空符号串 ε 所组成的集合,但 ε 本身是符号串而不是集合。

5. 符号串的幂运算

如果 x 是符号串,则 x 的幂运算定义为:

$x^0 = \varepsilon$

$x^1 = x$

$x^2 = xx$

$\vdots$

$x^n = xx\cdots x = xx^{n-1} (= x^{n-1}x)$,其中 $n>0$。

例如,若 $x = abc$,则 $x^0 = \varepsilon$, $x^1 = abc$, $x^2 = abcabc$, $\cdots$。

6. 字母表的闭包运算

字母表 A 的闭包是字母表 A 的各次方幂之并,记作 A^*, $A^* = A^0 \cup A^1 \cup A^2 \cup \cdots$,其含义是由 A 上符号能够组成的所有符号串的集合(包括空串 ε)。

如果 A^* 中不包含空串 ε,则得到 A 的正闭包,用 A^+表示,即 $A^+ = A^* - \{\varepsilon\}$,其含义是由字母表 A 上的符号能够组成的除空串外的所有符号串的集合。而语言是由字母表上符合某种规则的语句所组成的,所以字母表上的语言是字母表上正闭包的子集。

由此,如果 $A = \{a, b\}$,则

$$A^+ = \{a, b, aa, ab, ba, bb, aaa, aab, \cdots\}$$

$$A^* = \{\varepsilon, a, b, aa, ab, ba, bb, aaa, aab, \cdots\}$$

可以证明:$A^+ = AA^* = A^*A$。

2.3 文法和语言

自从乔姆斯基(Chomsky)于1956年首次建立语言的形式描述以来,形式语言的理论取得了迅猛的发展。这一理论对计算机科学产生了深刻的影响,特别是对程序语言的设计、编译方法、计算复杂性等领域发挥了重要作用。同时,它还推动了计算机科学的理论研究,并取得了不少成果,为计算机的发展奠定了坚实的理论基础。约翰·巴克斯和彼得·诺尔把乔姆斯基的描述首先应用于程序语言的定义中。

下面我们首先使用2.2节所引用的术语,对2.1节中描述句子的规则进行形式化处理,然后给出文法和语言的定义。

2.3.1 文法的形式定义

【定义2.2】产生式或者规则。产生式是一个有序偶对(U,x),通常写作

$$U::=x \text{ 或 } U\to x \qquad |U|=1,|x|\geqslant 0$$

其中U是符号,x是有穷符号串。U是产生式的左部,x是其右部。

注意:本书将无区别地使用"规则"和"产生式"这两个名词,并无区别地使用$U::=x$和$U\to x$这两种表示形式。

【定义2.3】字汇表。文法$G[Z]$是规则的非空有穷集合。Z是一个符号,它至少要在一条规则中作为左部出现,通常把这个符号称为识别符号(开始符号)。在所有的规则中,规则左部和右部中的所有符号组成一个集合,称为文法的字汇表,记为V。

【例2.2】文法G[<无符号整数>]由如下13条规则组成:

(1) <无符号整数>::=<数字串>

(2) <数字串>::=<数字串><数字>

(3) <数字串>::=<数字>

(4) <数字>::= 0

(5) <数字>::= 1

(6) <数字>::= 2

(7) <数字>::= 3

(8) <数字>::= 4

(9) <数字>::= 5

(10) <数字>::= 6

（11）<数字>::= 7

（12）<数字>::= 8

（13）<数字>::= 9

<无符号整数>是文法 G[<无符号整数>]的识别符号。该文法的字汇表 V 为：

V={0, 1, …, 9, <数字串>,<数字>,<无符号整数>}

【定义 2.4】终结符和非终结符。给定文法 G,可把作为规则左部出现的那些符号称为非终结符号或语法成分,它们形成了非终结符号集,记为 V_N;并将规则中不属于 V_N 的那些符号称为终结符号,它们共同组成了终结符号集合,记为 V_T。其中,V_N 和 V_T 不含公共元素,即 $V_N \cap V_T = \varnothing$。

对文法 G[<无符号整数>],有：

V_N={<数字串>,<数字>,<无符号整数>}

V_T={0, 1, …, 9}

根据【定义 2.3】(对字汇表 V 的定义),可得：

$V = V_N \cup V_T$={0,1,…9,<数字串>,<数字>,<无符号整数>}

通常我们使用尖括号将非终结符号括起来,以便将它们与终结符号区分开来。

文法的 BNF 表示法　对于具有相同左部的那些规则,如 $U ::= x$,$U ::= y$,$U ::= z$,可以将其缩写为：

$$U ::= x \mid y \mid \cdots \mid z$$

这就是著名的 BNF(Backus-Naur Form,巴克斯-诺尔范式)表示法。它最初由约翰·巴克斯在 ALGOL 58 中首次实现,后来由彼得·诺尔在 ALGOL 60 中进一步发展其概念并将符号简化。BNF 表示法中符号“::=”表示“定义为”,符号 | 表示“或”。因此上式表示的含义为：

U 定义为 x 或 y 或 … 或 z

符号“::=”“|”“<”和“>”被称为元符号。由元符号构成的语言被称为元语言。从其功能的角度来看,元语言即是用以描述其他语言的语言。由元符号组成的巴克斯-诺尔范式<元语言公式>则是一种描述算法语言的元语言。

应用巴克斯-诺尔范式,可将文法 G [<无符号整数>]改写为：

<无符号整数>::=<数字串>

<数字串>::=<数字串><数字>|<数字>

<数字>::= 0 | 1 |…| 9

综合【定义 2.2】到【定义 2.4】,可以给出文法的形式定义。

【定义 2.5】文法 G 定义为一个四元组 $G=(V_T, V_N, S, P)$。

其中 V_T 为终结符集;V_N 为非终结符(或语法实体,或变量)集;P 为规则($\alpha \to \beta$)的集合,$\alpha \in (V_N \cup V_T)^*$ 且至少包含一个非终结符,$\beta \in (V_N \cup V_T)^*$;$V_N$, V_T 和 P 是非空有穷集。S 被称为识别符或开始符,它是一个非终结符,至少要在一条规则中作为左部出现。

从前面的定义可知，通过一个规则集，我们可以确定文法的非终结符号集 V_N 和终结符号集 V_T。因此，在给定一个文法时，只需给出规则集合，并指明其识别符号即可。为了进一步简化这个过程，在给出规则集时，我们可约定第一条规则的左部符号作为识别符号。那么，假定我们已经定义了一个文法，即一组规则，该如何确定该文法所代表的语言呢？下面介绍语言的形式定义。

2.3.2 语言的形式定义

根据文法推导符号串时，首先应从开始符号出发，不断将某个非终结符号替换为该非终结符号的某个产生式。从开始符号推导，我们能够得到一个包括所有终结符号串的集合，该集合即该文法所定义的语言(language)。下面给出了句型、句子和语言的定义。

【定义 2.6】句型。设有文法 $G=(V_T,V_N,S,P)$，若 $S\overset{*}{\Rightarrow}a, a\in V^*$，则称 a 为 G 的一个句型(sentential form)。从上述定义可以看出，从文法的开始符推导出的任意符号串均是该文法的句型，开始符自身也是一个句型，它由 0 步推导出。

【定义 2.7】句子和语言。若文法 G_1 的某个句型仅由终结符组成，则称该句型为文法 G 的一个句子(sentence)，即若 $S\overset{+}{\Rightarrow}a$ 且 $a\in V_T^*$，则称 a 为 G 的一个句子。例如，文法 G 的一个推导：

$$E\Rightarrow E+E\Rightarrow E+E*E\Rightarrow E+i*E\Rightarrow E+i*i\Rightarrow i+i*i$$

显然 $i+i*i$ 是 G 的一个句子。

文法 G 的所有句子的集合被称为 G 产生的语言，记为 $L(G)$，即有：

$$L(G)=\{a\mid S\overset{+}{\Rightarrow}a\cap a\in V_T^*\}$$

一个文法定义的语言可以是有限集合，也可以是无限集合(如定义标识符的文法和定义表达式的文法)。如果在一个文法中包含有递归定义的产生式，那么该文法定义的语言是无限集合。

设文法 G 的产生式为：

$S::=aS\mid b$

$P::=bP\mid bQ$

$Q::=cQ\mid c$

这是一个右线性文法，可以看出 $L(G)=\{a^nb\mid n\geqslant 0\}$。

设文法 G 的产生式为

$S::=aS\mid aP$

$P::=bP\mid bQ$

$Q::=cQ\mid c$

这是一个右线性文法。如果使用 $S::=aS$ 共 $i-1$ 次，则可以产生 $i-1$ 个 a，记为 a^{i-1}，即 $S\overset{*}{\Rightarrow}a^{i-1}S$，最后总要使用产生式 $S::=aP$ 一次，因此，有 $S\overset{*}{\Rightarrow}a^iP$，之后便不可能再生成 a。

也有可能根本不使用第一个产生式,这时的 $i-1$ 为 0,所以可确定 i。同理,使用 $P::=bP$ 共 $j-1$ 次,则有 $S\overset{*}{\Rightarrow}a^ib^{j-1}P$,最后总要使用产生式 $P::=bQ$ 一次,则有 $S\Rightarrow a^ib^jQ$。再同样使用最后两个产生式,即

$$S\overset{*}{\Rightarrow}a^iP\overset{*}{\Rightarrow}a^ib^jQ\overset{*}{\Rightarrow}a^ib^jc^k$$

其中,$i, j, k\geqslant 1$。$L(G)=(a^ib^jc^k \mid i,j,k\geqslant 1)$。

上述文法生成的语言是所有 i 个 a 后跟 j 个 b 再跟 k 个 c 的符号串的集合,且符号串中 a, b 和 c 至少都要有一个。

现在提出更高的要求,要求 $i=j=k$,即要求符号串中 a , b 和 c 的个数相等,且所有的 a 在前面,所有的 c 在后面,所有的 b 在中间。我们需要注意到,这时的 j 和 k 是相关的。文法产生式需要记住生成过 a 的数量,以便在生成完 a 后可以再生成相同个数的 b 和 c。这已经不是 3 型语言,使用 3 型文法不能实现。甚至也无法使用上下文无关文法实现,因为它们上下文相关。由此需要使用上下文相关文法 G 来产生这个语言。

(1) $S::=aSPQ$

(2) $S::=abQ$

(3) $QP::=PQ$

(4) $bP::=bb$

(5) $bQ::=bc$

(6) $cQ::=cc$

上述文法不是能够推导出该语言的唯一文法,读者感兴趣的话可以尝试自己写出一个文法产生该语言。

一个语言通常可以由多个文法产生,如果对文法 G 和 G',有 $L(G)=L(G')$,则称 G 和 G' 是等价的。

2.3.3　文法和语言分类

乔姆斯基把文法分成 4 种类型,即 0 型、1 型、2 型和 3 型。这几类文法的差别在于对产生式施加的限制不同。

(1) 0 型文法

设 $G=(V_N,V_T,P,S)$,如果它的每个产生式都是 $\alpha::=\beta$ 的结构且至少含有一个非终结符,而 $\alpha\in(V_N\cup V_T)^*$,则 G 是一个 0 型文法。

0 型文法也被称为短语文法,具有重要的理论意义,一个重要的理论结果是,0 型文法的表达能力与图灵机(Turing machine)等价。换言之,任何 0 型语言都是递归可枚举的;反之亦然,递归可枚举集也必定是一个 0 型语言。

通过 0 型文法产生式的形式做些限制,我们可以给出 1 型、2 型和 3 型文法的定义。

(2) 1 型文法

除 $S::=\varepsilon$ 外，文法 G 的任何产生式 $\alpha::=\beta$ 均满足 $|\alpha|\leqslant|\beta|$。且 S 不出现在任何产生式的右部。1 型文法也被称为上下文有关文法或上下文敏感文法（context-sensitive grammar，CSG）。

1 型文法生成的语言称为 1 型语言，又称为上下文有关语言（context-sensitive language），它是递归集（recursive set）的子集，也就是说，1 型文法生成的语言一定是递归集，但递归集不一定是 1 型语言。

（3）2 型文法

若文法 G 的任何产生式均为 $A::=\beta$ 的形式，其中，$A\in V_N,\beta\in V^*$，则称 G 为 2 型文法。2 型文法的产生式左边仅有一个非终结符，它不受上下文限制，因此也被称为上下文无关文法（context-free grammar，CFG）。

2 型文法生成的语言被称为 2 型语言或上下文无关语言（context-free language，CFL）。

（4）3 型文法

若文法 G 的任何产生式均为 $A::=aB$ 或 $A::=a$ 的形式，其中，$A,B\in V_N$，$a\in V_T^*$，则称 G 为 3 型文法，也称正则文法（regular grammar）或右线性文法（right-linear grammar）。3 型文法也可以定义为 $A::=aB$ 或 $A::=a$（其中 $A,B\in V_N$，$a\in V_T^*$）的形式，称 G 为左线性文法（left-linear grammar）。可以证明，每个左线性文法均可找到一个等价的右线性文法。

3 型文法生成的语言称为 3 型语言，它是 2 型语言的一个子集，也被特别称为正则集（regular set）。通常强制式语言属于 2 型语言，该语言的单词（符号）属于正则集。因此，要描述一个强制式语言通常使用上下文无关文法和正则文法就足够了。

2.3.4 推导的定义及语法树的生成

在定义文法中所产生的语言中引入了推导的概念，即定义 V^* 中的符号之间的关系：直接推导 $\Rightarrow$、长度为 $n(n\geqslant1)$ 的推导 $\overset{+}{\Rightarrow}$ 和长度为 $n(n\geqslant0)$ 的推导 $\overset{*}{\Rightarrow}$。

1. 推导和归约

【定义 2.8】设文法 $G=(V_T,V_N,S,P)$，如果 $\alpha\beta\gamma\in V^*$，且有 $\beta\rightarrow\delta\in P$，则称 $\alpha\beta\gamma$ 可以直接推导出 $\alpha\delta\gamma$，记为

$$\alpha\beta\gamma\Rightarrow\alpha\delta\gamma$$

也可以说 $\alpha\delta\gamma$ 是 $\alpha\beta\gamma$ 的直接推导（direct derivation），其逆过程称为直接归约（direct reduction），即 $\alpha\delta\gamma$ 直接归约成 $\alpha\beta\gamma$。

如果有 $\alpha_1\Rightarrow\alpha_2,\alpha_2\Rightarrow\alpha_3,\cdots,\alpha_{n-1}\Rightarrow\alpha_n$，即存在一个推导序列

$$\alpha_1\Rightarrow\alpha_2\Rightarrow\alpha_3\Rightarrow\cdots\Rightarrow\alpha_{n-1}\Rightarrow\alpha_n$$

则称 a_1 推导(derivation)出 a_n 或者说 a_n 归约(reduction)为 a_1,记为 $a_1 \overset{+}{\Rightarrow} a_n$。若有 $a_0 \overset{0}{\Rightarrow} a_n$ 或 $a_0 \overset{+}{\Rightarrow} a_n$,可统一记为 $a_0 \overset{*}{\Rightarrow} a_n$,表示 a_0 经过0次(即 $a_0 = a_n$)或多次直接推导便可推导出 a_n。

【例2.3】设有文法 G:

$E ::= EAE \mid (E) \mid i$

$A ::= + \mid i$

利用文法 G 可以推导出表达式 $i + i * i$,推导过程如下:

$E \Rightarrow E + E \Rightarrow i + E \Rightarrow i + E * E \Rightarrow i + i * E \Rightarrow i + i * i$

每次推导都使用 G 的一条产生式(规则),用其右边替换左边,每次只能改变一个非终结符。若每次推导均改变(被替换)最左边的非终结符,则称为最左推导(leftmost derivation),上述推导即为最左推导。当然,要推出 $i + i * i$,由于使用规则的先后顺序不一样,也会出现多种不同的推导,例如:

$E \Rightarrow E * E \Rightarrow E * i \Rightarrow E + E * i \Rightarrow E + i * i \Rightarrow i + i * i$

若每次被替换的非终结符均是最右边的,这种推导称为最右推导(rightmost derivation),最右推导又称为规范推导(canonical derivation)。

最左推导的逆过程称为最右归约(rightmost reduction),最右推导的逆过程称为最左归约(leftmost reduction),又称规范归约(canonical reduction)。

2. 推导过程和语法树的生成

语法树通常以倒置的树型呈现,其根在上,枝叶在下。根由开始符标记,前面讲到,开始符是一个特殊的句型,它是由0次推导推出的句型,只有根的语法树就是以开始符为句型的语法树。随着推导的展开,当树枝上标记的是非终结符,并用它的某个候选式进行替换时,这个非终结符标记的相应结点就产生下一代新结点,候选式中自左至右的每一个符号对应标记一个新结点,每个新结点和其父结点之间均有一连线。在语法树生长过程中的任何时刻,所有没有子结点的末端结点的标记从左到右的排列就可以形成一个句型。如果所有末端结点的标记均为终结符,那么这棵语法树就代表了一个句子的各种推导过程。此时不会再有新的推导,推导过程终止。

下面以【例2.3】中文法 G 的句子 $i + i * i$ 为例,说明它的语法树的生长过程。

(1) G 的开始符为 E,因此根结点的标记为 E。

(2) 用产生式 $E ::= E + E$ 的右边替换左边的 E,得到推导 $E \Rightarrow E + E$,此时可建立具有三个分枝的语法树,每个分枝标记从左到右依次为 E、+和 E,如图2.2所示,其中 $E + E$ 是新句型。

(3) 在句型 $E + E$ 中,使用产生式 $E ::= i$ 替换句型最左边的 E,得到推导 $E \Rightarrow E + E \Rightarrow i + E$,它的语法树如图2.3所示,其中 $i + E$ 为新句型。

(4) 在句型 $i + E$ 中,使用产生式 $E ::= E * E$ 的右边替换句型中的 E,得到推导

$E\overset{*}{\Rightarrow}i+E\Rightarrow i+E*E$，它的语法树如图 2.4 所示，其中 $i+E*E$ 为新句型。

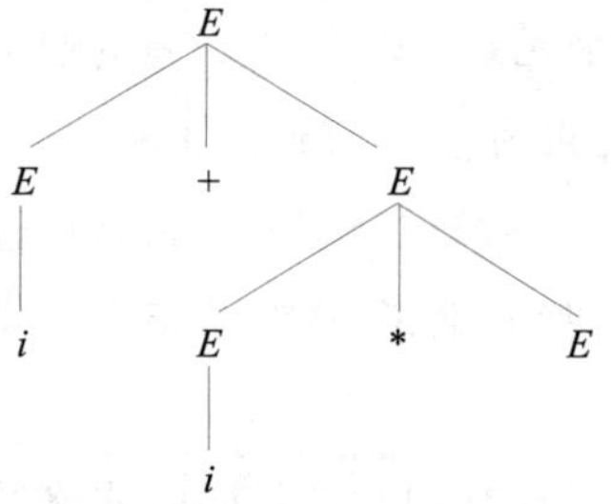

图 2.2 句型 $E+E$ 的语法树

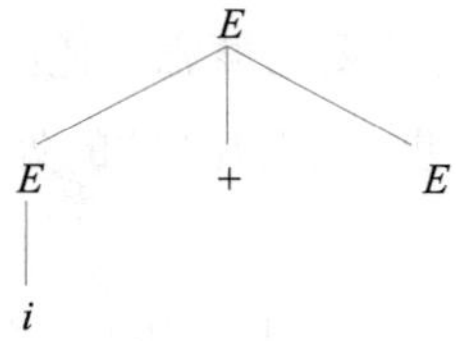

图 2.3 句型 $i+E$ 的语法树

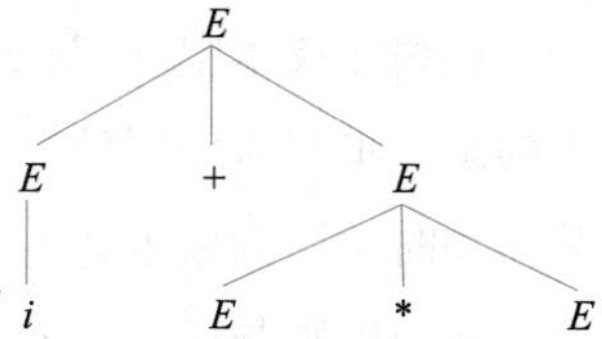

图 2.4 句型 $i+E*E$ 的语法树

（5）在句型 $i+E*E$ 中，用产生式 $E::=i$ 右边的 i 替换句型左边的 E，得到推导 $E\overset{*}{\Rightarrow}i+E*E\Rightarrow i+i*E$，它的语法树如图 2.5 所示，其中 $i+i*E$ 为新句型。

（6）在句型 $i+i*E$ 中，使用产生式 $E::=i$ 右边的 i 替换句型中的 E，得到推导 $E\overset{*}{\Rightarrow}i+i*E\Rightarrow i+i*i$，它的语法树如图 2.6 所示，其中 $i+i*i$ 为新句型，这个句型全部由终结符组成，因此不存在新的推导，语法树也不会再有新的结点。

这棵语法树的第一代是根结点 E，它有三个儿子（子结点），即第二代的 E、+和 E。父子同名在语法树中是非常常见的，只要有递归产生式就会出现这种情况。这三个儿子之中老大和老三同名，都是 E。老大和老三也都有儿子。老大的儿子为 i，i 为第三代，i 是末端结点，没有后代。老二为+，也是末端结点，没有后代。老三又有三个儿子，它们分别为 E、$*$ 和 E，都是第三代，其中的两个 E 又都有自己的儿子，都是 i，它们是第四代，是末端结点，再没有后代。这里要注意的是，语法树的最终表示（参见图 2.19）中并未表明谁先产生儿子结点。

通常说语法树表示一个句型或一个句子的各种不同推导，但未必表示全部可能的推导。例如，对上述句子 $i+i*i$ 采用如下推导：

$$E\Rightarrow E*E\Rightarrow E*i\Rightarrow E+E*i\Rightarrow E+i*i\Rightarrow i+i*i$$

相应推导构成的语法树如图 2.7 所示，显然它与图 2.6 是不同的。

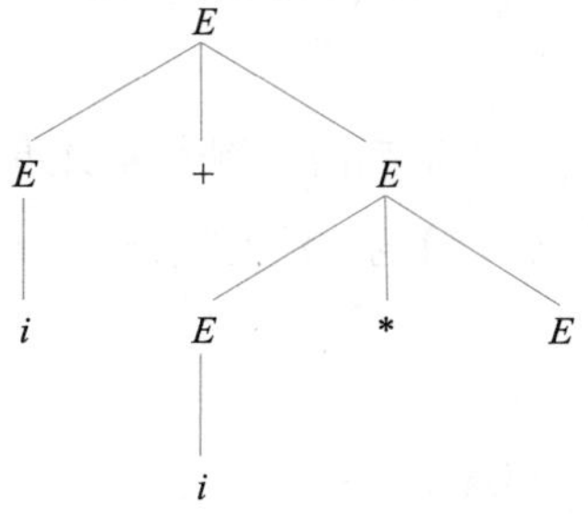

图 2.5 句型 $i+i*E$ 的语法树

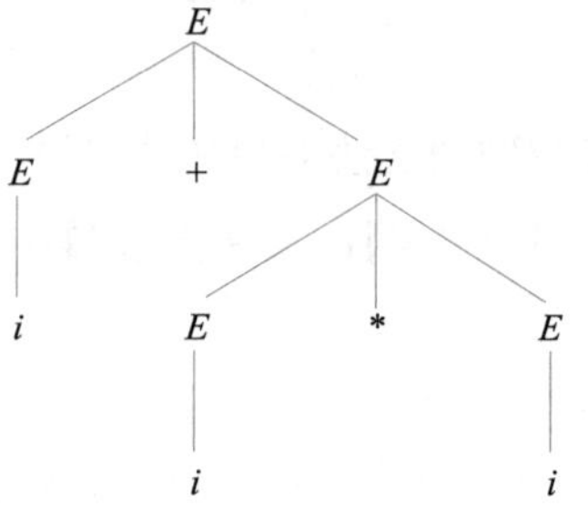

图 2.6 句型 $i+i*i$ 的语法树

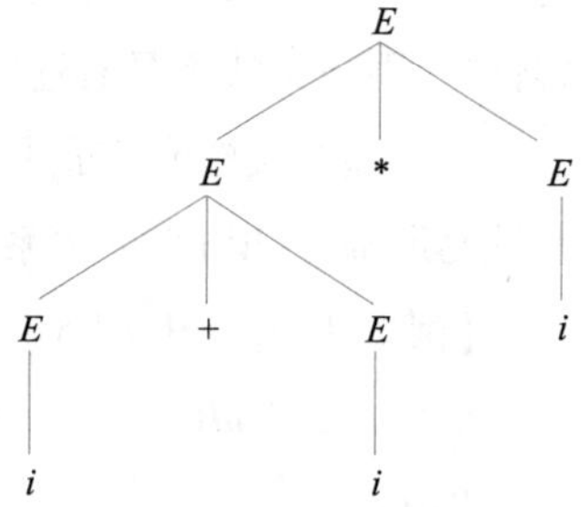

图 2.7 句型 $i+i*i$ 的另一语法树

2.3.5 递归规则和递归文法

若数据类型 T 包含属于同一数据类型 T 的成分。那么该类型 T 被称为递归类型

(recursive type)。递归类型允许在类型定义中使用被定义类型的名称。例如,二叉树可通过递归来定义。类型 binary_tree 可以定义为一个三元式:第一个元素可以为空,或者为原子元素(atomic element);第二个元素为(left)binary_tree;第三个元素为(right)binary_tree。

在编译技术中,递归是一个很重要的概念。递归指的是一种处理过程的性质,这种过程的某一步骤需要用到它的上一步(或上几步)的处理结果。换句话说,递归是指在定义某事物时又用到某事物本身。

递归规则与递归定义相关联。在递归规则中,规则的右部具有和左部相同的非终结符号。这样的规则实际是在对规则左部的非终结符号进行递归定义。

在文法中,可以包含有递归规则。如 $U::=xUy$ 即为递归规则。

若 $x=\varepsilon$,则 $U::=Uy$ 称为左递归规则;

若 $y=\varepsilon$,则 $U::=xU$ 称为右递归规则;

若 $x,\ y\neq\varepsilon$,则 $U::=xUy$ 称为自嵌入规则。

文法的递归性质　若文法中包含至少一条递归规则,即有 $U\Rightarrow U\cdots$,或 $U\Rightarrow\cdots U$,或 $U\Rightarrow\cdots U\cdots$,则称此文法是直接递归的。

需要说明的是,文法的递归性不仅仅可由直接递归规则引起,还可由间接递归引起。例如,某文法中有如下规则:

$U::=Vx$

$V::=Uy\mid v$

虽然每一条规则都不是递归规则,但是有:

$$U\stackrel{+}{\Rightarrow}Uyx\mid vx$$

这被称为间接左递归,也间接造成文法的递归性。当然间接递归也包括 $U\stackrel{+}{\Rightarrow}\cdots U\cdots$,或 $U\stackrel{+}{\Rightarrow}\cdots U$ 的情况,这时称文法为间接自嵌入或间接右递归的。

判断文法是否具有递归性的原则为:对文法中的任一非终结符号,若能建立一个推导过程(包括$\Rightarrow$或$\stackrel{+}{\Rightarrow}$),在推导所得的符号串中又出现了该非终结符号本身,则文法具有递归性;否则该文法不具有递归性。

定义递归文法允许我们使用有穷的文法去刻画无穷的语言。以下列两个例子说明递归性与所描述的语言的关系,其中【例 2.4】的文法无递归性,【例 2.5】的文法有递归性。

【例 2.4】有文法 $G[S]$。

$S::=aB\mid bB$

$B::=a\mid b$

由于该文法不具有递归性,所以它所描述的语言是有穷的。上述文法所确定的语言为:

$$L(G[S])=\{aa,ab,ba,bb\}$$

【例 2.5】有文法 G[<无符号整数>]。

<无符号整数>::=<数字串>

<数字串> :: = <数字串><数字> | <数字>

<数字> :: = 0 | 1 | 2 | 3 |…| 9

由于该文法有直接左递归规则,所以是有递归性的。其确定的语言为:

$$L(G[\text{<无符号整数>}])=V_T^+$$

$$V_T=\{0,1,2,\cdots,9\}$$

即所有的无符号整数均是该文法所定义的句子。假如不用递归规则来定义文法,那么,要表示所有的无符号整数就需要用无穷多条规则(因为无符号整数是无穷的),例如:

<无符号整数> :: = <数字串>

<数字串> :: = <数字>|<数字><数字>|<数字><数字><数字>|…

<数字> :: = 0 | 1 | 2 | 3 |…| 9

在文法中使用递归规则以后,可以由有穷的规则来描述无穷的语言,这是好的一面。但是使用递归规则也有缺点,例如具有左递归性的文法,不能采用自顶向下的分析算法。有关这方面的问题将在后续章节中讨论。

2.3.6　短语、直接短语和句柄

【定义 2.9】短语。设 $G[Z]$ 是一文法,$\omega=xuy$ 是一句型,如果有:

$Z\overset{*}{\Rightarrow}xUy$ 且 $U\overset{+}{\Rightarrow}u$

那么则称 u 是一个相对于非终结符号 U 的句型 ω 的短语。

若有:

$Z\overset{*}{\Rightarrow}xUy$ 且 $U\Rightarrow u$

那么,称 u 是一个相对于非终结符号 U 的句型 ω 的直接短语(或简单短语)。其中:

$$U\in V_N,u\in V^+,x、y\in V^*$$

所以,在谈到短语和直接短语时,都是针对着某一句型的,指句型中的哪些符号串能构成短语和直接短语。离开具体的句型来谈短语和直接短语是没有意义的。另外,短语和直接短语都是相对于某个非终结符号的。在语法分析中,常常要用到一个句型的最左直接短语。为此,可给句型的最左直接短语起一个单独的名字——句柄。

【定义 2.10】句柄。任一句型的最左直接短语称为该句型的“句柄”。

【例 2.6】设有文法 G:

$E :: = E + T \mid T$

$T :: = T * F \mid F$

$F :: = (E) \mid i$

文法 G 的句型 $i_1+i_2+i_3$(注意,这里的 i_1, i_2 和 i_3 均代表文法符号 i,加下标的目的是区分 3 个不同的 i)存在推导

$$E\Rightarrow E+T\Rightarrow E+F\Rightarrow E+i_3\Rightarrow T+i_3\Rightarrow T*F+i_3\Rightarrow T*i_2+i_3\Rightarrow F*i_2+i_3\Rightarrow i_1*i_2+i_3$$

因为 $E\stackrel{*}{\Rightarrow}T+i_3$ 且 $T\stackrel{+}{\Rightarrow}i_1*i_2$,所以 i_1*i_2 是句型 $i_1*i_2+i_3$ 关于 T 的短语;有 $E\stackrel{*}{\Rightarrow}E+F$ 且 $F\Rightarrow i_3$,所以 i_3 是句型 $i_1*i_2+i_3$ 关于规则 $F\to i$ 的直接短语。

用上述方法判断一个句型的短语比较困难,且不直观,可以借助推导树非常直观地判断句型的所有短语。例如有文法 G,其具有句型 $T*F+i$,它的推导树如图 2.8 所示。

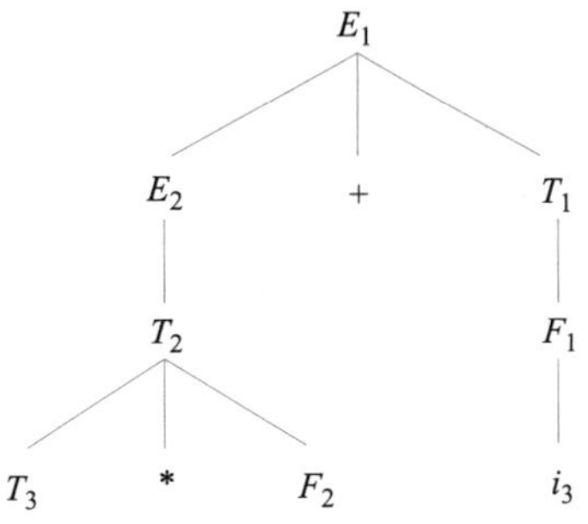

图 2.8 句型 $T*F+i$ 的推导树

在句型的语法树中,任何子树的边缘是子树根的短语;对于只有一代的子树,其边缘是直接短语。图 2.8 中,有两棵只有一代的子树,即以 T_2 和F_1 为根的子树,所以 T_3*F_2 和i_3 是直接短语;另有以 E_2 为根的子树。T_3 是短语;以 T_1 为根的子树,W 是 T 的短语;以 E 为根的子树,T_3*F_2+i 是短语。在两个直接短语中,T_3*F_2 是最左直接短语,即句柄。

2.3.7 文法的二义性

在根据一个文法讨论某个符号串的结构时,必须非常小心。一个文法可能有多棵语法分析树能够生成同一个给定的终结符号串。我们称这样的文法具有二义性(ambiguous)。要证明一个文法具有二义性,只需找到一个终结符号串,说明它是两棵以上语法分析树的结果即可。因为具有两棵以上语法分析树的符号串通常具有多个含义,所以需要为编译应用设计出没有二义性的文法,或者在使用二义性文法时使用附加的规则来消除二义性。这里先给出文法二义性的形式定义。

【定义 2.11】文法的二义性。如果一个文法所定义的句子中有某个句子存在两棵不同的语法树,则该文法是二义性的;否则,该文法是无二义性的。

对于同一个句子,若能构造出两棵不同的语法树,那么它就有两个不同的最右(或最左)推导;反之,若一个句子只能有一个最右(或最左)推导,则该句子就只存在一棵语法树。因此,我们也可以换一种方式来定义文法的二义性,即:

【定义 2.11a】若文法中存在某个句子,它有两个不同的最右(或最左)推导,则该文法是二义性的。

由于最左归约(规范归约)是最右推导(规范推导)的逆过程,因此有:

【定义 2.11b】若文法中存在某个句子,它有两个不同的最左归约(规范归约),即在归约中某些规范句型的句柄不唯一,则该文法是二义性的。

综上所述,若要判别文法是否具有二义性,就要去判别该文法的某个句子是否有两棵不同的语法树;或者某个句子是否存在两个不同的最右(或最左)推导;或者某句子进行规范归约过程中,其规范句型的句柄不唯一。

【例 2.5】中列举的文法 G[<无符号整数>]是一个无二义性的文法,因为它的每一个句子(每一个无符号整数)都只能构造出一棵语法树,即便同一个句子存在不同的推导

（但要注意，句子的最右或最左推导是唯一的）。下面举两个二义性文法的例子。

【例 2.7】有文法 $E ::= E + E \mid E * E \mid (E) \mid i$。

该文法的 $V_N = \{E\}$，$V_T = \{+, *, (,), i\}$

可以看到，$i + i * i$ 是该文法的一个句子，因为根据文法可以将其推导出来。但是这样的句子可以有两棵语法树。很明显，也存在着两个最右（或最左）推导，如图 2.9 所示。注意：图中结点间连线上的数字并不表示推导顺序，而是表示归约顺序。由于该句子对应着两棵语法树，所以该文法是二义性文法。

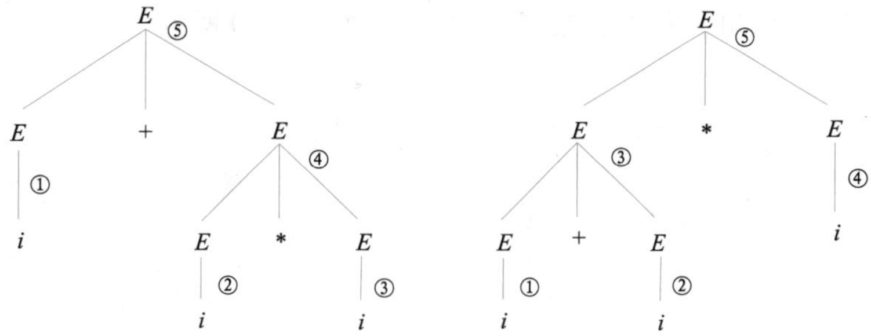

图 2.9　句子 $i + i * i$ 的两棵语法树

可以通过自底向上的归约过程来分析由文法二义性带来的问题。对上述句子，我们进行自底向上的归约，并假定每一步归约总是归约当前句型的句柄。语法树中结点之间连线上所标的数字表示归约的顺序。分析对这两棵语法树所进行的归约过程可知：在归约的某些步上，句型相同，但句型的句柄不唯一。如第②步归约完成后，两棵语法树的当前句型都为 $E + E * i$，但对左边的语法树，该句型的句柄为 i；而对右边的语法树，该句型的句柄为 $E + E$。因此当归约第②步完成后，下一步出现了两个可以归约的句柄。因为文法有二义性，句型的句柄不唯一，所以归约哪个句柄都可以。这种二义的情况是由文法的二义性所导致的。

此外，还可以从语义的角度来理解文法的二义性。若在进行上述归约的同时也进行语义处理（一般的编译程序都会这样做），即在每次归约时都生成相应的中间代码或目标指令。例如，在将 $E + E$ 归约为 E 时，生成 $E + E$ 的运算指令；在将 $E * E$ 归约为 E 时，生成 $E * E$ 的运算指令等。由于 $i + i * i$ 有两棵语法树，因此编译程序可以任选其中一棵语法树进行归约，并生成相应的目标指令。这样就存在如下两种可能：

（1）假设选择左边的语法树进行归约，编译程序将首先生成 $E * E$ 的运算指令，然后生成 $E + E$ 的运算指令。该表达式的目标程序在运行时将先做乘法运算，后做加法运算。

（2）假设选择右边的语法树进行归约，并生成目标指令，则在目标程序运行时将先做加法运算，后做乘法运算。

这就是由文法二义性所带来的语义处理上的不同，并由此产生句子语义上的不确定性。这种情况突显了文法二义性问题对编译带来的巨大的影响。为了更加明确地阐述这一问题，下面再举一个具体语言的例子。

【例 2.8】定义文法 G[<语句>]为：

<语句> :: = IF<布尔表达式>THEN<语句>

　　| IF<布尔表达式><THEN 语句>ELSE<语句>|<其他语句>

　　⋮

该文法的 V_N = {<语句>,<布尔表达式其他语句>,…}

V_T = {IF, THEN, ELSE, …}

由该文法可以推导出下面的句型:

IF<布尔表达式>THEN IF<布尔表达式>THEN<语句>ELSE<语句>

对该句型可以构造出两棵语法树,如图 2. 10 所示。

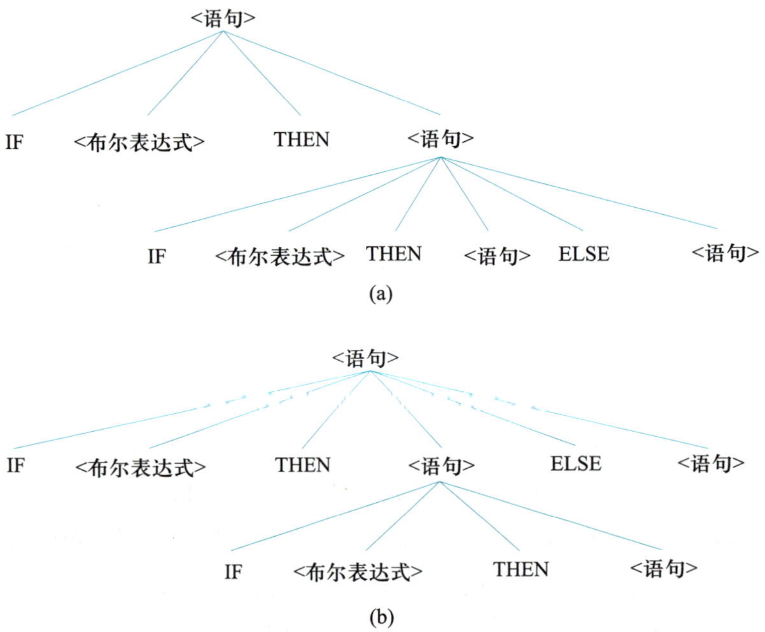

图 2. 10　【例 2. 8】的句型的语法树

因此,上述文法是二义性文法。该文法的二义性导致的该句型在语义上的二义性表现为:若按图 2. 10(a)的语法树进行自底向上归约并进行语义处理,则 ELSE 与第 2 个 THEN 配对,由编译所生成的第一个条件语句属 IF-THEN 型条件语句。若按图 2. 10(b)的语法树进行自底向上归约并进行语义处理,则 ELSE 与第 1 个 THEN 配对,由编译所生成的第一个条件语句属于 IF-THEN-ELSE 型条件语句。

值得注意的是,我们通常不说语言本身的二义性,这是因为句子或句型的二义性是由文法的二义性所带来的;还因为有时能够通过改变这种二义性文法,在不改变它的句子集合的前提下得到同一个句子集合的无二义性文法。

一般来说,为了使编译能够确定地进行,即一个源程序符号串只对应一组确定的目标指令,应避免使用二义性文法。

遗憾的是,计算机科学家们已经证明:文法二义性的性质是不可判定的。这就意味着不存在一种能够接收任意 BNF 文法,并在有穷步骤内确切判定出该文法是否是二义性的算法。人们能做的就是找到某些简单的条件,当文法满足这些条件时,就可以确保该文法是无二义性的。它们是无二义性的充分条件,但并不是必要条件。

一般有两种途径来解决文法的二义性问题。

一是根据提出的条件修改编译算法。例如,对【例 2.6】的文法 $G[E]$,可以通过规定运算符的优先级来避免文法二义性。例如规定 * 的优先级高于+(优先级高的先归约),同一优先级则先左后右(左结合)。这样,对于文法 $G[E]$ 的每一个句子,再次进行自底向上的归约分析时,都仅对应着一棵语法树。

二是根据预先提出的条件直接修改文法。例如,对于算术表达式的文法,仍可规定条件为:当对表达式做自底向上归约时,每次归约均是归约当前句型的句柄。但是归约的顺序应该保证先 *、÷后+、-。以此条件作为无二义性的充分条件,即可构造出算术表达式的一种无二义性的文法 $G[E]$:

$E ::= T \mid E + T \mid E - T$

$T ::= F \mid T * F \mid T \div F$

$F ::= (E) \mid i$

仍考虑表达式 $i + i * i$。根据新给定的文法,该表达式只能构造出唯一的语法树,见图 2.11。事实上,对该文法的所有句子都不能构造出两棵语法树。从语法树也可以明显看出,采用上述算法对句子或句型进行归约时,能够保证实现无二义性的充分条件,文法是无二义性的。

值得注意的是,满足无二义性充分条件的表达式文法并不唯一。这一点在后面章节中将进一步讨论。

对于【例 2.8】的文法 G[<语句>],在编译时同样可通过改写文法或规定算法来避免出现二义性。例如,可以规定 THEN 后面的<语句>不能是条件语句,并以此构造出无二义性的文法。也可不改变文法而直接规定编译算法,例如规定 ELSE 永远与最靠近它的前一个 THEN 配对,这样也可以避免文法的二义性。

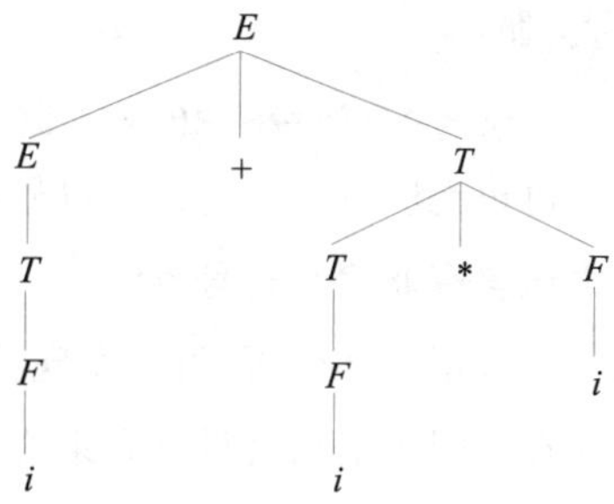

图 2.11 句子 $i + i * i$ 的语法树

2.3.8 有关文法的实用限制

本节从实际应用的角度出发,讨论对文法所需要施加的一些限制。

前面已经详细介绍了文法的二义性问题。一般情况下,人们倾向于使用无二义性的文法。因此,确保无二义性也被视为是对文法实用性的一种限制。此外,我们还将介绍一些限制条件。需要明确的是,这些限制条件并未对文法所能描述的语言集合产生影响。

对于文法的实用性,我们可以归纳出两个限制方向:

(1) 不得包含 $U::=U$ 这样的规则。这种规则被称为有害规则,因其不仅是不必要的,而且还会导致文法的二义性问题。所以在文法中应该避免定义这样的规则。

(2) 不得包含多余规则。若程序设计语言的文法包含多余规则时,往往会引入错误,因此有必要检查文法中是否包含多余规则。文法中的多余规则分为两种:

① 在推导文法的所有句子的过程中始终不会被用到的规则,即该规则的左部非终结符并未出现在任何句型中(该非终结符被称为不可达符号);

② 在推导句子的过程中,一旦使用了此规则,将无法再推出任何终结符号串,即该规则中含有推不出任何终结符号串的非终结符(该非终结符被称为不活动符号)。

【例 2.9】设有文法 *G*[<*z*>]:

<*z*> :: = <*b*>*e*

<*a*> :: = <*a*>*e* | *e*

<*b*> :: = <*c*>*e* | <*a*>*f*

<*c*> :: = <*c*>*f*

<*d*> :: = *f*

在该文法中,非终结符号<*d*>不出现在任何规则的右部,且句子的推导总是从文法的识别符号<*z*>开始,所以在句子的推导过程中始终用不到规则<*d*> :: = *f*,因此是多余规则。另外,规则<*c*> :: = <*c*>*f* 也是多余规则。因为使用这条规则会使推导无限制地进行下去,如:

<*c*>⇒<*c*>*f*⇒<*c*>*ff*⇒<*c*>*fff*…

就再也无法推出任何终结符号串了。规则<*b*> :: = <*c*>*e* 也是多余的规则,因为在该规则中包含有非终结符号<*c*>。

根据上述分析,可以发现:如果程序设计语言的文法包含多余规则,其中必定有错误存在。因此对语言设计者来说,检查文法中是否包含多余规则是非常必要的。

检查文法中的有害规则并把它清除是比较容易的。但检查文法中是否存在多余规则,则需要检查文法中每一条规则左部的每个非终结符号 U 是否满足下述两个条件:

条件一:对任意的 $U\in V_N$,$U\neq Z$(识别符号),U 必须出现在某个句型中,即有:

$Z\overset{*}{\Rightarrow}xUy$,其中,$x,y\in V_T^*$

条件二:对任意的 $U\in V_N$,必须能够从 U 推导出终结符号串 t 来,即:

$U\overset{+}{\Rightarrow}t$,其中,$t\in V_T^*$

显而易见,如果非终结符 U 不满足上述两个条件,则称 U 为无用符号,同时,包含有 U 的规则即是多余规则,要从文法中除去。根据这两个条件,可以很容易地通过分析【例 2.9】文法中的每一个非终结符号找出无用符号和多余规则,并将其从文法中删除。从文法中删去无用符号的算法留给读者作为练习。

上述文法在去掉多余规则以后可压缩为:

$<z>::=<b>e$

$<a>::=<a>e \mid e$

$<b>::=<a>f$

为了更加明确地描述问题，此处给出压缩文法的定义：

【定义 2.12】压缩文法。如果文法 G 中的每一个非终结符号都满足上述条件一和条件二，则可称该文法为压缩过的或化简过的。

在随后的各章中，我们将默认讨论的文法都是压缩过的。

2.4 扩充的 BNF 表示和语法图

除了可以使用 BNF 表示来定义语言的语法以外，我们还可以使用其他的一些表示方法，其中较常见的是扩充的 BNF 表示和语法图。本节将对这两种表示方法做简单介绍。

2.4.1 扩充的 BNF 表示

顾名思义，扩充的 BNF 表示是在 BNF 表示的基础上发展起来的，它与 BNF 表示具有相同的表达能力，但在结构上更为简单和清晰。

在 BNF 中使用的元语言符号只有<、>、::=、|共 4 种，在消除公共左因子时，引入了圆括号。扩充的 BNF 引入了方括号和花括号，使其定义语言的表达能力更强，扩充的 BNF 也可被称为花括号法。

$\{a\}$表示 a 的 0 次到任意多次重复，即(a^*)。

$[a]$表示 a 可有可无(即 $a \mid \varepsilon$)。

利用扩充 BNF，标识符的定义可写为

$I::=L\{L|D\}$

$L::=a|b|c|d|e|f|g|h|i|j|k|l|m|n|o|p|q|r|s|t|u|v|w|x|y|z$

$D::=0|1|2|3|4|5|6|7|8|9$

这种定义系统不仅能增强表达能力，而且直观易懂，有许多语言采用这一系统进行定义。这种定义系统也便于消除左递归和提取公共左因子。例如：

$E::=T \mid E+T$

可改写成：

$E::=T\{+T\}$

利用这个定义系统，文法 G_1 可改写成 G_1'：

$E ::= T\{+T\}$

$T ::= F\{\ *\ F\}$

$F ::= i \mid '('E')'$

其中,被定义的圆括号与元语言符号冲突,特别用单引号括起来。

2.4.2 语法图

事实上,对于任何通过产生式给定的文法,我们均可以构造一个等效的语法图,用来识别该文法所产生的合法句子(从识别的观点来考虑语言的定义),即用识别图(recognition graph),或称语法图(syntax graph)来定义给定的语言。例如,可以用图 2.12 所示的语法图来表示<标识符>、<无符号整数>、<字母>以及<数字>的语法。

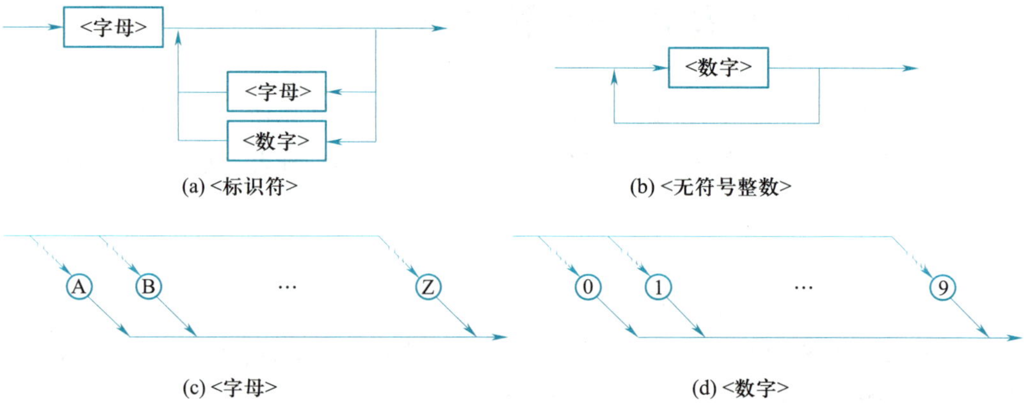

图 2.12　语法图

在语法图中,终结符用圆框标记,非终结符用方框标记。任何一个非终结符均可由仅有的一个入口边和一个出口边的语法图来定义。若一个终结符序列是合法的,那么必须能够从语法图的入口边通过语法图达到出口边,且在通过的过程中,恰恰能识别该终结符序列。在通过标识终结符的圆框时,若标记的终结符与被识别的终结符正好符合,则该终结符被识别;若通过标记为非终结符的方框,那么由通过该非终结符的语法图来识别;若遇到分支,可以经由任一边来识别,若经由这个边识别不成功,则返回并尝试用另一边来识别,这种情况被称为回溯。若尝试过的所有边都识别不成功,则可以确定该终结符序列是不合法的,不属于该语法图所定义的语言。该语法图能识别的所有终结符序列的集合即为该语法图定义的语言。

早期的 Fortran 语言的语法定义是采用自然语言进行描述的;ALGOL 60 首次采用 BNF 对程序设计语言的语法进行形式描述,为语言定义做出了重要贡献;Pascal 首次采用语法图来定义语言,给出了较为直观的语法结构。BNF 和语法图是语言文法的等价表示方式,但语法图是从识别的角度来定义语言的,更加直观、简洁和清晰,并给出了语言的语法结构图像。

练习 2

1. 乔姆斯基文法体系中将文法分为哪几类?

2. 试对如下语言构造相应的文法:

(1) $\{a(b^n)a \mid n=0,1,2,3,\cdots\}$

(2) $\{(a^n)(b^n) \mid n=1,2,3,\cdots\}$

其中左、右圆括号“(”和“)”为终结符。

3. 设文法 G 为:

$N::=D \mid ND$

$D::=0\mid1\mid2\mid3\mid4\mid5\mid6\mid7\mid8\mid9$

请给出句子 0125 和 783 的最右推导(规范推导)和最左推导。

4. 证明下面的文法具有二义性:

$S::=iSeS \mid iS \mid i$

5. 已知文法 $G[E]$:

$E::=ET+ \mid T$

$T::=TF* \mid F$

$F::=FP\uparrow \mid P$

$P::=(E) \mid i$

若有句型 $TF*PP\uparrow+$,请给出该句型的短语、简单短语和句柄。

第 3 章

词法分析程序的设计

编译过程的第一步是进行词法分析，该任务由词法分析程序完成。

词法分析程序又称为词法分析器或扫描器，是编译程序的基本子过程之一。 本章讨论用手工方式设计并实现词法分析程序，主要内容包括：词法分析程序的功能及实现方案、单词的种类及词法分析程序的输出形式、正则文法及其状态图、词法分析程序的设计与实现。

对于程序语言单词符号的描述，在讨论词法分析程序的手工实现时，仍采用第 2 章所介绍的 BNF 表示法。 大多数程序语言的词法规则属于乔姆斯基 3 型文法，即正则文法。 在介绍词法分析程序的设计时，本书将介绍状态图。 可以看到，通过状态图来设计词法分析程序是一种方便的途径。

3.1 词法分析程序的功能及实现方案

前已提及,词法分析程序的功能是:扫描源程序字符,按语言的词法规则识别出各类单词或符号,并将有关字符组合成为单词并输出,同时进行词法检查。语言的保留字、标识符、常数、运算符等都是单词符号的例子。词法分析程序的主要任务是进行词法分析,同时完成相关的单词转化和处理,归纳起来词法分析程序所要做的工作有:

(1) 词法分析。分析程序从源程序的第一个字符开始,顺序地读字符,一次读一个,根据所读到的字符识别单词类别。有时还需要超前读几个字符才能确定单词类别。当确定单词类别以后,就可根据词法规则将有关字符组合成为单词并输出。在组合单词过程中还应同时进行词法检查,在发现单词的组成有错误时,输出对应的出错信息。

(2) 对数字常数完成数字字符串到十进制数值的转换,并将其值输出。

(3) 删去空格、换行、制表等字符和注释。

词法分析可以单独作为一遍来实现,此时可将词法分析程序的输出存放在一个中间文件中,语法分析程序可以从该文件中获取下一步的输入,也可将其输出结果存放在内存中,这可以大大提高存取效率。通过这一遍的加工,就可将以字符串表示的源程序加工成为以单词表示的源程序,如图3.1(a)所示。

有些编译程序将词法分析和语法分析安排在同一遍中。此时将词法分析编成一个子程序,该子程序由语法分析程序调用。当语法分析程序需要一个新的符号时,就调用该子程序。该子程序每调用一次,就从源程序字符串中读出一个具有独立语法意义的单词。如图3.1(b)所示。这种编译器结构省去了在中间文件上存取符号的工作,可以提高编译器的效率。

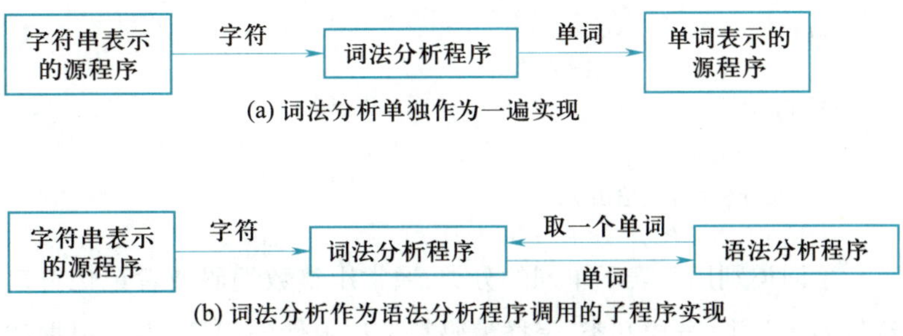

(a) 词法分析单独作为一遍实现

(b) 词法分析作为语法分析程序调用的子程序实现

图3.1 词法分析程序的实现方案

3.2　单词的种类及词法分析程序的输出形式

3.2.1　单词的种类

单词是语言的基本语法单位,具有确定的语法意义。通常程序语言的单词符号包括以下几类。

(1) 保留字:指程序设计语言预定义的字符串,如 begin、end、for、if、then、do 等。它们在语言中具有固定的意义,是编译程序识别各类语法成分的依据,所以用户不能把它们作为标识符使用。

(2) 标识符:由用户定义用来表示各种名字的字符串,如变量名、数组名和过程名等。

(3) 常数:通常包括无符号数、布尔常数、字符串常数等,如:125、0.718、15.2、0x58A、'%'、TRUE、"table_list"等。

(4) 分界符或操作符:可分为单字符分界符,如+、-、*、/、,、;、(、)、:等以及双字符分界符,如//、/*、:=等。

3.2.2　词法分析程序的输出形式

为了便于编译程序进一步加工,单词符号的输出形式一般采用二元式,如图 3.2 所示。

单词类别	单词值
整型	58
保留字	"for"

图 3.2　词法分析程序的输出形式

单词类别用于表示单词的分类,通常用整数编码或者记忆符表示。一个语言的单词符号如何分类、分成几类、怎样编码都是技术性的问题,主要根据如何处理方便而定。标识符一般归为一类。常数则一般按类型(整、实、复或布尔)分类。保留字可将其全体定为一类,也可一字一类。分界符可单独作为一类,也可采用一符一类的分法。有的编译程序则将保留字和分界符列为一类。采用一字一类或一符一类的分法实现处理起来稍微方便一些。因为,如果一个类别中只含有一个单词符号,那么这个单词符号的类别编码就可以完全代表它自身的值,从而词法分析程序不必输出其值。

单词值如何输出,也主要根据今后如何处理方便。对于保留字和分界符,若要输出其单词值(不是采用一符一类时),则可采用整数形式的内部编码或其自身字符串的编码。对于标识符,则用自身的字符串编码表示。常数则可以用自身的值(需转化为二进制形式)表示,也可以用常数的字符串形式的编码。

有的编译程序在词法分析时就建造符号表。这样,为了下一步加工的方便,对于标识符和常数,其单词值可用指示字(指针),即标识符在符号表中的地址和常数在常数表中的地址。

表 3.1 和表 3.2 给出了两种形式的编码方式,供参考。

表 3.1 按单词种类分类表

单词名称	类别编码	单词值
标识符	1	内部字符串
无符号整数	2	整数值
无符号浮点数	3	数值
布尔常数	4	0 或 1
字符串常数	5	内部字符串
保留字	6	保留字或内部编码
分界符	7	分界符或内部编码

表 3.2 保留字和分界符采用一符一类

单词名称	类别编码	单词值
标识符	1	内部字符串
无符号整数	2	整数值
无符号浮点数	3	数值
布尔常数	4	0 或 1
字符串常数	5	内部字符串
BEGIN	6	—
END	7	—
FOR	8	—
DO	9	—
…	…	…
:	20	—
+	21	—

续表

单词名称	类别编码	单词值
*	22	—
,	23	—
(	24	—
…	…	…

3.3 正则文法及其状态图

许多程序设计语言的单词可以用乔姆斯基3型文法,即正则文法来描述。由形式语言和自动机理论可知,对于用正则文法所描述的语言,可以用一种有穷(状态)自动机来识别。为了简化问题,将直接介绍这种自动机的非形式表示,即状态图(也称状态转换图),并使用状态图来构造词法分析器。下面首先介绍状态图的画法,然后介绍怎样利用状态图来识别和分析单词,最后再介绍词法分析器的设计与实现。

3.3.1 状态图

状态图,也称状态转换图,是一个有向图。在状态图中,结点表示状态,用圆圈表示;状态之间用有向弧连接,弧上的标记(字符)代表在有向弧的射出结点状态下可能出现的输入字符。每个状态图包含有限个状态(结点),其中包含一个初始状态(简称初态)和至少一个终止状态(简称终态,用双圈表示)。

本小节介绍如何根据文法画出相应的状态图。3.3.2小节将介绍如何利用状态图来分析和识别由文法所确定的语言(单词集)。

设有正则文法 $G[Z]$:

$Z::=U0|\ V1$

$U::=Z1|1$

$V::=Z0|0$

由分析可知,这是一个左线性的3型文法。由该文法所确定的语言为:

$L(G)=\{B^n|n>0\}$,式中:$B=\{01,10\}$

下面给出这种左线性的3型文法的状态图的画法。

(1) 用结点(状态)表示 G 的非终结符号,G 的识别符号为终止状态;

(2) 设一开始状态 S;

(3) 对于 G 中每一条规则 $Q::=t$(t 为终结符),画一条从状态 S 到状态 Q 的方向弧,其弧上标记为 t;

(4) 对于 G 中每条规则 $Q::=Rt$,画一条从状态 R 到 Q 的方向弧,弧上标记为 t。

根据上述状态图的画法,可以画出上述文法的状态图。如图 3.3 所示。

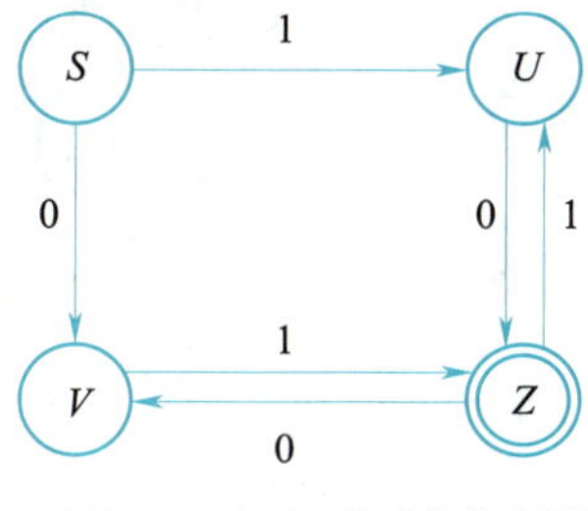

图 3.3 文法 $G[Z]$ 的状态图

3.3.2 状态图的使用

一个状态图可用于识别(或接受)一定的字符串。下面给出字符串 x 的分析和识别算法。

步骤 1:置初始状态 S 为“当前”状态。从 x 的最左字符开始重复进行步骤 2,直到确认 x 不是句子或扫描完 x 全部字符为止;

步骤 2:扫描 x 的下一字符,在当前状态所射出的弧中,找出标记有该字符的弧,并沿此弧前进,过渡到下一状态。如果找不到标记有该字符的弧,则 x 不是句子,整个过程到此终止。如果到达 x 的末端,即扫描到 x 的最后一个字符,并从当前状态出发沿着标有该字符的弧过渡到的下一个状态为 Z,即到达文法的开始符号所对应的状态,该状态称为终止状态,则 x 是文法的合法句子。

读者将会看到,这种方法是一种自底向上的分析算法。每一步(除第一步外)的句柄是当前状态的名字加上正要进入的字符,而句柄所要归约的符号就是下一状态的名字。下面以句子 0110 的分析为例来说明。图 3.4(a)的每一行表示进入步骤 2 的分析状态。由于这些规则本身具有简单的性质,所以,这里的分析也是非常简单的。因为非终结符号仅作为右部第一个符号出现,所以,第一步总是把句子的第一个符号归约成为一个非终结符号。其后各步总是应用如下形式的规则 $V::=Ut$,把句型 $Ut\beta$ 的头两个符号 Ut 归约成非终结符 V,在执行这个归约时,当前状态的名字是 U,下一状态的名字是 V。因为每个右部是唯一的,所以归约成的符号也是唯一的。对于正则文法的句子来说,它们的语法树总具有图 3.4(b)所给出的形状。

步骤	状态	读进状态	x的余留部分（β）
1	S	0	110
2	V	1	10
3	Z	1	0
4	U	0	
5	Z		

(a) 分析

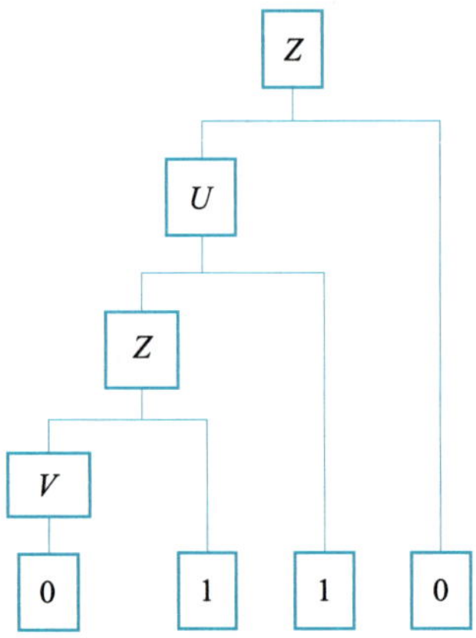

(b) 语法树

图 3.4 0110 的分析和语法树

3.4 词法分析程序的设计与实现

本节将用一个小而简单的例子，说明如何利用状态图编写词法分析程序。首先，给出该语言单词的词法规则，然后画出状态图，最后根据状态图构造出词法分析程序。

3.4.1 文法及其状态图

我们所定义的语言的单词有：

(1) 标识符

(2) 保留字(它是标识符的子集)

(3) 无符号整数

(4) 单字符分界符(+、-、*、/、(、)、:、;等)

(5) 双字符分界符(:=)

符号"/*"用作注释的开始符号。注释以符号"*/"接下来的第一次出现作为结束。

下面这一行是一个注释的例子：

/ * this is a single comment * /

词法分析程序将不输出注释。

为了从源程序字符流中正确识别出各类单词，规定至少要有一个空白字符将相邻的标识符、整数和（或）保留字分开，但不能用空白字符将单词中的相邻字符分开。

上述单词可用下述简单规则加以描述：

<标识符>::=字母|<标识符>字母|<标识符>数字

<无符号整数>::=数字|<无符号整数>数字

<单字符分界符>::= +|-| * |/|(|)|:|,|;

<双字符分界符>::=<冒号>=

<冒号>::=:

<注释头符号>::=<斜竖> *

<斜竖>::=/

可以看到，所写的每一条规则都具有下述形式：

$U::=t$ 或 $U::=Vt$

其中 t 是终结符号，而 U、V 是非终结符号。因此，该文法是 3 型文法或正则文法，可以应用上节所介绍的方法画出该文法的状态图。

上述规则给出了 5 种语法成分的文法，即标识符、无符号整数、单字符分界符、双字符分界符和注释头符号。可以分别画出它们各自的状态图，如图 3.5 所示。

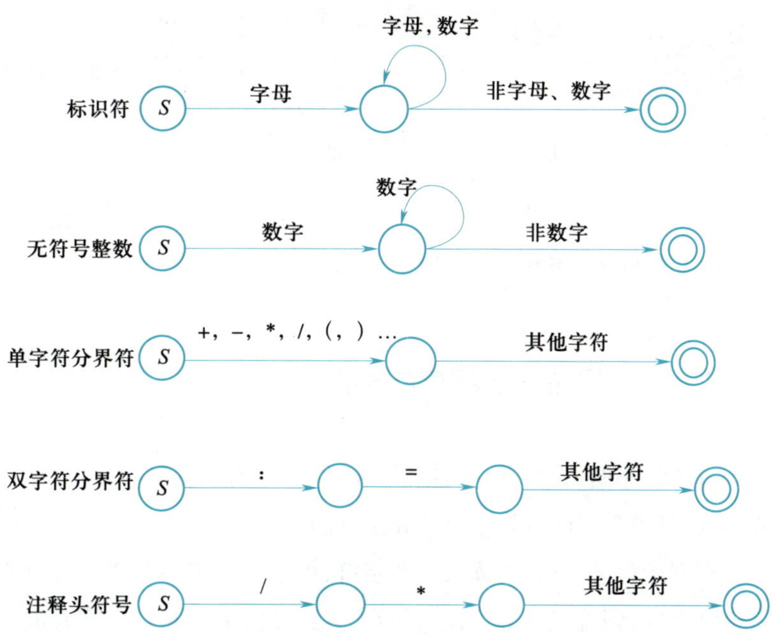

图 3.5 各种单词符号的状态图

考虑到词法分析程序作为一个子程序能用来识别和分析各类单词符号，并且在识别出一个单词以后将其返回调用程序，因此，可把上述状态图合并为一张状态图，使其有共

同的初始状态 S,即有一相同的入口,并在识别出一个单词符号以后有一个共同的出口。符号“/”“:”既可以是单字符分界符又可以是注释和双字符分界符的头符号。因此,对其必须按特殊方式处理(和单字符分界符处理合并)。另外,从实现的角度考虑,除上述状态外,还应加上一个出错的状态。当分析处在 S 状态,但读入的字符不属于由 S 射出的全部弧上的标记所组成的字符集时,就进入出错状态。根据以上考虑,可以将上述状态图画成如图 3.6 所示的形式。

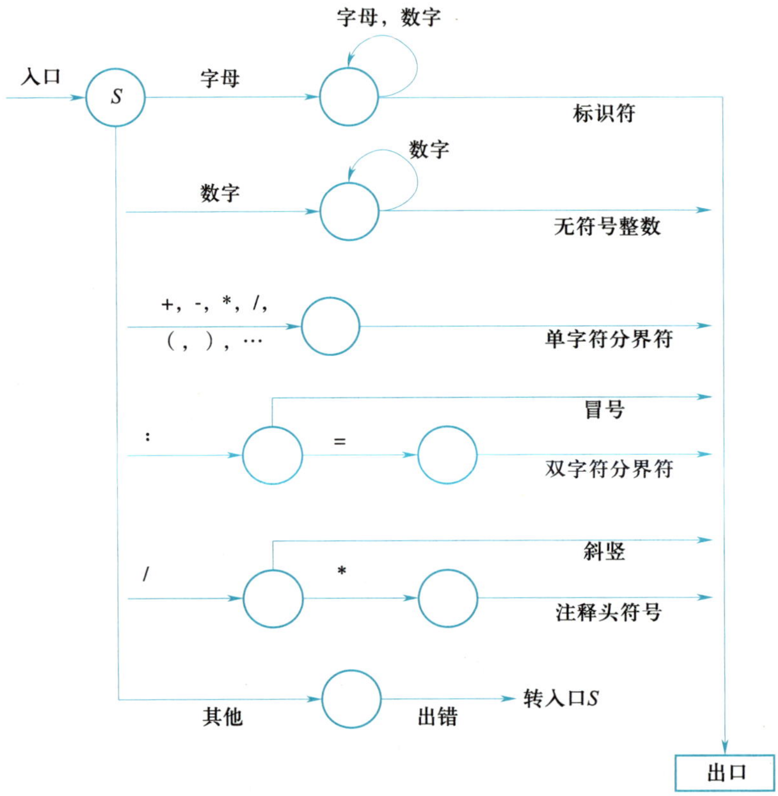

图 3.6 单词符号的状态图

3.4.2 词法分析程序的构造

有了状态图,只要进一步把语义动作添加到状态图中,并使每一个状态都对应一小段程序,就可得到词法分析程序的算法框图。

在开始状态,首先要读入一个字符,可通过调用一个读字符的子程序来完成。若读入一个空字符,则跳过并继续读入字符,直到读入一个非空字符为止。接下来根据所读进的非空字符转到相应的程序段进行处理。

在标识符状态下,在识别并组合成标识符以后,还必须加入一些动作,以便查找保留字表,确定标识符是保留字还是用户定义的标识符,并分别按情况输出单词。

在整数状态下，组数的同时还要做数字字符到十进制数值的转换。

在单字符分界符状态下，只需输出其内部的类别编码即可。

在冒号状态下，若读进的下一个字符不是“=”则输出单分界符“:”。若下一个字符是“=”，则进入双字符分界符状态并输出单词“:=”。

在斜竖状态下，若读进的下一个符号不为“*”则输出单分界符“/”。若为“*”则进入注释状态。词法分析程序不输出符号“/*”，并要跳过整个注释直到遇到符号“*/”为止。然后转开始状态，继续识别和分析下一个单词。

进入错误状态则代表词法分析程序从源程序字符流中读入了一个不合法的字符。所谓不合法的字符是指该字符不属于语言所定义的所有单词符号的首字符集合。词法分析程序在遇到不合法字符时要进行错误处理，其主要工作是显示或打印错误信息，并跳过这个字符，然后转入开始状态继续识别和组合下一个单词。

需要注意的是，在词法分析过程中为了判别是否已读到单词的最右端符号，有时需要向前多读一个字符，例如在标识符和无符号整数等状态。因此，词法分析程序在返回调用程序以前应将读字符指针退后一个字符。

图 3.7 就是根据上述状态图并加上语义动作而构造出的词法分析程序的算法框图（相当于具有语义的状态图）。

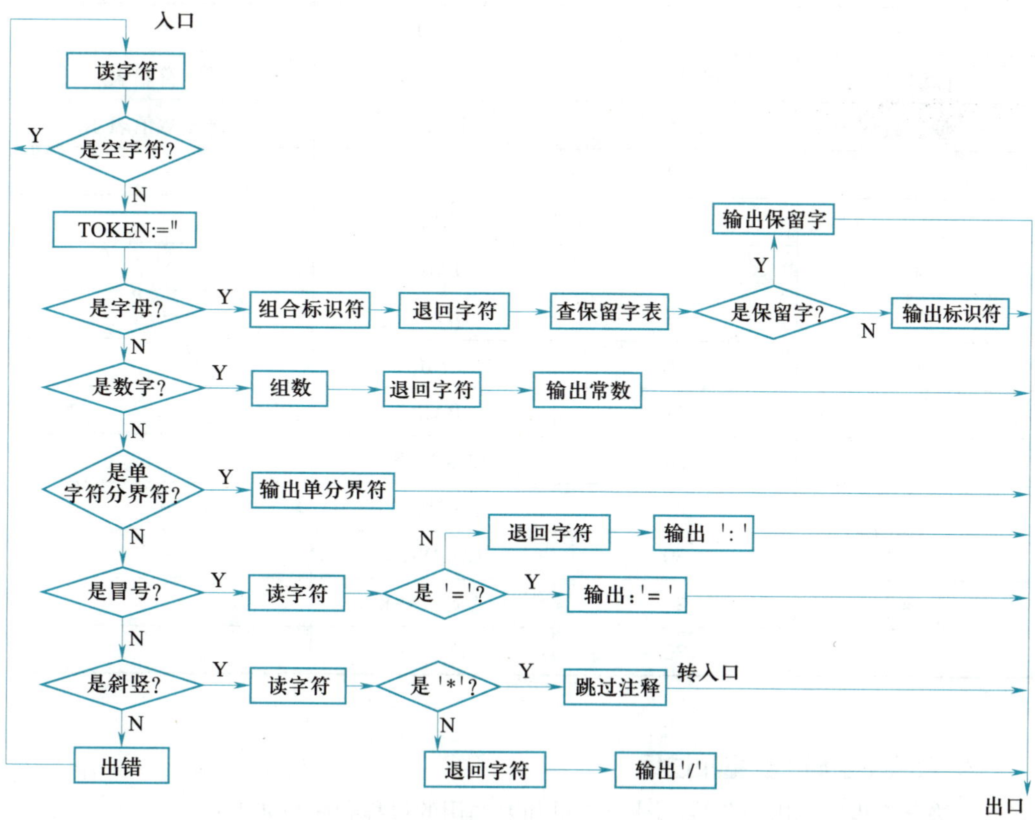

图 3.7 词法分析程序的算法框图

3.4.3　词法分析程序的实现

首先确定词法分析程序的具体输出形式，然后编写程序。

1. 输出形式

输出形式仍采用二元式。作为单词类别，规定标识符和无符号整数各作为一类。保留字和分界符则采用一符一类的方法。作为单词的值，标识符用其自身的字符串表示，无符号数用二进制值表示。保留字和分界符则不输出单词值。为了直观，单词的类别编码用记忆符表示。表 3.3 为单词的内部表示和词法分析程序的输出形式。

表 3.3　单词的内部表示和词法分析程序的输出形式

单词名称	类别编码	记忆符	单词值
BEGIN	1	BEGINSY	—
END	2	ENDSY	—
IF	3	IFSY	—
THEN	4	THENSY	—
ELSE	5	ELSE	—
标识符	20	IDSY	内部字符串表示
整常数	21	INTSY	二进制数值表示
+	22	PLUSSY	—
-	23	MINUSSY	—
*	24	STARSY	—
/	25	DIVISY	—
(	26	LPARSY	—
)	27	RPARSY	—
,	28	COMMASY	—
;	29	SEMISY	—
:	30	COLONSY	—
:=	31	ASSIGNSY	—
=	32	EQUSY	—

2. 公共（全局）变量和过程

词法分析程序所用的公共(全局)变量和要调用的过程和函数如下：

(1) char：字符型全局变量，存放当前读进的字符。

（2）token：全局变量，字符数组，存放单词的字符串。

（3）num：整型全局变量，存放当前读入的整型数值。

（4）symbol：枚举型全局变量，保存当前所识别单词的类型。

（5）getchar()：读字符过程，每调用一次读进一个字符放在 char 中，并把读字符指针指向下一个字符。

（6）clearToken()：清空 token 字符数组。

（7）isSpace()、isNewline()、isTab()：布尔过程，分别判断 char 中的字符是否为空格、换行符或 Tab，返回 TRUE 或 FALSE。

（8）isLetter()，isDigit()：布尔过程，分别判断 char 中的字符是否为字母或数字，返回 TRUE 或 FALSE。

（9）isColon()、isComma()、isSemi()：分别判断 char 中的字符是否为冒号、逗号或分号，返回 TRUE 或 FALSE。

（10）isEqu()、isPlus()、isMinus()、isDivi()：分别判断 char 中的字符是否为等号、加号、减号或除号，返回 TRUE 或 FALSE。

（11）isStar()：判断 char 中的字符是否为星号，返回 TRUE 或 FALSE。

（12）isLpar()、isRpar()：判断 char 中的字符是否为左右括号，返回 TRUE 或 FALSE。

（13）catToken()：把当前 char 中的字符与 token 字符数组中的字符串连接。

（14）retract()：将读字符指针后退一个字符。

（15）reserver()：查找保留字，若此函数的返回值为 0，则表示 token 中的字符串是一个标识符，否则为保留字编码，返回当前保留字的类编码。

（16）transNum()：将 token 中的字符串转换成整型数值，返回这个值。

（17）error：错误处理过程。

3. 词法分析程序算法

与图 3.7 相应的词法分析程序算法可构造如下：

```
int getsym()
    {
        clearToken();
        while(isSpace() || isNewline() || isTab())
            getchar();                          /* 读取字符，跳过空格、换行和 Tab */
        if(isLetter())                          /* 判断当前字符是否是一个字母 */
        {
            while(isLetter() || isDigit())      /* 将字符拼接成字符串 */
                {catToken();getchar();}
            retract();                          /* 指针后退一个字符 */
```

```
        int resultValue = reserver();                     /* resultValue 是查找保留字的返回值 */
        if(resultValue == 0) symbol = IDSY;               /* resultValue = 0, token 中的字符串为
                                                             标识符 */
        else symbol = resultValue;                        /* 否则 token 中的字符串为保留字 */
    }
    else if(isDigit())                                    /* 判断当前字符是否是一个数字 */
    {
        while(isDigit())                                  /* 将字符拼接成整数 */
            { catToken(); getchar(); }
        retract();
        num = transNum(token);                            /* 将 token 中的字符串转换成整数 */
        symbol = INTSY;                                   /* 此时识别的单词是整数 */
    }
    else if(isColon())                                    /* 判断当前字符是否是冒号 */
    {
        getchar();
        if(isEqu()) symbol = ASSIGNSY;                    /* 判断是否是赋值符号 */
            else {retract(); symbol = COLONSY;}
    }
    else if(isPlus()) symbol = PLUSSY;                    /* 判断当前字符是否是加号 */
    else if(isMinus()) symbol = MINUSSY;                  /* 判断当前字符是否是减号 */
    else if(isStar()) symbol = STARSY;                    /* 判断当前字符是否是星号 */
    else if(isLpar()) symbol = LPARSY;                    /* 判断当前字符是否是左括号 */
    else if(isRpar()) symbol = RPARSY;                    /* 判断当前字符是否是右括号 */
    else if(isComma()) symbol = COMMASY;                  /* 判断当前字符是否是逗号 */
    else if(isSemi()) symbol = SEMISY;                    /* 判断当前字符是否是分号 */
    else if(isDivi())                                     /* 判断当前字符是否是斜竖 */
    {
        getchar();
        if(isStar())                                      /* 判断当前字符是否是星号 */
        {                                                 /* 处理注释 */
            do{
                do{ getchar();
                }while(! isStar());
            do{
                getchar();
```

```
                if(isDivi()) return 0;          /* 注释处理完毕 */
            }while(isStar());
        }while(! isStar());
    }
    retract();
    symbol= DIVISY;                             /* 如果不是注释,则当前单词为
                                                   除号 */
}
else error();
return 0;
}
```

词法分析程序作为一个子程序,一般由语法分析程序调用。当语法分析程序需要读入一个单词时,就调用词法分析程序。当词法分析程序识别并组合出一个单词符号时就通过 return 语句返回。在返回时应将单词的类别码(此处为记忆符)送入变量单元 symbol(在语法分析程序中设有变量 class,用于存放单词的类别码)。

练习 3

1. 画出下述文法的状态图

   <Z>::=<B>e

   <B>::=<A>f

   <A>::= e|<A>e。

   并使用该状态图检查下列句子是否是该文法的合法句子。

   f,eeff,eefe

2. 有下列状态图(如图 3.8 所示),其中 S 为初态,Z 为终态。

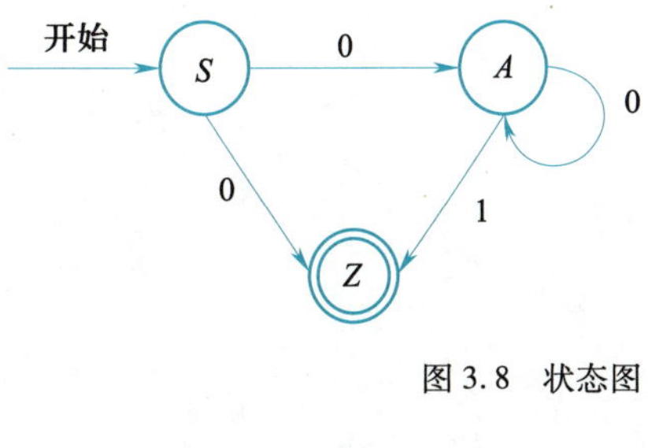

图 3.8　状态图

(1) 写出相应的正则文法;

(2) 写出该文法的 V, V_n 和 V_t；

(3) 该文法确定的语言是什么？

3. 用某种高级语言(如C语言)编写并调试一个完整的词法分析程序。

第 4 章

语法分析：递归下降分析法

语法分析是编译过程的核心部分。其任务是按照给定的文法，从源程序符号串中识别出各类语法成分，并同时进行语法检查，为后续的语义分析和代码生成环节做准备。执行语法分析任务的程序被称为语法分析程序，也被称为语法分析器，它是编译程序的重要组成。

本章首先对语法分析程序的功能以及语法分析的分类进行简单介绍，之后讨论自顶向下分析方法，最后重点介绍一种便于手工编程实现的自顶向下分析方法——递归下降分析法。关于更多语法分析的方法，如自底向上分析法，以及语法分析器的自动生成方法，请参见第 13 章“语法分析器的自动生成技术”。

4.1 语法分析概述

4.1.1 语法分析程序的功能

语法分析程序相对于词法分析程序来说更加复杂。语法分析程序的功能是从词法分析程序所提供的用单词(token)串形式表示的源程序中,分析并识别出语言的各种语法成分,并检查语法。该分析过程类似于在英语中分析和确定一个句子的结构。在分析英语句子时,我们感兴趣的是识别出各类语法成分如“定语”“主语”“谓语”“宾语”“简单句”“复合句”等。

4.1.2 语法分析的分类

在第 2 章中,我们讨论了如何用已知文法 G 来推导和产生句子。语法分析则关注如何判断一个符号串 s 是否是符合文法的句子。即已知文法 $G[Z]$,$s \in V_t^*$,判定是否有 $s \in L(G[Z])$。

一种直观的方法是首先由文法 G 求出该文法的句子集合 $L(G)$,然后检查所给定的符号串 s 是否属于 $L(G)$。若属于 $L(G)$,那么 s 是文法 G 的合法句子,否则是不合法的。但是这种方法要求求出 $L(G)$ 并存入计算机,而 $L(G)$ 往往是无限的,因此该方法不可行。为此,我们希望可以根据文法 G 直接检查句子 s 语法结构的正确性。

大体上可把语法分析方法划分成两大类,即自顶向下分析和自底向上分析。这两类分析方法的名称来源于建立语法树的方法。下面简述这两类分析算法的基本思想,详细介绍分别见 4.2“自顶向下分析方法及问题分析”和 13.2“自底向上分析法及问题分析”。

1. 自顶向下分析

对文法 G[<句子>],若给定一个待识别的符号串 $s \in V_t^*$,**自顶向下分析算法的基本思想**是:根据文法 G[<句子>],从识别符号<句子>开始,若能建立起一个推导序列,使得有<句子>$\Rightarrow s$,则符号串 s 是文法 G 的合法句子;反之,则不是。

上述推导过程也可以用语法树的生长过程来表示。根据文法 G[<句子>],把识别符号<句子>作为根结点,若能自上而下地建立起一棵语法树,使其末端节点按自左到右的顺序连接起来就是符号串 s,则符号串 s 是文法 G 的合法句子;反之,则不符合语法。因为分析过程是从根节点开始，根据文法一步步自顶向下建立语法树的，所以该分析算法被称为**自顶向下分析法**。

【例 4.1】有无符号整数文法 $G[N]$

$N::=D|ND$

$D::=0|1|2|3|4|5|6|7|8|9$

以有符号串 35 为例，若要判断其是否是该文法的合法句子，则可以采用自顶向下分析算法，即设法建立符号串 35 的推导序列，也就是要设法自顶向下建立一棵树根结点为 N 的语法树，其末端节点从左到右组成符号串 35。若建立成功，则 35 是 $G[N]$的合法句子。

基于前面学过的知识，我们可以方便地建立起句子 35 的推导序列（推导序列不唯一）和画出语法树（因文法无二义性，语法树是唯一的）。

下面我们从实际应用的角度来介绍一种从左到右的分析算法，它是一种逐步处理符号串的方法。在这种方法中，我们先关注并处理符号串的最左符号，只有在必要时才处理下一个符号。这是因为程序的执行通常也是按照从左到右的顺序进行的，并且我们也是从左到右阅读程序的。这种分析算法用来建立推导序列时（自顶向下分析）就是最左推导，即尝试从左到右匹配输入串。如果我们正在构建自顶向下的语法树，当某个节点有多个分支时，左侧的分支会首先生长。

接下来以符号串 35 为例，展示最左推导序列以及相应语法树的生长过程。推导序列如下：

$N \Rightarrow ND \Rightarrow DD \Rightarrow 3D \Rightarrow 35$

其语法树的生成过程由图 4.1 所示。

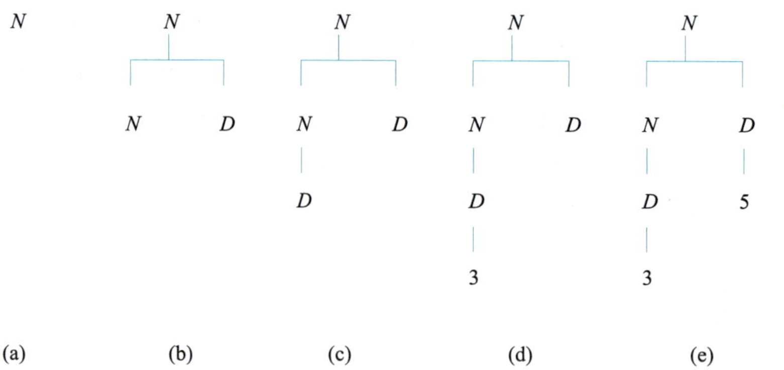

图 4.1 推导 35 的语法树的生长过程

所以分析结果为：符号串 35 是文法 $G[N]$的句子，是一个合法的无符号整数，即 $35 \in L(G[N])$。

2. 自底向上分析

对文法 $G[\text{<句子>}]$，若给定一个待识别的符号串 $s \in V_t^*$，**自底向上分析算法的基本思**

想是:根据文法 G[<句子>],从符号串 s 开始,若能建立起一个归约过程将 s 归约成为识别符号<句子>,则符号串 s 是文法 G 的合法句子;反之则不是。

从建立语法树的角度来看,自底向上分析算法是从语法树的末端结点开始,根据文法,一步步地自下而上建立起语法树,因此我们将这类方法称为**自底向上分析算法**。

该算法同样是自左向右的,即从符号串的最左符号开始分析和处理。这种原则用到自底向上的分析算法中,就是要求每次直接归约总是归约当前句型的句柄(或者句柄的变形)。把这种分析方法说得较完整一点,就是自左向右扫描和自底向上分析。

下面,用自底向上分析算法来分析符号串 35,其语法树的生长过程如图 4.2 所示。

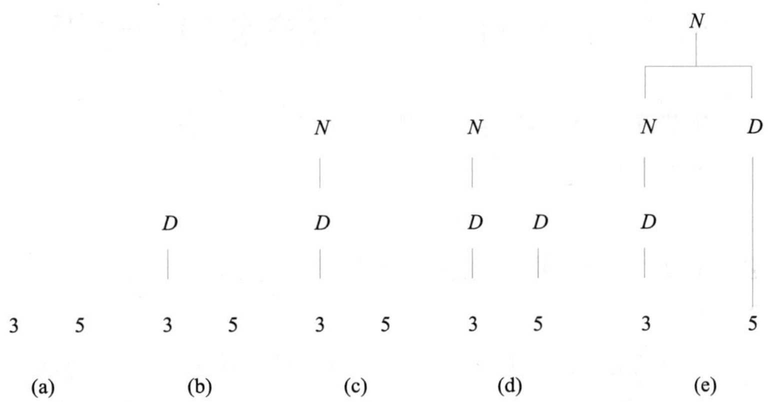

图 4.2 归约 35 的语法树的生长过程

在分析开始时,输入符号串为 35,见图 4.2(a)。第一步是分析和确定符号串 35 的句柄。因为有规则 $D::=3$,3 可能是句柄,因此可以进行直接归约,得到语法树的一节,见图 4.2(b);接着分析句型 $D5$ 的句柄,同理,因有 $N::=D$,D 可能是句柄,故再进行一步归约,又得到语法树的一节,见图 4.2(c);然后分析句型 $N5$,N 单独不能成为句柄,因为它没有单独出现在任意一条规则的右部,此时 5 是该句型的句柄,故根据规则 $D::=5$,再进行一次归约,语法树再生长一节,见图 4.2(d);最后是句型 ND,因有规则 $N::=ND$,所以 ND 为句柄,可归约为 N,从而生成了整棵语法树,见图 4.2(e)。

这样,从符号串 35 开始,通过一步步归约,归约到了识别符号 N。并从树的末端结点开始,自底向上地建立了以识别符号 N 为根的语法树。得到了符号串 35 是该文法的合法句子这一结论。

上面的介绍和两个例子可能会造成自顶向下的分析方法和自底向上的分析方法都很简单的感觉,构造其算法也不难。但其实前面的分析方法都暂且忽略了下述两个重要问题。

① 在自顶向下分析中,假定要被代换的最左非终结符号是 V,并假定有 n 条规则:

$$V::=x_1 \mid x_2 \mid \cdots \mid x_n$$

那么,如何确定用哪个符号串代替 V 呢?

② 在自底向上分析中,每步都要归约当前句型的句柄。但如何找出这些句柄呢?若

有两条以上的规则，其右部符号串相同，且该符号串又构成句型的句柄时，又将根据哪条规则进行归约呢？

这些问题并非总是容易回答的。后续章节将结合具体的语法分析方法来讨论如何解决上述问题。本章首先讨论自顶向下分析方法所面临的问题。

4.2　自顶向下分析方法及问题分析

本节首先介绍带回溯的自顶向下的分析方法，然后介绍自顶向下分析方法存在的问题及其解决办法。

4.2.1　带回溯的自顶向下分析方法

带回溯的自顶向下分析方法试图用一切可能的办法，从树根结点（识别符号，又称开始符号）出发，根据文法自上而下地为输入符号串建立起一棵语法树，或者说，从识别符号开始，根据文法为输入串建立一个推导序列，这种分析过程本质上是一种试探过程，是反复使用不同规则谋求匹配输入串的过程。下面用一个简单例子来说明这个过程。

假定有文法 $G[S]$：

(1) $S::=cAd$

(2) $A::=ab|a$

以及输入串 $w=cad$。用指针 *IP* 来标记当前需要匹配的字符。为了自上而下地构造 w 的语法树，首先按文法的识别符号产生根结点 S，并让指针 *IP* 指向输入串的第一个符号 c。然后，用 S 的规则（此处左部为 S 的规则仅有一条）把这棵树发展为图 4.3(a) 所示的语法树。

目标是希望用 S 的子结点从左到右匹配整个输入串 w。首先，此树的最左子结点是以终结符 c 为标志的子结点，它和输入串的第一个符号相匹配。于是应把 *IP* 调整为指向下一输入符号串并让第二个子结点 A 去进行匹配。非终结符号 A 有两个选择，可以试着用它的第一个选择去匹配输入串，于是把语法树发展为图 4.3(b)。子树 A 的最左子结点和 *IP* 所指的符号相符，然后再把 *IP* 调为指向下一符号 d 并让 A 的第二个子结点进入工作。但 A 的第二个子结点为终结符号 b，与 *IP* 当前指的符号 d 不一致。因此 A 的匹配宣告失败。

这意味着 A 的第一个选择此刻不适用于构造 w 的语法树。这时，应该回头看（回溯）A 是否还有别的选择。

为了实现回溯，利用 A 的第一个选择所生长的树需要被注销掉；同时将 *IP* 恢复为进

入 A 时的原值，也就是让它重新指向第二个输入符号 a。现在试探用 A 的第二个选择生成如图 4.4 所示的语法树。

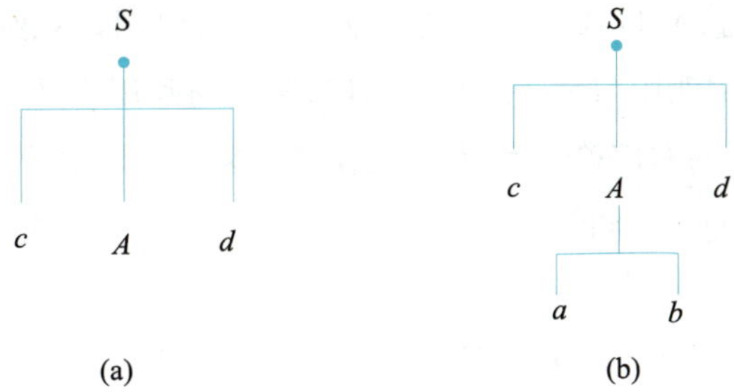

图 4.3 语法树的建立举例

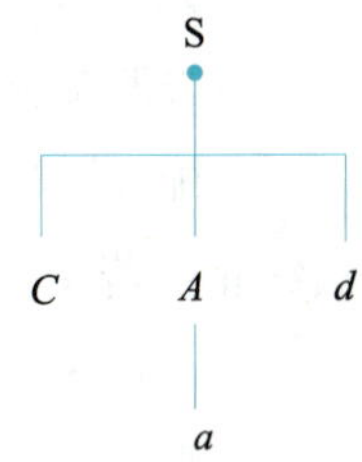

图 4.4 语法树的建立举例

由于子树 A 只有一个子结点 a，而且它和 IP 所指的符号相一致，这说明 A 完成了匹配任务。在 A 获得匹配后，指示器指向下一个未被触及的符号 d。

在 S 的第二个子结点 A 完成匹配后，接着就轮到第三个子结点 d 进行匹配。由于这个子结点和最后的一个输入符号相符，于是为 w 构造语法树的任务完成，证明了 w 是文法 $G[S]$ 的一个句子。在这个例子中，只经过一次试探（即回溯一次）就得到了结果。

上述自顶向下地为输入符号串 w 建立语法树的过程实际上也是设法建立一个最左推导序列的过程，以便通过一步步推导将输入串推导出来。很明显，对于输入串 w 存在如下最左推导：

$$S => cAd => cad$$

这里之所以采用最左推导，是因为对输入串是自左向右扫描的，只有使用最左推导，才能保证按扫描顺序去匹配输入串。在上述推出符号串 w 的过程中，由于出现在符号串中的非终结符号只有一个，因此，未明显地表现出最左推导的特征。

根据以上分析，不难编写相应的程序来实现这种分析算法。但是，上述这种自顶向下的分析算法存在着一定的困难和缺点。

（1）不能为左递归文法构造自顶向下的语法分析器（上述文法 $G[S]$ 不是左递归性文法），因为采用本方法处理左递归文法必然会导致死循环。

（2）存在回溯问题。回溯必将影响效率，尤其对于复杂的文法和句子，回溯的量会非常大。

下面将具体讨论这种分析算法所存在的问题及其解决办法。

4.2.2 存在的问题及解决办法

1. 左递归问题

自顶向下分析方法的一个根本缺陷是不能处理具有左递归性的文法。例如，在匹配输入串的过程中，假定轮到用非终结符号 U 去匹配输入串，而 U 的第一条规则是：

$U::=U\cdots$

它是一条直接左递归规则。按照自顶向下分析方法要求，就要用该规则右部的符号串“$U\cdots$”去匹配输入串。为了实现用“$U\cdots$”匹配输入串，又会遇到用 U 去匹配。由于要用 U 去匹配，故又要用上述规则的右部符号串“$U\cdots$”去匹配，这样将导致无限循环下去而无法终止。若文法具有间接左递归，即有：

$U\overset{+}{\Rightarrow}U\cdots$

上述问题也会发生，只是循环匹配的间隔更长。

因此，如果要采用自顶向下分析方法，首先必须要消除文法的左递归性。

消除直接左递归的较好方法，是用第 2 章 2.4.1 节介绍的“扩充的 BNF 表示”来对文法规则进行改写。例如，有直接左递归规则：

$E::=E+T|T$

可用扩充的 *BNF* 表示改写为：

$E::=T\{+T\}$

同样，规则：

$T::=T*F|T/F|F$

可改写为：

$T::=F\{*F|/F\}$

改写文法消除了直接左递归。可以证明，改写前后的文法是等价的。

为了把包含直接左递归的规则转换成使用重复表示法的等价规则，给出如下两条规则。

规则 1（提因子）　$U::=xy|xw|\cdots|xz$ 可替换为 $U::=x\ (y|w|\cdots|z)$

每当出现规则 $U::=xy|xw|\cdots|xz$ 时，就用规则 $U::=x\ (y|w|\cdots|z)$ 代替它们。其中的圆括号是文法规则的元符号。

和算术表达式一样，可按更一般的方式使用这种提因子方法。例如，如果上述规则中的 $y=y_1y_2$，而 $w=y_1w_2$，那么，可以用 $U::=x(y_1(y_2|w_2)|\cdots|z)$ 代替

$U::=x(y|w|\cdots|z)$

请注意：如果规则是 $U::=x|xy$，则可将其转换为 $U::=x(y|\varepsilon)$，其中 ε 是空符号。将 ε 作为最后的选择，并约定 ε 能与任何符号相匹配，这意味着，假若 x 后面是 y 以外的任何字符也都能和非终结符 U 进行匹配。

使用提因子方法，不仅有助于消除直接左递归，而且有助于压缩文法的长度，提高分析句子的效率。可以在后续使用中继续体会这一点。

规则 2（消除左递归）　$U::=x|y|\cdots|z|Uv$ 可替换为 $U::=(x|y|\cdots|z)\{v\}$

使规则 $U::=x|y|\cdots|z|Uv$ 具有一个直接左递归的右部选择并位于最后。这一规则表明：语法类 U 的成员是由 x 或 y 或…或 z 其后跟随零个或任意多个 v 组成的。所以可以

把这一规则变换成 $U::=(x|y|\cdots|z)\{v\}$。

有了上面两条规则，就能将直接左递归规则用扩充的 BNF 表示法改写成为等价规则，从而消除直接左递归。首先使用规则 1，通过提因子将规则改写成相对于某个非终结符号而言，至多只能有一个直接左递归的右部选择；然后，使用规则 2 将其改写为扩充的 BNF 表示，以消除直接左递归。

下面仍以前面提到的两个递归文法作为例子，来说明如何应用规则 1 和 2 来改写文法。

【例 4.2】有规则

$E::=E+T|T$

该规则右部的各个选择中无公因子存在，因此无需用规则 1 提因子，为了应用规则 2，可将上述规则写为：

$E::=T|E+T$

于是，可应用规则 2，将上述规则改写为：

$E::=T\{+T\}$

【例 4.3】有规则

$T::=T*F|T/F|F$

首先应用规则 1，通过提因子将规则改写成为

$T::=F|T(*F|/F)$

然后，使用规则 2 将规则进一步改写为

$T::=F\{(*F|/F)\}$

删去圆括号，则得

$T::=F\{*F|/F\}$

可以看到，使用扩充的 BNF 表示法改写文法，可以很容易地消除文法中的直接左递归。此外，还可以采用将左递归规则改为右递归规则的方法来消除文法的左递归性。具体做法是：

规则 3（左递归改写为右递归）

若有规则：

$P::=Pa|b$，

则可改写为：

$P::=bP'$ 和 $P'::=aP'|\varepsilon$

若有规则：

$E::=E+T|T$

改为右递归规则后，得到：

$E::=TE'$

$E'::=+TE'|\varepsilon$

若有规则：

$T::=T*F|T/F|F$

改为右递归规则后，得到：

$T::=FT'$

$T'::=*FT'|/FT'|\varepsilon$

对于一般左递归，也可以用改写文法的办法予以消除。下面介绍一种消除全部左递归的算法，如果文法没有回路（即没有形如 $A\Rightarrow A$ 的推导）或存在 $A::=\varepsilon$ 这样的规则，则可用该算法消除文法的左递归性。

【算法4.1】消除一般左递归的算法

① 把文法 G 的非终结符整理成某种顺序 $A_1,A_2,A_3,\cdots,A_n$。使得：

$$\begin{aligned}&A_1::=\delta_1|\delta_2|\cdots\delta_k\\&A_2::=A_1r\cdots\\&A_3::=A_2u|A_1v\cdots\\&\cdots\end{aligned}\tag{4-1}$$

即在后面规则的右部中包含前面规则左部的非终结符，如 A_2 的规则中包含有 A_1，A_3 的规则中包含有 A_2 和 A_1，等等。

② for($i=1$; $i<=n$; i++) {

　for($j=1$; $j<=i-1$; j++) {

　　把每个形如 $A_i::=A_jr$ 的规则替换成

　　　$A_i::=\delta_1r|\delta_2r|\cdots|\delta_kr$，

　　　　其中 $A_j::=\delta_1|\delta_2|\cdots|\delta_k$ 是当前的全部 A_j 规则；

　　}

　　消除 A_i 规则中的直接左递归

　}

③ 化简由②所得的文法，即去掉那些多余的规则。

【例4.4】有文法 $G[S]$：

$$\begin{aligned}&S::=Qc|c\\&Q::=Rb|b\\&R::=Sa|a\end{aligned}\tag{4-2}$$

该文法无直接左递归，但有间接左递归。例如存在推导：

$S\Rightarrow Qc\Rightarrow Rbc\Rightarrow Sabc$

即　$S\overset{+}{\Rightarrow}Sabc$

可以应用上述算法改写文法来消除左递归。

首先，令文法 $G[S]$ 的规则按非终结符号的排序为 R,Q,S，即：

$R::=Sa|a$

$Q::=Rb|b$

$S::=Qc\ |\ c$

对于 R,不存在直接左递归。把 R 代入到 Q 的有关选择后,得到:

$Q\ ::=\ Sab|ab|b$

现在的 Q 同样不含直接左递归,把它代入到 S 的有关选择之后,S 变为:

$S::=Sabc|abc|bc|c$

消除 S 的直接左递归

$S::=(abc|bc|c)\{abc\}$

得到的整个文法为:

$S::=(abc|bc|c)\{abc\}$

$Q::=Sab|ab|b$

$R::=Sa|a$

显然,其中关于 Q 和 R 的规则是多余的。经压缩以后,最后所得的文法是:

$$S::=(abc|\ bc|c)\{abc\} \tag{4-3}$$

可以证明,经改写后的文法和改写前的文法是等价的。

需要强调的是,由于对非终结符号的排序不同,最终得到的文法在形式上可能会有所不同,但不难证明它们都是等价的。这一点留给读者去证明(注意:应保证原来文法的识别符号不变)。

2. 回溯问题

回溯问题是采用自顶向下分析方法需要解决的第二个问题。当某个非终结符号的规则(BNF 表示)其右部有多个候选式时,该选用哪个选择去匹配输入串呢? 前面介绍了带回溯的自顶向下分析方法,这种方法实际上是穷尽一切可能选择的试探法。因此,效率极低代价极高。低效率主要来自两个方面:一是语法分析本身因回溯而变得低效;二是与语法分析同时进行的其他工作(主要是语义分析工作)也需要在回溯时重新进行。因为一般的编译程序都采用语法制导的编译方法,即在语法分析的同时进行语义处理。严重的低效率使得这种方法只具有理论意义,现实意义不大。因此,消除回溯才能构造一个行之有效的自顶向下语法分析程序。

接下来介绍为了避免回溯,文法需要满足什么条件,然后讨论当文法无法满足这种要求时,将如何处理。

为了避免回溯,文法必须保证对其中任何非终结符号,特别是对那些规则右部有多个选择(候选式)的非终结符号,当要用它去匹配输入串时,它能够根据所面临的输入符号准确地用其规则右部的某一个选择去执行任务,并且工作的结果应是确信无疑的。也就是说,若此选择匹配输入串成功,那么,这种匹配一定是有收获的;若此选择无法完成匹配任务,则任何其他的选择也肯定无法完成。

根据上述考虑，为避免回溯，对文法可以提出相应的要求。

设文法 G 是不具有左递归性的文法，U 为文法 G 的任意非终结符号，即 $U \in V_n$，并假定 U 有如下规则：

$$U::=\alpha_1 | \alpha_2 | \cdots | \alpha_n$$

该规则右部具有 n 个选择。从每一个选择出发，都可以推导出一个以上的终结符号串。定义任一个选择 α_i 的所可能推出的终结符号串的首符号集 $FIRST(\alpha_i)$ 为：

$$FIRST(\alpha_i) = \{a \mid \alpha_i \overset{*}{\Rightarrow} a \cdots, a \in V_t\}$$

很明显，$FIRST(\alpha_i) \subseteq V_t$。

为了避免回溯，就要保证当用非终结符 U 去匹配输入串时，能够根据当时读入的符号找到唯一的一个选择（候选式）去执行任务。因此，为了实现这个目的，对文法的要求是：

$$FIRST(\alpha_i) \cap FIRST(\alpha_j) = \varnothing (i \neq j)$$

即对文法中的任意一个非终结符号，其规则右部有多个选择（候选式）时，由各个选择所推出的终结符号串的头符号集合必须两两不相交。这样，我们可以根据当时读进的符号属于哪个 $FIRST(\alpha_i)$ 来唯一地确定应该选用哪个选择（候选式）来匹配输入串。如当前的输入符号为 $b(b \in V_t)$，

若 $b \in FIRST(\alpha_i)$，则用第 i 个选择（候选式）；

若 $b \notin FIRST(\alpha_i)$，其中 $i \in \{1,2,\cdots,n\}$，则语法错，转出错处理。这样就避免了分析过程的回溯。

若给定文法的任一非终结符号，其规则右部的各个选择所能推出的终结符号串的头符号集合不满足两两不相交的条件时，要构造一个不带回溯的自顶向下的语法分析程序需要采取什么措施呢？一般通过改写文法的办法来解决，即通过改写文法，构造一个满足上述条件的等价文法。可以使用反复提左因子的方法改写文法，下面举例说明。

【例 4.5】若规则为

$$U::= xV \mid xW \tag{4-4}$$

那么，可改写为

$$U::=x(V|W)$$

为了表示得更清楚，可以引入一个新的非终结符号 X，将上述规则改写为

$$U::=xX$$

$$X::=V \mid W$$

这样，非终结符号 U 的规则右部只有一个选择，引入的新的非终结符号 X 具有两个选择 V 或 W。若这两个选择所推出的终结符号串所组成的头符号集合不相交，则改写文法的任务已经完成；若头符号集相交，则还需要进一步提取左因子，直到各选择的头符号集合不相交为止。

程序语言的文法，其中有些规则具有多个选择，这些选择所推出的终结符号串的头符号集合一般是不相交的，但如果相交可以使用提左因子的方法改写文法，以下面的例子来进行说明。

【**例 4.6**】文法 *G*[<程序>]

<程序>: : = <分程序>| <复合语句>

<分程序>: : = begin<说明串>;<语言串> end　　(4-5)

<复合语言>: : =begin<语句串>end

对非终结符号<程序>来说,其规则右部有两个选择,这两个选择所推出的终结符号串的头符号集合为:

FIRST(<分程序>) = {begin}

FIRST(<复合语句>) = {begin}

可见上述两个集合是相交的,为了避免回溯,可以用提取左因子的办法改写文法。因此有

<程序>: : =begin(<说明串>;<语句串>end| <语句串>end)

为了表示得更清楚些,也可引入一个新的非终结符号<程序 * >。

这样,可得文法 G [<程序>] 为:

<程序>: : =begin<程序 * >

<程序 * >: : = <说明串>;<语句串>end| <语句串>end　　(4-6)

引入的新非终结符号<程序 * >具有两个选择,这两个选择所能推出的终结符号串的头符号集合为:

FIRST(<说明串>;<语句串>end)

= {real, integer, boolean, array, switch, procedure}

FIRST(<语句串> end)

= {标识符, goto, begin, if, for}

显然,这两个集合不相交。因此,当用<程序>去匹配输入串时,首先要用 begin 去匹配。若匹配成功(不成功则说明语法有错),接着就派<程序 * >去匹配。<程序 * >的规则右部有两个选择,由于这两个选择所推出的终结符号串的头符号集合不相交,故可以根据当时读入的符号准确地选派其中一个选择去执行任务。如当前读入的符号为 real,则选第一个选择;若当前读入的符号为标识符,则选第二个选择依此类推,如图 4.5 所示。

综上所述,**为了实现不带回溯的自顶向下分析,文法需要满足下述两个条件:**

(1) 文法是非左递归的;

(2) 文法的任一非终结符号,若其规则右部有多个选择(候选式),则各选择所推出的终结符号串的头符号集合必须两两不相交。

特殊说明:如果该非终结符号可以推导出 ε,则还需要考查该非终结符号的后继符号集合,详细讨论可见 13.1 节中 LL(1)文法的充分必要条件。

满足上述条件就可能构造出一个不带回溯的自顶向下分析程序。这种分析程序是由一组递归子程序组成,即目前广为使用的不带回溯的自顶向下分析方法——递归下降分析法。4.3 节将详细介绍。

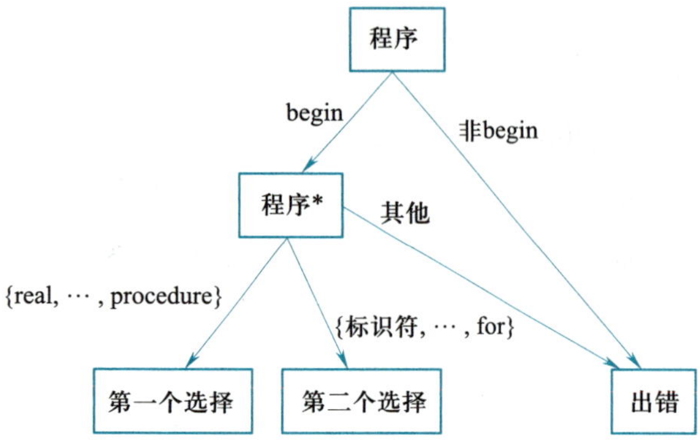

图 4.5　文法 G[<程序>]的分析过程

4.3　递归下降分析法（递归子程序法）

递归下降分析法的主要做法是：对文法中每个非终结符号 U(分别代表一种语法成分)都编写一个子程序，用于分析和识别该非终结符号所对应的语法成分。子程序的具体功能是用该非终结符号的规则的右部符号串去匹配输入串。

递归下降分析法的分析过程是按文法规则自顶向下一级一级地分配任务并调用有关的子程序来完成分析。当编译程序根据文法和当前输入符号预测到下一个语法成分应为 U 时，即预测到待匹配的输入符号串可能与从 U 出发所推导出的符号串相匹配时，就确定 U 为目标，并调用分析和识别 U 的子程序。在分析和识别 U 的过程中，有可能还要确立其他子目标并调用相应的子程序。只有在被调用的分析和识别语法成分的子程序匹配输入串成功并正确返回时，该语法成分才算真正获得了识别，并确定输入串无语法错误。由于这种分析方法是带有预测性的，而且在分析过程中面对的是一个个目标，因此被称为预测的和面向目标的方法。

下面简单讨论，为什么针对某些非终结符号编写的分析程序是递归子程序。回答很简单，因为文法本身具有递归性。如前所述，自顶向下分析不能处理左递归文法，若文法存在左递归，则需要改写文法将其消除。但是，消除左递归不等于消除了文法中的所有递归性质，此时，文法仍可能有右递归性或自嵌入性递归。如在文法中有规则：

$$U::=\cdots U \text{ 或 } U::=\cdots U\cdots$$

这些规则仍为递归规则，故分析 U 的子程序要编写成递归子程序。因为该子程序在用规则右部符号串匹配输入串的过程中，又调用自己。即在通过该子程序正常出口返回调用程序以前，又要重新直接进入该子程序，这就是直接递归。此外，还有间接递归，如在文法中有规则：

$U::=\cdots V$

$V::=\cdots UW$

那么 $U\Rightarrow\cdots V\Rightarrow\cdots UW$

即 $U\overset{+}{\Rightarrow}\cdots UW$

在该情况下，在分析 U 的子程序中要调用分析 V 的子程序，而在分析 V 的子程序中又要调用分析 U 的子程序。这样，对 U 的分析程序就是一个递归子程序。因为在进入 U 的分析程序以后、在返回调用程序以前，有可能要间接地进入 U 的分析程序本身。由于程序设计语言的文法大多具有这种递归性质，所以其分析程序也大多是可递归调用的，因此，也称递归下降分析法为递归子程序法。

4.4 基于递归下降分析法的语法分析程序构造

基于 4.3 节介绍的递归下降分析法，下面通过举例说明如何根据文法构造该文法的语法分析程序。

如文法 $G[E]$：

$E::=UV$

$U::=\cdots$

$V::=\cdots$

可编写该文法的语法分析子程序，其框图如图 4.6 所示。

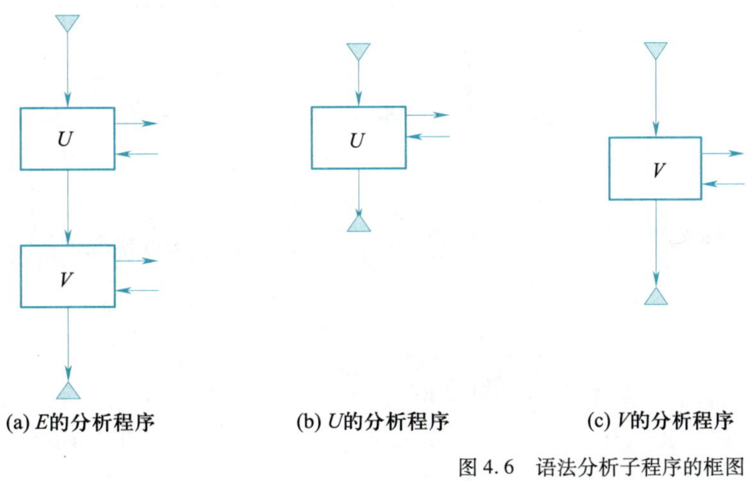

(a) E的分析程序　(b) U的分析程序　(c) V的分析程序

图 4.6 语法分析子程序的框图

下面再举一个例子，说明如何根据文法来构造该文法的语法分析程序。

【**例 4.7**】文法 $G[Z]$：

$$Z::='('U')'|aUb \tag{4-7}$$
$$U::=dZ|Ud|e$$

该文法有左递归性，所以，首先要改写文法：

$$Z::='('U')'|aUb$$
$$U::=(dZ|e)\{d\} \tag{4-8}$$

分析可知，改写后的文法无左递归性。其右部均各有两个选择，但两个选择各自所推出的终结符号串的头符号集合不相交，即：

$$\{'('\}\cap\{a\}=\varnothing$$
$$\{d\}\cap\{e\}=\varnothing$$

所以，文法满足构造一个不带回溯的自顶向下分析器的条件。故可对文法中的两个非终结符号分别编写其分析子程序。下面以框图形式给出这两个子程序，如图 4.7 所示。

在上面给出的递归子程序分析框图中要特别注意分析子程序之间的接口。统一约定，在程序编制时，在进入某个非终结符的分析子程序前，必须先将所要分析的语法成分的第一个符号读入 sym 中。而在分析子程序的出口前，一定要读取下一个符号到 sym 中，

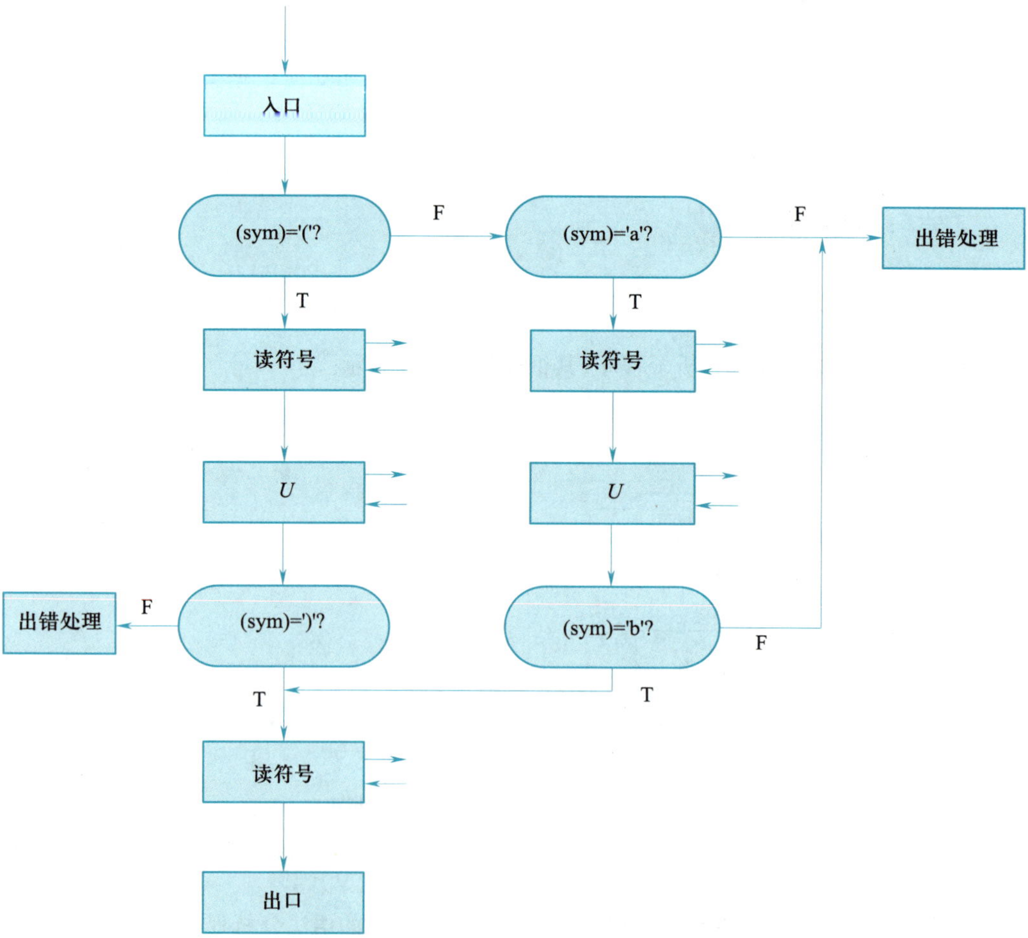

(a) 非终结符 Z 的分析程序

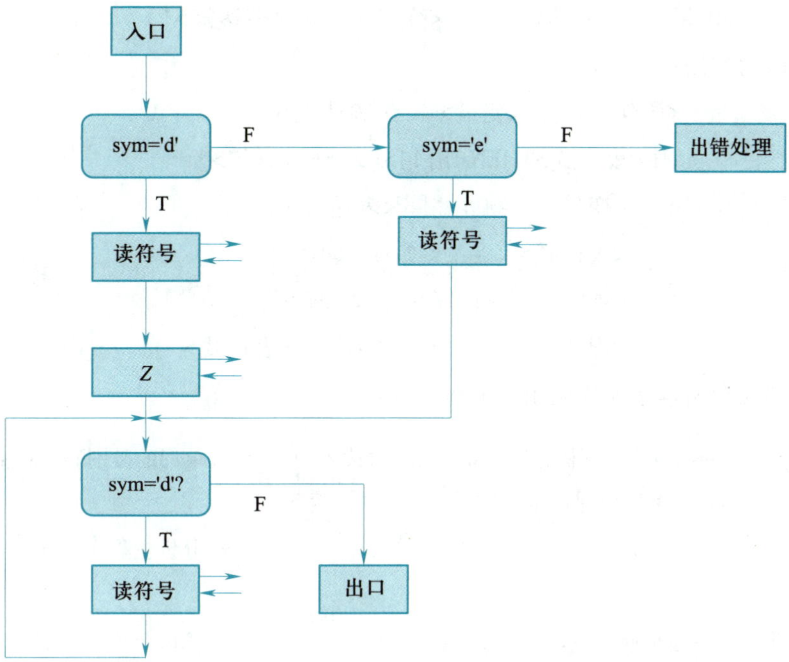

（b） 非终结符 *U* 的分析程序

图 4.7

以便为进入下一个分析子程序作好准备。

图 4.7 中，除了要调用分析 *Z* 和分析 *U* 两个子程序以外，还要调用读符号和出错处理子程序。

读符号子程序（nextsym）的功能是：扫描下一个符号，并把它的类别码放在变量 sym 中。

出错处理子程序（error）的功能是：当分析过程中发现语法错误时，就调用出错处理程序，用它打印错误信息并跳过一段源程序。错误处理将在 4.5 节中专门讨论。

这里再强调一遍，当子程序被调用时，要注意接口的正确性。

可使用高级程序设计语言方便地编写出该文法的语法分析程序。由于高级程序设计语言通常具有过程或函数递归调用的功能，所以不必专门编写处理递归调用的保留返回地址等功能。下面用 C 语言给出一个用递归子程序法构造语法分析程序的例子。

有文法：

<语句>::= <变量>:=<表达式>

| IF <表达式> THEN <语句>

| IF <表达式> THEN <语句> ELSE <语句>

<变量>::=i | i '['<表达式>']'

<表达式>::=<项>| <表达式>+ <项>

<项>::=<因子>| <项> * <因子>

<因子>:: =<变量>| ‘(’<表达式>‘)’

改写文法：

<语句>:: = <变量>：=<表达式>

|IF<表达式>THEN<语句>[ELSE <语句>]

<变量>:: = i[‘[’<表达式>‘]’]

<表达式>:: = <项>{+<项>}

<项>:: = <因子>{ * <因子>}

<因子> :: = <变量>|‘(’<表达式>‘)’

语法分析程序所要调用的子程序有：

```
getsym:词法分析程序，每调用一次读入一个单词,单词的类别码放在 sym 中。
error:出错处理程序。
void main ( )                              /* 分析主程序    */
{
    getsym ( );                            /* 预读一个符号    */
    statement ( );                         /* 调用<语句>的分析子程序    */
}
void  statement( )                         /* <语句>的分析子程序    */
{
    if (sym == "IF") {                     /* 判断是否是条件语句    */
        getsym ( );                        /* 预读一个符号    */
        expr ( );                          /* 调用<表达式>分析子程序    */
        if (sym != "THEN")  error( );
        else {  getsym ( );                /* 预读一个符号    */
            statement ( );                 /* 调用<语句>的分析子程序    */
            if (sym == "ELSE") {
                getsym ( );                /* 预读一个符号    */
                statement ( );             /* 调用<语句>的分析子程序    */
            }
    }
        }
        else {  var ( );                   /* 调用<变量>的分析子程序    */
            if (sym != ":=")  error ( );
                else {  getsym ( );        /* 预读一个符号    */
            expr ( );                      /* 调用<表达式>的分析子程序    */
            }
        }
```

```
printf ("it is a statement. \n");                 /* 打印分析结论 */
}
void  var ( )                                     /* <变量>的分析子程序 */
{if (sym ! = "i")  error ( );
     else {getsym ( );
         if (sym = = "[") {
                getsym ( );
                expr ( );                         /* 调用<表达式>的分析子程序 */
                if (sym ! ="]")  error ( );
             else  getsym ( );
     }
          }
     printf ("it is a variable \n");              /* 打印分析结论 */
     }
void  expr ( )                                    /* <表达式>的分析子程序 */
  {term ( );                                      /* 调用<项>的分析子程序 */
     while (sym = = "+") {
     getsym ( );
          term ( );                               /* 调用<项>的分析子程序 */
     }
     printf ("it is an expression \n");           /* 打印分析结论 */
}
void  term ( )                                    /* <项>的分析子程序 */
{factor( );                                       /* 调用<因子>的分析子程序 */
   while (sym = = " * ") {
     getsym ( );
     factor ( );                                  /* 调用<因子>的分析子程序 */
   }
   printf ("it is a term \n");                    /* 打印分析结论 */
   }
void  factor ( )                                  /* <因子>的分析子程序 */
 {if (sym = = "(" )  {
     getsym ( );
     expr ( );                                    /* 调用<表达式>的分析子程序 */
     if (sym ! = ")")  error ( );
     else  getsym ( );
```

```
    }
    else  var ( );                          /* 调用<变量>的分析子程序  */
    printf ("it is a factor \n" );          /* 打印分析结论  */
}
error ( )                                   /* 出错处理程序  */
{
    printf(" syntex error ! \n");           /* 报告错误  */
}
```

递归子程序法对应的是最左推导过程。该分析方法的优点是程序结构和层次清晰明了,易于手工实现,且时空效率较高;对语义加工而言,这种方法也是十分灵活的。可以在过程的任何地方插入有关语义加工程序,进行语义处理,如上面程序中每个语法成分分析子程序出口处插入的打印语句。在后面讨论语义处理时,读者会对这一优点有更深刻的了解。

递归子程序法与那些能使用部分自动化系统的方法(后面介绍)相比,其主要缺点是需要做更多的手工编写程序和调试程序的工作。但是由于有上述那些优点,该方法至今仍然被很多编译程序所采用。

4.5　错误处理

4.5.1　概述

人工编写的源程序往往存在各种类型的错误,例如对语言不熟悉导致的违反语言的语法(包括词法)、语义和有关规定的错误;输入错误或其他方式引入的错误;源程序超出了计算机系统的某些限制(如数组维数过大,编译程序所设置的表、栈在编译时发生溢出或数组所占空间过大)引起的错误等。

编译程序的任务是正确地进行编译语法和语义上正确的源程序,生成等价的目标程序。而对于存在错误的源程序,也不能一发现错误就停止编译,而是要对错误做适当的处理,从而使编译工作能继续往下进行。也就是说,编译程序必须具有发现错误和处理错误的能力。

编译程序处理错误的能力包括:

(1) 诊察出各类错误的能力

（2）准确指出错误位置及错误性质的能力

（3）通过一次编译将源程序中的错误都尽可能找出来的能力

（4）一定的错误改正的能力

（5）遏止重复错误信息的能力

编译程序若具有上述这些能力，则可称其具有较强的错误处理功能。用户可通过一次编译就将源程序中的大部分错误都找出来，有些错误还可以被编译程序自动改正。用户可以尽快得到一个语法和语义上均无错误的源程序，减少反复调试程序的麻烦，提高编程效率。

4.5.2 错误的分类

从编译程序的角度出发，一般将源程序中的错误分为语法错误和语义错误。

语法错误是指程序结构不符合语法（包括词法）规则。例如，下面这个具有三处语法错误的赋值语句：

```
A[ x,y := 3, 1416+T (T + H )
 ↑          ↑          ↑
```

左起第一处错误是漏掉了对应的右括号，第二处错误是小数点误为逗号，第三处是漏排一个算术运算符。

对语法错误，可以在编译过程的词法分析阶段或语法分析阶段查找出来。通常编译程序能比较准确地确定出错的位置（即在源程序中的位置）和错误的性质。

语义错误包括两个方面：程序不符合语义规则和程序超越具体计算机系统的限制。

一种语言除了有确定的文法定义以外，还有确定的语义规则。对一般的高级语言，其语义规则通常有：标识符要先声明才能引用（一般标号例外）；对标识符的引用要符合作用域的规定；标识符的引用必须与说明相一致（名字、种类和类型）；过程调用时，实参和形参个数必须相等，且依次具有相同的种类和类型；有些语言要求表达式中各操作数的类型要一致；下标变量的下标值不能越界等。其中的一些规则，如标识符的作用域规则，是对上下文无关文法的补充（见第 8 章）。

超越具体计算机系统的限制一般是指溢出错误，如源程序中用户定义的常数过大或者计算的结果过大导致溢出。编译过程中符号表、常数表、工作单元区、工作栈、数据存储区（静态或动态存储区）等地方均有可能溢出。这类错误虽然不是违反具体的语义规则引起的，但传统上将它们也纳入语义错误的范畴进行讨论。

4.5.3 错误的诊察与报告

语法错误可以在词法和语法分析阶段诊察出来，这些内容在本书前面的部分已经作了介绍，此处不再赘述。虽然有些语义错误可以在编译时检查出来，但还是有些语义错误只有到了运行时才能发现。违反语义规则的错误一般也能在编译阶段由语义分析程序诊察出来，有时还能准确报告出错性质及出错位置。例如下面的C语言程序段：

```
int main() {
    int x;
    double x,y;        // x 定义重复
…
}
```

编译程序可以直接发现变量x在同一作用域内被声明了两次。但例如下标变量的下标值越界（超出了数组声明时的相应上下界）、计算结果溢出、动态存储分配区溢出等语义错误，需要到了目标程序运行时才能被发现。对于这类错误一般的处理方法是在编译时生成有关指令检查计算结果是否太大，下标是否越界，并在检查出这类错误时调用异常处理程序，打印（或显示）错误信息。异常处理程序属于编译系统的运行子程序。

编译程序诊察出错误时首要任务是向用户报告错误发生的位置以及错误的性质。错误发生的位置是指源程序中出现错误的语句行数和单词序号数。为了实现这一目标，编译程序可以分别设置源程序行号和单词序号计数器，用来跟踪和记录分析工作进行的进度，发现语法错误时计数单元便可指示出错位置。错误性质是指发现了什么性质的错误，报告中要指明是语法错误还是语义错误，报告得越具体越好。报告可以采用直接打印或显示文字信息的方式，也可以打印错误编号。前者适用于交互式工作方式，后者则常用于批处理方式。若采取打印错误编号的方式，则需要向用户提供一份编号与错误性质的对照表。例如下面的赋值语句：

```
A[x, y := D+ * BC;
          ↑   ↑
```

该赋值语句有两处语法错误，且均可以在语法分析阶段诊察出来，其中箭头所指是表示发现错误的位置。诊察出错误以后，编译程序应向用户报告错误（即指出错误发生的位置和错误的性质）。

报告错误通常采用两种方式：

第一种方式是分析完源程序后再打印（显示）。采用这种方式的编译程序可以在内存开辟一片存储区，将语法和语义分析中所诊察到的错误（位置和性质）保存到该存储区。待源程序分析完以后，再打印该存储区所保存的错误信息。对于上述赋值语句可打印（显示）出如下信息：

源程序行号	序号	错误性质
××	6	缺‘]’
××	10	表达式语法错

第二种方式是边分析边打印(显示)。诊察出错误时就立即打印(显示)该行源程序，并在该行源程序的下面打印错误信息,并用箭头指出出错位置,用文字信息或错误编号表示错误的性质。对于上述赋值语句可打印(显示)如下信息:

```
A[x,y := D+ * BC;
       ↑ ⓝ ↑ ⓜ
```

其中 n,m 表示错误的编号,可据此查编号与错误性质对照表,确定错误性质。

在一般情况下,语法错误编译程序能比较准确地确定出错的位置和错误的性质。但是,有时在出错之后的一段距离才能将错误诊察出来,且错误的性质也只能笼统地给出。例如,有 C 语言程序段:

```
int main() {
    int i=0,a=0;
    for(i=0;i<10;i++) {
        a=a+1;

    int b=0;
    b=10;
    printf("%d",b);
}
↑
```

上述源程序的错误是 for 循环的尾部缺少一个右括号“}”,但编译程序只有分析到程序末尾时,才能发现这个错误。因为只有编译程序遍历完整段程序并发现右括号的数量无法与左括号的数量匹配时,才可判定有语法错误,并将出错位置定在“}”处。此时,若要求编译程序能准确地指出出错位置,则必须反复地进行前后扫描,但这将使算法复杂化。因此,绝大多数编译程序都是以当前的单词位置作为出错误位置报告给用户,让用户自己去做进一步的分析。

4.5.4 错误处理技术

编译程序在诊察出错误以后,一方面要向用户报告错误信息,另一方面还要对错误做适当处理,以便分析能够继续进行。目前有两种错误处理办法:错误改正和错误局部化处理。

1. 错误改正

这种方法是当编译程序诊察出错误以后,根据语言的文法和对程序意图的猜测,来对

这个错误进行改正。例如对赋值语句

A[x, y := D+ * BC

中的两个错误，可根据下标变量和表达式的文法得到改正，即插入一个右括号并删除一个多余的运算符。但有时候程序员的真正意图是很难从诊察出的错误中倒推出来的。例如下述赋值语句

A := B-C * D+E)

就很难判定究竟是多了一个右括号，还是少了一个与右括号相配对的左括号。退一步讲，即使知道错误是少了一个左括号，那么该左括号应该加在什么位置呢？由此可见，要正确地改正错误是很困难的事，同时还增加了编译过程的复杂性。所以，直到现在还没有一个编译程序能真正地做到错误改正。

2. 错误局部化处理

错误局部化处理是指一旦编译程序发现错误，就会尽可能地将错误限制在一个局部范围内，避免错误扩散从而不影响程序其他部分的分析和检查。具体做法是：当诊察出错误时，编译程序就会暂停对后面的符号进行分析，跳过错误所在的语法单位。例如，在词法分析中跳过出错的单词，找到下一个新的单词并继续往下分析。在语法分析时，则跳过错误所在的短语或语句，找到下一个新的短语或新的语句，然后继续往下分析。

下面我们将简单讨论错误局部化处理的具体实现方案。因为词法分析阶段的错误局部化处理比较简单，此处将其略过，仅讨论语法分析阶段的处理办法。错误局部化处理适用于任何一种语法分析方法。这里讨论递归下降分析法中的错误局部化处理的实现。

在使用递归下降分析法进行语法分析时，一旦诊察出错误，编译程序会将错误性质存储至变量 cx，然后转出错处理程序。出错处理程序先报告（打印或显示）错误信息（位置和性质），然后跳过一段源程序，一般跳到语句的右界符，并从新语句开始接着往下分析。例如，对如下 C 语言 if 语句的分析，其中 else 部分是可选的。

if (<B>) <statement>;[else <statement>;]

有如下分析程序：

```
void if_statement( )
{
    nextsym( );                          /* 读下个单词符号 */
    if (class ! = leftparenthesis)
    {
        cx =错误‘缺（’的编号;          /* 将错误性质存储至 cx */
        error( );                        /* 调用出错处理程序 */
    }
else
```

```
    {
        nextsym( );
        B( );                          /* 调用布尔表达式处理程序 */
        if ( class ! = rightparenthesis)
        {
            cx=错误‘缺 )’的编号;   /* 将错误性质存储至 cx */
            error( );                  /* 调用出错处理程序 */
        }
        else
        {
            nextsym( );
            statement( );              /* 调用语句分析程序 */
        }
    }
    if ( class= =elsesy )
    {
        nextsym( );
        statement( );
    }
} // end of if_statement( )
```

局部化处理的出错处理程序为:

```
void error( )
{
    printf("%d,  %d,  %d\n",  cx,源程序行号,序号);
    do
    {    nextsym( );
    } until (class = = semicolon || class = = endsy || class = =elsesy )
} //end of error( )
```

上述处理办法比较粗糙,一旦发现错误就跳到语句结束符,有时会跳得太多,导致漏查太多,甚至引发连锁反应即后面的部分本来是对的,但受前面出错处理的影响,变成错的。例如,有如下的 C 语言语句:

real x, 2a, a, var2, 2fg;

语法分析时,编译程序会发现第二个标识符不符合变量声明规则,按照前述处理办法则会直接跳到该语句的右界符";",导致最后一个标识符的错误未被检查出来,且因为正确声明的标识符 a 和 var2 被跳过,后面对这两个标识符的引用都将会被判定为未声明。

再举一个例子,例如 PL0 语言中的 while 循环语句

```
while expression do
      statement;
```

其中，expression 为循环条件。若分析中诊察出错误，就按前述方法一律跳到语句右界符“;”，那么漏查的就太多了。为此，有些编译程序会采用补救方法，主要思路就是使“出错”的影响尽量局部化，即跳过尽量少的一段源程序。常用的办法是根据所分析的语法成分预先指定右界符，出错时根据指定的右界符来跳过一段源程序，而不是一出错就跳至新语句。这种处理办法可以根据具体情况，做针对性较强的处理，故局部化程度高。例如，对上述 while 循环语句，若 expression 中出错，可以跳到 do，statement 中有错可以跳到“;”等。

为了实现上述提高错误处理局部化程度的办法，编译程序需要设置一个专用变量，用于存放指定的右界符。发现错误时，编译程序按该变量的内容和语句右界符的并集跳过一段源程序。

此外，编译程序还应预先进行括号配对检查，因为语言中的括号可以把源程序分割成段。例如，对 PL0 语言有下列括号结构：

左括号	右括号
(	)
While	do
if	then
begin	end

如果它们的配对是正确的，则在下一步分析时，出错处理的局部化就有了正确的前提，因为编译程序总是可以用右括号作为括号内语法成分的右界符，不会因为找不到右界符而跳过过多的源程序段。

括号配对检查的实现方法十分简单，只需使用一个括号栈，在遇到左括号时将其压入栈中。在遇到右括号时，检查栈顶括号是否与之相匹配，若匹配则将左括号从栈顶移除；若不匹配或分析结束时括号栈仍不为空，则说明括号不配对。

3. 目标程序运行时错误检测与处理

前面讨论的都是编译时的出错处理，对于下标变量下标值越界、计算结果溢出、动态存储分配数据区溢出等在目标程序运行时发生的错误，一般的处理方法是：在编译时生成检测该类错误的异常处理程序，当目标程序运行到这类错误时，就调用异常处理程序，打印错误信息和运行状态（寄存器和存储器中的值）等，然后停止程序运行。对于这类错误，很难正确地报告出错误位置，因为目标程序与源程序之间难以建立位置上的一一对应关系。

4. 遏止重复的错误信息

语义错误主要来源于标识符未加说明和类型不一致等问题，这些错误经常会反复出现。例如，当一个标识符没有说明时，每一次引用该标识符都会导致“标识符未说明”这一类型的错误。实际上，这种错误只需要指出一次，不需反复强调，这就是所谓遏止重复的错误信息。

遏止这类重复性的错误信息并不困难，只需要创建一张出错名字表，每当发现一个出错名字时，首先查找错名字表中有无同名且同性质的出错名字，若有，则不再打印错误信息；若无，则把它登入该表中，并记录该出错名字的各种不正确用法，再把错误信息打印出来。

另一类错误来自计算机系统，主要是溢出错误，例如编译程序所需的工作区溢出或源程序所需的数据区溢出等。当出现这类错误时，一方面要确保编译进程继续进行；另一方面，也要遏止重复的错误信息。为实现这一目标，可以为每个数据区分别设立一个标志单元，其初始值均设置为 0。当发生溢出时，先查看标志单元内容，若标志单元内容为 0，则表示刚发生溢出，因此应打印出错误信息，同时将标志单元内容设置为 1；若其内容为 1，则表示当前不是首次发生溢出，无须再次打印错误信息。

总之，错误处理功能在衡量编译程序性能时至关重要，有助于用户尽早得到正确的源程序，提高用户体验。然而错误处理技术，特别是错误改正技术，在编译技术领域仍是一个没有得到很好解决的课题，值得进一步的研究和探讨。

练习 4

1. 给出文法规则如下：

$E \to E + T \mid T$

$T \to T\ F \mid F$

$F \to F\ * \mid P$

$P \to a \mid b$

（1）对这个文法提取左公因子。

（2）提取左公因子后该文法能适用于自顶向下分析吗？

（3）提取左公因子后，从文法中消除左递归。

（4）得到的文法适用于自顶向下分析吗？

2. 对文法 $G[S]$，重复题目 1 的练习。

$G[S]: S \to (\ L\ ) \mid a \quad L \to L\ ,\ S \mid S$

3. 给出文法规则如下，重复题目 1 的练习。

$S \to S\ (\ S\ )\ S \mid \varepsilon$

4. 试解答如下问题：

（1）构造一个不带回溯的自顶向下分析程序对文法有何要求？为什么？

(2) 自顶向下分析不能处理左递归文法，但为什么能处理其他递归文法？

5. 有文法 $G[A]$：

$A::=(B)\mid dBe$

$B::=c\mid Bc$

试设计自顶向下的语法分析程序。

6. 有文法 $G[Z]$：

$Z::=AcB\mid Bd$

$A::=AaB\mid c$

$B::=aA\mid a$

(1) 试求各选择(候选式)的 *FIRST* 集合；

(2) 该文法是否可以采用自顶向下的语法分析方法？为什么？

(3) 如果可以，试用递归下降分析法设计其语法分析程序。如果不可以，请改写文法，并写出其递归下降分析程序。

(4) 前面提到如果文法中出现 ε，情况可能会有一些特殊。请进行进一步的分析讨论，如果本题改写文法过程中出现了 ε，可能出现的问题。

7. 有文法 G[<语句>]：

```
<语句>::=<变量>:= <表达式>
      | if <表达式> then <语句>
      | if <表达式> then <语句> else <语句>
<变量>::= i | i(<表达式>)
<表达式> ::= <项> | <表达式>+<项>
<项> ::= <因子> | <项> * <因子>
<因子> ::= <变量> | (<表达式>) | <整数>
<整数> ::= <整数字> | <整数><整数字>
<整数字> ::= 0 | 1 | 2 | 3 | 4 | 5 | 6 | 7 | 8 | 9
```

试用 C、C++或 Java 语言编写该文法的递归下降语法分析程序，并要求插入适当的语义动作。

8. 下面给出的是某语句的文法：

stmt →if e then stmt stmtTail | while e do stmt | begin list end | *s*

stmtTail → else stmt | ε

list → stmtlistTail

listTail → ; list | ε

(1) 为这个文法构造一个有错误纠正处理的自顶向下预测分析器。

(2) 给出处理以下输入时的分析过程：

a) if e then s;if e then send

b) while e do begin s;if e then s else s ;end

第 5 章

符号表

5.1 符号表的作用

高级语言程序中有许多符号(symbols)或者名字(names)对应于标识符(identifiers),用来标识各种程序对象,如变量(variables)、类型(types)、类(classes)、函数(functions)等。这些标识符的基本属性及其在程序中的上下文环境属性,能够充分体现程序的语义信息。

符号表是编译设计中最重要的数据结构之一,用于登记和追踪所声明(declarations)的符号及其所绑定的信息。几乎在编译的每个阶段都要涉及符号表。

符号表的组织与管理模块是编译程序的重要组成部分,负责符号表的创建和维护,以声明内容和位置等信息为基础,收集和查询标识符的基本属性,同时体现标识符在程序中的上下文环境,例如作用域(scope),可见性(visibility)和生存期(lifetimes)等。

符号表自创建后便开始被用于收集符号(标识符)的基本属性,不同阶段会有不同的信息,后续可以根据需要进一步更新和维护。例如,编译程序分析到以下两个声明语句:

```
float A ;
int B[10] ;
```

则在符号表关于符号 A 的属性中收集到该符号是一个浮点型变量,关于符号 B 的属性中收集到该符号是具有 10 个整型元素的一维数组。

编译程序的前端需要对程序的合法性进行检查。语法(含词法)是否合法主要是通过检查上下文无关文法(含正规文法)的符合性,而上下文无关文法不可能刻画程序的上下文相关特性(或称上下文语义合法性),后者通常是在语义分析阶段进行检查。

在语义分析中,符号表所登记的内容是进行上下文语义合法性检查的依据。同一个标识符可能在程序的不同地方出现,而有关该符号的属性是在不同情况下收集的,特别是在多遍编译及程序分别编译(以文件为单位)的情况下,更需检查标识符属性在上下文中的一致性和合法性。可以基于符号表中所记录的属性进行语义检查。在 C 语言中对同一个标识符可作引用声明也可作定义声明,例如:

```
⋮
int x[2][5];  // 定义声明 x
⋮
extern float x;  // 引用声明 x
⋮
```

按编译过程,符号表中先设置标识符 x 的属性,表明该符号是一个含有 2×5 个整型元素的二维数组变量,而后在分析另一个声明语句时,发现标识符 x 是一个浮点型简单外部变量(位于不同文件)。此时,基于符号表的语义检查可以发现二者类型不一致的语义错误。

作用域(scope),通常指静态作用域(static scope)或词法作用域(lexical scope),是与符号表密切相关的静态程序结构。作用域内部可以声明一个或多个变量或其他类别的标识符。以作用域为单位构建符号表是常规选项。同一个作用域中一般不允许标识符被多重定义,例如,在同一个作用域所涵盖的程序片段中若包含

```
⋮
int y [2, 5];
⋮
float y [4, 3];
⋮
int y [2, 5];
⋮
```

则编译程序首先在符号表中记录了标识符 y 是 2×5 个整型元素的数组,而后在分析该变量的后两个定义声明时编译系统可通过符号表检查出标识符 y 的两次重定义冲突错误。只要标识符名多次定义,无论后面的 y 的定义声明是否与前面完全相同,一般都会报告重定义冲突的语义错误。

在许多语言中作用域是可以嵌套的。嵌套作用域中,变量(或其他标识符)的可见性会遵循一定的规则,如最内嵌套作用域的可见性规则。在实现符号表的组织与管理时应能够体现所遵循的规则。

通过符号表中符号的属性信息还可以检查在上下文中符号使用的合法性。例如,对于下列代码片段:

```
⋮
int foo() { …; return 1; }
⋮
int main() { …;  return foo (1); }
⋮
```

编译程序在符号表中记录了标识符 foo 是一个无参函数,然而在处理 main 函数 return 语句的表达式时,发现 foo 的调用使用了参数,就会报告函数调用的实参数量与函数声明的形参数量不匹配的语义错误。

除了借助符号表实现语义分析和静态检查,如检查符号声明的一致性以及使用的合法性,编译程序所采用的运行时存储策略以及代码生成过程也要频繁访问符号表中符号的各种属性,涉及符号表的组织与管理机制。

程序中的变量符号由它被定义的存储类别、类型和被定义的位置等来进一步确定将

来被分配的运行时存储空间。首先要根据存储类别确定其被分配的存储区域。例如,在C语言中需要确定该符号变量是分配在公共区(extern)、文件静态区(文件中最外层的static)、函数静态区(函数中的static),还是函数运行时的动态区(auto),等等。其次是根据变量出现的次序(一般来说是先声明的在前)来决定该变量在某个区中所处的具体位置,这通常使用在该区域中相对于起始位置的偏移量来确定。还有,变量的类型用于确定其分配的存储空间大小(字节数)。而有关存储区域的标志、类型及相对位置都是作为该变量的语义信息被收集在该变量的符号表属性中。

程序变量的作用域与可见性属性在程序执行期间体现为变量的生存期(lifetime)。比如,在嵌套作用域中,最外层声明的变量的生存期将贯穿整个程序执行过程,而内层声明的非静态局部变量的生存期则是不连续的(即不同实例的分段生存期)。编译程序通过符号表的组织与管理机制来获取标识符在程序中的上下文环境属性,包括作用域、可见性和生存期等相关信息。

此外,符号表在与编译程序密切相关的伙伴程序(用于程序开发工具/环境)中也可能会用到。比如,调试程序需要使用符号表中标识符的定位信息(行号/列号),将其记录在符号表中与该标识符的相关的属性中,供调试程序后续使用。

5.2 符号的常见属性

符号表中可以存放符号的不同属性,以便在编译的不同阶段使用。因源语言以及实现方式的多样性,所涉及的标识符属性信息也不尽相同,有些信息适合直接在符号表中登记,有些信息可以通过已登记的信息间接得到,还有一些信息可以通过符号表的组织与管理来体现。以下列举几种常见的符号属性。

- 符号的名字

名字是每个符号不可或缺的属性。在符号表中,符号名常被用作查询相应表项的关键字,在共同的上下文环境中一般不允许重名。

根据语言的定义,程序中出现的重名标识符将按照该标识符在程序中的作用域和可见性规则进行相应的处理。在同一作用域中,符号通常不允许重名,若存在多个作用域共享符号表的情况,需要通过作用域来区分同名标识符。

在一些允许运算重载的语言中,函数和过程是可以重名的,对于这类重载的标识符,必须通过它们的参数个数、类型以及函数返回值类型来区别,以确保它们在符号表中所对应表项的唯一性。

- 符号的类别

符号一般可分为常量符号、变量符号、过程/函数符号、类名符号等不同的类别。类别不同,符号表中其他属性的组成和含义也通常会有所差异。当体现不同数据对象的属性特征差异较大时,可将这些属性以分表的形式分开组织。如对于数组,符号的属性通常会包含数组的内情向量;对于结构体或类,符号的属性应包含成员信息;对于函数/过程,符号的属性需要包含形参的信息。

- 符号的类型

各类符号一般都会有对应的类型,如常量符号、变量符号对应有数据类型。函数/过程符号也对应有由参数类型和返回值类型复合而成的函数类型。由类(class)声明的实例变量符号拥有相应类所定义的类型。

符号的类型属性不仅决定了该符号所标识的内容在存储空间中的存储格式,还决定了可以对该符号进行的运算操作。某些拥有高阶类型的符号,可以对应存储空间及其运算操作的模板,例如C++中的模板(template)可以声明一个拥有参数化类型的类。

某些情况下,符号的类型需要根据使用的上下文通过类型推导来获得。

需要注意的是,符号表中记录的是符号的静态类型。而有些符号在实际运行时的类型(动态类型)是会随着程序执行环境的变化而变化的,通常情况下,运行时的动态类型与符号表中所登记的静态类型是兼容的,比如,运行时的动态类型是该静态类型的子类型。

- 符号的存储类别和存储分配信息

符号的存储类别信息用于确定该符号存储在数据区还是代码区,数据区是静态分配还是动态分配,静态分配的具体静态数据区,动态分配是在栈区还是在堆区,等等。

符号的存储分配信息包括符号的数据单元大小(以字节为单位),相对某个存储基地址的偏移量,函数/过程符号的初始化栈帧空间(活动记录)的大小,等等。

- 符号在程序中的上下文环境信息

符号的上下文环境属性包括符号在程序中的行/列位置、相对某个存储基地址的偏移量,以及作用域、可见性和生存期等信息。作用域与可见性是符号在上下文环境中的基本属性,一般体现在符号表的组织与管理中,并且通过存储分配和代码生成环节在程序执行期间反映该符号的生存期。

上述属性中,有些基本属性可以直接从符号的声明中获得。例如,当遇到C/C++程序中如下的声明语句:

```
static int x[2][5]。
```

编译程序会在当前符号表中添加符号名为x的表项,并直接登记其类别属性为变量,类型属性为整型数组,且进一步借助内情向量(dove vector)信息栏将其登记为拥有两个维度的上界分别为2和5的二维数组,并标记其具有static属性。

有时,可以从声明语句中间接获得有用的信息,必要时也可以将这些信息作为符号属性或附加信息记录在符号表中。例如,通过以上声明中的上下界信息,我们可以计算出数组 x 的元素个数(10)以及存储所需的字节数(以 32 位整数为例,需分配 40 个字节的存储空间),以及其他有用的内情向量信息。这些派生出来的信息,在后续阶段(如代码生成)可以直接使用。

根据上述声明语句,x 具有 static 属性,由此可知该数组将会分配在静态数据区。然而,具体分配在哪个静态数据区,则需要从上述 x 的声明在程序中的上下文环境推断。若是声明在源文件(.c 或者.cpp 文件)内的 static 全局变量,则会将 x 分配在文件静态数据区。若是声明在函数/方法内的 static 局部变量,则会将 x 分配在相应的函数静态数据区。若是声明在某个类中的 static 数据成员(或称 x 为类变量),则会将 x 分配在相应的类静态数据区,在该类的实例对象中不会为 x 分配对象存储空间。

在编译的不同阶段,符号表中包含的属性信息会有所不同。例如,在编译后端阶段,符号表可能包含符号的寄存器等低层次属性。

作用域与可见性对符号表的组织和管理有着重要影响。每个符号在程序中都有确定的有效范围。拥有共同有效范围的符号所在的程序单元构成一个作用域(scope)。作用域之间可以嵌套,即一个作用域可以包含另一个作用域,形成嵌套的作用域(nested scopes)。但作用域之间不会交错,即两个作用域要么嵌套(一个包含另一个),要么不相交。可见性(visibility)是指在程序的某一特定点,哪些符号是可以被访问的(即可见的)。

例如,对如下 C 代码片段 Prog1:

```
int a = 0;
int foo (int a) {
    int b = 1;
    return a + b;
}
int main ()
{
    int a=1, b=1, c;
    ...                              /* 不含其他声明语句 */
    {                                /* 语句块 1 开始 */
        int b=0, c;
        ...                          /* 不含其他声明语句 */
    }                                /* 语句块 1 结束 */
    {                                /* 语句块 2 开始 */
        int d;
        ...                          /* 不含其他声明语句 */
        {                            /* 语句块 3 开始 */
            int b=2, e;
```

```
        e = foo (a+b);                          /* here */
    }                                           /*语句块3结束 */
  }                                             /*语句块2结束 */
}
```

代码片段 Prog1 中,我们可以识别出以下 8 个静态作用域:(1) 全局作用域,包含符号集合{a, foo, main};(2) foo 函数形参作用域,包含符号集合{a};(3) foo 函数体作用域,包含符号集合{b};(4) main 函数形参作用域,包含符号集合{};(5) main 函数体作用域,包含符号集合{a, b, c};(6) main 函数内语句块 1 作用域,包含符号集合{b, c};(7) main 函数内语句块 2 作用域,包括符号集合{d};(8) main 函数内语句块 3 作用域,包含符号集合{b, e}。

在代码片段 Prog1 的/ * here * /处,可见的符号 a 是 main 函数体作用域中的 a,而全局作用域中的 a 是不可见的。

针对像 Prog1 这种具有块结构静态嵌套作用域的语言,其符号表的组织与管理有着经典的方法,本章后续将对此进行专门讨论。

再看一个例子。设有如下简单面向对象语言(类 Java)程序片段 Prog2:

```
class Computer {
    int cpu;
    void Crash(int numTimes) {
        int i;
        for (i = 0; i < numTimes; i = i + 1)
            Print("sad\n");
    }
}
class Mac extends Computer {
    int mouse;
    void Crash(int numTimes) {
        Print("ack!");                                  /* here */
    }
}
class Main {
    static void main() {
        class Mac powerbook;
        powerbook = new Mac();
        powerbook.Crash(2);
    }
}
```

对于代码片段 Prog2,可划分如下 10 个静态作用域:(1) 全局作用域,包含符号集合{Computer, Mac, Main};(2) 类 Computer 作用域,包含符号集合{cpu, Crash};(3) 类 Computer 方法 Crash 形参作用域,包含符号集合{this①, numTimes};(4) 类 Computer 方法 Crash 的方法体作用域,包含符号集合{i};(5) 类 Mac 作用域,包含符号集合{mouse, Crash};(6) 类 Mac 方法 Crash 形参作用域,包含符号集合{this, numTimes};(7) 类 Mac 方法 Crash 的方法体作用域,包含符号集合{};(8) 类 Main 作用域,包含符号集合{main};(9) 类 Main 方法 main 形参作用域,包含符号集合{}②;(10) 类 Main 方法 main 的方法体作用域,包含符号集合{powerbook}。

在代码片段 Prog2 中的/ * here * /处,由于继承,类 Computer 作用域中的符号 cpu 是可见的;而由于重载,类 Computer 作用域中的符号 Crash 是不可见的。

在代码片段 Prog2 类 Main 的 main 方法中,虽然最后一行 powerbook. Crash(2)有对方法 Crash 的调用,但不能认为类 Mac 作用域中的符号 Crash 是可见的。此处可见的符号是 powerbook,powerbook. Crash(2)是向 powerbook 发消息 Crash(2)。

5.3 符号表的结构与实现

符号表中的每个表项均对应唯一的符号。关于表项内容的组织,可以采用单级或者多级的符号表结构。下面通过例子进行说明。

单级的符号表结构是指符号表表项的属性不会与其他的符号表关联,这意味着表项中描述相对独立的符号属性。例如,对于 5.2 节的代码片段 Prog1,我们为每个作用域设计一个符号表,它们是结构相似的单级符号表。图 5.1、图 5.2 和图 5.3 分别对应全局作用域(包含符号集合{a, foo, main}),main 函数体作用域(包含符号集合{a, b, c})和 main 函数内语句块 3 作用域(包含符号集合{b, e})的符号表结构。

名字	嵌套层号	类别	类型	偏移量	初始栈帧空间
a	LEV	variable	int	DX	
foo	LEV	function	int		CX+2
main	LEV	function	int		CX+6

图 5.1 Prog1 的全局作用域符号表结构(示例)

图 5.1、图 5.2 和图 5.3 中所展示的符号表均采用了一致的符号属性。所以对于不同

① this 变量,以当前类作为类型,为隐式形参。参考 C++或 Java 中的 this 变量。

② main 是静态方法,不含隐式形参 this。

名字	嵌套层号	类别	类型	偏移量	初始栈帧空间
a	LEV+1	variable	int	DX	
b	LEV+1	variable	int	DX+1	
c	LEV+1	variable	int	DX+2	

图 5.2　Prog1 的 main 函数值作用域符号表结构(示例)

名字	嵌套层号	类别	类型	偏移量	初始栈帧空间
b	LEV+3	variable	int	DX+4	
e	LEV+3	variable	int	DX+5	

图 5.3　Prog1 的 main 函数内语句块 3 作用域符号表结构(示例)

“类别”的符号,可能某些属性为空。例如,“偏移量”属性对 variable 类别的符号有效,而对 function 类别的符号无效。类似地,“初始栈帧空间”属性仅适用于 function 类别的符号。“偏移量”属性中,DX 表示当前栈帧中数据信息基址的偏移量,目标代码生成时可通过专用寄存器换算得到。

在“初始栈帧空间”属性中,CX 表示函数栈帧所需要的控制单元数目,且此例中假设 int 型数占用 1 个栈帧存储单元。函数 foo 的初始栈帧大小为 CX+2,其中参数 a 和局部变量 b 各占一个存储单元。函数 main 的初始栈帧大小为 CX+6,即它在运行栈上所分配的局部变量最多有 6 个:main 函数体作用域中的 a、b 和 c,main 函数内语句块 2 作用域中的 d,以及 main 函数内语句块 3 作用域中的 b 和 e。

“嵌套层号”属性中,LEV 表示当前全局作用域所对应的嵌套层次。若当前全局作用域是最外层,则可以令 LEV=0。这一属性在采用单表结构进行符号表的组织和管理时用于区分不同的作用域(参见 5.4 节)。同时,它也以可用来实现基于静态访问链的非局部量访问。

多级的符号表结构是指符号表表项的某些属性会关联其他的符号表。例如,对于 5.2 节的程序片段 Prog2,我们采用如图 5.4 所示的多级结构的符号表组织。该符号表结构中,共有四种类型的作用域:全局(global)作用域、类(class)作用域、形参(formal)作用域、局部(local)作用域。图 5.4 只是 Prog2 符号表结构的简明示意图,其中省略了部分信息。

图 5.4 中,全局作用域(包括类别为 class 的符号 Computer、Mac 和 Main)构成了一个 global 作用域的符号表,其中各个符号的“描述”属性引申出了“父类”和“类域”属性,后者又进一步引申出 class 作用域的符号表,体现了多级结构的符号表组织。图中省略了 class Main 的相关描述;对 class Mac 也仅描述了与 class Computer 的继承关系,而省略了进一步的描述;对于 class Computer,则从 class 作用域的符号表开始进行了较为详细的描述。

在 Computer 类 class 作用域的符号表中,包含 cpu 和 Crash 两个符号的表项,分别对应 Computer 类的实例变量和成员函数。可以看出,从符号 Crash 的“描述”属性引申出的“形参域”和“函数体域”,又分别引申出函数 Crash 的 formal 作用域符号表和 Crash 的函数体

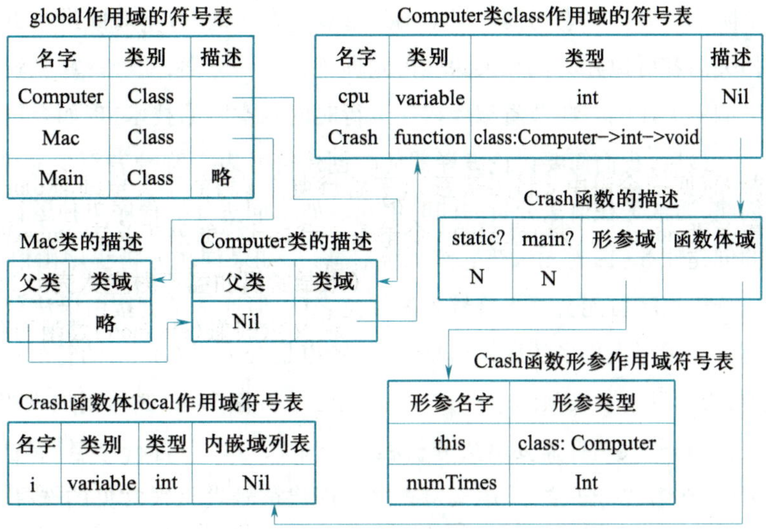

图 5.4　Prog2 符号表结构(示例)

local 作用域符号表。注意 Crash 的类型为 Computer→int→void 的函数类型,它的第一个形参为自动加入的隐含参数 this,后者的类型为 Computer,这也可以在函数 Crash 的 formal 作用域符号表中体现,其中含有形参名字 this。对于非静态方法,我们均假定会自动加入隐含参数 this。

接下来我们简要讨论符号表的实现。与其他基于表的数据结构类似,针对符号表的操作通常包含:

- 创建符号表。通常在编译开始或进入一个作用域时调用创建符号表的操作。
- 插入表项。在遇到新的符号声明时进行,通常是将其插入到当前作用域所对应的符号表中。
- 查询表项。在引用符号时进行查询操作。
- 修改表项。当获得新的语义值信息时,对相应的符号表项进行修改。
- 删除表项。在符号变为不可见或不再需要其信息时进行删除操作。
- 释放符号表空间。在编译结束前或退出一个作用域时进行符号表空间的释放。

符号表的实现需要选择适当的数据结构,除了需要体现符号表的功能和作用,通常也需要考虑符号表操作的方便性和高效性,有时还需要考虑节省内存空间(如某些运行在低端嵌入式设备的即时编译程序)。

以下列举几种实现符号表的常见数据结构:

- 一般的线性表。例如数组和链表等。
- 有序表。查找时比无序表快,例如可以使用折半查找算法。
- 二叉搜索树。
- 哈希表。

实现高效的符号表组织与管理对于编译程序来说非常重要,因为符号表在编译的各个阶段都要被频繁访问。但本书的重点不在于此,故不对此进行更深入的讨论。一方面,相关内容可以在其他相关课程得到训练。另一方面,随着计算机软硬件系统的大幅进步,早期所关注的一些节省编译程序运行时间和空间的技术,现如今早已不是主流。

最后,我们简要讨论编译器何时创建符号表。符号表至少应该在静态语义分析之前创建,通常是在语法分析的同时创建。如果词法分析程序单独运行,通常无法承担符号表的创建任务(因为无法获取作用域信息)。如果词法分析程序由语法分析器调用,那么词法分析程序可能会写入符号表的相应表项,但通常是直接由语法分析程序来做,因为后者可以同时写入更多的属性信息,并且知道是否为正在声明的符号(如果是,就创建新的表项,否则只更新表项的属性)。当由词法分析程序写入时,则加入当前作用域对应的符号表中(符号表指针需要语法分析程序告知),可以包含符号名、属性值、位置信息等信息。另外,在语法分析之后、语义检查之前创建符号表是很常见的选择,这种方法有助于获得符号的更多属性信息(假定所需要的属性在抽象语法树中有完整记录),也便于处理同一作用域内随处声明的符号。

5.4 块结构语言基于静态嵌套作用域的符号表组织与管理

允许名字作用域嵌套的语言被称为块结构语言(block-structured language)。自 ALGOL 60 以来,绝大多数程序设计语言均支持静态嵌套的作用域,遵循静态作用域规则。支持动态作用域规则的语言很少。除非专门说明,本书提到的“作用域”默认是指静态作用域。后续会提及静态和动态两种作用域规则的区别。

本节专门讨论这种块结构语言中基于静态嵌套作用域的符号表组织与管理方法,这些方法可以体现最基本和最常用的作用域和可见性规则。

本书5.2节已经结合例子介绍了作用域与可见性的基本含义,为了进一步讨论符号表组织与管理机制,此处再引入几个相关术语。

对于程序的某一特殊点而言,该点所在的作用域被称为当前作用域(current scope)。当前作用域与包含它的程序单元所构成的作用域被称为开作用域(open scopes)。不属于开作用域的作用域被称为闭作用域(close scopes)。

基于静态嵌套作用域的典型可见性规则(*visibility rule*)为:

- 在程序的任何一点,只有在该点的开作用域中声明的符号才是可访问的。
- 若一个符号在多个开作用域中被声明,则将距离该符号的某个引用最近的声明作为该引用的解释。

- 新的声明只能出现在当前作用域。

多数情况下,每个作用域都有其各自的符号表(*individual table for each scope*),被称为多符号表(*multiple symbol table*)组织。但也可以选择让所有嵌套的作用域共用一个全局符号表,称之为单符号表(*single symbol table*)组织。下面分开讨论基于这两种方式的符号表组织与管理常规方法。

5.4.1 单符号表的组织与管理

通常,单符号表的组织与管理具有以下特点:

- 所有嵌套的作用域共用一个全局符号表;
- 每个作用域都被分配了一个作用域号,用于指明作用域的嵌套层次;
- 仅记录开作用域中的符号;
- 当某个作用域变为闭作用域时,需要从符号表中删除该作用域中声明的符号。

由于所有作用域共享同一张符号表,因此在访问或维护某个特定作用域的符号时,需要明确该符号是否属于该作用域。显然,这一点可以通过作用域号来实现。然而,由于表中仅记录开作用域中的符号,每个当前开作用域的嵌套层次是唯一的,因此也可以通过嵌套层次编号达到这一目标。后者更为常用,因嵌套层次编号还可以用于其他方面,如实现基于静态访问链的非局部量访问。嵌套层次编号在 5.3 节的例子中也被称为“嵌套层号”。

下面举一个单符号表组织与管理的例子。以 5.2 节中的代码片段 Prog1 为例,编译程序维护一个线性表结构的全局符号表,其相当于一个栈结构。当编译程序处理到 Prog1 片段中的/ * here * /位置时,当前全局符号表的内容如图 5.5 所示,中间经历的过程如下:

(1) 开始时,全局作用域符号表(见图 5.1)中的符号 a 与 foo 的表项被依次压入栈中;假设最外层嵌套层号 LEV=0,则这两个符号的嵌套层号为 0;

(2) 然后,foo 函数形参作用域的参数符号 a(嵌套层号为 1)的表项入栈,以及 foo 函数体作用域的局部符号 b(嵌套层号为 1)的表项入栈;注意,这里将函数形参作用域的符号与函数体作用域的符号设置了相同的嵌套层次,以便编译程序处理到函数结束位置时能够统一将它们退栈,这也是多数编程语言的通用做法;

(3) 扫描至退出 foo 函数体作用域时,将当前嵌套层号为 1 的所有符号 b 和符号 a 的表项依次从栈中删除;

(4) 接下来扫描 main 函数的代码,将符号 main 的表项入栈(嵌套层号为 0),与当前栈中的嵌套层号同为 0 的符号 a 与 foo 一起,在栈顶形成完整的全局作用域符号表(如图 5.1);

(5) 随后,main 函数体作用域局部符号 a、b 和 c 的表项入栈,其嵌套层号均为 1;注意,main 函数形参作用域中没有符号,直接过渡到处理 main 函数体作用域;

（6）接下来，main 函数内语句块 1 作用域的符号 b 和符号 c 的表项相继入栈，这两个符号的嵌套层号为 2；

（7）退出 main 函数内语句块 1 作用域时，将当前嵌套层号为 2 的所有符号 c 和符号 b 的表项依次从栈中删除；

（8）随后是 main 函数内语句块 2 作用域的符号 d（嵌套层号为 2）的表项入栈；

（9）接着，main 函数内语句块 3 作用域的符号 b 和符号 e 入栈，二者的嵌套层号为 3；

（10）接下来处理至/ ∗ here ∗ /时，当前全局符号表的内容如图 5.5 所示。

名字	嵌套层号	类别	类型	偏移量	初始栈帧空间
a	LEV	variable	int	DX	
foo	LEV	function	int		CX+2
main	LEV	function	int		CX+5
a	LEV+1	variable	int	DX	
b	LEV+1	variable	int	DX+1	
c	LEV+1	variable	int	DX+2	
d	LEV+2	variable	int	DX+3	
b	LEV+3	variable	int	DX+4	
e	LEV+3	variable	int	DX+5	

图 5.5　编译程序处理至/ ∗ here ∗ /时，全局符号表内容

在 Prog1 的程序位置/ ∗ here ∗ /的语句需要访问符号 a 和符号 b，根据可见性规则，从全局符号表当前栈顶开始在栈内查询，发现最近的 b：嵌套层号为 3，而最近的 a：嵌套层号为 1，即为实际所访问的符号。

为了改进查询效率，我们可以采用更加高效的表数据结构。例如采用 Hash 表来组织全局符号表，同样针对 5.2 节中的代码片段 Prog1，当编译程序处理到程序/ ∗ here ∗ /位置时，全局符号表的状态如图 5.6 所示。

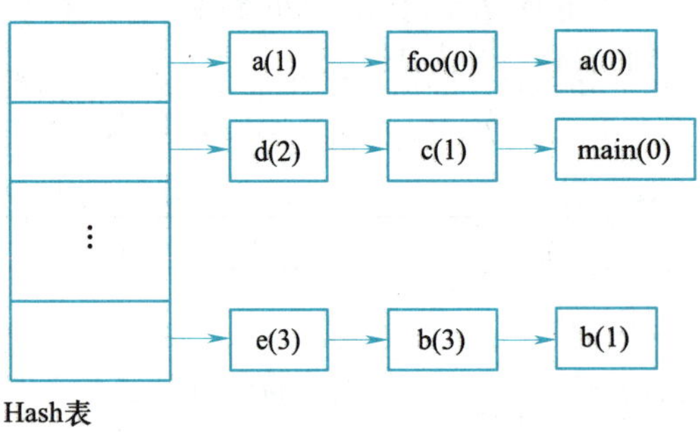

图 5.6　采用 Hash 表的编译程序处理至/ ∗ here ∗ /时全局符号表的状态

要注意的是图 5.6 中各符号的散列值是我们随意假设的。针对 Prog1 的程序位置/ ∗ here ∗ /，其开作用域包括：第 0 层的全局作用域，含符号 a（0），foo（0），main（0）；第 1 层的 main 函数体作用域，含符号 a（1），b（1），c（1）；第 2 层的 main 函数内语句块 2 作用域，含符号 d（2）；以及第 3 层的 main 函数内语句块 3 作用域，含符号 b（3）和 e（3）。这

里，各符号所附带的数字代表符号所在作用域的嵌套层号。

我们假设在如图 5.6 所示的 Hash 表中插入一个符号对应的表项时，都是将其插入到各分表的表头位置。这样，当某个符号在符号表中出现多个副本时，离该符号的某个引用最近的声明副本应作为该引用的解释，它应该处于分表中最靠前的位置。例如，在程序/ * here * /位置处，引用符号 a，其含义是指向符号 a(1)所对应的表项；引用符号 b，则指向符号 b(3)所对应的表项。

在单符号表的组织与管理方式下，唯一的符号表中仅包含当前开作用域中已经扫描到的符号，而闭作用域的所有符号均不在表中。这种方式适合用于单遍编译器的符号表组织，也常被用于函数局部作用域中所有嵌套作用域共享同一张符号表。

另外，无论在何种情况下，单符号表的组织与管理方式都无法支持前向引用(forward reference)的特性，遇到未声明的符号总是会报错，无论该符号后续代码中是否会被声明。例如，以下是某简单语言的一个程序片段 Prog3：

```
(1)    var x;
(2)    procedure  p ;
(3)        var x;
(4)        procedure  r ;
(5)            var y;
(6)            begin
 .                 ……       / * 不含任何 call 语句和声明语句 * /
(l1)               call q;
 .                 end;
 .         begin
(l2)         call r ;
 .                 ……       / * 不含任何 call 语句和声明语句 * /
 .           end ;
 .        procedure  q ;
 .           var y;
 .           begin
 .               ……         / * 不含任何 call 语句和声明语句 * /
(l3)           call p ;
 .             end ;
 .      begin
 .          ……              / * 不含任何 call 语句和声明语句 * /
 .          call p;
 .          end .
```

在该语言中,无数据类型声明,所有变量默认为整数类型,变量的声明以保留字 var 开头;语句块则使用 begin 和 end 括起来;过程声明保留字为 procedure。该语言支持嵌套的过程声明(类似 Pascal 语言),但只能定义无参过程,且没有返回值。

若实现该语言的编译器采用的是某种全局的单符号表结构,例如图 5.5 和图 5.6 所示的那样,在分析至语句(l_1)时会报告语义错误(符号 q 不存在)。因为当前符号表中尚无符号 q 的表项,即便 q 是某个开作用域(最外层作用域)中的符号。与此对照,当分析至语句(l_2)时,r 已经出现在当前开作用域(p 过程体作用域)中,因而在符号表中有相应表项,不会报告此类错误。

如需支持前向引用,则不适合采用单符号表的组织方式来实现,因为后者的记录中只含有当前扫描过的符号,即使采用多遍扫描也是一样。

C 语言中不允许前向引用,调用一个函数之前必须先定义或先声明这个函数。这样规定后,就给采用单符号表的组织方式来实现提供了机会。

5.4.2 多符号表的组织与管理

多符号表的组织与管理通常具有以下特点:

- 每个作用域都有其各自的符号表。
- 需要维护一个作用域栈(scope stack),每个开作用域对应栈中的一个入口,当前的开作用域保持在该栈的栈顶。
- 当一个新的作用域被创建时,相应的新符号表也会被创建,并将该作用域压入栈中。
- 在当前作用域成为闭作用域时,从栈顶弹出相应的作用域。

下面举两个多符号表组织的例子。

同样以 5.2 节的代码片段 Prog1 为例,当处理到程序/ * here * /位置时,符号表的状态如图 5.7 所示。如 5.2 节所述,这段代码包含 8 个作用域。在当前作用域栈中,从栈顶到栈底依次为:(1) main 函数内语句块 3 作用域,包含符号集合{b, e};(2) main 函数内语句块 2 作用域,包含符号集合{d};(3) main 函数体作用域,包含符号集合{a, b, c};(4) 全局作用域,包含符号集合{a, foo, main}。其余作用域在当前状态下都是闭作用域。

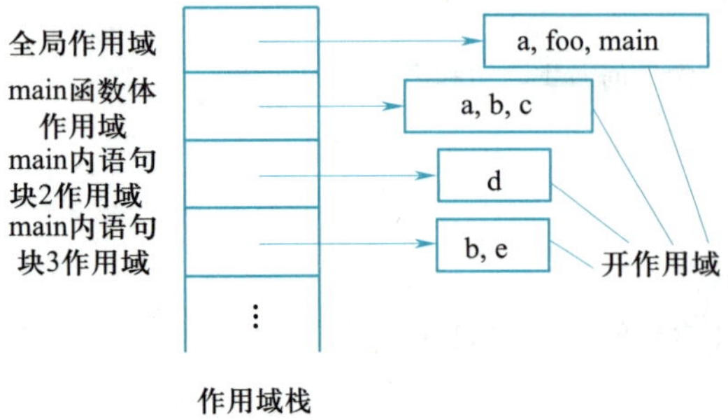

图 5.7 多符号表组织示例(1)

当某个符号在开作用域中多次出现时，则该符号的某个引用是指向离该引用最近一次声明的这一符号的副本，对应于离栈顶最近的开作用域中的符号。例如，在程序/ * here * /位置处引用符号 b 时，指的是当前栈顶作用域中的符号 b；引用符号 a，指的是次次栈顶作用域中的符号 a。

再以 5.2 节中的代码片段 Prog2 为例，为了方便说明，代码也被列于图 5.8 左侧。如图 5.8 所示，当处理到图中唯一的 for 语句时，当前作用域栈中包含 4 个开作用域：（1）GLOBAL 作用域；（2）类 Computer 的 CLASS 作用域；（3）类 Computer 方法（成员函数）Crash 的 FORMAL（形参）作用域；（4）类 Computer 方法 Crash 的函数体 LOCAL 作用域。图 5.8 右侧中省略的部分可以参考图 5.4。

```
class Computer {
  int cpu;
  void Crash(int numTimes) {
    int i;
    for (i = 0; i < numTimes; i = i + 1)
      Print("sad\n");
  }
}

class Max extends Computer {
  int mouse;
  void Crash(int numTimes) {
    Print("ack!");
  }
}

class Main {
  static void main() {
    class Mac powerbook;
    powerbook = new Mac();
    powerbook.Crash(2);
  }
}
```

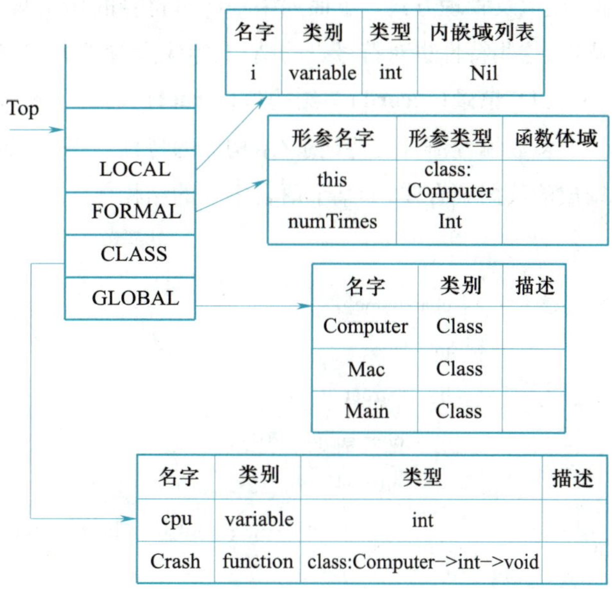

图 5.8 多符号表组织示例（2）

这里有一个关于作用域与可见性的问题。对于上述代码 Prog2，在类 Mac 的 Crash 方法中可以访问由父类继承下来的属性 cpu。但进入这个 Crash 方法的 LOCAL 作用域后，cpu 并没有包含在当前作用域中（开作用域 GLOBAL 中只有父类标识符）。然而，能否直接引用父类继承下来的属性取决于 extends 的实现，通常情况下是可直接引用的。这说明，虽然作用域与可见性二者是密切关联的，但二者也有着本质的不同。从嵌套层次来看，不能将 cpu 看作开作用域中的符号，然而，继承性决定了 cpu 的可见性。

采用多符号表的组织与管理可以方便地支持前向引用的实现。例如，可以采用单独一遍扫描来构建所有符号表。当后续扫描时，出现在作用域栈中的作用域所对应的符号表，已包含该作用域中的全部符号，因此后面定义的符号也可以被访问到。

以 5.4.1 中的程序片段 Prog3 的简单语言为例，若采用多符号表组织，并假设在语义分析之前已经构建好所有的符号表，则编译器在分析至语句（l_1）时不会报告语义错误，因为符号 q 已经被包含在最外层作用域对应的符号表中。

*5.5　影响符号访问规则与查找方式的其他典型语言特性

5.4节讨论了经典的基于静态嵌套作用域的符号表组织与管理，以及多数语言都具有的块结构特性。除块结构语言特性之外，其他的一些语言特性也会影响到符号表的结构、组织及管理方式。下面列举一些对符号的访问规则与查找方式影响较大的典型语言特性，这些特性也对符号表的结构、组织及管理方式有较大影响。

(1) 记录(record)与结构体(struct)

多数编程语言支持记录/结构体的特性。每个记录/结构体是由多个域(field)的数据构成的数据集合体，如某个语言定义的结构体a：

```
struct {
    char name[20];
    int   age;
    b:   struct {
        char subject[10];
        int rank;
        c:   struct {…. ;   int b;   int c;   int d; …} ;
    }
}   a;
```

结构体的定义可以嵌套。例如上述结构体a的域b本身是一个结构体，而结构体b中又定义了一个结构体c的域。结构体a中域b的数据可通过a.b访问，而b中的结构体c可由a.b.c访问，以及可以通过a.b.c.d访问上述定义中的变量d。嵌套的结构体定义中，只要保证同一层次的域名符号不发生冲突即可，不同层次之间可以有相同名称的域名。例如，在上述结构体中最内层的结构体c中包含名称为b和c的域，但依旧可以保证使用a.b.c.b和a.b.c.c访问的数据单元是唯一确定的。

多数语言，如C、Ada和Pascal，对于嵌套表定义的记录/结构体采用上述的域名符号的访问方式。也有少数例外，语言COBOL和PL/I允许在无歧义的情况下略去中间层次的域名符号，例如允许使用a.d代替上述的a.b.c.d。但其实现起来较为复杂且使用不便。

记录/结构体符号可以登记为其所在作用域对应符号表中的一个表项，对应的描述可实现为一棵树的根结点，其域名符号的描述作为该结点的孩子，本身为结构体的域可作为相应子树的根节点。也可以将所有域名符号看作一个作用域并对应自己的符号表，本身为结构体的域对应新一层嵌套的作用域，这样就形成一个多级结构的符号表。

有些语言可以使用开域语句，如 Pascal 的 with 语句，可以改变记录/结构体中域名符号的访问方式，从而也影响到符号表的组织方式。例如，与上述 C 语言定义的结构体变量 a 对应，下面是在 Pascal 语言中定义的记录变量 a：

```
var a: record
    name: array [1..20] of char;
    age: integer;
    b: record
        subject: array [1..10] of char;
        rank: integer;
        c: record
            …;  int d;…;
            end
        end
    end
```

下列 Pascal 程序片段中，使用了 with 语句：

```
with a do
    begin
        …;    //  可直接使用 name, age, b, b.c, b.c.d, …
        with b do
            begin
            …;    //  可直接使用 subject, rank, c, c.d, …
            with c do
            begin
                …;    //  可直接使用 d,
                end
            end
        …;    //  可直接使用 name, age, b, b.c, b.c.d, …
    end
```

在这种开域语句的作用域内，可以直接访问域名符号，无须在使用时将相应记录/结构体的名称作为前缀。由于开域语句可以嵌套，如上述 Pascal 程序片段，每一层 with 语句均对应不同的作用域。若是采用单符号表的组织方式，需要使用相应的作用域号/层号；若是采用多符号表的组织方式，则需要维护作用域栈。

通常，记录/结构体可以关联一个类型名，例如在 C 语言中可以使用 typedef 为结构体类型定义一个别名。

(2) 类层次(class hierarchies)、继承(inheritance)与重载(overloading)

在面向对象语言(如C++和Java)中,类之间的继承关系形成了类层次结构,同时也对应了一种特殊的类型层次结构。

当仅考虑对象中属性与方法符号的访问时,面向对象语言中类结构的符号表组织与管理同记录/结构体有相似之处。然而,类层次结构、继承与重载等特性对符号的访问规则和查找方式产生了显著影响。

继承性使得不在当前类作用域中的父类符号也具有了可见性,这些符号可通过类层次结构进行查找。以5.2节中的代码片段Prog2为例,在类Mac的CLASS作用域中可以访问从父类Computer继承的属性符号cpu。同时,在Crash方法的LOCAL作用域中,符号cpu也是可见的。

在一些面向对象语言中,由继承性带来的可见性规则会受到某些符号修饰符的影响。在C++语言中,修饰符private、protected和public对类成员符号的可见性有如下影响:被private和protected修饰的是私有符号,外部对象无法访问;被private修饰的符号仅在本类对象内部可访问;被protected修饰的符号可以被继承,在子类对象中也可以访问;而被public修饰的符号在当前类及子类的对象中可以访问,同时在外部也可以访问(访问方式类似于访问记录/结构体的域名符号)。

在面向对象语言(如C++和Java)中,子类可以重载(overloading)父类的方法,相应符号在子类中不可见。通常,重载的方法不仅名称相同,方法的签名(signature)也应相同,即输入和输出参数的数量和类型都应匹配。

某些语言,如C++和Ada,允许运算符重载。例如,运算符+可以接受整数参数和字符串参数,但其含义完全不同。这类语言的符号表组织与管理方式需要能够明确体现运算符在各个作用域场景下的具体含义。

(3) 符号的导出(export)和导入(import)

符号的导出规则允许某个内部作用域中的符号在该作用域的外部可见,而符号的导入规则用于限定哪些外部符号可以在某个作用域的内部可见。尽管导出规则与经典块结构语言(如5.4节所述)的可见性规则存在差异,但导入规则可以被视为对经典可见性规则的约束,以便对外部可见符号进行有序化梳理。

大型软件系统设计离不开模块化、封装、信息隐蔽等机制的支持,在程序设计语言层面,相应出现了Modula-2的module、Ada的package,以及C++和Java的Class等语言特性。符号的导入和导出规则在这些语言特性中得到了明确的定义。如Modula-2的module定义中,可显式地使用修饰符IMPORT和EXPORT指明所导入和导出的符号。

前面提到,在C++语言中可以使用修饰符private、protected和public规定类成员符号的可见性,相当于针对类成员符号的导出和导入规则。C++中还可以进一步使用修饰符friend定义友元类,可看作是定义了特性化的导入规则。

在C语言中,全局定义的符号默认可以被其他文件导出使用,使用时需要使用修饰符 extern 来导入相应符号的定义(对于当前文件中定义的符号,可以省略 extern)。不希望被其他文件导入的符号在定义时加入 static 修饰符。另外,还可以使用编译指导命令 #include 导入其他文件中定义的符号,这相当于将这些符号的定义原样复制到当前编译的文件中,因此在使用时需要谨慎检查是否符合导入导出规则的要求。

Java 语言中可以使用指导命令 import 描述当前编译单元中可以访问的包和类。Ada 中的指导命令 use 也有类似的作用。

(4) 隐式声明(implicit declaration)

有时,某些符号看似没有声明就被使用,但其实是利用了隐式声明的特性。例如,Fortran 变量就可以在未经声明的情况下直接使用,其类型取决于该符号名字串的第一个字符。Basic 变量使用前也可以不声明,其数据类型可以从上下文中推导出来。此外,C 以及多数语言中的标号不声明就可直接使用。这些隐式声明的情况对符号表的组织与管理影响较小。

然而 for 循环中的循环变量对符号表的组织有较大影响,在多数编程语言中,我们无须在使用 for 循环变量前声明它。for 循环变量的类型一般默认与其范围表达式的类型一致。另外,循环变量一般与 for 语句所在作用域中的变量无关联,因此通常会为 for 循环体创建一个新的作用域,将循环变量纳入该作用域中,而 for 语句所在作用域则作为嵌套的直接外层作用域。

(5) 前向引用(forward references)

前向引用是指允许在代码中引用尚未声明符号。如果不支持该特性,那么在从前向后扫描代码时,遇到未声明的符号时会报告"符号未声明"之类的语义错误。可以参考 5.4 节的讨论,可采用多符号表的组织与管理,并进行至少两遍扫描,实现对前向引用特性的支持。

(6) 动态作用域(Dynamic Scope)规则

前面我们已经讨论了符号表的设计、组织与管理,但这些讨论都是基于静态作用域规则,即程序中任何地方使用名字的声明位置都是可以静态确定的。在动态作用域规则下,符号的作用域与可见性取决于执行历史中的声明信息,只有在程序执行时才能确定程序某处所使用的名字的声明位置。

为了理解动态作用域规则和静态作用域规则之间的主要差异,我们来看一个简单的例子。设有 Pascal 程序片段 Prog4 如下:

```
var r: real
procedure show;
    begin
        write(r:5:3)   //以长度为 5 小数位数为 3 的格式显示实型量 r 的值
    end;
procedure small;
```

```
        var r: real;
        begin
            r: =0.125;   show
        end;
    begin
        r: =0.25;
        show; small; writeln;
        show; small; writeln;
    end.
```

若采用静态作用域规则，无论在哪个上下文中执行，过程 show 中的变量 r 都是指全局声明的 r，因此执行结果是：

0.250　0.250

0.250　0.250

若采用动态作用域规则，则在不同的上下文中执行，过程 show 中的变量 r 会被认为是最近的调用过程中所声明的 r，因此执行结果是：

0.250　0.125

0.250　0.125

由此例可以看出，若遵循动态作用域规则，非局部符号（如过程 show 使用的非局部符号 r）的查找与定位都与程序的运行时执行历史密切相关。在编译期间没有通用的办法进行这种查找与定位，而是需要通过运行时的动态链属性实现查找与定位，参见第 6 章的相关内容。

早期的 Lisp（Common Lisp 之前）、Snobol 以及 Perl 等少数语言采用了动态作用域规则。现代编程语言中，仅有 Common Lisp 和 Perl 支持动态作用域规则，并且它们也同时支持静态作用域规则。可见，现代编程语言基本上已放弃了动态作用域规则。

与静态作用域规则相比，动态作用域规则存在不少弊端。例如，并非所有的非局部符号都可以静态确定，这会影响到静态类型检查的工作；函数的本地变量对于被调用函数而言都是可见的，也是可修改的，这不符合信息隐蔽原则，会带来潜在的可靠性风险；访问运行时的非局部量需要沿着调用链（动态链）反向查找，效率较低。

除非特别指明，本书假定所讨论的内容都是针对基于静态作用域规则的编程语言。

练习 5

1. 思考与讨论:在哪个阶段创建符号表?

2. 思考与讨论:符号的常见属性在哪个阶段如何收集?在哪个阶段有何种用途?

3. 思考与讨论:相比多符号表组织,单符号表组织的适用范围受限,试探讨单符号表组织可适用于哪些场景?

4. 思考与讨论:对于自己熟知的对作用域和可见性有影响的语言特性,可能采用什么样的符号表组织?

5. 对于 5.2 节中的程序片段 Prog1,本章给出了若干作用域所对应的符号表(参见图 5.1、图 5.2 和图 5.3)。请尝试基于同样的符号表结构,补充 Prog1 中其他作用域所对应的符号表。

6. 对于 5.2 节中的程序片段 Prog2,本章采用了如图 5.4 所示的多级结构的符号表。试补齐图 5.4 中所省略的关于类 Mac 和 Main 的符号表结构。

7. 以下是某简单语言的一段代码。该语言中不包含数据类型的声明,所有变量的类型默认为整型,变量声明以保留字 var 开头;语句块的括号为 ‘begin’和 ‘end’组合;过程声明保留字为 procedure;赋值号为 ‘:=’,不等号为‘<>’。该语言支持嵌套的过程声明(类似于 Pascal 语言),但只能定义无参过程,且没有返回值。

```
(1) var a0, b0, a2;
(2) procedure fun1 ;
(3)       var a1, b1;
(4)       procedure fun2 ;
(5)             var a2;
(6)             begin
(7)                   a2 := a1 + b1;
(8)                   if(a0 <> b0) then call fun3;
 .                    ……   /* 不含任何 call 语句和声明语句 */
 .             end;
 .       begin
               a1 := a0 - b0;
               b1 := a0 + b0;
(x)            if  a1 < b1  then  call fun2 ;
 .                    ……    /* 不含任何 call 语句和声明语句 */
 .       end ;
```

```
.       procedure fun3 ;
.           var a3;
.           begin
        a3 := a0 * b0 ;
(y)                 if(a2 <> a3) call fun1 ;
.                       ……   /*不含任何 call 语句和声明语句*/
.           end ;
.       begin
.           a0 := 1;
.           b0 := 2;
.           a2 := a0 - b0 ;
.           call fun3;
.           ……   /*不含任何 call 语句和声明语句*/
.       end .
```

7.1 若该语言编译器的符号表类似于图5.5,采用一个全局的单符号表栈结构。试指出:在分析至语句(x)和(y)时,当前开作用域分别有几个?各包含哪些符号?在分析至语句(y)时,所访问的 a2 是在哪行语句声明的?

7.2 若实现该语言时采用多符号表的组织和管理方式,即每个静态作用域均对应一个符号表。假定采用多遍扫描机制,在静态语义检查之前每个作用域中的所有表项均已生成。实现静态语义分析时,为了体现作用域信息,需要维护一个作用域栈,假设栈中的元素是指向某个作用域的指针。试指出:在分析至语句(x)和(y)时,当前开作用域分别有几个?各包含哪些符号?

8. 设有如下的面向对象语言的程序片段:

```
class Fruit
{
    int price;
    string name;
    void init(ini p,string s){price=p;name=s;}
    void print(){Print("The price of",name,"is",price,"\n");}
}
class Apple extends Fruit
{
    string color;
    void setcolor(string c){color=c;}
    void print(){
```

```
            Print("The price of",color,"",name,"is",price,"\n");
        }
    }
    class Main{
    {
        static void main(){
            class Apple a;
            a=new Apple();
            a.setcolor("red");
            a.init(100,"apple");
            a.print();
    }
}
```

若实现该语言的编译器采用多符号表的组织和管理方式，使用一个作用域栈来记录当前的开作用域。符号表设计为多级结构，有 4 种类型的作用域：全局作用域，类作用域，形参作用域，以及局部作用域。当处理到图中加粗标出的 Print 语句时，当前作用域栈中包含哪些开作用域？它们对应的符号表中分别包含哪些符号？

9. 思考与讨论：对于各种对作用域和可见性有影响的语言特性，分别可以采用什么样的符号表结构、组织及管理方式？

10. 思考与讨论：大多数语言采用静态作用域规则，而不是动态作用域规则。你认为采用动态作用域规则会有哪些弊端（不限于 5.5 节中所提到的）？

第 6 章

运行时的存储组织及管理

本章将讨论与运行时存储组织相关的一些典型问题。首先简要介绍程序运行时存储组织的作用与任务，存储空间的典型布局，以及常见的运行时存储分配策略；然后重点讨论实现栈式存储分配时栈帧（即活动记录）的结构，以及实现过程调用中的参数传递；随后介绍几种典型的垃圾回收机制；最后讨论面向对象和函数式语言运行时存储组织的若干问题。

6.1 运行时存储组织的作用与任务

目标程序在目标机环境中运行时,都有自己的一个运行时存储空间。通常,在有操作系统支持的情况下,目标程序将在自己的逻辑地址空间内存储和运行。因此,编译程序在生成目标代码时就应该明确程序的各类对象在逻辑地址空间内如何存储,以及目标代码运行时如何使用和支配自己的逻辑存储空间。简而言之,存储组织的作用与任务是在编译程序生成目标程序之前合理安排好目标程序在逻辑地址空间中存储资源的使用。

编译程序所产生的目标程序本身的大小通常是确定的,一般被存放在代码区。相应地,目标程序运行过程中需要创建或访问的数据对象将被存放在数据区。数据对象包括用户定义的各种类型的命名对象(如变量和常量)、用于保存中间结果和传递参数的临时对象,以及调用过程所需的连接信息等。

语言特性的差异对于存储组织方面的不同需求往往取决于数据对象的存储分配。因此,本章我们主要讨论面向数据对象的运行时存储组织与管理。以下列举了运行时存储组织通常所关注的几个重要问题:

- 数据对象的表示:需要明确源语言中各类数据对象在目标机中的表示形式。
- 表达式计算:要确保组织表达式的计算过程能够正确且有效地进行。
- 存储分配策略:核心问题是如何有效地分配不同作用域或生命周期的数据对象的存储空间。
- 过程实现:如何实现过程/函数调用以及参数传递。

数据对象在目标机中通常以字节(byte)为单位分配存储空间。例如,我们可以设定基本数据对象的大小为:char 数据对象,1 个字节;integer 数据对象,4 个字节;指针类型数据对象,1 个单位字长(如在 32 位机器上,1 个单位字长对应 4 个字节)。

对于数据对象的存放,不同的目标机可能有不同的存储要求。例如,一些机器中的数据以大端(big-endian)形式存放,而另一些机器中的数据则以小端(little-endian)形式存放。许多机器会要求数据对象的存储访问地址以一定方式对齐(alignment),如字节数必须可以被 2、4、8、16 整除,这种情况下某些字节数不足的数据对象在存放时可以进行填充(padding)处理。

图 6.1 所示为 C/C++数据类型的对象在目标处理器 RISC-V 32 和 RISC-V 64 中的数据宽度以及对齐方式所对应的字节数,二者分别基于 ILP32 和 LP64 约定。

复合数据类型的数据对象通常根据其组成部分依次分配存储空间。对于数组类型的数据对象,通常分配一块连续的存储空间。对于多维数组,可以按行或按列进行存放。对

单位：字节

C/C++类型	类型描述	RISC-V 32		RISC-V 64	
		数据宽度	对齐方式	数据宽度	对齐方式
bool/_Bool	Boolean value	1	1	1	1
char	Character value/byte	1	1	1	1
short	Short integer	2	2	2	2
int	Integer	4	4	4	4
long	Long integer	4	4	8	8
long long	Long long integer	8	8	8	8
_int128	128-bit integer	–	–	16	16
void*	Pointer	4	4	8	8
_float16	16-bit float	2	2	2	2
float	Single-precision float	4	4	4	4
double	Double-precision float	8	8	8	8
long double	Extended-precision float	16	16	16	16

图 6.1　C/C++数据类型在处理器中的数据宽度及对齐方式

于记录/结构体类型，通常以各个域为单位依次分配存储空间，对于复杂的域数据对象可以另行分配空间进行存放。对于对象类型（类）的数据对象，实例变量像结构体的域一样存放在一块连续的存储区，而方法（成员函数）则是存放在其所属类的代码区。

表达式计算是程序状态变化的根本原因，通常涉及存储访问的操作。一般来说，表达式计算至少可以利用栈区来完成，即临时量和计算结果（或指向它们的指针）的存储空间一般被分配在当前过程活动记录（参见第 6.4 节）的顶部。当然，对于仅含算数和逻辑运算的普通表达式计算，往往可以充分利用寄存器高效完成。

某些处理器设计了专用寄存器栈用于表达式计算。对于普通表达式（不含函数调用）而言，一般可以估算出可否在专用寄存器栈上实现完整的计算。在不能实现完整计算时，可以考虑利用栈区和通用寄存器来辅助完成全部计算。当然，某些情况下，例如包含递归函数的表达式的计算就离不开使用栈区。

关于存储分配策略以及过程实现，本章后续会讨论。

6.2　程序运行时存储空间的布局

一般来说，应用程序运行时的虚拟存储空间从逻辑上可分为“代码区”和“数据区”两个主要部分。为方便存储组织与管理,往往需要将用户程序的虚拟存储空间划分为更多的逻辑区域。具体的划分方法取决于目标体系结构和操作系统,但一般情况下至少含有保留地址区、代码区、静态数据区,以及动态数据区等逻辑区域。图 6.2 给出一个程序运行时存储空间布局的典型例子。

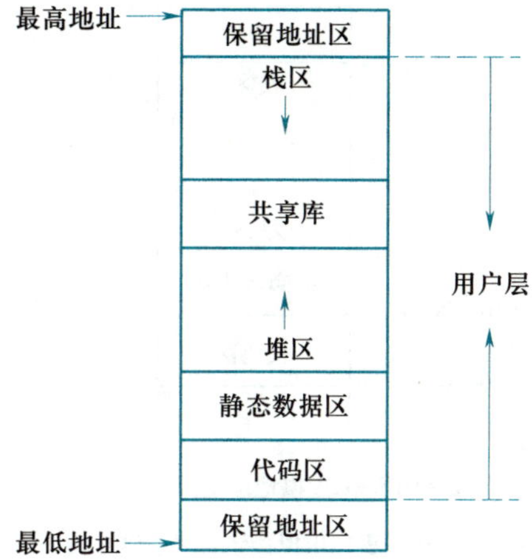

图 6.2 程序运行时存储空间布局的典型例子

对于图 6.2 中各逻辑存储区域,下面分别予以简单解释:

• 保留地址区。专门为目标体系结构/操作系统保留的内存地址区。该区域通常不允许普通用户层程序存取,只允许操作系统的某些特权操作进行读写,且此时处理器的操作模式需处于内核模式(kernel mode)。对于普通用户程序,处理器的操作模式一般处于用户模式(user mode),仅能访问保留地址区之外的虚拟存储区域。

• 代码区。用于存放编译期间产生的用户层代码。

• 静态数据区。用于存放编译期间产生的静态分配的全局数据。该区域通常会划分为两个部分:一个是静态初始化的数据存放区,用于存放程序中用到的所有常量数据对象(如字符串常量、数值常量、各种名字常量)和静态分配的有初值的全局变量数据;另一个是存放未初始化的静态分配的全局变量的数据存放区,一般是将其全部初始化为 0,传统上将这部分静态数据区称为 BSS 区。

• 动态数据区。用于存放用户层代码运行期间所分配和使用的数据,可分为堆区和栈区。假设栈区从高地址端向低地址变化,堆区从低地址端向高地址变化。程序开始执行时会初始化堆区和栈区的内容,然后随着程序的运行其中存放的数据动态发生变化。

• 共享库和分别编译模块区。存放共享库模块和分别编译模块的代码和全局数据。这些模块是通过链接程序/装入程序(linker/loader)被静态或动态装配到当前程序的运行时空间。若是采用静态链接(static linking),由于所需空间可以在程序运行前静态确定,所以可选择将其分配在堆区或栈区的起始位置。若是采用动态链接(dynamic linking),则可以将其起始位置设在动态数据区中部的适当位置。

例如,MIPS-32 上 Linux/UNIX 的用户程序虚拟存储布局空间如图 6.3(a)所示。虚拟存储空间的大小为 4 GB,可访问地址范围从 0x00000000 到 0xffffffff。用户程序使用的存储空间范围从 0x00400000 到 0x7fffffff,代码区起始地址为 0x00400000,静态数据区起始地址为 0x10000000。编译程序可以确定静态数据区的大小,因此动态数据区的范围也是确定的。

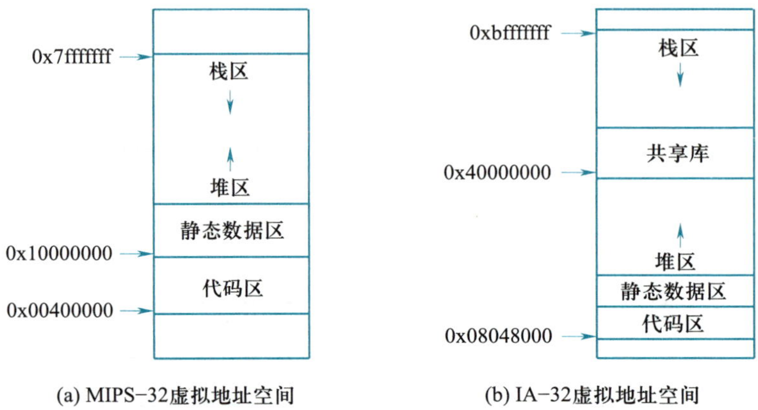

图 6.3 用户程序虚拟存储空间示例

又如,IA-32 上 Linux/UNIX 的用户程序虚拟存储布局空间如图 6.3(b)所示。用户程序使用的存储空间范围从 0x08048000 到 0xbfffffff,代码区起始地址为 0x08048000,静态数据区从代码区之后的下一个 4 kB 对齐地址开始,堆区从静态数据区之后的第一个 4 kB 对齐地址开始向上生长,而用户程序使用的栈区则始于 0xbfffffff 向下生长。另外,动态链接时存放共享库模块(代码和数据)将被装入到从 0x40000000 起始的动态数据区。从 0xc0000000 及以上是为操作系统内核代码和数据所保留的地址空间。地址 0x08047fff 及以下为保留空间,必要时也可作他用。

6.3 存储分配策略

从上面一节我们知道,数据区可以分为静态数据区(全局数据区)和动态数据区,后者又可分为堆区和栈区。之所以这样划分,是因为它们存放的数据和对应的管理方法的不同。静态数据区、栈区和堆区的存储空间分配分别遵循三种不同的规则:静态存储分配(static memory allocation)、栈式存储分配(stack-based allocation)和堆式存储分配(heap-based allocation)。后两种分配方式皆可被称为"动态存储分配",因为这两种方式的存储空间在编译期间并不进行静态分配,而是在运行时才进行分配。

某些程序设计语言,如早期的 FORTRAN 语言和 Cobol 语言,以及安全实时控制领域的语言 Lustre,等等,其存储分配都是完全静态的,程序的数据对象与其存储空间的绑定

(binding)是在编译期间进行的,因此它们属于静态语言(static language)。而另一些语言的数据对象与其存储的绑定基本发生在运行期间,此类语言属于动态语言(dynamic language),如 Smalltalk、Lisp、Perl、Python 等。多数语言(如 C/C++、Java、Pascal 等)采取的存储分配策略介于二者之间。

下面分别讨论静态、栈式和堆式三种存储分配策略。

6.3.1 静态存储分配

所谓**静态存储分配**,是指在编译期间为数据对象分配存储空间。这要求在编译期间就确定数据对象的大小和数据对象的数目。

这种存储分配方式的实现极其简单,但也会造成存储空间的浪费。为了解决存储空间的浪费问题,人们设计了变量的重叠布局(overlaying)机制,如 FORTRAN 语言的 equivalence 语句。重叠布局带来的问题是程序变得难写难读。完全静态分配的语言还有另一个缺陷,就是无法支持递归过程或函数,因为存在递归就无法在编译期间确定所访问的数据对象的数目/大小。

多数现代程序设计语言只实施部分静态存储分配。可静态分配的数据对象包含大小固定且在程序执行期间全程可访问全局变量、静态变量、程序中的字面量(literal)以及 class 的虚函数表等,也包含例如 C 语言中的 static 和 extern 变量,以及 C++中的 static 变量。这些数据对象的存储将被分配在静态数据区。

虽然从理论上讲,静态数据对象与虚拟存储空间的某个绝对存储地址可以绑定。然而,通常的做法是将静态数据对象的存取地址对应到偶对(DataAreaStart, Offset)。Offset 是在编译时刻确定的固定偏移量,而基地址 DataAreaStart 则可以推迟到链接或运行时刻才确定。有时,DataAreaStart 的地址也可以装入某个基地址寄存器 Register,此时数据对象的存取地址对应到偶对(Register, Offset),即所谓的寄存器偏移寻址方式。

然而,对于一些动态的数据结构,例如动态数组(C++中使用 new 关键字来分配内存)以及递归函数的局部变量等最终空间大小必须在运行时才能确定的场合,静态存储分配就不适合。

6.3.2 栈式存储分配

栈区是作为“栈”这样一种数据结构来使用的动态存储区,我们称之为**运行栈**(run-time stack)。运行栈数据空间的存储和管理方式被称为**栈式存储分配**,它将数据对象的运行时存储按照栈的方式来管理,常用于有效实现可动态嵌套的程序结构,如过程、函数以及嵌套程序块(分程序)等。

与静态存储分配方式不同,栈式存储分配是动态的,也就是说必须是运行的时候才能

确定数据对象的存储分配结果。例如,对如下C代码片段:

```
int factorial(int n) {
    int tmp;
    if(n<=1)
        return 1;
    else{
        tmp=n-1;
        tmp=n * factorial(tmp);
        return tmp;
    }
}
```

随着n的不同,这段代码运行时所需要的总内存空间大小是不同的,而且每次递归的时候tmp对应的内存单元也都不同。

在过程/函数的实现中,参与栈式存储分配的存储单元是**活动记录**(activation record)。运行时每当进入一个过程/函数,就在栈顶为该过程/函数分配存放活动记录的数据空间。当一个过程/函数工作完毕返回时,它在栈顶的活动记录数据空间也随即释放。

在过程/函数的某一次执行中,其活动记录中会存放在生存期中该过程/函数本次执行中的数据对象以及必要的控制信息单元。相关内容将在第6.4节专门讨论;同时,也会讨论关于嵌套程序块的栈式存储分配。一般来说,运行栈中的数据通常都是属于某个过程/函数的活动记录,因此若没有特别指明,本书提到的活动记录均是指过程/函数的活动记录。

因此,栈式存储分配的必要条件是在编译期间,过程、函数以及嵌套程序块的活动记录大小(最大值)都需要是明确的,这样进入的时候才可以初始化所需要的栈空间。如果不能满足该条件,则更应使用堆式存储管理。

6.3.3　堆式存储分配

当数据对象的生存期与创建它的过程/函数的执行期无关时,例如,某些数据对象可能在该过程/函数结束之后仍然长期存在,就不适合进行栈式存储分配。一种灵活但是较昂贵的存储分配方法是**堆式存储分配**。在堆式存储分配中,可以在任意时刻以任意次序从数据区的堆区分配和释放数据对象的运行时存储空间。通常,分配和释放数据对象的操作是应用程序通过向操作系统提出申请来实现的,因此要占用相当长的时间。

堆区存储空间的分配和释放可以是显式(explicit)的,也可以是隐式(implicit)的。前者是指由程序员来负责应用程序的(堆)存储空间管理,可借助于编译器和运行时系统所提供的默认存储管理机制。后者是指(堆)存储空间的分配或释放不需要程序员负责,而是由编译器在运行时系统自动完成。

某些语言有显式的存储空间分配和释放命令,如 Pascal 中的 new/deposit,C++中的 new/delete。在 C 语言中没有显式的存储空间分配和释放语句,但程序员可以使用标准库中的函数 malloc()和 free()来实现显式的分配和释放。

某些语言支持隐式的堆区存储空间释放,这需要借助垃圾回收(garbage collection)机制。例如,Java 程序员不需要考虑对象的析构,垃圾回收程序(garbage collector)会自动完成堆区存储空间的释放。

对于堆区存储空间的释放问题,我们简单讨论如下三种可选方案的利弊。

(1) 不释放堆区存储空间的方法

这种方法只分配空间,不释放空间,空间耗尽时停止。如果多数堆区数据对象一经分配便会永久使用,或者在虚存很大而无用数据对象不会导致很大混乱的情形下,那么这种方案有可能是适合的。这种方案的存储管理机制很简单,开销很小,但应用面很窄,不是一种通用的解决方案。

(2) 显式释放堆区存储空间的方法

这种方法是由用户通过执行释放命令来清空无用的数据空间,存储管理机制比较简单,开销较小,堆管理程序只维护可供分配命令使用的空闲空间。然而,该方案的问题是对程序员要求过高,程序的逻辑错误有可能导致灾难性的后果。如图 6.4 所示的代码中的悬挂指针(dangling pointer)问题。

C++代码片断

```
float *p, *q;
…
p = new float;
q = p;
delete p;
*q = 1.0;
```

Pascal代码片断

```
var p, q: ^real;
…
new(p);
q := p;
dispose(p);
q^ := 1.0;
```

图 6.4 存在悬挂指针问题的代码片段

(3) 隐式释放堆区存储空间的方法

该方法的优点是程序员不必考虑存储空间的释放,不会发生上述悬挂指针之类的问题,但缺点是对存储管理机制要求较高,需要堆区存储空间管理程序具备垃圾回收的能力。

由于在堆式存储分配中可以在任意时刻以任意次序分配和释放数据对象的存储空间,因此程序运行一段时间之后堆区存储空间可能被划分成许多块,有些被占用,有些则空闲。对于堆区存储空间的管理,通常需要好的存储分配算法,使得在面对多个可用的空闲存储块时,可以根据某些优化原则选择最合适的存储块分配给当前数据对象。以下是几种常见的存储块分配算法：

- 最佳适应算法。此类算法会选择空间浪费最少的存储块。
- 最先适应算法。此类算法会选择最先找到的足够大的存储块。
- 循环最先适应算法。此类算法相当于起始点不同的最先适应算法。

另外，由于每次分配后一般不会用尽空闲存储块的全部空间，而这些剩余的空间又不适合于分配给其他数据对象，因而在程序运行一段时间之后，堆区存储空间可能出现许多"碎片"。这样，堆区存储空间的管理中通常需要用到碎片整理算法，用于压缩合并小的存储块，增加存储空间的可用性。

第 6.6 节将介绍几种常见的垃圾回收方法。其他有关堆存储空间管理的内容，如存储分配、碎片整理等算法的内容超出了本书的范围，有兴趣的读者可以参考龙书和虎书等相关书籍中的讨论，部分内容也可参考数据结构和操作系统课程的相关话题。

6.4　活动记录

本节进一步讨论栈式存储分配的若干重要内容，这些内容均与活动记录密切相关。**活动记录**(activation record)是指运行栈上的**栈帧**(frame)，它在函数/过程调用时被创建，在函数/过程运行过程中被访问和修改，在函数/过程返回时被撤销。

先通过一个简单的例子来说明活动记录在运行栈上被创建的过程。

首先，图 6.5(a)中的程序从函数 main 开始执行，在运行栈上创建 main 的活动记录；然后，从函数 main 中调用函数 p，在运行栈上创建 p 的活动记录；最后，函数 p 中调用函数 q，又从函数 q 中再次调用函数 q。结果，函数 q 第二次被激活时运行栈上的活动记录分配情况如图 6.5(b)所示。某函数从它的一次执行返回时，相应的活动记录将从运行栈上撤销。例如，图 6.5(a)中的递归函数 q 执行完正常返回后的时刻，运行栈上将只包含 main 和 p 的活动记录，如图 6.5(c)。为方便讨论，在绘制栈时假定栈空间的增长方向是自下而上，与现实的体系结构中的运行栈不同，后者传统上是从高地址到低地址自上而下增长(参见 6.2 节和 6.5 节)。如不特别指明，本章后续部分也这样假定。

6.4.1　活动记录的创建与撤销

图 6.6 给出一种活动记录的典型结构。通常，活动记录中存放有函数/过程的参数单元，一些控制信息(如返回地址和栈帧基址等)的单元，其他需要保存的数据单元(如需要保存的寄存器)，局部数据单元(如局部变量)以及保存中间计算结果的临时数据单元。

```
void p( ) {
  ...          // 无函数调用
  q( );
}
void q( ) {
  ...          // 无函数调用
  q( );
}
int main {
  p( );
}
```

(a)

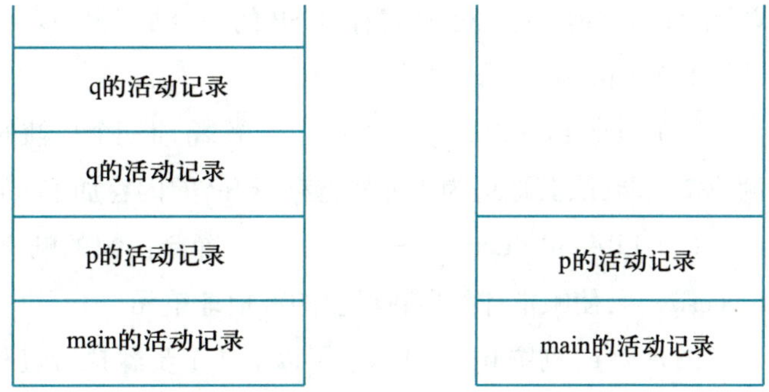

(b) (c)

图 6.5 活动记录在运行栈上的分配

运行栈空间需要动态分配的情形很少,因此一般在编译期间可以确定活动记录所需运行栈空间的大小(framesize)。

通常使用两个专用寄存器来指示或访问活动记录的栈帧空间。前者称为帧指针(frame pointer)寄存器或帧寄存器,作为基地址指向当前栈帧首个单元。后者称为栈指针(stack pointer)寄存器或栈寄存器,指向当前栈帧的最末单元,即栈顶单元。图 6.6 中,我们用 FP 表示帧指针寄存器,用 SP 表示栈指针寄存器。活动记录中的单元可以基于 SP 或 FP 加偏移量(offset)的方式寻址。

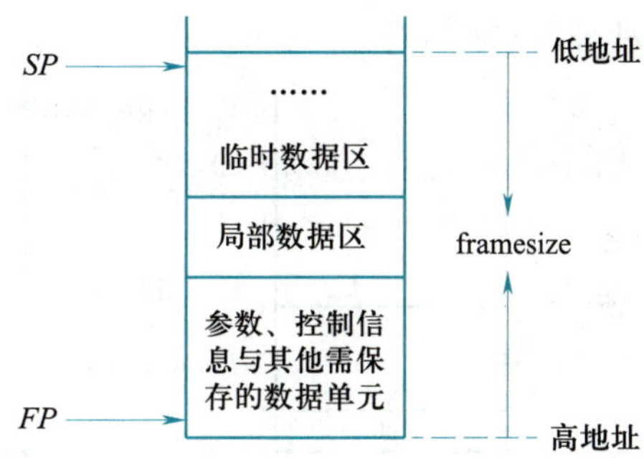

图 6.6 活动记录的典型结构

实现函数/过程的调用和返回时,编译器一般需要根据某种调用约定(calling convention)生成相关代码,参见 6.5 节。在执行函数/过程体代码之前,首先需要执行一段调用发起阶段代码(prologue),创建并初始化新的活动记录。在执行函数/过程体代码之后,从函数/过程返回时,需要执行一段调用收尾阶段代码(epilogue),撤销当前栈帧并回到前一个活动记录。

下面以图 6.7 为例,通过函数调用与返回所对应活动及栈/帧寄存器的变化介绍某个调用发起阶段代码的核心工作:

(1) SP←SP-framesize;　　//将原来 SP 的内容减去 framesize,重置栈寄存器 SP,相当于设置新栈帧的空间大小为 framesize 个字节

(2) framesize-4(SP)←RA;　　//将返回地址 RA 的内容保存至新栈帧的首地址

单元，栈帧首地址为当前栈寄存器 SP 的内容加上 framesize-4（这里每个单元占用 4 个字节，32 位字长）

（3） framesize-8(SP)←FP;　　　//将前一个栈帧的帧寄存器(FP)值保存至新栈帧的第 2 个单元，其地址为当前栈寄存器 SP 的内容加上 framesize-8

（4） FP←SP+framesize-4;　　　//置新栈帧的帧寄存器(FP)值为 SP 的内容加上 framesize-4，使帧指针指向新栈帧的首地址单元

图 6.7(a)到图 6.7(b)示意了以上 4 个步骤执行过程中，活动记录及栈/帧寄存器的变化情况。

此例中，活动记录存放了返回地址 RA 的内容，大多数情况下是需要这一信息的，除非可以确定在当前被调用方(callee)是叶子函数(leaf function)，即不会再调用其他函数。

此例的活动记录中还存放了前一个栈帧的帧寄存器 FP 的内容。保存这一 FP 信息许多情况下并非必须的。而当函数执行过程中需要动态分配栈空间时，SP 也会动态改变，此时活动记录中的单元需要借助 FP 来寻址。另外，若需支持动态作用域规则(参见 6.4.5 节)，则栈中必须要保存 FP 的内容。这一信息称为动态链(参见 6.4.3 节)。

本例未考虑有关参数入栈的问题。对此，如果用于传参的寄存器(依据调用约定)数目足够，则参数无须占用栈空间。若需要，常常会把参数置于前一个栈帧的尾部或者当前栈帧的起始部分。

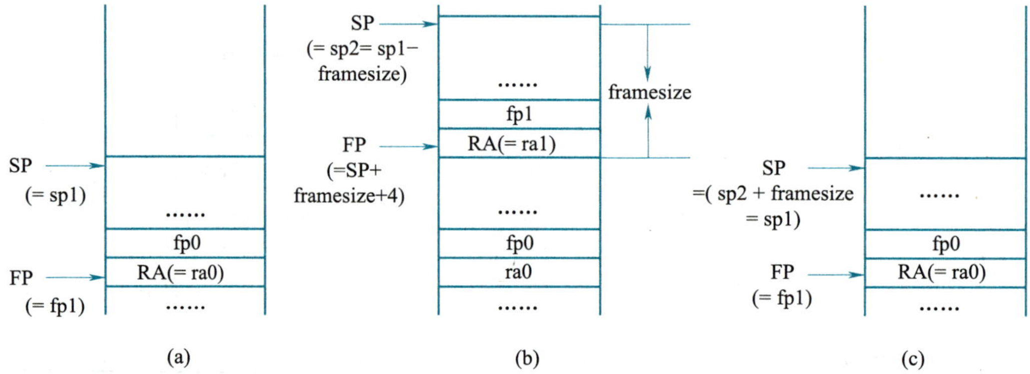

图 6.7　函数调用与返回所对应活动记录及栈/帧寄存器的变化

针对上面例子中的调用发起阶段代码过程，以下是在函数体执行过后，可能的调用收尾阶段代码执行步骤：

（1） RA←framesize-4(SP);　　　//恢复返回地址

（2） FP←framesize-8(SP);　　　//恢复前一个栈帧的帧寄存器 FP 内容

（3） SP←SP+framesize;　　　//恢复上一栈帧的 SP，将当前活动记录弹出栈顶

从图 6.7(b)到图 6.7(c)示意了以上 3 个步骤执行过程中，活动记录及栈/帧寄存器的变化情况。

该例未考虑函数返回值的问题。返回值一般可以通过寄存器也可以通过栈帧中分配的存入单元传递，通常是前者。

当函数执行过程中 SP 会动态改变，而需要通过 FP 来寻址时，上例中至少收尾阶段代码的执行步骤需要进行调整，例如可修改为：

(1) RA←0(FP)； //从当前栈帧首个单元读取返回地址

(2) SP←(FP)+4； //恢复上一栈帧的 SP，相当于将当前活动记录弹出栈顶

(3) FP←-4(FP)； //恢复前一个栈帧的帧寄存器 FP 内容

6.4.2 活动记录中的局部数据示例

为方便，本小节和下一小节的实例中，我们均假定过程/函数活动记录的结构如图 6.8 所示。每个栈帧所保存的控制信息包括静态链、动态链和返回地址，且各占用一个数据单元。关于静态链与动态链的讨论，可参考后面的小节。假设输入参数全部存放于栈帧中，且占据最前面的单元。不考虑保存寄存器所需的栈帧空间。同时假设控制信息的 3 个单元先存放固定大小的局部数据，然后存放编译时无法确定大小的动态数据（如动态数组或变长数组），最后是临时数据区。

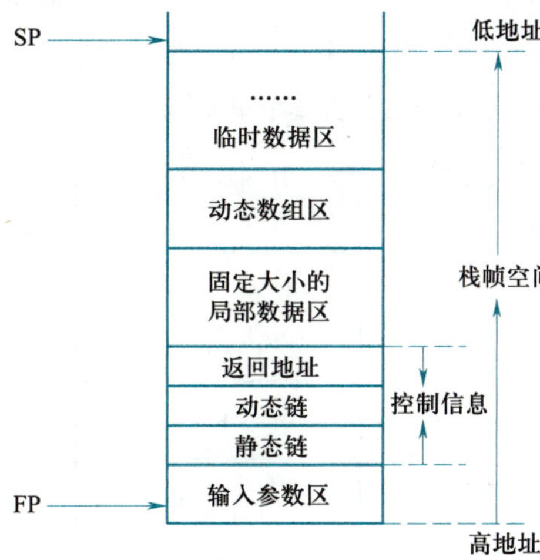

图 6.8 活动记录结构（示例用）

局部数据对象局限于某个过程/函数，因此可以在栈中分配，当该过程/函数执行结束返回时，活动记录被撤销，这些数据对象也随之不复存在，不再能被访问。因为动态数据在运行时才能确定其占用空间大小，因此多数情况下会在堆空间中进行分配，而在栈中仅保存其指针/首地址和某些特征属性（如数组大小），少数情况下也会选择将动态数组或记录/结构体对象分配在栈区。尽可能将局部数据对象分配在栈区有一个明显的好处，即无须进行垃圾回收，可使动态数据区的使用更加高效。

后续会讨论动态数组，栈指针 SP 会在运行时动态修改（即栈帧大小在运行时才能

确定)，因而活动记录内各单元的寻址会基于帧指针 FP，即 FP+offset(偏移量)作为寻址方式。此外，为方便，offset 以数据单元数为单位，而非字节数。实际应用时二者之间可以换算，例如，可将 1 个单元看作 1 个字长，对于 32 位字长来说，1 个单元相当于 4 个字节。

为在图中可以清晰表示，方便讨论，以及不失一般性，本节剩余部分中我们假定栈指针 SP 指向当前栈帧可以分配数据的下一个可用栈帧单元(如图 6.8 所示)。在实际使用时，SP 通常指向当前栈帧最末单元(栈顶单元)。

下面给出两个含有局部变量和数组的活动记录的例子。设有 C 语言函数片段：

```
void p(int a)  {
    float b;
    float c[10];
    b=c[a];
    …
}
```

图 6.9 描述该函数的一个可能的初始活动记录，其中的信息依次包括：实际参数 a(int 类型的对象)占 1 个单元，3 个控制单元(静态链、动态链和返回地址)共占用 3 个数据单元，局部变量 b(float 类型的对象)占 2 个单元，以及 float 类型的数组变量 c 的各个分量(每个分量各占 2 个单元)。

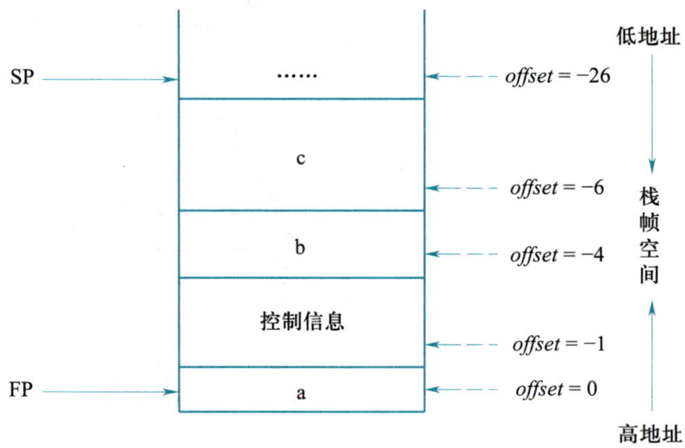

图 6.9　不含动态数据区的过程活动记录

如图 6.9 所示，数据对象 a 的 *offset* 为 0，3 个控制单元(静态链、动态链和返回地址)的 *offset* 分别为−1，−2 和−3，数据对象 b 的 *offset* 为−4，数组 c 的第 i($0\leqslant i\leqslant 9$)个元素的偏移量为 $-6-2i$。设当前帧寄存器 FP 内容为(FP)，则栈寄存器 SP 的内容(SP)=(FP)−26。当语句 b=c[a]开始执行时，所使用的临时数据对象将从地址为(SP)的单元开始分配栈帧空间。

下面我们来看另外一个例子。设有如下 C 语言代码片段：

```
static int N;
void p(int a)    {
      float b;
      float c[10];
      float d[N];
      float e;
      …
}
```

其中,d 被申明为一个动态数组。图 6.10 描述该函数的一个可能的初始活动记录,其中实际参数 a、3 个控制单元(静态链、动态链和返回地址)、局部变量 b,以及数组变量 c 的栈空间使用情况与图 6.9 所示相同。

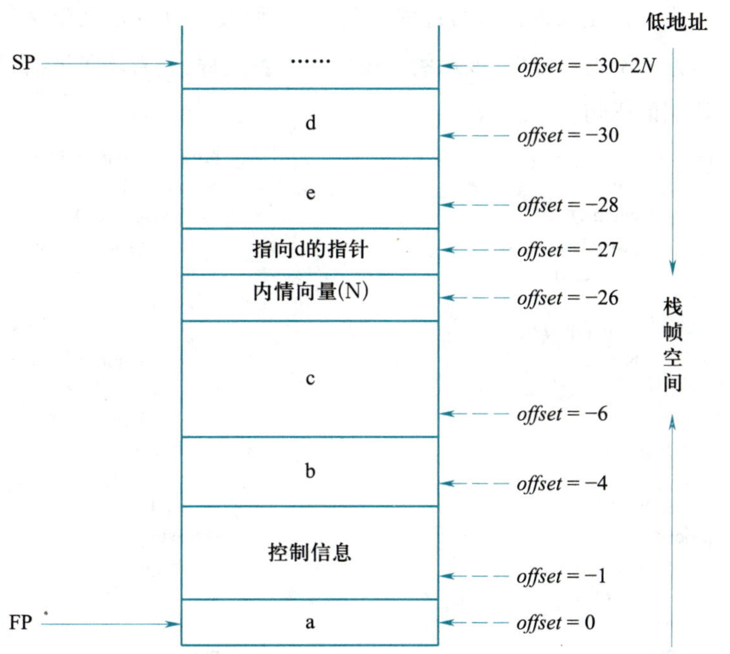

图 6.10 含动态数据区的过程活动记录

对于动态数组 d,编译器并不能提前确定需要多少存储空间,故先在初始活动记录中分配 2 个单元,其中内情向量单元用于存放 d 的上界 N,它的值将在运行时获得;另一个单元存放 d 的起始位置指针。这 2 个单元的 *offset* 分别为−26 和−27。之后,先将 *offset* 为−28 和−29 的 2 个单元分配给固定大小的局部数据对象 e。这样,便可以在编译期间确定动态数组 d 的首元素 *offset* 为−30。设当前帧寄存器 FP 内容为(FP),则 *offset* 为−27 的单元中存放的内容为(FP)−30。当运行时 N 的值确定后,将存放于地址为(FP)−26 的单元中,同时将栈寄存器 SP 的内容动态设置为(SP)=(FP)−30−2N。

程序运行时,若需要进行动态检查(例如数组访问是否越界),则可通过访问地址为

(FP)-26 的单元获取数组上界 N 的取值。

除数组外,记录/结构体类型的局部数据对象的栈式分配,也可以采取相类似的方案,能在编译期间静态确定且随着函数返回不再使用的内容可以考虑在栈上分配。

对于更加复杂的数据对象,如类实例(对象)以及函数本身,因动态因素较多,一般会与堆空间的分配密切相关,参见 6.7 和 6.8 节。

6.4.3　嵌套过程/函数定义中非局部量的访问

Pascal、ML 等程序设计语言允许嵌套的过程/函数定义,这种情况下需要解决的一个重要问题就是非局部量的访问。

图 6.11 是两个相似的类 Pascal 程序的过程定义示例(两者仅在第 6 行有差异),其中过程 P 的定义内部含有过程 Q 的定义,而过程 Q 的定义中又含有过程 R 的定义。为方便讨论和不失一般性,该示例中仅用到无参过程,并省略了所有的变量声明以及全部非过程调用的语句。

```
program Main( I, O);
procedure P;
    procedure Q;
        procedure R;
            begin
                … R; …
            end;  /*R*/
        begin
            … R; …
        end;  /*Q*/
    begin
        … Q; …
    end;  /*P*/
procedure S;
    begin
        … P; …
    end;  /*S*/
begin
    … S; …
end.  /*main*/
```

(a)

```
program Main( I, O);
procedure P;
    procedure Q;
        procedure R;
            begin
                … P; …
            end;  /*R*/
        begin
            … R; …
        end;  /*Q*/
    begin
        … Q; …
    end;  /*P*/
procedure S;
    begin
        … P; …
    end;  /*S*/
begin
    … S; …
end.  /*main*/
```

(b)

图 6.11　嵌套的过程定义

在嵌套的过程定义中,内层定义的过程体内可以访问包含它的外层过程中的数据对象。例如,在 R 的过程体内可以访问过程 Q、过程 P 以及主程序 Main 所定义的数据对象。更确切地说,在过程 R 被激活时,R 过程体内部可以访问过程 Q 最新一次被调用的活动记录中所保存的局部数据对象,同样也可以访问过程 P 最新一次被调用的活动记录中所保存的局部数据对象,以及可以访问主程序 Main 的活动记录中所保存的全局数据对象。这种对于不在当前活动记录中的数据对象的访问,被称为**非局部量的访问**。

在 C 语言等不支持嵌套过程/函数定义的程序设计语言中，非局部量只有全局变量，通常情况下可以分配在静态数据区。所以，本书不考虑这类语言，而是以类 Pascal 语言为例，讨论过程/函数层面的非局部量的访问。

对于非局部量的访问，常见的实现方法有两种：

- 活动记录中包含静态链单元。
- 采用 Display 表。

1. 静态链

采用**静态链**(static link)，也称**访问链**(access link)，是实现非局部量访问最常见的方法，即在所有活动记录都增加一个域，指向当前过程的直接外过程运行时的最新活动记录(的基址)。

与静态链对应的另一个概念是**动态链**(dynamic link)，也称**控制链**(control link)。在过程返回时，当前活动记录要被撤销。为回卷(unwind)到调用过程的活动记录(恢复帧寄存器 FP)，需要在被调用过程的活动记录中有这样一个动态链的域，指向该调用过程的活动记录(的基址)。

以图 6.11(a)中的程序为例，当过程 R 被第一次激活后，运行栈以及各个活动记录的静态链和动态链域的情况如图 6.12(a)所示(假设无其他调用语句)。又如，对于图 6.11(b)中的程序，当过程 P 被第二次激活后，运行栈以及各个活动记录的静态链和动态链域的情况如图 6.12(b)所示。

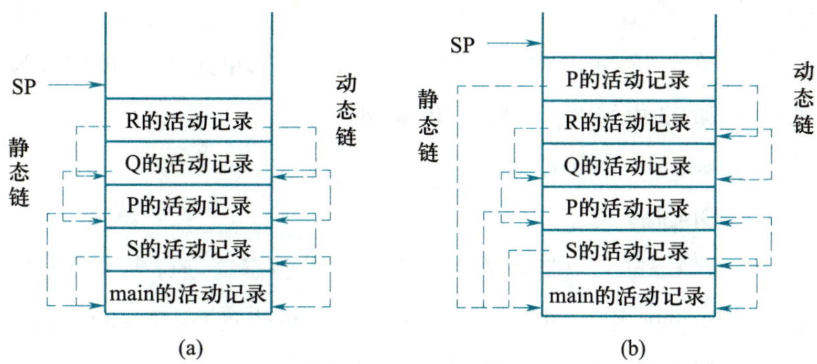

图 6.12　静态链和动态链

【例 6.1】图 6.13(a)是某简单(类 Pascal)语言的一段程序。语言中不包含数据类型的声明，所有变量默认为整型变量，假设占用一个存储单元。语句块的括号为“begin”和“end”组合；赋值号为“:=”。每一个过程的声明对应一个静态作用域。该语言支持嵌套的过程声明，但只能定义无参过程，且没有返回值。过程活动记录中的控制信息包括静态链 SL，动态链 DL，以及返回地址 RA。程序的执行遵循静态作用域规则。图 6.13(a)中所示的程序执行到过程 p 被第二次激活时，运行栈的状态如图 6.13(b)所示(栈寄存器指向单元 26)，其中变量的名字用于代表相应的内容。试补齐该运行状态下，单元 18、19、21、

22,以及 23 中的内容。

```
(1)   var a,b;
(2)   procedure  p ;
(3)       var x;
(4)        procedure  r ;
(5)           var x, a;
(6)           begin
(7)               a := 3;
(8)               if  a > b  then call q;
.                    … /*仅含符号x*/
.             end;
.         begin
.             call r ;
.                 …  /*仅含符号x*/
.           end ;
.     procedure  q ;
.          var x;
.          begin
(L)            if  a < b  then call p ;
.                …  /*仅含符号x*/
.           end ;
.    begin
.        a := 1;
.        b := 2;
.        call q;
.        ……
.    end .
```

(a)

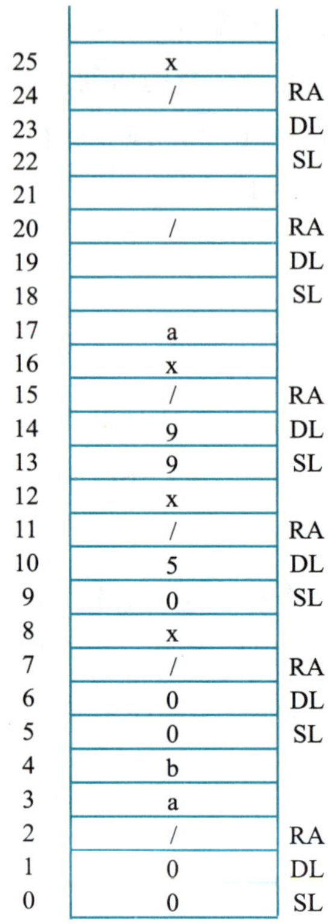

(b)

图 6.13　静态链与动态链(例)

解:单元 18 和 19 中的内容分别为:0 和 13;单元 21 中的内容为:q 中 x 的内容;以及,单元 22 和 23 中的内容分别为:0 和 18。

2. Display 表

采用静态链实现非局部量访问,需要沿静态链进行多次访存操作。另一种方法是采用全局 Display 表,它可以提高非局部量访问的效率。Display 表的实现比静态链复杂一些,且需要用到多个存储单元或多个寄存器。

Display 表记录各嵌套层当前过程的活动记录在运行栈上的起始位置(基地址)。若当前激活的过程的层次为 k(主程序的层次设为 0),则对应的 Display 表含有 $k+1$ 个单元,依次存放着当前层、直接外层……,直至最外层的每一过程的最新活动记录的基地址。嵌套作用域规则可以确保每一时刻 Display 表内容的唯一性。Display 表的大小(即嵌套层数有限定的上界)取决于具体实现。Display 表对于寄存器的使用也取决于具体实现。

例如,对于图 6.11(a)中的程序,过程 R 被第一次激活后运行栈和 Display 表各表项 D[i]($0\leqslant i\leqslant 3$)的情况如图 6.14(a)所示(假设无其他调用语句)。可以看出,当前 D[1] 指向过程 P 活动记录的基地址,而非另一个第 1 层过程 S 的活动记录。当过程 R 被第二

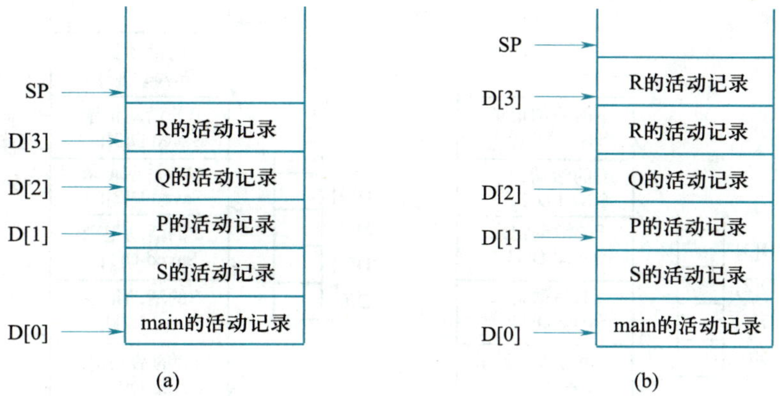

图 6.14 Display 表

次激活后，D[3]则指向过程 R 最新的活动记录，如图 6.14(b)所示。

在过程被调用和返回时，需要对 Display 表进行维护，这涉及 Display 表项 D[i]的保存和恢复。一种极端的方法是把整个 Display 表存入活动记录。若过程为第 k 层，则需要保存 D[0]～D[k]。一个过程（处于第 k 层）被调用时，从调用过程的 Display 表中自下向上抄录 k 个 FP 值（FP 为帧寄存器），再加上本层的 FP 值。

例如，若采用这种方法，对于图 6.11(a)中的程序，过程 R 被第一次激活后 R 活动记录和 Q 活动记录中 Display 表的情况如图 6.15(a)所示。当过程 R 被第二次激活后，过程 R 的两个活动记录中 Display 表的情况如图 6.15(b)所示。

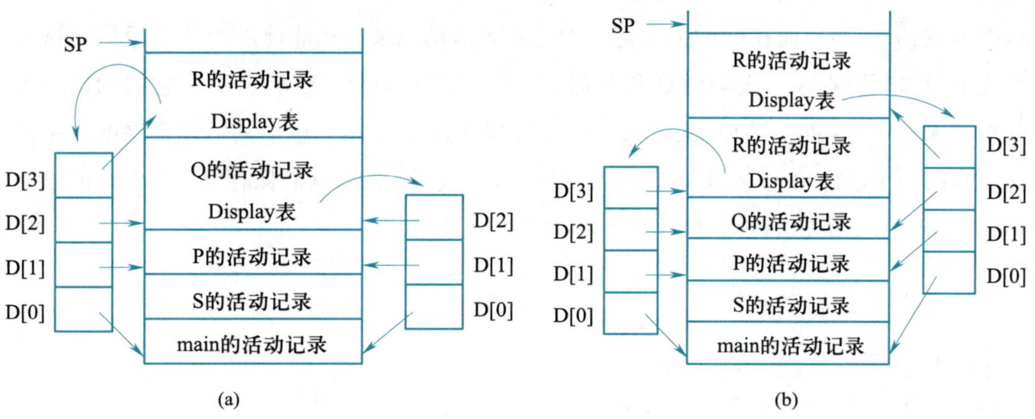

图 6.15 Display 表的维护(一)

显然，上述方案所记录的信息冗余度较大。可以采用的另一种方法是只在活动记录中保存一个 Display 表项，而在静态存储区或专用寄存器中维护一个全局 Display 表。如果一个处于第 k 层的过程被调用，则只需要在该过程的活动记录中保存 D[k]先前的值；如果 D[k]先前没有定义，那么我们用“_”代替。

例如，若采用第二种方法，对于图 6.11(a)中的程序，当过程 R 被第一次激活后，全局 Display 表以及各过程的活动记录中所保存的 Display 表项内容如图 6.16(a)所示。当过程 R 被第二次激活后，全局 Display 表以及各过程的活动记录中所保存的 Display 表项内

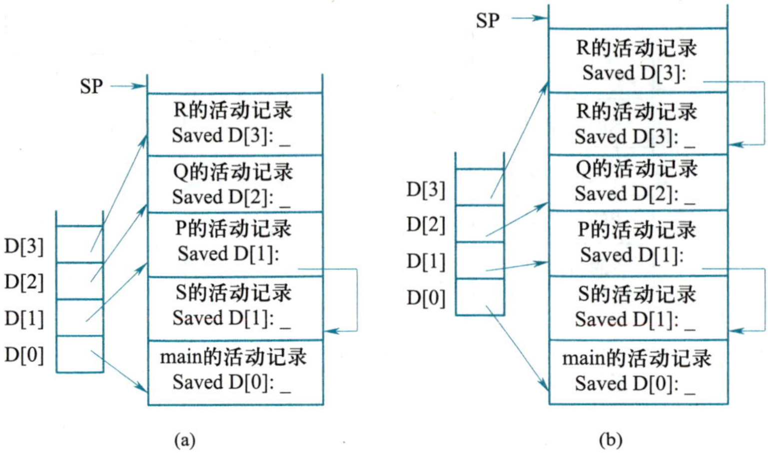

图 6.16　Display 表的维护(二)

容如图 6.16(b)所示。

为进一步解释后一种方法,我们来看图 6.11(b)的程序。这一程序将图 6.11(a)中的程序略加修改,在 R 的过程体中原来调用 R 之处改为了调用 P。若采用第二种 Display 表维护方法,对于图 6.11(b)的程序,在调用一次 S 以及执行头两轮 P,Q,R 调用序列时,全局 Display 表的内容以及各过程的活动记录中所保存的 Display 表项内容如图 6.17 所示。为了不混淆,我们把其中第二轮调用序列表示为 P',Q',R'。从该图中可以看出,D[0]总是对应主程序的活动记录;在第一次调用 P 时,D[1]由原来指向 S 的活动记录改为指向 P 的活动记录,而在 P 的活动记录中记录 S 活动记录的基地址以便从 P 返回时恢复原先的 D[1]值;在第一次调用 Q 和 R 时,由于 D[2]和 D[3]无定义,所以它们的活动记录中所保存的 Display 表项也无定义;在第二次调用过程 P 时,D[1]的活动记录改为指向该过程的一个新活动记录(P'),而将原来的 P 活动记录基地址保存于 P'活动记录的 Display 表项中;第二次调用过程 Q 和 R 时,情况也类似。

calls	S	P	Q	R	P′	Q′	R′
D[3]	_	_	_	R	R	R	R′
D[2]	_	_	Q	Q	Q	Q′	Q′
D[1]	S	P	P	P	P′	P′	P′
D[0]	Main	Main	Main	Main	Main	Main	Main
saved	_	S	_	_	P	Q	R

图 6.17　Display 表的维护示例

【例 6.2】若在例 1 中采用 Display 表来代替静态链。假设采用只在活动记录保存一个 Display 表项的方法,且该表项占据图中 SL 的位置。

(1) 指出当前运行状态下 Display 表的内容;

(2) 指出各活动记录中保存的 Display 表项的内容(即图 6.13 中所有 SL 位置的新内容)。

解:(1) Display 表的内容:D[0]=0,D[1]=22,以及 D[2]=13。

（2）单元0、单元5以及单元13中的内容为“_”（无定义）。单元9、18和22中的内容分别为：5、9和18。

6.4.4 嵌套语句块的非局部量访问

一些语言（如C语言）支持嵌套的语句块，在这些块的内部也允许声明局部变量，同样要解决依嵌套层次规则进行非局部量使用（访问）的问题。常见的实现方法有两种：

• 将每个块看作为内嵌的无参过程，为它创建一个新的活动记录，称为**块级活动记录**。该方法的代价很高，一般很少采用。

• 由于每个块中变量的相对位置在编译时就能确定下来，因此可以不创建块级活动记录，仅需要借用其所属的过程级活动记录就可解决问题。参见下面的例子。

例如，对如下C语言代码片段：

```
int p()
{
    int A;
    …               //无其他声明语句
    {
        int B,C;
        …           //无其他声明语句
    }
    {
        int D,E,F;
        …           //无其他声明语句
        {
            int G;
            …  /*here*/
        }
    }
}
```

针对上述代码片段中的嵌套语句块的非局部量访问，可以采用过程级活动记录，如图6.18所示。从图中可以看出，当程序运行至/*here*/处时，存放D和E的空间占用了曾经存放B和C的空间。

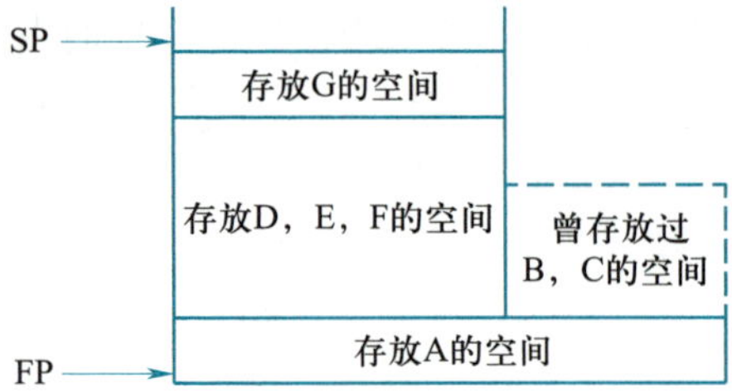

图 6.18　过程级活动记录中嵌套语句块的存储分配

*6.4.5　动态作用域规则下的非局部量访问

多数语言均遵循静态作用域(static scope)规则,即程序某处所使用名字的声明之处是可以静态确定的。而遵循动态作用域(dynamic scope)规则的语言,只有在程序执行时才能确定程序某处所使用名字的声明位置。

参见 6.4.3 节,针对嵌套过程中非局部量的使用,若遵循静态作用域规则,则需要沿着过程活动记录的静态链(或 display 表项)查找最近一个过程中所声明的同名变量。另一方面,若是遵循动态作用域规则,则要沿着过程活动记录的动态链查找最近一个过程中所声明的同名变量。

对于同一层次的非局部量,沿动态链查找比沿静态链查找需要更多的访存次数。可见在动态作用域规则下,程序的执行效率通常会比静态作用域规则下更低。

除性能问题外,动态作用域规则对静态类型检查工作也有负面影响,同时也违背信息隐蔽原则,不利于程序的可靠性。因此仅有个别语言遵循动态作用域规则。若非特别指明,本书中所讨论的相关内容均假定是基于静态作用域规则。

【例 6.3】若采取动态作用域规则,图 6.13(a)所示程序的执行效果与采用静态作用域规则下有何不同?

解:在第二次执行到语句 L 时,若是静态作用域规则,则 a=1,b=2,因此会再次调用 P;若是动态作用域规则,则 a=3,b=2,因此不会调用 P。

6.5　函数/过程调用与参数传递

6.5.1　典型的函数/过程调用序列

如前所述,每一次函数/过程调用会在运行栈上为被调用方(callee)创建活动记录

(activation record)或栈帧(stack *frame*),除非 *callee* 是叶子函数(leaf function)且函数内部计算无须用到栈空间。图 6. 19 给出一种典型的栈帧结构(stack frame layout),其中栈空间是从高地址到低地址自上而下增长。

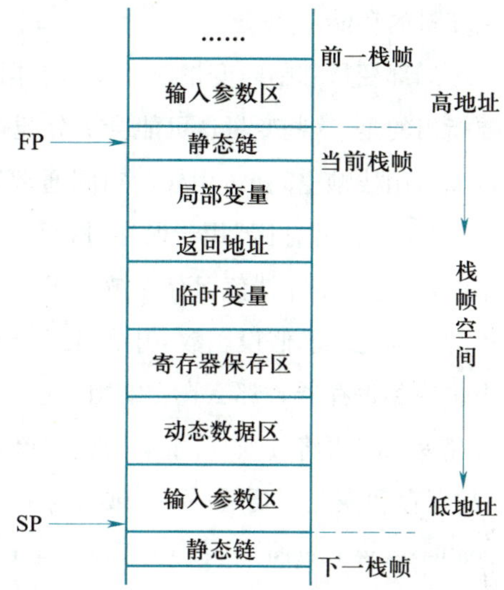

图 6.19　典型栈帧结构

如图 6. 19 所示,实现过程/函数调用的控制信息中一般需包含“调用程序返回地址”信息(callee 是叶子函数时可以不包含),以保证当前被调用方(callee)运行结束时返回到调用方(caller)继续执行。其他的控制信息可以包含某些必要的联系单元,如上一节介绍的动态链,以及静态链/display 表等内容。动态链可以通过将前一栈帧的帧寄存器(FP)保存至当前栈帧的寄存器保存区来实现。对于 Pascal、ML 等允许嵌套过程/函数定义的语言,需设置静态链/display 表相关的域,用于支持静态作用域规则下的非局部量访问;而对于类似 C 的语言,栈帧中可以忽略静态链/display 表。

过程/函数调用时 caller 传递给 callee 的输入参数存放在栈帧的输入参数区,如图 6. 19 所示,多处于 caller 栈帧且紧靠 callee 栈帧的单元。早期(如 20 世纪 70 年代),多数机器所约定的输入参数区位于 callee 栈帧中的单元,如 6. 4 节中的示例(参见图 6. 6、图 6. 8、图 6. 9 和图 6. 10)。由于 6. 4 节所讨论的核心内容与传参无关,且实例多使用无参过程,因而参数在栈帧中的布局对所述内容影响不大。相比而言,现代计算机系统所约定的输入参数区通常位于 caller 栈帧中的单元,比起存放在 callee 栈帧中,将会更加节省对内存空间访问(即执行 load 和 store 指令)的次数。

根据现代计算机系统常用的调用约定(calling convention),一般会将固定数目的输入参数通过特殊寄存器进行传递,寄存器不够用时才会将多出来的输入参数置于内存栈帧的输入参数区。研究表明,实际程序中很少有函数使用超过 4 个参数,而使用超过 6 个参数的函数更为罕见。因此,在现代计算机系统 ABI(application binary interface)的调用约定中,用于传参的寄存器数目 k 较为典型的取值为 $k=4$ 和 $k=6$。

此外,“返回值”也通常会被置于调用约定所指明的特殊寄存器中。若是需要将返回值直接存入到 caller 栈帧中的变量,一种常见方案是将该变量的存储单元置于栈帧的顶部,例如,在图 6.19 的 caller 栈帧输入参数区与 callee 栈帧的基址(FP)单元之间设置返回变量的存储单元。

局部变量和临时变量以及动态数据变量在栈帧中的存储分配可参见 6.4 节。这里需要指出的是,这些变量也可能会被分配在寄存器中,这种情形下可以不占用栈帧空间,也可以占用栈帧空间(占用栈帧空间通常是为了腾出寄存器给其他变量使用)。

“寄存器保存区”用于保存过程/函数执行中可能被修改的寄存器值。依据不同的调用约定,有些寄存器值保存在被调用过程的活动记录,而另一些寄存器值则保存在调用过程的活动记录。假设函数 f 中的某个局部量占用寄存器 r,且调用的函数 g 在其内部计算中也用到寄存器 r,那么在 g 使用 r 之前就必须将 r 之前的内容保存在栈帧单元中,当 g 执行完返回时再将其恢复,重置为栈帧单元中所保存的内容,使得 f 可以继续执行。寄存器 r 的保存和恢复需要 f(caller)或者 g(callee)来完成。若是前者,则 r 为调用方保存寄存器(caller-saved registers);若为后者,则 r 为被调用方保存寄存器(callee-saved registers)。通常情况下,后者用来保存生存期长的值(可能会跨越函数/过程调用),而前者则更适合保存生存期短的值(一般不会跨越函数/过程调用)。

图 6.20 列举了两种典型体系结构 MIPS-32 和 RISC-V32 的整数寄存器使用约定(二者均拥有 32 个整数寄存器,可参见相应的 ABI 规范)。MIPS 和 RISC-V 很大程度上共享在 UNIX/Linux 中的 ABI 约定,二者具有相似的栈帧结构。

图 6.20(a)是关于 MIPS-32 整数寄存器的使用约定,其中 \$fp 为帧指针寄存器, \$sp 为栈指针寄存器, \$gp 为静态全局量访问指针寄存器, \$ra 为函数调用的返回地址寄存器。寄存器 \$a0- \$a3 为 4 个输入参数寄存器,存放函数/过程调用的前 4 个参数,其余的参数需要存放在栈帧上进行参数传递。寄存器 \$v0 和 \$v1 用作函数返回值(或返回值的指针);如果只有一个返回值(如 C/C++默认最多一个返回值),则仅使用 \$v0;若是没有返回值,则 \$v0 和 \$v1 可用于普通的表达式计算。此外, \$t0- \$t9 为 caller-saved 寄存器,无须跨调用保存; \$s0- \$s7 为 callee-saved 寄存器,一般用于存放函数/过程调用的长生存期的值。

图 6.20(b)是关于 RISC-V32 整数寄存器使用的约定,其中 sp,gp 和 ra 分别为栈指针寄存器、静态全局量访问指针寄存器和函数调用的返回地址寄存器。寄存器 s0/fp(编号 8)可用作帧指针寄存器。寄存器 a0-a7 为 8 个参数寄存器,其中 a0 和 a1 用作函数参数/返回值寄存器。此外,t0-t6 为 caller-saved 寄存器,s1-s11 为 callee-saved 寄存器。

以上未涉及浮点寄存器的情况,有兴趣的读者可参阅相应的 ABI 规范。

实现过程调用时需要调用代码序列(calling sequence)为活动记录在栈中分配空间,并在相应单元中填写相应的信息。返回代码序列(return sequence)则与之呼应,它恢复机器状态(寄存器取值),使调用过程在调用结束后从返回地址开始继续执行。因此,返回

寄存器编号	ABI约定名称	用途
$0	$zero	常量(取值总为0)
$1	$at	为汇编器保留
$2–$3	$v0–$v1	表达式求值/函数返回值
$4–$7	$a0–$a3	函数参数
$8–$15	$t0–$t7	caller-saved寄存器
$16–$23	$s0–$s7	callee-saved的寄存器
$24–$25	$t8–$t9	caller-saved寄存器
$26–$27	$k0–$k1	操作系统内核保留
$28	$gp	静态全局量访问指针
$29	$sp	栈(stack)指针
$30	$fp/$s8	帧(frame)指针/$s8
$31	$ra	函数调用的返回地址

(a) MIPS-32整数寄存器使用约定

寄存器编号	ABI约定名称	用途
x0	zero	常量(取值总为0)
x1	ra	函数调用的返回地址
x2	sp	栈(stack)指针
x3	gp	静态全局量访问指针
x4	tp	线程(thread)指针
x5–x7	t0–t2	caller-saved寄存器
x8	s0/fp	s0/帧(frame)指针
x9	s1	callee-saved的寄存器
x10–x11	a0–a1	函数参数/返回值
x12–x17	a2–a7	函数参数
x18–x27	s2–s11	callee-saved的寄存器
x28–x31	t3–t6	caller-saved寄存器

(b) RISC-V32整数寄存器使用约定

图 6.20 典型体系结构的寄存器使用约定(示例)

代码序列通常分配给被调用过程来完成。对于调用代码序列,通常是分配给被调用过程和调用过程分工来完成。这种分工没有严格的界限。一般的原则是期望调用代码序列中尽可能多的部分由被调用过程来完成,原因是调用点有多个而被调用过程只有一个,若分给后者则相应代码只需生成一次。调用代码序列和返回代码序列如何分工取决于不同系统平台(体系结构和操作系统)的调用约定,是相应平台 ABI 的重要组成部分。

虽然不同机器的调用约定细节有些差异,但最基本的工作步骤可以统一要求。一般情况下,一个典型的过程调用和返回周期中需要执行三段代码。前两段是调用代码序列,分别由调用方(caller)和被调用方(callee)分段执行,统称为调用发起阶段(prologue)。第三段是返回代码序列,由被调用方(callee)执行,称为调用收尾阶段(epilogue)。

先来看调用发起阶段(prologue)需要完成的典型工作。

首先,在调用前,调用方(caller)完成:

(1) 通过 caller-saved 寄存器保存必要的数据。

(2) 参数传递。一些参数会传给寄存器;剩余的参数将压入栈中。

(3) 如需要,保存其他控制信息(如静态链、display 表等)。

(4) 保存调用过程的返回地址(保存调用指令之后下一条指令的地址)。

(5) 跳转到目标地址(callee 代码入口)。

然后,在调用期间,被调用方(callee)完成:

(1) 为局部量开辟栈帧空间(设置新 SP 寄存器的值)。

(2) 保存旧栈帧基址(保存旧 FP 寄存器的值),即建立动态链信息。

(3) 通过 callee-saved 寄存器保存其他必要的数据。

（4）建立新栈帧基址（设置新 FP）。

（5）转移控制，启动被调用函数体/过程体的执行。

下面再看被调用方（callee）在调用收尾阶段（epilogue）需要完成的典型步骤：

（1）如果被调用方是函数，则需要返回一个值。函数返回值可以存入专门的寄存器，也可以存入栈中（callee 可方便访问的 caller 活动记录/栈帧位置，通常靠近 callee 栈帧）。

（2）恢复所有 callee-saved 寄存器。

（3）弹出被调用过程的栈帧，恢复旧栈帧（即恢复调用时的 FP 和 SP 指针）。

（4）将控制返回给调用过程（恢复调用时保存的返回地址至指令计数器）。

最后，控制返回到 caller，根据需要恢复保存的 caller-saved 寄存器，继续当前 caller 的执行。

对于不同的调用约定（calling convention），上述各阶段的工作及其每一阶段工作中各步骤的完成者（调用过程或被调用过程）和先后次序会有一些差异。例如，根据 UNIX/Linux 中 MIPS-32 的 ABI 约定，典型的调用发起阶段（prologue）代码的工作包括：

（1）调用方（caller）负责完成：

a. 头 4 个参数的内容存入寄存器（$a0-$a3），其余参数传递至 caller 栈帧；

b. 根据需要保存后续可能用到的（caller-saved）寄存器（$t0~$t9，$a0~$a3）；

c. 执行跳转指令 jal。

（2）被调用方（callee）负责完成：

d. 依据栈帧大小 framesize 分配 callee 的栈帧空间；参考指令：

```
subu    $sp, $sp,framesize    //  $sp← $sp-framesize
```

e. 在栈帧中保存（callee-saved）寄存器（$s0-$s7，$fp，$ra）；参考指令：

```
sw    $ra,framesize-4($sp)
sw    $fp,framesize-8($sp)
…
```

f. 建立新栈帧基址；参考指令；

```
addiu    $fp, $sp,framesize-4  //  $fp← $sp+framesize-4
```

返回时，在调用收尾阶段代码负责完成：

a. 若是函数，则将返回值（或其指针）存入寄存器 $v0；

b. 恢复保存在栈帧的 callee-saved 寄存器；参考指令：

```
lw    $ra,framesize-4($sp)
lw    $fp,framesize-8($sp)
…
```

c. 将当前活动记录/栈帧弹出栈顶；参考指令：

```
addiu    $sp, $sp,framesize;  // $sp← $sp+framesize
```

d. 跳转至 $ra 所指地址继续执行；参考指令：

```
jr   $ra
```

最后,控制返回到调用函数/过程,根据需要恢复保存的 caller-saved 寄存器(\$t0-\$t9, \$a0-\$a3),继续当前函数/过程的执行。

6.5.2 参数传递方式

在实现函数/过程调用时,参数的传递方式也是很重要的环节。最常见的参数传递方式有按值传递(pass by value)、按引用传递(pass by reference)、按闭包传递(pass by closure)等。另外,不同语言特性及其实现的需求还催生出按名调用(call by name)等多种参数传递方式。

1. 按值传递

按值传递(pass by value)又称传值,是在调用时计算实参表达式的值,然后复制给形参变量,实际传递的是实际参数的右值。一个表达式的右值(r-value)代表该表达式的取值。

大多数语言支持按值传递的参数传递方式,如 Pascal、C、C++、Ada 等。值得注意的是,按值传递是 C 语言中唯一的参数传递方式。

考虑下列 Pascal 程序片段:

```
procedure swap1(x,y:integer);
    var temp:integer;
    begin
        temp:=x;
        x:=y;
        y:=temp
    end;
```

按值传递是 Pascal 语言默认的参数传递方式,在传参后形参变量 x 和 y 各自均有独立于实参表达式右值的副本。在调用过程 swap1(a,b)后,虽然 a 和 b 副本的取值内容发生了互换,然而所交换的并非调用前 a 和 b 的内容。因此,调用过程 swap1(a,b)之后将不会影响 a 和 b 的值,其效果等价于执行下列语句序列:

```
x:=a;
y:=b;
temp:=x;
x:=y;
y:=temp
```

以下是与上述 Pascal 程序片段作用相同的 C 语言程序片段：

```
void swap2(int x,int y){
    int temp;
    temp=x;
    x=y;
    y=temp;
}
```

因按值传递是 C 语言中唯一的参数传递方式，所以函数调用 swap2(a,b)同样不会影响 a 和 b 的值。

再考虑如下 C 程序片段：

```
void swap3(int *x,int *y){
    int temp;
    temp=*x;
    *x=*y;
    *y=temp;
}
```

若是采用函数调用 swap3(&a,&b)，则可以使两个整型变量 a 和 b 的取值互换。注意，这一调用的参数传递方式仍然是按值传递，只不过传递的是 a 和 b 的地址值，即指向 a 和 b 的指针的值。

按值传递对执行效率的影响较大。若是占用存储空间很大的变量，按值传递时生成副本的代价很高，因此在 C 语言中一般都是建议通过传指针值(变量的首地址)来实现。但这又带来另一个问题，在函数体内对变量的访问和修改可能用到大量的指针操作，非常不方便且容易出错。一种解决方案是采用另一种参数传递方式——按引用传递，参见下一小节。

2. 按引用传递

按引用传递(pass by reference)又称传地址。这一参数传递方式，无须复制实参表达式的值传给形参变量，实际上传递的是实际参数的左值(l-value)。一个表达式的左值代表存放该表达式值的存储地址。按引用传递相当于将实参表达式的左值复制给相应的形参变量，这样，通过该形参就可以间接引用到(或指向)实参表达式的右值，相当于是实参表达式的一个别名。

相比 C 语言，C++中增加了引用特性。例如，C++中函数的形参冠以 & 开头则表示是通过按引用传递方式进行参数传递。考虑如下 C++程序片段：

```
void swap4(int &x,int &y){
    int temp;
    temp=x;
    x=y;
    y=temp;
}
```

这里将函数的形参指定为引用的形式,这样在调用函数时就会将实参和形参绑定在一起,让它们都指代同一份数据。如此一来,如果在函数体中修改了形参的数据,那么实参的数据也会被修改。对于此例,如果执行函数调用 swap4(a,b),则可以使两个整型变量 a 和 b 的取值互换。

Pascal 也支持按引用传递(传地址)的参数传递方式。例如,下列 Pascal 程序段:

```
procedure swap5(var x,y:integer);
    var temp:integer;
        begin
        temp:=x;
        x:=y;
        y:=temp
    end;
```

其中,函数声明中的保留字 var 告诉我们将采用按引用传递(传地址)的参数传递方式。此时,调用 swap5(a,b)将会交换 a 和 b 的值。

在实现按引用传递(传地址)时,将把实际参数的地址传递给相应的形参。若实参是一个名字,或具有左值的表达式,则传递左值;若实参是无左值的表达式,则计算该表达式的值,并存入一个相应类型的存储结构,然后将传此存储结构的基地址放置于对应形参的存储单元。被调用过程可以像使用局部变量一样使用这些参数,但使用的是左值。虽然最终会将过程体内对这些形参变量的访问/修改转换成类似于指针操作的效果,但这是由编译器自动完成的,无须程序员手工编写。例如,执行函数调用 swap4(a,b)会自动转换成类似函数调用 swap3(&a,&b)的执行效果。可见,使用按引用传递,可以避免程序员在函数体内使用烦琐且易出错的指针操作,而是直接使用与实参表达式类型相同的形参变量。

虽然利用按引用传递(传地址),可以获得在函数内部影响函数外部数据的效果,然而这也是这种参数传递方式的一个弱点,因为调用方(caller)可能并不希望实际参数的值被这种方式在无意间篡改。C++中,若在形参声明时加入 const 修饰符,可以消除这种风险。

3. 按闭包传递

一些语言支持高阶函数(或过程),允许过程/函数作为输入参数(或者返回参数)。对于

不含嵌套过程/函数声明的语言,例如C语言,处理起来比较简单。例如,下列C程序片段:

```
#include <stdio.h>
int a=2;
int b=1;
int add(int a){
    return a+b;
}
int sub(int b){
    return b-a;
}
int bop(int(*f)(int),int c)
    return f(c);
}
void main(){
    printf("%d",bop(sub,bop(add,5)));
}
```

函数bop声明中有函数形参f。对于这类语言,任何过程/函数内部访问的非局部量只有全局量,我们可以将所有全局量分配在静态区。这样,无论采取什么方式激活一个过程/函数,无论是直接调用还是通过参数或返回值给出的过程/函数地址进行的间接调用,被激活过程/函数的活动记录/栈帧没有什么差异,局部数据在栈帧中访问,而非局部数据只有全局量,均在静态区访问。例如,bop(sub,bop(add,5))中的函数实参add和sub,在bop过程体被激活时,会分别访问非局部量b和a,二者均保存在全局静态区。

然而,对于包含嵌套过程/函数声明的语言,情况要复杂一些。以下是一个类ML的程序片段:

```
fun a(x)=
    let
        fun b(f)=
            … f … ;
        fun c(y)=
            let
                fun d(z)=…
            in
                … b(d) …
            end
```

```
in
    … c(1) …
end;
```

在该程序片段中，函数 a 中嵌套声明了函数 b 和 c，并在函数体内调用了函数 c。函数 b 有一个函数形参 f，b 的函数体内调用了这个参数，激活了传进来的这个函数的一个实例。函数 c 内部定义了一个函数 d，且在函数体内用 d 作为实参调用了函数 b。同时，这里假设该程序中省略的部分不影响到我们的分析。

需要解决的一个核心问题是，在被调用的实参函数内部，如何访问其非局部量。具体来说，对于上面的例子程序，c 中调用 b 时通过调用实参函数激活了函数 d 的一个实例，那么在该实例的活动记录中，如何能够正确访问相对于函数 d 的非局部量？一种解决方案是，在执行 b(d)时，所传递的函数实参不仅包含函数 d 本身，而且也包含其静态链（指向最新的 c 函数活动记录）。图 6.21 刻画了执行函数 a 时，当执行到 b 中通过调用 f 激活实参函数 d 的一个实例后栈上活动记录的情况。这里，假设调用实参存放于被调用函数的活动记录中。

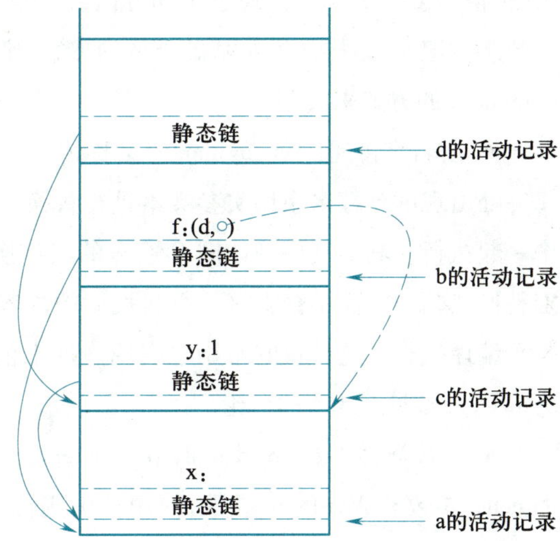

图 6.21 带静态链的函数实参

值得注意的是，这一解决方案中，在 c 中能够获知 d 的静态链信息（指向当前的 c 活动记录），然后连同 d 一起作为参数传递至所调用的 b 活动记录。这样，即使 b 不在 c 和 d 的定义中，b 在创立 d 的活动记录时也能够正确设置静态链。

这里，在 c 中调用 b 时给形参 f 所传参数包含两个部分：d 的目标代码入口指针，以及用于访问非局部量的静态链。这种同时包含代码指针以及针对非局部量访问方式的记录结构，称之为闭包（closure）。这种将闭包作为实参传递给函数形参的参数传递方式被称为按闭包传递（pass by closure）又称传闭包。

闭包的结构不一定要基于栈帧上的静态链，而且闭包传递在一些情况下也不适用，参见 6.8.3 节的讨论。

4. 其他方式

在各种不同的程序设计语言中，还存在很多其他风格的参数传递方式，下面列举常见的几种：

- 传结果(pass by result)。对采用这种方式的参数，在调用结束时，会将该参数的最后计算结果复制出来。

- 传值-传结果(pass by value-result)。传值方式是将实参的值复制给形参，传结果方式是将形参的最终结果复制出来传给实参。传值-传结果方式则是双向传递，在调用开始时将实参的值复制给形参，而在调用结束时会将形参的计算结果复制给实参。

Ada 中参数有 3 类，分别为 in，out，和 in out。in 参数从调用方传递给被调用方，只能读不能写。out 参数，在能被访问或者调用返回之前需要先赋好值。in out 参数在被赋值前是可以访问的，在返回前还可以被多次赋值。in、out、in out 参数分别对应着传值、传结果、传值-传结果，默认是通过不同方向或者双向的传值(pass by value)方式来实现，但对于数组与记录/结构体等非基础类型的参数，则可以选择采用单向或双向传引用(pass by reference)的方式来实现。

- 按名字传递(pass by name)又称传名字。这种方式最早在 Algol 语言中引入，是将每一处出现的参数名字用实参文本进行替换，且在替换时不执行，而是在替换后的上下文中一起执行。其实现原理如同 C/C++的宏替换机制，预处理程序在扫描#define 时只进行宏替换/宏展开，而不会直接执行替换后的内容，后者将在每一处替换所在上下文中被进一步编译执行。这种机制常用于实现惰性求值(lazy evaluation)，也被称为按需调用(call by need)，参见 6.8.4 的讨论。

- 只读属性参数(read-only parameter)。若参数拥有只读(read-only)属性，如 C++的 const 参数和 Ada 的 in 参数，使用按引用传递(pass by reference)方式仅仅是为了提高效率，而实参的内容则是不允许修改的。

- 默认参数(default parameter)。这种方式可以为参数提供一个默认的值，当调用时未提供对应的实参值时，可使用该默认值。

- 位置无关参数(position-independent parameter)。这种方式下，可以仅通过参数名字进行实形替换，而无须考虑参数的位置(次序)，或者说不用担心参数的次序，只要名字对得上就行。Ada 和 Lisp 等语言提供这种机制。

*6.6 垃圾回收

6.6.1 概述

如果能知道堆中哪些代表对象/记录的存储单元在动态语义下不是活跃的,即在程序的后续计算中不会用到与其关联的变量,则将这些存储单元作为垃圾(废弃单元)清除(回收)掉,不会影响到程序的正确执行。然而,一个变量是否动态活跃的(dynamically live)是不可判定的问题(可以将图灵机停机问题归约至该问题),即没有通用算法可以静态地判定任何对象/记录在动态语义下的活跃与否,因此无法实现这种理想情况下的垃圾回收算法。

一般情况下,不能从任何当前活跃的程序变量的引用链可达的堆中对象/记录被称为垃圾(garbage)。当前活跃的(active)程序变量包含所有静态或全局的变量,以及当前处于运行栈中的变量。从当前活跃的程序变量的引用链可到达的堆中对象/记录被称为可达的(reachable)对象/记录。

被垃圾所占用的存储块(chunk of storage)可以被重新回收(reclamation)并分配给新的对象/记录,这一过程称为垃圾回收(garbage collection)。比起上述理想情况下的垃圾回收,这只是一种近似的保守的垃圾回收。编译器应当保证任何活跃的对象/记录都是可达的,但并不能保证可达的对象/记录一定是活跃的。然而,可以要求编译器尽可能使可达的不活跃对象/记录的数目最小化。

实际的垃圾回收过程最终会交由运行时系统自动完成,编译器生成的代码可直接或间接调用运行时系统的堆存储分配与管理功能,同时根据不同的垃圾回收策略通过实现特殊约定与垃圾回收程序进行交互。为了方便性和灵活性,这些工作通常会借助一种专门用于维护引用链可达性即时变化的运行时用户程序来完成,其也被称为更变程序(mutator)。更变程序的设计与具体的垃圾回收策略密切相关。编译器生成的代码直接通过更变程序来实现堆存储分配以及自动垃圾回收的功能。更变程序负责维护和监视当前堆中对象/记录的引用信息,并根据需要触发垃圾回收过程。

垃圾回收算法的核心是找到不可达的对象/记录,从而可以重新回收相应的存储块。垃圾回收最早是在早期函数式语言(如 Lisp)中实现的,至今已有超过 50 年的历史。垃圾回收机制曾被认为是函数式和逻辑式语言的标配,但后来在面向对象语言(如 Smalltalk、Java)中也得到广泛应用。如今,垃圾回收机制已经被人们认为是一种语言特性。

为了找到不可达的对象/记录,可以采取两种不同的策略:一种是观察当前可达的对象/记录是否转变为不可达的;另一种是周期性查询出所有可达的对象/记录,从而断定其他对象/记录是不可达的。采取第一种策略的方法,例如引用计数(reference counting)法,维护一个对象/记录的引用计数值,当计数值变为0时,表明该对象/记录就变为不可达。采用第二种策略的垃圾回收算法,需要借助引用关系的传递来跟踪(tracing)所有可达的对象/记录,统称其为基于跟踪的垃圾回收(trace-based garbage collection)方法。

基于跟踪的垃圾回收方法,最基本的有标记-清除(mark-and-sweep)算法和复制回收(copying collection)法。为避免长时间停顿,从而影响到用户程序的实时响应能力,人们在此基础上提出了短停顿(short-pause)的垃圾回收方法,如每次仅回收部分废弃存储空间的分代回收(generational collection),以及每次仅执行有限时间的增量回收(incremental collection)。

一般来说,类型安全的(type-safe)语言或强类型的(strongly typed)语言才适合配备垃圾回收功能。

类型安全的语言能够保证任何给定数据单元的类型是确定的,从而能够精确获知该数据单元的大小及其内部包含的对其他数据单元的引用,并保障该数据单元可以被正确引用,即用于访问该数据的引用恰好指向所分配给它的存储块的起始地址,而不会指向其某个内部的位置。有些类型安全的语言在编译期间就可以确定数据单元的类型,如ML、Ada等。有些类型安全的语言在运行期间才能确定给定数据单元的类型,如Java、Scheme、Smalltalk等。本节所介绍的经典的垃圾回收算法,均默认是针对类型安全的语言。

C和C++之类的弱类型的语言,可以对存储地址进行随意修改并允许强制类型转换,这可能导致产生目标不确定的指针,所指向的内容无法对应到具体数据单元的存储块,因此难以准确检测出数据单元是否具有可达性或不可达性。然而,由于C和C++的使用非常广泛,人们也提出过一些具有针对性的保守的垃圾回收方法,对此本节不予以讨论。

6.6.2 引用计数

引用计数方法的技术原理是,对堆中所维护的每一个数据单元(对象),都设置一个对该数据单元(对象)的引用次数计数器,当计数器数值为0,则表明该数据单元(对象)可以被回收。

假定初始时堆是一条由连续的结点(node)构成的链表free_list,每个节点有一个附加的整数域用作引用次数计数器,置该计数器的初值为0。随着程序的运行,不断从free_list获取结点,这些结点相互之间通过指针链接形成引用链,同时,引用次数计数器的值(简称引用计数值)也会在程序的运行过程中不断变化。

在程序运行中,若遇到会导致堆中结点的引用计数值发生变化的操作,更变程序会负责维护引用计数值。当创建一个新的数据单元(对象)时,则调用分配程序(allocator)从 *free_list* 获得一个可用结点,并将其引用计数值初始化为0。每当遇到使当前指针或引用不再关联到某个结点的操作时,则相应减少该结点的引用计数值。每当遇到有新的指针或引用关联到某个结点的操作时,则相应增加该结点的引用计数值。一旦发现当前结点的引用计数值变为0,则调用回收程序(collector)将该结点返还给 *free_list*,然后修改该结点内部所关联到的所有其他结点的引用计数值,最后对引用计数值有变化的结点从判断该结点的引用计数值是否变为0开始再递归执行最后这一步骤。

图6.22是使用引用计数方法的一个示例,图中给出某个时刻堆中结点及相关链表的结构,其中每个结点的引用次数计数器的当前计数由虚线框内的数值给出。此刻,该程序在堆中分配有6个结点,其余结点均包含在 *free_list* 中,作为空闲结点供后续分配使用。假设 p 和 q 是当前活跃的程序变量(静态/全局或正处于运行栈中的变量),则这6个结点都是可达的,它们可以通过 p 和 q 的引用链直接或间接到达。

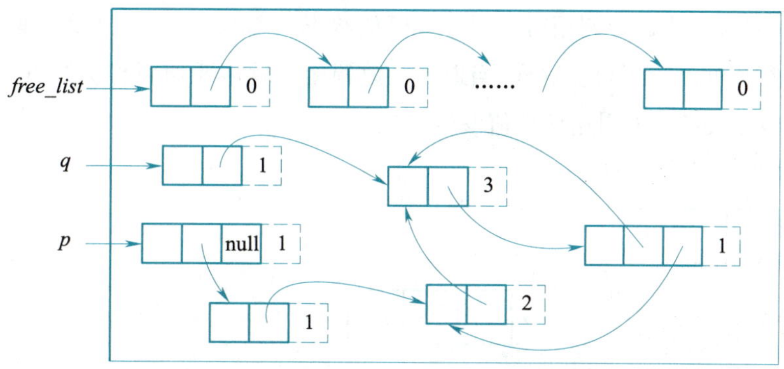

图6.22 引用计数方法的一个示例(1)

能够导致堆中结点的引用计数值发生变化的操作有很多种,主要包括:

(1) x 原来关联到某个数据单元(对象)X,在执行赋值 $x=y$ 后,就切断了的 x 到 X 的联系。这会导致 X 以及 y 所关联到的数据单元(对象)结点的引用计数值发生变化。

例如,在图6.22所描述的当前堆状态下,执行赋值操作 $q=p$ 后,q 原来所关联到的结点的引用计数值由1变为0,而 p 所关联到的结点的引用计数值将由1变为2。由于 q 原来所关联到的结点的引用计数值变为0,因而将该结点内部所关联到的引用计数值由3变为2,与此同时,回收程序将该结点返还给 *free_list*。经过这些变化,堆中结点及引用链的当前状态如图6.23所示。

(2) x 原来关联到某个数据单元(对象)X,在创建一个新的数据单元(对象)并使 x 关联到该数据单元(对象)之后,就切断了的 x 到 X 的联系,在新增数据单元(对象)结点的同时,X 结点的引用计数值也会发生变化。

(3) x 原来关联到某个数据单元(对象)X,在执行赋值 $x=null$ 后,就切断了的 x 到 X 的联系,这也会导致 X 结点的引用计数值发生变化。

例如,在图6.23所描述的堆状态下,执行赋值操作 $p.left.next=null$ 后(这里假定所涉

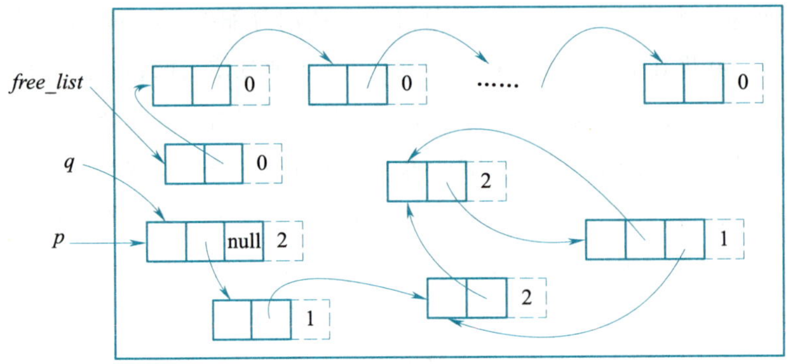

图 6.23　引用计数方法的一个示例(2)

及的两个结点的指针域分别为 *left* 和 *next*)，将导致所关联到的结点的引用计数值由 2 变为 1，参见图 6.24 中最下方的结点。

(4) 函数调用时的参数传递相当于赋值，如果实在参数中有在堆中分配的数据单元(对象)，则函数调用时实在参数赋值给形式参数，就使形式参数联系到堆中的这些实在参数单元(对象)。这样，当退出函数调用时就需要切断相关数据单元(对象)的联系，导致相关结点的引用计数值发生变化。

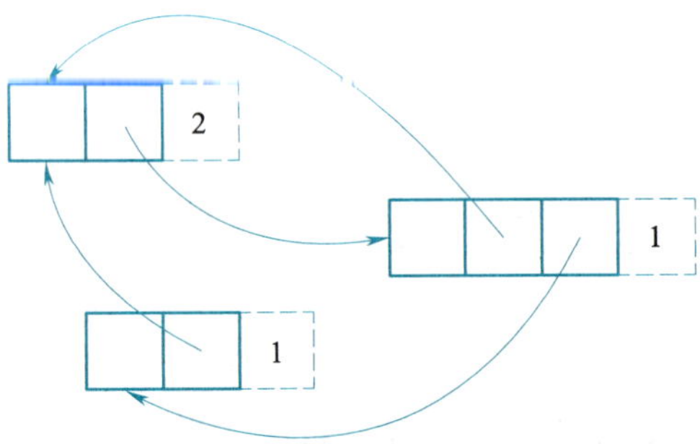

图 6.24　引用计数方法可能导致无法到达的循环引用链

引用计数方法的优点之一是较为直观且易于理解。另一个更重要的优点是由于引发堆中结点的引用计数值发生的变化是在程序执行过程动态发生的，因此触发垃圾回收的相关过程会随机分布在程序执行期间，这样程序在运行中不会因为垃圾回收出现很长时间的停顿。

该方法的主要缺点包括：(1) 无法收回相互之间有循环引用的不可达的结点链，如图 6.24 所描述的 3 个循环引用的结点；(2) 堆中每个结点需要附加一个用于记录引用次数的计数器；(3) 需编译生成维护引用次数计数器的辅助代码，实现代价较高。

6.6.3　标记-清除

不像引用计数方法是在程序执行过程动态更变引用计数值而随时可能触发垃圾回收过程，标记-清除(mark-and-sweep)回收算法仅当堆空间满了的时候(*free_list* 为空)才被调用。相比引用计数方法，标记-清除的优点是对程序执行过程的干扰很小，也不存在不能回收的循环引用链。

基本的标记-清除回收算法被触发后，会执行两个阶段任务：(1) 标记(mark)；(2) 清除(sweep)。图 6.25 至图 6.27 描述了使用标记-清除方法的一个示例。

图 6.25 示意某个时刻堆中结点及相关链表的结构，其中每个结点附加有一个“标记位”(虚线框内)并初始化为 0。此刻，该程序在堆中至少分配有 6 个结点。假设 *p* 和 *q* 是当前活跃的程序变量(静态/全局或正处于运行栈中的变量)，则这 6 个结点都是可达的，它们可以通过 *p* 和 *q* 的引用链直接或间接到达。包含在 *free_list* 中的结点为空闲结点，后续可以被分配使用。

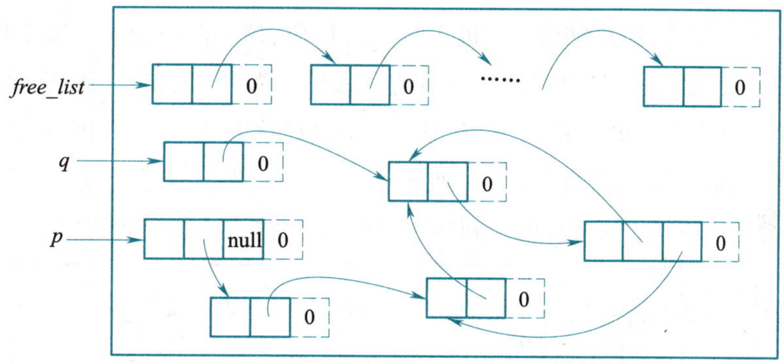

图 6.25 标记-清除方法的示例(1)：触发前

在程序运行中，每当申请分配新结点时，例如执行 r=new node() 为变量 r 申请一个新的堆结点，则更变程序可能执行以下步骤：

(1) 若堆空间未满(*free_list* ！ =null)，则调用堆存储分配算法，称之为 alloc()，从 *free_list* 获取可用结点分别配给 r，正常返回；若堆空间已满或无合适的空闲结点给 r 分配，则转步骤(2)；

(2) 激活标记-清除回收算法 mark_sweep()；

(3) 若执行 mark_sweep() 后堆空间未满，则再次调用 alloc() 为 r 分配可用的堆结点；否则，转步骤(5)；

(4) 若分配成功，则正常返回；否则，转步骤(5)；

(5) 返回“执行 r=new node() 堆空间分配异常”相关信息。

若上述过程未触发堆空间分配异常，则从执行 r=new node() 正常返回，程序将继续执行后面的语句。

图 6.26 描绘了因堆空间已满而触发标记-清除回收算法，并完成“标记”阶段任务的情形。由图可知，在触发回收算法之前，可能因执行赋值操作 *q*=*p* 导致原来可通过 *q* 能联系到的结点“失联”。在“标记”过程结束后，由当前活跃的程序变量(静态/全局或正处于运行栈中的变量，如 *p* 和 *q*)的引用链可以直接或间接到达的全部结点，其“标记位”都会变为“1”。“标记”的过程可借助于各种有向图遍历算法(如深度优先遍历)，这里不再

赘述。

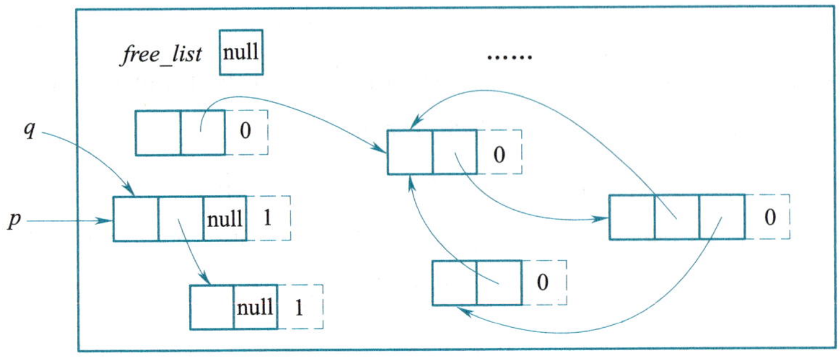

图 6.26　标记-清除方法的示例(2):标记后

“标记”阶段结束后会进入“清除”阶段,这一阶段会遍历整个堆中的所有结点,无论“标记位”是“0”还是“1”。当遇到“标记位”为“0”的结点,则将其放回到 *free_list* 中。当到“标记位”为“1”的结点,则将其“标记位”恢复为“0”。如图 6.27 所示,原来在图 6.26 中所示的“失联”结点均被回收至 *free_list*。原来那些通过当前活跃程序变量(如 *p* 和 *q*)的引用链可以直接或间接到达的结点,其“标记位”被重置为“0”。

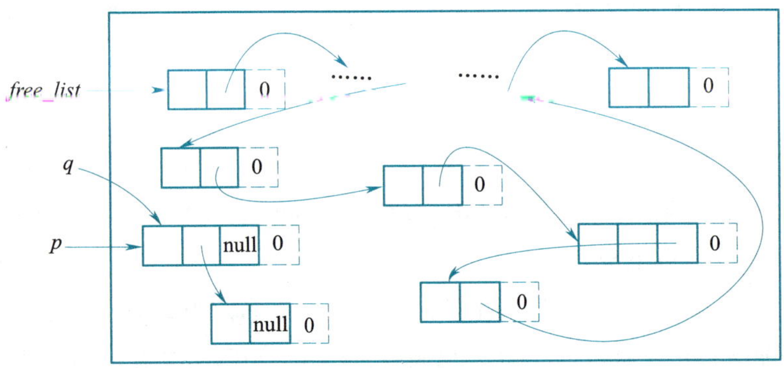

图 6.27　标记-清除方法的示例(3):清除后

标记-清除回收算法存在一个改进,即在“标记”阶段顺带对可达结点进行重定位,将其集中压缩至堆中某一段地址连续的空间,实现碎片整理的效果。此类算法被称为标记-压缩(mark-and-compact)回收算法,一般包含下列主要步骤:

(1)“标记”。如同标记-清除方法的“标记”阶段,对当前活跃程序变量的引用链可以直接或间接到达的全部结点进行标记;

(2)“重定位”。为全部可达结点计算新地址,例如将它们重定位到连续的栈空间低端地址。

(3)“转储”。将每个可达结点复制(转存)至其新的地址空间,同时更新节点内部所有引用至新的地址。由于已经分析过各个可达结点内部的引用情况,因而这个过程并不需要额外负担太多的工作。

标记-清除(包括标记-压缩)回收算法的主要问题是在回收算法触发、执行,再回到程序执行,其间停顿的时间较长,可能会严重干扰到程序的正常执行。下面介绍的复制回收方法可减少停顿时间。

6.6.4 复制回收

相比于标记-清除(包括标记-压缩)回收,复制回收(copying collection)方法是时间和空间上进行折中的一种方案。在实现复制回收方法时,会将空间划分为大小相等的两块,分别称之为*from_space* 和 *to_space*。这里,无须任何“标记”位,也不需要维护一个*free_list*。不同的是,此处需要维护一个*from_space* 新一轮可分配空间起始位置的指针*free*。*free* 指针在初始化时置初值,并在每一次复制回收算法执行之后重新设置。任何时刻,可用于堆存储分配的范围是*from_space* 中从*free* 开始的空间(下面假设其上界为*from_space_top*)。

随后的讨论中,假定存储分配算法为 alloc()。本书不讨论具体的存储分配算法,因此这里不限定 alloc()的设计方法。实际上,考虑到复制回收方法的特性,采用连续分配的方案即可,即每次分配都是从前到后查找从*free* 开始到*from_space_top* 结束的空白区域。还可以在每次分配后更新*free* 指针,这样,下一次分配可以直接从*free* 开始查找。

下面先简单介绍使用复制回收方法的前后过程以及更变程序的基本功能。

程序执行时,所有活跃结点均在*from_space* 这一半空间中分配,而另一半空间*to_space* 没有使用。堆空间会通过下列步骤进行初始化:

(1) 令 $from\_space=l$,为可用堆空间的下界;

(2) 置 $from\_space\_top=l+(u-l)/2$,这里 u 为可用堆空间的上界;

(3) 令 $to\_space=from\_space\_top+1$;

(4) 置 $free=from\_space$。

在程序运行中,每当申请分配新结点时,例如执行 r=new node()为变量 r 申请一个新的堆结点,则更变程序将会执行下列步骤:

(1) 调用存储分配算法 alloc(),从可分配的堆空间中获取适合的可用堆空间存储块分配给 r;若分配成功,则正常返回;否则,转下一步;

(2) 激活复制回收算法,如 Cheney 算法(随后介绍),将*from_space* 空间中分配的所有可达结点复制至*to_space* 空间相邻的存储块依次排放,且令指针*free* 指向紧邻其后的空闲空间起始位置;

(3) 对调*from_space* 与*to_space* 的角色,即令

$$from\_space,to\_space=to\_space,from\_space$$

以及 $from\_space\_top=from\_space+(u-l)/2$ (*from_space* 为调换前的*to_space*);

(4) 以新的参数*free* 和*from_space_top*,再次调用 alloc()为 r 获取可用的存储块;若分配成功,则正常返回;否则,转下一步;

（5）返回“执行 r=new node()堆空间分配异常”相关信息。

若上述过程未触发堆空间分配异常，则从执行 r=new node()正常返回，程序将继续执行后面的语句。

图 6.28 和图 6.29 是关于复制回收算法执行前后的一个示例。在某程序开始运行后，经过若干次执行复制回收算法，*from_space* 和 *to_space* 互换，以及重置 *free* 和 *from_space_top*，到达有一个准备激活复制回收算法的情形，如图 6.28 所示。此时，分配在 *from_space* 和 *free* 之间的结点是前一次执行复制回收算法时从另一半存储区复制至当前 *from_space* 的数据对象（均为当时可达的数据对象）；分配在 *free* 和 *from_space_top* 之间的结点是执行复制回收算法之后新分配的数据对象。假设在如图 6.28 所示的状态下，无论是分配在 *from_space* 和 *free* 之间的对象，还是分配在 *free* 和 *from_space_top* 之间的对象，有些对象是可达的，如 O_1、O_3、O_4、O_5 和 O_6；而另一些对象是不可达的，如 O_2。

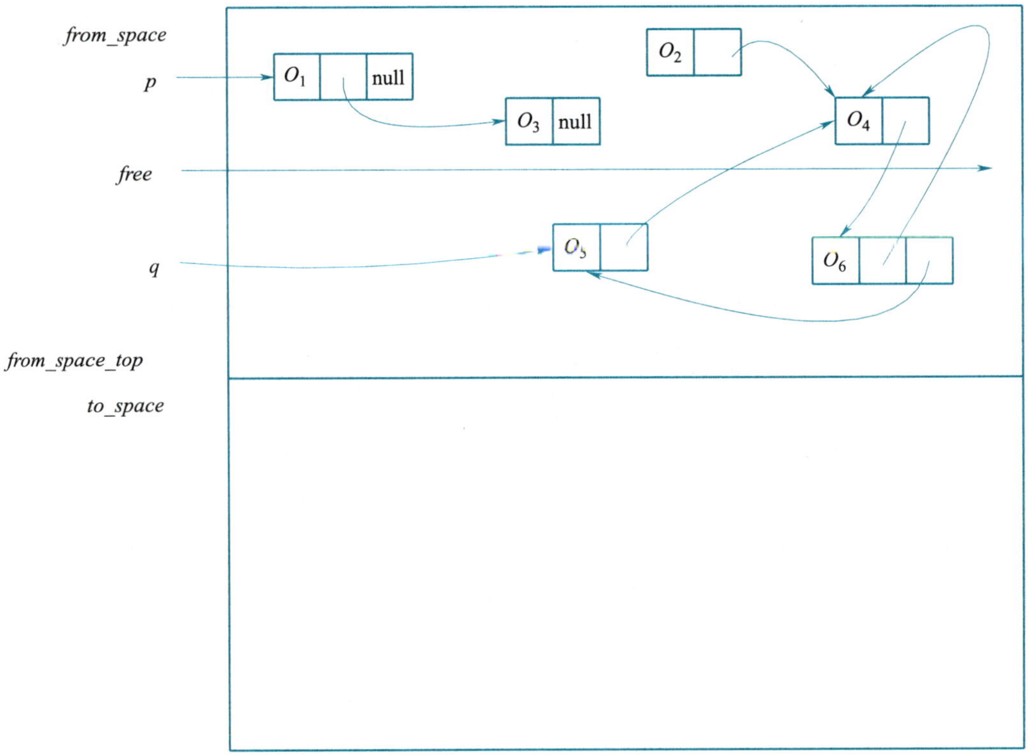

图 6.28　复制回收方法执行前（触发前）

在图 6.28 所示状态下激活复制回收算法，执行后，所有可达对象的结点被复制至 *to_space* 空间相邻的存储块依次排放。在 *from_space* 和 *to_space* 角色互换，并重置 *free* 和 *from_space_top* 后，到达如图 6.29 所示的新状态。

上文中提到的 Cheney 算法是一种最基本的基于广度优先搜索遍历可达数据对象的复制回收算法，其核心思想可描述为：

（1）令 *scanned*=*free*=*to_space*，即开始时 *scanned* 和 *free* 均指向 *to_space* 的起点；

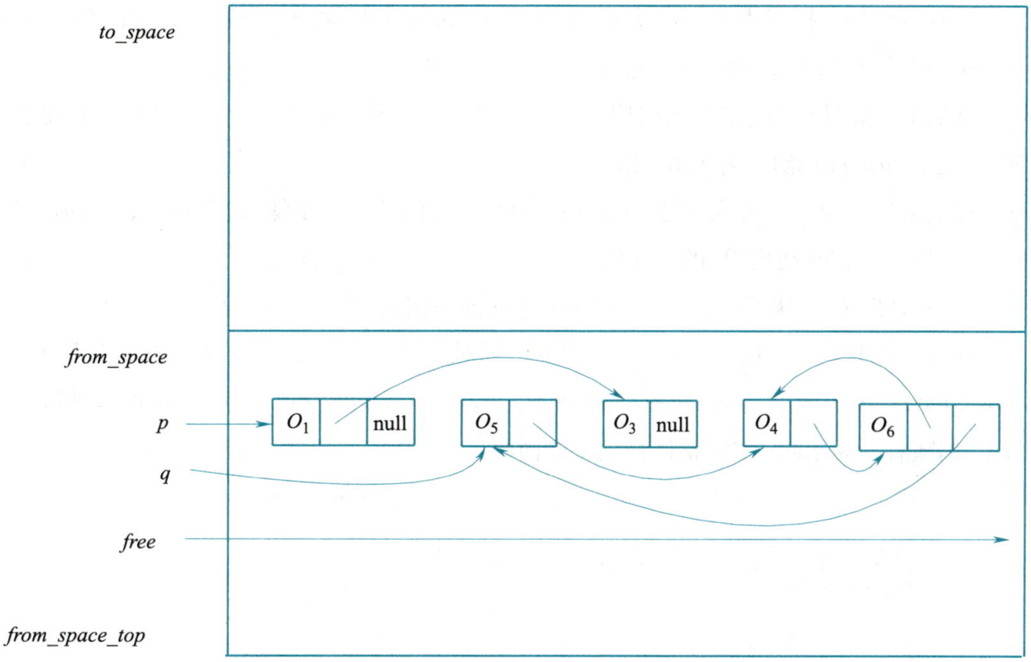

图 6.29 复制回收方法执行后(回收后)

(2) 设根对象集合 *roots*={*r* | *r* 为当前活跃的程序变量所分配的堆空间数据对象};为 *roots* 中对象设定一个次序,对于每个根对象 *r* ∈*roots*,依次完成:① 将 *r* 复制至 *to_space* 中 *free* 指向的位置;② 置 *free*=*free*+*sizeof*(*r*);这里,*sizeof*(*r*)表示 *r* 所占用空间的大小;

(3) 如果 *scanned*=*free*,则表明所有可达对象均已完成复制,所有指针也都指向 *to_space* 中的恰当位置,转(7);

(4) 设 *o* 为当前 *scanned* 所指向的 *to_space* 中的数据对象;

(5) 对于 *o* 的每一个指向 *from_space* 空间的非空指针域所指的数据对象 $o.f_i$,依次完成:① 将 $o.f_i$ 复制至 *to_space* 中 *free* 指向的位置;② 置 *free*=*free*+*sizeof*($o.f_i$);

(6) 置 *scanned*=*scanned*+*sizeof*(*o*);转至步骤(3);

(7) 返回。

图 6.30 是使用 Cheney 算法的示例。假设 *p* 和 *q* 是触发复制回收算法时当前仅有的活跃程序变量,因此根对象集合 *roots*={O_1,O_5}。初始时,*scanned*=*free* 指向 *to_space* 的起始位置。

经上述步骤(2),首先将 *from_space* 的 O_1 和 O_5 复制至 *to_space* 最开始的连续空间依序存储。此时,*scanned* 指向 O_1 起始位置,*free* 指向 O_5 存储块的下一位置。

随后,执行步骤(3)~(6)的循环,依次针对当前 *scanned* 所指的数据对象。首先,针对 O_1 执行步骤(5)描述的内层循环,将其引用的唯一数据对象 O_3 复制至当前 *free* 所指位置(即 *to_space* 中紧挨着 O_5 的位置)存放。执行步骤(6)之后,*scanned* 指向 O_5 起始位置,*free* 指向 O_3 存储块的下一位置。

接着，针对 O_5 执行步骤(5)，将 O_4 复制至 *to_space* 中紧靠 O_3 的位置。步骤(6)结束后，*scanned* 指向 O_3 起始位置，*free* 指向 O_4 的下一位置。

然后下一轮针对 O_3，因其未引用其他对象，因此执行步骤(5)后 *free* 无变化，而在步骤(6)之后，*scanned* 指向 O_4 起始位置。

接下来针对 O_4，将 O_6 复制至 *to_space* 中紧靠 O_4 的位置。步骤(6)结束后，*scanned* 指向 O_6 起始位置，*free* 指向 O_6 的下一位置。

最后，针对 O_6。执行后，*scanned* 和 *free* 指向同一位置，循环(3)～(6)终止。

执行到步骤(7)结束时，*from_space* 中的数据对象 O_1、O_3、O_4、O_5 和 O_6，被"搬迁"(*forwarded*)至 *to_space* 连续存放，如图 6.30 所示。而 O_2 以及 *from_space* 中所分配的其他数据对象，则随着 *from_space* 空间整体释放将被回收。

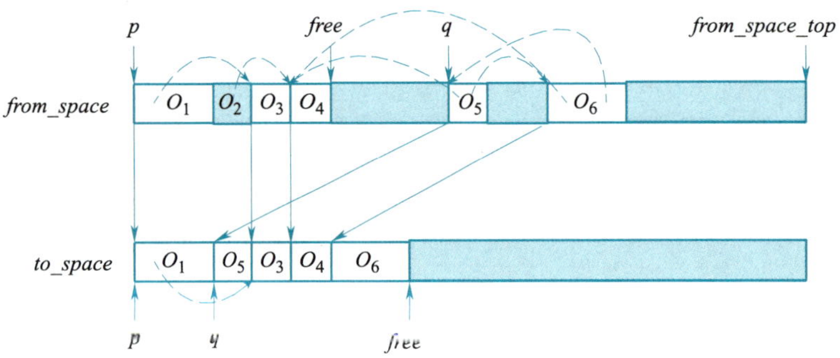

图 6.30　Cheney 算法示例

上述的 Cheney 算法采用了广度优先技术，仅用到从 *scanned* 至 *free* 的队列，不需要使用栈，也不需要遍历指针，因而比起采用深度优先技术更容易实现。然而，使用广度优先技术带来的问题是引用的局部性(locality)较差，影响到虚拟存储系统(含高速缓存)性能的发挥。可采用一些折中的办法，例如穿插深度优先技术，对 Cheney 算法进行优化。

此外，相比前面的标记-清除(包括标记-压缩)回收方法，复制回收算法仅扫描一遍堆空间，因而可以大幅节省时间。然而，复制回收需要更多空间，因为任何时候，整个堆空间只有一半可以当作程序新分配的存储块。

研究表明，当活跃数据对象所需空间比堆空间大小的一半少很多时，复制回收方法比标记-清除方法更加有效；而当前者与后者较为接近时，标记-清除法会更有效。

6.6.5　分代回收

复制回收法的一大优势就是处理"短命"对象，即两次回收之间被创建后又被撤销的数据对象。实际上，无须进行任何特殊处理，这些对象会自生自灭。虽然"短命"对象一般占比很大，然而，实际应用中"长寿"对象也不少见。例如，许多程序开始时就会创建一些贯穿整个执行周期的动态数据对象。这些对象会被反复跟踪，且在可用堆空间的两个半区之间不断搬来搬去，效率很低。

标记-清除（包括标记-压缩）回收法也存在类似的问题。为提高效率，同样也应该聚焦于优先回收较"年轻"的数据对象，相比成熟的（mature）"长寿"对象来说，年轻的"短命"对象成为垃圾的比率要高很多。

采用分代回收（generational collection）技术，能够达到优先回收年轻"短命"数据对象的效果。下面以在复制回收算法中的使用为例，简述分代回收法的核心思想。

这种方法中，堆空间被划分成多个分区，称为"代"（generations），假设分别编号为 G_0，G_1，G_2…最年轻的对象首先分配在 G_0；G_1 中的所有对象比 G_0 中的任何对象都"年长"；类似地，G_2 中的要比 G_1 中的更"年长"；等等。我们假设是与复制回收技术相结合，因此每个 G_i 均有自己的 *from_space* 和 *to_space*。

每次新产生的数据对象均是在 G_0 分区的 *from_space* 分配，当空间不足时触发复制回收算法进行垃圾回收。如同 6.6.4 节中的介绍，复制回收过程需从当前根对象集合 *roots* 出发跟踪扫描 G_0 分区 *from_space* 中的可达对象。现在有所不同的是，根对象集合 *roots* 不仅仅包含当前活跃程序变量所分配的数据对象，还要包含比 G_0 更年长分区中的对象，即 *roots* 中还要额外包含 $G_1, G_2, \cdots, G_n$ 中那些有可能指向 G_0 中对象的年长数据对象。如果不这样做，就有可能将活跃的数据对象误判成不可达。

如果某个对象在经历 G_0 的若干轮（至少 1 轮）复制回收后仍存活，则将其"提升"（promoted）至年长一代的 G_1。若后面再有 G_0 中的对象被"提升"至 G_1，则将同 G_1 中原有的对象合并。可预先设定好一个提升标准的阈值，在各个对象中添加特殊的位作为计数器，其位数能满足该阈值即可。

若是某个时刻，G_1 也没有足够空间无法再接纳从 G_0 提升的对象，则启动对 G_0 和 G_1 相联合的复制回收算法。这一联合的复制回收算法，所依赖的根对象集合 *roots*，除包含当前活跃程序变量所分配的数据对象，还包含 $G_2, G_3, \cdots, G_n$ 中的那些可能指向 G_0 和 G_1 中对象的数据对象。G_0 和 G_1 中对象的复制回收，可以分别使用各自的 *from_space* 和 *to_space*。

然后，在 G_1 中能够经历若干轮次复制回收后存活下来的对象将被"提升"至 G_2。若某个时刻 G_2 也满了，就要启动对 G_0，G_1 和 G_2 相联合的复制回收算法。

依此类推，直到一些十分长寿的对象可以到达最年长的代 G_n。这样，针对这个 G_n 分区，执行（联合）复制回收的概率会非常低，甚至可能不再进行。

通过这种方法，"长寿"对象被逐级筛选出来，因重复处理导致的代价将大大降低。

一般情况下，每一轮次的复制回收算法都是针对编号小于或等于某个 i 的全部分区，即 $G_0, G_1, \cdots, G_i$。此时，G_i 是当前空间已满的最年长分区。当然，此时 $G_0, G_1, \cdots, G_{i-1}$ 分区也都已满。这里在针对 G_i 进行回收时，将全部编号小于 i 的分区也考虑进来，主要是出于如下考虑：① 当前上下文中，比 G_i 更年轻的"代"所包含的垃圾一般也会更多，我们可以将这些年轻分区中的垃圾与 G_i 分区一并回收，同时会使整个回收过程更加高效；

② 因为更年轻"代"的分区中可能包含不少指向 G_i 的指针，若根据这一策略，将这些年轻分区中的垃圾与 G_i 分区一并回收，则仅需记住从较 G_i 更年长"代"指向 G_i 及更年轻"代"的引用即可。

实际中很少有年长的对象引用比它年轻很多的对象。在常见的程序设计风格中，当一个对象创建时，一般会同时初始化其各个域，而后者所指向的对象一定是更年长的。年长的对象引用比它年轻的对象，仅可能是由于年长对象的某个域有新的更新，而这种情况也确实不常见。这对于上述分代回收方法来说，是十分利好的一面。尽管如此，如何记住从较年长"代"指向较年轻"代"的引用是这一方法的重要一环，需要妥善处理好这一问题。

如上所述，在针对 G_i 进行回收时，其根对象集合 *roots* 除程序活跃变量所引用的对象外，还包含较 G_i 更年长分区中可能指向比其年轻的分区（$G_0, G_1, \cdots, G_i$）数据对象的那些对象。为避免搜索 $G_{i+1}, G_{i+2}, \cdots, G_n$ 中所有的对象，编译生成的代码需要能够记住有哪些年长对象对年轻对象进行了引用。为此，每当某个对象被"提升"至年长的一代时，可以检查它是否包含指向年轻一代对象的指针。如果包含，则将其地址记录下来，以便将来能够跟踪和修改相应的指针。另外，必须要随时监测当前年长对象域的指针是否被修改，然后用一个"被修改对象"的向量或集合记录下来，使该对象包含其中；还可以在对象内部设置标志位表明该对象是否被修改，编译器可产生专门的代码负责检查该标志位，以免重复检测。有时，还可以检查年长对象所在的堆页面污染位是否被修改过，如果被修改，则可将该对象纳入"被修改对象"集合。

经验表明，如果设计到位，分代回收方法可以有很高效率，因而在实践中得到了广泛使用。

上述分代回收方法的本质是把重点聚焦于处理"短命"对象上，年轻的"代"会更频繁地进行垃圾回收，效率也高，而年长的"代"进行的回收较少，而且代价更高。然而，年长的"代"进行回收时，虽然垃圾占比较少，但花费时间较长，需要与所有更年轻的"代"一并进行回收。最年长的"代"拥有最"长寿"的对象，其垃圾回收的代价相当高，基本相当于一次完整的回收，而不是分代回收方法赖以发挥优势的"部分"（partial）回收。既然存在这一缺陷，分代回收方法就难免引起程序执行时的长时间"停顿"。一个较好的解决方案是与其他可有效处理"长寿"对象回收的算法联用，取长补短。

列车算法（train algorithm）是一种专注于"长寿"对象的垃圾回收方法，有兴趣的读者可参阅相关书籍。

6.6.6　增量回收

每一轮次的垃圾回收如果能将当前堆空间的所有垃圾全部回收固然很好，但有可能造成程序运行的长时间停顿。尽管从整个执行周期来看，停顿时间的占比可能微不足道，但对于响应时间要求更高的交互式或实时系统而言，任何一次长暂停都可能是难以容忍的。

增量回收（incremental collection）的核心思路是，每一轮次不必回收堆中的全部垃圾，仅需回收其中一部分甚至是很小的一部分，但是要确保遗留下来的所谓漂流垃圾（floating garbage）可以在后面的轮次中回收。当然，在确保正确性（回收的一定是垃圾，不确定是不是垃圾的先留着不回收；同时要保持内存一致性，不能导致内存泄漏）和满足实时性要求的前提下，每一轮次所遗留的漂流垃圾越少越好。

实现增量回收方法的关键技术是允许增量回收程序（incremental collector）和更变程序（mutator）交互或并发执行，一般是基于交叉执行（interleaving）机制来实现。基本场景是，在垃圾回收程序工作期间，更变程序同时会记录可达图信息变更的情况，两者通过原子操作对共享数据和信息进行读取和修改，垃圾回收程序根据更变程序的记录来决定是否继续本轮回收工作。垃圾回收程序所做的决定通常是保守的（conservative），要求更变程序对可达性信息的更新满足一定的不变量要求，以确保所回收的一定是垃圾，不能确定是不是垃圾的应在可进一步跟踪的范围内。

此处先介绍一种采用三色标记（tricolor marking）的方案，在基于跟踪的垃圾回收（标记-清除或复制回收）方法基础上，可以设计基本的增量回收算法。

三色标记方案中，每时每刻，堆中每个对象都被标记为下列三种颜色之一：

- White（白色）。该对象目前尚未在基于深度优先或宽度优先搜索的跟踪过程中被访问过。
- Grey（灰色）。该对象被访问过，但尚未跟踪其子对象。在标记-清除回收算法中，此类对象被记录在栈中；在 Cheney 复制回收算法中，此类对象被记录在从 *scanned* 至 *free* 的队列里。
- Black（黑色）。该对象被访问过，其所有子对象（孩子）也都被访问过。在标记-清除回收算法中，此类对象已被弹出堆栈；在 Cheney 算法中，此类对象已完成扫描（*scanned* 已指向其他对象）。

在启动新的一轮增量回收过程之前，假定堆中所有对象均标记为 White。回收程序从根对象（静态/全局或正处于运行栈中的变量所引用的对象）集合 *roots* 开始跟踪可达对象，初始时 *roots* 中对象被标记为 Grey，并记录在当前栈或队列。

回收程序通过下列迭代过程扫描并标记可达对象：

（1）从栈或队列获取当前对象 o，并将其弹出栈顶，或 Cheney 算法中执行 *scanned*=*scanned*+*sizeof*（o）；若已无 Grey 对象（栈空，或 Cheney 算法中有 *scanned*=*free*），则转（4），结束迭代过程；

（2）对于 o 的每一个非空指针域所指的数据对象 $o.f_i$，若该对象是一个 White 对象，则依次完成：① 将 $o.f_i$ 压入栈中（标记-清除法），或 Cheney 算法中将 $o.f_i$ 复制至 *free* 指向的位置并置 *free*=*free*+*sizeof*（$o.f_i$）；② 将 $o.f_i$ 标记为 Grey；

（3）对象 o 标记为 Black；转至步骤（2）；

（4）返回。

回收程序执行期间，可能有更变程序在交替/并发执行，然而二者针对共享数据的原子操作前后，应满足以下不变量要求：

（1）无 Black 对象指向 White 对象；

（2）各个 Grey 对象均在回收程序当前维护的工作栈或者队列中，反之亦然（当前工作栈或者队列中的对象均为 Grey 对象）。

如果回收程序可以正常结束，所维护的灰色对象集合（*gray-set*）将变成空集，现存的所有 Black 对象即为本轮增量回收过程跟踪到的可达对象集合（可能是保守的可达对象集合），而当前剩余的全部 White 对象即被当作垃圾而自动回收。

一种简单的算法是将回收程序执行期间新创建的对象直接纳入可达对象范畴，而忽略因更新引用值可能引起的可达性信息的改变。具体来说，在遇到新分配存储的对象时，更变程序会将其直接标记为 Grey 对象，并加入栈或队列；而遇到引用值更新操作时，更变程序会选择忽略，不影响引用值更新前所指向的对象的颜色。很显然，这一算法满足上述不变量需求。虽然能够确保正确性，但这是一种最保守的方案。根据该算法，当某一轮垃圾回收过程正常结束时，可达对象集合可以表示为：

$$R \cup New$$

其中，R 为该轮回收过程启动那一时刻的可达对象集合，New 表示在回收程序执行期间新创建对象的集合。容易理解，对于启动时不可达的那些对象，之后也绝对不会变成可达的对象。

通常情况下，应该考虑到引用值更新时所导致的可达性信息变化，即可能使得某些引用链接断链，丢失一些可达对象。若使用 $Lost$ 来表示可能丢失的全部可达对象的集合，则理想情况下最终的可达对象集合可以表示为：

$$(R \cup New) - Lost$$

为确保正确性，增量回收算法一般都是保守的，因此最终的可达对象集合 S 满足：

$$R \cup New \supseteq S \supseteq (R \cup New) - Lost$$

多数算法，在回收程序执行期间，若遇到新创建的对象，更变程序先是将其标记为 Grey 对象；若遇到引用值更新，通常的做法是允许更变程序对可达图和可达性信息进行更新，但需要采取相应的变通措施，以保障不会违反不变量要求。以下是实施保障措施的几类算法。

（1）写屏障（write barrier）算法，即保障更变程序在执行写入操作的时候不打破不变量要求，可以采取的措施例如：

- 每当更变程序将指向 White 对象 a 的指针写入 Black 对象 b 的某个域中时，将 a 重新标记为 Grey 对象，并使其回到当前工作栈/队列中。
- 每当更变程序将指向 White 对象 a 的指针写入 Black 对象 b 的某个域中时，将 b 标记为 Grey 对象,并将其加入当前工作栈/队列中。

- 借助虚拟存储系统,将所含全部对象均为 Black 的页面设置为“只读”;每当更变程序将任何值存入这样的全 Black 页面时,缺页(page fault)的中断处理程序会将该页面中全部对象标记为 Grey,使其回到当前工作栈/队列中,同时将页面恢复为“可写”。

(2) 读屏障(read barrier)算法,即保障更变程序在执行读取操作的时候不打破不变量要求,可以采取的措施例如:

- 每当更变程序读取一个指向 White 对象 a 的指针时,如果 a 原来不是 Grey 对象,则将其标记为 Grey,并将其加入当前工作栈/队列中。
- 借助虚拟存储系统,每当更变程序从某个含有非 Black 对象的页面进行读取时,缺页处理程序将该页面中所含的全部对象均标记为 Black,同时将这些对象的每个非空域所指向的对象(子对象)标记为 Grey(对于原来不是 Grey 对象的,需将其加入当前工作栈/队列中)。

增量回收算法的具体实现细节,与采用的基础算法(如标记-清除或复制回收)相关。比如,在基于 Cheney 算法的分代回收方法基础上实现的 Baker 增量回收算法。

* 6.7　面向对象语言的运行时组织

面向对象是当今程序设计语言的主流特性,学习面向对象语言运行时的存储组织是理解面向对象特性实现机制的重要环节。面向对象语言的特性丰富多样,限于篇幅,本节主要围绕最基本的对象存储组织方式展开讨论,有兴趣的读者可进一步以此为基础,探究更加广泛而深入的话题。

6.7.1　“类”和“对象”的角色

面向对象语言中,与运行时存储组织关系密切的概念是“类”(class)和“对象”(object)。首先,需要对“类”和“对象”在程序中所扮演的角色应该有很好的理解:

- 类扮演的角色是程序的静态定义。类是一组运行时对象的共同性质的静态描述。类声明中包含两类特征成员(feature member):属性(attribute),以及例程(routine)。在 C++/Java 中,分别对应于成员变量(member variable),以及成员函数(member function)或者方法(method)。
- 对象扮演的角色是程序运行时的动态结构。每个对象都必定是某个类的一个实例(instance),而针对一个类可以创建有许多个对象。

在许多语言中，属性和例程可以被定义为静态的（static），作为在整个类的范围内共享的属性和例程，类的每个实例均可访问。例如，在 C++/Java 中，成员变量分为类变量（静态变量）和实例变量（局部变量），成员函数/方法也分为静态成员函数/方法和普通成员函数/方法。这里，假定读者已熟悉 C++/Java 中有关静态成员和普通成员的差异。

除此之外，还需要熟知面向对象机制的许多重要特性，如封装、继承、多态、重载及动态绑定等。关于这些内容，默认读者已经在面向对象程序设计或面向对象软件开发方法等相关领域的学习或工作中获得了基本的了解。

6.7.2　面向对象程序的运行时特征

为了进一步理解面向对象特性实现机制，我们需要充分理解面向对象程序运行时的基本特征：

- 对象是类的一个实例，是系统动态运行时一个物理结构的模块，是按需要创建、而不是预先分配的。对象是在类实例化过程中，由类的属性定义所确定的一组域动态地组成，每个域对应于类中的一个非静态（non-static）属性。

- 执行一个面向对象程序就是创建系统根类（root class）的一个实例，并调用该实例的构造过程创建根对象（root object）。例如，纯面向对象语言 Smalltalk 的根类 Object，实际上也是根对象（Smalltalk 程序中的类也是对象），程序的执行就是从创建一个 Object 对象开始。在非纯面向对象情形下，创建根对象相当于通常程序启动 main 过程/函数，如 C++中，通常是采用启动 main 过程/函数的方式创建根对象。又如，每一个 Java 应用需要指定一个主类，该类中必定要包含一个 main 方法/函数，通过启动 main 方法来创建根对象。

- 创建对象的过程实现该对象初始化；对于根类而言，创建其对象即执行该系统。图 6.31 描绘了创建根对象时的存储结构。运行根对象构造例程时，在堆区为根对象申请空间并创建根对象，同时在栈区保存引用根对象的存储单元。

- 每个例程都必定是某个类的成员，且每个例程都只能把它的计算施加在基于其所属类所创建的对象上。因而在一个例程执行前，首先要求它所施加计算的对象已经存在，否则必须先创建该对象。另外，实例对象可以接受的消息（message）或方法对应于类中的非静态成员函数/方法。

- 一个例程执行时，其参数中除了使用到实参外，还会用到它所施加计算的对象，它们与该例程的局部量及返回值一起组成一个该例程的工作区（在栈区）。例如，C++和 Java 中的 this 指针。当然，this 只能在非静态成员函数/方法中使用。

- 例程工作区中的局部量若是较为复杂数据结构，则在工作区中存放对该数据结构的一个引用，并在堆区创建一个该数据结构的对象。这一点同普通函数是一致的。

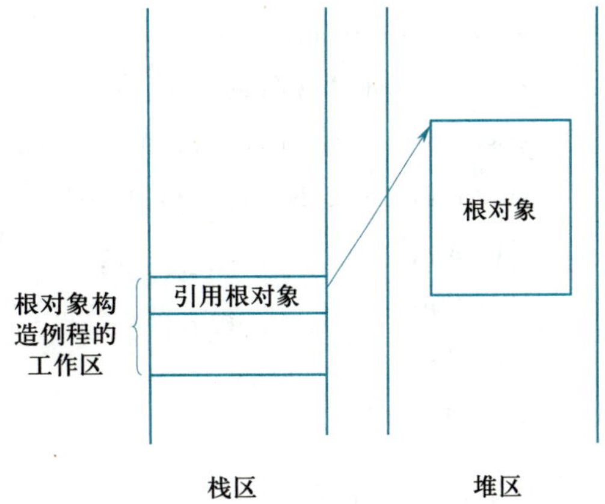

图 6.31　创建根对象时的存储结构

6.7.3　对象的存储组织

关于对象的存储组织,一种最容易想到的设计方法是:初始化代码将所有当前的继承特征(属性和例程)直接复制到对象存储区中(将例程当作代码指针)。但这样做的后果是空间浪费相当大。实际上,这是一种极端的组织方式。

另一种方法是:在对象存储区不保存任何继承而来的例程,而是在执行时将类结构的一个完整的描述保存在每个类的存储中,由超类指针维护继承性(形成所谓的继承关系图)。每个对象保存一个指向其所属类的指针,作为一个附加的域和它的属性变量放在一起,通过这个类就可找到所有(局部和继承的)的例程。这种方法在类结构中只记录一次例程指针,且对于每个对象并不将其复制到自身的存储空间。然而,其缺点在于:虽然属性变量具有可预测的偏移量(与在常规环境中的局部变量一样),但例程却没有,它们必须通过带有查询功能的符号表结构中的名字来维护。因为类结构是可以在执行中改变的,所以这对于诸如 Smalltalk 等强动态性语言来说是合理的结构。然而,这实际上是另一种极端的方法,虽然节省了对象的存储空间,但却增加了类层次结构的维护,访存次数会比较多,故而使得运行效率大幅降低。

下面介绍一种折中的方法,这一方法的基础是例程索引表,指每个类的可用例程的代码指针列表。在许多语言(如 C++/Java)中,例程索引表也称虚函数表(virtual function table)或虚方法表(virtual method table),简称虚表(virtual table)。这一方法的优点在于不再需要用一系列表查询遍历类的层次结构。这样,每个对象不仅包括属性变量,还包括了一个相应的例程索引表的指针(不是类结构的指针)。对于像 C++/Java 等静态类型的语言,虚表完全可以在编译期间静态确定,可做出安排以使每个例程的指针都有一个可预测的偏移量,并可以采用数组方式实现。

设有如下类和对象声明的片段:

```
class A{int x;void f(){…}}
class B extends A{void g(){…}}
class C extends B{int y;void g(){…};void h(){…}}
class D extends C{bool z;void f(){…}}
class A a;
class B b;
class C c;
class D d1,d2;
```

这里,class A 的声明中含一个属性变量 x 和一个例程 f;class B 的声明中含一个例程 g,同时继承 class A 所声明的属性变量 x 和例程 f;class C 的声明中含一个属性变量 y,一个例程 g(重载了 class B 中声明的例程 g),以及另一个例程 h,同时继承其祖先类中所声明的属性变量 x 和例程 f;类似地,class D 声明了属性变量 z,重载了例程 f,继承了(class A 声明的)属性变量 x,(class C 声明的)属性变量 y、例程 g 和例程 h。该代码片段声明了 5 个由类声明的变量:a,类型为 class A;b,类型为 class B;c,类型为 class C;d1 和 d2,类型为 class C。变量 a 初始化后(如在我们随后的例子中采用表达式 new(A)来初始化一个 class A 的对象)创建对象 a,它将占据独立的内存空间。类似地,我们有对象 b,对象 c,对象 d1 和对象 d2。

针对以上所声明的类和对象,图 6.32 给出了采用这种折中方法的对象存储示例。

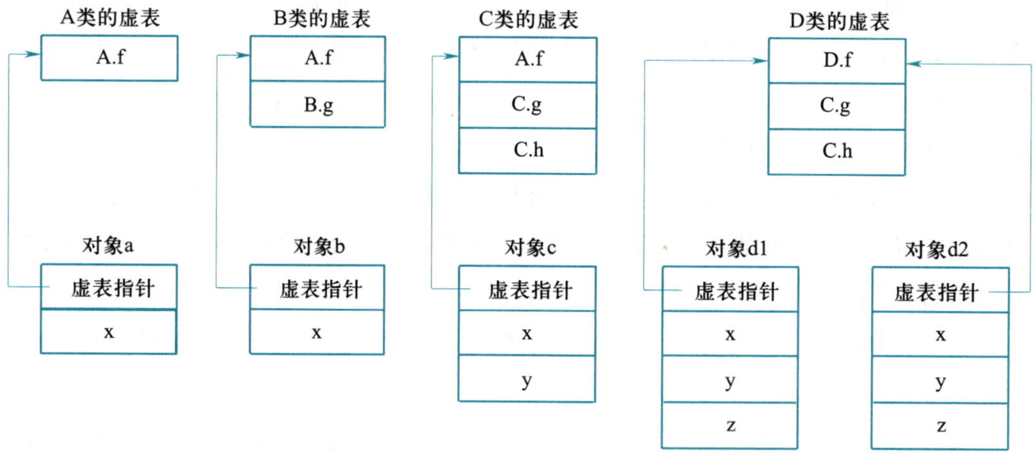

图 6.32　对象存储示例(1)

从图 6.32 中可以看出,每一个对象都对应着一个记录这个对象状态的内存块(存放于堆区),其中包括了这个对象所属类的虚表指针(位于内存块开始的位置)和所有用于说明这个对象状态的属性变量。属性变量的排列顺序是:“辈分”越高的属性变量越靠前。具体到对象 d1 和 d2,属性变量 z 是这些对象的所属类 class D 中声明的,而属性变量 x 和 y 是 D 继承父辈类的,所以在 d1 和 d2 的存储区中,属性变量 x 和 y 的存储位置排在属性变量 z 的存储位置之前(x 和 y 之间的次序关系也是二者“辈分”关系的体现)。

根据这一方法，每个类都对应一个虚表（例程索引表）。如图 6.32 所示，class A 的虚表包含指向 class A 中声明的例程 f 的指针 A.f；class B 的虚表包含指向 class A 所声明的例程 f 的指针 A.f，以及指向 class B 中声明的例程 g 的指针 B.g；class C 的虚表包含指向 class A 所声明的例程 f 的指针 A.f，指向 class C 中声明的例程 g 的指针 C.g，以及指向 class C 中声明的例程 h 的指针 C.h；最后，class D 的虚表包含指向 class D 所声明的例程 f 的指针 D.f，指向 class C 中声明的例程 g 的指针 C.g，以及指向 class C 中声明的例程 h 的指针 C.h。在虚表中，我们安排继承而来的例程靠前排列，"辈分"越高的例程越靠前（如在 class B 和 class C 的虚表中，A.f 排列靠前），但重载例程的位置仍然保持被重载例程的位置（如 class D 的虚表中，D.f 排在 C.g 之前）。

值得注意的是，有些面向对象语言允许将例程声明为静态例程。由于静态例程可以像普通函数那样直接调用，不需要动态绑定，所以虚表（例程索引表）中不包含静态例程的指针。类似地，若是属性变量被声明为静态变量，也不会在对象内存空间中出现。

6.7.4 例程/方法的动态绑定

此处先介绍一种针对面向对象语言中 this 变量/关键字的一种常见处理方式，这有助于我们理解例程/方法的动态绑定。

在通常的面向对象语言（如 C++/Java）中，在例程内部可以使用 this 变量/关键字来获得对当前对象的引用，同时在例程内部对属性变量或者例程的访问实际上都隐含着对 this 的访问。例如，若在名为 writeName 例程内使用了 this，则调用 who.writeName( ) 的时候 this 所引用的对象即为变量 who 所引用的对象。同样，如果是调用 you.writeName( )，则 writeName 里面的 this 将引用 you 所指的对象。实现这一特性的一种方法是把 who 或者 you 作为 writeName 的一个实际参数在调用 writeName 的时候传进去，这样就可以把对 this 的引用全部转化为对这个参数的引用。这样，调用 who.writeName( ) 实际上相当于调用 writeName(who)。

这种技术可以推广至任何情形下的例程动态绑定的实现，即例程在实际运行时所绑定的对象是作为参数动态传输进例程的。

下面看一个例子。设有某个简单的单继承面向对象语言（类似 Java）的如下代码片段：

```
class Fruit
{
    static string day;
    int price;
    string name;
```

```
    void init(int p,string s){
        price=p;
        name=s;
        …  /* here */
    }
    void print(){
        Print("On",day,",the price of",name,"is",price,"\n");
    }
}
class Apple extends Fruit
{
    string color;
    void setcolor(string c){color=c;}
    void print(){
        Print("On",day,",the price of",color,"",name,"is",price,"\n");
    }
}
class Main{
    static void main(){
        class Apple a;
        day="Tuesday";
        a=New(Apple);
        a.setcolor("red");
        a.init(100,"apple");
        a.print();
    }
}
```

参考6.7.3节，如果创建该例中各个类的实例对象，则其存储组织如图6.33所示。这里应注意，静态属性不在对象空间中分配单元，如每个Fruit对象的存储空间不含static string day；虚表中不包含静态函数/方法，如static void main()不在Main类的虚表中。

初始化一个类的实例对象，常常是通过显式地向该类发送一条new消息或者是调用以该类为参数的new函数/方法来完成。例如，通过调用New(Apple)创建一个Apple对象。

在上面的例子中，假定class Main为所指定的主类。类似于Java，我们通过运行该类中的main函数/方法来创建根对象。下面简要分析这一main函数/方法的执行。

首先，语句day="Tuesday"为分配在静态存储区的变量day赋值，使其指向静态数据

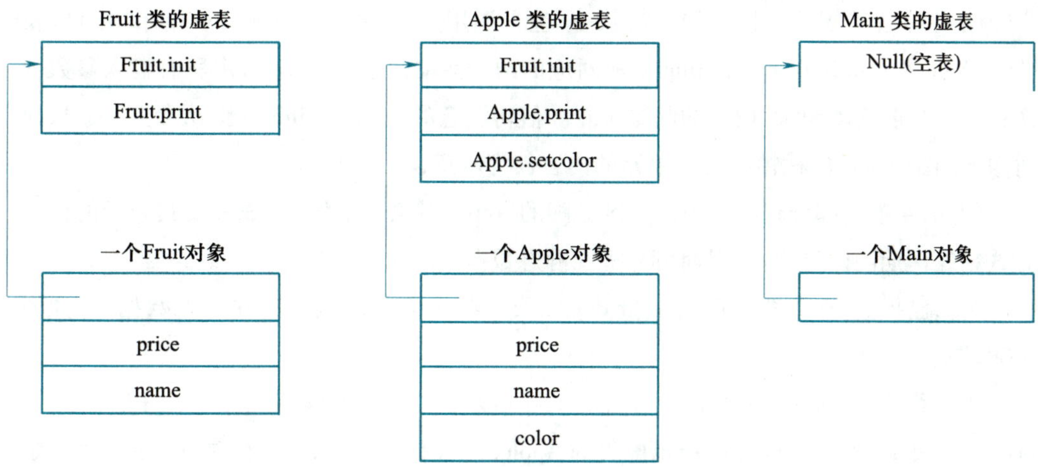

图 6.33 对象存储示例(2)

(串)"Tuesday"。静态变量与常量一般位于静态存储区的不同区域,前者所分配的区域习惯称为 BSS 区。

接着,我们通过调用 New(Apple)创建一个 Apple 对象。可以将 New 看作 Apple 的一个特殊的类方法(静态方法),它首先是向存储分配程序(通常是调用库函数)申请适当大小的堆存储空间,将第一个单元置为指向 Apple 类虚表的指针,后续单元依次存放该对象的成员变量(先放继承的变量,并且辈分越大越靠前),如图 6.33 或图 6.34 中间部分所示。紧接着,这一 Apple 对象被赋值给一个 Apple 实例变量 a,可通过 a 访问该对象的存储空间。

接下来,执行 a.setcolor("red")所动态绑定的是 Apple 类中的方法 setcolor,将 a 所指对象(后面简称其为对象 a)的 color 属性域置为指向静态数据(串)"red" 的指针。

当执行语句 a.init(100,"apple")时,实际上是调用 Fruit 类中声明的 init 方法的代码,为对象 a 的属性域 price 和 name 设置初值。当执行到/ * here * /处时,当前的存储空间分配情况如图 6.34 所示。

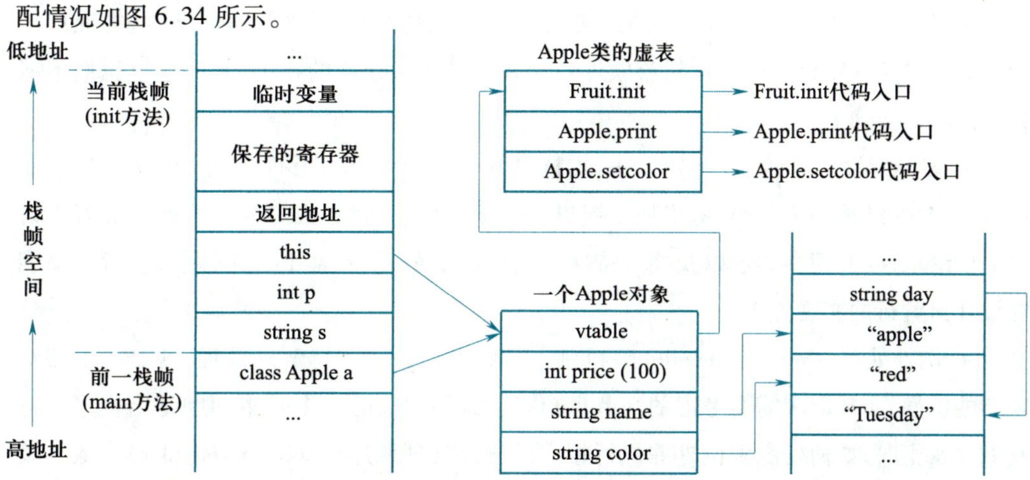

图 6.34 对象存储示例(3)

图 6.34 左边展示了栈区的当前状态,包含调用 class Main 中 static void main( )以及 class Fruit 中 void init(int p,string s)所对应的两个活动记录。这里,假定所有输入参数依次存放在当前活动记录/栈帧的起始位置。值得注意的是,方法 init 有默认参数 this 指向对象 a。图中所示的栈帧中其余单元的内容仅为示意,不必细究。

图 6.34 中间部分刻画了当前堆区分配的 Apple 对象。本例中,虚表及其分量的访问方式在编译期间即可确定,因而可分配在静态数据区。

前面已提到,Fruit 类的静态变量 day 以及一些串常量态数分配在静态数据区,如图 6.34 右边部分所示。

当执行完 a. init(100," apple"),图 6. 34 所示的当前栈帧被撤销,然后开始执行 a. print( )。此时,通过访问图中所示虚表的 Apple. print 代码入口,绑定的是 Apple 类中所定义的 print( )方法。

6.7.5　其他话题

面向对象语言特性的实现中还有许多与运行时存储组织密切相关的有趣话题,例如:

- 类成员测试(testing class membership)。例如 Java 中,执行 o instanceof C 可用来测试 o 是否为 class C 的实例对象,这里 C 可以是 o 所属类的父辈。例如,若 o instanceof D 返回 true,且 D 是继承 C 的子类,则 o instanceof C 也返回 true。一种直接的实现方案是维护完整的类继承层次,类成员的测试相当于对类层次关系进行搜索,这种方案对于强动态类型的语言(如 Smalltalk)可能是必要的,因为类层次关系也可能是动态改变的。对于静态类型的语言(如 Java),除了通过静态的类层次关系来实现,还可以通过在每个类的虚表中增加两个单元的信息(指向父类虚表的指针和指向本类名字串的指针)。还可以采用其他效率更高的方法,如采用 Display 表的方法。
- 对象的创建和撤销。涉及对象的构造和析构、垃圾回收等内容。
- 更多对象的操作。如对象的赋值、克隆、比较、持久化存储等内容。这些方面可以学习面向对象程序设计或面向对象软件开发方法等相关领域的相关内容,这里我们不展开讨论。
- 多继承性。有些语言(如 C++)支持多继承性,允许继承多个父类。Java 是单继承语言,仅允许继承一个父类,但增加了接口(interface)这一折中的特性。比起前面着重讨论的单继承性,实现多继承以及接口特性显然更加复杂,但若是不考虑性能,读者应该能够设计出可行的实现方案。
- 例外处理(exception handling)机制。多数现代语言支持例外处理,这是一个相对复杂的特性,实现起来需要考虑的细节也较多。需要解决的一个基本问题是当程序运行有例外发生时,如何定位到例外并执行相应的例外处理程序(exception handler)。最直接的实现方法是维护一个特定的运行时数据结构,用于刻画当前处于活跃状态的例外处理程序,当需要的时候通过它可以找到相应的例外处理程序。这一方法的缺点是运行时开销比较大,每当进入和退出包含例外处理程序的作用域时,都需要对这一数据结构进行修改,即使不发生例外,也要对其进行动态维护。有关改进的实现方法,有兴趣的读者可以参考其他相关文献资料。限于篇幅本书对以上话题不再作专门讨论。

*6.8 函数式语言的运行时组织

函数式程序设计一直是程序设计语言领域所研究的主流程序设计范型之一,除典型的函数式语言(如 Lisp/Scheme、Haskell、ML)外,如今越来越多的语言支持函数式程序设计特性,其中不仅包含一些新兴语言(如 Scala、Go、Rust),甚至包括传统的命令式语言(如现代 C++语言)。

有关函数式语言编译和优化的内容已经相当广泛,本节主要讨论与函数式语言运行时存储组织密切相关的一些话题。

6.8.1 “等式推理”与“高阶函数”

提到函数式语言的特性,最核心的两个概念是“等式推理”和“高阶函数”。

在命令式语言(imperative language)中,可以认为,变量代表的是某一物理对象,该物理对象对应有存储单元(memory cell),存储单元的地址(首地址)被称为左值(l-value),而存储单元的内容(数据)被称为右值(r-value),其具体大小和存放格式取决于变量的类型。这样,在命令式语言中可以有赋值语句。例如有 C 语言语句:

x=x+1

其执行效果可以理解为对变量 x 所代表的物理对象的右值进行修改(加 1),结果仍然保存于该物理对象的左值所指向的存储单元。换句话说,一个物理对象(唯一的左值)可以拥有不同的右值,而赋值就是一种可以修改某个变量(代表某个物理对象)右值的操作。

然而,在纯函数式语言(pure functional language)中,变量代表的是数学对象。不同于物理对象,针对数学对象,没有“存储单元”或“修改存储单元内容”的概念,也没有左值和右值的概念。因此,纯函数式语言中不支持赋值操作。这种情况下,用某个函数(操作)对一个变量进行定义,如语句:

y=f(x)

其形式上看似命令式语言中的赋值,而实际上与赋值的含义完全不同,在纯函数式语言（如标准ML）中，每个变量只能被定义一次，指向某个数学对象，因此这里的y与其说是“变量”，不如说是一个“名字”，其含义（数学对象的内容）一经定义值会永久保留，不会发生改变（immutable），直至它所指向的对象消失，例如，栈中的对象随栈帧撤销而失效或分配在堆中的对象被垃圾回收器回收。

另外，纯函数式语言满足引用透明性（referential transparency），即一个函数的计算结果仅取决于其参数的值，无论其之前是否执行或执行过多少次计算，以及其参数是以何种次序求值，均不会影响函数的计算结果。具备这种引用透明性，就可以进行类似于数学（代数）中的等式推理（equational reasoning）。

例如上述定义 y=f(x) 中，无论何时，对于同样的x，则f(x)的返回值都是一样的。又因为y仅被定义一次，这样，y=f(x)实际上可以看作是一个等式，在任何时候以及y的任何上下文中，均可以将其替换为f(x)。因此，g(f(x),y)，g(y,f(x))，g(y,y)以及g(f(x),f(x))所返回的结果都是相等的。

命令式语言中函数的计算不具有这种引用透明性，可能会有副作用（side effect）。例如，若使用 a=f(x) 和 b=f(x) 定义两个数学对象a和b，由于函数f(x)的两次计算结果可能不同，因此不能保证等式 a=b 成立。

现实中，许多现代的函数式语言会保有某些形式的赋值操作，因此是非纯（impure）函数式语言。

函数式语言的一个核心特性是支持高阶函数（higher-order function）。无论是纯的还是非纯的函数式语言，函数均被看作是第一类对象（first-class object）或头等公民（first-class citizen），即如同程序中的普通对象（如变量、常量、普通表达式等），可以用于程序中其他对象的定义中，也可以用作其他函数的参数或返回值。

函数式程序中的函数类似于数学函数，是从其定义域或论域（domain）到值域（range）或协域（codomain）的映射。例如，有以下映射：

$$\text{sqr}: \text{Integer} \rightarrow \text{Integer}$$

其中 $\text{sqr}(n)=n^2$，

所定义的函数sqr是整数Integer集合上的一个全函数（total function）。

那么sqr具有什么形式的“值”，在函数式程序中又该如何表示它呢？一种办法是借助λ-表达式（*lambda expression*），源自λ-演算（*lambda calculus*）。λ-演算是函数式程序设计的基础，在函数式程序设计语言出现（20世纪30年代）之前就已被广泛研究。基于λ-演算的计算模型具有与图灵机等价的计算能力。

λ-表达式可以方便地描述匿名函数，即不出现名字，仅给出参数和函数的定义。例如，下列λ-表达式

$$(\lambda n.\ n * n)$$

其中的标识符n为函数参数，n∗n为函数体。在实际的函数式语言中，λ-表达式有各自不同的写法，例如在ML中，(λn. n∗n)可表示为：

```
fn n=>n * n
```

上述匿名函数是多态的(polymorphic),在严格静态类型化的语言(如标准 ML)中,编译器通过类型推导(type inference)可以推断出它在程序上下文所对应的类型。例如,在(fn n=>n * n)(2)中,函数(fn n=>n * n)的类型是 int→int;在(fn n=>n * n)(2.0)中,函数(fn n=>n * n)的类型是 real→real;而在(fn n=>n * n)(fn n=>n+n)(2)中,函数(fn n=>n * n)的类型则是(int→int)→(int→int)。

在 λ-表达式中可以指定参数的类型,如在 ML 中,下列 λ-表达式

```
fn n:int=>n * n
```

是一个类型为 int→int 的函数,其输入参数的类型为 int。

这两个 λ-表达式(fn n=>n * n)和(fn n:int=>n * n)均可用在前面的有名数学函数 sqr 的定义中,此时可以将前者看作名字(或变量)sqr 的取值。例如在 ML 中,sqr 可声明为:

```
val sqr:int->int=
    fn n:int=>n * n
```

或者换作如下看起来更自然的方式来描述:

```
fun sqr(n:int):int=n * n
```

函数式语言中,函数为一类对象,可用作其他函数的参数或返回值。例如在 ML 中,

```
fun map f nil=nil
  | map f(h::t)=(f h)::(map f t)
```

定义了高阶函数 map,具有类型('a→'b)→'a list→'b list,其中'a 和'b 代表任意类型。map 以类型'a→'b 的函数 f 为参数,而返回值为另一个类型为'a list→'b list 的函数。例如,若取以函数 fn x=>x+5 为参数,则 map(fn x=>x+5)返回一个以 int list→int list 的函数。对于后者,若以表[1,2,3,4]为输入,则可得对 map(fn x=>x+5)([1,2,3,4])的求值结果为[6,7,8,9]。

6.8.2 函数式程序的运行时存储特征

函数式语言的设计与实现过程需要充分考虑运行时的存储组织与管理。首先,需要对函数式语言的基本特性提供支持,例如无论是对纯函数式语言,还是针对有副作用的非纯函数式语言,均可以方便地实现高阶函数这一核心特性。其次,还需要充分面对函数式程序运行时的性能问题,能够在存储组织和管理方面尽可能多地提供对相关编译优化的支持。相关内容涉及面较广,下面仅列举备受关注的若干基本内容:

- 函数式语言特别是纯函数式语言,所涉及的对象主体是数学对象。不像物理对象那样允许修改/共享/复用,数学对象具有不可更变(immutable)的性质,即只能被定义(初始化)一次。在函数式程序的运行过程中,数学对象的数量会快速增加,其中可能大多数

都是运算的中间结果。这样一来,不可避免会不断产生新的垃圾对象。因此,高效的垃圾回收程序对于函数式语言的实现来说意义重大。实际上,垃圾回收机制也正是伴随函数式语言的出现而开始受到人们重视的,后来被推广成为现代程序设计语言的基本特性之一。本书6.6节讨论了实现垃圾回收机制的基本策略和算法。

- 函数式语言中,函数是一类对象,函数本身可以用作其他函数的参数或返回值。函数的代码自然是函数对象的重要部分,然而还不够,函数对象的求值还需要一个求值环境,后者依赖其定义时的上下文。函数对象的代码及其求值环境的组合被称为闭包(closure),后者是函数式语言的设计与实现需要考虑的基本环节。有关闭包的运行时存储组织,参见6.8.3节的讨论。

- 因当今计算机体系结构的不适配性,相比命令式语言,函数式语言程序在性能方面处于劣势。因此,函数式语言的实现必须在编译优化方面下足功夫,同时也需要程序员培养某些良好的函数式程序设计风格和技巧。许多在命令式语言编译器中使用的传统优化均可用在函数式语言实现中,例如函数调用的内联展开(inline extension)。对于这些常规优化方法,有时也可以利用(纯函数式语言中)等式推理特性达到某些在命令式语言中无法达到的效果。还有一些是函数式语言特有的编译优化工作,例如闭包变换(closure conversion)。无论是手工编写,还是编译器自动转换,其中的一些函数式程序相关变换与目标代码的运行时存储组织关系较为密切,在随后的小节里我们主要介绍其中两种:

(1) 6.8.4节主要介绍尾调用和尾递归对函数活动记录的影响。程序员在解决应用问题时尽可能使用尾调用和尾递归,可以简化活动记录的设计,优化调用代码序列。此外,有一些关于将函数调用自动转化为尾递归形式的方法可以在编译器设计时使用,如变换为CPS(continuation-passing style)形式的尾调用,对此我们不展开进一步讨论。

(2) 6.8.5节介绍延迟求值(delayed evaluation)和惰性求值(lazy evaluation)及相关的变换,后者需要用到特殊的存储组织,即函数记忆簿(memoization)。对于纯函数式语言,可以通过延迟求值(或按名字传参)来支持函数的某些非严格定义,从而可拓展等式推理的内涵。为避免延迟求值可能带来的重复计算,可借助创建和维护函数记忆簿,从而实现以存储代价换取优化性能的惰性求值机制。

6.8.3 闭包的存储组织

如前所述,闭包(closure)是函数定义(代码)与其求值环境之间的绑定。函数式语言支持高阶函数,允许函数用作其他函数的参数或返回值,具体实现时是将闭包用作参数和返回值。因此,闭包的存储组织在函数式语言的设计与实现中至关重要。

在6.5.2节中曾通过一个简单ML例子讨论过,对于包含嵌套声明的语言,可以通过按闭包传递的方式实现函数参数的传递。类似地,闭包也可作为其他函数的返回值。

按照6.5.2节例子中闭包的存储组织方式,函数的求值环境是基于栈上活动记录的静态链,即通过栈帧中的静态链查找相对于当前函数的非局部量。然而,这种方式不具有一般性。例如,对于下面的ML程序片段:

```
let
    type intfun = int->int
    fun add(n:int):intfun =
        let fun h(m:int):int =
            n+m
        in h
        end
    val addFive:intfun = add(5)
    fun map f nil = nil
        | map f(h::t) = (f h)::(map f t)
    val and5Map = map(addFive)
in
    val and5Map([1,2,3,4])
end
```

其中,函数add基于输入参数n返回类型为int->int的函数h。针对不同的n,将对应有函数h的不同实例,因而需要有不同的闭包来记录h函数内所要访问的非局部量n。如果使用栈帧中的静态链作为闭包的非局部量求值环境,那么就必须要求当add返回时其栈帧不能被撤销,否则h函数将会失去求值环境。像n这种需要在内层嵌套函数中使用的变量,被称为逃逸变量(escaping variable)。

如果存在逃逸变量,则栈上活动记录静态链作为闭包的非局部量求值环境不再有效。一种可行的解决方案是在堆中创建活动记录,其何时被撤销或收回交由垃圾回收程序负责。我们将闭包的非局部量求值环境,修正为这种基于堆式活动记录中的静态链信息。

在后续的示例中,函数的堆式活动记录也被称为逃逸变量记录(escaping-variable record),其中仅包含内层嵌套函数中可能用到的该函数的任何局部变量和该函数求值环境(即外层函数的逃逸变量记录)的静态链信息。

在图6.35至图6.37中,我们以上面的ML程序片段为例,示意了有关闭包的一种存储组织方式。记号EP表示当前函数的堆式活动记录(逃逸变量记录)指针(亦即环境指针),SL表示堆式活动记录中的静态链信息(指向外层函数的堆式活动记录),RV代表返回值(或函数闭包)。

图6.35展示的是在主函数开始执行后,先执行add的调用,当进入add函数的内部时,两个函数(add和顶层函数main)的当前栈帧以及堆式活动记录(逃逸变量记录)。注,add是叶子函数(内部未调用任何函数),因此栈帧中未包含返回值RV。

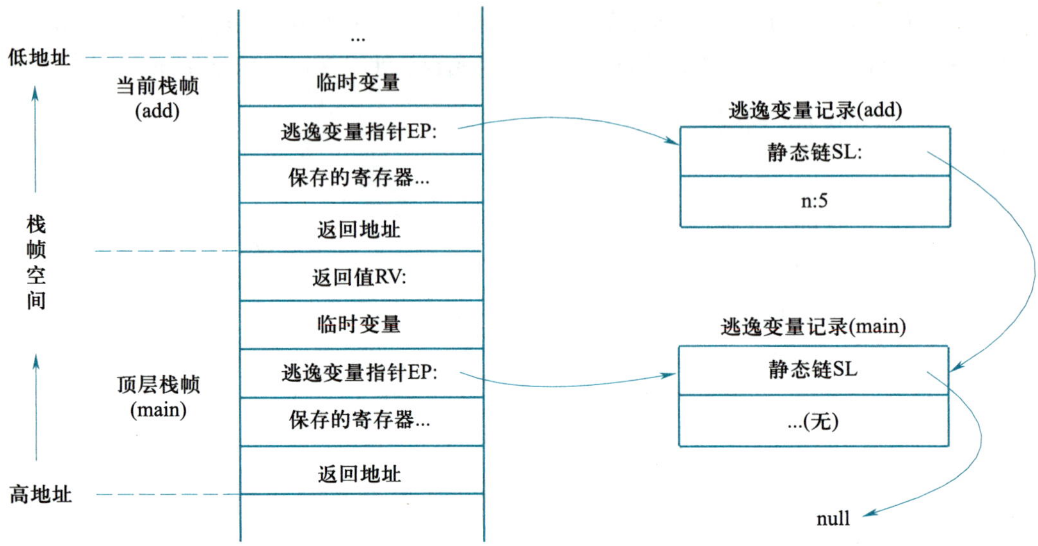

图 6.35　闭包的存储组织示例(1)

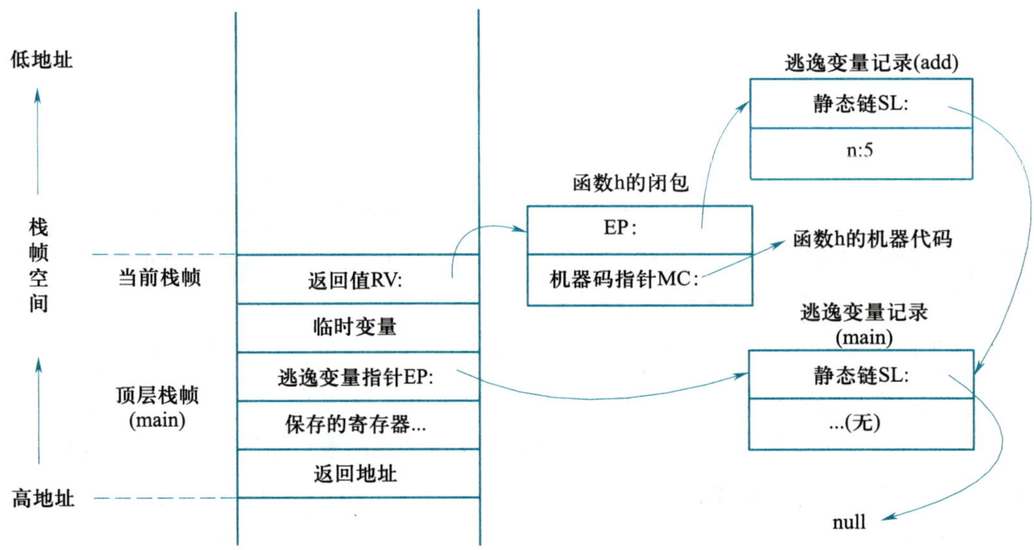

图 6.36　闭包的存储组织示例(2)

图 6.36 描述了在撤销 add 函数栈帧并返回 main 时，当前(顶层)栈帧以及堆中的闭包和堆式记录(逃逸变量记录)相关内容。注意，调用 add 函数后返回了一个函数 h 的实例，返回值是该函数实例的一个闭包，RV 指向这一闭包，该闭包由 h 的机器代码指针及其求值环境构成，后者为指向 add 的堆式活动记录(内含逃逸变量 n)。

最后，图 6.37 刻画了在调用 map(add(5))后，执行至 map 函数内部时的当前栈帧以及堆中的闭包和两个函数(map 和 main)的堆式活动记录(逃逸变量记录)。这里，我们假设 map 函数是尾递归，调用时共享一个栈帧。

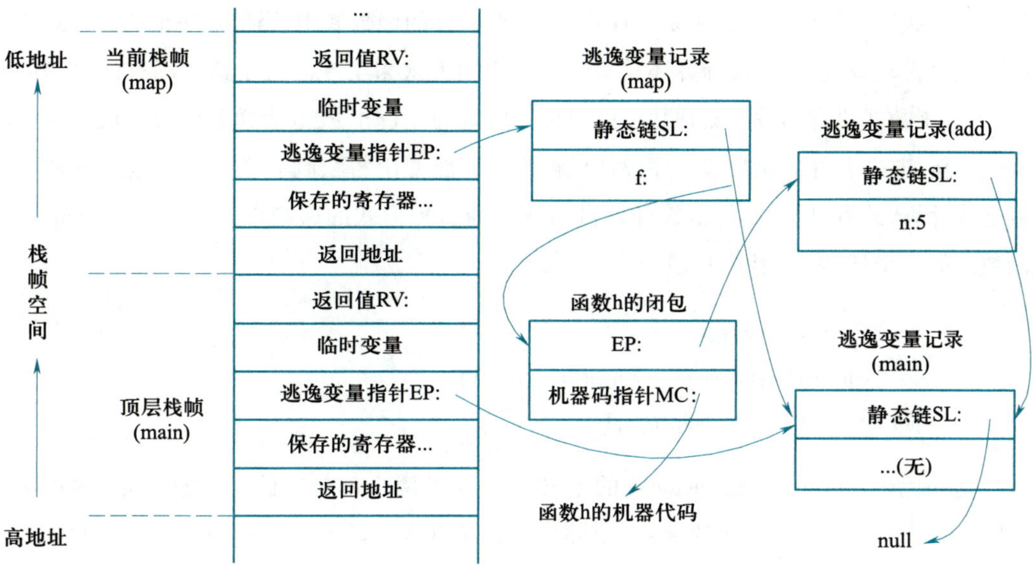

图 6.37 闭包的存储组织示例(3)

6.8.4 尾调用/尾递归的活动记录

数学中,阶乘函数可由下列公式来定义:

$$\text{factorial}(n)=\begin{cases}1, & n=0\\ n\times\text{factorial}(n-1), & n>0\end{cases}$$

这种递归定义的函数,很方便在函数式语言中实现。例如,以下标准 ML 语言的代码片段,定义了一个 factorial 函数,看起来几乎与上述数学定义一致:

```
fun factorial 0 = 1
    | factorial(n:int) = n * factorial(n-1)
```

然而,这种采用递归实现的函数/过程需要频繁进行函数/过程的调用,人们常常会诟病其效率。若是不采用递归,而是通过迭代,执行效率会显著提高。例如,以下是实现 factorial 函数的一个类 C 语言代码片段:

```
int factorial(int n) {  /* 假设 n 不小于 0 */
    int tmp = 1;
    while(n>1)
        tmp = n * tmp;
        n = n-1;
    }
    return tmp;
}
```

该函数通过迭代实现了阶乘的计算,不需要额外的函数调用,因而效率很高。但对于函数式语言来说,这种迭代计算还是需要通过递归方式来实现。对于这种固有的效率问题,实现函数式语言的编译器往往可以通过一些好的"优化"技术为递归函数生成高效的代码。例如,一种好的函数式程序设计风格是尽可能使用"尾递归"方式来实现各种递归或迭代计算,或者可能的话,由编译器自动转换为这种形式的递归。以下是实现 factorial 函数的另一个标准 ML 代码片段:

```
fun helper(0,r:int)= r
    | helper(n:int,r:int)= helper(n-1,n * r)
fun factorial(n:int)= helper(n,1)
```

这一代码片段中,函数 factorial 的定义被分成了两个部分。值得注意的是,这里的 helper 是一种"尾递归"形式的函数。通常,函数式语言编译器会将这种形式的递归函数优化为迭代计算的形式,生成一种循环结构的代码,类似于上述类 C 语言实现的 factorial 函数。

设有函数/过程 f 内部有函数/过程 g 的调用,如果当 g"返回"时,f 需要做的仅剩"返回",则称这一调用为尾调用(tail call)。若其中的 f 和 g 是同一个函数/过程,则称该调用为尾递归(tail recursive)调用。

尾递归调用实际上仅完成迭代计算,类似于命令式语言中循环的作用,因此在优化翻译时,可以将返回语句对应生成跳转语句,使得返回时可以跳转到当前函数/过程的顶部,外加某些赋值语句达到参数传递的效果。这样可以重用当前活动记录(如上述尾递归函数 helper 可以仅创建一个共享的活动记录),代码也就避免了因函数/过程调用带来的许多负担。例如,可以省略创建活动记录,对参数求值,保存和恢复寄存器,以及调整 display 表和静态链等。多数调用发起阶段的工作也不再需要,而调用收尾阶段则完全消失。

对于尾调用,可进行类似的优化,例如将调用改为跳转,不用完整创建新的活动记录,被调用者执行结束后撤销调用者的活动记录,等等。不过有两点值得特别关注,首先,需要确保调用者和被调用者的两个函数体(过程)对编译器同时可见,或者至少在生成调用者代码时能有被调用者的足够信息可供转移控制。其次,调用者和被调用者所需的活动记录大小会有差异,当被调用者的活动记录需要更大空间时需要予以补足。具体来说,为替换掉尾调用,需要完成的核心工作包括:① 对尾调用的参数进行求值,并且存放至被调用者能够找到的地方;② 当被调用者栈帧空间大于调用者栈帧空间时,需要有指令能根据二者的差值进行扩展;③ 跳转至被调用者的被调用者函数(过程)体的起始位置。

6.8.5　函数记忆簿与惰性求值

函数式语言有纯函数式和非纯函数式之分(参见 6.8.1)。进一步,纯函数式又有严格(strict)和非严格(non-strict)之分。如果一个(无副作用的)函数的求值要求其所有参数均有定义,则称该函数为严格的,这种情况下函数的计算结果与其参数的求值顺序无关。没有这一要求的函数被称为非严格的。如果一个函数式语言中,要求其所有函数都是严格的,则称其为严格的语言。否则,若一个函数式语言允许定义非严格的函数,则称其为非严格的语言。例如,一般认为,标准 ML 和 Scheme 为严格的函数式语言(非标准实现或某些宏支持除外),Haskell 为非严格的函数式语言。

在严格的函数式语言里,函数调用时所有的参数均要正常求值,类似于传值的参数传递方式,通常也称为严格求值或急切求值(eager evaluation)。根据这一求值策略,变量在绑定时均需要进行求值计算,无论在整个运行期间变量是否会真正用到。

下列 ML 函数定义

```
fun reciprocal(x:real):real=
    let
        fun cond(x,y:real):real=
            if x=0 then 0 else y
    in
        cond(x,1/x)
    end
```

在严格求值策略下,cond(x,1/x)的参数求值可能会发生运行时错误(x=0 时)。一种解决方案是编写带有例外处理的代码,在遇到 x=0 时通过例外处理程序对函数定义进行完善。然而,其实在 x=0 时,参数 1/x 的取值在函数 cond 内部是不会用到的。注意,这里的 if-else 表达式求值在 ML 中是非严格的,而 cond 像其他函数一样要求是严格的。

又如,在计算针对某一参数执行函数 fn x=>1 调用的结果时,实际上是不需要对参数进行求值的,但因 ML 遵循严格求值策略,所以必须对参数进行求值并能返回正常结果。

为解决这一问题,使得可以仅在实际用到的时候再对表达式进行求值,需要一种对表达式/变量的延迟求值(delayed evaluation)技术。在函数式语言中,延迟求值可以通过传递算壳(thunk)来实现,后者也有人翻译为形实替换函数/程序。

例如,在 ML 中,可以将算壳定义为一种类型为 unit->'a 的函数,这里 unit 代表 0 元的积类型(即 0 元组,0-tuple 或 null tuple)。对于类型为'a 的表达式 exp,其算壳可写作 fn()=>exp。函数被调用前,算壳 fn()=>exp 作为一个函数值传递给形参变量,可以成功将表达式 exp“封冻”(frozen),规避了对其求值。在函数体内,若实际执行时遇到算壳 fn()=>exp,会对其进行强迫求值,相当于针对 0 元组(即无任何参数的参数列表)来调用该函数,实际上是“解冻”(thaw)了表达式 exp,并完成对 exp 的求值。

可见，这种“封冻”和“解冻”的策略，实际效果相当于前面提到的按名字传递的参数传递方法式，类似于宏替换/宏展开，仅对参数名字的每一处出现用实参文本进行替换，替换时不对形参表达式进行求值，而是在替换后的上下文中才去执行。

技术环节上，上述“封冻”和“解冻”功能的代码常常会被分别包装成 delay 和 force 两类阶段性函数。例如，对于前面 reciprocal 代码中调用的 cond 函数，通过 delay 函数，会将形参改写为算壳类型(unit->real)，两个实参分别为 fn()=>x 和 fn()=>(1/x)；而在 cond 函数内部，通过 force 函数，会将 x 的求值替换为对 fn()=>x 的求值，将 y 的求值替换为对 fn()=>(1/x)的求值。delay 和 force 函数可以由程序员手工编写，也可以交给编译器统一实现。

下列简单的 ML 代码片段，可帮助理解“替换为算壳”和“对算壳求值”的含义：

```
val thunk=
    fn()=>print"hello world"        (*不打印任何内容*)
val_=thunk()                        (*打印"hello world"*)
```

借助这种传算壳的方式，可以很好解决延迟求值的技术问题。然而，伴随而来的是另一个需要解决的重要问题：同一个表达式的求值可能会重复多次。例如，

```
fun f x=>x+x
```

假设函数调用 f(*exp*)按照上面的方法被替换为 f(fn()=>*exp*)，那么在函数体(x+x)内，*exp* 将会被“解冻”两次，即需要对 *exp* 重复计算两次。

针对这种对算壳函数重复求值的问题，可以借鉴一种面向普通函数重复计算问题的解决方案：基于函数记忆簿(memoization)。借助函数记忆簿存储空间，可以将函数的参数和结果值保存在某种数据结构当中，用一部分的内存开销来提高计算的整体性能，常用在递归和重复运算较多的场景。这一技术的核心是在函数记忆簿中缓存(caching)函数先前的计算结果，如果函数的当前输入值可以匹配函数记忆簿中已有的记录，则这一“有记忆的”函数能够立即返回预先已经计算好的值。

以下是一个用到函数记忆簿的简单例子(计算 Catalan 数)：

```
Local
    val limit=20
    val memopad=Array.array(20,NONE)
in
    let
        fun factorial 0=1
            |factorial n=n*fact(n-1)
        and fact n=
            if n<limit then
```

```
            case Array.sub(memopad,n) of
               SOME r=>r
               | NONE=>
                 Let
                    val r=factorial n
                 in
                    Array.update(memopad,n,SOME r);
                    r
                 end
         else
            factorial n
   in
      factorial 20;
      factorial 15
   end
end
```

上面这一段 ML 代码中，采用数组结构的函数记忆簿，可缓存固定数目(20)的函数计算结果。在计算出 20！后，紧接着需要计算 15！时，可直接从函数记忆簿 memopad 得到 15！的结果。注意，这里的 factorial 函数是通过互递归(mutually recursive)定义的。

惰性求值(lazy evaluation)技术是对延迟求值(delayed evaluation)的改进，要求进一步解决好表达式重复求值的问题。在函数式语言中，可以通过传算壳与函数记忆簿相结合的方式实现惰性求值，这种函数调用机制也称为按需调用。

通常，惰性求值或按需调用中，一个表达式最多进行一次求值，即要么根本不会求值(它不被需要)，要么它会进行一次求值(在被需要时，可能不只需要一次)。

惰性求值的具体实现，可以由程序员手工编写，也可以由编译器来完成。

从编译器角度，函数记忆簿的设计是实现惰性求值的重要一环。除了正确的实现，还需要在多个方面进行权衡，例如高效的数据结构和查询算法，记忆簿的大小(上限)，缓存的内容、替换算法与命中率，总体性能收益，以及存储开销等许多因素。

非严格的纯函数式语言，如 Hascal，其编译器支持惰性求值。标准 ML 是严格的纯函数式语言，其语言规范中不包含惰性求值，然而，它也存在可支持惰性求值的编译器(如 SML/NJ)。

练习 6

1. 如下函数 p 被激活时的过程活动记录如图 6. a 所示。其中 d 是动态数组。

```
static int N;
void p( int a) {
    float b;
    float c[10];
    float d[N];
    float e;
    …
}
```

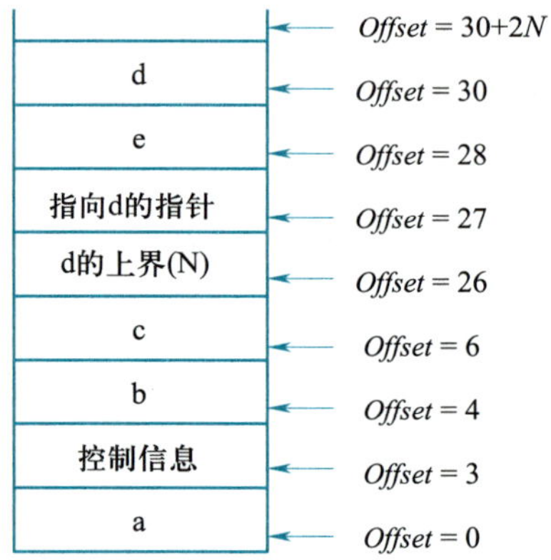

图 6. a　练习 6. 1 题图

函数 p 的活动记录中,依次包括:实际参数 a(int 类型的对象)占 1 个单元,3 个控制单元(静态链、动态链和返回地址)共占用 3 个数据单元,局部变量 b(float 类型的对象)占 2 个单元,以及 float 类型的数组变量 c 的各个分量(每个分量各占 2 个单元),等等。

试指出函数 p 中访问 d[i](0≤i<N)时相对于活动记录基址的 *Offset* 值如何计算?若将数组 c 和 d 的声明次序颠倒,则 d[i](0≤i<N)又如何计算?(对于后一问题可以选择多种不同的运行时组织方式,回答可多样,但需作相应的解释)

2. 以下是某简单语言的一段代码。语言中不包含数据类型的声明,所有变量的类型默认为整型。语句块的括号为“begin”和“end”组合;赋值号为“:=”。每一个过程声明对应一个静态作用域。该语言支持嵌套的过程声明,但只能定义无参过程,且没有返回值。过程活动记录中的控制信息包括静态链 SL,动态链 DL,以及返回地址 RA 等。程序的执行遵循静态作用域规则。

```
var a0,b0;
procedure fun1;
        var a1,b1;
        procedure fun2;
                var a2;
                begin
                        a2:=a1 * a0-b1;
                        if(a2<0) then call fun3;
```

```
•                              ……  /＊不含任何 call 语句和声明语句＊/
•                  end;
•          begin
                a1:=a0-b0;
                b1:=a0+b0;
(x)                 If  a1<a0  then  call fun2;
•                  ……   /＊不含任何 call 语句和声明语句＊/
•          end;
• procedure fun3;
•          var a3,b3;
•          begin
              a3:=a0 ＊ b0;
              b3:=a0/b0;
(y)           if(a3<>b3)call fun1;
•                  ……  /＊不含任何 call 语句和声明语句＊/
•          end;
• begin
•          a0:=1;
•          b0:=2;
•          call fun3;
•          ……  /＊不含任何 call 语句和声明语句＊/
• end.
```

试问：当过程 fun1 被第二次激活时，运行栈上共有几个活动记录？分别是哪些过程的活动记录？当前位于栈顶和次栈顶的活动记录中静态链 SL 和动态链 DL 分别指向哪个活动记录的起始位置？

3. 图 6.b(1)是某简单语言的一段代码。语言中不包含数据类型的声明，所有变量的类型默认为整型(假设占用一个存储单元)。语句块的括号为“begin”和“end”组合；赋值号为“:=”。每一个过程声明对应一个静态作用域。该语言支持嵌套的过程声明，但只能定义无参过程，且没有返回值。过程活动记录中的控制信息包括静态链 SL，动态链 DL，以及返回地址 RA。程序的执行遵循静态作用域规则。图 6.b(1)的程序执行到过程 p 被第二次激活时，运行栈的当前状态如图 6.b(2)所示，其中变量的名字用于代表相应的内容。试补齐该运行状态下，单元 17、18、21，以及 22 中的内容。

4. 若在第 3 题中，换作采用 Display 表来代替静态链。假设采用只在活动记录保存一个 Display 表项的方法，且该表项占据图中 SL 的位置。指出在图 6.b(1)的程序执行到过程 p 被第二次激活时，

(1) 当前运行状态下 Display 表的内容；

(2) 各活动记录中保存的 Display 表项的内容(即上图所有 SL 位置的新内容)。

```
(01) var x;
(02) procedure func1;
(03)    var x, y;
(04)    procedure func2;
(05)       var y;
(06)       begin
(07)          y := x+1;
(08)          If (y<5) call func3;
(09)       end;
(10)    procedure func3;
(11)       var x;
(12)       begin
(13)          x := y+1;
(14)          y := x*2;
(15)          /* here */
(16)          call func2;
(17)       end;
(18)    begin
(19)       x := 3;
(20)       y := x;
(21)       call func2;
(22)    end;
(23) begin
(24)    x := 1;
(25)    call func1;
(26) end.
```

(1)

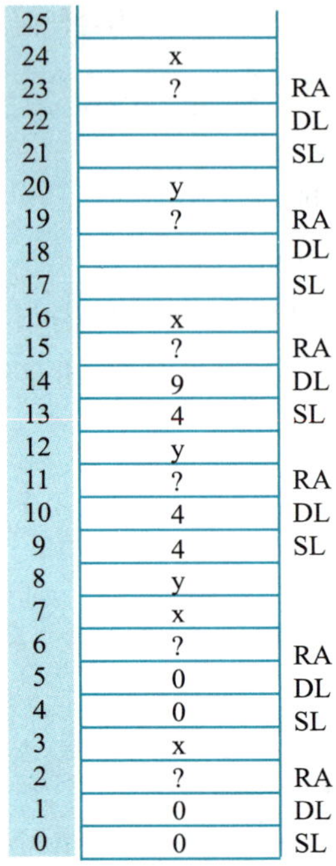

(2)

图 6.b 练习 6.3 题图

5. 在第 3 题中,若采取动态作用域规则,该程序的执行效果与之前有何不同? 试针对两种作用域规则,分别回答下列问题:

(1) 当程序每次执行到第 15 行(/ * here * /)时,变量 x 和 y 的取值是多少?

(2) 若程序可以结束,变量 x 的最终取值是多少?

6. 思考与讨论:假设当前被调用的函数(callee)是叶子函数(leaf function),即它不会再调用其他函数,则与普通函数相比,调用序列可以进行哪些化简?

7. 思考与讨论:如果一个语言不允许递归调用,是否可以不设置栈式动态存储区? 若可以,试对比设置与不设置两种方式的利弊。

8. 思考与讨论:试对比各类参数方式的机理,以及它们各自的适用场景。

9. 简述什么是垃圾(garbage)以及垃圾回收(garbage collection)的作用。

10. 简述垃圾回收机制中更变程序(mutator)的作用。

11. 对于垃圾回收算法,说出引用计数(reference counting)法和基于跟踪的垃圾回收(trace-based garbage collection)方法之间的异同,并简要对比二者的利弊。

12. 充分理解标记-清除法(mark-and-sweep)和复制回收(copying collection)两类最基本的基于跟踪的垃圾回收方法,比较二者的主要差异。

13. 充分理解分代回收(generational collection)和增量回收(incremental collection)两类追求短停顿(short-pause)效果的垃圾回收方法,比较它们的主要差异和利弊。结合两类方法中的典型算法来讨论。

14. 思考与讨论:针对本章介绍的各种垃圾回收算法,相应的更变程序分别如何设计?

15. 下面是某简单面向对象语言(类 Java)的一个程序片段:

```
class Computer{
    int cpu;
    void Crash(int numTimes){
        int i;
        for(i=0;i<numTimes;i=i+1)
            Print("sad\n");
    }
}
class Mac extends Computer{
    int mouse;
    void Crash(int numTimes){
        Print("ack!");
    }
}
class Main{
    static void main(){
        class Mac powerbook;
        powerbook=new Mac();
        powerbook.Crash(2);
    }
}
```

假设采用 6.7.3 节介绍的折中的对象存储组织方式。

(1) 若是创建各个类(Computer、Mac、Main)的实例对象,试描述这些对象的存储组织。

(2) 在进行过各类初始化后开始执行主函数,执行完语句 powerbook=new Mac()时,与执行前相比栈区和堆区的数据信息有什么变化? 概要叙述这些信息的具体内容(不必给出每项内容的相对位置和大小等信息)。

(3) 在执行 powerbook.Crash(2)时,如何找到方法 Crash 的代码位置?

16. 一些面向对象语言支持类成员测试,如 Java 中的表达式 x isinstanceof C 可用来判别对象 x 是否为类 C 的实例。若 x 直接由类 C 创建(如通过 new 函数),则 x 是 C 的实例。同时,若 x 是 D 的实例,且 D 继承 C,则 x 也是 C 的实例。试基于 6.7.3 节介绍的折中的对象存储组织方式,尝试一种对虚表结构进行扩展的方案,使其可用于实现对类成员测试的支持。

17. 设有如下类 ML 程序片段:

```
let
    type intfun=int->int
    fun sqr(n:int):int=n * n
    fun coSqr(k:int):intfun=
        let fun h(y:int):int=k * sqr(y)
```

```
        in h
        end
        fun coQuar(k:int):intfun=
            let fun g(x:int):int=sqr(coSqr(k)(x))
            in g
            end
in
        val coQuar(3)(5)
end
```

试参考 6.8.3 节中介绍的技术以及相关记号,设计一种可行的闭包存储组织方式,并给出:

(1) 主函数开始执行后,先调用 coQuar(3),当进入 coQuar 函数的内部时,两个函数(coQuar 和顶层函数 main)的当前栈帧以及堆中的闭包和堆式活动记录(逃逸变量记录)相关内容;

(2) 函数 coSqr 首次激活时,当前的栈帧以及堆中的闭包和堆式活动记录相关内容;

(3) 函数 sqr 首次激活时,当前的栈帧以及堆中的闭包和堆式活动记录相关内容;

(4) 上述这些函数(sqr、coSqr 和 coQuar)依次返回后,函数 main 的栈帧以及堆中所分配的相关内容(分别给出);

(5) 在 val coQuar(3)(5)执行完之后,main 的栈帧以及当前通过引用可达的堆中相关内容。

18. 思考与讨论:在参考 6.8.4 节内容基础上,进一步深入讨论尾调用(tail call)和尾递归(tail recursive)调用,它们对于函数/过程活动记录以及调用序列可能带来哪些优化?

19. 简述延迟求值、惰性求值、按名调用、按需调用,以及严格和非严格的函数式语言等术语的含义,区别它们之间的异同。

20. 简述算壳(thunks)以及函数记忆簿(memoization)技术的本质内涵。

21. 思考与讨论:基于函数记忆簿实现惰性计算,有时可以带来显著的性能提升,而有时反而会使总体性能下降。试在调研工作基础上,进一步深入讨论该问题。

第 7 章

语法制导翻译技术

本书第 3 章和第 4 章相继介绍了编译程序的词法分析和语法分析的原理和技术。这些分析仅涉及语言的结构方面，且语言结构可形式化地用一组产生式来描述。给定一组产生式，我们就能将其分析器构造出来，甚至可由相应的生成器自动产生。编译程序的语义分析涉及语言的语义。

程序语言语义的形式化描述——形式语义学的研究在 20 世纪 60 年代初就开始了。在程序设计语言 ALGOL 60 的设计中，第一次明确区分了语言的语法和语义，并首次使用巴克斯-诺尔范式（BNF）成功地实现了对 ALGOL 语言语法的形式描述。语法的形式化大大刺激了语义形式化的研究。美国斯坦福大学麦卡锡教授（John McCarthy）在国际信息加工联合会 1962 年大会上发表了著名的报告“通往计算机的数学科学”。该报告系统地论述了程序设计语言语义形式化的重要性，以及语义形式化和程序正确性、语言的正确实施之间的关系，并提出在形式语言研究中使用抽象语法和状态向量等基本方法。20 世纪 70 年代，形式语义学取得重大进展。指称语义、代数语义的理论和方法的发展，对程序设计理论产生了深刻的影响；操作语义、公理语义等研究也开创了新的局面。现在，形式语法和形式语义已成为程序设计语言的必要组成部分。在形式语义的基础上，语言的形式规范、程序变换、编译自动化等研究都取得了丰硕的成果。

根据形式化的侧重面和所使用的数学工具的不同，形式语义学可分成 4 类：

- 操作语义学：使用抽象机和抽象解释程序来定义语言的语义，着重描述语言的执行过程；
- 指称语义学：通过执行结果来定义语言的语义，着重于语言的执行结果而非过程；

- 代数语义学：用代数公理刻画语言的语义，研究抽象数据类型的代数规范，用普通的代数方法论证规范的正确性和实现的正确性。
- 公理语义学：通过使用数学中的公理化方法，用公理系统定义程序设计语言的语义，是程序正确性研究的理论基础。

经过数十年的发展，形式语义的研究虽然已经取得了很大进展，并应用于程序分析、形式化验证和模型检测等领域。但是，与语法的形式化描述技术相比，形式语义直接应用于实际程序设计语言编译器的构建相对较少，因此本书不对其进行深入介绍。

本书所介绍的是目前大多数编译程序普遍采用的一种方法，即语法制导翻译方法。该方法将产生式所包含的语义，用一个或多个子程序（称为语义子程序或语义动作）来描述，并将这些子程序名插入产生式中的相应位置，从而形成被称为翻译文法（translation grammer，TG）的文法。在语法分析过程中，当使用该产生式时就可在合适的时间调用这些子程序完成所需的翻译。进一步可分析文法中每个符号的语义，并将这些语义以属性的形式附加到相应的符号上；再根据产生式所包含的语义，给出符号属性间的求值规则，从而形成被称为属性翻译文法（attribute TG，ATG）的文法。这样，当在语法分析中使用该产生式时，可根据属性求值规则对相应属性进行求值，从而完成翻译。

使用语法制导翻译方法可以为源程序产生中间代码，也可以直接生成目标机指令，甚至可用来对输入串进行解释执行。

本章首先介绍翻译文法和属性文法的基本概念，然后介绍自顶向下语法制导翻译技术。在介绍具体的翻译例子时，也给出对输入串进行解释执行的例子。使用语法制导方法将过程语言的典型结构翻译为中间代码或目标指令将放在第 10 章中进行介绍。

7.1 翻译文法

假定现在要设计一个计算器,输入为中缀表达式,要打印输出等价的后缀表达式。例如,假定输入序列是:

$a+b*c$

该计算器的输入/输出活动可能是:

READ(a)PRINT(a)READ(+)READ(b)PRINT(b)READ(*)READ(c)PRINT(c)PRINT(*)PRINT(+)

其中 READ(x)代表输入符号 x 的操作,PRINT(x)代表打印输出符号 x 的操作。

在该序列中,若用输入符号本身表示读操作,以符号"@"开始的符号串"@x"表示输出符号 x 的操作,则上述序列可用如下的简单形式表示:

a@ a+b@ b * c@ c@ * @ +

这种序列被称为**活动序列**,符号"@"称为动作符号标记,由符号"@"开始的符号串被称为一个动作符号。上面的活动序列中有 5 个动作符号,即@ a、@ b、@ c、@ * 和@ +。将这些动作符号看成打印子程序的名字,其功能是打印动作符号中的输出符号,因此 PRINT 操作所确定的输出结果是由紧跟在符号"@"之后的各符号组成,即 abc * +。在应用中,动作符号还可以用来表示完成指定功能的子程序。

上面的活动序列仅仅给出了处理一个具体的中缀表达式的方法。为了描述如何处理所有的中缀表达式,我们可以用上下文无关文法来描述活动序列集合或语言。下面给出一个上下文无关文法,它适用于描述把中缀表达式翻译为后缀表达式的活动序列集合。

研究活动序列语言的上下文无关文法,通常从输入语言的文法(也被称为输入文法)入手,因为它也描述了动作的输入部分。具有开始符号 E 的中缀表达式文法是:

① $E \to E+T$　　⑤ $F \to (E)$　　(文法 7-1)

② $E \to T$　　⑥ $F \to a$

③ $T \to T*F$　　⑦ $F \to b$

④ $T \to F$　　⑧ $F \to c$

为了构造活动序列文法,需要进一步描述每一个右部的活动。例如,为了读 a 之后打印 a,产生式⑥可改写为:

⑥ $F \to a$@ a

为了在打印两个操作数之后打印加法运算符,产生式①应改写为:

① $E \to E+T$@ +

这个产生式可解释为“处理 E 的一个例子是处理 E，读+，处理 T 并打印+”。对其他产生式作类似的改写后，可得如下文法：

① $E \to E+T@+$　　⑤ $F \to (E)$　　（文法 7-2）

② $E \to T$　　⑥ $F \to a@a$

③ $T \to T*F@*$　　⑦ $F \to b@b$

④ $T \to F$　　⑧ $F \to c@c$

该文法就是一个翻译文法。

由于中缀表达式文法（输入文法）的产生式与翻译文法的产生式之间的这种对应关系，所以使用输入文法通过推导可以产生某一输入序列，同样，使用翻译文法通过相应的推导可得到对应的活动序列。从活动序列中抽去动作符号就得到同一输入序列。作为一个例子，考虑中缀表达式$(a+b)*c$。可以得到如下最左推导：

$$E \Rightarrow T \Rightarrow T*F \Rightarrow F*F \Rightarrow (E)*F \Rightarrow (E+T)*F$$
$$\stackrel{+}{\Rightarrow} (a+b)*c$$

每步推导所用的产生式分别为②，③，④，⑤，①，…，⑥，⑦，⑧。

使用翻译文法对应的活动序列的推导如下：

$$E \Rightarrow T \Rightarrow T*F@* \Rightarrow F*F@* \Rightarrow (E)*F@*$$
$$(E+T@+)*F@*$$
$$\stackrel{+}{\Rightarrow} (a@a+b@b@+)*c@c@*$$

将上面所介绍的思想加以归纳总结，可以得到翻译文法的定义。

【定义 7.1】　翻译文法　翻译文法是上下文无关文法。在这个文法中，终结符号集由输入符号和动作符号组成。由翻译文法确定的语言中的符号串称为活动序列。

前面给出的一个将中缀表达式翻译为后缀表达式的文法就是一个翻译文法。称这个文法为 G_T，则有：

$$G_T = (V_n, V_t, P, E)$$

其中：

$$V_n = \{E, T, F\}$$

$$V_t = \{a, b, c, +, *, (,), @+, @*, @a, @b, @c\}$$

$$P = \{E \to E+T@+, E \to T, T \to T*F@*, T \to F,$$
$$F \to (E), F \to a@a, F \to b@b, F \to c@c\}$$

在该文法中所要求的是要将中缀表达式翻译为后缀表达式，所以每一个动作符号都对应一个子程序。这些子程序所要完成的操作（语义动作）仅仅是输出该动作符号的语义动作标记符号“@”后面的符号串。在这种特定情况下，称该翻译文法为**符号串翻译文法**。

显然，在程序语言的翻译中有各种各样的翻译文法，其中的动作符号代表不同的语义动作。所以，符号串翻译文法仅仅是翻译文法中的一种特定类型。

7.2 语法制导翻译

从形式上,可以将翻译看成是对偶的集合。对偶的第一个元素是被翻译(即输入语言中)的符号串,第二个元素是翻译该符号串时的动作序列或执行动作序列所规定的操作后所产生的新的符号串。当根据文法得到这种对偶时,这种翻译就称为**语法制导翻译**。换句话说,所谓**语法制导翻译**,就是给定一输入符号串,根据输入文法获得翻译该符号串的动作序列,并执行该动作序列所规定的动作的过程。那么,怎样才能得到被翻译符号串的动作符号序列呢?也即如何来确定上述对偶呢?下面将简单介绍该问题的解决办法,即用翻译文法所确定的活动序列来确定对偶。

给定由输入符号和动作符号所组成的活动序列。引入两个术语:

输入序列:表示从活动序列中删掉所有动作符号而得到的符号序列。

动作序列:表示从活动序列中删掉所有输入符号而得到的符号序列。

这样就可得到上述对偶。如前节所讨论的活动序列

$$a@a+b@b*c@c@*@+$$

其输入序列为 $a+b*c$,动作序列为 $@a@b@c@*@+$。输入序列构成对偶的第一个元素,动作序列则为对偶的第二个元素。

因此,给定一个翻译文法(定义了一个活动序列集),通过将每个活动序列的输入序列与动作序列配对,可得到对偶的集合。这种对偶集合称为由给定翻译文法所定义的翻译。

在这种定义下,前节给出的从中缀到后缀的翻译文法所定义的翻译是对偶集合。对偶第一个元素是中缀表达式,第二个元素是动作符号序列,该动作符号序列说明如何打印等价的后缀表达式。

在翻译文法是符号串翻译文法的情况下,可认为动作符号序列与相应的输出序列是同义的。在从中缀到后缀的例子中,认为动作序列

$$@a@b@c@*@+$$

与输出序列

$$abc*+$$

是同义的,并可把这两个符号串看成是输入符号串 $a+b*c$ 的翻译。因此,可以把符号串翻译文法解释为确定从输入语言到输出语言的翻译。

在结束本节之前,我们再将所讨论的概念综述一下。所谓语法制导翻译,就是由翻译文法所定义的翻译。翻译文法确定了进行符号串翻译的动作序列,翻译文法是由输入语言的文法在产生式右部的适当位置插入动作符号形成的。因此,翻译的动作序列是受输

入语言的文法控制的。采用语法制导翻译的方法来实现语言的翻译,就要根据输入语言的文法,分析各条产生式的语义,确定要求计算机完成的操作,分别编写完成这些操作的子程序或程序段(称为语义子程序或语义动作),并把这些子程序或程序段的名字作为动作符号插入到输入文法各产生式右部的恰当位置,从而形成翻译文法。这样,在语法分析过程中就能在分析符号串的同时执行由翻译文法所确定的与该符号串相对应的动作序列,即按动作符号的顺序调用相应的子程序来完成翻译任务。

7.3　属性翻译文法

在翻译文法的基础上,可进一步定义属性翻译文法(ATG)。本节先介绍综合属性和继承属性的概念,然后介绍属性文法的定义。

7.3.1　综合属性

翻译文法中的符号,包括非终结符、终结符和动作符号,都是有穷集合中的符号,都没有值的概念。现在扩充翻译文法的概念,使符号包含有值部分。符号所具有的值部分称为该符号的属性。

可以将符号的属性与语法树的结点联系起来,即与语法树中的终结符与非终结符联系起来。于是输入和输出值之间的关系可以用产生式来表示。下面通过一个简单的例子来说明如何表示这种关系。

假定有一个词法分析程序,它能够输出如下的单词符号:

$($　$)$　$+$　$*$　i

其中 i 是一个表示常数的单词符号,并有值部分。该值部分就是词法分析程序所返回的该常数的值。现在考虑设计一个语法分析程序,该程序接受由上述符号组成的算术表达式,并输出这个表达式的值。表示输入和输出之间的对应关系可用如下的符号串翻译文法表示:

① $S\to E$@ANSWER　　⑤ $T\to F$

② $E\to E+T$　　⑥ $F\to(E)$　　(文法7-3)

③ $E\to T$　　⑦ $F\to i_{\uparrow c}$

④ $T\to T*F$

产生式①中的动作符号@ANSWER 必须有值部分,它所描述的输入与输出之间的关系是“其值部分是输入表达式的计算结果”。现考虑具体的输入序列:

$(i_{\uparrow 3}+i_{\uparrow 9}) * i_{\uparrow 2}$

其中"↑数字串"是该符号的值部分。随后将对采用向上箭头的原因做出解释。其中数字串是由词法分析程序所提供的输入符号的值。根据所给定的翻译文法,可画出该输入序列的语法树,如图 7.1 所示。

计算表达式值的实际过程是,先分别计算各子表达式的值,再计算父表达式的值,直到求得整个表达式的值。显然,语法树中非终结符 E、T、F 的每次出现都表示该输入表达式的一个子表达式,所以其值部分应是其子表达式的计算结果。根据这种思想,若有产生式

$F \to i_{\uparrow c}$

$T \to F$

则 F 的值部分等于 i 的值部分,T 的值部分等于 F 的值部分。若有产生式

$E \to E+T$

则产生式左边的 E 的值部分等于产生式右边 E 的值部分加上 T 的值部分。其余类推。这样,就可自底向上地将代表子表达式的计算结果作为值部分分别加到各非终结符上,得到图 7.2 所示的表示属性计算的语法树。

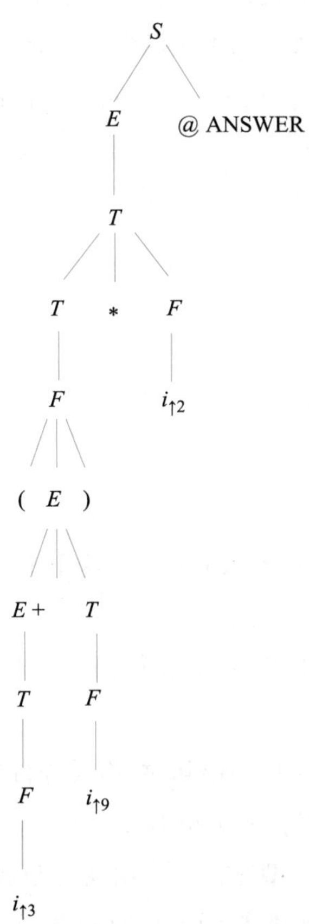

图 7.1 输入序列的语法树

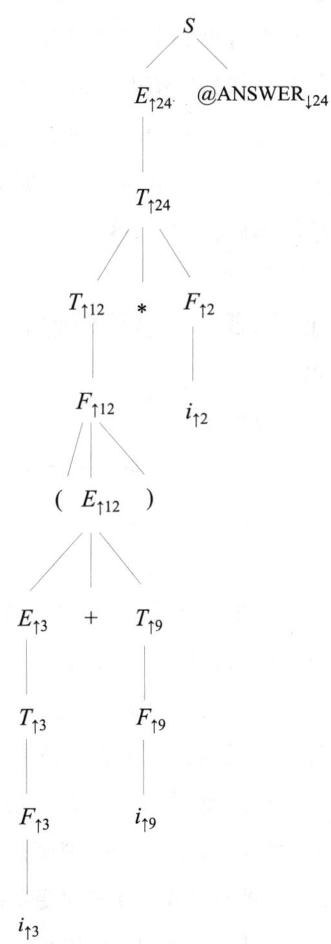

图 7.2 表示属性计算的语法树

为了形式化地表示上述表达式的求值过程，我们可以改写每一个产生式，使得出现在产生式中的每个值部分都有一个不同的名字。随后就可以使用这些名字说明产生式中各符号的值部分之间的关系（称为“**求值规则**”）。于是，计算表达式值的符号串翻译文法可改写为（右边为求值规则）：

① $S \rightarrow E_{\uparrow p4}$@ ANSWER$_{\downarrow r}$　　$r := p4$

② $E_{\uparrow p4} \rightarrow E_{\uparrow q5} + T_{\uparrow r2}$　　$p4 := q5 + r2$

③ $E_{\uparrow p3} \rightarrow T_{\uparrow q4}$　　$p3 := q4$　　（文法 7-4）

④ $T_{\uparrow p2} \rightarrow T_{\uparrow q3} * F_{\uparrow r1}$　　$p2 := q3 * r1$

⑤ $T_{\uparrow p2} \rightarrow F_{\uparrow q2}$　　$p2 := q2$;

⑥ $F_{\uparrow p1} \rightarrow (E_{\uparrow q1})$　　$p1 := q1$;

⑦ $F_{\uparrow p1} \rightarrow i_{\uparrow q1}$　　$p1 := q1$;

产生式中出现的 p、q、r 称为属性变量名，且规定属性变量名都局限于每个产生式。为了便于区别，在一个文法中各产生式的属性变量可以取不同的名字。同时，为了与计算机的具体实现相一致，也可在求值规则中使用等号替代赋值号，表示赋值。

在这个例子中可以看到一个重要事实，即产生式中左部符号的属性值是通过计算右部符号的属性值得来的。在语法树中，每个非终结符的属性值都是由其下面的符号来确定。这种可通过自底向上进行求值的属性，被称为**综合属性**。为此，在属性变量名前面加上一个向上指的箭头来形象地表示综合属性。在下一节中将介绍沿语法树向下传递非终结符属性的例子，这种属性被称为**继承属性**。

7.3.2　继承属性

考虑下列文法：

① <说明>→ Type　id <变量表>　　（文法 7-5）

② <变量表>→，id <变量表>

③ <变量表>→ε

其中 Type 代表变量的类型，其值可为 int、real、bool 等。这个文法产生的语句类似很多程序语言中的说明语句。

假定词法分析程序在输出单词符号时，对变量 id，除返回一个类别编码（这里是标识符）外，还返回一个表示该变量的字符串。

根据前面的讨论，语法分析程序在处理该说明语句时，需要进行填符号表的操作。若填表程序为 set_table，则该程序根据变量名对应的字符串添加或修改符号表项，并把 Type 的值（即具体类型）填到变量的符号表项的类型域内。当语法分析程序读到一个变量之后就调用 set_table，可以用以下的翻译文法来描述。此文法使用动作符号@ set_table 来表示调用 set_table。

① <说明>→Type id@ set_table<变量表> （文法 7-6）

② <变量表>→,id@ set_table<变量表>

③ <变量表>→ε

假定程序 set_table 有两个参数:一个是变量名字符串,简称为变量名;另一个是变量的类型。那么,调用 set_table 可以表示为:

set_table(类型,变量名)

显然,动作符号@ set_table 的值部分由两部分(即有两个属性)组成,以指示调用程序 set_table 时相应的参数。因此,动作符号@ set_table 将有形式:

@ set_table$_{\downarrow 类型,变量名}$

其中动作符号后面带有两个属性:类型和变量名。后面将解释向下箭头的含义。

现在仍考虑属性求值问题,动作符号@ set_table 以及其他符号如何求得其属性值。对第 1 个产生式,Type 和 id 的属性值可由词法分析程序的返回值(分别为类型和变量名)得到。这样,便可得到动作符号@ set_table 相应的两个属性值和变量表的一个属性值(类型)。对第 2 个产生式,因为不知道产生式左边变量表的属性值,除从词法分析程序得到 id 的属性值(变量名)以外,无法求得动作符号@ set_table 和变量表中相应的表示类型的属性值。这个问题可采用向下传递的办法来解决。可令第 2 个产生式左边的变量表的属性值等于第 1 个产生式右边变量表的属性值。以此类推,上述翻译文法可写成(包括属性求值规则):

① <说明>→ Type$_{\uparrow t}$ id$_{\uparrow n}$@ set_table$_{\downarrow t1,n1}$<变量表>$_{\downarrow t2}$ $t2,t1:=t$; $n1:=n$;

② <变量表>$_{\downarrow t2}$→,id$_{\uparrow n}$@ set_table$_{\downarrow t1,n1}$<变量表>$_{\downarrow t3}$ $t3,t1:=t2$; $n1:=n$;

③ <变量表>$_{\downarrow t2}$→ε

其中 $t2,t1:=t$ 的语义是把 t 的值赋给 $t2$ 和 $t1$。图 7.3 表示由文法所确定的符号串 Type$_{\uparrow int}$id$_{\uparrow A}$,id$_{\uparrow BC}$ 的语法树。

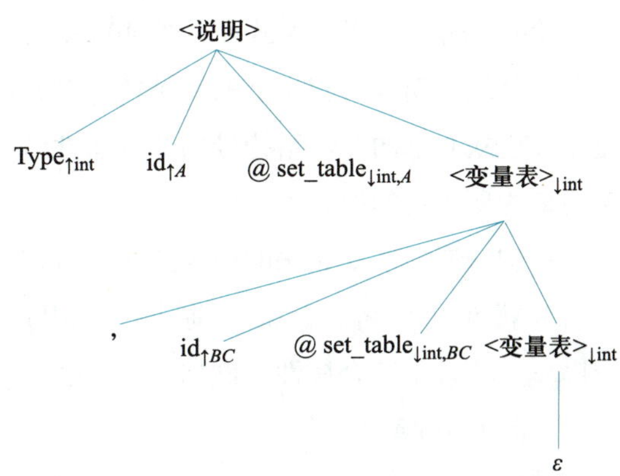

图 7.3 Type$_{\uparrow int}$id$_{\uparrow A}$,id$_{\uparrow BC}$ 的语法树

从图可以看出,所出现的非终结符<变量表>的属性值是从它上面的符号求得的。产

生式右部的符号的属性值,则是由其左部符号或同一右部但由其左边的符号的属性值求得。这种自顶向下、自左向右的求值规则求得的属性,被称为**继承属性**。对这种属性在其前面冠以"↓"表示。

7.3.3 属性翻译文法

【定义7.2】 **属性翻译文法**(ATG) 属性翻译文法是一个满足下列约束条件的翻译文法:

① 文法中的终结符、非终结符及动作符号都带有属性,且每个属性都有一个值域。

② 非终结符及动作符号的属性可分为继承属性和综合属性。

③ 开始符号的继承属性具有指定的初始值。

④ 输入符号(终结符号)的每个综合属性具有指定的初始值。

⑤ 继承属性的求值规则:产生式右部符号的继承属性值,用该产生式其他符号的属性值进行计算。

⑥ 综合属性的求值规则:

a. 产生式左部非终结符号的综合属性值,用该产生式左部或右部的某些符号的属性值进行计算。

b. 动作符号的综合属性用该符号的其他属性值进行计算。

定义中的第①部分是说明文法的终结符、非终结符和动作符号是有属性的符号。

第②部分要求将非终结符和动作符号属性确定为综合属性或继承属性。

第③部分和第④部分说明哪些符号的继承属性或综合属性具有初始值。

第⑤部分规定了继承属性的求值规则,这里仅说明了产生式右部符号计算继承属性值的规则。对产生式左部的非终结符,其继承属性(若有的话)则继承前面产生式中该符号已有的继承属性值。

第⑥部分规定了产生式左部的非终结符以及动作符号的综合属性的求值规则。对终结符号其综合属性具有指定的初始值。在具体实现中,该初始值将由词法分析程序提供。至于产生式右部的非终结符号的综合属性值,则取其下部产生式,当它是某个产生式的左部时即为所求得的综合属性值。

在构造属性翻译文法的产生式时,将每个符号的属性都用一个标识符表示,并称该标识符为属性变量名。仍采用前边已使用过的符号,即用"$\downarrow_{\text{属性变量名}}$"表示继承属性,"$\uparrow_{\text{属性变量名}}$"表示综合属性。例如,产生式

$$X \to bY@Z$$

可写成

$$X_{\downarrow p \uparrow q,r} \to b_{\uparrow s} Y_{\downarrow y \uparrow u} @Z_{\downarrow v \uparrow w}$$

并根据属性翻译文法的定义,可带有属性求值规则

$q := sin(u+w)$

$r, v := s * u$

$y := p$

$w := v$

和所有的文法一样,属性翻译文法可用来生成带有属性的活动序列,从而定义属性输入序列和属性输出序列(属性动作序列)之间的关系。同样,根据属性翻译文法可构造出由该文法所定义的任一属性活动序列的属性翻译树(语法树中的结点都具有属性)。作为初始值可给定开始符号和终结符号的属性值,并根据属性求值规则自顶向下和自底向上计算语法树中间结点的属性值,并把这些值加到语法树的相应结点上,重复这一过程直到再不能计算时为止。

如果通过上述过程,语法树上的所有属性变量都赋予了属性值,则称该树是**完整的**;否则称该树是**不完整的**。

虽然树中的每一个属性都有求值规则,但并不能保证都能进行求值,因此也就不能保证能得到完整的语法树。很显然,一条求值规则只有在其各变元值均已求得的情况下才可以使用。但有时候可能会出现一个属性对另一个属性的循环依赖关系。例如,p、r_1、r_2都是属性,若有如下求值规则 $p := f_1(r_1)$、$r_1 := f_2(r_2)$、$r_2 := f_3(p)$时,就无法对 p 求值。如果一属性翻译文法,对其产生的任一属性活动序列所构造的属性语法树,按属性求值规则能得到一棵完整的树,那么称该文法为**良定义的**。为了设计编译程序,我们只处理良定义的属性文法。

给定一属性翻译文法,由该文法可得到由属性输入符号和动作符号所组成的属性活动序列,这个属性活动序列的动作符号序列称为**对属性输入符号序列的翻译**。从给定属性文法得到的属性输入符号序列和动作符号序列组成的对偶,称为由该文法所定义的**属性翻译**。如果属性翻译文法是非二义性输入文法,则每个属性输入序列至多有一棵语法树,并且至多有一个属性翻译。

在很多应用中,是通过在语义动作标记@之后放置输出符号的办法来设置动作符号的。这时,动作符号对应的子程序就是输出符号@后面的符号。这种文法被称为“**属性符号串翻译文法**”。这与表示任意子程序(将属性用作变元)的一般的属性动作符号的解释不同。

在属性符号串翻译文法的情况下,把属性动作符号序列看成与相应属性输出符号序列同义。于是可以把属性符号串翻译文法解释为是对从属性输入语言到属性输出语言的翻译的描述。

7.3.4 属性翻译文法举例——算术表达式的翻译

构造一个将算术表达式翻译成四元式的属性翻译文法,通过该文法来描述翻译过程。

假定翻译器的输出是四元组。一个双目运算的四元式由运算符和三个指向变量存储区的指针组成，其中两个指针分别指向两个操作数，第三个指针指向运算结果。这样，翻译器处理表达式 $a+b$ 将生成如下的四元式：

ADD, P_a, P_b, P_r

其中 P_a、P_b 是指向数据区内变量 a、b 的指针，P_r 是指向数据区内存放运算结果的指针。图 7.4 给出表达式 $(a+b)*c$ 的完整翻译，它包括四元组及数据区。假定语法、语义分析用一遍扫描完成。语法分析程序调用词法分析程序以读入符号，词法分析程序返回的是单词符号串。还假定用记忆符 Id 表示标识符的类属码，且这个单词的值部分是指向数据区的指针。在该图中，值部分用综合属性的符号表示。

表达式：　$(a+b)*c$

输入：　$(\ Id_{\uparrow 1} + Id_{\uparrow 2}\ ) * Id_{\uparrow 4}$

Id 由词法分析程序返回

综合属性 1、2、4 表示变量在数据区地址

输出：　ADD,1,2,3

MULT,3,4,5

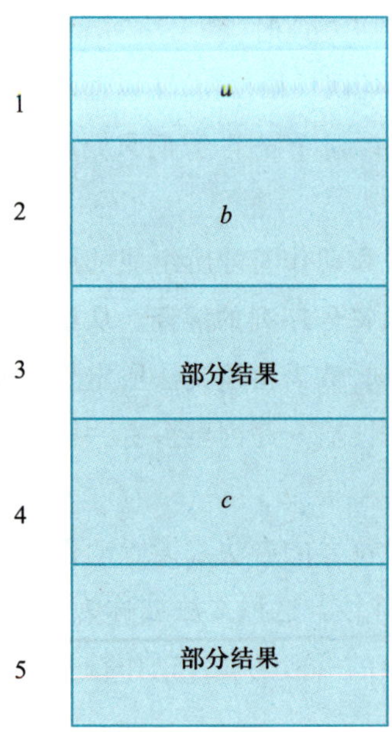

图 7.4　表达式 $(a+b)*c$ 的翻译

一般来说，要求翻译程序产生的四元组具有下面的性质：

（1）输入序列中的每个双目运算都用一个四元式表示。

（2）四元组中的四元式的顺序与执行时要完成的运算顺序相同。

（3）每个四元式有三个指向数据区的指针，自左向右的顺序为左操作数、右操作数、运算结果。

现在考虑翻译程序的设计。第一步先设计翻译文法，该文法规定什么时候输出四元式。引进产生 ADD 和 MULT 四元式的动作符号@ ADD 和@ MULT。产生 ADD 四元式的适当时间是处理完要进行加运算的两个操作数之后，因为处理这些操作数可能需要输出四元组中 ADD 之前的四元式。类似地，产生 MULT 四元式的适当时间是在处理完要进行乘运算的两个操作数之后，这种时间安排可通过把@ ADD 和@ MULT 放置在相应产生式最右边的办法来达到。因此，可以得到定义该翻译的翻译文法。

$E \to E + T$@ ADD　　（文法 7-7）

$E \to T$

$T \to T * F$@ MULT

$T \to F$

$F \to (E)$

$F \to \mathrm{Id}$

对于输入序列

$(a + b) * c$

使用这个文法所确定的活动序列是

$(a+b@\ \mathrm{ADD}) * c@\ \mathrm{MULT}$

对应的输出部分是

ADD MULT

这里的顺序就是输出四元式的顺序。

现在构造属性和规则，以便把这个文法构造成属性符号串翻译文法。从这个文法可以计算出输出符号的值。

基本方案是令每个非终结符有一个综合属性，该属性是由它产生的子表达式在数据区的地址。输入符号 Id 有一个综合属性，它是该符号在数据区的地址。每个输出符号（符号“@”后面的字符串）有三个继承属性，分别是左操作数、右操作数和运算结果在数据区的地址。图 7.5 给出了图 7.4 中输入序列 $(a+b) * c$ 对应翻译的语法树和属性。

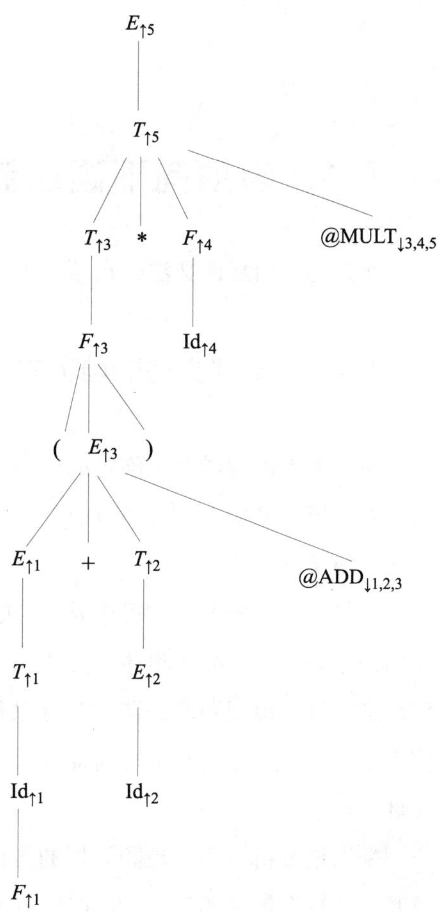

图 7.5 表达式 $(a+b) * c$ 的语法树

令 E 为文法的开始符号，则实现这个方案的属性翻译文法如下（左部为产生式，右部为属性求值规则）：

	产生式	属性求值规则
1.	$E_{\uparrow x} \to E_{\uparrow q} + T_{\uparrow r} @\ \mathrm{ADD}_{\downarrow y,z,p}$	$x, p := \mathrm{NEW}$ $y := q$ $z := r$
2.	$E_{\uparrow x} \to T_{\uparrow p}$	$x := p$
3.	$T_{\uparrow x} \to T_{\uparrow q} * F_{\uparrow r} @\ \mathrm{MULT}_{\downarrow y,z,p}$	$x, p := \mathrm{NEW}$ $y := q$ $z := r$
4.	$T_{\uparrow x} \to F_{\uparrow p}$	$x := p$
5.	$F_{\uparrow x} \to (E_{\uparrow p})$	$x := p$
6.	$F_{\uparrow x} \to \mathrm{Id}_{\uparrow p}$	$x := p$

其中，求值规则 $x,p:=\mathrm{NEW}$ 是指调用系统过程 NEW 来计算 p 和 x，这里 NEW 为系统过程，返回可用数据单元的数据区地址。

7.4　自顶向下语法制导翻译

本节先介绍翻译文法的自顶向下翻译，然后介绍属性翻译文法的自顶向下翻译。

7.4.1　翻译文法的自顶向下翻译

现在考虑由翻译文法确定的符号串翻译的实现问题。本小节将在第4章所讨论的递归下降分析的基础上，介绍采用该分析方法时的翻译器实现问题。这样的翻译器称为**递归下降翻译器**。

递归下降分析的基本思想是，文法的每一个非终结符都有一个识别该非终结符所定义的符号串的相应分析程序。分析从调用文法开始符号所对应的程序开始，并根据文法所确定的符号出现顺序去调用各有关程序（包括程序直接调用自己或间接调用自己），以实现输入符号串是否与文法所能导出的符号串相匹配的检查。这种分析器很容易手工实现。

采用该分析方法实现翻译器的设计也较为容易。只需分析输入文法的每个产生式以及其中的每个符号的意义，并在适当的位置插入动作符号，这些动作符号与完成所需的语义动作的语义子程序相对应。这样就将输入文法扩展为相应的翻译文法。该输入文法不但确定了调用各非终结符的分析程序的顺序，而且也确定了调用各语义动作程序的顺序。

为了说明这类翻译器的构造，这里举一个简单的例子。有如下的输入文法：

① $<S>\to a\ <A><S>$　　（文法7-8）

② $<S>\to b$

③ $<A>\to c\ <A><S>\ b$

④ $<A>\to \varepsilon$

识别由该文法所产生的语言的分析程序的框架如下所列。$<S>$和$<A>$的识别程序分别为 proc_S 和 proc_A。假定它们可调用名为 nextsym 的程序，该程序读入一个输入符号，并赋给变量 class，然后将读符号指针移向下一个符号。error 为错误处理程序，return 表示返回。

```
int main()                          /* 主程序    */
{
    nextsym();                      /* 预读一个输入符号   */
```

```
    if (class == 'a'|| class == 'b')
    {
        proc_S();                           /* 调用S的分析程序 */
    }
    if (class != '#')
    {
        error();
    }
    return 0;
}

void proc_S()                               /* S的分析程序 */
{
    if (class == 'a')
    {
        nextsym();                          /* a被匹配,读下一个输入符号 */
        proc_A();                           /* 调用A的分析程序 */
        proc_S();                           /* 调用S的分析程序 */
    }
    else if (class = 'b')
    {
        nextsym();                          /* b被匹配,读下一个输入符号 */
    }
    else
    {
        error ();
    }
}

void proc_A()                               /* A的分析程序 */
{
    if (class == 'c')
    {
        nextsym();                          /* c被匹配,读下一个输入符号 */
        proc_A();                           /* 调用A的分析程序 */
        proc_S();                           /* 调用S的分析程序 */
```

```
        if (class ! = 'b')
        {
            error();
        }
        nextsym();                    /* b被匹配,预读一个输入符号    */
    }
    else if (class == 'a'|| class == 'b')
    {
        return;
    }
    else
    {
        error();
    }
}
```

假定在下面的输入文法 7-9 中插入相应的动作符号,则构成翻译文法。假定各动作符号的意义是输出动作标记后面的符号串。该翻译文法的产生式集合为:

① $<S>\to a\ <A>\ @x\ <S>$　　（文法 7-9）

② $<S>\to b\ @z$

③ $<A>\to c\ @y\ <A><S>\ @v\ b$

④ $<A>\to @w$

那么,只需在上述分析程序的相应位置上插入与动作符号相对应的语义子程序的调用(在这里是输出程序 printf,其功能是输出相应的符号串),就可得到由该文法所定义的语言翻译器的框架。

```
int main()
{
    nextsym();                    /* 预读一个输入符号    */
    if (class == 'a'|| class == 'b')
    {
        proc_S();                 /* 调用S的分析程序    */
    }
    if (class ! = '#')
    {
        error();
    }
```

```
    return 0;
}

void proc_S()                    /* S 的分析程序   */
{
    if (class == 'a')
    {
        nextsym();               /* a 被匹配,预读一个输入符号   */
        proc_A();                /* 调用 A 的分析程序   */
        printf("x");             /* 输出 x             */
        proc_S();                /* 调用 S 的分析程序   */
    }
    else if (class = 'b')
    {
        nextsym();               /* 预读一个输入符号   */
        printf("z");             /* 输出 z             */
    }
    else
    {
        error ();
    }
}

void proc_A()                    /* A 的分析程序   */
{
    if (class == 'c')
    {
        nextsym();               /* 预读一个输入符号   */
        printf("y");             /* 输出 y            */
        proc_A();                /* 调用 A 的分析程序   */
        proc_S();                /* 调用 S 的分析程序   */
        printf("v");             /* 输出 v            */
        if (class != 'b')
        {
            error();
        }
```

```
        nextsym();                    /* 预读一个输入符号    */
    }
    else if (class == 'a' || class == 'b')
    {
        printf("w");                  /* 输出 w              */
        return;
    }
    else
    {
        error();
    }
}
```

从上述讨论可知，要构造递归下降翻译器的关键是要根据输入文法构造出相应的翻译文法。该翻译文法要能正确地定义输入语言到目标语言的翻译。有了这种翻译文法，根据语法制导翻译原理，不难构造出相应的翻译器。第 8 章将结合通用的程序设计语言的典型结构，讨论翻译文法的构造及翻译器的具体实现。

7.4.2 属性翻译文法的自顶向下翻译

本小节说明如何设计一个下推翻译器，以完成由某类属性文法所描述的翻译。在此先讨论自顶向下翻译对属性文法的要求。

1. L-属性翻译文法(L-ATG)

前面已介绍过属性翻译文法的定义，它由翻译文法及相关的属性计算规则组成，但是属性翻译文法不能保证所有属性值都能够被计算出来。本小节将介绍属性翻译文法中较简单的一种：L-属性翻译文法。L-属性翻译文法要求其输入文法为 LL(1) 文法(见 13.1 节 LL(1) 文法的充分必要条件)，可用自顶向下分析方法构造分析器，并在分析过程中对属性进行求值。

【定义 7.3】 L-属性翻译文法 L-属性翻译文法是一个满足下列约束条件的翻译文法：

① 文法中的终结符、非终结符及动作符号都带有属性，且每个属性都有一个值域。

② 非终结符及动作符号的属性可分为继承属性和综合属性。

③ 开始符号的继承属性具有指定的初始值。

④ 输入符号(终结符号)的每个综合属性具有指定的初始值。

⑤ 继承属性的求值规则：

a. 产生式左部非终结符号的继承属性值,取前面产生式右部该符号已有的继承属性值。

b. 产生式右部符号的继承属性值,用该产生式左部符号的继承属性或出现在该符号左部的符号的属性值进行计算。

⑥ 综合属性的求值规则:

a. 产生式右部非终结符号的综合属性值,取其下部产生式左部同名非终结符号的综合属性值。

b. 产生式左部非终结符号的综合属性值,用该产生式左部符号的继承属性或某个右部符号的属性进行计算。

c. 动作符号的综合属性用该符号的继承属性或某个右部符号的属性进行计算。

可以将 L-属性翻译文法的定义与前面介绍过的属性翻译文法定义进行比较,其中第⑤部分是对继承属性翻译文法的限制,第⑥部分是对综合属性翻译文法的限制。这里的继承属性求值规则体现了自顶向下、自左向右的求值特性;综合属性求值规则体现了自底向上、自右向左的求值特性。

通过独立检查每个产生式和每个动作符号是否满足继承属性和综合属性求值规则,可以判定该属性翻译文法是否是 L-属性翻译文法。

例如产生式 $A \to BC$,A、B 和 C 的属性可以按下面的顺序进行求值:

① A 的继承属性。若 A 为开始符号,则有指定值;否则由上面产生式右部符号的继承属性求得;

② B 的继承属性。由 A 的继承属性求得;

③ B 的综合属性。由下面产生式中左部符号为 B 的综合属性求得;

④ C 的继承属性。由 A 的继承属性和 B 的属性求得;

⑤ C 的综合属性。由下面产生式中左部符号为 C 的综合属性求得;

⑥ A 的综合属性。由 A 的继承属性或产生式某右部符号属性计算。

2. 简单赋值形式的 L-属性翻译文法(SL-ATG)

通常把属性求值规则写成赋值语句,通过计算某个函数的值,该函数以某些属性的值为变元,并且把函数值赋给一个或多个其他属性。例如,赋值语句

$$x := f(y,z)$$

需要使用属性 y 和 z 的值作为变元来计算 f 的值,并且把 f 的值赋给属性 x。然而,在某些简单情况下(即恒等式和常量函数)下,赋值语句的右部不需要对函数求值,只是将一个属性的值或常量赋给其他属性。这种形式的属性求值规则被称为**简单赋值形式的**。例如:

$x := y$ 和 $x,y,z := 17$

都是简单赋值形式的,也被称为**复写规则**。为了实现上的方便,常希望文法符号的属性求

值规则为上述简单形式的。为此，可以对原有的L-属性翻译文法的定义做一点改变，从而形成一个称为简单赋值形式的L-属性翻译文法。

【定义7.4】　简单赋值形式的L-属性翻译文法　一个L-属性翻译文法被定义为简单赋值形式的(SL-ATG)，当且仅当满足如下条件：

① 产生式右部符号的继承属性是一个常量，它等于左部符号的继承属性值，或等于出现在所给符号左边符号的一个综合属性值。

② 产生式左部非终结符号的综合属性是一个常量，它等于左部符号的继承属性值，或等于右部符号的综合属性值。

因此，一个简单赋值形式的L-属性翻译文法除动作符号外，其余符号的属性求值规则其右部是属性或是常量。**给定一个L-属性翻译文法，可以通过增加动作符号的办法构造出与其等价的简单赋值形式的L-属性翻译文法**。若两个文法可以生成同样的输入语言并使用同样的函数来计算属性值，则称它们是等价的。

现在考虑下列问题，即给定一个L-属性翻译文法，如何找到一个等价的简单赋值形式的L-属性翻译文法。

给定一个产生式，如果它的规则不是复写规则，那么用一个简单的技术可以构造一个产生式，它具有同样的作用而只有复写规则。为了说明这种技术，假设有属性产生式：

$$\langle A\rangle \rightarrow u_{\uparrow R}\langle D\rangle_{\uparrow S}\langle C\rangle_{\downarrow I}$$

$$I := f(R,S)$$

显然，该属性求值规则不是简单赋值形式的，因为它需要对f求值。

第一步是选一个新的动作符号来表示函数f的求值。用"@f"来表示这个动作符号，为"@f"设置两个继承属性（对应于f的两个变元）和一个综合属性。

综合属性的值是通过把f应用于继承属性得到的。所以，"@f"的完整说明是：

$@f_{\downarrow I1,I2\uparrow S1}$ 且 $S_1 := f(I_1,I_2)$

第二步是修改产生式，其方法是：

① 把新动作符号"@f"插入到右部的适当位置；

② 引进新的复写规则，这些规则将f的变元（即R和S）赋给"@f"相应的继承属性（即I_1和I_2），将f所求得的值赋给"@f"的综合属性（即S_1）；

③ 删去原有包含f的规则。

这样，上述产生式和求值规则将由下面的产生式和求值规则进行替换。

$$\langle A\rangle \rightarrow a_{\uparrow R}\langle B\rangle_{\uparrow S}@f_{\downarrow I1,I2\uparrow S1}\langle C\rangle_{\downarrow I}$$

$$I_1 := R,\quad I_2 := S,\quad S_1 := f(I_1,I_2),\quad I := S_1$$

还需要讨论的一个问题是，新动作符号究竟应该插在什么位置上。答案很简单，新动作符号应插在能够保证产生式的L-属性性质不变的位置上。在上面的例子中，将@f插入到<B>和<C>之间就是为了达到上述目的。例如把动作符号插入<B>之前，即有

$$\langle A\rangle \rightarrow a_{\uparrow R}@f_{\downarrow I1,I2\uparrow S1}\langle B\rangle_{\uparrow S}\langle C\rangle_{\downarrow I}$$

且求值规则中有 $I_2 := S$。

此时，继承属性 I_2 的值将成为它右边符号出的综合属性 S 的函数，这显然不符合文法的 L-属性性质。反之，若将@f 插入到<C>之后，也将破坏文法的 L-属性性质。因此，在该情况下，<B>和<C>之间是唯一一个正确的位置，将@f 插入到这个位置。如果可选择两个位置，那么最左位置常常是有效的。

关于简单赋值形式还有一点要注意的是，在后面的例子中，把无参函数过程当作常数来处理，并且允许它们作为简单赋值形式的右部出现。例如，允许产生式

$$<A> \to <B>_{\uparrow x} <C>_{\uparrow y}$$

且 $x, y := \text{NEWT}$

3. 属性文法自顶向下翻译的实现——递归下降翻译

上一节介绍了翻译文法的递归下降翻译。本小节讨论属性翻译文法的递归下降翻译。只需将处理翻译文法的递归下降翻译器稍加扩展就可以得到可处理同属性翻译文法定义的翻译器。其方法是，对于每个非终结符都编写一个翻译子程序（函数）。若该非终结符具有属性，那么该函数根据该非终结符具有的属性数目设置相应的参数。对于继承属性，在函数中声明为赋值形参（传值），函数调用中的实参对应继承属性的值。对于综合属性，在函数中声明为变量形参（传地址），也就是说综合属性对应一个指向某个变量的指针，在函数返回之前，把综合属性的值赋给这个指针指向的地址空间，也就是赋给这个变量，从而使得综合属性的值得以传递。

把属性产生式中的属性名字用作变量和参数的名字，属性的命名就和递归下降翻译的实现联系起来了。除了属性翻译使用的常用记法约定以外，还必须加上一些属性命名约定。这些约定包括：

(1) **产生式左部的同名非终结符应使用相同的属性名**。例如：

$$<L>_{\uparrow a \downarrow b} \to e_{\downarrow I} <R>_{\downarrow J}$$
$$<L>_{\uparrow x \downarrow y} \to <H>_{\downarrow z \uparrow w}$$

产生式左部符号<L>有两个属性变量，但这两个产生式使用不同的属性变量名，所以应改为使用相同的变量名。可以将第 1 个产生式中的 a、b 改为 x、y。则上式改为：

$$<L>_{\uparrow x \downarrow y} \to e_{\downarrow I} <R>_{\downarrow J}$$
$$<L>_{\uparrow x \downarrow y} \to <H>_{\downarrow z \uparrow w}$$

当然也可以将第 2 个产生式中的 x、y 分别改为 a 和 b，或者同时采用新的名字。但要注意的是，在重新命名新的属性名时，不应使用出现在右部的非终结符的名字。

为了彼此一致，左部属性重新命名以后，可使用下面的记法约定来简化或删去某些属性求值规则。

(2) **具有相同值的属性取相同的属性名**。

如果两个属性有相同的值，则可以给取它们相同的名字，只要不改变左部非终结符属

性的名字即可。

下面通过一些例子来说明这个约定。首先考虑产生式

$<S>\to I_{\uparrow a}<B>_{\downarrow b}<C>_{\downarrow c} \qquad b,c:=a$

通过赋值,属性变量 a、b 和 c 都是同一个值,所以可以给它们取一个相同的名字。若新名字为 x,则这个产生式可以写成:

$<S>\to I_{\uparrow x}<B>_{\downarrow x}<C>_{\downarrow x}$

这个新的产生式就不必再有属性求值规则。

下面,再考虑产生式

$<L>_{\uparrow I}\to<A>_{\downarrow S}@f_{\downarrow T} \qquad S,T:=I$

这里可以给 I、S 和 T 取相同的名字,但为了不改变左部符号的属性名,这个新名字必须是 I。为此产生式可改写为:

$<L>_{\uparrow I}\to<A>_{\downarrow I}@f_{\downarrow I}$

这样,也就取消了相应的属性求值规则。但有时只可能进行部分化简,如产生式

$<L>_{\downarrow I\uparrow S}\to a\ <B>_{\downarrow X}<C>_{\downarrow Y} \qquad X,Y,S:=I$

这里,S、X、Y 和 I 有相同的值,但是不能给它们取相同的名字,因为 S 和 I 都在左部。因此可以部分化简为:

$<L>_{\downarrow I\uparrow S}\to a\ <B>_{\downarrow I}<C>_{\downarrow I} \qquad S:=I$

下面,较详细地来描述如何将处理符号串翻译文法的翻译器扩展为处理相应 L-属性翻译文法的翻译器。假定与 7.4.1 小节中翻译文法对应,有如下的符号串属性翻译文法:

① $<S>_{\downarrow R}\to a_{\uparrow T}<A>_{\uparrow Q}@x_{\downarrow T}<S>_{\downarrow Q}$ （文法 7-10)

② $<S>_{\downarrow R}\to b\ @z_{\downarrow R}$,

③ $<A>_{\uparrow P}\to c_{\uparrow U}@y_{\downarrow U}<A>_{\uparrow Q}<S>_{\downarrow Z}@v_{\downarrow P}b \qquad P:=Q+U,Z:=U-3$

④ $<A>_{\uparrow P}\to @w_{\downarrow P} \qquad P:=8$

开始符号是<S>,其继承属性的开始值为 7。

可以很容易地将相应翻译器进行扩充。假定该翻译器声明有两个全局变量 class 和 token,程序 nextsym( )读入下一个符号,并将该符号的类型部分赋给 class,把值部分赋给 token(如果有的话),然后将读符号的指针移到下一个符号。程序 out 表示带属性的字符串输出动作。该文法翻译器的主程序及相应的过程如下:

```
int main()                  /* 主程序    */
    {
        nextsym();          /* 预读一个符号        */
        if (class == 'a' || class == 'b')
        {
            proc_S(7);      /* 调用 S 的分析程序,继承属性 R 的初值为 7 */
        }
        if (class != '#')
```

```
        {
            error( );
        }
        return 0;
    }

    /*  <S>对应分析过程,继承属性 R 为形式参数      */
    void proc_S( int R)
    {
        if ( class = = 'a ')
        {
        int T,Q;            /* 属性变量作为局部变量申明   */
        T = token;          / * 将单词值赋给终结符的综合属性   * /
        nextsym( );         /* 读输入符号   */
    proc_A( &Q);            /* 调用 A 的分析程序,将返回一个值,存于 Q(综合属性)中   */
        out('x ',T);        /* 调用输出函数   */
        proc_S( Q);         /* 调用 S 的分析程序,实参为 Q   */
        }
    else if ( class = 'b ')
        {
        nextsym( );         /* 读输入符号    */
        out('z ',R);        /* 调用输出函数   */
        }
    else
        {
        error ( );
        }
    }

/*  <A>对应分析过程,综合属性 P 申明为指针变量,支持值的返回    */
void proc_A( int * P)
{
    if ( class = = 'c ')
        {
        int U,Q,Z;          /* 属性变量申明 */
        U = token;          / * 单词值赋给终结符的综合属性 * /
```

```
        nextsym( );          /* 读输入符号                */
        Z = U - 3;           /* 利用求值规则求出 Z 的值    */
        out('y',U);          /* 调用输出函数              */
        proc_A(&Q);          /* 调用 A 的分析程序,将返回一个值,存于 Q(综合属性)中 */
        *P = Q + U;          /* 利用求值规则求出 *P 的值   */
        proc_S(Z);           /* 调用 S 的分析程序,实参为 Z  */
        out('v',*P);         /* 调用输出函数 */
        if (class != 'b')    /* 匹配符号'b'  */
        {
            error( );
        }
        nextsym( );          /* 预读一个输入符号           */
    }
    else
    {
        *P = 8;              /* 根据求值规则求值   */
        out('w',*P);         /* 调用输出函数   */
        return;
    }
}
/* 带属性的字符串输出动作的一种实现 */
void out (char c,int value)
{
    printf ("%c\t %d\n",c,value);  /* 打印输出字符及对应属性值 */
}
```

可以利用下面的规则,将处理翻译文法的翻译器扩展为处理相应属性翻译文法的翻译器。在使用这些规则时,假定文法是L-属性翻译文法,每个产生式左部的同名非终结符使用相同的属性名,并且对于具有相同值的属性可使用相同的属性名。

参数说明　在产生式中,在左部出现的非终结符的属性可声明为非终结符对应函数的形参。若为继承属性,在函数中声明为赋值形参(传值),如示例程序中的R;若是综合属性,则在函数中声明为变量形参(传地址),如示例程序中的P。

局部变量　在产生式中,没有在左部出现的非终结符的属性可声明为相应函数中的局部变量,如示例程序中的P。

非终结符　在产生式中,每个在右部出现的非终结符,调用该非终结符的对应函数,该非终结符的属性作为该函数的实参:若为继承属性,则传值;若为综合属性,则传地址。

输入符号　对产生式中的输入符号,把属性赋值和计算的代码插入到程序中它对应的 nextsym 之前。

动作符号　对产生式中的动作符号,在程序中调用该动作符号对应的函数。该动作符号的综合属性,可在函数内进行计算,并且把结果赋值给对应于该综合属性的变量。对于动作符号的继承属性,作为实参,传给对应函数。如示例程序字符输出动作@ $x_{\downarrow T}$,对应函数调用 out('x',T),输出字符 x,以及 x 的属性值 T。

属性规则　对产生式中的属性求值规则,对应的代码是通过对规则的右部求值并把结果赋值给该规则左部的变量(如果已全部使用了“相同名字”的约定,那么左部通常是单个变量)。该代码可以放在程序中,该规则右部的所有属性都计算完之后和该规则左部的属性被使用之前的任何地方。

主程序　文法开始符号的综合属性作为主程序的局部变量,调用开始符号对应的函数,开始符号的属性作为该函数的实参:若为继承属性,则传该继承属性的初始值;若为综合属性,则传对应的地址。

读者不难通过上述翻译器的扩充的例子来检查以上规则的实施。

在第 4 章中介绍递归下降分析时就提到,使用具有递归过程的高级语言能够很容易地实现这种分析器。对属性翻译文法来说,使用递归下降处理还有另外的特点,即高级语言的参数传递机制实现了符号间的属性通信。

练习 7

1. 试分别构造一个符号串翻译文法,它将由一般中缀表达式文法所定义的中缀表达式翻译成前缀表达式和后缀表达式。

2. 构造符号串翻译文法,使其接受由 0 和 1 组成的任意输入符号串,并分别产生下面的输出符号串:

a) 输入符号串的倒置。

b) 空符号串 ε。

c) 输入符号串本身。

d) 符号串 0^n1^m。

3. 以下的符号串翻译文法能做什么?

<*s*>→@ C EN@ HI GL@ N I@ E S@ SE H

4. 由特殊的翻译文法产生的两个活动序列是:

@ *x*@ *y* *b*@ *z*

和@ *q* *a*@ *x*@ *y* *b*@ *z*@ *x*@ *x*@ *y* *b*@ *z*@ *y*

由这个翻译文法删掉诸动作符号得到的输入文法是

<*s*>→*a*<*s*><*s*>

<*s*>→*b*

这是个什么翻译文法?

5. 下面给出带有开始符号<*s*>的翻译文法,试列出属于这个文法所定义的语法制导翻译的所有对偶。

<*s*>→<*A*>*xc*<*B*> @ *y*

<*s*>→@ *y* *d*@ *x* *c*@ *z* *b*

<*A*>→<*B*>*a*@ *y*

<*A*>→*d*

<*B*>→*b*@ *x*

6. 构造一符号串翻译文法,它把 FORTRAN 逻辑 IF 语句翻译成 C 语言的 IF 语句。

FORTRAN 90 中 IF 语句文法如下:

(1) <if_construct>→<if_then_stmt><block><else_if_stmt_list><else_stmt>**END IF**

(2) <if_then_stmt>→**IF** (<scalar_logical_expr>) **THEN**

(3) <else_if_stmt_list>→<else_if_stmt>

| <else_if_stmt><else_if_stmt_list >

| ε

(4) <else_if_stmt>→**ELSE IF** (<scalar_logical_expr>) **THEN**<block>

(5) <else_stmt>→**ELSE**<block> | ε

C 语言中 IF 语句文法如下:

(1) <selection_statement>::= IF '('<expression>')'<statement>

| IF '('<expression>')'<statement>ELSE <statement>

(2) <statement>::= <compound_statement>|<expression_statement>

|<selection_statement>|<iteration_statement>|<jump_statement>

7. 对下列带有开始符号<*s*>的属性符号串翻译文法

$\langle S\rangle \to d\ \langle T\rangle_{\downarrow p,q\uparrow r,s}$　　　　$p := r, q := s$

$\langle T\rangle_{\downarrow u,v\uparrow w,x} \to a_{\uparrow y} @g_{\downarrow z} \langle T\rangle_{\downarrow p,q\uparrow r,s} @h_{\downarrow t}$

$z := r, p := u + y, q := v + 3 * y, t := v, w := r + 1, x := s + 5$

$\langle T\rangle_{\downarrow u,v\uparrow w,x} \to b_{\uparrow y} @f_{\uparrow z}$　　　　$z := v, w := y, x := u$

对输入符号串 $da_2a_1\ a_4b_5$ 构造属性语法树和活动序列。

8. 考察取自 C 语言中条件语句的下列文法:

(1) <条件语句>→<if 语句>

(2) <条件语句>→<if 语句>else<语句>

(3) <if 语句>→ if<布尔表达式> <语句>

假定<布尔表达式>有综合属性,它是一个指向存放其结果的数据区指针。假定有下面三种基本指令：

（1）LABEL(p)，其中 p 是指向该标号数据区的指针。这条指令在程序中输出，输出位置是转移指令把控制转去的地方。

（2）JUMP(p)，其中 p 是指向标号数据区的指针。这条指令生成的代码把控制转向这个标号。

（3）JUMPFALSE(q,p)，这里 q 是指向表达式结果数据区的指针，p 是指向标号数据区的指针。这条指令引起条件转移。JUMPFALSE 使生成的代码检验布尔表达式的值，如果它是假的话，则把控制转到标号。

试利用这些指令，把属性添加到上面的文法中，以得到一个能正确描述上述翻译的属性文法。

9. 假定语言有形如

<语句>→WHILE <布尔表达式>DO<语句>

的 WHILE 语句。该语句的语义是求布尔表达式的值。如果结果为真，则执行 DO 后面的语句，并重复这个过程，直到布尔表达式的值为假，则跳出循环，执行该语句后面的语句。

试利用上题中的三种基本指令构造一属性文法，使它能定义从上述语句到指令的翻译。

10. 给定一任意文法，指出如何构造一个符号串翻译文法，用来描述从最左推导（表示成产生式名字的序列）到由该推导产生的序列的翻译。

11. 对下列每个符号串翻译文法，分别构造出其递归下降翻译器（其中<S>为开始符号）：

（1）<*S*>→*a* @*x* <*B*> @*h* @*a c*

<*S*>→@*a b* @*a*

<*B*>→*c* @*x* @*y* <*B*><*B*> @*e*

<*B*>→*a* @*b* @*c d* @*e f* @*y*

（2）<*S*>→3 @THREE <erp><*S*> @VOID

<*S*>→@*Y* @*z* 4

<erp>→ε

<erp>→2 @TWO <*S*><*erp*>

（3）<*S*>→@*A* <noon> @*Y Y*

<*S*>→*x* @DRB

<noon>→@ NIB Q <noon>

<noon>→@ BLAZB

12. 试根据 7.3.4 节中的算术表达式翻译文法，编写对应属性翻译文法的自顶向下翻译程序。

13. 下面的产生式是属性文法的一部分，如果产生式是 L-属性的话，分别说明每个产生式中，属性 *r* 和 *p* 受哪些属性影响。

① $<S>_{\uparrow s\downarrow q} \rightarrow I_{\uparrow u}<B>_{\uparrow t\downarrow p}<C>_{\downarrow r}$

② $<S>_{\uparrow s\downarrow q} \rightarrow @\,C_{\downarrow p}b_{\uparrow u}<S>_{\uparrow t\downarrow r}$

③ $<S>_{\uparrow s\downarrow q} \rightarrow C_{\uparrow u}<A>_{\downarrow r}<S>_{\uparrow t\downarrow p}$

14. 按简单赋值形式重写下面每个产生式

① $<S>_{\uparrow S1\downarrow I2} \rightarrow <A>_{\uparrow S2}<B>_{\uparrow S3\downarrow I1}<C>_{\uparrow S4\downarrow I3}<D>_{\uparrow S5\downarrow I4}$

$I2 := S2 * I1, I3 := I1^2, I4 := I2 * I3, S1 := S2^2$

② $\langle S\rangle_{\uparrow S1 \downarrow I1} \to \varepsilon$

$S1 := SIN(I1)$

③ $\langle S\rangle_{\uparrow S1,S2} \to \langle A\rangle_{\uparrow S3} \langle B\rangle_{\downarrow I1} @JOHN_{\downarrow I2,I3} \langle C\rangle_{\downarrow I4}$

$I1 := 3 * S3, I2 := I1^2, S2, I3 := I2, I4 := I3, S1 := I4 + 2$

15. 对下述开始符号为<S>的 L-属性符号串翻译文法，设计一个属性递归下降处理器。

$\langle S\rangle \to a_{\downarrow x1} \langle A\rangle_{\downarrow x \uparrow y,z} \langle S\rangle_{\uparrow q1} @b_{\downarrow w}$

$w := y * z + q1, x := x1, q := q1$

$\langle S\rangle_{\uparrow r1} \to ba_{\uparrow y} @C_{\downarrow w} \langle A\rangle_{\downarrow u \uparrow r,x} @b_{\downarrow v}$

$w := y + 3, r1 := r, v := r * x - w, u := w + 2$

$\langle A\rangle_{\downarrow x \uparrow y,z1} \to a_{\uparrow q} @C_{\downarrow v} \langle A\rangle_{\downarrow x \uparrow z,u} \langle A\rangle_{\downarrow u \uparrow t,y1}$

$v := x - q, x1 := x, y := y1, z1 := z, u := 3$

$\langle A\rangle_{\downarrow t \uparrow s,s1} \to ba_{\uparrow q} @b_{\downarrow t1}\ a_{\uparrow S2}$

$t1 := t, S, S1 := S2$

16. 为下面开始符号为<S>的文法，设计一属性递归下降处理器。

$\langle S\rangle \to I_{\uparrow p1} = \langle E\rangle_{\uparrow r1} @\mathrm{ASSIGN}_{\downarrow p2,r2}$

$p1 := p2, r2 := r1$

$\langle E\rangle_{\uparrow r2} \to +\ \langle E\rangle_{\uparrow p1} \langle E\rangle_{\uparrow q1} @\mathrm{ADD}_{\downarrow p2,q2,r1}$

$r2, r1 := \mathrm{NEWTL}, p2 := p1, q2 := q1$

$\langle E\rangle_{\uparrow r2} \to *\ \langle E\rangle_{\uparrow p1} \langle E\rangle_{\uparrow q1} @\mathrm{MULT}_{\downarrow p2,q2,r1}$

$r2, r1 := \mathrm{NEWTL}, p2 := p1, q2 := q1$

$\langle E\rangle_{\uparrow r2} \to I_{\uparrow r1}$

$r2 := r1$

第 8 章

语义分析和中间代码生成

前面章节已经讨论了对符号串的分析和语法制导翻译技术，介绍了编译程序的符号表管理及目标程序运行时数据空间的组织及分配。本章将使用这些技术，通过语义分析来讨论如何进一步细化对符号串的分析过程，介绍面向过程的高级程序设计语言中常见语言成分的代码生成技术。

本章所要处理的源语言是一种通用的过程语言，其文法将在讨论各种典型语法成分的翻译时给出，所生成的代码是一台抽象栈式计算机的汇编程序。为此先简要介绍源程序的中间形式。

这里所采用的翻译方法是自顶向下的属性翻译。在设置与动作符号相对应的语义子程序的参数时，和第 7 章相比有一点改变，即动作符号的继承属性仍定义为子程序的值形参，而其综合属性将通过 Return 语句返回。

本章 8.1 节介绍语义分析的概念；8.2 节介绍源程序的中间形式，以及本章将要用到的栈式计算机及其有关的汇编指令；从 8.3 节到 8.8 节依次介绍声明语句、表达式语句、赋值语句、控制语句、过程调用和返回语句、输入输出语句的处理；8.9 节介绍编译程序的辅助功能为支持程序调试和追踪所作的处理。

8.1 语义分析概述

程序设计语言的结构是用上下文无关文法来描述的。但是应该指出,程序语言的结构正确与否,还与该结构的上下文有关。例如,语言的变量作用域问题就是一个例子。为了说明这个问题,可以考虑下面具有嵌套结构的程序段:

```
BEGIN
  ⋮
  BEGIN
     INTEGER I;
        ⋮
     I:=I+10;
        END;
        ⋮
     J:=I*K;
        ⋮
END
```

根据标识符的作用域规定,假定I在以第二个BEGIN开始的内分程序的范围之外没有被声明,那么语句J:=I*K中对I的引用是不合法的,因此,该程序段在语法结构上不正确。为了进一步说明这一点,假定有如下的句型,且分析到内层分程序:

BEGIN… BEGIN α INT I β I END…I…END

其中,α 和 β 是由分析过程所形成的终结符和非终结符所组成的符号串,INT I是对变量I的声明。定义变量I的产生式为VAR→I是属于上下文无关文法。在自底向上分析要归约上述句型中内层END左边的I时,可用上述产生式将I归约为VAR,从而形成新的句型为:

BEGIN… BEGIN α INT I β VAR END…I…END

对该句型再作进一步的归约,最后假定可以将BEGIN开头、以END结束的内层符号规约为<BLOCK>,得到新的句型为:

BEGIN…<BLOCK>…I… END

归约分析继续下去,直到又要用产生式VAR→I对外层的I进行归约,生成新的句型:

BEGIN…γ VAR… END

其中,γ 为终结符和非终结符所组成的符号串,其中不包括声明变量I的符号串。根据标识符的作用域规定，可以看到，对 I 的第一次归约是正确的，因为 I 处在 INT I 的作用域范围内；而对 I 的第二次归约则是错误的，因为在 I 的上下文中并没有关于 I 的声明。为了避免出现这种错误的归约，即分析中要能检查出这类错误，则必须使用上下文有关文法。一种可能的产生式形式是：

$$\text{INT I } \beta \text{ VAR} \rightarrow \text{INT I } \beta \text{ I}$$

根据该产生式要将 I 归约为 VAR，只有在一定的上下文中才能进行。类似的问题还有在同一作用域范围内同名变量的重复声明等。

人们也许会提出这样的问题：为什么不为程序语言构造一个上下文有关文法，以便能表达语言的上下文有关的结构呢？这在理论上是可以办到的，但实际上并没有这样做（至少在目前），因为要为语言构造一个能反映其上下文有关特性的文法不是一件容易的事，此外，上下文有关文法的分析器非常复杂，而且执行速度很慢。处理这种上下文有关问题的一般方法是，用专门的语义动作来补充上下文无关分析器的动作，也即借助语义分析来解决。一般可将与上下文有关的信息记录在符号表中，或其他可以取得这些信息的数据区。例如，当分析到变量声明时，就将该变量填入符号表。只要在编译期间声明该变量的程序块是可见的，那么该变量就一直保留在符号表中。当在该程序块遇到变量的引用时，就可查阅符号表，以确定该变量是否符合语言的上下文相关的特性。

语义分析另一个要处理的问题是，对表达式和赋值语句中的操作数进行类型的一致性检查。对于像 Ada、Java、Pascal、C#、Ruby 等这样的强类型语言，要求表达式中的各个操作数、赋值语句左部的变量和右部表达式的类型应该相同，若不相同则要求用户作显式转换。对于无此要求的语言，编译程序也要进行类型检查。当发现类型不一致时，则要作相应的类型转换（如当表达式中同时存在整型和实型操作数时将整型转成实型），常见的弱类型语言有 VB、PHP、JavaScript、C、Perl 等。

注意，强类型是指一个变量的类型在整个程序以及运行过程中一经声明就不会改变。强类型、弱类型语言的区分主要是关注“不同类型的变量是否允许隐式转化”。“对隐式类型转换的容忍度”作为强弱类型的分类标准，已经是很多人的共识（但仍然存在一些争议）。更详细的讨论可参见 2004 年 Luca Cardelli 发表的 *Type Systems*。而静态类型和动态类型语言的区分在于“什么时候知道一个变量是哪种类型”。一般而言，如果在编译时就能确定变量类型的是静态类型语言；而在运行时才能确定变量类型的是动态语言。常见的静态类型语言有 C、C++、C#、Java 等；动态类型语言有 VB、Python、JavaScript、Perl、Ruby 等。

除了上述分析任务以外，语义分析的另一个重要功能是要分析由语法分析所识别出来的语句的意义（即语义），并作相应的语义处理。例如，对声明语句，用户通过这类语句声明程序中要使用的变量，并说明其种类和类型等特性。语义分析程序就要将变量名及其有关属性填入符号表中，以备后面使用。对于程序中的可执行语句，则要根据该语句的语义（要求计算机进行什么样的操作）生成相应的中间代码或目标程序。

下面将介绍了源程序的中间形式，随后结合对过程语言典型语言结构的处理，具体介绍语义分析和中间代码生成的技术。

8.2 源程序的中间形式

源程序的中间形式是编译程序将高级语言程序翻译为汇编语言或机器代码的过程中产生的一种内部表示形式，也称为中间表示、中间语言或中间代码。中间代码通常结构简单、含义明确，使用中间代码有很多优点。首先，在生成中间代码时可以不考虑机器的特性，编写生成中间代码的编译程序相对容易。同时，由于中间代码与具体机器无关，能将生成中间代码的编译程序很方便地移植到其他机器上，只需为中间代码开发一个解释器，或者将中间代码翻译为目标机指令就能在目标机上运行。另外，在中间代码上更便于做优化处理，某些优化方法在中间代码上比在汇编码或机器代码上更容易实施。例如，在进行数据流分析时，在中间代码上就能很方便地进行寄存器分配。

使用中间代码的主要缺点是产生中间代码的编译程序比直接产生机器码的编译程序的效率要低一些，因为中间语言还需要再次进行翻译（从中间代码到机器代码）。然而，使用中间代码能够做更多的优化，这足以抵消进行两次翻译所带来的低效。详细内容可参见优化有关章节。

本节将讨论波兰表示、N-元表示、抽象语法树、抽象机代码和栈式抽象机及其汇编指令。

8.2.1 波兰表示

波兰表示是波兰逻辑学家 J. Lukasiewicz 提出的一种表示方法，操作符出现在两个操作数的前面被称为前缀表示；操作符出现在两个操作数后面则被称为后缀表示，也被称为逆波兰表示。逆波兰表示被广泛应用于计算机领域，而前缀表示并不常用，所以有时也将后缀表示直接称为波兰表示。引入波兰后缀表示是为了在不使用（求助于）括号的情况下无二义地说明算术表达式。

对于中缀形式的算术表达式，可以构造一个算法将其转变为后缀表示。设一个操作符栈，当扫描到操作数时，就立即输出该操作数；当遇到操作符时，则要与栈顶操作符比较优先级，若栈顶操作符优先级高于栈外操作符，则输出该栈顶操作符；反之，则栈外操作符入栈。例如，对于下面的算术表达式：

F * 3.1416 * R * (H+R)

可转换成如下形式的后缀表示：

F3.1416 * R * HR+ *

对于赋值语句，只需定义赋值操作符“:=”的优先级低于可在表达式中出现的其他操作符，便可使用同一算法将其转换成后缀表示。如下面的赋值语句：

S:= F * 3.1416 * R * (H+R)

可转换成：

SF3.1416 * R * HR+ * :=

用后缀表示除了可以表示表达式、赋值语句这样的语言结构外，也能够通过操作符的扩充来表示其他语言结构，如条件转移、下标变量等。考虑有如下形式的 if 语句：

if< expr> then< stmt$_1$> else< stmt$_2$>

该语句可以表示为如下形式的波兰表示：

<expr><label$_1$> BZ< stmt$_1$><label$_2$> BR< stmt$_2$>

其中，<expr>，< stmt$_1$>，< stmt$_2$>均为该语法成分的后缀表示，并引入了 BZ 和 BR 结构。BZ 是二目操作符，如果<expr>的计算结果为 0(false)，则产生一个到< label$_1$>的转移，而< label$_1$>是< stmt$_2$>的头符号所在的位置。BR 则是一个一目操作符，它产生一个到<label$_2$>的转移，而<label$_2$>是紧跟在<stmt$_2$>后面的符号所在的位置。两个转移操作符都是仅将它们的相应操作数清出操作数栈，而无结果压入栈顶。

另一个例子是对下标变量(表示数组引用)的处理。在扩充的后缀表示中，可以对如下的串进行计算：

10　5　7　MY_ ARRAY　ARRAY_REF

计算结果为下标变量 MY_ARRAY[7,5,10]的地址。ARRAY_REF 是数组引用操作符，它根据处在栈顶的数组名 MY_ARRAY 查符号表来确定数组的维数，并将数组名和相应数目的下标值退出计算栈，然后利用这些操作数以及从符号表中所取得的关于该数组上下界的信息计算下标变量的地址。

用类似的办法可以构造出其他语言结构的后缀表示形式。另外，也可以使用波兰前缀表示作为一种源程序的中间形式。

使用波兰表示对于优化来说不是十分方便，所以有时需要将波兰表示转换成其他适当的形式。在下面两节将分别介绍这些形式。

8.2.2　*N*-元表示和三地址代码

N-元表示也是一种源程序的中间表示形式。*N*-元表示中，每一条指令由 n 个域组成。通常，第一个域表示操作符，剩下的 $n-1$ 个域表示操作数。本小节将考察 *N*-元表示的两种最常见的形式：三元式和四元式，即 n 的值分别是 3、4 的情况。

三元式的每条指令只有 3 个域，第一个域是操作符，第二和第三个域分别是两个操作数，通常用下面的格式来表示：

<操作符>，<操作数 1>，<操作数 2>

如算术表达式 Y+Z 可表示为

+，Y，Z

复杂的表达式可用一组三元式来表示，给每个三元式都编上号码，前面三元式的计算结果可用该三元式的编号来表示。如表达式 W * X+(Y+Z)用三元式表示如下：

① *，W，X

② +，Y，Z

③ +，①，②

其中，出现在第 3 个三元式中的①和②表示将三元式①和②的结果用作操作数。

假设有条件语句：

```
if   X>Y
then  Z:= X
else  Z:= Y+1
```

可以用三元式表示如下：

① -，X，Y

② BMZ，①，⑤

③ :=， Z，X

④ BR， ，⑦

⑤ +，Y，1

⑥ :=，Z，⑤

⑦ …

其中，操作符 BMZ 表示负或零转移，BR 表示无条件转移。三元式②的第二个域给出用于条件测试的值，第三个域给出三元式的编号，表示转移的目的地。BR 无须进行条件测试，故三元式④中，只用第三个域表示无条件转移的目标三元式的编号。

要在三元式上进行代码优化是较困难的。到后面将会看到，代码优化常常会涉及代码的移动，但是如果没有对有影响的三元式的所有引用进行修改的话，则不能移动三元式。例如，如果三元式④移到三元式⑦之后，那么三元式④、⑤、⑥和⑦必须重新进行编号，且对这些三元式的引用也必须调整。因此，当进行优化时，简单的三元式不是一种好的中间代码形式。

可以用间接三元式来代替三元式，只需要使用一张分离的表，由它来给出三元式的执行次序。优化时，只需改变该表中的三元式的执行次序，而实际三元式被单独保留。如果两个三元式是相同的，则可从三元式表中删除一个，但这种优化必须小心地进行，务必保证运算结果的正确性。下列语句：

A:= B+C * D/E

F:= C * D

可用间接三元式表示为:

操作	三元式
1. ①	① *,C,D
2. ②	②/,①,E
3. ③	③+,B,②
4. ④	④:=,A,③
5. ①	⑤:=,F,①
6. ⑤	

四元式是另一种 N-元表示。四元式的每条指令具有如下形式的四个域:

<操作符>,<操作数 1>,<操作数 2>,<结果>

其中,<操作数 1>和<操作数 2>分别表示第一和第二个操作数;<结果>表示计算的结果,该结果通常是一个临时变量,编译程序可以为该变量分配一个寄存器或者一个主存地址,因此四元式也常常称为**三地址码**。例如,表达式(A+B) * (C+D)-E 能够由下列四元式序列表示:

$+,A,B,T_1$

$+,C,D,T_2$

$*,T_1,T_2,T_3$

$-,T_3,E,T_4$

其中,T_1、T_2、T_3 和 T_4 均是临时变量。

上述四元式序列也可以按照表达式书写的通常习惯,表示如下:

$T_1 = A+B$

$T_2 = C+D$

$T_3 = T_1 * T_2$

$T_4 = T_3-E$

四元式便于对程序进行优化处理,因此,在介绍优化的章节中将使用四元式这种中间代码形式。

8.2.3　抽象语法树

抽象语法树是另一种常用的源代码中间形式。树结构能很容易地构造出来,所以对于编译程序优化而言,这是一种合适的中间形式。在抽象语法树中可去掉那些不必要的信息,从而获得更有效的源程序表示。在抽象语法树中,非叶结点和叶结点分别代表操作符和操作数。例如,表达式:

(A+B * C)/(D * E-(F+G)/(H+I))

能够用图 8.1 中的抽象语法树来表示。其中,编号表示分析器自底向上创建该树的结点的次序。可以看到,每个非叶结点具有左和右的直接孩子,孩子结点要么是一个操作数(变量名),要么是一非叶结点。

遍历抽象语法树能够产生前面所介绍的波兰表示形式。例如,图 8.1 中所给出的树的前序和后序遍历分别产生表达式的前缀和后缀波兰表示形式。

/+ A * BC- * DE/+ FG + HI

A B C * +D E * FG+HI+/-/

这些波兰串是语法树的线性表达式。

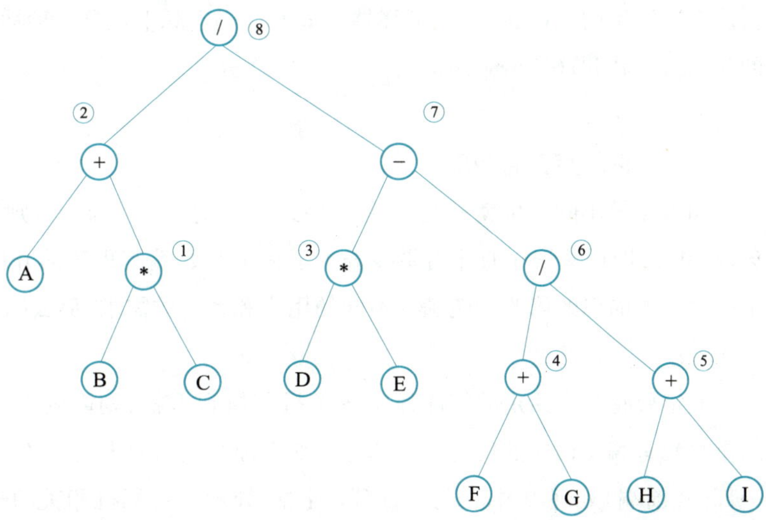

图 8.1　抽象语法树的例子

三元式序列也可以看作是抽象语法树的直接表示。下列三元式对应图 8.1 所给出的树:

① *,B,C

② +,A,①

③ *,D,E

④ +,F,G

⑤ +,H,I

⑥ /,④,⑤

⑦ -,③,⑥

⑧ /,②,⑦

最后一个三元式与树的根结点相联系,每一个三元式表示一棵子树,三元式中的操作符对应子树的根,每一个操作数要么是一个变量名(叶子),要么是一个三元式的编号(另一子树的根)。根据这种解释,图 8.1 中的编号(即带有圆圈的数字)直接对应于三元式的编号。

8.2.4　抽象机代码

在设计编译程序时,要考虑的一个问题是要开发出可移植又适用的编译程序。实现这个目标的方法之一是让编译程序生成抽象机代码,作为源程序的中间形式,而抽象机的指令应尽可能模拟要编译的源语言的结构。本节从考察可移植性和可适应性的概念开始,引入抽象机的概念,然后介绍一种为了使 Pascal 程序可移植而创建的抽象机,最后简单介绍为该抽象机设计的代码(P-code),这种代码相对于源程序来说是一种中间代码。目前广泛使用的 Java 语言,其编译器生成的代码实际上也是一种抽象机(即 Java 虚拟机)的代码,称为字节码(byte code)。

1. 可移植性和抽象机

如果花较小的代价就能将一个程序迁移到另一台机器上,则称该程序是可移植的(portable),即迁移程序的开销要显著小于从头开始编制程序的开销。另一方面,如果一个程序通过简单的修改就能满足不同的用户和系统的需求,那么称该程序是可适应的(adaptable)。

假定要将一个给定的编译程序从 X 机移植到 Y 机,则需要产生 Y 机的代码,为此必须重写现有编译程序的代码生成部分。如果原来的编译程序已分成前端和后端两部分:一部分(前端)处理源语言,另一部分(后端)处理与目标机相关的部分,并且在前后端之间有一个良好的接口,那么移植的主要工作仅仅是改变与目标机相关的部分。

编译程序两部分之间的信息流在一个方向上(从前端到后端)为源语言上的基本操作,在另一个方向上(从后端到前端)为目标机的信息。两者的接口能够通过抽象机来实现,也即能够将源语言的各种基本操作(fundamental operation)映射到该抽象机的伪操作上。可为特定的源语言设计抽象机,例如有为 Pascal 语言设计的抽象机。

抽象机模型是根据源语言(如 Pascal)中基本的操作和模式来建立的。编译程序的前端将源程序翻译成抽象机代码,只需要将源语言的各种结构分解为抽象机基本模式下的基本操作序列。基本模式可以是源语言中的类型(如 Pascal 中的整型和字符型)也可以是用来构造源语言中更复杂类型(如 Pascal 中构造类型)的模式。基本操作是指用于描述一个语言编写的程序的最简单、最直接的操作。由基本模式和基本操作所组成的对偶构成了抽象机上的一条指令。

抽象机的体系结构形成一个环境,在该环境中模式和操作相互作用来模拟源语言。抽象机的设计者一方面要使抽象机能很容易地模拟源语言的各种结构所规定的操作,另一方面,还必须考虑能在实际计算机中高效地实现该抽象机的操作。

使用抽象机的一个主要优点是使编译程序的前端和后端清楚地分离。这种分离,至少在理论上意味着将一个编译程序移植到一台新的机器上,仅需要开发一个编译程序的新的后端，必要时对前端也只需做少量的修改。

假设需要在 n 台不同的机器上实现 m 种不同语言的编译，若不使用某种中间代码形式（如抽象机代码），那么必须要编写 $m\times n$ 个不同的编译程序。若使用抽象机代码，则仅需要 m 个前端和 n 个后端。通过选择合适的前端和后端，就能生成某种程序设计语言和目标机的编译程序。使用这种方法，$m\times n$ 个不同的编译程序能够由 $m+n$ 个部分组合而成。

如今，对一种程序设计语言，为几种不同的目标机产生高效的目标代码已经不再困难。而困难的问题是要有一台能够为几种程序设计语言产生高效的目标代码的抽象机，同时，它又要能够高效地模拟所有的程序设计语言。因为各种程序设计语言（如 FORTRAN、VB、Pascal、C、Java 和 Python）之间是有很大不同的，要找到这样的抽象机几乎是不可能的。在计算机中，伪机器码可被微程序设计为指令组由硬件执行，也可以被解释执行。

Pascal 语言的抽象机简单易懂，广为被大家参考和使用，下一节将介绍用于 Pascal 语言的抽象机。

2. Pascal 的 P-code 抽象机

Pascal-P 编译程序是一个“标准 Pascal”的子集的可移植编译程序，该编译程序生成一种抽象机的目标代码（P-code），本节简单地介绍这种抽象机。

这种抽象机称为 P-machine，是一种与机器无关的简单栈式计算机（stack computer）。Pascal-P 编译程序能容易地在低耗费下迁移到各种实际的机器上。

该栈式计算机有五个寄存器和一个存储器，这五个寄存器分别是：

PC——程序计数器，指向当前执行的指令；

NP——堆指针，指向当前空闲堆空间的起始位置；

SP——栈指针，指向当前栈顶位置；

MP——标志指针，指向当前活动记录的基地址；

EP——顶指针，指向当前程序模块在栈中的最高位置。

其中，后面四个指针是与存储器中的存储管理有关的。

存储器可以看成是存储单元的线性数组，可分为两个主要部分：一部分为代码区，存放机器指令；另一部分为存储区，存放程序数据（即非指令）。PC 指向代码区中的一条指令，指针 EP、MP、NP 和 SP 分别指向存储区中的某个位置。计算机存储器的大致情况如图 8.2 所示。

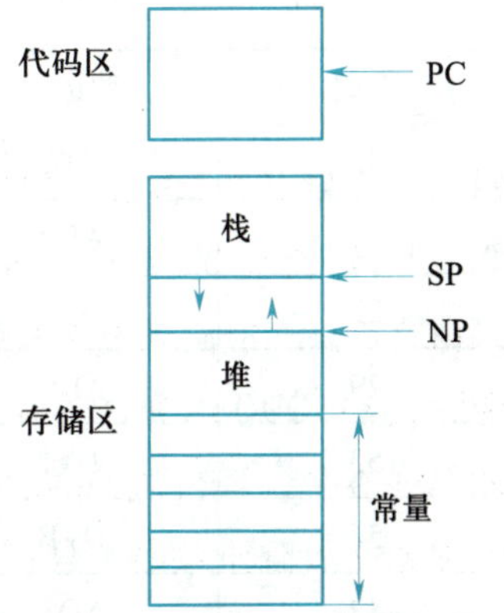

图 8.2　栈式计算机的存储概貌

存储区包括两部分：一部分用于存放所给程序的各种常量，而另一部分则用于实现正在被执行的程序的其他数据需要，这部分又可划分为栈和堆两部分。栈用于存放所有可按源程序中的数据声明进行直接寻址的数据，其栈顶元素用 SP 表示。堆用于存放并由程序员直接控制,即通过 new 语句所创建出来的数据,空闲堆空间的起始位置用 NP 表示。值得注意的是,编译程序对堆的使用类似于栈,只需要简单的堆管理机制。

栈有其自身的内部结构,它由一系列“数据段”所组成,每个数据段与子程序(过程或函数)的活动相联系(第一个数据段除外,第一个数据段始于位置 0,属于最外层程序块,即 program 程序块),包含该子程序的活动记录。

每一个数据段包含下列信息:

① 栈标志(mark-stack)

② 参数:该数据段对应的子程序的参数(可能为空)

③ 局部数据:该数据段对应的子程序的局部变量

④ 程序执行过程中所需要的临时元素

其中,栈标志部分由下列域组成:

① 函数的返回值(处理过程时保留该区域,但不使用)

② 静态链

③ 动态链

④ 堆栈的最大容量

⑤ 返回地址

静态链和动态链是指向存储区的,返回地址则指向代码区中的一个位置。

3. P-code 指令

Pascal 的栈式计算机支持 Pascal 的基本数据模式(如 INTEGER,REAL),有算术(对整型和实型)、逻辑和关系等几类指令。每一条指令有一个操作码并可能有两个参数,第二个参数表示一个地址。其中许多指令是与 Pascal 语言密切相关的,例如,为支持 Pascal 在集合上的操作,有用于集合操作的指令,如集合的交、并和集合成员的判定等。

下面给出一些 P-code 指令。

编码	助记符	参数		描述
40	ABI			取整数绝对值
41	ABR			取实数绝对值
28	ADI			整数加
29	ADR			实数加
53	DVI			整数除
54	DVR			实数除
42	NOT			布尔“非”
43	AND			布尔“与”

续表

编码	助记符	参数		描述
26	CHK		Q	越界检查
15	CSP		Q	调用标准过程
12	CUP	P	Q	调用用户过程
19	GEQ	P	(Q)	大于等于
20	GRT	P	(Q)	大于
48	INN			判定集合成员
46	INT			取交集
4	LDA	P	Q	加载地址
7	LDC	P	Q	加载常量
23	UJP		Q	无条件跳转
24	FJP		Q	假跳转

Pascal-P 编译程序已经实现了到几种实际机器的移植。为了便于程序员进行移植，编译程序中还准备了实现移植的工具。

虽然 P-code 对各种优化技术来说是一种较好的源程序中间形式，但不甚理想，因此，使用人员往往结合自身的需求定义专用的 P-code。

8.2.5 栈式抽象机及其汇编指令

本章在讲解代码生成时采用了上面介绍堆栈式计算机（即 Pascal 的 P-code 抽象机），它具有多个寄存器和足够的内存空间，所生成的代码是该抽象机的代码（汇编语言形式）。表 8.1 给出该抽象机的部分代码。

表 8.1 栈式抽象机的部分代码

指令名称	操作码记忆符	地址部分	指令意义
加载指令	LOAD	D	将 D 中内容加载到操作数栈
立即加载指令	LOADI	常量	将常量压入操作数栈
地址加载指令	LOAD	(D)	将变量地址 D 压入操作数栈
存贮指令	STO	D	将操作数栈栈顶单元内容存入 D
间接存贮指令	STO	@ D	将操作数栈顶单元存入 D 所指的单元
间接存贮指令	STORIN		将操作数栈栈顶单元内容存入由次栈顶单元所指的单元中

续表

指令名称	操作码记忆符	地址部分	指令意义
加指令	ADD		将次栈顶单元与栈顶单元相加,和置于栈顶
减指令	SUB		将次栈顶单元减去栈顶单元,差置于栈顶
乘指令	MULT		将次栈顶单元乘以栈顶单元,积置于栈顶
除指令	DIV		将次栈顶单元除以栈顶单元,商置于栈顶
转整指令	CONVER	$top	将操作数栈栈顶单元转换成整型
转整指令	CONVER	$top-1	将操作数次栈栈顶单元转换成整型
加载数组	TEMPLATE	*D*	将在符号表中数组模板地址 *D* 加载到操作数栈栈顶
模板地址	OFFSET	*K*	检查数组元素第 *K* 个下标值是否在操作数栈栈顶,并是否在所声明数组的第 *K* 维下标值范围内计算地址计算公式中的可变部分
数组元素地址计算指令	ARREF		计算指定数组元素的地址
	DEREF		用数组元素的值代替操作数栈栈顶的数组元素的地址
比较转换指令	$BR\begin{cases} > \\ < \\ = \\ \neq \\ \geqslant \\ \leqslant \end{cases}$	lab	将次栈顶单元与栈顶单元比较 如果指定的关系为真,则转移到 lab,否则控制按顺序传给下一条指令
无条件转移指令	BR	lab	无条件转移到 lab
假转指令	BRF	lab	检查栈顶单元逻辑值,若为假(0)则转移到 lab
等于比较	EQ		将栈顶两操作数作等于比较,并将结果真或假(1 或 0)置栈顶
不等于比较	NOTEQ		将栈顶两操作数作不等于比较,并将结果(1 或 0)置栈顶
大于比较	GT		次栈顶大于栈顶操作数,则栈顶置 1,否则置 0
小于比较	LES		次栈顶小于栈顶操作数,则栈顶置 1,否则置 0
大于等于比较	GE		次栈顶大于等于栈顶操作数,则栈顶置 1,否则置 0
小于等于比较	LE		次栈顶小于等于栈顶操作数,则栈顶置 1,否则置 0

续表

指令名称	操作码记忆符	地址部分	指令意义
逻辑与	AND		将次栈顶与栈顶操作数作逻辑“与”运算,若结果为真,则栈顶置 1,否则置 0
逻辑或	OR		将次栈顶与栈顶操作数作逻辑“或”运算,若结果为真,则栈顶置 1,否则置 0
逻辑非	NOT		将操作数栈栈顶的逻辑值(1 或 0)取反
转子指令	JSR	lab	控制转到被调用过程入口 lab,并将返回地址(JSR 的下一条指令地址)放入操作数栈
分配活动记录	ALLOCATE	*M*	在运行栈上为调用过程分配一大小为 *M* 的活动记录区

8.3 声明语句的处理

从本节开始,将考察过程语言中一些典型语言结构的语义。通过建立这些典型语言结构的属性翻译文法来说明其语义和所要做的语义动作,以及这些语义动作在分析中应插入的位置。本节先讨论声明语句的语义分析,然后再介绍语句和过程的语义分析和代码生成。

除少数语言(如 PHP、Python、Perl 和 Lisp)没有声明语句外,当代的多数程序设计语言(如 FORTRAN、Pascal、C、Ada、C++、Java、VB 和 JavaScript 等)中普遍设有声明语句。特别是为了提高软件的可靠性,目前大多数程序设计语言都具有声明结构。

从代码生成和语义分析的要求出发,处理声明时编译器的主要任务有两个:

(1) 分离出每一个被声明的实体,并将它的名字填入符号表中。

(2) 尽可能多地将要保留在符号表中的有关该实体的信息填入符号表。

一旦声明了一个实体,编译器就可使用符号表中的信息进行如下的分析和处理:

(1) 检查对所声明的实体的引用是否正确。

(2) 利用已声明实体的特性信息,例如类型和已分配的目标码地址,为给定的源程序生成正确的目标代码。

本节将讨论一些常见的声明,如常量声明、变量声明(如简单变量、数组和记录)及过程声明。在讨论这些声明以前,先对有关声明语句的语法形式作一简单的介绍。

有些语言要求每一类实体都要用一个独立的声明语句进行声明(如 Ada、Pascal、C、Java、C++),而有些语言则允许将不同种类的实体在一个声明语句中定义(如 PL/1,Rust、Kotlin 等)。第二种声明方式将给编译的实现带来困难,尤其是在实体的类型说明是放在一组实体名后面时。例如,有下面的 PL/1 声明:

DECLARE(X,Y(N),YTOTAL) FLOAT;

这里 X 和 YTOTAL 是简单变量,Y(N)表示一个数组。在自左向右分析和处理该声明语句时,编译器在知道实体的类型之前,必须为这些实体保留其符号表空间,并记录符号表的开始位置,以便在知道了类型后可以将声明表中所有实体的信息(如目标码地址和类型)填入符号表中。以上问题的解决,可通过下列属性翻译文法进行说明:

<declaration>→DECLARE@ dec_on$_{\uparrow x}$(<entity list>)<type>$_{\uparrow t}$@ fix_up$_{\downarrow x,t}$

<entity list>→<entity name>$_{\uparrow n}$@ name_defn$_{\downarrow n}$ | <entity name>$_{\uparrow n}$@ name_defn$_{\downarrow n}$<entity list>

<type>$_{\uparrow t}$→FIXED$_{\uparrow t}$ | FLOAT$_{\uparrow t}$ | CHAR$_{\uparrow t}$

在开始处理由该文法所定义的声明语句时,要立即调用动作程序@ dec_on,该动作程序是将符号表当前可用单元地址赋给属性变量 x;然后,处理<entity list>,将每个实体名字分别综合到属性 n 中;接着由动作程序@ name_defn 继承该属性,并将 n 的值(各实体名)从 x 开始相继填入符号表中;往下处理声明类型,将所取得的类型值赋给综合属性 t。在第一个产生式中的动作程序@ fix_up 中最终继承该属性,并将类型信息 t 和相应的目标码地址填入从位置 x 开始的所有实体的符号表中。

很明显,如果每一个声明语句只允许声明一个变量,或者变量的类型和维数可以放在声明语句的前部,那么上述那种"回填"符号表的工作就不必要了。下面进一步考察不同类型申明语句的处理。

8.3.1　常量类型

尽管常量在程序的执行期间是不发生改变的,但是对常量进行声明,即通过常量声明可用一个标识符(常量标识符)表示一个常量,往往会带来许多好处。因为常量名只需定义一次,就可以在程序中多次使用,若要改变常量的值也只要修改常量声明中常量的具体值就可以了,而不必去修改程序中该常量的每一次出现的具体值。同时常量的合理命名也有利于提高程序的可理解性。

在大多数有常量声明的程序设计语言中,常量只能在任何独立的可编译模块中声明一次。常量标识符被看作是全局变量,因此要存放在符号表的全局部分。

为了说明与常量声明有关的一些语义动作,现考虑下面的示例文法:

<const decl>→constant<type>$_{\uparrow t}$<entity>$_{\uparrow n}$:= <const expr>$_{\uparrow c,s}$@ insert$_{\downarrow t,n,c,s}$;

<type>$_{\uparrow t}$→real$_{\uparrow t}$ | integer$_{\uparrow t}$ | string$_{\uparrow t}$

<const expr>$_{\uparrow c,s}$→<integer const>$_{\uparrow c,s}$ | <real const>$_{\uparrow c,s}$ | <string const>$_{\uparrow c,s}$

由该文法所产生的一个实例语言是

constant integer SymbSize: = 1024;

当编译这一语句时,首先识别类型(integer),并将它赋值给属性 t;然后识别常量的名字("SymbSize"),将其赋值给属性 n;最后综合常量表达式,将其放在 c 中,并将表达式的类型赋值给属性 s。动作程序@ insert 的功能是:

(1) 检查所声明的类型 t 是否与常量表达式的类型 s 一致,如果不一致,则输出错误信息。

(2) 调用符号表管理程序,将名字 n、类型 t 及表达式的值 c 填入符号表中。

下面介绍变量声明的处理,这里将考虑三种常用变量类型,即简单变量、数组变量和记录变量。

8.3.2 简单变量

简单变量代表保存单个数据实体的数据区,该数据实体在程序中通常被声明为指定的类型,例如整型、实型、字符型、逻辑型和字符串类型等。根据所声明的变量类型,可以确定在运行时必须为变量保留的存储空间的大小。当然这对于实型、整型、逻辑型和固定长度的字符串型是适用的,但对动态数据类型,如可变长度的字符串、特殊子类型、类数据类型等需要作特殊考虑。对具有动态数据类型的变量声明的处理将在后面进行介绍。

考虑下列简单变量声明的属性翻译说明:

<svar decl>→<type>$_{\uparrow t,i}$<entity>$_{\uparrow n}$@ svardef$_{\downarrow t,i,n}$@ allocsv$_{\downarrow i}$;

<type>$_{\uparrow t,i}$→real$_{\uparrow t,i}$ | integer$_{\uparrow t,i}$ | character$_{\uparrow t}$(<number>$_{\uparrow i}$) | logical$_{\uparrow t,i}$

下面是符合该文法的变量声明的一些例子:

real x;

integer J;

character (20) s;

在讨论声明语句的语义时,假定有一块大的数据空间,且该数据区的指针为 codeptr。这个数据空间或者在编译时就分配好(静态分配),或者是在目标程序运行时动态地分配。下面给出出现在上述文法中的两个语义程序的算法的描述。

```
void svardef(int t,int i,char * n)
{
    int j=tableinsert(n,t,i);
    /* 给定一简单变量 n 的类型 t,所需的数据空间大小 i。tableinsert 将 n 和属性 i 及
t 一起填入符号表。j 用作临时变量,记录函数返回值。tableinsert 返回值为 0,表示变量重复定
义;-1 表示符号表溢出。*/
```

```
        if(j==0)
            errmsg(duplident,statmtno);    /* 输出相关的错误信息    */
        else if (j==-1) {
            errmsg(tblovflow,statno);
            abort()                        /* 符号表溢出,编译失败,终止编译程序    */
            }
    }

    void allocsv(int i)                    /* 存储分配    */
    {
    /*设简单变量所要求的数据空间大小为i,由此可更新指针 codeptr 的内容*/
        codeptr=codeptr+i;
    }
```

在过程 svardef 中,所要做的工作是调用函数 tableinsert 将简单变量名(在 n 中)、类型等填入符号表。如果该名字在表中已存在,则返回值0,并利用过程 errmsg 生成相应的错误信息。返回值为-1 则说明符号表已满,这时编译失败并停止编译,因为进一步的编译将导致一连串的语义错误。

第二个过程 allocsv 是为简单变量分配数据空间,变量所要求的空间大小为 i。综合属性 i 在语法分析识别出具体类型时给定,显然它的值与类型 t 有关。

关于简单变量声明,还有一个需要讨论的问题是处理变长字符串的问题。变长字符串是一个在执行期间其长度可变化的数据实体,为了解决这种实体的存储分配问题,应使用堆式存储管理技术来管理字符串空间。对这种串的引用通常是通过描述符,而该描述符是一个固定长度的存储片段,它包含长度可变的串的当前长度和指向字符串中第一个字符的指针。使用描述技术可以使得编译程序在处理变长串声明时,只需要为其分配一个描述符所要占的空间。采用这种描述符技术也可用来处理任何大小可变的数据实体。可变的实体存储在一个存储堆中,而描述符中则存放有指向该实体的数据区的指针。

8.3.3 数组变量

数组是一个由有公共名字且类型相同的元素所组成的数据实体,在数组名字上附加上一个下标表就能唯一地引用一个数组元素。

有时数组的大小在编译时是已知的,也就是静态确定的(如 FORTRAN IV、C、C++)。有时需要在运行时动态地(即在执行由数组声明所生成的目标程序时)确定,如 C#、Java、Ada 等。编译程序在处理数组声明时将建立一个模板,以便在执行期间能够间接引用该数组的元素。对于静态数组,该模板在编译期间建立;对于动态数组,在编译时仅为模板的建立分配一个空间，而模板本身将在运行时建立。

下面先考察一下数组通常是如何存放在存储器中的。虽然数组是一种线性存储结构，但数组也可以是多维的，因此多维数组中数据的存储要制定一个先后次序。通常，多维数组中数据的存储有两种先后存储方式：

(1) 先列后行：从第一列开始按照行号从小到大的顺序，依次存储每一列的元素；

(2) 先行后列：从第一行开始按照列号从小到大的顺序，依次存储每一行的元素。

下面以常用的二维数组举例说明，考虑下面的数组声明：

array B(N,-2:1) integer;

如果 N 的值等于 2，当为数组 B 分配数据空间时，图 8.3 表示按行的存贮方式，即数组元素从第一行开始一行接一行地存储。大多数语言(例如 C 语言)都采用这种存储方式，而 FORTRAN 语言的数组元素是以列为顺序存储的。

现在考察一下模板的内容。设 n 为数组维数，$L(i)$ 为第 i 维的下界，$U(i)$ 为第 i 维的上界。整型数组 B 是二维数组，即 $n=2$，且 $L(1)=1$(默认值)，$U(1)=N$，$L(2)=-2$，$U(2)=1$。数组维数 n 及上、下界值应存放在模板中，以便用来检测下标是否越界以及下标数目是否与数组声明的维数相一致。模板中的这些数据还可用来计算数组元素的地址(相对于分配给数组的数据空间基地址的地址，故称为相对地址)。

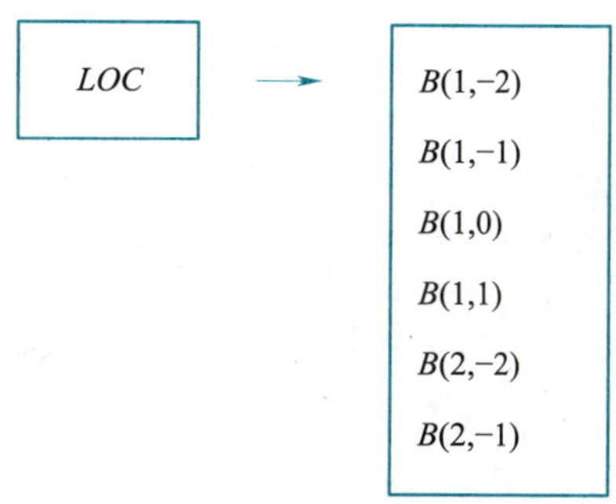

图 8.3 数组 B 的存储表示

设 LOC 为分配给数组的数据空间的开始地址，E 为数组元素的大小(字节数)，那么可用如下公式来计算数组元素的绝对地址。假定数组元素的下标为 $V(1),V(2),\cdots,V(n)$。

$$\text{绝对地址}=LOC+\sum_{i=1}^{n}[V(i)-L(i)]P(i)\times \mathrm{E}$$

式中，$P(i)=1$，当 $i=n$ 时，

$$P(i)=\prod_{j=i+1}^{n}[U(j)-L(j)+1] \text{当 } 1\leqslant i<n \text{ 时}$$

如果令

$$RC=-\sum_{i=1}^{n}L(i)P(i)\times \mathrm{E}$$

则

$$\text{绝对地址}=LOC+RC+\sum_{i=1}^{n}V(i)P(i)\times \mathrm{E}$$

RC 表示数组元素的绝对地址计算中相对不变的部分，一旦知道了数组的维数及上、下界就可计算 RC 的值。例如，在已定义过的数组 B 中，如果对定义 B 的过程的某个调用为 $N=3$，则有：

$$P(1)=[U(2)-L(2)+1]=1-(-2)+1=4$$

$$P(2)=1$$

因此：

$$RC=-\sum_{i=1}^{n}L(i)P(i)=-[1\times4+(-2)\times1]=-2$$

数组元素 $B(2,1)$ 的绝对地址将是：

$$LOC-2+\sum_{i=1}^{n}V(i)P(i)=LOC-2+(2\times4+1\times1)=LOC+7$$

可用图 8.4 来验证这个结果的正确性。

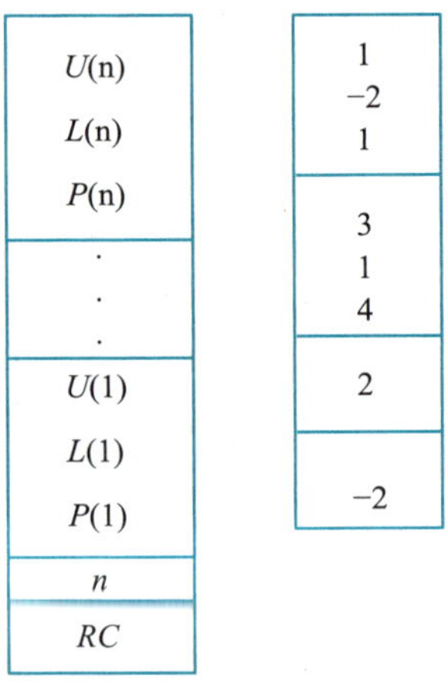

(a) 一般形式　　(b) 数组B的模板

图 8.4　数组模板

图 8.4(a) 描述了数组模板的一般形式，图 8.4(b) 表示数组 B(设 $N=3$) 的模板。

为了说明与数组声明相关的一些语义，可考察在语法上与前面所给出的数组声明相一致的属性翻译文法：

<array del>→array$_{\uparrow k}$@ init$_{\uparrow i}$<entity>$_{\uparrow n}$(<sublist>$_{\downarrow i\uparrow j}$) <type>$_{\uparrow t}$@ symbinsert$_{\downarrow j,n,t,k}$

<sublist>$_{\downarrow i\uparrow j}$→<subscript>@ dimen#$_{\downarrow i\uparrow j}$ | <subscript>, <sublist>$_{\downarrow i\uparrow j}$@ dimen#$_{\downarrow i\uparrow j}$

<subscript>→<integer expr>$_{\uparrow u}$@ bounds$_{\downarrow u}$

| <integer expr>$_{\uparrow l}$: @ lowerbnd$_{\downarrow l}$<integer expr>$_{\uparrow u}$@ upperbnd$_{\downarrow l,u}$

在该文法中，动作程序@ init 的功能是在分配给数组的模板的数据区中保留两个存储单元(即为 n 和 RC)，并将保存数组维数计数的属性 i 初始化为 0。

@ dimen#程序简单地继承 i 并将 i 综合为 $i+l$，赋值给 j 并返回，以表明在<subscript>说明中遇到一个多维数组。

@ bounds 程序仅生成一个存储命令，该命令是取与<integer expr>有关的值，该值一般存放在操作栈的栈顶或一个专用的寄存器中，并将它赋值给数组模板数据区中的 $U(i)$。如果下界默认，那么可将 1 赋值给 $L(i)$，然后计算 $P(i)$。注意可使用递归关系 $P(i)=[U(i+1)-L(i+1)+1]\times P(i+1)$ 以减少与 $P(i)$ 相关的计算。

以类似的方法，@ lowerbnd 生成将 $L(i)$ 的<integer expr>存入模板中的代码。@ upperbound 生成计算 $P(i)$ 的代码和将 $P(i)$ 和 $U(i)$ 的<integer expr>存入模板中的代码。最后的动作@ symbinsert 是将数组名 n、数组标识 k、类型 t 和维数 j 填入符号表的合适位置中，并生成调用运行程序的代码，该运行程序为所给定的模板计算 RC，并将计算结果连同数组名 n 一起存入模板区内。

8.3.4 指针变量

指针是一种特殊类型的变量,它存储了一个内存地址,该地址指向其他数据实体的位置。指针声明需要考虑指针所指向的数据类型,并且需要在运行时为指针变量保留足够的存储空间来存储地址。指针声明的处理与简单变量生成类似,考虑下列指针声明的属性翻译说明:

<ptr decl>→ <type>$_{\uparrow t}$,<entity>$_{\uparrow n}$@ ptrdef$_{\downarrow t,n}$,@ allocptr$_{\downarrow n}$;

<type>$_{\uparrow t}$→ real * $_{\uparrow t}$| integer * $_{\uparrow t}$| character * $_{\uparrow t}$| logical * $_{\uparrow t}$

下面是符合该文法的指针声明的一些例子:

```
real * p;
integer * q;
character * r;
```

下面给出出现在上述文法中的两个语义程序的算法的描述。

```
void ptrdef( int t,int i,char * n)
{
    int j=tableinsert( n,t,PTR_SIZE);/ * 给定指针变量 n 的类型 t,不同于简单变量,指针
    变量所需的数据空间大小是固定的,一般为 4 字节或 8 字节。tableinsert 将变量名,空
    间大小及类型一起填入符号表。j 用作临时变量,记录函数返回值。tableinsert 返回值
    为 0,表示变量重复定义;-1 表示符号表溢出。* /
    if(j= =0)
        errmsg( duplident,statmtno); / * 输出相关的错误信息 * /
    else if (j= =-1) {
        errmsg( tblovflow,statno);
        abort( )                    / * 符号表溢出,编译失败,终止编译程序 * /
    }
}

    void allocptr( )                / * 存储分配 * /
{
    / * 指针变量所要求的数据空间大小与平台有关,由此可更新指针 codeptr 的内容 * /
    codeptr=codeptr+PTR_SIZE;
}
```

在过程 ptrdef 中,将指针变量的类型和名称填入符号表。然后,在过程 allocptr 中,预先定义的指针变量空间大小更新指针 codeptr 的内容,使其指向下一个可用的内存位置。

请注意,PTR_SIZE 是指某一平台下指针变量的大小,而不是所指向对象的大小。

需要注意的是,指针变量的声明和处理涉及内存地址和指针操作,因此在实际编译过程中需要仔细考虑内存管理和指针操作的正确性。

这样就完成了指针变量声明和处理的语义规则的描述。在编译器的实际实现中,还需要考虑其他语义动作和错误处理的细节,以确保编译过程的正确性和可靠性。

8.3.5 记录变量

记录变量是用来引用由几个不同名字所组成的实体,通常这些实体可以是简单变量、数组变量和其他记录变量所组成的混合的数据实体。作为一个例子,考虑下面一个记录变量的声明:

```
record BUFFER is
    integer Length;
    subtype Cursor integer 1..Length;
    array Storage is integer(1..Length)
end BUFFER;
```

处理记录变量声明的语义动作主要由处理记录分量声明的动作组成,也就是说,声明记录变量 BUFFER 的语义相当于声明 Length、Cursor 和 Storage 的语义的组合。附加的动作仅包括将记录名与其类型说明(即类型 record)一起存入符号表中。由于记录可以嵌套(记录中可以再定义记录),因此,通常有必要在符号表的维数域中标明它的嵌套层次。最重要和最有效的是要选一种符号表组织方式,以便使各记录成分在符号表中能够连续地存放。这样做将有利于对各记录分量的引用。如上例中的 BUFFER. Cursor。

在一个记录中,把名字 a 用作记录分量(字段)名字不会和记录外的命名产生冲突。如:

```
int a;
record { float a; int b }   x;
record { float a; int b; int tag } y;
```

这些申明之后,对如下赋值语句:

```
a=x.b+y.b
```

把变量 a 的值设置为记录 x 中分量 b 的值加上记录 y 中分量 b 的值。这个语句是合法的,不会产生冲突。

8.3.6 过程声明

多数程序设计语言并不要求与过程体相分离的过程声明语句,具有这种语句的语言往往是嵌套语言。假定要对该语言编写一遍扫描的编译程序,为了给出现在过程定义之前的过程调用生成正确的代码,这种声明就成为必要的了。这可以用下面的程序框架进行说明:

```
module MAIN
    PROCA(X,Y,S);
    procedure PROCA(in:real X,Y;out:string S);
    end PROCA
end MAIN;
```

为了给调用语句生成正确的代码,编译时必须知道 PROCA 的参数类型、顺序和个数。当然,这些信息只有编译到过程本身的定义之后才能得到。如果将下面的语句:

```
entry module PROCA(in:real X,Y;out:string S);
```

插入到调用语句之前,那么在编译调用语句时符号表中就已经存在所要求的有关参数的信息了。

使用过程声明的第二个原因是通过使用程序库和模块的分别编译,可以隐藏过程或模块的说明。Ada、C 是支持这一观点的最好的例子,基本思想是将模块说明的声明部分与模块体分开。声明部分的内容只需为使用该模块的程序段可见,模块说明的细节(即体)则被隐藏在程序库中。程序库管理系统可利用各级权限,对模块体无访问权的模块实行限制。很显然,要实现这个方案,与每一个分离编译模块有关的符号表必须处于程序库管理系统的控制之下。在现代语言中,程序库管理系统的重要作用将会在介绍编译程序的辅助工具时作进一步的讨论。

8.4 表达式

表达式在大多数过程语言中是用得最多的语法成分,尤其是对于像 C、Java、FORTRAN、Pascal 和 Ada 等这样一些通用语言。本节将讨论不同类型表达式的代码生成和语义分析的基本问题。分析表达式的主要目的是生成能正确计算表达式值的代码。实现这个目的的主要策略是，首先将表达式的操作数装载到操作数栈栈顶或某个寄存器中；然后执行表达式所指定的操作，并将结果保留在操作数栈或寄存器中。现考虑下列整型表达式的文法：

① <expression>→<expr>

② <expr>→<term><terms>

③ <terms>→ε

④ | + <term>@ add<terms>

⑤ | − <term>@ subt<terms>

⑥ <term>→<factor><factors>

⑦ <factors>→ε

⑧ | * <factor>@ mult<factors>

⑨ | / <factor>@ div<factors>

⑩ <factor>→<variable>$_{\uparrow n}$@ lookup$_{\downarrow n \uparrow j}$@ push$_{\downarrow j}$

⑪ | <integer>$_{\uparrow i}$@ pushi$_{\downarrow i}$

⑫ | (<expr>)

下面的动作程序说明了编译上述文法所定义的整型表达式时的语义动作。

```
int add()/*生成一条无操作数的 add 指令*/
{
    emit( "ADD" );
}

void push(int j)    /*根据单操作数预先给定的目标地址生成一条 LOAD 指令*/
{
    emitl("LOAD",symbtbl[j]->objaddr);
}

int lookup(char *n)    /*查表过程,返回变量在符号表中的位置(下标值)*/
{
    int j=symblookup(n);
    if (j<1)
        /* …错误条件… */
    else return j;
}

void pushi(int i)/*i 为整型常数*/
```

```
{
    emitl("LOADI",i);
}
```

在前面已经指出,每一个动作程序都写成一个过程,且过程中的参数都为值形参,其值从继承属性中获得。通过一个或多个列于过程返回语句中的表达式将值返回给综合属性。

在前面的动作程序中,已假定将一个栈式机器模型作为目标机,因此,当调用 add 过程时需要生成一条无操作数的 add 指令,因为已假定两个操作数均已存放在操作数栈的栈顶。

lookup 为查表过程,用来确定变量在符号表中的位置(下标值),并将其赋给综合属性 j。push 程序继承这个属性,并利用它生成一条 LOAD 指令,该指令具有单操作数预先给定的目标地址。

当整型常数出现在表达式中时,调用 pushi 程序,该程序将生成一条 LOADI(立即装载)指令。当运行期间执行该指令时,将该整型常数加载到操作数栈栈顶。

下面给出当自顶向下分析表达式 X+Y * 3 时,对其分析过程的追踪。在分析过程中,正在展开的或与源程序符号相匹配的语法成分用黑斜体字表示。

<expression>⇒***<expr>*** 用产生式①

⇒***<term>***<terms> 用产生式②

⇒***<factor>***<factors><terms> 用产生式⑥

⇒***<variable>***$_{\uparrow n}$@ lookup$_{\downarrow n\uparrow j}$

@ push$_{\downarrow j}$<factors><terms> 用产生式⑩

此刻将出现下列动作:

检查<variable>是否与当前输入 X 相匹配;

n:='x';

lookup(n);

返回 j 的值;

push(j);

生成指令"LOAD,<11,on>$_x$",这里"<11,on>"表示分配给变量 x 的目标地址。

接着往下的分析将是:

<factors><terms>

⇒***<terms>*** 用产生式⑦

⇒+***<term>***@ add<terms> 用产生式④

匹配"+",继续分析:

<term>@ add<terms>

⇒**<*factor*>**<factors>@ add<terms>　　　　　　　　用产生式⑥

⇒**<*variable*>**$_{\uparrow n}$@ lookup$_{\downarrow n \uparrow j}$@ push$_{\downarrow j}$

<*factors*>@ add<terms>　　　　　　　　　　　　　　用产生式⑩

Y 被匹配,且发生匹配 X 时相同的一组动作,生成指令" LOAD,<ll,on>$_y$" 以装载 Y,生成新的句型并继续往下分析。

<*factors*>@ add<terms>

⇒ ∗ **<*factor*>**@ mult<factors>@ add<terms>　　　　　　用产生式⑧

继续匹配“ ∗ ”后,得到:

<*factor*>@ mult<factors>@ add<terms>

⇒**<*integer*>**$_{\uparrow i}$@ pushi$_{\downarrow i}$@ mult<factors>@ add<terms>　用产生式⑪

接着发生下列动作:

分析匹配源程序符号串的整数 3;

pushi;

生成“LOADI,3”指令;

此时待分析部分为:

@ mult<factors>@ add<terms>

下一步调用动作程序@ mult,生成堆栈机指令“MULT",句型变成:

<*factors*>@ add<terms>

⇒@ add<terms>　　　　　　　　　　　　　　　　用产生式⑦

下一步调用动作程序@ add,生成堆栈机指令“ADD”,于是句型简化为:

<*terms*>

⇒ε　　　　　　　　　　　　　　　　　　　　用产生式③

至此,整个表达式已分析完,因此编译过程停止。上述分析过程所生成的代码序列为:

LOAD,<ll,on>$_x$

LOAD,<ll,on>$_y$

LOADI,3

MULT

ADD

上面对表达式的处理是做了简化了的。例如,处理中忽略了可能出现的表达式中各操作数类型的不同,且变量也仅限于是简单变量。这样做的目的是想要突出处理表达式过程中的一些基本问题。现在,我们可以进一步来讨论这个问题。为了简化,假定一个表达式中只允许同时出现整型和实型的操作数。为此,必须扩充表达式的文法,同时插入描述类型的属性,使它成为能描述实型和整型的混合表达式。同时在语义程序中要增加类型一致性检查和类型转换等语义动作。下面是扩充的表达式的属性文法。

<expression>→<expr>$_{\uparrow t}$

<expr>$_{\uparrow t}$→<term>$_{\uparrow s}$<terms>$_{\downarrow s\uparrow t}$

<terms>$_{\downarrow s\uparrow u}$→@ echo$_{\downarrow s\uparrow u}$

| + <term>$_{\uparrow t}$@ add$_{\downarrow t,s\uparrow v}$<terms>$_{\downarrow v\uparrow u}$

| − <term>$_{\uparrow t}$@ sub$_{\downarrow t,s\uparrow v}$<terms>$_{\downarrow v\uparrow u}$

<term>$_{\uparrow u}$→<factor>$_{\uparrow s}$<factors>$_{\downarrow s\uparrow u}$

<factors>$_{\downarrow s\uparrow u}$→@ echo$_{\downarrow s\uparrow u}$

| * <factor>$_{\uparrow t}$@ mult$_{\downarrow t,s\uparrow v}$<factors>$_{\downarrow v\uparrow u}$

| / <factor>$_{\uparrow t}$@ div$_{\downarrow t,s\uparrow v}$<factors>$_{\downarrow v\uparrow u}$

<factor>$_{\uparrow t}$→<variable>$_{\uparrow i}$@ type$_{\downarrow i\uparrow t}$

| <integer>$_{\uparrow i}$@ pushi$_{\downarrow i\uparrow t}$

| <real>$_{\uparrow r}$@ pushi$_{\downarrow r\uparrow t}$

<variable>$_{\uparrow j}$→<identifier>$_{\uparrow n}$@ lookup$_{\downarrow n\uparrow j}$@ push$_{\downarrow j}$

| <identifier>$_{\uparrow n}$@ lookup$_{\downarrow n\uparrow j}$(@ template$_{\downarrow j\uparrow k}$<sublist>$_{\downarrow k,j}$)

<sublist>$_{\downarrow k,j}$→<subscript>$_{\uparrow t}$@ offset$_{\downarrow k,t\uparrow i}$<subscripts>$_{\downarrow i,j}$

<subscripts>$_{\downarrow k,j}$→@ checkdim$_{\downarrow k,j}$

| ,<subscript>$_{\uparrow t}$@ offset$_{\downarrow k,t\uparrow i}$<subscripts>$_{\downarrow i,j}$

<subscript>$_{\uparrow t}$→<expr>$_{\uparrow t}$

下面给出语义程序的简单说明。例如,语义程序 add 将改变为如下的过程:

```
char * add(char *t,char *s)      /* 输入参数(形参)为两个操作数的类型 */
{
        if((strcmp(t,"real")==0)&&(strcmp(s,"int")==0))   /* 如果 t 为实数和 s 为整数 */
    {
        emit(CONVER, $top-1);   /* 生成整型转为实型的指令 */
        emit("ADD");
        return "real";
        }
    if((strcmp(t,"int")==0)&&(strcmp(s,"real")==0))
    {
        emit(CONVER, $top);
        emit("ADD");
        return "real";
    }
    emit("ADD");
    return t;
}
```

在该过程中,输入参数(形参)为两个操作数的类型。程序对这两个类型是否相同进行检查,如果不同,则通过生成 CONVER(将整型转为实型)的目标机指令,正确地将操作栈栈顶(即 $top)的操作数或次栈顶(即 $top-1)的操作数进行转换;然后发送 ADD 指令;最后将该表达式的类型作为综合属性返回。

动作程序 lookup 和 pushi 的功能与前面所描述的同名过程相同或十分类似。类型动作程序 type 根据符号表指针 i(继承属性)简单地综合变量类型(查符号表),并赋值给综合属性 t。另有一些过程如下:

```
int template(int j)/* 形参 j 为数组变量在符号表的位置 */
{
    emitl("TEMPLATE",symbtbl[j]->objaddr);
    k=0;  /* 下标计数器初始化 */
    return k;
}

int offset(int k,char * t);/* 形参 k 为数组下标,形参 t 为操作数类型 */
{
    k=k+1;
    if(t! = "int")
        errmsg("作为数组下标应是整型表达式",statno);
    else emitl("OFFSET",k);
    return k;
}

void checkdim(int k,int j)
    /* 形参 k 为数组下标,形参 j 为数组变量在符号表的位置 */
{
if (k! = symbtbl[j]->dim)
    errmsg("维数与声明不匹配",statno);
else
{
    emit(ARREF);
    emit(DEREF);
}
}
```

过程 template 发送一条目标机指令,该指令将数组变量的模板地址加载到操作数栈栈项,然后将下标计数器初始化为 0。

offset 过程保证每一个下标都是整型,然后发送一条 OFFSET 指令。该指令在运行时执行并完成如下功能:

(1) 检查功能,即保证第 k 个下标值应当是在操作数栈栈顶,并在所声明数组的第 k 维下标值的范围内。

(2) 使用下列递归函数,计算地址计算公式中的可变部分:

$$VP(0)=0$$

$$VP(k)=VP(k-1)+V(k)*P(k),1\leqslant k\leqslant n$$

该函数是由前面讨论数组变量声明时所给出的可变部分计算公式 $\sum_{k=1}^{n}V(k)*P(k)$ 导出的。图 8.5 说明计算数组元素 $B(2,1)$ 的位移时操作数栈的内容。假定数组 B 的声明为:

array B(N,-2:1) integer;

这与前面讨论数组变量声明时所使用的例子相同。在图 8.5(a)中,操作数栈包含有 $B(2,1)$ 的第一维的值(即 2)、由 template 指令设置的 $VP=0$ 的初值,以及 template 在数据区中的地址。

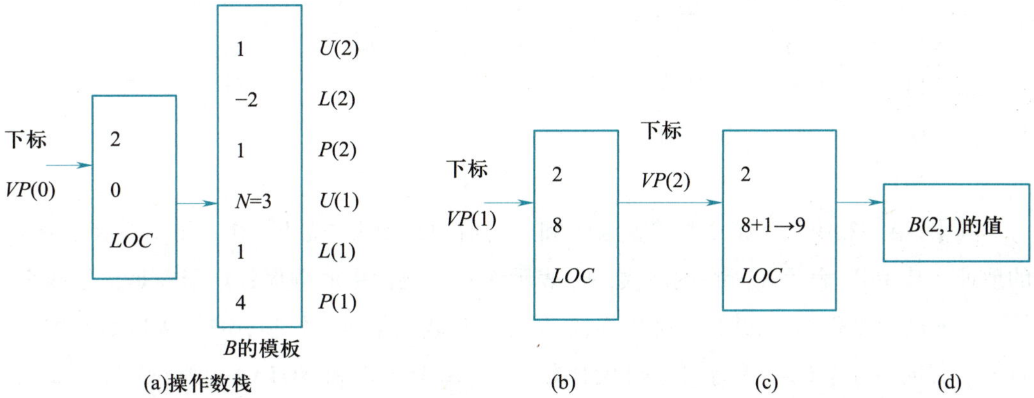

图 8.5 执行 OFFSET 指令时操作数栈的内容

图 8.5(b)和图 8.5(c)说明第一和第二个 OFFSET 指令执行后的操作数栈的内容。应注意的是所有这些编译指令都是在运行时执行而不是在编译时执行。

在所有数组下标都编译完以后,调用过程 checkdim 以检查数组元素下标的数量是否与数组声明的维数相一致,然后发送目标代码指令 ARREF 和 DEREF。ARREF 在运行时只计算指定数组元素的地址值。例如 $B(2,1)$,ARREF 将增加 $LOC+VP(2)+RC$ 或 $LOC+7$,式中 RC 可在模板中由 LOC 所指示的地址单元中找到。目标代码指令 DEREF 将用图 8.5(d)中所表示的数组元素的值代替操作数栈栈顶的数组元素的地址。

本节最后要讨论的是关系表达式的编译。这类表达式中,除有算术操作符、关系操作符(如>、<、=、≠、≥、≤)外,还有逻辑操作符“and”(&)、“or”(|)和“not”(~)。这些操作符都有计算优先顺序的规定,如算术操作符优先级最高,其次是关系操作符,最低是逻辑操作符。对关系表达式的处理方法与算术表达式的处理基本上是相同的,其主要的语

义动作是要生成相应的目标程序。所生成的目标程序是先计算算术表达式的值，计算结果都依次存放在操作数栈中，然后按关系操作符的操作优先顺序计算各关系表达式的值（真或假），计算结果也保留在操作数栈内；最后根据逻辑操作符的优先级进行逻辑操作。整个逻辑表达式最终的计算结果保存在操作数栈栈顶。下面是一个逻辑表达式的例子：

$$\sim(X=Y\&Y\neq z\mid z<X)$$

处理该表达式，将生成如下的抽象机指令序列：

```
LOAD,<llX,onX>
LOAD,<llY,onY>
EQ
LOAD,<llY,onY>
LOAD,<llZ,onZ>
NOTEQ
AND
LOAD,<llZ,onZ>
LOAD,<llX,onX>
LES
OR
NOT
```

其中，第一和第二条指令是将变量 X 和 Y 的值加载到操作数栈，$<ll_X, on_X>$表示变量 X 的地址。其中 ll_X 表示 X 所在的层次，on_X 表示 X 在该层次中的顺序；EQ 指令是比较两个栈顶单元的值是否相等，并将其弹出堆栈，最后将比较结果压入栈顶；NOTEQ 和 LES 指令是分别实现不等于（≠）和小于（<）的比较操作；AND、OR 和 NOT 分别执行“与”（&）、“或”（|）和“非”（~）的逻辑操作。

8.5 赋值语句

赋值语句的语义是简单明了的，即先计算赋值号右部的表达式的值，然后将它赋给赋值号左边的变量。从语义分析的观点，赋值语句与表达式语句唯一的不同是对左部变量的赋值，而不是像表达式那样对所有变量都是取值。为了说明这一点，考虑下列源程序语句：

$X:=Y+X;$

实现这一语句的一组抽象堆栈机指令是：

LOAD,(<ll_X,on_X>) /∗ 将变量 X 的地址加载到栈顶∗/

LOAD,<ll_Y,on_Y> /∗ 加载 Y 的值∗/

LOAD,<ll_X,on_X> /∗加载 X 的值∗/

ADD /∗ 将栈顶的两个操作数相加,并将结果置于栈顶∗/

STORIN /∗ 将栈顶单元中的值存放到栈顶次高元所指向的变量单元中∗/

第一条 LOAD 指令置 X 的二元地址<lexic level,order number>到操作数栈栈顶;第二和第三条指令是将 X 和 Y 的值依次加载到栈顶;ADD 指令是将栈顶的两个操作数相加($X+Y$);最后通过指令 STORIN(间接存贮指令)将栈顶单元中的表达式的计算结果存放到栈顶次高元所指的变量单元中。

除了处理赋值语句、过程参数的引用传递(将实在参数的地址传递给相应的形式参数)和输入语句的变元表外,在大多数高级的程序设计语言中一般不需要有访问变量地址的功能,且大多数语言也不采用专门的符号来区别是对变量的值还是对变量地址的引用,而是依靠对变量出现的上下文进行语义分析来确定。由于在系统软件的开发中经常需要引用变量地址,因此,适用于系统软件开发的 C 语言常常使用显式的语法符号来表示对变量地址的引用。例如,在 C 语言中,可编出如下的赋值语句:

$X := \&Y$

在该式中,其语义是将 Y 的地址赋值给 X。这里操作符 & 是表示取操作数 y 的地址。

下面的赋值语句的属性翻译文法包括有三个语义动作程序:

<assignstat>→@ $setL_{\uparrow L}$<variable>$_{\downarrow L \uparrow t}$:= @ $resetL_{\uparrow L}$<expr>$_{\uparrow s}$@ $storin_{\downarrow t,s}$;

由于对语法单位<variable>必定要产生一个地址引用,所以用动作程序 setL 来设置综合属性 L(L 表示是在赋值号左边的意思)。该过程的说明如下:

```
int setL( )
{
    return 1;      //true
}
```

上述过程是将 true 赋值给综合属性 L;而赋值号右边的动作程序 resetL 则将逻辑属性 L 设置为 false,以指示赋值语句右部的表达式将产生一个值。

最后的动作程序 storin 是一个具有下列框架的过程:

```
void storin( char∗ t,char ∗s) /∗输入参数为两个操作数的类型∗/
{
    if (strcmp(t,s)! =0)
    {
        /∗检查类型和发出合适的转换指令∗/
        /∗或将表达式的值按变量类型进行转换的指令∗/
```

```
        }
        emit("STORIN");
    }
```

在讨论赋值语句时,没有考虑赋值变量是数组元素甚至是一个数组的情况。若赋值变量是一个数组元素,则编译程序先要生成调用计算数组元素地址的子程序;然后生成 LOAD 指令,将该地址加载到操作数栈栈顶;之后再生成计算表达式值和将计算结果赋值给目标的目标指令。如果允许对整个数组赋值,那么显然应当使用先找到第一个数组元素的地址,继而使用内部计数器增值的办法以产生对所有数组元素地址的引用。

8.6　控制语句

本节将讨论程序语言中控制语句的语义分析和代码生成,其中对控制语句的讨论将包括 if 结构、分情况和循环结构;对循环结构的讨论将包括 repeat-while 和 for 循环结构。下面先讨论对 if 结构的处理。

8.6.1　if 语句

if 结构包括两种类型,即 if-then 型结构和 if-then-else 型结构。这两种类型的结构可由如下文法定义:

① <ifstat>→<ifhead><iftail>

② <if head>→IF<log expr> THEN <stat list>

③ <if tail>→ε | ELSE<statlist>

在该文法中,没有给出<log expr>和<stat list>的定义,因为逻辑表达式的编译已在前面作了介绍。对语句表的处理可归结为对一个一个语句的处理,这正是现在正在进行介绍的。对 if 结构的处理主要是要生成多条转移指令,以实现该结构所规定的控制流。图 8.6 说明了上述两种 if 结构的控制流。

正如前面所讨论的,处理<log expr>所生成的目标代码是计算该表达式的值(真或假),并将结果置于操作数栈栈顶。如果<log expr>的值是假(为 0),则抽象机指令"BRF labA"将控制转到 labA;否则控制传给所生成的抽象机指令序列中的下一条指令。BR 指令仅仅是一条抽象机的无条件转移指令。下面给出实现该控制流的 if 结构的属性翻译文法以及相应的语义动作程序。

① <ifstat>→<ifhead>$_{\uparrow y}$<iftail>$_{\downarrow y}$

② <if head>$_{\uparrow y}$→IF<log expr>@ brf$_{\uparrow y}$ THEN <stat list>

③ <if tail>$_{\downarrow y}$→@ labprod$_{\downarrow y}$ | ELSE@ br$_{\uparrow z}$@ labprod$_{\downarrow y}$<statlist>@ labprod$_{\downarrow z}$

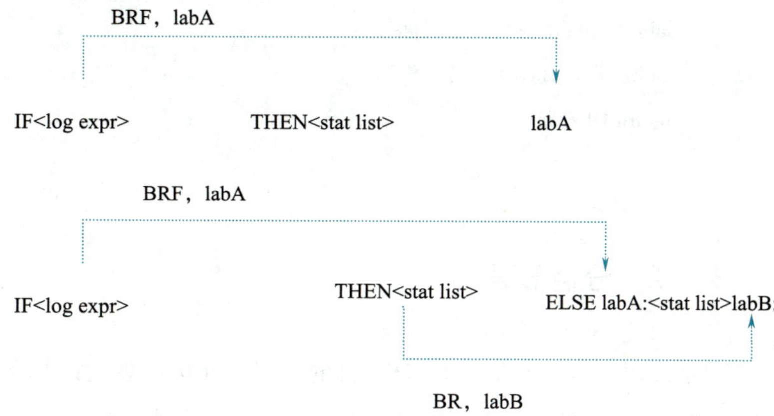

图 8.6 if 结构的控制流

在编译 if 语句时，首先要调用的是动作程序 brf。该程序的功能是要生成一条 BRF 指令，并将转移标号返回给综合属性 y。该程序的过程说明如下：

```
char * brf()                    /* 无继承属性。*/
{
    char * labx;
    labx=genlab();             /*  生成标号   */
    emit("BRF",labx);
    return labx;
}
```

其中，genlab 为生成标号的过程。

对 if-then 型结构下一个要调用的动作程序是 labprod，该程序只是将继承属性中的标号设置到目标程序中，其相应的过程说明为：

```
void labprod(char * y)/*形参 y 为继承属性中的标号*/
{
    setlab(y);
}
```

其中，setlab 为在目标程序中设置标号的过程。

对 if-then-else 结构除要调用上述两个动作程序外，还需要在识别出 ELSE 后调用一个 br 程序。该程序是要生成一个无条件转移指令 BR，并将转移标号返回给综合属性 z。下面是该程序的过程说明。

```
char * br()/* 无继承属性 */
{
    char * labz;
    labz=genlab();/* 生成标号 */
    emit("BR",labz);
    return labz;
}
```

8.6.2 分情形语句

分情形语句是一个多分支结构,目的是对程序中出现的逻辑条件按情况进行分解。因此,它是 if 语句的概括。下面是一种 case 语句的可能形式:

```
do case of rate * gross-sal:
    >22000:surcharge:=0.8;
    ≥16000:surcharge:=0.6;
    ≥10000:surcharge:=0.4;
    else:surchare:=0.0;
    print("no surcharge");
end case;
```

图 8.7 说明 case 结构逻辑流的一般模式。其中<cond>代表一标准的关系运算符;<statlist>是一个语句序列,它可能包括 case 语句;结构<~cond>表示条件取反,即如果<cond>是>,那么<~cond>就是≤。

下面是 case 结构的一个属性翻译文法:

① <case stat>→<case head>$_{\uparrow x}$<case body>$_{\downarrow x}$<case tail>@ labemit$_{\downarrow x}$

② <case head>$_{\uparrow x}$→do case of <expr>:@ doubload$_{\uparrow x}$

③ <case body>$_{\downarrow x}$→<cond stats>$_{\downarrow x}$

④ <cond stats>$_{\downarrow x}$→ε

⑤ | <cond stat>$_{\downarrow x \uparrow y}$<cond stats>$_{\downarrow y}$

⑥ <cond stat>$_{\downarrow x \uparrow y}$→<cond>$_{\uparrow r}$<expr>:@ brcomp$_{\downarrow r \uparrow f}$<stat list>;

@ reload$_{\downarrow x \uparrow y}$

@ labemit$_{\downarrow f}$

⑦ <case tail>→else:<stat list>;end case

在产生式②中,由于<expr>的值总是在由产生式⑥中的 brcomp 程序发送转移指令时遭到破坏,所以动作程序 doubload 的功能是将<expr>的第二个副本装入操作数栈。这两

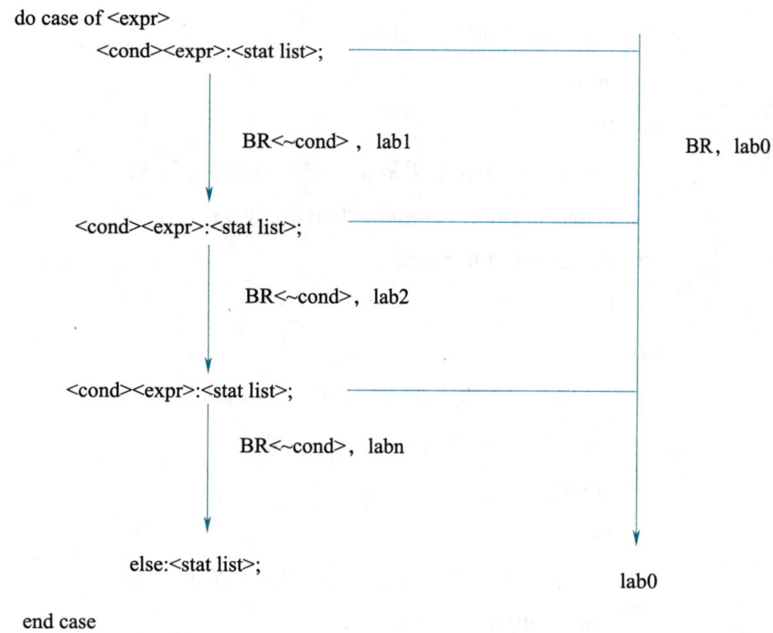

图 8.7 case 结构的逻辑流

个程序的过程说明如下：

```
char * doubload()              /* 将<expr>的第二个副本装入操作数栈 */
{
      char * lab;
      emitl("LOAD", $top);     /* 在目标程序中生成指令,将当前栈顶内容装载到新的
                                  栈顶 */
      lab=genlab();            /* 生成图 8.7 中 lab0 处的标号 */
      return lab;              /* 返回标号 */
  }

  char * brcomp(char r)        /* 形参 r 为当前所读字符 */
      {
  char * lab;
  lab=genlab();/* 生成图 8.7 中 lab1 到 labn 的标号 */
      switch(r)
      {
         /* 产生相反的分支 */
  case '<':
         /* 下一个字符如果是=,则产生>跳转指令,反之产生≥跳转指令 */
      if(getch()=='=') emitl("BR>",lab);
```

```
            else emitl("BR≥",lab);
            break;
        case '>':
            /* 下一个字符如果是=,则产生<跳转指令,反之产生≤跳转指令 */
            if(getch()=='=') emitl("BR<",lab);
            else emitl("BR≤",lab);
            break;
        case '≠':
            /* 下一个字符如果是≠,则产生=跳转指令 */
            emitl("BR=",lab);
            break;
        case '=':
            /* 下一个字符如果是=,则产生≠跳转指令 */
            emitl("BR≠",lab);
            break;
        }
        emit("pop");                    /* 从栈内弹出逻辑值 */
        emitl("LOAD", $top)             /* 重新加载产生式②中<expr> */
        return lab;
}
```

要注意,在 brcomp 中,在执行<cond stat>结构中的语句序列之前,有必要消除栈顶的逻辑值,重新装入原来的 case 表达式。

在产生式①到⑥中的 labemit 程序只设置在继承属性中所指定的标号,在产生式①中生成的标号是用于结束每种情况的一般的 BR 指令中,它被设置于整个 case 语句的结束处。产生式③中所生成的标号是用在每个<cond stat>中生成的条件转移指令中。

reload 程序首先除去由条件转移所创建的逻辑值,然后生成公共的转移指令,该指令是在每个情况(即每个<cond stat>)的<stat list>之后所要求的。reload 的语义如下:

```
char * reload(char * x)
{
    emit("pop");/* 除去与 BR(~cond),lab 有关的逻辑值 true */
    emitl("BR",x);
    return x;
}
```

8.6.3 repeat-while 语句

repeat-while 结构是控制类语句中的另一种结构。

下面讨论 repeat-while 结构的一个例子：

```
repeat while test(j) ≠';';
    if j<length
        then j:= j+1
end repeat;
```

图 8.8 显示了 repeat-while 结构的一般模式。考察该结构中的逻辑流将需要 4 种语义动作。

下面是该结构的属性翻译文法：

① <repeat while >→<repeat head>$_{\uparrow f,r}$<stat list>
　　　　@ retbranch$_{\downarrow r}$<repeat end>
　　　　@ labemit$_{\downarrow f}$

② <repeat head>$_{\uparrow f,r}$→repeat-while@ labgen$_{\uparrow r}$<log expr>
　　　　@ falsebranch$_{\uparrow f}$;

③ <repeat end>→end repeat

labgen 程序只设置产生式②中的返回标号,该程序如下所示：

```
char * labgen()
{
    char * r;
    r=genlab();/* 生成产生式②中的返回标号 lab1 */
    setlab(r);
    return r;
}
```

falsebranch 程序生成产生式②中的当<log expr>为假时所需要的假分支指令。该过程说明如下：

```
char * falsebranch()
    {
        char * f;
        f=genlab();     /* 生成产生式②中的当<log expr>为假时的标号 lab2 */
        emitl("BRF",f);
        return f;
    }
```

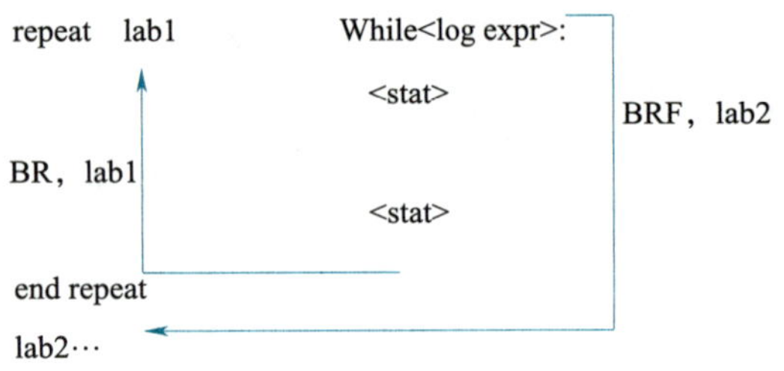

图 8.8　repeat-while 结构的逻辑流

retbranch 程序只生成形成循环的无条件返回的转移指令。labemit 程序(已在表达式一节中介绍过)设置为假分支指令所产生的标号。

8.6.4　for 循环语句

for 循环可以认为是 repeat-while 循环的多结构形式。在 for 循环中,设置一循环变量,循环体每执行一次,该变量就增值一次,并进行是否要结束循环的测试。下面是一般形式的计数循环的例子:

```
for i:=1 to n by z do
    <stat>
      ⋮     } /* 循环体 */
    <stat>
end for;
```

图 8.9 提供了为实现 for 循环语义必须生成的代码结构。图中的连线表示 for 结构中的各语法单位与所生成代码之间的对应关系。下面是实现这种翻译的属性翻译文法:

① <for loop>→<for head>$_{\uparrow a,f,r}$<rest of loop>$_{\downarrow a,f,r}$

② <for head>$_{\uparrow a,f,r}$→for<id >$_{\uparrow a}$: = <expr>@ initload$_{\uparrow s}$

to@ labgen$_{\uparrow r}$<expr>by

@ loadid$_{\downarrow a}$<expr>@ compare$_{\downarrow a,s\uparrow f}$

③ <rest of loop>$_{\downarrow a,f,r}$→do<stat list> end for

@ retbranch$_{\downarrow r}$@ labemit$_{\downarrow f}$

在图 8.9 所示的 for 循环的代码结构图中略去了为每个<expr>所生成的代码序列,在图中用 LOAD,<expr>表示。动作程序 initload 只生成给循环变量赋初值的指令,即 STOR-IN 指令,并产生跳过对循环变量进行测试的转移。这样所实现的 for 语义先不检查循环变量的值是否越出所规定的界限(即<expr2>),而是先执行循环体一次。希望读者能尝试写出一个在执行循环体之前先作这种初始测试的动作程序。

labgen、retbranch 和 labemit 的语义与 repeat-while 结构中所使用的相同。产生式②中的 labgen 程序生成返回到如图 8.9 中所表示的循环体结束处的标号。产生式③中的 ret-

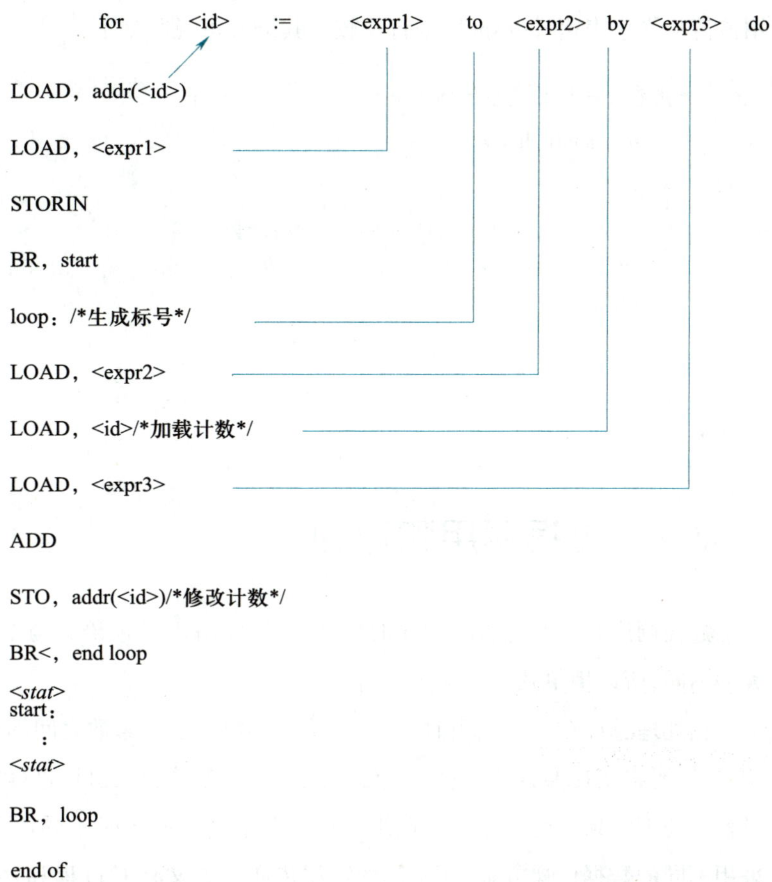

图 8.9 for 循环的代码结构图

branch 程序生成无条件转移指令，该指令使控制返回到 labgen 程序生成的标号“loop”。最后 labemit 发送“end loop”标号，该标号是在 compare 程序执行期间作为条件转移 BR<的一部分而产生的。下面给出 compare 程序：

```
/＊形参 a 为计数变量的地址，形参 s 为循环体开始处的标号＊/
    char＊ compare( char＊ a, char＊ s)
        {
            char＊ f;
            emit( "ADD" );
            emitl( "STO", a );          /＊STO 是非破坏性的＊/
            f = genlab( );              /＊生成"end loop"标号＊/
            emitl( "BR<", f);
            setlab( s);
            return f;
        }
```

最后，产生式②中的动作程序 loadid 是用来产生装载计数变量（即<id>）值的指令，并用该值与终止表达式<expr2>进行比较。其语义可说明如下：

```
/ * 形参 a 为计数变量的地址 * /
    void loadid( char *  a)
        {
            emitl( " LOAD" ,a ) ;/ * 加载计数 * /
        }
```

8.7　过程调用和返回

过程调用和返回也影响程序的控制流，然而由于过程语义与上一节中所讨论的有很大的不同，所以用单独一节来进行讨论。

在处理过程和过程调用时，还涉及实在参数和形式参数之间的数据传递问题，即过程调用时，要将实在参数的信息传递给相应的形式参数。在执行过程或从过程返回时，要将过程的处理结果返回给相应的调用过程。由于过程调用时不同语言、不同性质的形参拟采用不同的数据传递方式，而不同的数据传递方式又将对过程和过程调用的语义分析和代码生成产生影响，所以，我们首先讨论参数的基本传递形式。

8.7.1　参数的基本传递形式

一般来说，过程调用时，形式参数与实在参数之间的数据传递方式有传值、传地址、传名三种基本形式：

1. **传值**也称按值调用(call by value)。这是一种最简单的数据传递方式。调用段(过程语句的目标程序段)把实在参数的值计算出来(或直接取出)并存放在操作数栈或寄存器或被调用过程能够取得的数据单元中；被调用段(过程说明的目标程序段)首先将实在参数的值送进相应的形式参数的数据单元中。编译程序对过程体中形式参数的处理与处理一般实在参数标识符处理类似，即像实在参数那样生成目标代码。

PASCAL 语言的值形参，Ada 的 in 参数都要求采用这种传值的办法来实现形式参数到实在参数的数据传递。值得注意的是，这种形式参数与实在参数的结合方式，数据传递是单方向进行的，即调用段将实在参数的值传递到被调用段相应的形式参数的数据单元中，而在执行被调用段的过程中，不可能将赋值形参的数据单元中的内容再传回调用段的相应实在参数单元中。

在 Java 语言中,当实在参数是基本类型时是通过传值方式进行调用的;如果实在参数是一个类的对象时将该对象的地址值传递给形式参数,其实也是一种传值方式。C 语言、C++语言、Delphi 以及 PHP 等也都支持按值调用。

2. **传地址**也称为引址调用(call by reference)。所谓传地址是将实在参数的地址传给相应的形式参数。若实在参数是简单变量或常量,则编译程序要生成将它们的地址保存在操作数栈或寄存器或某个数据单元中的代码;若实在参数是数组元素,则除上述代码外,在调用段中还应先有计算该数组元素地址的代码。若实在参数是表达式,则编译程序应先分配一个临时数据单元,在调用程序中先要有计算表达式的值和将值送进临时数据单元中,以及将该临时数据单元的地址保存在操作数栈或寄存器或某个数据单元中的目标代码。当程序控制进入被调用过程时,被调用过程首先将实在参数的地址填进自己的相应的形式参数的数据单元中。过程体中对形式参数的引用或赋值都将被处理成对形参数据单元的间接访问。很显然,这种处理方式当被调用过程执行完毕返回时,形式参数数据单元(实际上是指针)所指的实在参数的值有可能改变。也就是说,被调用过程的处理结果将被送回调用过程。

在一般情况下,FORTRAN 语言的形式参数与实在参数之间以及 Pascal 的变量形参与实在参数之间均采用这种数据传递方式。国内在 ALGOL 语言的实现中,其换名形参也常采用这种方式。

PHP、Delphi 及 C++等都对这种数据传递方式提供了支持,其中 C++采用“&”表示取参数的地址。JavaScript 对于简单类型(例如 String、Number、Boolean)不支持引址调用,但是对于对象、函数、数组、HTML 元素和其他复杂对象等均采用传地址的方式。

3. **传名**也称按名调用(call by name)。顾名思义,这种数据传递方式是将实在参数的名字传给过程中相应的形式参数,也就是说,过程体中的形式参数都要用相应的实在参数的名字进行替换。ALGOL 语言的换名形参就是这种数据传递方式。此外被称为“JVM 上的下一个 Java”的 Scala 语言也支持参数的按名调用。这种名字替换的实质是:在过程说明的目标程序中,在形式参数出现的地方都要使用相应实在参数当时的值或地址。

由于这种参数传递方式实现起来比较复杂,目标程序的运行效率也较低,故已很少使用。这里对此不作详细介绍。另外,还有一种不常用的参数传递方法是“传结果”,需要了解的读者也可阅读有关书籍。

8.7.2 过程调用

与过程调用有关的主要动作包括:

(1) 检查该过程是否已定义;与所定义的过程(过程或函数)的类型是否相一致;实在参数的数量及类型与过程定义中的形式参数的说明是否相一致。

(2) 装载实在参数。

（3）装载返回地址。

（4）转移到相应过程体。

在讨论中将使用下列格式的调用语句：

```
process_symb ( symb, cursor, replacestr );
```

下面是一组为实现该调用语句而要产生的目标机代码指令：

```
                LOAD, <addr of symb>
                LOAD, <addr of cursor>
                LOAD, <addr of replacestr>
                JSR, <addr of process_symb>
<retaddr>: …
```

在所生成的代码中，假定使用按值调用的参数传递方式。前三条指令将过程调用变元装入操作数栈。如果变元是一般的表达式，那么显然要生成计算该表达式的代码，代替简单的 LOAD 指令。在这两种情况下都要装载变元的值。

接着发送“转子”指令，该指令将控制转移到被调用过程体（在本例中为 process_symb）的起始地址，并将返回地址（JSR 指令的下一条指令地址）压入操作数栈。

该例的被调用过程体有如下形式：

```
procedure process_symb( string: symbol, int: cur, string: repl);
                    ⋮
end process_symb;
```

在过程体开始处必须生成下列一组指令，以存储返回地址和形式参数的值。

```
ALLOCATE, 4+x              /* x 是定长项的空间 */
STO, ( actrec loc1)        /* 存贮返回地址 */
STO, ( actrec loc4)        /* 存贮代 replacestr/
STO, ( actrec loc3 )       /* 存贮 cursor */
STO, ( actrec loc2)        /* 存贮 symb */
```

首先生成一条专用的 ALLOCATE 指令，它的任务是如第 6 章中所介绍的那样在运行栈顶分配一个活动记录，一开始就要分配足够的空间以保存返回地址、三个形参，以及在过程中局部声明的所有固定长度的数据项空间 x。返回地址和形式参数值以后填入。注意，调用过程的变元值按照它们相应的形参在形参表中的次序存放在活动记录（缩写 actrec）中，它们是以相反的顺序存放在栈中的。在编译过程说明时，必须正确处理压入操作数栈的值与运行栈中形式参数的存储单元之间的关系。

过程调用的属性翻译说明如下：

① <proc call> : : = <call head>$_{\uparrow i,z}$@ initm$_{\uparrow m}$<arguments>$_{\downarrow i,z}$@ genjsr$_{\downarrow i}$

② <call head>$_{\uparrow i,z}$: : = <id>$_{\uparrow n}$@ lookupproc$_{\downarrow n \uparrow i,z}$

③ <arguments>$_{\downarrow i,z}$: : = @ chklength$_{\downarrow i,z}$ | (<arg list>$_{\downarrow i,z}$)

④ <arg list>$_{\downarrow i,z}$: : = <expr>$_{\uparrow t}$@ chktype$_{\downarrow t,i,m,z \uparrow z}$<exprs>$_{\downarrow i,z}$

⑤ <exprs>$_{\downarrow i,z}$: : = @ chklength$_{\downarrow i,z}$ | , <expr>$_{\uparrow t}$@ chktype$_{\downarrow t,i,m,z \uparrow z}$<exprs>$_{\downarrow i,z}$

产生式②中的动作程序 lookupproc 取被调用过程的名字作为输入(来自<id>的综合属性赋给属性 n),找到它在符号表中的位置 i,并返回 i 和过程定义的形参个数 z,在产生式④和⑤中的 chktype 程序中继承这些值。lookupproc 和 chktype 的过程说明如下:

```
int lookupproc(char * n)              /* 形参 n 为被调用过程的名字 */
{
    int i=0;
    i=lookup(n);                      //查找符号表,返回符号表位置
        if(i<1)
    {
        error("过程",n,"未定义",statno);
        errorrecorvery(panic);
        i=0;
        z=0;//z 表示过程定义的形参的个数,全局变量
        return i;
    }else{
        z = symbtbl[i]->dim;//symbtbl 为符号表
        return i;
    }
}
/* 形参 t 为待检查类型,形参 i 为变量符号表位置,形参 m 为已检查的实参数,形参 z 是待
   匹配的形参数 */
int chktype(char * t,int i,int m,int z)
{
    if(z< 1)
    {
        error("变元数大于过程的形参数",symbtbl[i]->name,statno);
        return z;
    }
    m=m+1;                            /* 实参计数 */
    if(strcmp(t,symbtbl[i+m]->type)! =0)
    {
        error("变元和形参的类型不匹配",symbtbl[i+m]->type,statno);
```

```
    }
    z=z-1;/＊减去已匹配的形参数＊/
    return z;/＊剩下待匹配的形参数＊/
}
```

可以看到在 lookupproc 程序中，如果被调用过程在以前没有定义过，则发送错误信息并调用错误处理过程。在这种情况下错误处理将采取紧急方式，即删除整个调用语句（已分析过的部分和未分析的调用语句的剩余部分），这样可使针对随后源语句的分析过程继续进行。在该情况下，删除整个调用语句是合理的，这是因为如果允许分析继续进行，则由于对 chktype 动作程序的重复调用将引起一连串的语义错误，这一连串的错误是由于没有定义相应数目的形参和每个形参的类型而造成的。

最后的动作程序 genjsr 生成 JSR 指令，该指令的转移地址可以在符号表中找到（symbtbl[i].addr）。

过程定义语句的属性翻译说明如下：

① <proc defn>::=<proc defn head>@ initcnt $_{\uparrow i}$<parameters>$_{\downarrow i\uparrow k}$@ emitstores$_{\downarrow k}$

② <proc defn head >::=procedure$_{\uparrow t}$<id>$_{\uparrow n}$@ tblinsert$_{\downarrow t,n}$

③ <parameters>$_{\downarrow i\uparrow k}$::= @ echo$_{\downarrow i\uparrow k}$|(<parm list>$_{\downarrow i\uparrow k}$)

④ <parm list>$_{\downarrow i\uparrow l}$::=<type>$_{\uparrow t}$:<id>$_{\uparrow n}$@ tblinsert$_{\downarrow t,n}$@ upcnt$_{\downarrow i\uparrow k}$<parms>$_{\downarrow k\uparrow l}$

⑤ <parms>$_{\downarrow i\uparrow l}$::= @ echo$_{\downarrow i\uparrow l}$|,<type>$_{\uparrow t}$:<id>$_{\uparrow n}$

　　　　@ tblinsert$_{\downarrow t,n}$@ upcnt$_{\downarrow i\uparrow k}$<parms>$_{\downarrow k\uparrow l}$

当编译过程定义时，有关该过程和它的形参的信息都存放在符号表中。将这些信息填入符号表从动作程序 tblinsert 开始，如在上述文法的产生式②、④和⑤中所指出的。tblinsert 过程描述如下：

```
/＊形参 t 为标识符类型，形参 n 为标识符名字＊/
void tblinsert(char＊ t,char ＊n)
{
    int hloc;
    if(lookup(n)>0) /＊名字已在符号表中＊/
    error("名字定义重复",statno);
        else                        /＊将新名字填入符号表＊/
        {
            hloc=hashfctn(n);       /＊求散列函数值＊/
            hashtbl[hloc]=s;        /＊s 为符号表指针(下标),为全局量＊/
    symbtbl[s]->name=n;
            symbtbl[s]->type=t;
            s=s+1;/＊增加全局符号表下标 s＊/
```

```
        }
    }
```

在程序 tblinsert 中应进行检查，以保证正在填入的过程名字的标识符不在表中。如果不在表中，则填入该标识符及其类型，并增加符号表的下标，为下次填表做准备。注意，这里假定 s 和 symbtle 对该动作程序是全局的。

必须对过程定义中的形式参数进行计数，以保证形参的个数和过程调用中的变元数相一致。该计数也指明了为存储参数值要发送的 STO 指令的数目。所以在①、④和⑤产生式中分别列举两个动作程序，一个对 count 初始化，另一个修改 count。

```
int initcnt()                  int upcnt(int j)
{                              {
    return 0;                      return j+1;
}                              }
```

最后，过程 emitstores 用以生成分配新的活动记录、存储返回地址和形式参数的值所必需的目标代码。

```
/*形参 k 为最后得到的形参个数*/
/*实际 ALLOCATE 指令所分配的空间应在所有局部变量定义处理完以后，
并考虑固定空间(前述 x)大小，反填回去*/
    void emitstores(int k)
    {
        int i=0;
        emitl("ALLOCATE",k+x+…);
        emitl("STO",ll,x+1);/*保存返回地址*/
        for(i=k+x+1;i>=x+2;i--)/* 存贮参数值*/
        {
            emitl("STO",ll,i)
        }
    }
```

ALLOCATE 指令创建一足够大的活动记录是为了保存返回地址和形式参数，同时也考虑了前述的固定空间 x。很明显，在定义所有的局部变量和已知它们固定的空间需求之后，ALLOCATE 指令的变元必须通过“回填”进行修改，以处理增加的空间需求。这种回填对于在一遍中要生成代码的编译程序常常是必要的。在生成的存贮指令中，假定采用词法层号加顺序号的寻址方式。

在过程调用语句的讨论中，仅描述了如何处理按值传递的参数传递方式。参数传递的另一种常用的方法是引用传递，它可以用非常类似于按值传递的方法来实现，但不是加载一个变元(实在参数)的值,而是传递对变元的引用(即地址)。于是这个地址与形参相联系,这样被调用过程中的形式参数值的改变将自动地改变该过程外的变元的值。在这个例子中,当调用参数不是一个变量(例如是一个算术表达式)时,可在变元旁设置一哑单元,将对该单元的引用(即地址)传递到被调用过程并与相应的形式参数相联系。很显然,改变哑变元的形参对被调用过程外部将无任何影响。

8.7.3 返回语句和过程终止

不管是通过返回语句或者是过程体的“出口”,与过程结束有关的语义动作有:

(1) 如果过程是函数过程,则发送一条将返回值存入操作数栈或运行中为该函数预先分配的单元中的指令。

(2) 发送一条将返回地址压入操作数栈栈顶的指令。

(3) 发送一条删除被调用过程的活动记录的指令。

(4) 发送无条件转移指令,返回到调用过程的调用点的下一条指令。

在返回语句或是过程的终止语句(例如结束语句)的属性翻译文法中,放置动作程序是十分简单的,所以这里不再加以讨论。

8.8 输入输出语句

一般来说,从语义观点的角度可知,输入输出(I/O)语句是最难定义的。这主要是因为它们在很大程度上依赖于目标架构和操作系统。本节将重点介绍在处理输入输出语句时必须要考虑的一些因素和技术。

8.8.1 输入语句

一般地,输入是通过处理字符数据流或一组预先存储的文件记录来进行的。字符数据流输入通常由标准输入设备产生,目前典型的是通过键盘、显示终端;而文件记录的输入则常常通过外部存储介质,如硬盘或者光盘进行。

正常情况下,在多用户系统中首先是将字符数据流形式的输入读到由系统提供的专用缓冲区中,该缓冲区协助分配用户之间的系统需求;然后输入流被送入程序区并根据输入语句中所给定的格式说明或由每个输入变量的类型所隐含的格式进行变换。为了进行说明,考虑下列输入语句:

Input name%c12,%x1,mark%d2,%x2,addr%c18 ;

这里的%用来描述与赋给该变量的输入数据有关的格式。在这个 C 语言类型的格式说明中,%*cn* 表示数据流中的以下 *n* 个元素是作为字符处理,%d*n* 表示以下 *n* 个元素作为数字处理,%x*n* 表示以下 *n* 个元素被略去。

如果输入流中包含下列数据:

Johns,bk. M. bb87 bb84bForestb Drivebbb……

在执行上述语句后,输入变量名 name、标志 mark 和地址 addr 的值如下:

"Johns,bk. M. b""87"和"84bForestbDrivebbb"

下列属性翻译文法将说明为处理与上述例子相类似的输入语句时,需要做的语义动作。

① <input stat>::= input@ setL$_{\uparrow L}$<input list>

@ resetL$_{\uparrow L}$

② <input list>::=<input item><input items>

③ <input items>::=ε

④ |<var>$_{\uparrow t}$%<format>$_{\uparrow r}$

@ inputitem$_{\downarrow r,t}$<input items>

⑤ |%x<numb>$_{\downarrow n}$@ movecur$_{\downarrow n}$<input items>

⑥ <input item>::=<var>$_{\uparrow t}$%<format>$_{\uparrow r}$

@ input item$_{\downarrow t,r}$

⑦ |%x<numb>$_{\uparrow n}$@ movecur$_{\downarrow n}$

⑧ <format>$_{\uparrow r}$::=c$_{\uparrow r}$<numb>$_{\uparrow n}$@ genload$_{\downarrow n}$

⑨ |d$_{\uparrow r}$<numb>$_{\uparrow n}$@ genload$_{\downarrow n}$

产生式①中的动作程序 setL 和 resetL 是在编译<var>时用来指示被调用的动作程序,setL 将产生对输入变量的引用而不是取变量的值。setL 和 resetL 都已在本章第 5 节中介绍过。genload 程序(产生式⑧和⑨)发送一立即加载指令,该指令将输入域的长度,在赋值给属性 *n* 时放入操作数栈。注意,如果在格式语句中允许使用<expr>而不是限于使用<numb>,那么语义将更加复杂。特别是 resetL 动作程序要紧放在每个格式语句说明的前面,这是因为需要计算<expr>的值,然后再把 setL 程序紧放在<format>说明之后。

在产生式⑤和⑦中的 movecur 程序发送一条用 X 格式域中所指定的字符数目修改输入缓冲区指示器的指令。假设这个指示器用 $IN 表示,movecur 的过程说明如下:

```
/*形参 n 为 X 格式域中所指定的字符数目*/
    void movecur(int n)
    {
    emitl("LOADI",n);
    emitl("LOAD", $IN);     /*加载输入指示器的值*/
```

```
    emit("ADD");
    emitl("STO", $IN);/*存储已修改的指示器*/
    }
```

inputitem程序用来生成代码，该代码按照所给定的输入变量的格式说明将一部分输入流赋值给输入变量。它首先确定输入变量的类型是否与格式说明相一致，如果不一致则产生错误。下一步，如果输入变量是数字类型，则必须把输入字符流的指定部分转换成内部数值格式，转换(若需要)一旦完成，结果值就存放在与输入变量有关的地址单元中。最后修改输入缓冲区指示器 $IN。inputitem的过程说明如下：

```
/*形参t为输入变量类型，形参r为输入变量格式*/
void inputitem(char * t,char * r)
{
if(((strcmp(t,"string")==0)&&(strcmp(r,"c")!=0))
    ||((strcmp(t,"int")==0)&&(strcmp(r,"d")!=0)))
    {
    error("输入变量和格式说明类型不匹配",statno);
    errorrecovery(local);
    return;
    }
    emitl("LOAD", $IN);              /*加载输入缓冲区指示器*/
    if(strcmp(t,"string")==0)
            emit("INPC");            /*创建串描述符*/
    else emit("CONVCI");             /*转换成整型*/
    emitl("STO",@($TOP-3));          /*存入输入变量的地址中*/
    emit("POP");                     /*从栈顶删除字符串描述符或者是整数*/
    emit("ADD");                     /*将栈顶地址和次栈顶的长度值进行相加*/
    emitl("STO", $IN);               /*修改输入缓冲区指示器*/
    emit("POP");
    emit("POP");
}
```

有必要对inputitem作一点解释。首先，如果类型和格式不一致，则调用具有局部变量的错误校正过程。这就意味着校正机构将试着通过删除栈中部分内容和当前输入变量及其格式说明的源程序字符串进行校正，紧急方式将删除整个输入语句。局部化方式校正仅删除不正确的输入项并继续编译剩余的输入语句，以期望检查出所有的错误，而不仅仅是第一个错误。

伪机器指令INPC将做许多事情。它由字符串存放地址(存储在操作数栈栈顶)和字符串长度(存储在次栈顶)取得所指定的字符串,并将它复制到字符串空间;然后形成在字符串空间中的描述符,并将该描述符放在操作数栈栈顶。

伪机器指令 CONVCI 把所指定的输入流中的数字域的字符表示转换成整型表示。该域由存储在操作数栈栈顶两个单元中的地址和长度确定。所生成的整数存放在操作数栈栈顶。

指令 STO,@($TOP-3)是将值(字符串描述符或者是整数)存放到输入变量的地址单元中。在运行时,该变量可从操作数栈栈顶起的第三个位置上找到。inputitem 过程的其余部分的功能是很明显的,故不再赘述。

当考虑其他数据类型(如浮点数和定点数)时,情况将变得更为复杂。然而,上述介绍已对这个问题处理给出了一些简单的提示。特别是,需要若干汇编级程序和伪代码指令来处理所需要的全部转换,以取得输入数据并将其转换为合适的内部形式。从字符表示转换为内部形式对输入是必须的,而从内部形式转换为字符表示则对输出是必要的。

从文件中一次输入一个记录和刚刚所介绍的字符流输入方式之间的主要区别有两个方面:首先,记录通常以它的内部形式存储;其次,前者在输入语句中仅仅指定一个输入变量,而后者通常是一个记录(或结构)变量。下面是一个面向记录的输入语句的例子。

```
read studentrec;
```

其中,studentrec 可定义为:

```
record studentrec;
    integer(6)  stid;
        record name:
            string(12) sname,
            string(1)  init,
            string(15)  surname
        endrec;
        string(4)  college,
        integer(2)  year,
        real(3,1)  average
    endrec;
```

读一个记录的过程通常包括将文件中的一组记录送到由操作系统所提供的缓冲区中,然后将单个记录从输入缓冲区移到程序区,并把它的内容赋到程序中所声明的记录结构的各个域中。到此,程序就可以在必要时处理该记录了。

8.8.2 输出语句

输出语句的语义绝大部分与上面所介绍的输入语句的语义相反。对于字符流式的输出，在输出语句中的变量和表达式的内部形式必须先转换成标准的机器外部的字符表示(通常为ASCII或EBCDIC码)，然后，将要输出的字符数据连接成一行。在格式说明中，文字正文的出现使输出语句在一定程度上和输入语句有所不同。

写记录也是读记录的逆过程。当写一个记录时，记录中的信息首先放在系统提供的输出缓冲区中。如果顺序地创建文件，该记录将保留在缓冲区中，直到已有足够的需要输出的同类型记录填入缓冲区。此时可将已满的缓冲区中的内容写到外部存储器中的文件上。如果记录是写到直接(有时称随机)文件中，那么输出缓冲区的内容将立即被写到外部存储器的文件中。

8.9　编译程序的辅助功能

这里考虑一些语义动作，这些语义动作不是编译本身所要求的，而是为了满足用户对源程序进行调试和对程序的实际运行进行追踪等需要而附加进来的。编译程序中的这些部分有时被称为杂注或编译指示(pragma)。

大多数语言都提供能够协助程序员调试程序功能。通常该功能允许程序员指定某些变量(称之为调试变量)，这些变量的值可以在指定的运行阶段自动输出，通常是在调试变量值发生改变时进行输出。

以C和C++为例，#pragma指示使每个编译程序在保留C和C++语言的整体兼容性时提供不同机器和操作系统特定的功能。编译指示被指定为机器或操作系统特定的，并且通常每种编译程序是不同的。

语法形式为：

```
#pragma token_string
```

“token_string”是一系列字符用来给出所需的特定编译程序指令和参数。数字符号“#”必须是包含编译指令的行中第一个非空白字符，而空白字符可以隔开数字符号“#”和关键字“pragma”。在#pragma后面，写任何翻译程序能够作为预处理符号分析的文本。#pragma的参数类似于宏扩展。如果编译程序发现它不认得一个编译指示，它将给出一个警告，可是编译会继续下去。以message参数为例，它能够在编译信息输出窗口中输出相应的信息，这对于源代码信息的控制是非常重要的。其使用方法为：

```
#pragma  message("消息文本")
```

当编译器遇到这条指令时就在编译输出窗口中将消息文本打印出来。

#error 是用于自定义一条编译错误消息的预编译指示字，类似地，#warning 用于生成编译警告。其使用方法为：

```
#error message
#warning message
```

当编译器遇到指令时就会在窗口中打印对应的错误信息。当遇到编译错误时，预编译器会停止编译，而遇到编译警告时编译器不会停止编译。

条件编译命令指定预处理器依据特定的条件来判断保留或删除某段源代码，可以用于使源代码适用于不同的目标系统，而不需要管理源代码的各种不同版本。条件编译区域以#if、#ifdef 或#ifndef 等命令作为开头，以#endif 命令结尾。条件编译区域可以有任意数量的#elif 命令，但最多有一个#else 命令。以#if 开头的条件编译区域具有以下格式：

```
#if 表达式 1
  [组 1]
[#elif 表达式 2
  [组 2]]
…
[#elif 表达式 n
  [组 n ]]
[#else
  [组 n+1 ]]
#endif
```

预处理器会依次计算条件表达式，直到发现结果非 0 的条件表达式，则保留其对应组内的源代码；若没有值为非 0 的条件表达式，并且该编译区域中包含#else 命令，则保留#else 命令组内的代码。在预处理结束时，没有被预处理器保留用于后续处理的组将会从程序中全部删除。

在 Perl 语言中，use declaration 用于将编译器指定（又称编译指示）导入到 Perl 程序中。编译指示规定了如何编译语句块，它们是针对词法的，其作用域仅限于所在的代码块，用户可以通过 no 指令予以关闭。编译指示的名称一般都是小写的。例如：

```
use autouse
```

提供了一种机制使得只有调用模块中的函数才能在运行时加载该模块。

这里要简单介绍的编译程序的最后一个辅助功能是系统开发支持环境。在这个环境中，虽然编译器很重要，但它也只是其中的一部分。系统开发支持环境的中心是一个数据库，它包含被开发系统的各种模块和程序变量的描述和定义。该数据库支持重新编译和独立编译模块的连接。事实上，与这个环境有关的大部分语义动作将包括管理扩充的符号表所需要的数据库活动,该符号表实际上是一个复杂的数据字典。

练习 8

1. 将条件语句 if X=Y+2 then Z:= X else Z:= Y+1 转换成波兰后缀表示。

2. 将下面的语句:

A:=(B+C)/E+(B+C) * F

转换成三元式、间接三元式和四元式序列。

3. 将下列语句转换成四元式序列:

(a) A[1]:= B

(b) B:= A[1]

4. 为第 2 题的语句构造抽象语法树。

5. 给出 Pascal 语言的 case 语句的四元式序列。

6. 试列举出属性翻译的优点,以及你所能感觉到的缺点。

7. 为 do-while 结构构造一属性翻译说明。在该结构中,循环体内能设置 Exit 语句,允许从循环中无条件地转移到紧跟在循环后面的语句。试给出用于属性翻译文法的所有动作程序的过程说明。

8. 为参数传递采用引址调用的函数过程构造一属性翻译说明,并给出所有动作程序的过程说明。

9. 为参数传递采用传名过程调用构造一个属性翻译说明。

10. 选择你所希望的记录的任意语法变体,为记录声明的编译构造一属性翻译说明。

11. 构造一个面向字符流输出语句的属性翻译说明,务必描述所有伪指令的细节。

第二部分
编译优化与代码生成

编译器不仅能够实现源语言程序到目标语言程序的翻译,还能够在程序的翻译转换过程中进行等价变换,在保证程序功能不变的前提下,对程序进行优化。优化就是通过分析编译过程中的中间代码,对其进行变换,以便生成更好的目标代码。“更好的”可以是运行更快的,代码体积更小的,或者更安全的。

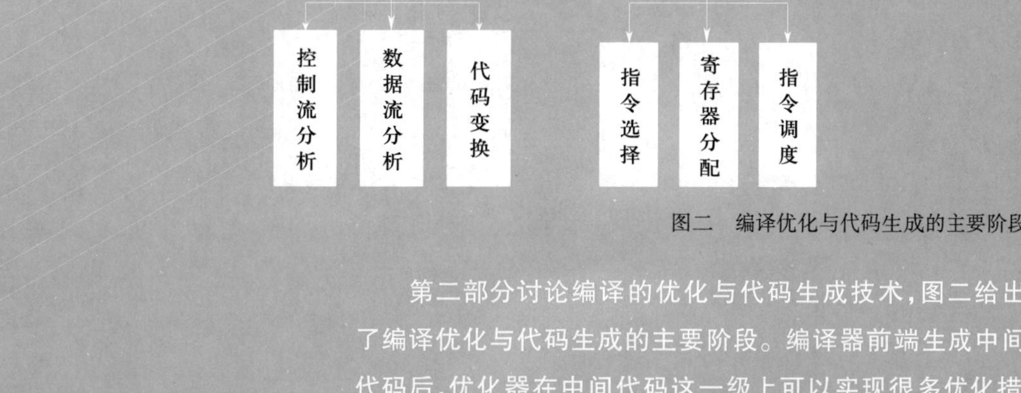

图二　编译优化与代码生成的主要阶段

第二部分讨论编译的优化与代码生成技术,图二给出了编译优化与代码生成的主要阶段。编译器前端生成中间代码后,优化器在中间代码这一级上可以实现很多优化措施。优化可以看作是程序分析加上代码变换，以保证这些优化措施是安全和有益的。在代码生成阶段，代码生成器经过指令选择、寄存器分配和指令调度，将优化后的中间代码转换为目标代码。

第 9 章介绍优化的基础：控制流和数据流分析。第 10 章介绍在程序分析的基础上如何进行编译优化，例如编译器基于控制流图分析识别循环，通过数据流分析识别不变量，实施循环不变量外提变换。第 11 章介绍代码生成阶段的汇编代码生成与优化技术。

第 9 章

控制流和数据流

为实现编译优化，编译器必须对中间代码进行分析。其中，控制流分析判断程序的控制结构，构建程序的控制流图。数据流分析获取数据沿着程序执行路径流动的相关信息。为了方便优化，大多数编译器采用较为低级的三地址代码作为中间代码。使用辛普森公式 $\pi = \int_0^1 4/(1 + x * x)\mathrm{d}x$ 计算 π 的 C 语言程序如图 9.1 所示。

```
double compute_pi(int n) {
      int  i;
      double  w, x, sum, pi;
   w = 1.0/n;      //calculate the interval size
   sum = 0.0;
      for(i = 1; i<= n;i++){
     x = w * (i− 0.5);
     sum = sum + 4.0 / (1.0 + x*x);
   }
  pi = w * sum;
  return pi;
}
```

图 9.1　使用辛普森公式计算π的 C 语言程序

图 9.2 给出了这个 C 语言程序转换生成的中间代码。和源程序相比，中间代码的控制结构没有那么明显。

例如，C 语言程序中的 for 循环翻译成了 if 和 goto 的形式。编译器分析程序时，第一个任务就是分析它的控制流，构建程序[1]的控制流图（control - flow graph，CFG）。在控制流图中，节点表示指令组成的基本块，边表示控制流。基于控制流图，编译器能够根据节点之间的必经关系，高效地找出程序中的所有循环。考虑到循环往往占据了程序的主要执行时间，编译器进行数据流分析后，可以针对循环进行多种优化，例如循环不变量外提、强度削弱、循环展开，以及循环置换等。

```
double compute_pi(int n) {
        w = 1.0/n;     //calculate the interval size
        sum = 0.0;
L2:     if i> n goto L1
        t1 = i – 0.5
        x = w * t1
        t2 = x*x
        t3 = 1.0+t2
        t4 = 4.0/t3
        sum = sum + t4
        i=i+1
        goto L2
L1:     pi = w * sum;
        return pi;
}
```

图 9. 2　图 9. 1 中程序的中间代码

---

① 本书后面部分提到的程序，都是指中间代码程序

9.1 控制流分析

编译器进入优化阶段后，第一个任务就是分析它的控制流，并构建控制流图。控制流图是后续程序分析和代码变换的基础，例如数据流分析大多数都是跨基本块的、控制流敏感的。

9.1.1 基本块和控制流图

1. 基本块

基本块(basic block,BB)是一段顺序代码序列，控制流只能从基本块的开始处进入，结束处离开。这就意味着基本块只有最后一条语句是分支语句，并且只有第一条语句是分支的目标。在基本块内部，除了第一条指令外，每条指令都只有一个前驱；除了最后一条指令外，每条指令都只有一个后继。

算法 9.1 为划分基本块的算法。划分的第一步是识别首语句，即基本块的第一条语句。

算法 9.1 划分基本块

输入：中间代码

输出：基本块

1. 从头到尾扫描程序，符合下面规则之一的语句就是首语句：

① 程序/函数的第一条语句

② 分支的目标(大多是中间表示中带相关联的标号的语句)

③ 任何紧跟在分支或者 return 语句后面的语句

2. 对每个首语句，对应的基本块包括了首语句和下一个首语句之间(不包括下一个首语句)或者程序结束的所有语句。

图 9.3 是计算自然数 n 的阶乘的程序片段。当 n 等于 0 时，fac 等于 1，n 大于 0 时，fac $=n!$。编译器扫描这段程序划分基本块时，首先找出所有的首语句。

语句 1 是函数的第一条语句，由规则①判定它是基本块的首语句。语句 4 和语句 9 是分支语句的跳转目标，由规则②判定它是基本块的首语句。语句 6 紧接分支语句之后，

```
1           fac = 1;            //规则①
2           t1 = n == 0;
3           if t1 goto L1
4    L2:    t2 = i>n;           //规则②
5           if t2 goto L1;
6           fac = fac * i:      //规则③
7           i=i+1;
8           goto L2;
9    L1:    return fac;         //规则②
```

图 9.3　计算自然数 n 的阶乘的程序片段

由规则③判定它是基本块的首语句。因此,图 9.3 的程序代码共有 4 个基本块的首语句,可以划分为四个基本块,如图 9.4 所示。第一个基本块包括语句 1、2、3;第二个基本块包括语句 4 和 5;第三个基本块包括语句 6、7、8;第四个基本块仅包括语句 9。

```
1           fac = 1;            //规则①
2           t1 = n == 0;                            BB1
3           if t1 goto L1
-------------------------------------------------
4    L2:    t2 = i>n;           //规则②            BB2
5           if t2 goto L1;
-------------------------------------------------
6           fac = fac * i:      //规则③
7           i=i+1;                                  BB3
8           goto L2;
-------------------------------------------------
9    L1:    return fac;         //规则②            BB4
```

图 9.4　图 9.3 所示程序片段的四个基本块

显然,由于基本块是顺序代码序列,在基本块内部,除了第一条语句外,每条语句都只有一个前驱;除了最后一条语句外,每条指令只有一个后继。

2. 控制流图(CFG)

由于基本块是顺序执行的代码序列,在分析程序的控制结构时,基本块就可以作为一个整体看待,以降低分析的时间和空间开销。编译器划分基本块后,就可以构建控制流图。控制流图 G=(N,E)是一个有向流图,其中节点集合 N 表示所有的基本块,边的集合 E 表示了程序的控制流向(是否跳转)。

CFG 没有给出数据的任何信息,CFG 中的边只表示程序可能走这条路径。

算法 9.2 构建控制流图

输入:划分了基本块的中间代码
输出:控制流图 G=(N,E)

每个基本块对应一个节点;
如果基本块 BB1 和 BB2 满足下面的条件之一,则存在一条从 BB1 到 BB2 的有向边:
① 从 BB1 的最后一条语句可以跳转到 BB2 的第一条语句
② BB2 紧跟在 BB1 之后,并且 BB1 的最后一条指令不是无条件转移指令

控制流图 G=(N,E)中,如果存在一条有向边从 BB1 到 BB2,就称 BB1 是 BB2 的前驱,BB2 是 BB1 的后继。节点的所有前驱组成节点的前驱集合,$pred(b) = \{a \in N \mid \exists e \in E, e = a \to b\}$;所有后继组成节点的后继集合 $succ(b) = \{a \in N \mid \exists e \in E, e = b \to a\}$。具有多个后继的节点是分支节点,具有多个前驱的节点是汇合节点。

代码片段划分了如图 9.4 所示的基本块后,根据条件①,我们可以得到从 BB1 到 BB4、从 BB2 到 BB4、从 BB3 到 BB2 都有一条有向边;根据条件②,我们可以得到从 BB1 到 BB2、从 BB2 到 BB3 各有一条有向边。BB3 的最后一条语句是无条件跳转,因此不满足条件②。由图 9.4 得到的控制流图如图 9.5(a)所示。

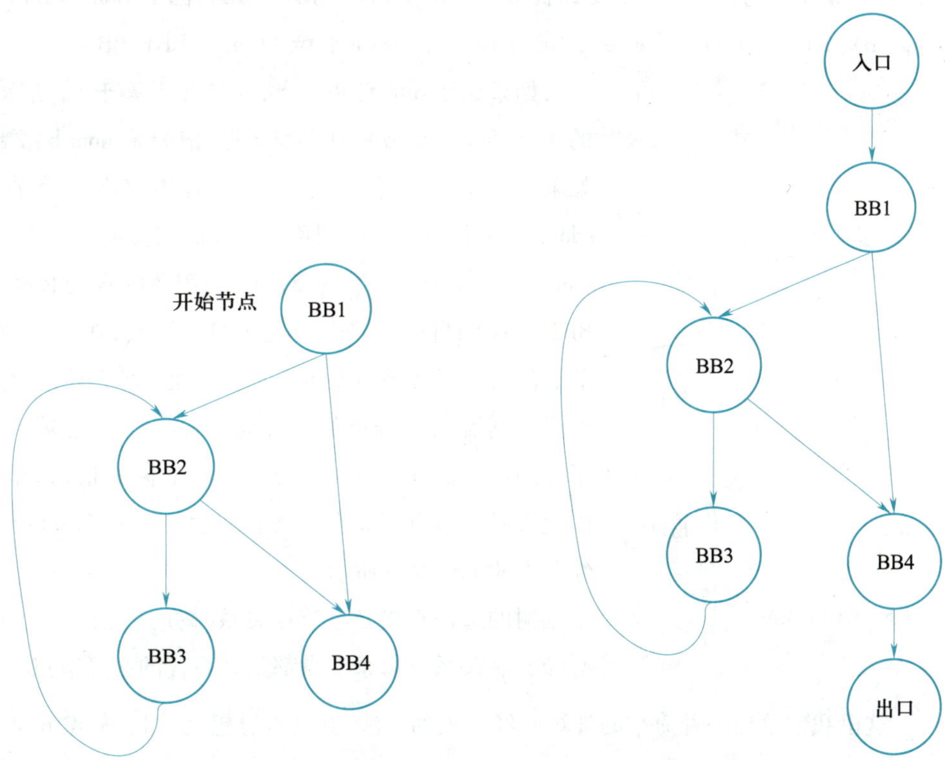

(a) 控制流图 (b) 带入口节点和出口节点的控制流图

图 9.5

函数第一条语句所在的基本块被称为开始节点(start node)①。为了分析方便,我们在控制流图中引入两个特殊的节点:一个入口节点(Entry)和一个出口节点(Exit)。从入口节点到开始节点引入有向边,所有没有后继的节点都引入一条从该节点到出口节点的有向边。引入入口节点和出口节点后,图 9.4 代码的控制流图如图 9.5(b)所示。

9.1.2　必经节点

为了进行后续的分析和优化,我们先定义控制流图中的必经节点关系。如果在控制流图中,从入口节点到节点 b 的每一条路径都经过节点 a,则称 a 是 b 的必经节点(dominator),记作 a dom b,或者 a≤b。b 的所有必经节点构成 b 的必经节点集合,记作 dom(b)。

必经节点关系是一种偏序关系,即

- 自反的,节点 a 一定是自己的必经节点,a dom a;
- 传递的,如果有 a dom b 且 b dom c,那么 a 一定是 c 的必经节点,a dom c;
- 反对称的,如果有 a dom b 且 b dom a,那么一定有 a=b。

图 9.5(b)中,BB1 是除入口节点外,其他所有节点的必经节点;BB2 是 BB3 的必经节点,但不是 BB4 的必经节点,入口节点可以沿 Entry→BB1→BB4,因此 dom(BB4)= {Entry, BB1};dom(BB3) = {Entry, BB1, BB2},dom(Exit)= {Entry, BB1,BB4}。

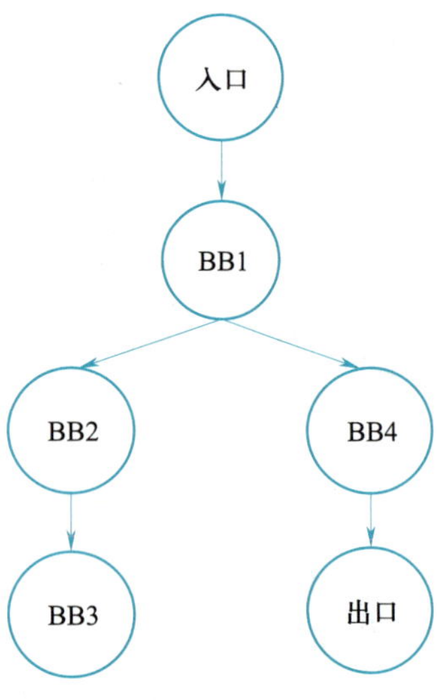

图 9.6　必经节点树

如果 a 是 b 的必经节点,并且 a 不等于 b,则称 a 是 b 的严格必经节点或者真必经节点,记为 a sdom b 或者 a<b。如果 a 是 b 的严格必经节点,并且不存在一个节点 c,a sdom c 并且 c sdom b,则称 a 是 b 的直接必经节点,记作 a idom b,或者 a<i b。图 9.5(b)中,BB3 的直接必经节点是 BB2,BB4 的直接必经节点是 BB1。显然,在控制流图中,节点的直接必经节点是唯一的。因此,直接必经节点关系形成控制流图中节点的一棵树——必经节点树。树包含了控制流图的所有节点,入口节点是树的根,每个节点 a 的直接必经节点到 a 有一条有向边。图 9.5(b)形成的必经节点树如图 9.6 所示。

树的边是直接必经节点关系,树的路径显示了所有的必经节点关系。每个节点都是其后代的必经节点。

这里我们给出一种简单的计算必经节点的方法,其基本思想是:(1) 节点 b 是 b 的必经节点;(2) 如果节点 a 是节点 b 的唯一前驱,则 a 是 b 的必经节点;(3) 如果 b 有多个前

① 每个函数通常只有一个开始节点,但是某些语言结构,例如 Fortran77 的多入口点,允许有多个开始节点

驱:且 a 是 b 所有前驱的必经节点,则 a 是 b 的必经节点,即$\forall p \in pred(b)$,如果 a dom p,则 a dom b。通过迭代方法,就可以求出每个节点的必经节点集合。

算法 9.3 计算节点的必经节点集合(N 表示所有节点集合)

```
输入:控制流图 G=(N, E)
输出:dom(a), a∈ N
//初始化
dom(Entry) = {Entry}   //入口节点只有唯一的必经节点 Entry
for a ∈ N -{Entry} do
    dom(a) = N


repeat
    change = false
    for a ∈ N -{Entry} {
      olddom = dom(a)
      dom(a) = {a} ∪ ∩_{p∈PRED(a)} dom(p)
        if dom(a) ≠olddom then change = true
    }
until change = false
```

如果我们按照深度优先的顺序遍历控制流图,则该算法具有最好的效率。总的来说,该算法的时间复杂度为 $O(N^2)$。Lengauer 和 Tarjan 在 1979 年给出了另一种更复杂和高效的算法。

算法先设置边界值,入口节点的必经节点只有其本身,dom(Entry)= {Entry},对每一个非入口节点的节点 a,初始化其必经节点集合为 N。对于图 9.5(b)控制流图,dom(a) = {Entry, BB1, BB2, BB3, BB4, Exit}。然后进入 repeat 循环,change 置为 false。我们按深度优先顺序遍历流图,首先 a=BB1,BB1 只有唯一的前驱 Entry,dom(BB1)= {BB1} ∪ {Entry} = { Entry, BB1}。dom(BB1)发生了变化,change 被置为 true。for 循环处理 a= {BB2},BB2 的唯一前驱是 BB1,dom(BB2)= {BB2} ∪ dom(BB1) = {BB2} ∪ {Entry, BB1} = {Entry, BB1, BB2}。接下来,dom(BB3) = {Entry, BB1, BB2, BB3},BB4 有两个前驱,因此 dom(BB4)= {BB4} ∪ (dom(BB2) ∩ dom(BB1)),dom(BB4) = {Entry, BB1, BB4}。dom(Exit) = {Entry, BB1,BB4, Exit}。此时,change 为 true,repeat 循环继续。当所有节点的 dom 集合都不再发生变化后,循环终止。图 9.5(b)所有节点的必经节点集合如下:

节点 a	dom(a)
Entry	{Entry}
BB1	{Entry, BB1 }
BB2	{Entry, BB1, BB2}
BB3	{Entry, BB1, BB2, BB3}
BB4	{Entry, BB1, BB4}
Exit	{Entry, BB1, BB4,Exit}

获得每个节点的必经节点集合后,我们可以继续计算每个节点的直接必经节点,以构建必经节点树。

算法 9.4　计算节点的直接必经节点(N 表示所有节点集合)

```
输入:节点的必经节点集合
输出:节点的直接必经节点

//初始化
for (a ∈ N)
    idom (a) = dom(a) - {a}

for a ∈ N -{Entry} {
    for d ∈ idom(a) {
        for s ∈ idom(a)-{d} {
            if ( s ∈ idom(d) )
                idom(a) = idom(a) - {s}
        }
    }
}
```

算法首先初始化每个节点 a 的直接必经节点集合为 idom(a) = dom(a) - {a},然后对每个节点 a 检查 idom(a)是否是除自己之外其他节点的必经节点,如果是,则从 idom 中删除。和算法 9.3 一样,我们按深度优先遍历节点可以获得最高的效率。

获得图 9.5(a)控制流图所有节点的必经节点后,初始化节点的直接必经节点集合 idom:

节点 a	idom(a)
Entry	∅
BB1	{Entry}
BB2	{Entry, BB1 }
BB3	{Entry, BB1, BB2 }
BB4	{Entry, BB1 }
Exit	{Entry, BB1, BB4 }

然后开始按深度优先遍历节点。首先,设置 a=BB1,idom(a) = {Entry},idom(a)-{Entry}为空,所以 idom(BB1)保持不变;然后 a={BB2},idom(BB2) = {Entry, BB1 },当 d=BB1 时,s = Entry,由于 Entry ∈idom(BB1),因此需要从 idom(BB2)中删除 Entry,idom(BB2) = {BB1}。同理,当 a={BB3}时,Entry 和 BB1 都是 idom(BB3)中除自身外其他节点的必经节点(Entry 是 BB1 的必经节点,BB1 是 BB2 的必经节点),从 idom(BB3)删除 Entry 和 BB1。最后,得到直接必经节点集合:

节点 a	idom(a)
Entry	∅
BB1	{Entry}
BB2	{ BB1}
BB3	{ BB2}
BB4	{ BB1}
Exit	{ BB4}

除入口节点外,每个节点有且只有一个直接必经节点。

9.1.3 循环

通常循环占据整个程序执行的大部分时间,例如 SPEC CPU2000 统计,循环执行时间达到了程序执行时间的 90%以上。因此,针对循环的优化是编译优化的重点。

循环优化的第一步是找出循环。

在控制流图中,自然循环①是满足下列条件的节点集合 S:

- S 包括一个头节点 h
- 对 S 中任意节点 s,都有一条有向边组成的路径从 s 到 h

① 虽然也存在有多个循环头节点的循环结构,但是这种循环在实际中很少见,本文后面提到的循环只要不特殊说明,都是指自然循环

· 从 h 到 S 中任意节点,都存在一条路径

· 从 S 之外的任意节点到达 S 中的节点,都必须经过 h

显然,循环可以定义为流图 G 的强连通子图 G',在这个子图中,每个节点都可以有一条路径到达另一个任意节点;并且头节点 h 是强连通子图中所有节点的必经节点。

寻找控制流图中所有循环的一个方法是利用回边。如果 a 是 b 的必经节点,则 b→a 的边为回边。图 9.5(b)中,BB3→BB2 的边就是回边。回边是流图中有可能形成循环的边。

和回边 b→a 相关联的自然循环是指 a 加上流图中可以不经过 a 达到 b 的节点形成的子图。由于 a 是 b 的必经节点,能够不经过 a 到达 b 的节点一定是循环内部节点,并且也以 a 为必经节点,a 是该循环的头节点。

算法 9.5　寻找回边相关联的自然循环。

```
输入:控制流图 G=(N,E),回边 b→a
输出:与 b→a 相关联的自然循环 loop
procedure insert(d){
   if(d ∉loop){
      loop =loop∪{d};
      将 d 压入 stack 中;
   }
}
loop = {a};   // a 加入循环,它是头节点
insert(b);//将 b 加入循环
while (stack 非空){
从 stack 弹出第一个元素 m;
    for m 的每个前驱 p;
         insert(p);将 p 加入循环
}
```

节点 a 是循环头节点,加入循环后,并不需要检查 a 的前驱。除 a 外,其他节点加入循环后,算法 9.5 检查它们的前驱,将其加入循环。

9.2　数据流分析

上一节我们介绍了控制流分析,构建了控制流图。控制流图没有任何与数据相关的

信息，边也仅表示程序可能会走某条路径。只有这些信息对程序优化是不够的。我们需要了解程序中数据是怎么流动的，例如图9.7所示的控制流图表示的程序，我们希望了解程序到底走哪个分支；基本块BB2定值了变量a，除了BB2，a是否还会被其他基本块使用；在BB4入口b是否是一个常数。

数据流分析是后续优化的基础，编译器需要通过数据流分析确保做出的程序变换是安全的。以图9.7中的流图为例，编译器只有在确定x=x+b中的b一定是常数5时，才能进行常数传播，在BB4中直接用5替换b。BB4中x=x+b右值使用的x，可能在BB1中定值，也可能在BB2中定值。由于编译时无法确定控制沿哪条边转移，我们只能假设这些定值都可能到达并进行保守的分析。

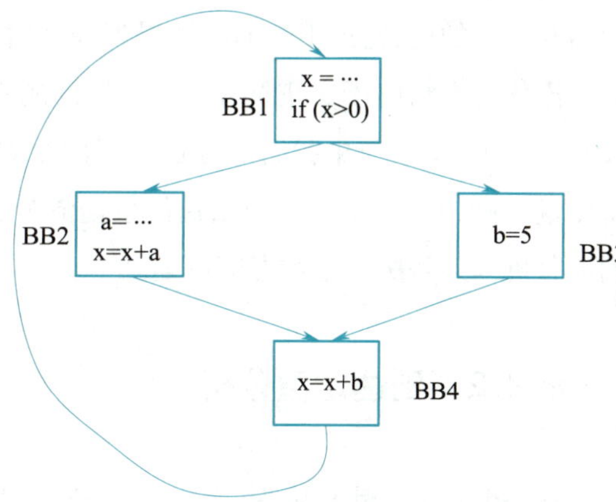

图9.7 控制流图示例

9.2.1 数据流分析的基本方法

基本块内的语句顺序执行，能够较为容易地获取局部数据流信息。但是仅仅考虑基本块内信息是不够的，我们需要考虑控制流转移对数据的影响，因此，数据流分析大多是控制流敏感的。

在介绍数据流分析方法之前，我们先定义两个基本概念：点和**路径**。程序的执行可以看作是对程序状态的一系列转换。每一条语句的执行都可以看作是把执行前输入状态转换为另一个新状态。输入状态和语句之前的点相关，输出状态和语句之后的点相关。一个基本块内语句之间、第一条语句之前和最后一条语句之后都有一个点。其中，第一条语句之前的点称为基本块入口点；最后一条语句之后的点称为基本块出口点。图9.7中的基本块BB1包含3个点，BB3包含2个点。我们可以把从点 p_1 到 p_n 的一个执行路径（简称路径）定义为满足下面条件的点的序列 $p_1, p_2, \cdots, p_n$，对每个 p_i，要么 p_i 是紧靠在一条语句S前面的点，且 p_{i+1} 是紧跟在S后面的点；要么 p_i 是一个基本块的出口点，p_{i+1} 是其后续基本块的入口点。图9.7中，基本块BB4的出口点到BB3的出口点有一条路径，它经过 BB4 出口点,依次经过 BB1 的所有点,BB3 的入口点,到达 BB3 的出口点。

进行数据流分析,通常更有效的做法是首先进行局部分析,分析基本块内的每条语句对求解的数据流问题的作用,并将结果组合到基本块边界(入口点和出口点)。然后再结合控制流进行全局分析,如果基本块 BB1 到 BB2 之间有边连接(BB1→BB2),需要分析 BB1 出口点和 BB2 入口点之间数据流信息沿控制流边如何进行传播,这个传播可以是 BB1 出口点到 BB2 入口点,也可以是从 BB2 入口点反向传播到 BB1 的出口点。

数据流分析主要有三种分析方法:结构分析基于区间的数据流分析和迭代数据流分析。结构分析可以看作是区间分析方法的变体。区间分析是将控制流图划分为不同类型的区域,每个区域退化成为一个抽象节点,用进入或者离开抽象节点的边代替原来进入或者离开区域的边,通过不断的转换得到控制树,分析和计算不同区域的数据流信息。迭代数据流分析方法由于实现简单高效,并且能够满足优化需求被大多数编译器使用。在 9.2.2 节和 9.2.3 节中我们将分别介绍两个典型的迭代数据流分析:到达定值分析和活跃变量分析,9.2.4 节总结介绍迭代数据流分析框架,9.2.5 节简要介绍如何采用迭代数据流分析框架解决其他数据流问题。

9.2.2 到达定值分析

每一个对 x 的赋值都是 x 的一次定值。赋值可以是赋值语句,也可以是从 I/O 设备读入一个值并存储在 x。例如赋值语句 S_k:v = v1 ⊕v2,对变量 v 进行定值,同时使用了变量 v1 和 v2 的值。如果存在一条从紧跟在变量 x 的一次定值 d 后面的程序点到达某一个点 p 的路径,并且这条路径上没有 x 的其他定值杀死 d,则称定值 d 到达了 p。例如图 9.7 流图中,BB1 中对 x 的定值,可以沿路径 BB1→BB3 到达 BB4 的入口点,但是不能够到达 BB4 的出口点,因为该定值被 BB4 中对 x 的定值杀死。对每个基本块 B,我们希望能够计算出可以到达该基本块的入口点和出口点的所有定值 in[B]和 out[B],作为后续变换的基础。

先进行基本块内的局部分析。令 gen[B]表示出现在基本块 B 内并可以到达基本块出口点的定值集合,kill[B]表示在 B 中被杀死,不能到达 B 的出口点的定值集合。对 B 中定值的每个变量 v,kill[B]包含 v 在其他基本块的所有定值以及在 B 中出现但是不能到达 B 的出口点的定值。例如,图 9.8 中,定值 d7 对 x 进行定值,杀死其他基本块中对 x 的定值。

例如图 9.8 中,各个基本块的 gen[B]和 kill[B]如下:

	gen	kill
BB1	{d1}	{d3, d7}
BB2	{d3, d4}	{d1,d2,d7}
BB3	{d5, d6}	∅
BB4	{d7}	{d1, d3}
BB5	{d8, d9}	∅

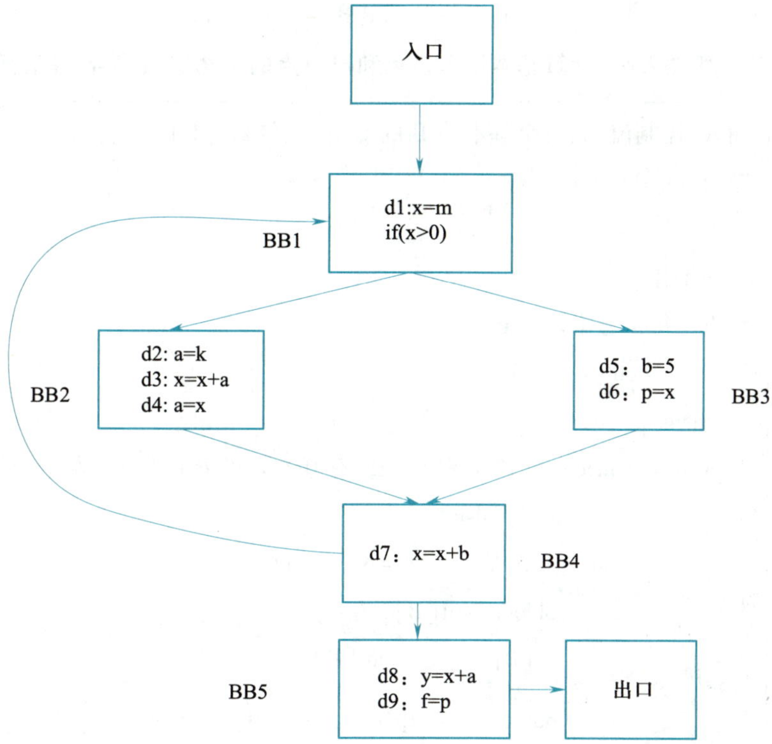

图 9.8 到达定值分析示例流图

BB2 对 a 进行了两次定值 d2 和 d4，但显然只有 d4 能够到达 BB2 的出口点，因此 gen[BB2] = {d3，d4}，kill[BB2] = {d1，d2，d7}。

基本块入口点的到达定值集合为 in[B]，经过该基本块后，到达基本块出口点的定值包括基本块生成的定值，以及属于 in[B]并且没有被基本块 B 杀死的定值，即：

$$out[B]=gen[B] \cup (in[B] - kill[B])$$

局部分析完成后，接下来考虑控制流作用。对于图 9.8 所示控制流，基本块 BB2、BB3、BB5 只有唯一前驱，能够到达后继入口点的定值只能来自该唯一前驱的出口点，因此 in[BB2] = out[BB1]，in[BB3] = out[BB1]，in[BB5] = out[BB4]。BB1 和 BB4 有多个前驱，例如控制流可以沿 BB4 到 BB1，也可以是 Entry 到 BB1。BB4 是否转移到 BB1 执行，在编译时往往是不可判定的，为了保证编译的正确性，我们只能做保守的估计，假设程序可能会执行 BB4→BB1，因此 Entry 和 BB4 出口点的定值都能够到达 BB1，in[BB1] = out[Entry] ∪ out[BB4]。同理，BB2 和 BB3 出口点的定值也可能到达 BB4，in[BB4] = out[BB2] ∪ out[BB3]。我们可以安全地定义，对于有若干前驱的基本块 B，所有前驱出口点的定值都可能到达 B 的入口点，$in[B] = \bigcup_{P \in Pred(B)} out[P]$。

这样我们就建立起了一组数据流方程，可以通过迭代方法进行求解。

$$out[B] = gen[B] \cup (in[B] - kill[B])$$

$$in[B] = \bigcup_{P \in Pred(B)} out[P]$$

算法 9.6　计算基本块入口点和出口点的到达定值集合(N 表示所有基本块集合)

```
输入:控制流图、每个基本块 B 的 gen[B]和 kill[B]
输出:in[B]和 out[B]

//初始化
for(每个基本块 B ∈N)
        out[B] = ∅
change = true
while(change) { //循环,直到所有基本块的 out 都不再发生变化
        change = false
        for (每个基本块 B ∈N - {Entry}) {
            oldout = out[B]
            in[B] = ∪_{P∈Pred(B)} out[P]
            out[B] = gen[B] ∪ (in[B]-kill[B])
            if(out[B]≠oldout) change = true;
        }//end for
}//end while
```

先初始化所有基本块,令 out[B] = ∅,然后不停迭代直到各个值收敛不再发生变化。我们可以使用位向量来简洁高效地表示和计算到达定值,位向量的一位表示一次定值,位向量的长度等于程序中我们感兴趣的定值的次数。一些转换成中间代码时引入的临时变量定值,往往只在基本块内使用,不需要考虑。使用位向量表示,集合的操作可以高效使用“位与”或者“位或”操作实现。

图 9.8 所示的流图中有 9 次定值,使用长度为 9 的位向量来进行计算每个基本块的 gen[B]和 kill[B],假设 for 循环按照 B = BB1,BB2,BB3,BB4,BB5 顺序遍历。开始,每个基本块的 out[B] = ∅,第一次迭代,基本块 BB1 的 in[B] = out[Entry] ∪ out[BB4] = ∅,因此 in[BB1]的所有位都为 0。接着处理 BB2,in[BB2] = out[BB1],位向量的第一位变为 1,in[BB2] = {100 000 000}。经过第一次迭代后,BB1 到 BB5 的 out[B]都发生了变换,继续执行第二次迭代。第二次迭代,in[BB1]和 out[BB1]发生了变化,后继节点的 in 和 out 集合随之发生变化,change = true,进行第三次迭代。第三次迭代,所有基本块的 in 和 out 集合都不再发生变化,change = false,while 循环终止。

	第一次迭代		第二次迭代		第三次迭代	
	in[B]	out[B]	in[B]	out[B]	in[B]	out[B]
BB1	000 000 000	100 000 000	000 111 100	100 111 000	000 111 100	100 111 000
BB2	100 000 000	001 100 000	100 111 000	001 111 000	100 111 000	001 111 000
BB3	100 000 000	000 011 000	100 111 000	100 111 000	100 111 000	100 111 000
BB4	101 111 000	000 111 100	101 111 000	000 111 100	101 111 000	000 111 100
BB5	000 111 100	000 111 111	000 111 100	000 111 111	000 111 100	000 111 111

我们也可以使用使用-定值链(Use-Definition Chain,UD 链)来存储到达定值信息。和位向量相比,UD 链是一种稀疏的表示方式。对变量的每一次使用,到达该使用的所有定值都保存在链表中:

(1) 如果该次使用在基本块 B 中,并且 B 中在使用之前没有对 v 的定值,那么该次使用的 UD 链表包括 in[B]中对 v 的所有定值。

(2) 否则,链表只包含一个元素,即在该次使用之前,对 v 的最后一次定值。

例如对于图 9.8 基本块 BB4 中语句 d7: x = x +b,到达该 x 的使用的定值为 d1 和 d3。BB2 中语句 d3: x=x+a,到达 a 的使用的定值只有 d2。

9.2.3 活跃变量分析

到达定值分析的数据流方向就是程序执行的方向,是一种“前向分析”。本节我们解决一种程序执行的反方向的数据流问题——活跃变量分析。如果变量 v 的值在流图中某条从点 p 出发的路径中被使用,则称 v 在点 p 是活跃的,否则称 v 在点 p 是死的。活跃变量分析就是判断在每个基本块 B 的边界活跃的变量集合。如果一个变量在基本块出口点是死变量,这就意味着我们不再需要保存它的值。在后续的寄存器分配中,如果要选择寄存器进行溢出,应当优先选择保存了死变量值的那些寄存器。

为了进行活跃变量分析,首先定义两个集合:def[B]和 use[B]。def[B]表示在基本块 B 中定值的变量集合,use[B]表示基本块 B 内在定值之前值已经被使用的变量的集合。活跃变量分析计算的是从点 p 出发的路径对变量的使用,use[B]是使用在定值之前的变量集合,因此是反向数据流问题。

以图 9.8 所示流图为例,其中各个基本块的 def[B]和 use[B]如下:

	def	use
BB1	{x}	{m}
BB2	{a, x}	{x}
BB3	{b, p}	{x}
BB4	{x}	{x, b}
BB5	{y, f}	{x, a, p}

若变量 x 在基本块 B 的出口点活跃，那么它在基本块 B 的入口点也活跃的条件是：要么它在基本块内没有被重新定值，要么它在基本块内先使用再定值。因此：

$$in[B] = use[B] \cup (out[B]-def[B])$$

然后进行全局分析。还是以图 9.8 所示的控制流图为例，基本块 BB2、BB3、BB5 都只有唯一后继，显然在后继基本块入口点活跃的变量在它们的出口点仍旧活跃；对于有多个后继的基本块，例如 BB1，因为编译时往往不能判定到底执行哪一条路径，在 BB2 和 BB3 入口点活跃的变量，在 BB1 的出口点都可能活跃。对于具有若干后继的基本块，out[B] 是所有后继基本块的入口点活跃变量集合的并集。

$$out[B] = \bigcup_{s \in succ(B)} in[S]$$

和到达定值分析一样，我们也可以通过迭代方法求解。

算法 9.7　计算基本块入口点和出口点的活跃变量集合（N 表示所有基本块集合）

```
输入：控制流图、每个基本块 B 的 def[B]和 use[B]
输出：in[B]和 out[B]

//初始化
For(每个基本块 B ∈N)
    in[B] = ∅
change = true
while(change) { //循环，直到所有基本块的 in 都不再发生变化
    change = false
    for (每个基本块 B ∈N - {Exit}) {
        oldin=in[B]
        out[B]= ∪_{S∈succ(B)} in[S]
        in[B]= use[B] ∪ (out[B]-def[B])
        if(in[B]≠oldin) change=true;
    }//end for
}//end while
```

9.2.4 迭代的数据流分析框架

从前三节的讨论中我们可以看到,数据流分析通过建立 in[B]和 out[B]之间一组方程,描述基本块内语句和控制流对求解的数据流信息的影响,计算在基本块 B 边界(入口点和出口点)的数据信息。对于前向数据流图问题,out 集合由基本块内的 in 集合计算出来,in[B] =f(out[B]) 而 in 集合由其前驱基本块之间的 out 集合执行“聚合操作”得来,例如到达定值分析,$in[B]=\bigcup_{P\in pred(B)} out[P]$,聚合操作是集合并。同样,对于后向数据流问题,in 集合由同一基本块的 out 集合计算,out[B]=f(in[B]),而 out 集合由其后继基本块之间的 in 集合执行“聚合操作”得来。“聚合操作”根据求解的数据流问题,可以是集合并操作或者交操作,例如到达定值分析和活跃变量分析,是集合并,后面介绍的可用表达式则是集合交。

更一般的迭代数据流分析框架输入由下面几部分组成:

(1) 一个控制流图,包含两个特殊的节点 Entry 和 Exit

(2) 数据流方向 D(前向分析还是后向分析)

(3) 一个值集 V

(4) 一个聚合操作∧

(5) 函数集合 F,描述基本块内语句对数据信息的作用

(6) V 的一个常量值 V_{Entry} 或 V_{Exit},分别表示前向和后向数据流问题的边界条件

输出:各个基本块 B 的 in[B]和 out[B],in[B],out[B] ∈ V。

前向分析算法和后向分析算法如图 9.9(a)和 9.9(b)所示。

```
out[Entry] = V_Entry;
for (each B∈N-{Entry})
    out[B] =初值
while(change){
    for(each B∈N-Entry){
    in[B] =∧_{p∈pred[B]}out[P];
    out[B] =f_B(in[B]);
    if(out[B]发生变换)
        change=true
}
```

(a) 前向分析算法

```
in[Exit] = V_Exit;
for (each B∈N-{Exit})
    in[B] =初值
while(change){
    for(each B∈N-Exit){
    out[B] =∧_{s∈succ[B]}in[S];
    in[B] =f_B(out[B]);
    if(in[B]发生变换)
    change=true
    }
}
```

(b) 后向分析算法

图 9.9

最容易想到的方法是把 Entry 到 B 的所有执行的路径的函数的结果进行聚合操作。遗憾的是,找出所有执行的路径在编译时往往是不可行的。

9.2.5　其他数据流问题

1. 可用表达式

如果一个表达式 x⊗y 在点 p 同时满足下面两个条件,则称该表达式在点 p 可用:

(1) 从 Entry 到 p 的每一条路径都计算 x⊗y

(2) 在到达 p 之前最后一次计算 x⊗y 后,没有对 x 或者 y 的赋值

可用表达式分析就是找出每个基本块 B 的边界处所有的可用表达式。可用表达式的结果用于公共子表达式的删除。

可用表达式计算的是从 Entry 节点到点 p 的可用表达式,因此是一种前向数据流分析问题。可用表达式分析需要定义两个集合:eval(B)是在基本块中计算的,并且在基本块的出口点仍旧可用的表达式集合;kill(B)是被基本块 B 杀死的表达式集合。如果基本块 B 对变量 x 或者 y 定值,那么就会杀死表达式 x⊗y。可以得到:

$$out[B]=eval(B)\cup(in[B]-kill[B])。$$

和到达定值不同,当且仅当从 Entry 到 p 的每一条路径都计算了 x⊗y,在 p 点 x⊗y 才是可用的。因此"∧"操作是集合交,即:

$$in[B]=\bigcap_{P\in pred[B]}out[P]。$$

对于前向数据流问题,我们可以用图 9.9(a)所示的前向分析算法进行分析。

2. 预期执行的表达式

在表达式被杀死之前,或者 Exit 节点之前,表达式被所有从到点 p 开始的路径计算,则说该表达式是预期执行的,我们也称预期执行的表达式为"非常忙"表达式。预期执行的表达式分析结果用于代码提升优化。预期执行的表达式分析是反向数据流分析。

预期执行的表达式分析定义两个基本块集合:eval(B)是在表达式操作数可能被 B 中语句赋值之前计算的表达式集合;kill(B)是被基本块 B 杀死的表达式集合。

对于预期执行的表达式分析,可以建立数据流方程:

$$out[B]=\bigcap_{S\in succ(B)}in[S]$$
$$in[B]=eval(B)\cup(out[B]-kill(B))$$

并用图 9.9(b)所示的后向分析算法进行分析。

9.2.6　静态单一赋值

很多优化都需要定值和使用信息,我们可以使用 UD 链或者 DU 链来存储到达定值信

息，假设有 n 次定值、m 次使用，那么 UD 链和 DU 链需要的空间和 n ×m 成正比。静态单一赋值（static single assignment，SSA）是 IBM 在 20 世纪 80 年代末提出的一种中间表示形式，每一个变量在程序的上下文中只有一次赋值（或定值）。但是，在程序执行过程中，变量可以被动态地定值多次，例如循环中的变量。因此，称为静态单一赋值。

和 UD 链/DU 链相比，SSA 具有以下优势：(1) 由于变量只有一次定值，数据流分析和优化算法更加简单；(2) 使定值-使用关系更清晰；源程序中不相关的使用在 SSA 中变成了不同变量，删除了它们之间不必要的联系；(3) SSA 比稀疏的链更紧凑，一个变量的 DU 链需要的空间正比于定值次数乘以使用次数；而程序 SSA 的大小几乎和原程序呈线性关系；(4) SSA 和控制流图的必经节点有着密切联系，“定值（节点）是使用（节点）的必经节点”，能够简化编译分析和优化，例如简化寄存器分配时冲突图构建。因此，不管是商用闭源编译器还是开源编译器 LLVM、GCC，现代编译器的中间表示都采用了 SSA 形式。

SSA 示例如图 9.10 所示。

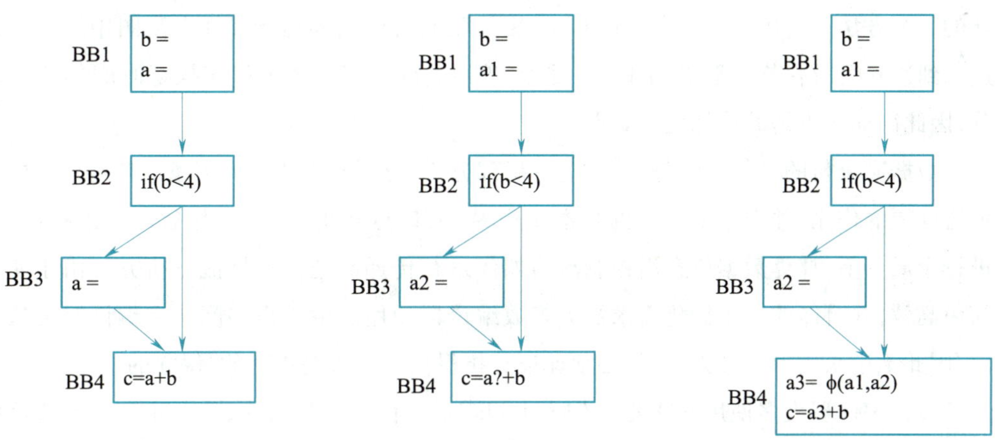

(a) 非SSA形式　　(b) 到达BB4的a?　　(c) 利用ϕ节点实现的SSA形式

图 9.10 SSA 示例

图 9.10(a) 所示的非 SSA 形式，a 有两个定值，分别在 BB1 和 BB3 中。那么，我们是否可以把它转换为 SSA 形式？应该如何转换？首先，我们创建 a 的两个副本，将两次定值转换为对不同变量的赋值。但是，当两条控制流边汇合在一起时，在汇合点（BB4），变量 a 到底使用的是哪个版本呢？如果程序执行沿 BB1→BB2→BB4，此时 BB4 使用的是在 BB1 里的定值；如果程序执行沿 BB1→BB2→BB3→BB4，此时使用的是在 BB3 里的定值。为了解决这个问题，我们引入一个虚构符号（ϕ 函数），ϕ 函数的参数是到达该使用的变量版本，ϕ 函数根据到达的路径，返回路径上对应的变量版本。

$$\phi(a_1,a_2)=\begin{cases}a_1\text{，如果沿 BB2 到达 BB4}\\a_2\text{，如果沿 BB3 到达 BB4}\end{cases}$$

利用 ϕ 函数可以将原代码转换为 SSA 形式。我们可以利用路径汇合准则（path convergence criterion)或者必经节点边界准则(dominance frontier criterion)来迭代地插入 ϕ 函数。

本章小结

本章的主要内容是介绍控制流分析和数据流分析的基本原理和方法。流分析是对程序进行各种优化的基础。其中,控制流分析判断程序的控制结构,构建程序的控制流图。数据流分析获取数据沿着程序执行路径流动的相关信息,通常是流敏感的。

如果在控制流图中,从入口节点到节点 b 的每一条路径都经过节点 a,则称 a 是 b 的必经节点。如果 a 是 b 的必经节点,从 b→a 的边被称为回边。寻找控制流图中所有的循环的一个方法是利用回边。和回边 b→a 相关联的自然循环是指 a 加上流图中可以不经过 a 到达 b 的所有节点形成的子图。通常循环执行时间占整个程序执行时间的绝大部分,因此循环一直是编译优化的重点。

数据流分析的一般方法是:首先进行局部分析,分析基本块内的每条语句对求解的数据流问题的作用,并将结果组合到基本块边界(入口点和出口点)。然后再考虑控制流,进行全局分析,计算数据信息沿控制流边如何进行传递。迭代数据流分析方法由于实现简单高效,并且能够满足优化需求被大多数编译器使用。由于很多问题在编译时无法判定,因此不论采用哪一种方法,都必须保证分析得出的结果是正确的、保守的。

现代编译器大多使用 SSA 形式作为中间表示。在 SSA 形式中,每一个变量在程序的上下文中只有一次赋值(或定值),使程序的数据流分析和基于 SSA 的优化变得更高效。

练习 9

1. 把图 9.2 中所示的中间代码划分为基本块,并画出其控制流图。

2. 根据第 1 题中画出的控制流图,计算必经节点关系并画出必经节点树,找出循环。

3. 尝试编写代码实现第 1 题和第 2 题,代码中应实现遍历 CFG 的功能。

4. 使用-定值(UD)链可以通过到达定值分析导出,还有一种关于定值和使用的数据流信息稀疏表示方式是定值-使用链(definition-use chain,DU 链)。对变量的每一次定值及该定值到达的所有使用都被保存在链表中。分析时可以定义两个集合:在 B 中定值前使用的变量集合 use[B];被

B 杀死的变量使用集合 kill[B],即在 B 中定值,在其他基本块中使用的变量。试分析使用这个集合计算 DU 链,是前向分析还是后向分析? 给出数据流方程和最终构造 DU 链的方法。

5. 对下面的控制流图,进行到达定值分析和活跃变量分析。

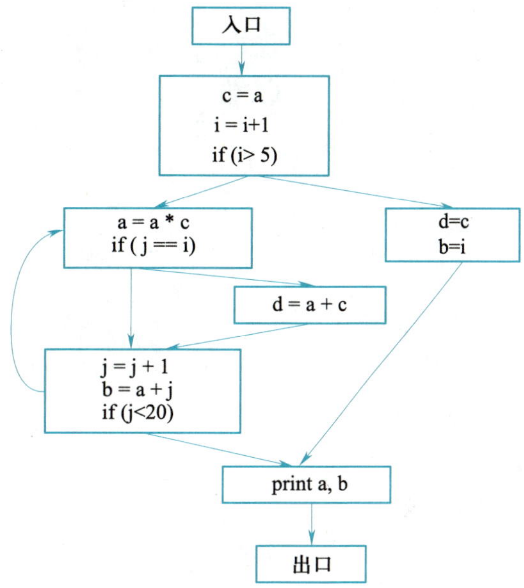

6. 给出第 5 题控制流图所对应的 UD 链,分析保存该 UD 链需要的空间。

7. 下面的控制流图中是否包含自然循环,为什么?

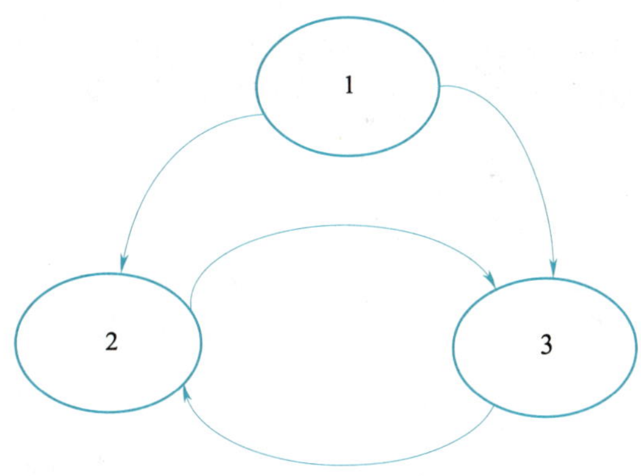

8. CFG 不仅能为后续数据流分析和优化提供基础,基于 CFG 编译器也能进行许多优化,例如不可达代码删除、if 化简、直线化(straightening)等。不可达代码删除的基本思想是:如果从入口基本块(Entry)没有一条非空的路径到达某个基本块,那么这个基本块就是不可达基本块,可以删除。编写算法,实现不可达基本块的识别和删除。基于第 3 题的代码,用代码实现你的算法。

9. 阅读 SSA 相关资料,尝试通过 φ 函数将第 4 题中间表示转换为 SSA 形式,并和第 6 题中的 UD 链进行对比。

第 10 章

代码优化技术

优化是指编译器通过分析编译过程中的中间代码，对其进行变换，以生成更好的目标代码。“更好的”可以是运行更快的，或者代码更小的，或者运行代价（能耗）更小的，等等。在第 9 章中我们已经讨论了控制流分析和数据流分析，接下来可以考虑如何利用分析获取的信息进行程序的优化变换。本书主要讨论使程序运行得更快的性能优化。

例如图 10.1(a)所示的求累加和的代码片段，我们可以发现，在该循环执行过程中，x 值从未发生改变，x * x 是一个循环不变量。我们只需要在循环外计算一次值，就可以在循环内直接使用该值。通过循环不变量外提优化，该段代码可以变换为图 10.1(b)。优化前，表达式 x * x 计算 N 次，优化后，x * x 仅需要计算 1 次。

```
for(i = 1; i<= N; i++)
    sum = sum + a[i] * (x*x);
```

(a) 求累加和的代码片段

```
t = x*x;
for(i = 1; i<= N; i++)
    sum = sum + a[i] * t;
```

(b) 循环不变量外提后

图 10.1

优化可在编译的各阶段进行，根据优化算法及其实现是否和目标机器相关，可以大致分为两类。第一类优化通常在目标代码生成之前，不依赖于具体的目标计算机，例如公共子表达式删除、循环不变量外提等冗余删除优化，以及循环展开、循环置换等循环优化。第二类优化是在生成目标代码时进行，依赖于具体的目标计算机。本章将讨论常用的、与目标机器无关的第一类优化，要依赖于目标计算机的第二类优化，我们将在第 11 章进行讨论，例如寄存器分配、指令调度等。

10.1　代码优化概述

编译器会提供各种优化手段提高生成的目标代码质量，例如开源编译系统 GCC 和 LLVM，都提供了上百个编译遍(PASS)进行不同的优化。需要注意的是，尽管我们将变换称为优化，但是并不是所有变换都一定能提升程序的性能，有的变换甚至会导致某些程序性能下降。但是不管怎么样，编译器提供的对代码的各种优化变换都必须遵循一定的原则：

首先是安全原则，代码变换必须是等价的，保持程序语义。也就是说，代码变换不能引入源程序中没有的逻辑，不能改变程序的输出。其次，代码变换应该为大多数程序生成“更好的”代码，应该是有利可图的。最后，代码变换代价应该是适宜的，代价包括优化时间和所需要的(内存)资源。

根据优化时考虑的代码范围的不同，编译器中的优化可以分为三个级别：局部优化、过程内优化和全程序优化。局部优化仅在基本块内进行优化；过程内优化，在一个过程范围内跨基本块进行统筹分析优化，例如图 10.1(b)的循环不变量外提，涉及若干基本块；全程序优化，包括跨不同源文件、不同过程间的优化，例如函数内联、过程间常数传播等。不同的优化措施实现起来的复杂度和难度也不相同，通常优化涉及的范围越大，复杂度越高。优化既需要在局部进行，也需要在全局进行时，通常先执行局部优化。例如值编号优化先进行局部值编号，再进行全局值编号。

没有一个编译器能够为所有程序都生成“最优”的代码。编译器通常会提供丰富的、可配置的编译模块(优化模块)，程序员可以根据自己的需要，根据应用程序特征选择合适的优化进行变换。目前，基于人工智能进行编译遍管理和优化选择也是当前编译领域研究的热点问题。

10.2　基本块内优化

本节先介绍基本块内的局部优化。

10.2.1　基本块的 DAG 表示

有向无环图(directed acyclic graph,DAG)经常被用于实现基本块内的优化。基本块的有向无环图如图 10.2 所示,该图清晰地展示基本块内每条语句计算的值如何在基本块内被使用:

```
t1 = 4*i
t2 = A[t1]
t3 = 4*i
t4 = B[t3]
t5 = t2-t4
t6 = t5+d
t7 = t2-t4
t8 = t7*d
sum = t6+t8
i=i+1
if (i< N) goto L2
```

图 10.2　基本块三地址代码

(1) 叶节点(没有后继的节点)以唯一标识符(变量名)或常数作为标记,表示该节点代表该变量或常数的值。如果叶节点用来代表某变量 A 的地址,则用 addr(A)作为该节点的标记。有时候,我们还会把叶节点上作为标记的标识符加上下标 0,以表示它是该变量的初值。

(2) 内部节点(有后继的节点)以操作符作为标记,表示该节点代表应用该操作符对其后继节点所代表的值进行运算的结果。

(3) 节点上可能附加一个或多个标识符,表示这些变量具有该节点所代表的值。

图 10.2 所示基本块的 DAG 如图 10.3 所示。叶节点 i_0 表示在该基本块入口 i 的值,t_2 的内部节点代表 A[4 * i]。

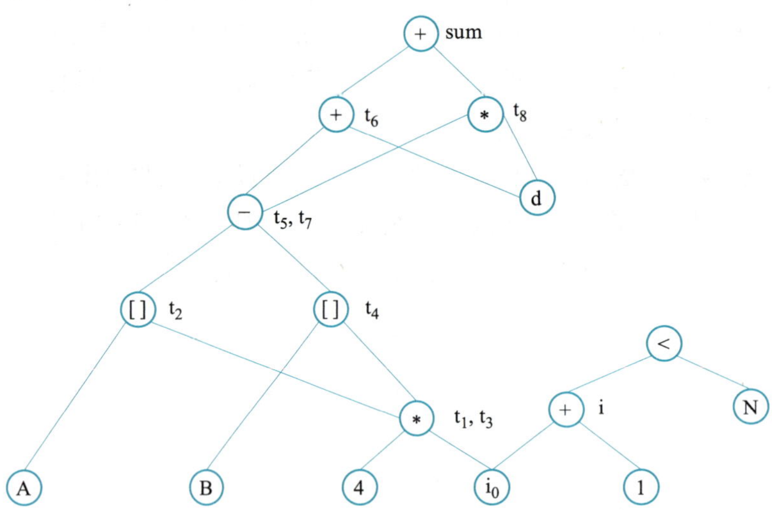

图 10.3　图 10.2 所示基本块的 DAG

下面我们给出 DAG 的构造算法。假设 DAG 各节点信息已经用某种适当的数据结构来存放(例如链表),我们能够方便地获取其左右子节点,并有一个标识符(包括常数)与节点的对应表。NODE(*id*)是描述这种对应关系的一个函数:

$$\text{NODE}(id)=\begin{cases} n,\text{如果 DAG 中存在一个节点 n}, id\text{ 是该节点标记或者是附加的标识符} \\ 0,\text{未定义} \end{cases}$$

刚开始,DAG 为空。接下来,按照算法 10.1 逐条处理基本块中的语句。假设我们要考虑的基本块内的中间代码包括如下三种类型:

① x=y

② x=op y

③ x=y op z 或 x = y[z]

算法 10.1　基本块 DAG 构造算法

输入:基本块 B

输出:基本块 B 的 DAG

1. 如果 NODE(y)未定义,则创建一个标记为 y 的叶节点,并定义 NODE(y)为这个节点;如果当前代码是③型,如果 NODE(z)未定义,则创建一个标记为 z 的叶节点并定义 NODE(z)为这个节点;

2. (1) 如果当前代码是③型,查找是否有标记为 op,且左儿子是 node(y)、右儿子为 node(z)的节点。如果没有,则创建一个符合条件的新节点;否则记录节点号 n
   (2) 如果当前代码是②型,查找是否有标记为 op,且左儿子是 node(y)的节点,如果没有,则创建一个符合条件的新节点;否则记录节点号 n
   (3) 如果当前代码是①型,令 n = node(y)
3. 从 node(x)的附加标志符表中删除 x,在第二步找到(或者创建的)节点 n 的附加标识符表上增加标识符 x,并且 node(x)= n

我们回到生成图 10.2 表示的基本块的 DAG。刚开始 DAG 为空,第一条语句 t1=4 * i 属于③型,我们首先创建两个新节点,标记分别为 4 和 i_0。在算法第 2 步,创建标记为 * 的新节点,将标识符 t1 加入 * 节点的附加标识符表中。处理第三条语句 t3 = 4 * i 时,我们发现标记为 *,且左儿子是 4、右儿子为 i_0 的节点已经存在,此时,不再创建新的节点,而仅仅是在节点 * 的附加标识符表上增加标识符 t3,如图 10.4 所示。

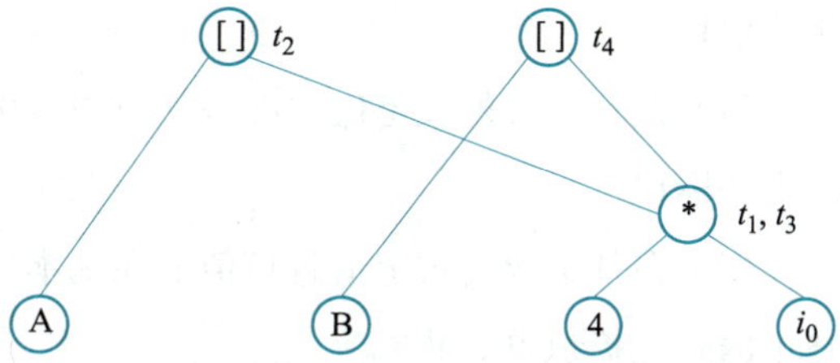

图 10.4　DAG 创建过程中,处理语句 t3 = 4 * i_0

10.2.2　基于 DAG 的局部优化

从构造基本块的 DAG 算法 10.1 中可以发现，在 DAG 生成过程中，第二步就会检查公共子表达式，对具有公共子表达式的所有代码，它只产生一个计算该表达式值的内部节点，并把那些被赋值的变量标识符附加到该节点上，如图 10.4 中，语句 t3 = 4 * i 不会生成新的节点，而是在节点 * 的附加标识符表上增加标识符 t3。

我们可利用基本块的 DAG，重新生成原基本块的一个优化的中间代码序列。如果 DAG 某内部节点上附有多个标识符，则表示计算该节点值的表达式是一个公共子表达式，当我们把该节点重新写成中间代码时，就可删除多余运算。例如，图 10.4 中节点 * 附有 t1 和 t3 两个标识符，当我们把节点 * 重新写成中间代码时，选择 t1 保存公共子表达式 4 * i 的值，这样语句 3 就修改为了 t3 = t1，删除了多余的 4 * i 运算，如图 10.5 所示。

```
2    t2 = A[t1]
3    t3 = 4*i
4    t4 = B[t3]
```

```
2    t2 = A[t1]
3    t3 = t1
4    t4 = B[t3]
```

图 10.5　局部公共子表达式删除

除了公共子表达式删除外，我们可以对算法 10.1 做进一步的优化，在构造 DAG 过程中，执行局部的常数折叠和无用代码删除。第二步中，如果当前代码是③型，且 NODE(y) 和 NODE(z) 都是标记为常数的叶节点，则执行 y op z，得到常数 p；此时如果 NODE(y) 或 NODE(z) 是处理当前代码时新构造出来的节点，则删除它们；如果 NODE(p) 未定义，则创建一个用 p 做标记的叶节点 n，置 NODE(p) = n。同样，如果当前代码是②型，且 NODE(y) 是标记为常数的叶节点，则执行 op y，得到常数 p。如果 NODE(y) 是处理当前代码时新构造出来的节点，则删除它。如果 NODE(p) 无定义，则创建一个用 p 做标记的叶节点 n，置 NODE(p) = n。

如果某变量被赋值后，在它被引用前又重新赋值，那么，算法 10.1 的步骤 3 会把该变量从具有前一个值的节点上删除，即算法的步骤 3 具有删除无用赋值代码的作用。

除了可应用 DAG 进行上述的优化外，我们还可从基本块的 DAG 中得到一些其他的优化信息：

（1）在基本块外被定值并在基本块内被引用的所有标识符，就是作为叶节点上标记的那些标识符；

（2）在基本块内被定值且该值能在基本块后面被引用的所有标识符，就是 DAG 各节点上的附加标识符。

利用这些信息，我们还可进一步删除中间代码中其他情况的无用赋值。结合 10.2 节数据流分析获取的信息，如果 DAG 中某节点上附加的标识符，在该基本块后面不会被使用，那么,就不生成对该标识符赋值的中间代码。如果某节点上不附有任何标识符或者其上附加的标识符在基本块后面不会被使用,并且它也没有前驱节点,这就意味着基本块内和基本块后面都不会使用该节点的值,那么,就不生成计算该节点值的代码。不仅如此,如果有两条相邻的代码 x=y op z 和 p:=x,其中第一条代码计算出来的 x 值,只在第二条代码中被引用,则把相应节点重写成中间代码时,可以将原来的两条代码变换成 p:=y op z。

10.2.3 数组、指针及函数调用

当基本块中有数组元素引用、指针及函数调用时,情况较为复杂。以如图 10.6 所示的基本块为例:

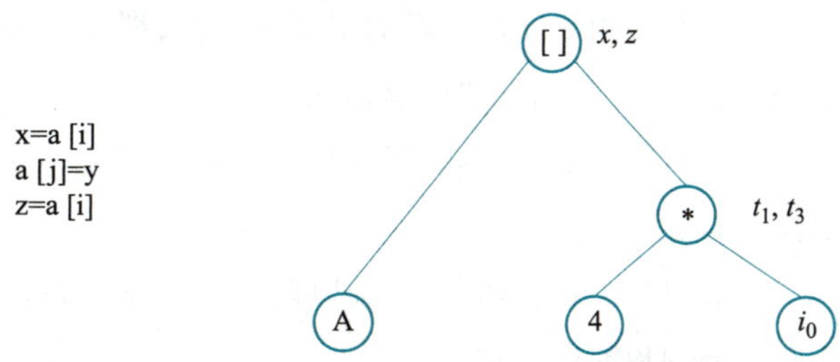

图 10.6 带数组引用的中间代码及其部分 DAG

使用算法 10.1 构造上述基本块的 DAG,那么 a[i]将成为一个公共子表达式。我们可以对其进行优化,得到新的基本块:

```
x:=a [i]
a[j]:=y
z:=x
```

然而,如果 i=j 且 y ≠a[i],那么优化后的基本块所计算出来的 z 值是不相同的。产生这个问题的原因是 a[i]和 a[j]可能会指向同一存储单元,即使 a 和 i 都没有改变,但是表达式 a[i]的值仍能发生变化。一个简单的做法是当我们对数组 a 的一个元素赋值时,我们删除所有标记为[ ]、左边的变元是 a 加上或减去一个常数(也可能是 0)的节点。即,我们认为对这样的节点再增加附加标识符是非法的,从而避免了这个节点变为公共子表达式。这要求我们对每一个节点设一个标志位来标记其是否已被删除。另外,对每个基本块中引用的数组 a,我们可以保存一个节点表,保存当前未被删除但若有对 a 的一个元素的赋值则必须被删除的节点。

类似地,对指针赋值 * p=w(p 是一个指针)也会产生同样的问题。如果我们不知道 p 指向哪一个变量,那么就要假设它可能改变基本块中任一变量的值。当创建这种赋值语句的节点时,要把 DAG 各节点上所有标识符(包括作为叶节点上标记的标识符)都删除。

因为对被调用函数的情况缺乏了解,我们必须假设任何变量都有可能因过程调用产

生的副作用而发生变化,一个函数调用将删除所有的节点。

通过别名分析我们可以避免删除所有的节点,而是仅仅删除可能别名的节点。

10.2.4 从DAG图重新导出中间代码

当把DAG重写成中间代码时,如果我们不是按照原来构造DAG节点的顺序把各节点重写为代码,那就必须注意DAG中某些节点必须遵循一定的顺序执行。例如,图10.6所示的基本块中,z=a[i]必须跟在a[j]=y之后,而a[j]=y必须跟在x=a[i]之后。下面,我们根据以上讨论的各种情况的本来意义,把重写中间代码时DAG中节点间必须遵循的顺序归纳如下:

(1) 对数组a任何元素的引用或赋值,都必须跟在原来位于其前面的(如果有的话,下同)对数组a任何元素的赋值之后。

(2) 对数组a任何元素的赋值,都必须跟在原来位于其前面的对数组a任何元素的引用之后。

(3) 对任何标识符的引用或赋值,都必须跟在原来位于其前面的任何过程调用或通过指针的间接赋值之后。

(4) 任何过程调用或通过指针的间接赋值,都必须跟在原来位于其前面的任何标识符的引用或赋值之后。

总之,当重写基本块时,任何数组a的引用都不可以互相调换次序,并且任何语句都不得跨越一个过程调用语句或通过指针的间接赋值。

10.3 全局优化

全局优化作用于整个过程(函数),可以进行跨基本块的优化。为了保证优化的正确性,全局优化通常先进行数据流分析,利用数据流分析的结果进行代码变换。数据流分析方法我们在第9章已经进行了详细的介绍。

10.3.1 全局公共子表达式删除

在10.2.2节中我们讨论了利用DAG删除局部公共子表达式。如果表达式E在基本块B中多次计算,则可以进行冗余计算识别并删除。在进行局部优化时,基本块内对每个表达式的第一次计算都不是冗余。然而,当进行全局公共子表达式删除(common subexpression elimination, CSE)时,如果表达式的值在前驱基本块中已经计算过了,那么基本块内表达式的第一次计算也会变为冗余。

图 10.7(a)中,基本块 BB3 中表达式 c/d,在基本块第一次计算,无法基于 DAG 进行冗余删除。然而经过可用表达式分析,我们可以发现表达式 c/d 在基本块 BB3 的入口是可用的。利用算法 10.2,可以对其进行全局公共子表达式删除。转换后的程序如图 10.7(b)所示。

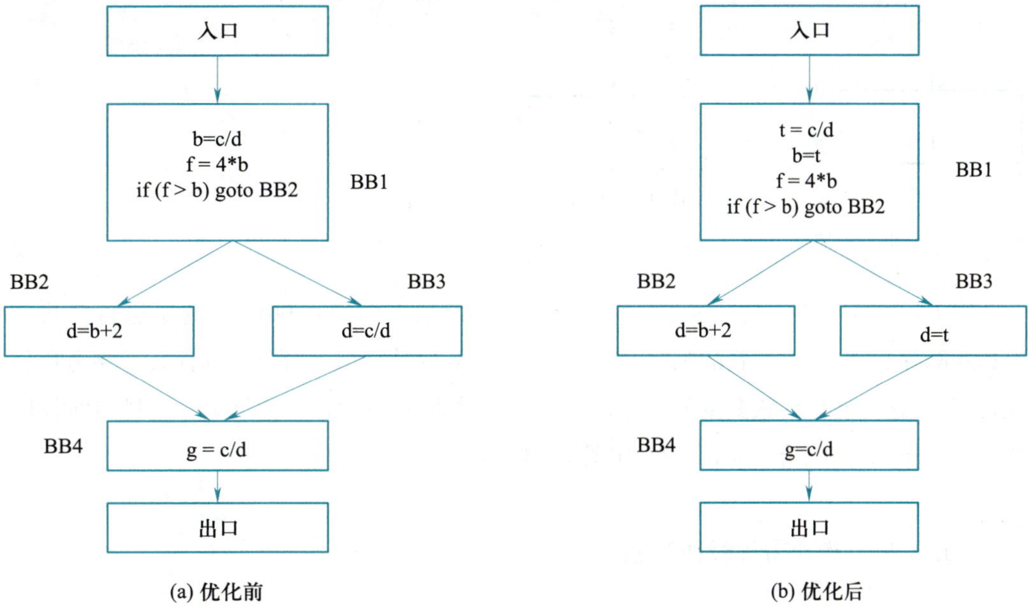

图 10.7 全局公共子表达式删除示例

算法 10.2 全局公共子表达式删除

```
输入:控制流图 G=(N,E)
输出:执行公共子表达删除后

执行可用表达式分析。
对每个基本块 B ∈N,执行{
    对基本块 B 中的每一条指令 instr,如果该指令的形式为 z=x⊗y,并且 x⊗y 在 B
    的入口点可用,则执行下面的操作:{
    ① 判断 x⊗y 是否在这条指令处可用
    ② 获得到达 z 的 x⊗y 计算
    ③ 创建一个新的变量 t
    ④ 将第② 步获得的 w= x⊗y 替换为 t= x⊗y,w=t
    ⑤ 将 z= x⊗y 替换为 z=t
    }
}
```

向前替代(forward substitution)是公共子表达式删除的逆变换。与用一个复制指令替换表达式计算相反,向前替代用重新计算替换复制语句,如图 10.8 所示。

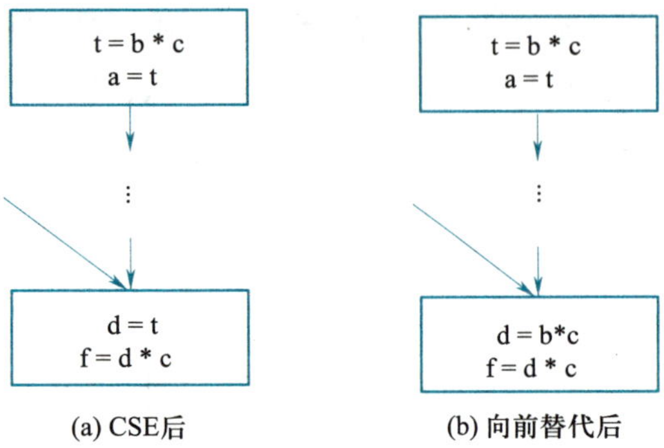

图 10.8　向前替代示例

图 10.8(a)中 d=t 是经过了公共子表达式删除后得到的复制指令,为了进行公共子表达式删除,我们引入了新的临时变量 t,保存 b * c 的计算结果,在编译后端,需要为它分配寄存器,这可能导致该变量的寄存器占用很长时间,使寄存器压力增大。通过向前替代变换,可以释放分配给 t 的寄存器,如图 10.8(b)所示。

10.3.2　常数折叠和传播

常数折叠也称为常数表达式计算,指的是编译时计算操作数是常量的表达式。常数折叠首先判断表达式的所有操作数是否都是常量,然后在编译时计算表达式,并用计算得到的结果替代该表达式。需要注意的是,计算结果应该与目标机执行时得到的结果完全一致。对于交叉编译器这一点尤其重要。

布尔类型的表达式总是可以安全地进行常数折叠。对于整型常数表达式,大多数情况下也可以应用这种优化。但是在编译计算时如果遇到异常,例如除零异常或者溢出,编译时应当给出警告或者报错信息,指出程序可能发生的错误(这些代码在实际运行时可能并不会运行)。

浮点表达式的情况则更为复杂。我们首先必须保证编译时浮点计算结果与目标机运行时一致。例如目标机可能支持扩展双精度,编译器运行的宿主机并不支持;舍入方向二者也可能不同。为避免宿主机和目标机之间计算结果不一致,编译器常常依赖软件模拟执行目标机的浮点计算。例如 GCC 依赖多精度算术库 GMP(GNU multiple precision arithmetic library)、多精度浮点库 MPFR、多精度复数库 MPC 等执行浮点计算。其次,浮点异常问题比整型表达式更容易出现和复杂,ANSI/IEEE-754 标准定义的 5 种浮点异常:下溢、上溢、无效计算、除零,以及不精确异常,不同处理器的处理方式并不一致,有的仅仅设置标志位,有的支持发出异常信号。编译器实现常数折叠需要遵循 ANSI/IEEE-754 标准和目标机体系结构规范。

在编译实现中，常数折叠往往作为单独的编译遍，和常数传播结合在一起使用，如图10.9所示。常数折叠后进行常数传播，常数传播提供更多的常数折叠机会。

常数传播是指如果变量 x 定值为常数 C，在 x 值没有发生改变前，用 C 来替换对 x 的使用。例如，图 10.9(a)基本块 BB1 中 b=5，c=4 * b 可以变换为 c=4 * 5，常数折叠后，进一步进行常数传播，c>8 可以变换为 20>8，再进行常数折叠。

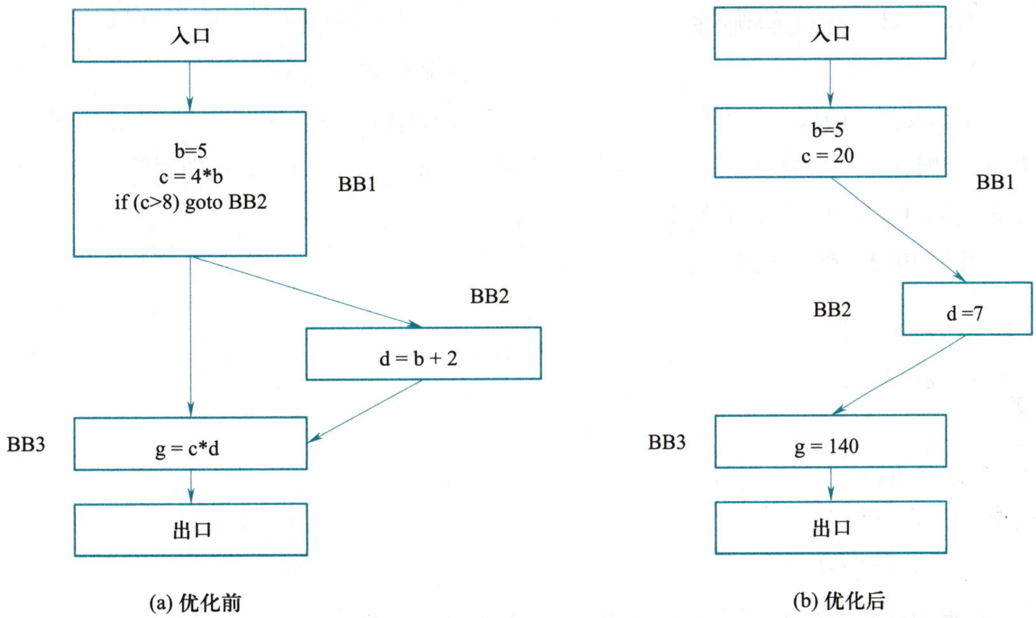

图 10.9 常数传播和常数折叠示例

基本块内的常数折叠和传播可以基于 DAG 图实现。例如，图 10.9(a)基本块 BB2 中 b 是否能用常数 5 进行替换？这需要先进行数据流分析，判断在基本块的边界处哪些变量是常数，以及常数的值是多少。

常数传播显然是一个前向的"必然"数据流问题，使用图 10.9(a)前向分析算法计算，其中聚合操作为集合交。和到达定值、活跃变量分析等不同，常数传播分析的函数集合较为复杂，设 in[S,x]、out[S,x]分别表示语句 S 前后变量 x 的信息，undef 表示未定义，NAC 表示不是常数。out[S,x] = f_s(in[S,x])。对所有变量 x，out[entry, x]=undef(表示 x 未定义)。按照以下方式进行定义 f_s：

① 如果 S 不是赋值语句，那么 f_s(x) = x；(x 的值不会发生变换)

② 如果 S 是赋值语句 x=RHS，那么所有不等于 x 的变量 v，有 out[S,v] = in[S,v]，out[S,x]有下列情况

· 如果 RHS 是一个常数 C，则 out[S, x]=C

· 如果 RHS 形如 x=y ⊕z，那么，如果 in[S,y]和 in[S,z]都是常数，那么 out[S,x]等于它们的操作结果；如果 in[S,y]和 in[S,z]中有一个不是常数，那么 out[S,x]=NAC，否则 out[S,x]=undef

· 如果 RHS 是其他表达式，例如函数调用，那么 out[S, x] = NAC

获得基本块边界处的常数集合后，可以进行全局的常数传播。如果 x ∈in[B]，且 x=C。那么在基本块 B 中，可以对 x 进行常数传播，直到 x 值被改变。图 10.9(b) 中，b 在基本块 BB2 的入口处是常数 5，d=b+2 中的 b 中可以用 5 替换，经过常数传播和折叠后，g=140。

10.3.3　死代码删除

如果变量 v 的值在流图中某条从点 p 出发的路径中被使用，我们就说 v 在点 p 是活跃的，否则，v 在点 p 是死的。死代码删除(dead code elimination，DCE)试图删除在基本块中被定值但是出口不活跃的死变量。

算法 10.3　死代码删除算法

```
输入:控制流图
输出:变换后的代码

change = false;
循环{
    执行活跃变量分析;
    遍历所有基本块,对基本块 B 中每一条语句 s 定值变量 v {
        如果在基本块出口处 out[B]不包含 v {
            删除 s;
            change = true;
        }
    }
}while(change)
```

需要注意的是，如果 s 为 v =x ⊕y，当删除定值语句 s 后，s 使用的变量 x 和 y 可能变成死变量。因此删除 s 后，算法需要更新活跃变量信息。

死代码删除示例如图 10.10 所示，在死代码删除前代码如图 10.10(a)所示，经过活跃变量分析，我们知道 e 在基本块 BB2 出口处不活跃，可以将其在 BB2 中的赋值语句 e=b+2 删除。删除后，对 b 的使用信息发生改变，b 在 BB1 的出口处不再活跃，基本块 BB1 中对 b 的赋值语句 b=t 也可以删除。死代码删除后代码如图 10.10(b)所示。

10.3.4　复制传播

复制传播(copy propagation)是指出现定值语句 x=y 后，在 x 和 y 的值都没有发生改

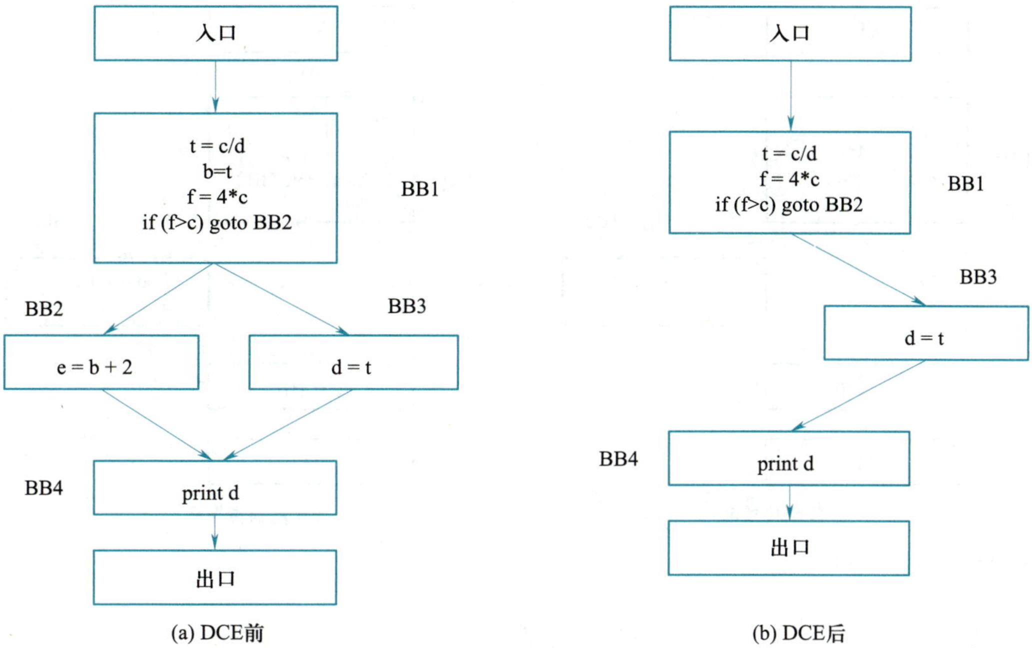

图 10.10　死代码删除示例

变之前(即没有对 x 和 y 定值),可以用对 y 的使用代替后面出现的对 x 的使用。

在图 10.11(a)所示的流图中,b=a 是一条复制指令,基本块 BB1 中,在这条指令后,b 和 a 都没有复制,对 b 的所有使用都可以用 a 来替换。基于基本块的 DAG 表示可以实现局部复制传播。那么,如何进行全局的复制传播?例如基本块 BB2 和基本块 BB3 中的 b 的使用是否也可以替换成 a?这需要先做数据流分析,以确定 b 的复制定值到达了哪些使用,并且对每个使用,复制指令 b=a 必须是唯一的可以到达的定值,从 b=a 到使用 b 的每一条路径上,都没有对 a 的赋值。可以到达基本块 BB2 中指令 d=b+2 的唯一定值是 b=a,并且 b=a 到 d=b+2 的路径上没有对 a 的定值,可以进行替换,代码变换为 d=a+2;基本块 BB3 中 g=a * b,b 有两个定值可以到达该使用(b=a 和 b=5),因此不能进行复制传播。进行复制传播后的流图如 10.11(b)所示。

为了传播复制指令 S:x=y,我们必须判断 x 的定值的所有使用:

对每个使用 u,复制指令必须是唯一的可以到达 u 的定值,并且从 S 到 u 的每一条路径上,都没有对 y 的赋值。

我们定义两个集合 copy(B)和 kill(B)。copy(B):在基本块 B 中形如 x=y 的复制指令,并且在 B 中该指令之后没有对 x 或 y 的定值。Kill(B):被 B 杀死的复制指令。如果基本块 B 对变量 x 或者 y 定值,那么就会杀死复制指令。我们可以使用迭代的数据流分析方法计算基本块的入口和出口处可用的赋值指令集合,计算方法和 10.2.5 节可用表达式计算类似。

$$out[B]=copy(B)\cup(in[B]-kill[B])$$

复制指令必须是唯一的可以到达 u 的定值,并且从 S 到 u 的每一条路径上,都没有对 y 的赋值,x=y 才是可用的,因此“∩”操作是集合交,即:

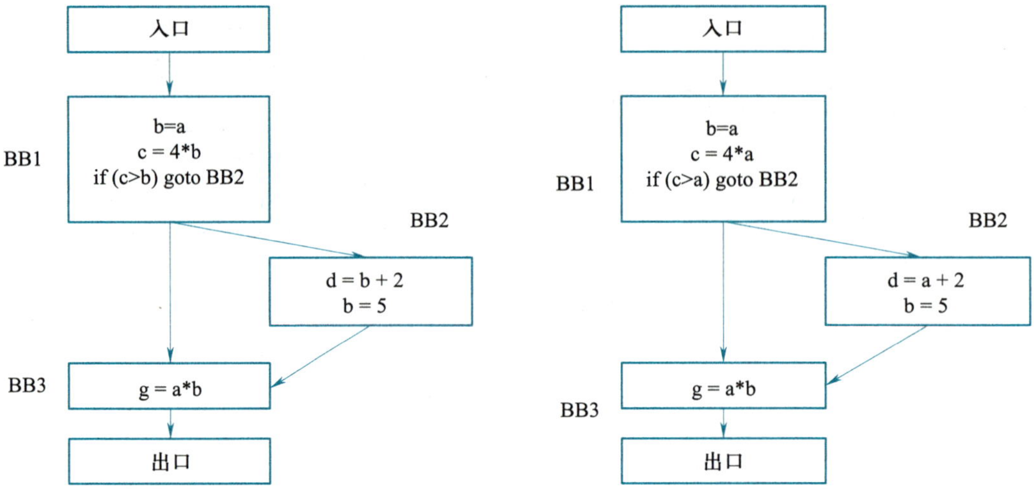

(a) 复制传播前　　　　(b) 复制传播后

图 10.11　复制传播示例

$$in[B] = \bigcap_{P \in pred[B]} out[P]$$

对于前向数据流问题，我们可以用图 10.9(a)所示的算法进行分析。

计算可用复制指令信息后，我们可以执行全局的复制传播：对每个基本块 B，如果用复制指令 x=y ∈in[B]，则执行复制传播，直到复制指令被基本块中的其他指令杀死。

10.4　循环优化

循环往往会迭代执行很多次，执行时间占整个程序执行时间的大部分。对循环中的代码，通过循环不变量外提、强度削弱和删除归纳变量等优化，可以提高程序执行性能。

10.4.1　循环不变量外提

如果循环中的一个计算在循环的每次迭代都产生相同的值，则称该计算为循环不变量。我们可以把这些循环不变量外提到循环之外，避免冗余的计算，从而减少循环执行的指令。当循环的基本块的一个赋值语句 x=y ⊕z 或者 x=y，其操作数都满足下列条件之一时，该计算是循环不变的：

(1) 操作数是常数

(2) 所有到达操作数的定值都在循环之外

(3) 只存在一个到达操作数的定值且该定值在循环内，并且该定值本身是循环不变的。

根据循环不变量的定义，我们可以按照算法 10.4 的步骤，找出循环中的不变量集合：

算法 10.4 标记循环不变量

输入：循环 L，执行到达定值分析，并构建 UD 链
输出：L 中的不变量

1. 首先标记两种简单的不变量。
① 标记所有操作数都是常数的指令为不变的
② 标记所有操作数的到达定值都在循环外的指令为不变的

2. 重复下列步骤直到找出了所有的循环不变量：
标记操作数符合下面条件之一，并且没有被标记的指令为不变的
① 操作数是循环不变量
② 只有一个定值到达操作数，并且该定值已经标记为循环的不变量

找到循环不变量后，我们需要考虑将这些不变量外提到哪一个基本块。由于循环头节点的前驱可能不止一个，显然我们不能简单地将它们外提到循环头节点的前驱。我们需要插入一个新的空节点——循环前置节点，使控制流图中所有来自循环之外、到循环头节点的边，改为到前置节点；来自于循环内部，到循环头节点的边，保持不变，如图 10.12 所示。循环不变量外提到前置节点。

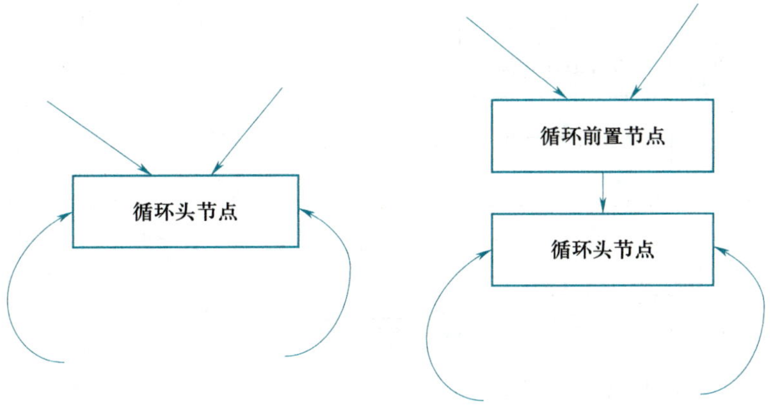

图 10.12 插入循环前置节点

值得注意的是，并不是所有循环不变量都能外提。假设赋值语句 S 是 x = y ⊕z 或者 x = y 是循环不变量，对 x 进行定值。考虑如图 10.13 所示的流图，其中包含循环 L：

赋值语句 x = 7 是循环不变量，在图 10.13(a) 中，x = 7 所在基本块不是循环出口点（print x 所在基本块）的必经节点。x 的值可能是 0，也可能是 7。在图 10.13(b) 中，S2：x = 6 是循环出口点的必经节点，但是在编译时同样无法判定控制流沿哪一条边到达语句

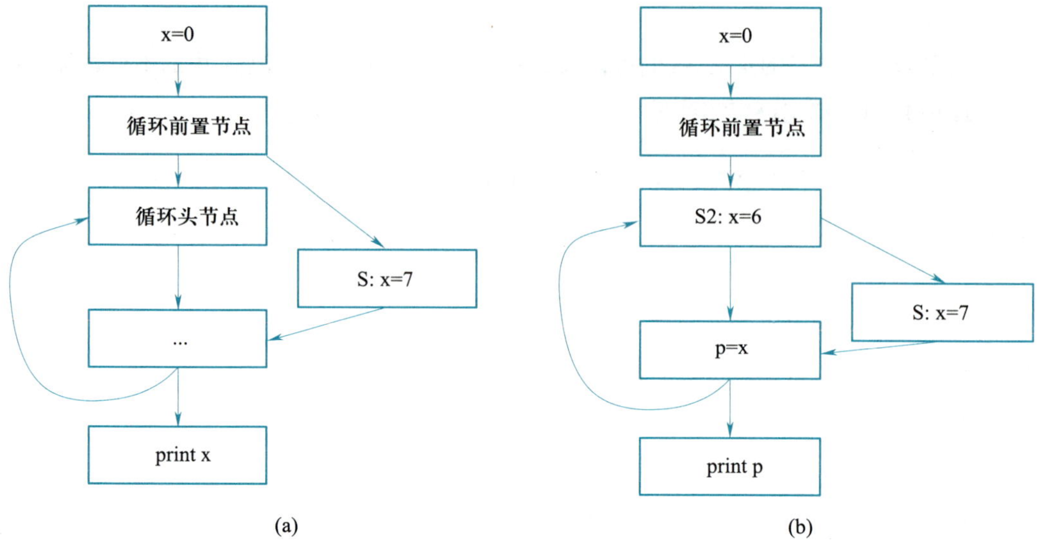

图 10.13　循环不变量外提条件示例

p=x 所在基本块。如果简单地将它们外提到前置节点,会导致程序发生错误。因此,我们可以得出循环不变量外提的两个条件:① 语句 s 是循环 L 所有出口的必经节点;② 循环中对 x 的所有使用只能被 S 中的定值到达,即 S 所在的基本块是所有使用了 x 的基本块的必经节点。

图 10.14(a)中,x=6 是循环所有出口节点的必经节点,且在循环中没有对 x 的使用,

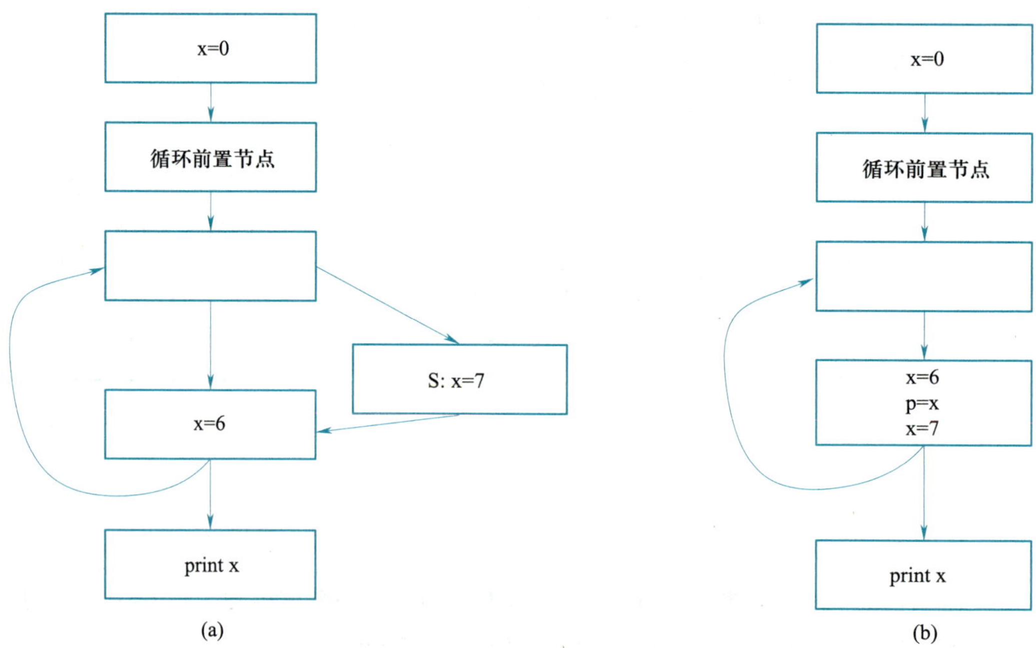

图 10.14　循环不变量外提条件示例二

满足外提的两个条件。但是 x=7 不能满足条件①,不能外提。外提前,print x 语句中的 x 值只能是 6,如果将 x=6 外提,那么 print x 语句中,x 的值可能为 7。因此为了保证外提正

确,我们还需要增加一个外提条件③循环 L 中 v 只能定值一次。图 10.14(b)中,根据算法 10.4,p=x 也是循环不变量,且满足外提条件,但是不变量 x=6 和 x=7 不满足条件③,不能外提。仅将 p=x 外提显然会导致程序错误,由此增加外提条件④x 和 y 的定值在循环外(可以是一开始就在循环外,或者外提后在循环外)。当然,我们也可以先执行常数传播和复制传播,然后外提 p=x。

算法 10.5　给出了完整的循环不变量外提算法。

```
输入:循环 L,执行到达定值分析,并构建 UD 链
输出:不变量外提


找出循环 L 中的循环不变量
对每个循环不变量指令 s,假设 s 定值 v,使用 x 和 y,执行{
  如果{1. s 所在基本块是 L 的所有出口的必经节点 &&
       2. 在循环 L 中 v 没有其他定值 &&
       3. 并且 L 中 v 的所有使用只被 s 中的定值到达 &&
       4. x 和 y 的定值在循环外(可以是一开始就在循环外,或者外提后在循环外)
       {
           将 s 外提,移到 L 的前置节点
       }
}
```

不变量外提还需要注意处理循环迭代次数为 0 的情况。如果循环 L 的实际执行次数为 0,外提不变量可能导致程序错误,如图 10.15(a)。这种情况可以通过在生成循环中间代码时,在进入循环之前生成一个测试,来确定是否会执行循环,如图 10.15(b)所示。

10.4.2　归纳变量与强度削弱

在循环中,如果变量 x 的值每次改变都是增加或者减少某个固定的常数,那么 x 就是循环的归纳变量(induction variable)。例如图 10.16 中的 C 语言代码片段

循环控制变量 i 每次增加 1,j 的值递增 2。我们可以使用 j=j+2 替换原有 j=2*i+1,使用更省时的“加”操作替代原有的“乘”操作。由于 i 每次递增 1,编译器很容易识别出对数组 a 的访问跨步,并进行有效的数据预取优化。利用归纳变量的特性,编译器可以进行强度削弱、删除冗余的归纳变量、数据预取等优化。

识别归纳变量

如果循环 L 中对变量 i 只有唯一的形如 i:=i±C 的赋值,且其中 C 为循环不变量,则

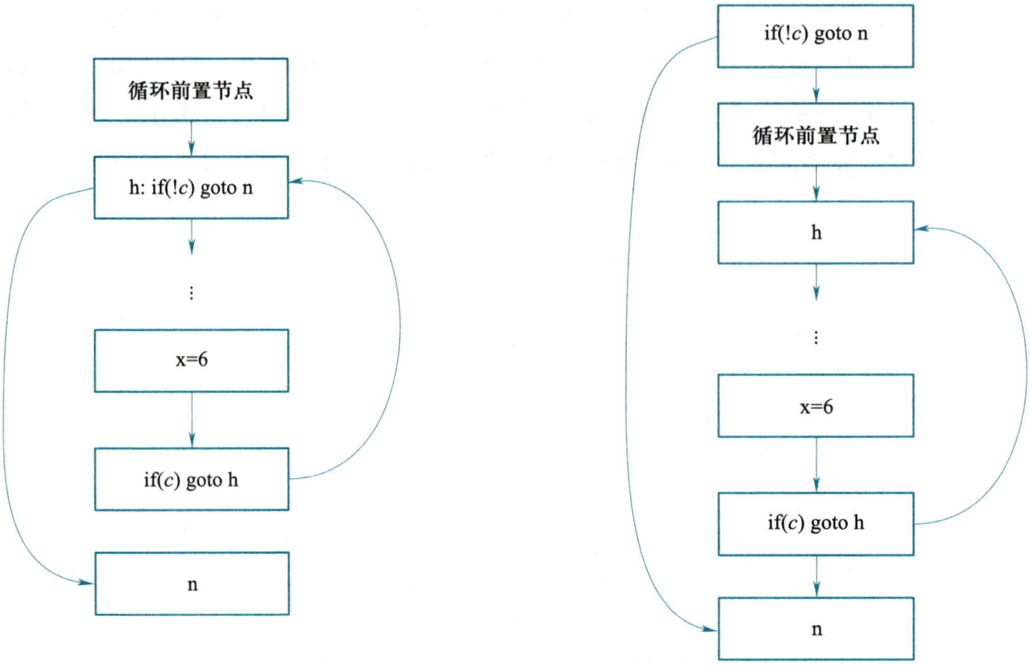

(a)　　(b)

图 10.15　避免零迭代循环带来的问题

```
for (i=0;i<N; i++){
    j = 2*i +1 …
    a[i]=j
    }
```

图 10.16　C 语言代码片段

称 i 为循环 L 的基本归纳变量。

如果 i 是循环 L 的基本归纳变量，变量 j 在循环中的定值总是可化归为 i 的同一线性函数，也即 j = C1 ⊕i±C2，其中 C1 和 C2 都是循环不变量，则称 j 是导出归纳变量，并称它与 i 同族。图 10.16 所示的代码片段中，i 是基本归纳变量，j 是与 i 同族的导出归纳变量。

归纳变量的识别可以通过依次扫描循环中的语句来进行。

算法 10.6　归纳变量识别算法

输入：循环 L，执行到达定值分析，并构建 UD 链 输出：归纳变量集合 IV，与每个归纳变量 i 相关联的三元组（i，C_1，C_2） 找出循环 L 中的循环不变量

```
IV = ∅
    对循环 L 中每一条语句 S,循环
如果(S 形如 i ←i±C 并且 C 是循环不变量){
        IV = IV∪{i};   //i 是基本归纳变量
        与 i 关联的三元组为(i,1,0);
}
    //寻找导出归纳变量
    如果(变量 j 在循环 L 中只有一次定值,并且定值语句 S 具有以下形式之一:
    j = C * k、j=k * C、j=i/C、j=k±C、j=C±k,其中 k 是归纳变量,C 是循环不变量){
        如果(k 是基本归纳变量){
            IV = IV∪{j};
            根据 S,计算与 j 关联的三元组:
            case j = C * k 或者 j=k * C:    三元组为(k,C,0)
            case j =k±C:                   三元组为(k,1,±C)
            casej=k/C:                     三元组为(k,1/C,0)
            case j=C+k:                    三元组为(k,1,C)
            case j=C-k:                    三元组为(k,-1,C)
        }
        否则{
            假设 k 属于 i 族(i 是基本归纳变量)
            如果(循环 L 中对 j 的定值和对 k 的定值之间没有修改 i,并且
                循环 L 外没有 k 的定值到达 S){
              IV = IV∪{j};
              根据 S 和与 k 关联的三元式(i,C1,C2)计算与 j 关联的三元式
          }
      }
  }
```

识别出归纳变量后,我们就可以利用归纳变量的性质,进行后续的优化。第一个常用的优化就是强度削弱。

强度削弱指的就是用代价较低的指令替换代价较高的指令,例如用加、减、移位等低代价指令替换乘、除等代价较高的指令。用于归纳变量的强度削弱算法如下所示。

算法 10.7 归纳变量的强度削弱算法

输入:循环 L(已执行到达定值分析,并构建 UD 链),已获取归纳变量和关联的三元式

输出:强度削弱后的循环

依次处理每一个基本归纳变量 i。每一个与 i 同族的归纳变量 j,其三元式为(i,C1,C2),执行以下步骤:

1. 建立新变量 s,如果归纳变量 j1 和 j2 三元式相同,则只创建一个新变量
2. 用 j=s 代替原来对 j 的赋值
3. 在 L 中,紧跟在 i=i+C(C 是循环不变量)语句之后,插入语句

   s = s + C1 * C

   如果 C1 * C 是常数,则计算常数值;如果 C1 * C 是循环不变量,则引入临时变量 t = C1 * C,s = s+t,且通过不变量外提优化,外提到循环前置节点;
4. 在前置节点末尾为 s 设置初值 s=C1 * i+C2
5. 用 s 替换源程序中每一个 j

新变量 s 也是 i 族的归纳变量。例如图 10.16 的循环,中间代码的控制流图如图 10.17 所示。i 是基本归纳变量,t、j、t2 都是 i 的同族归纳变量,三元式分别为(i,2,0)、(i,2,1)和(i,4,0)。

强度削弱后的算法如图 10.18 所示。强度削弱后,通过常数传播优化,可以对代码进行进一步优化,例如基本块 BB1 中 s1=0、t3=0、s2 =1、s3=0。进一步检查优化后的代码,我们还可以发现归纳变量 i 只用于分支测试和自身定值,并没有其他使用,可以利用与 i 同族的其他归纳变量作为测试变量,从而删除归纳变量 i。图 10.18 代码中,优化后 s3 总是等于 4 * i,因此基本块 BB2 中代码 i>n,可以等价替换为 s3>4 * n,4 * n 是循环不变量,外提到前置节点。

如果基本归纳变量 i 在循环出口之后不是活跃的,并且在循环中,除在其自身的递归赋值中被引用外,只在形如:

if (i cond x) goto L

的式子中被引用,则可选取一个与 i 同族的归纳变量 j 来替换 i 进行条件控制。选择 j 时,优先考虑与之关联的三元式(i,C1,C2)中较为简单的归纳变量,例如优先考虑 C1=1、C2=0 的归纳变量。测试代码用 j 替换 i 后,循环中对 i 的定值变为无用代码,可以删除。

进一步检查算法 10.7 第二步 j=s 中的每个归纳变量 j。如果在语句 j=s 和 j 的所有使用语句之间没有对 s 的定值(通常情况下是没有的),那么可以用对 s 的使用替换 j 的所有使用,并删除 j=s。图 10.18 所示算法进一步执行归纳变量删除后的代码如图 10.19。

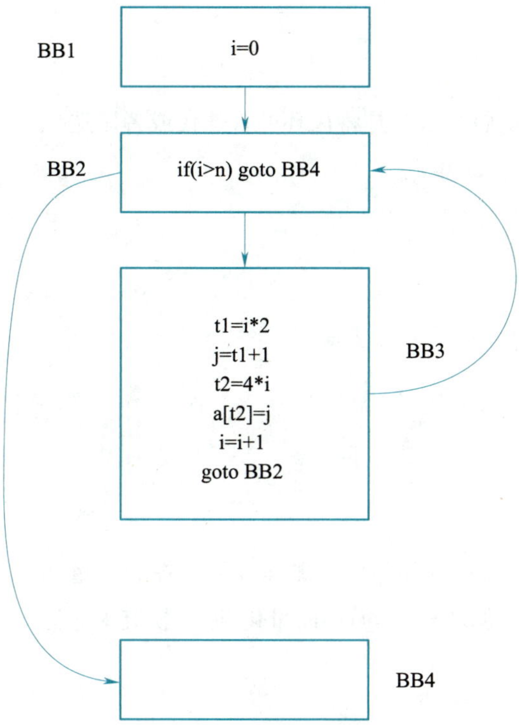

图 10.17 强度削弱前的算法

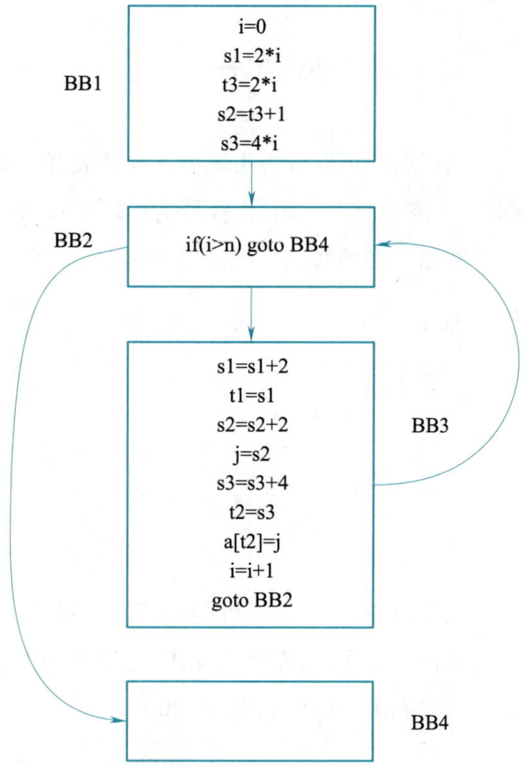

图 10.18 强度削弱后的算法

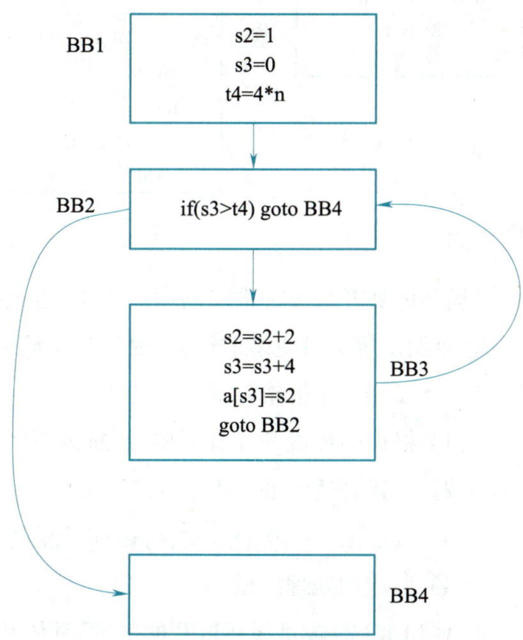

图 10.19 归纳变量删除后的算法

10.4.3　循环展开

循环展开可以分为头尾展开和体展开。头尾展开指的是将循环的首迭代或者尾迭代删除,形成单独的代码,也被称为循环剥离(loop peeling)。

例如下面的 C 语言循环

```
for ( i =1; i <n; i++) {
    if (i == 1)
        A[i] = 0;
    else
        A[i] = B[i-1];
}
```

在循环中,头尾迭代可能处理边界问题,通过循环剥离,可以删除和循环控制变量相关的条件分支语句,简化循环体,方便进一步进行循环分块、循环向量化、循环软流水等优化。循环剥离后的代码图 10.20 所示:

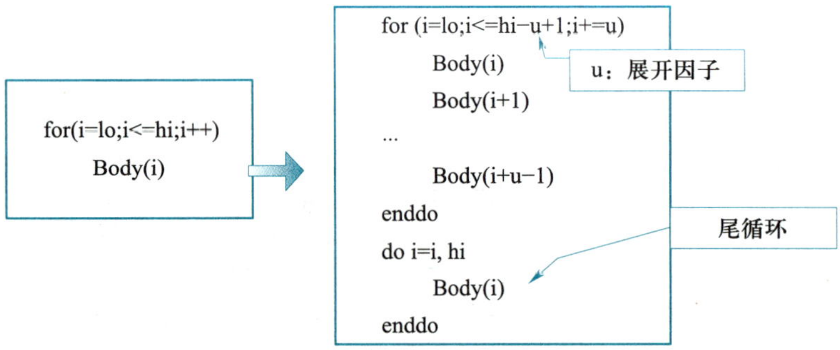

图 10.20　循环展开

循环体展开是一种常用的循环优化,通过扩大循环体,为公共子表达式删除、强度削弱、指令调度等提供更多的机会,提高数据局部性。

循环展开优化框架包括以下几步:

(1) 根据循环展开代价模型,判断循环展开收益,选择需要展开的循环;

(2) 选择合适的展开因子 u;

(3) 按照图 10.20 的方式,将循环体复制 u 份,调整相应的循环索引变量;

(4) 形成和处理尾循环。

第(1)和(2)步是循环展开的关键,具体的选择与两方面的因素相关。一方面与目标机的体系结构有关,例如硬件寄存器的个数、指令 Cache 的大小和组织结构,以及指令流水线等。另一方面与循环本身有关,包括循环体的大小、操作数的类型和个数等。

本章小结

现代编译器的优化器采用了很多优化技术来提高生成代码的质量。根据优化时考虑的代码范围的不同,编译器中的优化可以分为三个级别:基本块内的局部优化、过程内的全局优化和跨过程的全程序优化。本章对一些常用的、与目标机无关的编译优化进行了介绍。基本块内的局部优化可以基于基本块的 DAG 表示开展,全局优化通常需要先计算相关的数据流信息,例如公共子表达式删除需要可用表达式分析,死代码删除基于活跃变量分析。

循环往往会迭代执行很多次,执行时间占据整个程序执行时间的大部分。本章介绍了专门针对循环的优化技术,包括循环不变量外提、强度削弱和删除归纳变量、循环展开等优化。进一步的循环优化,例如循环置换、循环铺砌(loop tiling)等需要进行依赖关系分析,以保证变换的正确性。

练习 10

1. 画出下面基本块的 DAG,利用 DAG 进行基本块内的 CSE,给出优化后基本块代码。

```
(1)  c=a+b
(2)  d=m&n
(3)  e=b+d
(4)  f=a+b
(5)  g=-b
(6)  h=b+a
(7)  a=j+a
(8)  k=m&n
(9)  j=b+d
(10) a=-b
(11) if(m&n) go to L2
```

2. 优化以下代码。

(1) 画出这段代码的控制流图 CFG

（2）给出常数传播和死代码删除后的 CFG

```
S1    a = i
S2    c =d
S3    i =i+5
S4    if(i>5) goto S8
S5    f =10
S6    b = f
S7    goto S14

S8    a = a*c
S9    if(j==M)go to S11
S10   d= a−c
S11   j= j + 1
S12   b= a + j
S13   if(j<10) goto S8
S14   print a,b
```

3. 代码提升(code hoisting)是指寻找程序某一点之后的所有路径上总是被计算的表达式,并将它们移到总能被计算的一个最晚点,以删除冗余,减少指令条数。代码提升利用 9. 2. 5 节预期执行的表达式分析获取的信息开展,试给出代码提升算法,并讨论代码提升对性能的影响。

4. 试给出下面 C 语言片段的三地址代码的中间表示,找出归纳变量,并进行强度削弱优化。

```
for(i = 0; i<N; i++)
    A[i] = 200 - 2*i;
```

5. 循环不变量外提算法(算法 10. 5)给出了不变量外提的四个条件,尝试分析哪个条件可以放松,并给出放松后的算法。

第 11 章

目标代码生成及优化

本章介绍编译过程的最后一个阶段——目标代码生成。代码生成器把经过词法分析、语法分析、中间代码生成、优化后得到的中间代码变换成等价的目标代码。

代码生成器以源程序的中间代码作为输入，产生目标程序作为输出。它在编译器中的位置及与其他各部分的关系如图 11.1 所示。源程序经过编译前端翻译成独立于目标机器的中间语言代码，然后采用第 9 章和第 10 章介绍的程序分析和优化方法对中间代码进行变换，得到效率更高的中间代码。

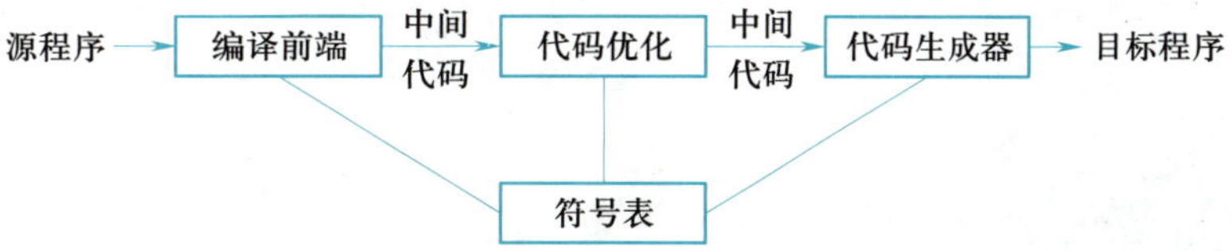

图 11.1　代码生成器的位置及与其他各部分的关系

目标程序一般有以下三种形式：

（1）能够立即执行的机器语言代码，所有地址均已定位。

（2）待装配的机器语言模块。当需要执行时，由链接装入程序把它们和某些运行程序链接起来，转换成能执行的机器语言代码。

（3）汇编语言代码，须经过汇编和链接，转换成可执行的机器语言代码。

以汇编语言程序作为目标程序能够简化代码生成，这也是目前大多数编译器的目标程序，本章中我们用汇编代码作为目标语言。

代码生成阶段生成的代码除了必须是正确的，还应当是代价小的，例如执行时间最短或者目标代码长度最小或者执行时能耗最低。但生成最优代码的问题是不可判定的。

本章的内容组织如下：11.1 节简要介绍目标代码生成需要考虑的基本问题；11.2 节介绍微处理器体系结构，以简化的 RISC-V 作为本节代码生成的目标平台；11.3 节介绍指令选择方法；11.4 节介绍寄存器分配和指派；11.5 节介绍指令调度方法。

11.1 代码生成涉及的问题

将中间代码转换为目标代码,代码生成器必须解决三个基本问题:指令选择、寄存器分配和指令调度。

1. 指令选择

指令选择将中间代码翻译成等价的目标机指令集指令序列,实现中间代码到目标机指令的映射。目标机指令集的特征决定了指令选择的难易程度。中间代码表示的数据类型和操作与目标机支持的指令集的一致性和完备性是指令选择需要考虑的重要因素。例如,如果目标机器的指令集不能覆盖中间代码的所有数据类型,那么每一种例外都需要特别的处理。指令速度和机器特征也是重要因素。如果我们不考虑目标程序的效率,那么指令选择可以用直接翻译的方式完成。对于每种类型的中间代码,我们可以勾画目标代码的框架。例如,对中间代码 x:=y+z,其中 x、y、z 均为静态分配的变量,总是可以翻译成下述代码序列:

```
LD    R0,y        /* 将 y 放入寄存器 R0 */
LD    R1,z        /* 将 z 放入寄存器 R1 */
ADD   R2,R0,R1    /* R1 与 R0 相加,结果放入 R2 */
ST    R2,x        /* R2 的值存入 x */
```

显然,上述生成的代码未必具有很高的效率。有着丰富的目标指令集的机器可以为给定的操作提供多种实现方法,有些实现方法正确但不一定高效。例如,如果目标机器有"加 1"指令(INC),那么代码 a=a+1 用 INC a 实现是最有效的,而不是根据框架用以下的指令序列实现:

```
LD    R0,a
ADD   R0,#1
ST    R0,a
```

2. 寄存器分配

由于对寄存器的操作常常要比对主存单元的操作快且指令短。因此,充分利用计算机的寄存器是生成好的代码的非常重要的因素。寄存器的使用可以分解成两个子问题:

(1) 寄存器分配,为程序的某一点选择驻留在寄存器中的一组变量。

(2) 寄存器指派,为驻留在寄存器中的变量指定具体寄存器。

选择最优的寄存器指派方案是困难的。从理论上讲,这是NP完全问题。尤其是目标机器的硬件和(或)操作系统可能会要求使用其寄存器时遵守一些约定,此时这个问题将更加复杂。

3. 指令调度

指令执行的顺序会影响目标代码的有效性。尤其是现代处理器大部分都采用了超标量、多流水结构,通过使用多个功能部件、多条流水线,在每个时钟周期同时执行多条指令。指令调度通过重排指令,减少流水线中的停顿,最大化指令级并行。

指令选择、寄存器分配、指令调度都直接影响生成的代码质量,同时三者之间也互相作用。指令选择决定了中间代码的操作的实现指令,同时也决定了它应该在处理器上的什么功能部件上执行,直接影响指令调度的对象;如果一个操作可以使用两种不同的指令实现,且两种指令使用不同的功能部件执行,那么尽管方式一更有效,但是考虑到前一条指令已经占用了方式一需要的功能部件,指令也可能需要选择更慢的方式二,从而实现和前一条指令的并行发射。指令选择也直接影响着寄存器的使用,不同的指令需要的寄存器可能不同。目标机可能对寄存器有一些特殊的约定,指令选择也需要关注到特定的物理寄存器。指令调度和寄存器分配之间同样如此,不恰当的寄存器分配会引入额外的数据依赖,妨碍指令调度;不同的指令执行顺序会使变量的活跃区间发生变化,影响寄存器分配。编译器在实现时,尽可能将三者隔离,避免添加过多的约束。例如在指令选择阶段使用符号寄存器,到了寄存器分配阶段再将符号寄存器和物理寄存器进行对应。

11.2 微处理器体系结构简介

为了提高生成代码的质量,代码生成器需要感知目标机的相关信息,不仅关注微处理器的指令集架构(instruction set architecture,ISA),还需要针对处理器的微架构(microarchitecture)进行优化设计。指令集架构是程序员看到的处理器的属性,包括概念性结构和功能特性。微架构则指处理器的硬件组织和结构,主要涉及流水线(pipeline)、存储层次、多核多线程等。同一种指令集架构可以由多种微架构实现,不同的微架构实现可能造成处理器性能与成本的差异。

11.2.1 指令集架构

指令集架构可以理解为一个抽象层,该抽象层在多个方面定义了架构规范,如图

11.2所示。这些规范构成了处理器底层硬件与运行于其上的软件之间的桥梁与接口，软件开发人员和硬件设计人员必须共同遵循这些规范，保证软件无须做任何修改就可以在任何一款遵循同一ISA规范的处理器上运行。

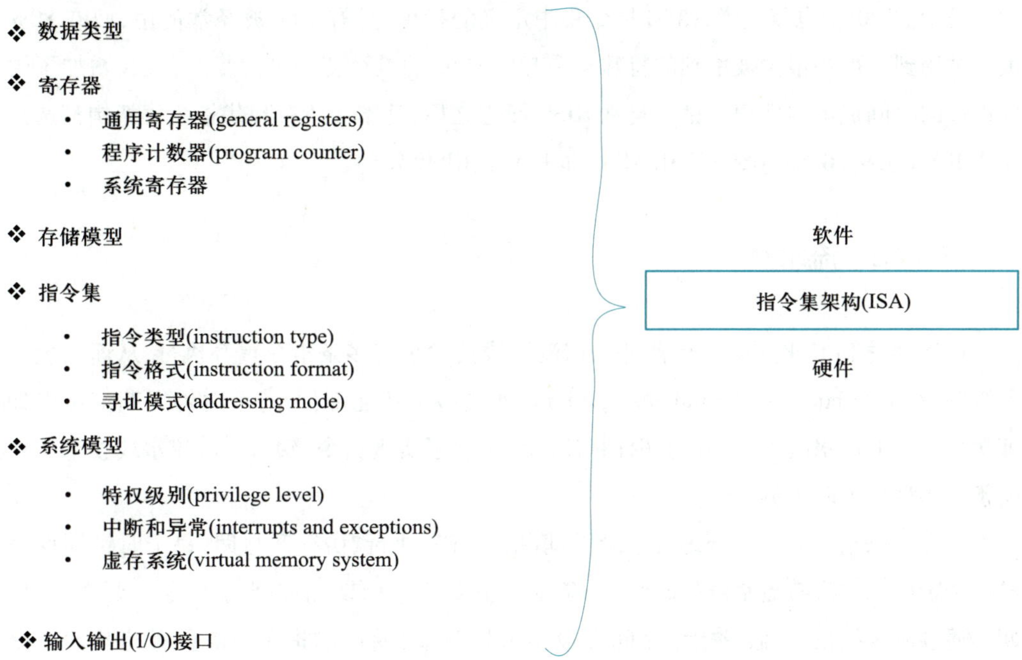

图11.2　指令集架构

指令集架构不仅仅是指令集合，它还定义了软件程序员需要了解的其他任何信息，包括数据类型、寄存器、存储模型、系统模型、输入输出接口等。指令集架构是区分处理器的主要标准，例如Intel公司和AMD公司多年来分别推出了几十款不同的处理器产品，但是它们仍被统称为x86架构处理器。

现在几乎所有的ISA都是通用寄存器体系结构。在这种体系结构下，指令操作数字段编码的要么是寄存器编号，要么是存储地址，少数操作数字段可以是立即数。通用寄存器体系结构又分为两类：一类是寄存器-存储器型，该类型ISA中很多指令都可以访问存储器，且不限于存取(load/store)指令，例如x86架构；另一类是载入-存储(load-store)型，该类型ISA中只有存取(load/store)指令才能访问存储器，例如RISC-V和ARM架构。从指令集本身的复杂程度来划分，指令集架构计算机主要分为复杂指令集计算机(complex instruction set computer，CISC)和精简指令集计算机(reduced instruction set computer，RISC)。CISC架构中，指令长度可变，指令类型复杂，不仅包含处理器常用的指令，还包含了许多不常用的特殊指令，所以称为复杂指令集，典型代表是x86架构。RISC架构中，指令长度固定，指令格式统一，指令类型相对简单，只包含处理器常用的指令，而对于不常用的操作，则通过执行多条常用指令的方式来达到同样的效果。由于其指令功能比较精简，所以称为精简指令集。

在 CPU 诞生的早期，CISC 曾经是主流，因为其可以使用较少的指令完成更多的操作。但是随着指令集的发展，越来越多的特殊指令被添加到 CISC 指令集中，CISC 的诸多缺点也开始显现出来。譬如典型程序的运算过程中所使用到的 80%指令，只占 CISC 所有指令类型的 20%，也就是说，CISC 指令集中定义的指令，只有 20%被经常使用，而有 80%很少被用到。那些很少被用到的特殊指令却使 CPU 的设计变得极为复杂，大大增加了硬件设计的时间成本与面积开销。自从 RISC 诞生之后，基本上所有现代指令集架构都选择使用 RISC 架构，例如 RISC-V 和 ARM 都采用了 RISC 架构。

11.2.2　流水线

1985 年之后几乎所有处理器都采用流水线技术来使多条指令重叠执行，从而实现指令级并行（instruction level parallelism，ILP）。通过多个功能部件，每个时钟周期都可以处理多条指令的流水线设计，称为超标量流水线。除了实现指令级并行外，流水线技术还有助于提高处理器时钟频率。

假设一条指令的执行分为五个阶段：取指、译码、执行、访存和写回，每个时钟周期完成一个阶段。在没有流水线的时候，一条指令需要 5 个周期完成，5 条指令需要 25 个周期。通过流水线技术，假设指令之间无数据依赖关系（后面的指令不需要等待前面指令的结果作为操作数），完成多条指令时仅需要 9 个周期就可以完成 5 条指令的执行，如图 11.3 所示。

对于一个流水化的处理器，一条指令占用的周期等于理想流水线周期与因为各种停顿而耗费的时钟周期之和。停顿可能来自资源冲突，没有寄存器、功能部件来同时执行多条指令；也可能来自数据依赖，即当前指令需要等待其所依赖的前序指令的执行结果；还可能来自控制停顿，分支和跳转指令会修改程序计数器，影响具体哪些指令最终被执行提交。

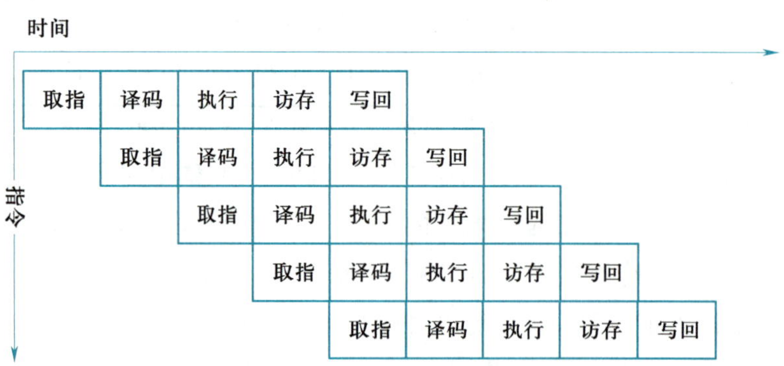

图 11.3　5 级流水线示意图

尽管现代处理器可通过分支预测、乱序执行、投机执行等手段来同时发射多条指令。但是编译器优化，例如指令调度、寄存器分配、循环优化等对提高指令级并行仍旧至关重要。尤其是显式并行指令计算(explicitly parallel instruction computing,EPIC)架构的处理器,完全按照程序预先指定的顺序执行,主要依赖编译优化技术来挖掘处理器的计算潜能。

11.2.3 存储层次

大多数程序不会均衡地访问所有代码或数据,具有一定的时间局部性或者空间局部性。利用这一局部性原理,考虑存储器的性能和成本,现代处理器大都采用多级存储层次,如图 11.4 所示。存储层次分为寄存器、多级高速缓存(cache)、内存、外存。位于顶层的寄存器访问速度最快,通常仅为数百皮秒(picosecond,ps)。存储层次越往下,其存储容量越大,访问速度也逐渐降低。

应用程序员所看到的只有内存和外存,在程序中会显示出读写文件的操作;数据在其他存储层次上的移动由处理器和编译器来处理。处理器所关心的是数据如何在内存和 cache 之间移动,编译器生成的存取指令可以从内存或者 cache 中读取数据到寄存器。

寄存器资源非常有限,例如 RISC-V 只支持 32 个通用寄存器。即使是采用大寄存器的 Intel Itanium 处理器,也只提供了 128 个通用寄存器、128 个浮点寄存器、64 个谓词寄存器和 8 个分支寄存器。对于 load-store 型 ISA,要求只能通过存取指令访问存储器,其他指令的操作数必须在寄存器中(仅少数操作数可以是立即数)。编译器需要进行寄存器分配,来高效并且合理地使用这些有限的寄存器资源。

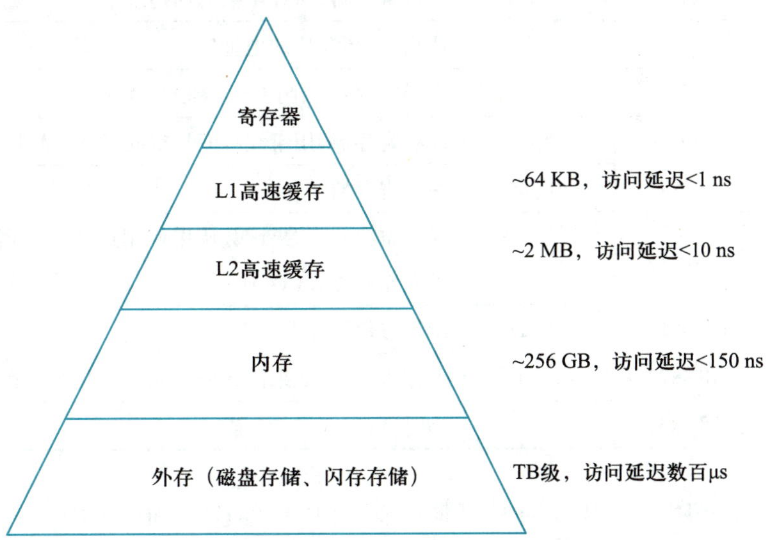

图 11.4 多级存储层次

Cache 的访问性能远远优于内存。通过编译优化,改进程序局部性,提高 Cache 命中率,是降低程序运行时间的有效途径。

11.2.4　RISC-V架构

RISC-V架构是美国加州大学伯克利分校开发的一款现代精简指令集架构，V表示第5代。在它之前，美国加州大学伯克利分校已经完成4代RISC架构的设计。作为精简指令集架构的后起之秀，RISC-V继承了前辈的出色理念并吸取了它们的经验和教训。RISC-V的最大特点是模块化，RISC-V具有一个最小的指令集，通过模块化的方式实现其他指令的扩展，例如整数乘除扩展M、浮点单/双精度扩展F/D、向量扩展V等。模块化的架构使得用户能够灵活选不同的模块进行组合，以适应不同的应用场景。

RISC-V针对32位处理器的最小指令集是RV32I，只包含47条指令，针对64位处理器的最小指令集是RV64I。RV64I在RV32I的基础上，增加了对双字(double word)和长整型(long)指令的支持，并且将所有寄存器扩展到64位。

RV32I支持32个32位通用寄存器，其中0号寄存器作为常零寄存器。表11.1给出了32个通用寄存器机器在应用程序二进制接口(application binary interface，ABI)协议中所对应的名称和功能。

表11.1　RISC-V的通用寄存器

寄存器名	ABI名称	功能
x0	Zero	恒为0
x1	ra	链接寄存器，保存函数返回地址
x2	sp	栈指针，指向栈的地址
x3	gp	全局寄存器，用于链接器松弛优化
x4	tp	线程寄存器，用于线程变量空间指针(基地址)
x5 ~x7	t0 ~t6	临时寄存器
x8，x9	s0，s1	保存寄存器，如果函数调用使用这些寄存器，需要保存在栈里。s0可用作帧指针(FP)
x10 ~x17	a0 ~a7	函数参数寄存器
x18 ~x27	s2 ~s11	保存寄存器，如果函数调用使用这些寄存器，需要保存在栈里
x28 ~x31	t3 ~t6	临时寄存器

RISC-V中的程序计数器PC是一个独立的寄存器。RISC-V还定义了一组控制和状态寄存器(control and status register，CSR)，用于记录处理器的运行状态以及控制处理器的执行等。

RV32I指令集包括运算(算术运算、逻辑运算、移位运算)指令、存取指令、控制传输指令和其他指令。运算指令最多包含3个操作数：目标操作数rd、源操作数rs1和源操作数rs2。rs1是寄存器，rs2是寄存器或者立即数。

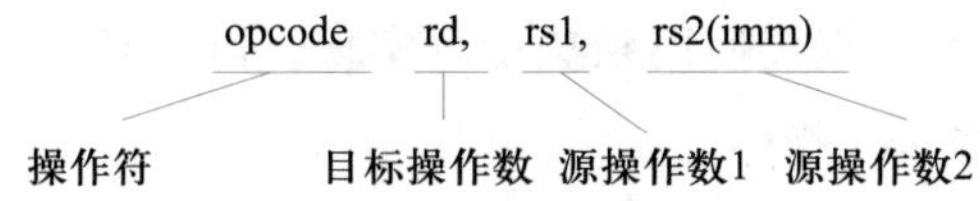

存取指令将数据读出(load)或者保存(store)到内存中。一般情况下,存取指令有 2 个操作数,数据寄存器 reg 和内存地址寄存器 reg2。处理器从地址寄存器 reg2 中获取内存基地址,加上偏移量(offset)后得到数据在内存中的地址,然后从该地址读取数据写入数据寄存器 reg 或将数据寄存器 reg 中的数据写入该地址。

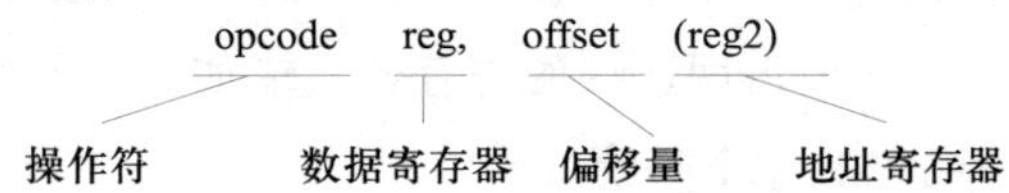

控制传输指令包含有条件分支指令和无条件跳转指令。有条件分支指令包含 3 个操作数,处理器比较数据寄存器 rs1 和 rs2 中的值,如果满足操作符指定的条件,则程序指针指向当前程序计数器加上立即数 imm 后所得数值的位置。

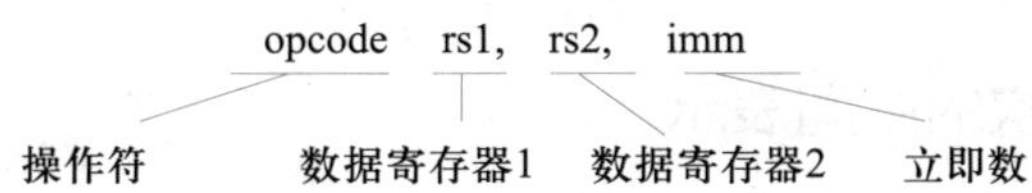

无条件跳转指令包含两种:直接跳转和间接跳转。直接跳转指令包含目标操作数和一个立即数操作数,该指令将程序指针指向当前程序计数器(PC)加上立即数 imm 后所得数值的位置,并将其下一条指令的地址保存在目标操作数中;间接跳转指令包含三个操作数,分别是目标操作数、源操作 rs1 和一个立即数操作数,该指令将程序指针指向 rs1 加上立即数 imm 后所得数值的位置,并将其下一条指令的地址保存在目标操作数中。

此外,RV32I 还包含 CSR 访问指令,可以对 CSR 进行读写操作。

寻址方式是处理器执行指令获取数据地址,或者下一条指令地址的方式。RISC-V 支持立即数寻址、寄存器寻址、寄存器间接寻址和程序计数相对寻址 4 种寻址方式。

11.3 指令选择

指令选择将中间代码翻译成等价的目标机指令集(ISA)指令序列,实现中间代码到目标机 ISA 的映射。

如果每个中间代码指令在目标机器上只有一种实现,那么编译器只需将每个中间代码指令重写为等价的机器操作序列即可。但在大多数情况下,目标机都提供了多种方法实现一条中间代码指令。例如在 RV32I 架构上实现无符号整数运算指令 r=r * 2,可以使用加法指令 add x5,x5,x5,也可以使用移位指令 sll x5,x5,#1 实现。如果是支持整数乘除扩展的 RV32IM 架构,还可以直接使用乘法指令实现。对于 CISC 架构,可能需要将几条中间代码操作汇聚为一条 ISA 指令。

我们通常希望能够选择生成代价(成本)最小的指令序列实现中间代码。但是目标机 ISA 有大量备选指令序列可达到同一语义效果,指令选择的搜索空间巨大。同时,灵活的寻址模式使搜索空间进一步变大,一条指令可以同时完成寄存器算术运算和地址计算。某些 ISA 对特定操作增加了附加约束,例如存取指令操作可能只能在处理器的某个功能单元上执行,浮点单元可能支持 fma 操作,它计算 ri * rj+rk 的速度比直接用单个乘法和加法操作更快。多字存取操作需要占用连续的寄存器。诸如此类的约束限制了指令选择,获得全局最优的指令选择是 NP 完全问题。

指令选择可以看作是一个模式匹配(pattern matching)问题:基于模式匹配技术选择与一段中间代码匹配的指令直到获得覆盖全部中间代码的指令序列。本节描述基于树模式匹配的指令选择和基于窥孔匹配的指令选择。

11.3.1　低层次的中间表示

指令选择阶段的输入包括源程序的中间表示和符号表中的信息。中间表示本质上对生成正确的代码没有决定性的影响,但是会影响我们选择指令选择的方法、效率以及生成的代码质量。针对不同的中间表示(包括线性表示法如后缀式、三地址表示法如四元式、抽象机表示法如栈式机器代码、图表示法如抽象语法树和 DAG 等)已经有了不同的指令选择方法。许多编译器在指令选择之前,会将中间代码扩展为更底层的表示,例如 LLVM 在指令选择阶段,将 LLVM IR 转换为 SelectionDAG,SelectionDAG 是一个与目标机无关的低级 IR,DAG 节点表示指令或者一个操作数,边描述了指令间存在数据依赖关系,每个基本块对应一个 DAG。

9.2.1 节描述的 DAG 可以作为指令选择的输入,节点表示指令或者一个操作数。但和树模式匹配相比,DAG 指令选择复杂许多。我们可以将 DAG 转化为树林,采用基于树模式匹配的指令选择方法。为了便于描述,本节定义中间代码 DAG 支持的表达式和语句如表 11.2 和表 11.3 所示。

表 11.2　DAG 支持的表达式

表达式	说明
CONST(i)	整型常量 i
TEMP(t)	临时变量 t (符号寄存器)
BINOP(op,e1,e2)	e1 op e2 操作
MEM(e)	地址 e 处的值
CALL(f,args)	调用函数 f,参数列表为 args

表 11.3 DAG 支持的语句

语句	说明
MOVE(TEMP t,e)	将 e 存储到临时变量 t 中
MOVE(MEM(e1),e2)	将 e2 存储到 e1 指示的内存中
EXP(e)	执行表达式 e,忽略结果
SEQ(s1,s2)	先执行 s1,再执行 s2
NAME(n)	汇编指令的标号 n
JUMP(e)	跳转到 e 处,e 可以是一个 NAME 标号或更复杂的情况(如 switch)
CJUMP(op,e1,e2,t)	执行 e1 op e2;若结果为真则跳转到标号 t
LABEL(n)	确定标号 n 在代码处的位置

目标代码生成阶段,我们根据符号表中的信息,可以确定名字在所属过程的数据区域中的相对地址,并利用符号表中的信息来决定中间代码中的名字所指示的数据对象的运行时地址,它是可重定位的或绝对的地址。例如中间代码 x=A[i]读取整型数组元素 A[i],对应的 DAG 如图 11.5 所示。

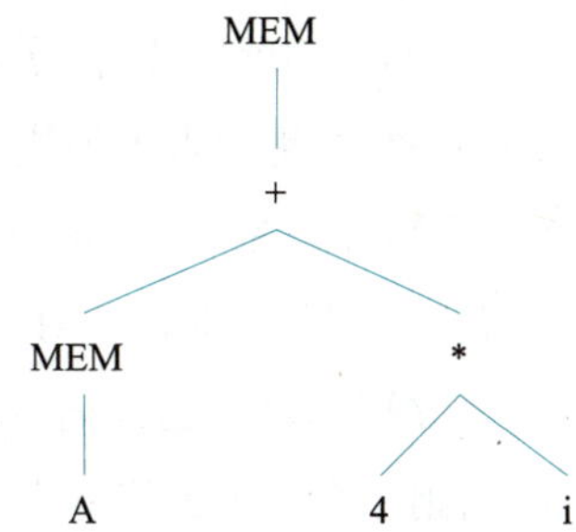

图 11.5 x=A[i]的 DAG 表示

11.3.2 基于树模式匹配的指令选择

为了方便进行模式匹配,我们把目标机指令也表示为树,称之为操作树或瓦片(tile)。基于树模式匹配的指令选择的思想就是给定一个 IR 树和一组操作树,将操作树平铺(覆盖)到 IR 树上,并保证这组操作树不重叠。代码生成器尽可能用操作树的最小集合来覆盖一个 IR 树,以提升代码质量。基于树模式匹配的指令选择也被称为基于树覆盖的指令选择。

为了说明指令选择,我们使用带整数乘除扩展的 RV32IM 架构作为目标机。表 11.4 给出了其部分运算指令和存取指令,以及它们所对应的操作树。RV32IM 架构中,x0 恒为 0。运算指令和 load 指令都生成一个结果存放于寄存器中。

表 11.4 RV32IM 部分指令及其操作树

	指令	说明	操作树
1		ri	TEMP
2	add r1,r2,r3	r1=r2+r3	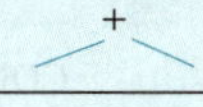
3	mul r1,r2,r3	r1=r2 * r3	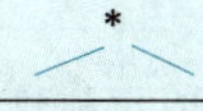
4	addi r1,r2,imm	r1=r2+imm	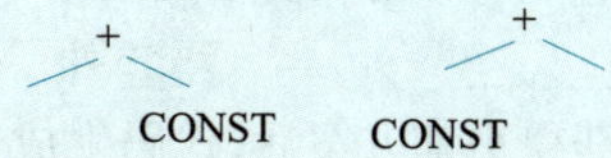

续表

	指令	说明	操作树
5	muli r1,r2,imm	r1 = r2 * imm	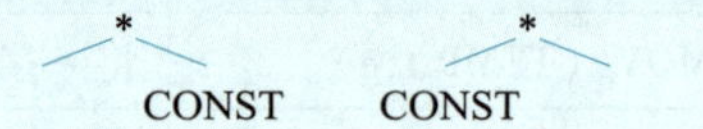
6	lw r1,offset(r2)	R1 = MEM(r2+offset)	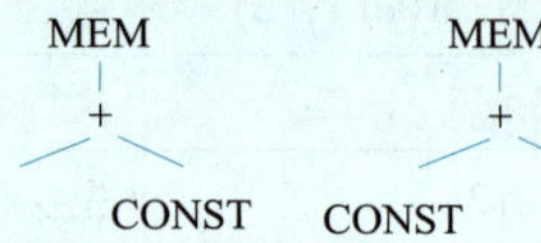
7	sw r1,offset(r2)	MEM(r2+offset) = r1	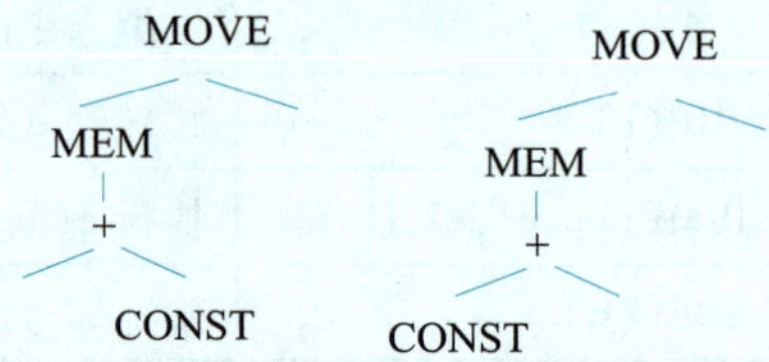

表 11.4 第一行寄存器 ri 不是一条真正的指令,它只是表示 TEMP 节点是作为寄存器来使用的,这种节点不须执行任何指令就能生成一个存放在寄存器中的结果。

平铺方案是一组<node,op>对,其中 node 是 IR 树中的一个节点, op 是一个操作树(瓦片),一个<node,op>对表示 op 对应的目标机指令可以实现以 node 为根的子树。如果一个平铺方案覆盖了一个 IR 树中的每一个 node,且每个 op 树(瓦片)都与其邻居瓦片相连接,则一个平铺方案实现了一个 IR 树。对于一个<node,op>对,如果其 node 被平铺中另一个 op 树的一个叶节点涵盖,或者该 node 是 IR 树的根节点,那么称该 op 树与其邻居 op 树相连接(两个瓦片相连接)。当两个 op 树重叠时,两者公共节点的存储类别必须一致,例如都存储于寄存器中,否则无法将正确的值从较低的树传到较高的树。

以中间代码 a[i]=x 为例,其中 i 是寄存器变量,a 和 x 是栈帧变量。图 11.6 给出了它的 IR 树和一个平铺方案。在图中,"CONST a"实际是一个指向数组的指针的栈帧偏移,"CONST x"是 x 在栈帧中的偏移。

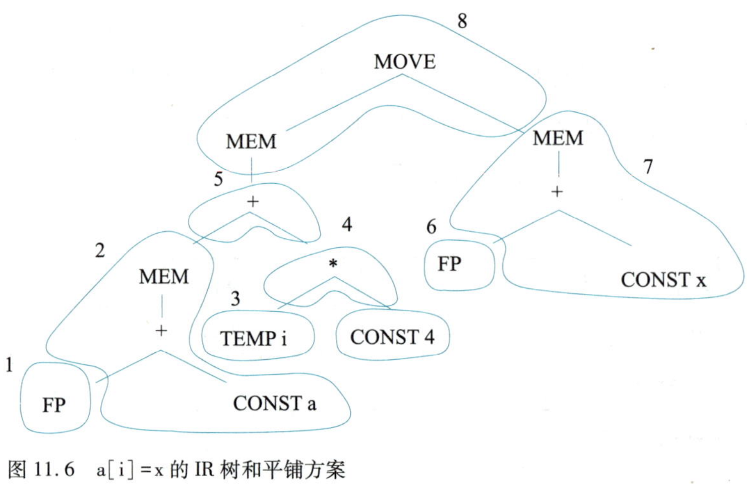

图 11.6 a[i]=x 的 IR 树和平铺方案

获得平铺方案后,代码生成器便可以进行代码生成。代码生成器自底向上地遍历瓦片,生成目标机指令序列,使用相同寄存器名将相连瓦片在重叠位置连接在一起。

子树 1、3、6 不对应任何指令,最后生成的指令序列为:

```
2  lw    r1,a(fp)     //读取 a 的地址
4  muli  r2,ri ,4     //临时变量 i 在 ri
5  add   r1,r1,r2     //计算 a[i]地址
8  lw    r2,x(fp)
9  sw    r2,(r1)
```

IR 树的每个节点可能有许多与之匹配的操作树(瓦片),可以生成许多平铺方案。我们可以通过树遍历,找到所有的平铺方案;为了得到最低成本的平铺方案,将操作树与成本关联,通过成本积累,找到每个节点处的最低成本匹配。

算法 11.1　平铺算法 Tile(node n)

```
输入:中间表示树(IR 树)
输出:平铺方案

1. Num(n)= ∅;  //节点 n 的 Num 集合初始为空
2. 后序遍历 IR 树
   if n has two children { //二元操作
     Tile(left(n))      //遍历左子树
     Tile(right(n))     //遍历右子树
     for each rule r that implements n //对每个能实现节点 n 的规则 r
         if left(r) is in Num(left(n)) and right(r) is in Num(right(n))
             Num(n)= Num(n) ∪ {r} //如左右子树均匹配,则 r 属于 Num(n)
   else if n has one child then //一元操作原理同二元操作
     Tile(left(n))
     for each rule r that implements n
         if left(r) is in Num(left(n))
           Num(n) <- Num(n) ∪ {r}
   else //n 是叶子节点
     Num(n) <- { all rules that implement n }
```

Tile(n)为 IR 树中以 n 为根节点的子树找到平铺方案,其中 Num(n)标注一个平铺对应的所有瓦片的编号。在三地址代码中,IR 树每个节点至多有两个子节点。

Tile 算法可以从整个操作树集合中找到所有可能的平铺方案。代码生成器可以利用动态规划方法找到最低成本匹配,在 Tile 算法的基础上考虑每个瓦片的成本,在自底向上遍历中计算每个节点的成本,节点 n 的平铺方案的成本等于与 n 匹配的瓦片的成本加上

n 的所有子树的成本,在每个节点处选择最低成本匹配,保证生成局部最优、全局低成本的平铺方案。

11.3.3　基于窥孔匹配的指令选择

基于窥孔匹配(peephole matching)的基本思想是使用滑动窗口(也称为窥孔)在代码上移动,每次仅考察窗口中的一小段相邻指令序列,寻找可以改进的特定模式,识别出一个模式时,使用更好的指令序列重写该模式。

早期实现中,通常采用一组有限的手工编码模式,窗口很小(通常只有两三条指令),通过穷举搜索进行模式匹配。由于模式有限,并且窥孔小,保证了算法的高效运行。日益复杂的指令集架构引发更加系统化的处理方法,基于窥孔匹配的指令选择处理过程划分为三个任务:展开、简化和匹配。

展开程序识别输入的中间代码,重写为一系列更低级的中间表示(low-level IR,LLIR)操作。LLIR 应能够表示原 IR 操作的所有直接影响,例如设置 add 操作的条件码:原 IR 包含加操作和设置条件码,那么 LLIR 也必须包括 ri+rj 赋值到 rk 的操作,以及将条件码设置为适当值的操作。展开程序可以对每个 IR 操作分别使用一个模板,并在重写时用适当的实际值替换模板中的寄存器名、常量和标号,基于模板进行重写,各操作逐一展开,无须考虑上下文。

简化程序对 LLIR 进行一趟处理,通过一个小滑动窗口考察 LLIR 中的各个操作,并试图优化这些操作,例如进行前向替换、代数化简(x+0=>x)、常量传播、死代码消除等。

匹配程序依照模式库比较简化过的低级中间表示,寻找能够以最低成本保留住所有效应的模式,保证正确性的效应必须保留,也可以增加新的不影响正确性的效应,最后输出目标机指令。

11.4　寄存器的分配和指派

在编译优化阶段,通常我们假设机器有无限多的寄存器,而在编译的后期,需要考虑寄存器分配。寄存器分配对于冯·诺依曼体系结构的计算机,即对于 load/store 结构的计算机来说,是必须要考虑的问题。对这种体系结构,除了立即数操作数外,其他操作数必须在寄存器中。编译器需要进行寄存器分配来高效并且合理地使用这些有限的寄存器资源。

寄存器分配是将程序变量映射至寄存器或者存储器的过程,包含两层含义:一是寄存器分配，决定哪些变量需要保存在寄存器中；二是寄存器指派，决定将变量保存在哪一个寄存器中。

程序中有大量的变量，变量数一般总是多于寄存器数，因此，寄存器分配的原则是：

① 将尽可能多的变量保存在寄存器中；

② 将频繁使用的变量尽可能地保存在寄存器中。

一个好的编译器应当设计出尽可能满足上述分配原则的寄存器分配算法。寄存器分配对于提高寄存器重用，改善程序性能非常有效，是编译器中最重要的优化之一。

寄存器分配示例如图 11.7 所示，在分配前，假设已知 a 和 e 在基本块出口不活跃，那么 a 所占据的寄存器在 e=a+b 后，可以被重用。e 也是同样。编译器能够将 a、e 和 f 分配到同一个寄存器。分配结果如图 11.7(b) 所示。但是在程序中，语句 a=c+d 之前的点，c 和 d 都活跃，我们就说它们存在冲突，不能指派到同一寄存器。

```
a = c + d
e = a + b
f = e - 1
```

(a) 寄存器分配前

```
r1 = r2 + r3
r1 = r1 + r4
r1 = r1 - 1
```

(b) 寄存器分配后

图 11.7　寄存器分配示例

编译器要实现最优的寄存器分配十分困难。寄存器分配相当复杂：首先，寄存器是非常珍贵的资源。一个 CPU 的寄存器文件大小有限，其中一些还被操作系统保留，还有一些是特殊寄存器，例如用作栈指针的寄存器，它们都不能参与寄存器分配。其次，复杂的控制流（例如循环）影响寄存器分配；寄存器分配还需要考虑过程调用约定、特殊指令需求等。最后，寄存器分配本身也存在时空开销。已经证明当寄存器数目大于或等于 3 时，最优寄存器分配是一个 NP 完全问题。

11.4.1　局部寄存器分配和指派

由于程序中的活跃变量往往比寄存器的数量要多，因此在寄存器分配过程中总会遇到寄存器不够用的情况，这时需要将一个已占用寄存器的变量写回到存储器中。这种将一个变量从寄存器中送回到存储器的动作叫作寄存器溢出（spill）。溢出意味着插入一条写指令，并且下次使用该变量时，需要再为该变量分配寄存器，并且通过读指令将值从存储器中读入到指派的寄存器。

为了减少溢出的发生，我们需要将寄存器分配给最频繁使用的变量。一种直接的方法就是通过使用计数。使用计数指的是在程序代码中，变量的使用计数。例如图 11.8 基本块代码，假设 a、b、c 和 d 是程序变量，在存储器中有副本，在基本块出口是活跃的，t1、t2 和 t3 都是临时变量，在基本块出口不活跃。

一个简单的基于使用计数的局部寄存器分配以基本块为单位，根据需要依次分配寄存器，需要一个分配一个。每遇到一次变量使用，该变量的使用计数便减 1，当计数为 0 时，寄存器便可再次分配给其他变量。当寄存器不够时，根据启发式信息溢出一个寄存器。溢出原则可以有多种，常用的溢出原则是使用计数最小的，因为使用次数较小意味着可能使用不频繁；或者溢出已经有副本在存储器中。这样，可以少一条寄存器到存储器的传送指令，从而减少溢出代码。

假设可供分配的寄存器只有 r0、r1 和 r2。基于使用计数为图 11.8(a)所示的基本块分配寄存器，依次扫描基本块语句，首先处理 t1=a-b，a 指派 r1，b 指派 r2，a 和 b 的使用计数减一，b 的使用次数变为 0。这意味着 r2 可以分配给其他变量使用，可以将 r2 指派给 t1。同理，处理第 2 条和第 3 条指令，寄存器分配如图 11.8(b)所示。（上标表示为变量分配的寄存器）

```
t1=a-b
t2=a*c
t3=t1+t2
a=d+c
d=t2+t3
```

仅考虑这个基本块，各变量的使用计数分别为：

a:2　　b:1　　c:2　　d:1

t1:1　　t2:2　　t3:1

(a)

$t1^{r2}=a^{r1}-b^{r2}$

$t2^{r1}=a^{r1}*c^{r3}$

$t3^{r2}=t1^{r2}+t2^{r1}$

此时各变量的使用计数分别为：

a:0　　b:0　　c:1　　d:1

t1:0　　t2:1　　t3:1

(b)

图 11.8　基本块使用计数示例

处理第四条语句 a=d+c，需要为 d 分配寄存器。此时三个寄存器都被占用（t2 占用 r1，t3 占用 r2，c 占用 r3），并且所有占用寄存器的变量使用计数都不为 0，由于 a 也需要占用寄存器，我们不得不选择一个寄存器溢出。

可以溢出的只有 t2 和 t3 占用的寄存器，但是，t2 和 t3 的剩余计数相同，都为 1，且都无存储器副本。我们任意选择溢出 t2 占用的寄存器 r1，这样 t2 的值需要从寄存器存储到存储器中，我们做上标记，将 r1 分配给 d。至此，c 的计数为 0，r3 可以再次分配，d 的计数也为 0，r1 也可以再次分配。最后一条指令中，t2 得到 r3，d 得到 r2。最终产生的代码如图 11.9 所示。

其中寄存器溢出需要增加两条指令，一条将 t2 的值从寄存器 r1 保存到存储器，另一条将它的值从存储器取到寄存器 r3。这些增加的代码被称为溢出代码。

因为变量 a 和 d 被更新了，并且它们在基本块出口是活跃的，因此，需要将它们的值从寄存器送回内存。

```
ld   r1   a
ld   r2   b
sub  r2   r1,r2
ld   r3   c
mult      r1, r1,r3
add  r2   r2, r1
st   t2   r1
ld   r1   d
add  r1   r1, r3
ld   r3   t2
add  r2   r3,r2
st   a    r1
st   d    r2
```

图 11.9 基于使用计数的局部寄存器分配产生的代码

这种局部寄存器分配方法非常简单，但是缺点也很明显：计算变量的使用计数时所有基本块都采取相同的策略。但实际上，循环内的基本块中的变量和其他基本块中的变量，其静态引用次数虽然一样，但实际使用次数是不一样的。因此，这种方法并不能真正反映变量的使用频率。使用计数局限在基本块内，导致生成了一些多余的溢出代码。

基于使用计数的全局寄存器分配弥补局部寄存器分配的这些不足。全局寄存器分配不再单纯地以基本块为单位，而是跨越了基本块边界，全局性地评估各种变量分配寄存器所得到的好处。评估给某个变量分配寄存器得到的好处不只考虑使用次数一个因素，也考虑变量在基本块的入口和出口处的活跃情况。同时针对大部分程序 90%的执行时间花在循环上的情况，优先分配寄存器给循环中的变量，给循环中的变量加以适当的权重。

这种方法几乎是 20 世纪 80 年代之前所有编译器通用的寄存器分配方法，包括我国自行研制的第一台银河-1 号巨型计算机编译器，也是采用这种方法。

对变量获得寄存器后获得的收益进行评估的具体做法各有不同，但原则基本是一样的。下面给出的是一种比较典型的评估公式。令 $benefit(v,\mathrm{B})$ 表示给基本块 B 中的变量 v 分配寄存器获得的收益：

$$benefit(v,\mathrm{B}) = use(v,\mathrm{B}) + 2\times liveout(v,\mathrm{B})$$

其中，$use(v,\mathrm{B})$ 表示在基本块 B 中，定值 v 之前对 v 的引用次数。如果 v 在基本块 B 出口是活跃的，并且在 B 中被定值，则 $liveout(v,\mathrm{B})$ 为 1，否则为 0。

对于循环 L 中的变量 v，它因分配寄存器而得到的好处是循环内的所有基本块的好处之和。

$$benefit(v,\mathrm{L}) = \sum_{\mathrm{B}\in\mathrm{L}} (use(v,\mathrm{B}) + 2\times liveout(v,\mathrm{B}))$$

这样,内层循环的变量分配寄存器获得的好处将高于外层循环的变量分配寄存器获得的好处。

计算了每个变量的收益之后,假设全局寄存器分配使用 R 个寄存器进行全局分配,留若干寄存器用于其余变量。则分配从最内层循环开始,由内向外给前 R 个获益值最高的变量分配寄存器。在循环之外的代码,则根据使用次数和活跃情况来计算收益,然后根据收益进行分配寄存器和溢出寄存器。

11.4.2 网和冲突图

将图着色与寄存器分配挂钩的思想最早由 IBM 的 John Cocke 在 1971 年提出,把待分配寄存器的对象看成是图中的节点,寄存器看成是颜色,图中的边连接不能分配相同寄存器的两个对象,由此将寄存器分配问题转变为给图着色问题。但是,当色数大于 3 时,图着色问题是 NP 完全问题。当时的计算机速度和内存容量非常有限,导致这个思想在提出的十多年中一直没有实质性的进展。直到 1981 年才有了突破性的进展,Chaitin 在为 IBM 370 编写的一个实验性的 PL/1 编译器中首次设计并实现了图着色寄存器分配算法。从此之后,很多编译器就开始使用从这个算法派生出来的各种基于图着色的寄存器分配方法。其中最有代表性的是 Briggs 等人于 1994 年提出的改进,以及随后 George 和 Andrew 提出的改进算法。目前主流的寄存器分配都是基于图着色的全局寄存器分配。

前面讲述基于使用计数的寄存器分配时,我们主要针对程序中的变量、临时变量进行使用计数并分配寄存器。实际上,可分配对象是一个比变量的内涵更广的术语。程序中有许多变量,同一个变量可以用于不同的目的被重复地使用。最典型的是循环控制变量,这种变量的活跃区间很长,会与其他很多变量发生冲突。为了将这种变量分隔开,减少与其他变量的冲突,寄存器分配时,不再用变量作为可分配对象,而是使用符号寄存器或者网。

符号寄存器是一种伪寄存器,假设编译器有无限多的符号寄存器,在生成代码时为变量指定符号寄存器,这样,所有运算都通过符号寄存器来完成。符号寄存器的定值不会重复,如果一个变量有多次定值,就对应有多个符号寄存器,这样便将不同用途的变量分隔开来了。

一个变量的网(web)是该变量的各个定值-使用链(DU 链)中相交的那些 DU 链组成的最大并集。如果两个 DU 链有公共的使用,则这两个 DU 链相交。例如,图 11.10 中,B2 和 B3 中 x 的定值都能到达 B5 的使用,则这两个 DU 链相交。因此,x 在 B2、B3 中的定值,在 B4 和 B5 中的使用共同构成了一个网。

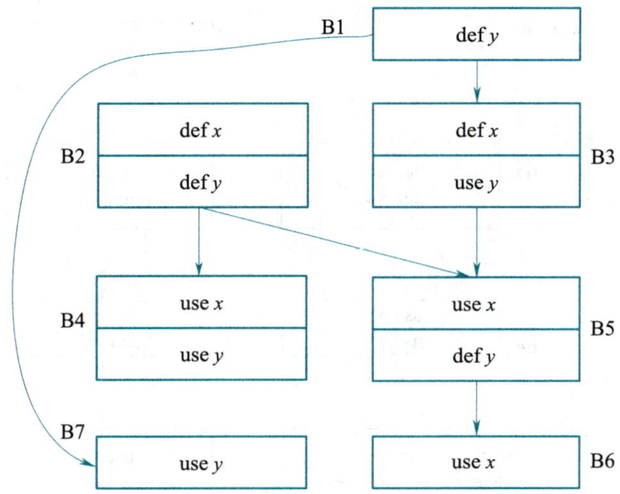

图 11.10 网的示例

概括起来,图 11.10 一共有四个网:

网(web)	成员
w1	在 B2、B3 中的 x 定值,在 B4、B5 中 x 的使用
w2	在 B5 中的 x 定值,在 B6 中 x 的使用
w3	在 B1 中 y 的定值,在 B3、B7 中 y 的使用
w4	在 B2 中 y 的定值,在 B4 中 y 的使用

如果使用网而不是变量作为分配对象,可以将用途不相关的同名变量分割开来。例如习惯上变量 i 常常被用作多个循环的循环控制变量。如果要求为这种用于不同循环的 i 都分配相同的寄存器,对寄存器分配的限制就太大。

一旦计算好网,我们就可以建立冲突图(interference graph,IG)了。冲突图 IG = <N,E>是一个无向图,用来描述寄存器分配所需的信息。其中节点 N 表示可分配对象或符号寄存器,E 表示冲突边,如果两个节点在程序中的某一点同时活跃,那么它们之间有一条边。将图 11.10 划分成网后,流图如图 11.11 所示,构成的冲突图如图 11.12 所示。

w1 和 w3、w1 和 w4 在程序中某点会同时活跃,因此它们之间存在边(冲突),不能指派到同一寄存器。w2、w3、w4 之间不存在冲突,可以指派到同一寄存器。

寄存器冲突图构建后,寄存器分配可以看作是与体系结构无关的优化。此外,也可以将目标机的一些特殊要求作为额外的边和节点加入寄存器冲突图中。例如,RISC-V 处理器将 x0 设置为常 0 寄存器。

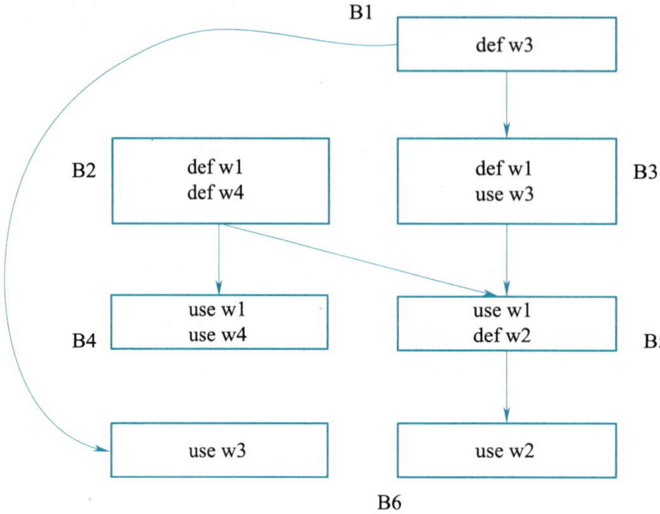

图 11.11 使用网后的流图

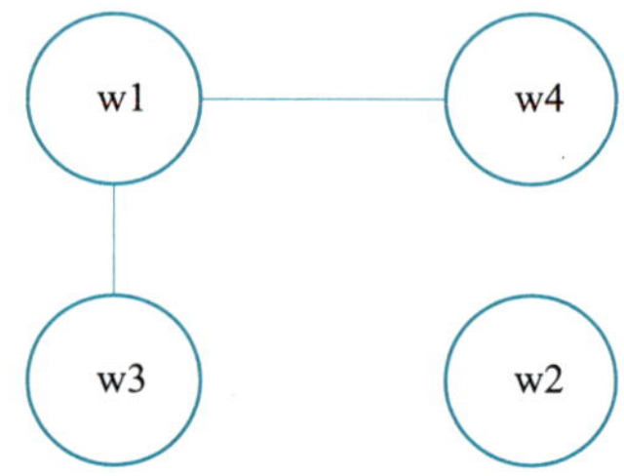

图 11.12 冲突图

11.4.3 基于图着色的全局寄存器分配

全局寄存器分配将可分配的寄存器看作颜色，为 11.4.2 节构建的冲突图中的节点指派颜色。假设可用于分配的机器寄存器数目等于 k。令冲突图中节点 v 的度数 degree(v)等于相邻的边的数目，如果冲突图 IG 中所有节点的度数都小于 k，那么 IG 是 k-可着色的。如果冲突图是 k-可着色的，意味着存在一个合法的寄存器分配，并且需要的寄存器数目不超过 k。

度<k 定理：设 v 是图 G 中一个度小于 k 的节点，从 G 中删除 v 以及和 v 关联的边得到图 G′。当且仅当 G′是 k-可着色的，G 才是 k-可着色的。

度<k 定理启发我们可以先将 IG 进行化简，将图中所有度数小于 k 的节点从图中删除，然后再判断余下的图是否为 k-可着色的。这个过程一直进行到图中不再有节点（此时，图是 k-可着色的），或者不再有度数小于 k 的节点（此时，不能确定图是否是 k-可着色）。基于化简的图着色示例如图 11.13 所示。

根据度<k 定理，对于 k-可着色图 G，全局寄存器分配可以按照如下步骤通过化简进行着色：

（1）从 G 中挑选出 degree(t)<k 的节点 t 压入栈中；

（2）将 t 从冲突图中移出，并且删除关联的边；

（3）重复步骤（1）和（2），直到图只剩下一个节点。

然后，为栈中的节点指派颜色，从最后一个进入栈的节点开始，将节点逐一弹出重新放回到图中，并且每次给节点选择一个和已着色的邻居不同的颜色。

图 11.13(b)所示的冲突图是 4-可着色的，使用 4 个寄存器分配，如图 11.14 所示。

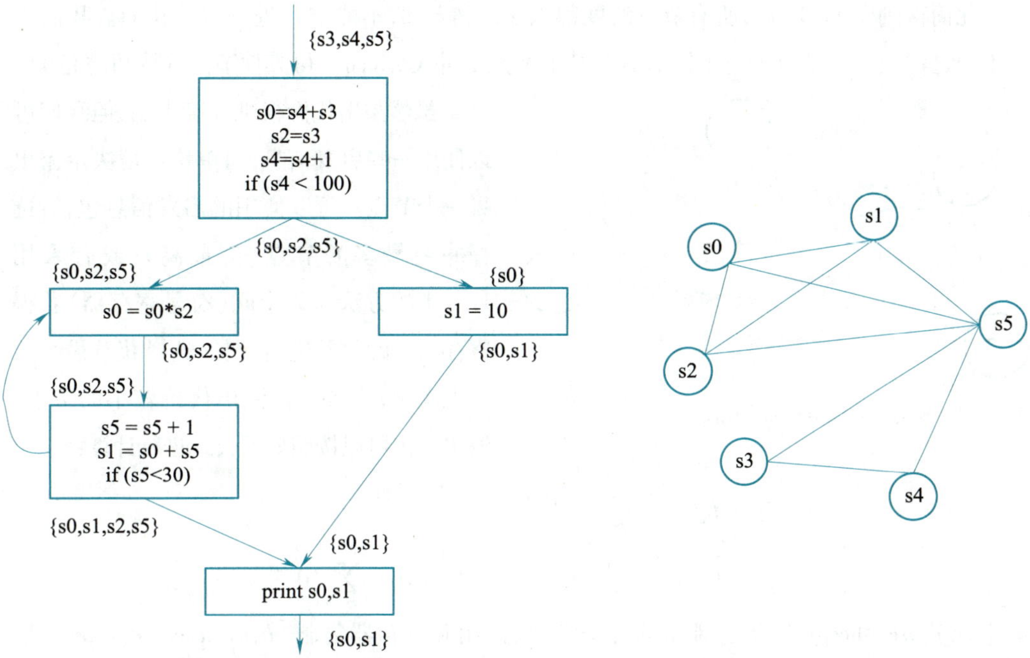

(a) 使用符号寄存器的流图和活跃变量分析①　　(b) 冲突图

图 11.13　基于化简的图着色示例

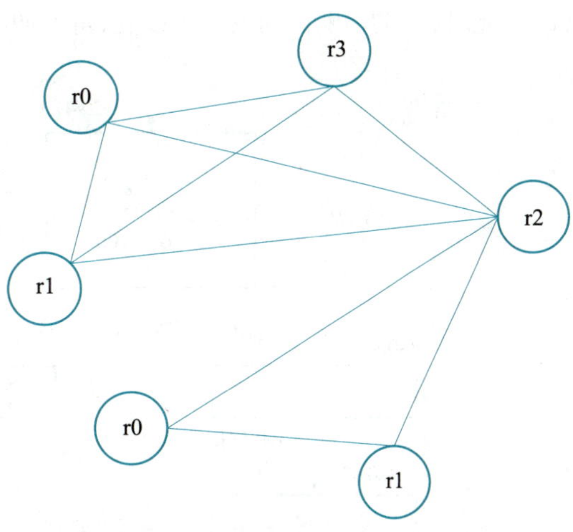

图 11.14　使用 4 个寄存器的分配方案

图着色的寄存器分配并不能保证冲突图一定是 k-可着色的。化简图着色方法应用到寄存器分配时，有可能遇到剩余的图节点度数都大于或等于 k 的情况。例如图 11.13 流图和冲突图，假设我们只有 3 个可用于分配的寄存器（k=3）。

---

①图只标除了基本块出入口的活跃变量集合，构建冲突图时，要考虑每个点的冲突。

化简得到图 11.15 后，所有节点的度都大于或等于 3，不能进行进一步的化简。我们不得不通过溢出一个节点来减少该节点与其他节点的冲突，从而使得其他节点成为可着色的。

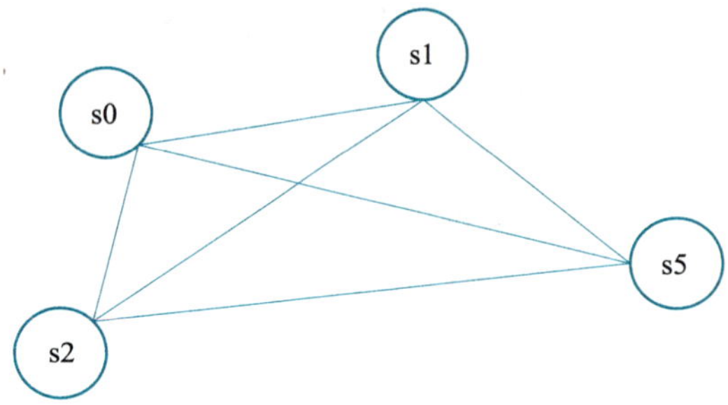

图 11.15　所有节点度≥3，无法化简

虽然溢出代价很难准确求出，但我们可以使用一些启发信息，简单快速地决定溢出哪一个节点。可以使用的启发信息包括：选择冲突最多的节点（度最高）；或者采用 11.4.1 的方法对每个网（符号寄存器）获得寄存器后的收益进行评估，选择获益最小的节点溢出；或者选择溢出代价较小的节点。溢出代价可以按照如下公式进行计算：

$$cost(w) = defwt \cdot \sum_{def \in w} 10^{depth(def)} + usewt \cdot \sum_{use \in w} 10^{depth(use)} - copywt \cdot \sum_{copy \in w} 10^{depth(copy)}$$

其中，*def*、*use* 和 *copy* 分别是网 w 的各个定值、使用和寄存器复制，*defwt*、*usewt* 和 *copywt* 是给指令类型指定的权重，*depth* 表示循环的嵌套深度。

假设我们在图 11.15 无法继续化简的节点中选择度数最高的节点 s5 溢出，在所有使用 s5 之前插入读取指令 ld s5，写 s5 指令后插入存储指令 st s5，流图 11.13(a)变为图 11.16(a)。此时，s5 的活跃区间发生了改变，重构冲突图是 3-可着色的，如图 11.16(b)所示。

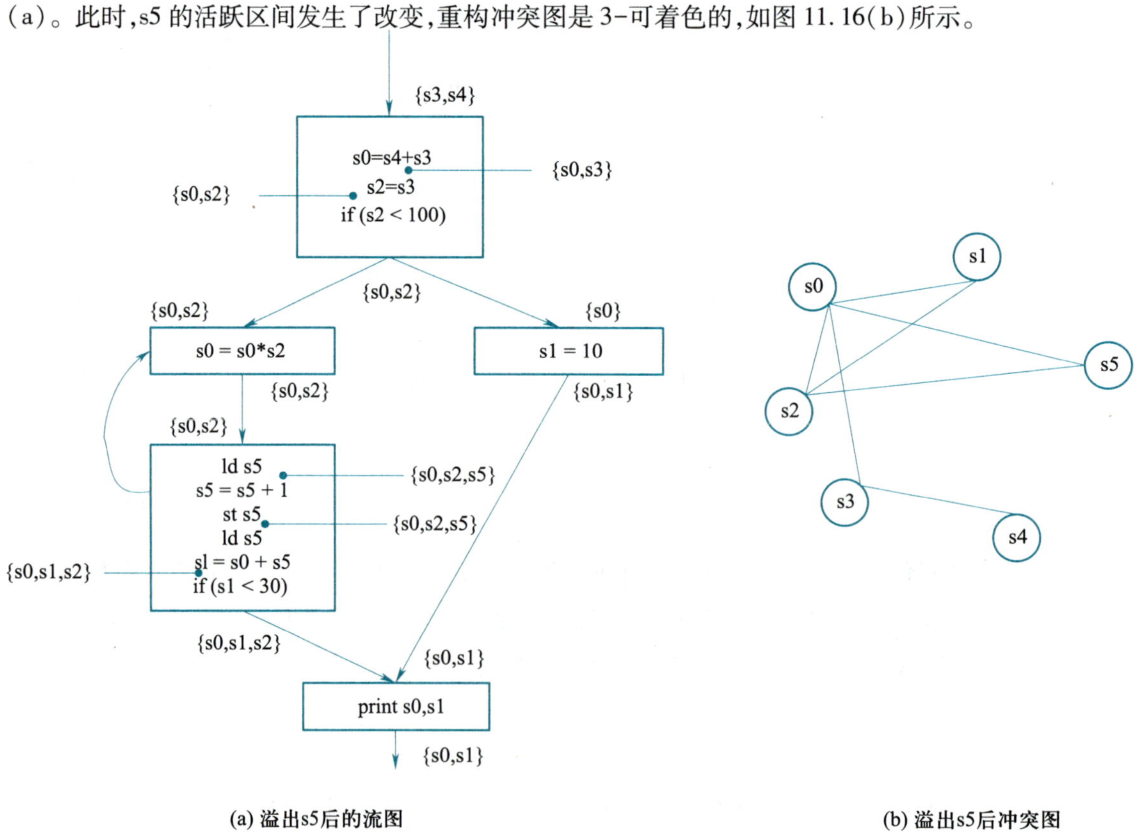

图 11.16　溢出 s5 后的流图和冲突图

溢出的作用是减少图中的冲突边,以减少寄存器的压力。但是,溢出代价很大,是寄存器分配需要极力避免的。那么,是否还有其他方法可以减少寄存器的压力,从而避免溢出呢?

从图中节点的角度来考虑,如果能够减少冲突图节点的个数,同样也有可能减少寄存器的压力,因为需要分配寄存器的对象减少了。如果复制指令 y=x 中,源操作数 x 在该复制指令之后不再活跃,那么它占用的寄存器就可以直接指派给 y,也就是说 x 和 y 可以共享同一个寄存器。从而这条复写指令可以被删除。如果我们能够在冲突图中发现类似情况,便可以将两个节点合并成一个节点,减少冲突图的节点数。

图着色寄存器分配中,寻找可以消除的复制指令并合并其节点的过程称为“合并”。如果一条复制指令的源操作数 x 和目的操作数 y 对应的节点之间不存在边(x、y 不同时活跃,不冲突),那么我们可以合并 x 和 y,为它们指派同一个寄存器。合并示例如图 11.17 所示。

入口活跃: s1　s2

```
s3 =mem[s2+12]
s4 =s1–1
s4 =s3 + s5
s6 =mem[s2+8]
s7 =mem[s2+16]
s8 =mem[s4]
s9 =s6 + 8
s10 =s9
s1 =s7 + 4
s2 =s8
```

出口活跃: s10　s1　s2

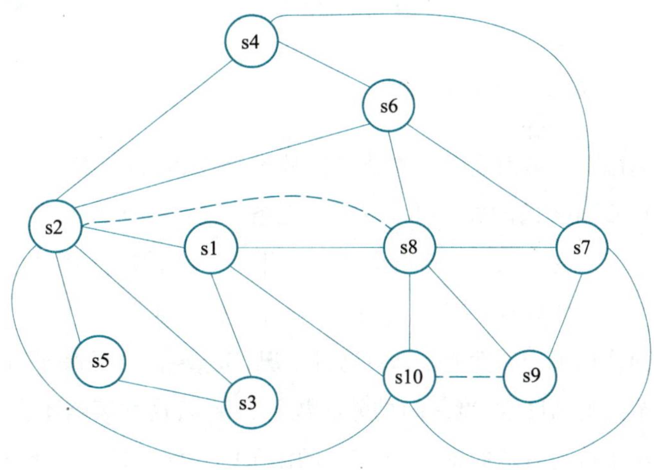

图 11.17　合并示例

在图 11.17 所示的冲突图中,我们用虚边表示复制指令,例如 s10=s9 是一条复制指令,s10 和 s9 之间有一条虚边,在冲突图中 s10 和 s9 之间没有冲突边,s10 和 s9 可以合并。合并后,原来与 s9 或者 s10 冲突的节点,与合并后节点冲突。如图 11.18 所示:

现在我们可以总结 Chaitin 算法的主要步骤:

(1) 确定可分配对象;

(2) 构建冲突图;

(3) 执行合并;

(4) 计算溢出代价;

(5) 化简冲突图,删除度<k 的节点,压入栈中;

(6) 如果不能继续化简,则基于步骤(4)从当前剩余的节点中选择一个节点溢出,重复步骤(2)至(5);

(7) 指派,将节点依次弹出栈,指派颜色。

Chaitin 算法奠定了图着色寄存器分配算法的基础,之后所有的图着色算法都是在此

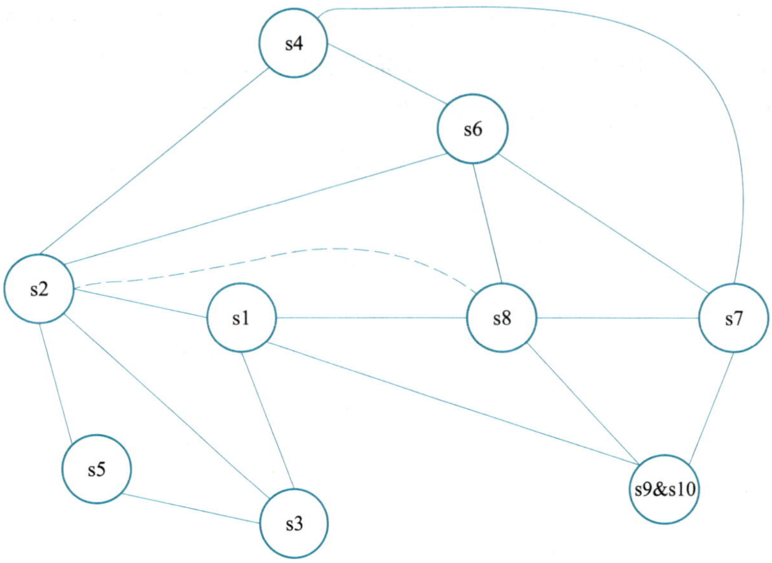

图 11.18　合并 s9 和 s10 后的冲突图

基础上改进而成的。改进主要针对合并和溢出,其中最成功的是 1994 年 Briggs 和 1996 年 George 的改进。Chaitin 算法无条件地合并所有无冲突边相连的复制相关的节点,但是合并后的节点的度可能会大于合并前,其相邻边是原节点 x 和 y 的相邻边的并集。这样一来可能导致原来是 k-可着色的图,变成非 k-可着色,从而不得不进行寄存器溢出,反而降低了程序性能。针对这种情况,Briggs 提出了保守的合并算法,要求合并后得到的新节点的高度数(度≥k)的邻居数目小于 k,这种策略不会改变原图的色数。同时,他还提出了乐观着色的思想,将实际的溢出的动作推迟到选择阶段再进行,乐观地推测这个溢出有可能会因为后继的简化而不再真正需要,从而可以消除这个溢出。

11.5　指令调度

第 9 章局部优化中,我们简单介绍了基于 DAG 图如何对指令进行重排,生成优化的中间代码序列。现代处理器大部分都采用了超标量、多流水结构,通过使用多个功能部件、多条流水线,在每个时钟周期能够同时执行多条指令。指令调度,就是通过重排指令,减少流水线中的停顿,最大化指令级并行。

指令调度的约束来自三个方面:第一个是资源约束,没有寄存器、功能部件等足够的资源来同时执行多条指令。第二个是数据依赖约束,由于指令之间存在依赖关系,当前指令需要等待其所依赖的前序指令的执行结果。第三个是控制依赖约束,分支和跳转指令会修改程序计数器,影响具体哪些指令应该在流水线上。

11.5.1 控制依赖

在程序执行过程中,如果指令 A 必须在指令 B 之前执行,我们就称 B 依赖 A。这种执行顺序的约束关系就是依赖关系。其中,由程序的定值-使用关系引起的依赖关系称为数据依赖,由控制流引起的依赖关系则称为控制依赖。

【例 11.1】 观察下列语句:

```
S1:    x1 = a+b
S2:    x2 = x1  * a
S3:    if (x2 > c) goto L1
S4:    x3 = x1/x2
S5:    goto L2
S6:    L1:   x3 = x2
S7:    L2:   x2 = …
```

S1 给变量 x1 赋值,S2 使用 x1 的新值,那么 S1 必须先于 S2 执行,S2 数据依赖于 S1;执行 S4 还是 S6,取决于 S3 比较指令的结果。因此,S4、S6 控制依赖于 S3。

如果一条语句 S2 执行依赖于 S1 的输出,那么 S2 控制依赖于 S1,记作 $S1\delta^c S2$。

【例 11.2】 观察下列语句

```
S1:    a=b - c
S2:    if (a > 10) goto L1
S3:    d=b + e
S4:    e=d * 9
S5:    L1: d=e
```

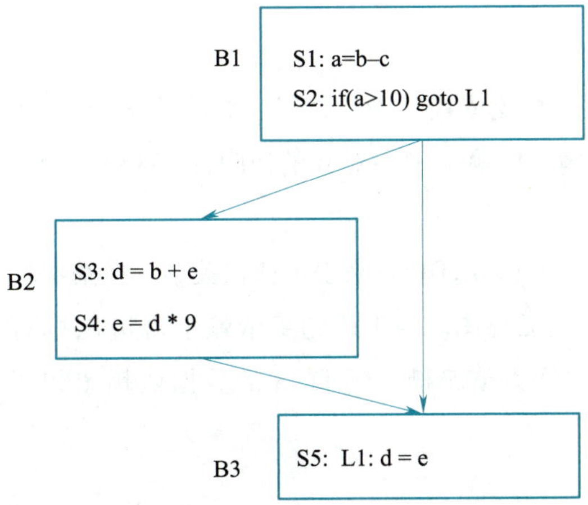

图 11.19 例 11.2 的控制流图

S3 和 S4 是否执行依赖于 S2 的比较结果,因此 S3 控制依赖于 S2,S4 也控制依赖于 S2。尽管 S5 是 S2 跳转的目标,但无论 S2 的输出结果是什么,S5 都会执行,因此 S5 并不控制依赖于 S2。

由于基本块内的语句顺序执行,分支语句只能出现在基本块的末尾,因此我们更关注基本块之间的依赖关系。如果基本块 B2 是否执行依赖于基本块 B1 的输出,那么称基本块 B2 控制依赖于基本块 B1。

例 11.2 的控制流图如图 11.19 所示。

基本块 B2 控制依赖于 B1,B3 并不控制依赖于 B1。

基于控制流图,编译器可以计算出基本块节点之间的控制依赖关系。基本块 B2 控制依赖于基本块 B1 当且仅当从 B1 到 B2 有一条非空路径,并且除了 B1 外,这一条路径上其他所有节点到达出口节点时都必须经过 B2。

11.5.2　数据依赖和数据依赖图

程序中的另一类依赖关系是由于读、写同一存储地址而引起的,称为数据依赖①。例如例 11.1,语句 S1 给变量 x1 赋值,S2 使用 x1 的新值。两个存储访问,无论是读还是写,如果访问的是不同存储单元,则显然是没有依赖的。因此如果我们说语句 T 数据依赖于 S,则意味着存在 T 的一个实例 T′,S 的一个实例 S′,且满足:

(1) S′和 T′都访问同一存储地址 M

(2) 在程序的串行执行中,S′在 T′之前执行

(3) 在同一次执行中,S′和 T′之间没有其他语句写 M

数据依赖可以分为四类:

- 真依赖,也称为流依赖:S 写地址 M,T 读地址 M;记作 $S\delta^{f}T$
- 反向依赖:S 读地址 M,T 写地址 M;记作 $S\delta^{a}T$,也记作 $S\delta^{-1}T$
- 输出依赖:S 写地址 M,T 写地址 M;记作 $S\delta^{o}T$
- 输入依赖:S 读地址 M,T 读地址 M;记作 $S\delta^{i}T$。读操作不改变存储状态,并不约束语句的执行顺序,因此,也称为假依赖。

【例 11.3】　观察下列语句

S1:　A=0

S2:　B=A

S3:　A=B + A

S4:　C=A

显然,由于都访问 A,S2 流依赖于 S1,S3 同样流依赖于 S1。值得注意的是,S4 流依赖于 S3,并不流依赖于 S1。S3 反向依赖于 S2,输出依赖于 S1。对 B 的访问,使 S3 流依赖于 S2。

我们可以使用数据依赖图(data-dependence graph,DDG)来表示依赖关系。在基本块内,由于语句顺序执行,数据依赖图是一个有向无环图。如果语句 T 依赖于语句 S,则有一条有向边从 S 到 T,其中 S 称为依赖源,T 称为依赖槽。例 11.3 的数据依赖图如图 11.20 所示。

---

①　和控制依赖相比,数据依赖分析更为复杂多样,循环变换、并行化、指令调度等编译优化都受到数据依赖的约束。本章后面几节主要讨论数据依赖。因此,除非特别说明,后续提到的依赖都是指数据依赖。

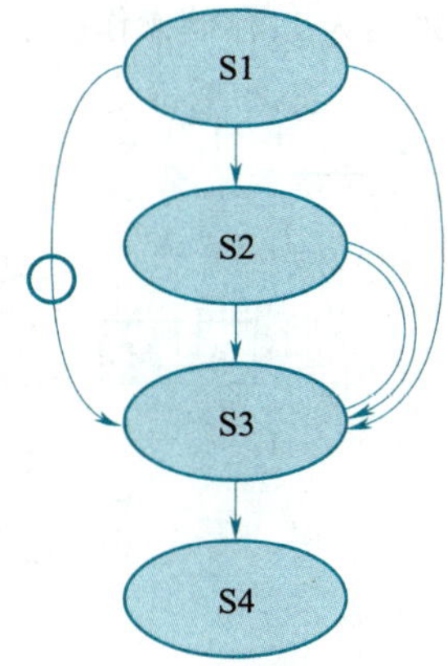

图 11.20 例 11.3 的数据依赖图

（边上的“○”表示输出依赖，“—”表示反向依赖，其余是流依赖）

数据依赖图是指令调度的基础。在下一节中我们会介绍如何基于数据依赖图进行局部（基本块）内的指令调度。

11.5.3 表调度

指令调度时，代码生成器要了解指令所需的资源、处理器可用的资源，以及需要调度的指令序列。

资源预约表 代码生成器使用资源预约表描述每一条指令需要使用的资源，并在调度时检查是否存在资源上的冲突。如果指令 S1 和 S2 在同一时钟周期内使用相同的资源，则称 S1 和 S2 冲突。

调度依赖图 在基本块内数据依赖图是一个有向无环图，每个节点代表一条指令。每条边 e(s1,s2)用 d_e 来标记，表示 s1 流出 d_e 个时钟周期后，s2 才能流出。

【例 11.4】 RV32I 指令序列

1.	addi	t2,t1,1
2.	addi	sp,sp,12
3.	sw	t0,0(t6)
4.	lw	t3,-4(sp)
5.	lw	t4,-8(sp)
6.	addi	sp,sp,8
7.	sw	0(sp),t2
8.	lw	0(t6),t5
9.	addi	t4,t4,1

我们简单地用运算部件（A）和存储部件（M）来描述指令需要的资源，假设加法指令

延迟为1,存储操作(存、取)指令延迟为2。例11.4的调度依赖图如图11.21所示。

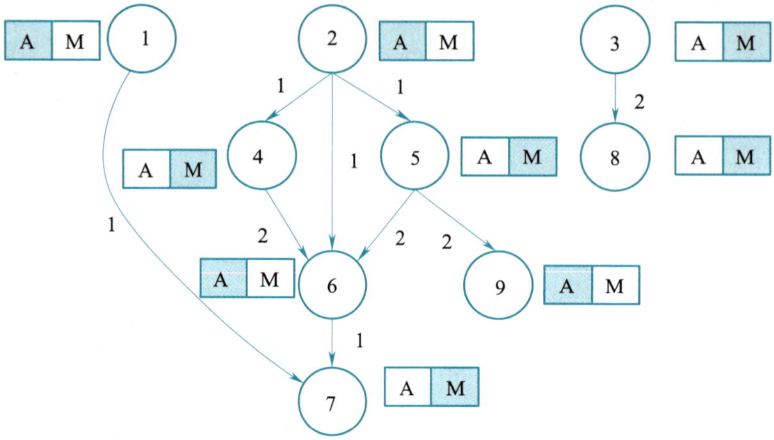

图11.21 例11.4的调度依赖图

指令1、2、6和9都是加法指令,使用运算部件。指令3、4、5、7和8使用存储部件。构建指定调度图和资源预约表后,可以采用贪婪的表调度进行基本块调度。

算法11.2 贪婪的表调度算法

```
输入:指令选择后的IR序列
输出:指令调度后的IR序列

构建数据依赖图G;
候选调度集合Candidates ←G中所有根节点(没有入边的节点);
while(Candidates ≠∅){
    从候选集合中根据优先级选择一条指令s调度
    调度s
    将s从候选集合删除Candidates ← Candidates - {s}
    Candidates← Candidates∪ G中前驱都被调度了并且延迟已经被满足的节点
}
```

编译器根据优先级从候选调度集合中选择节点调度。在给节点设置优先级时,主要考虑下面的因素:

- 节点是否在关键路径上?关键路径是依赖图中最长的路径。如果不考虑资源约束,执行时间最短的调度方案可以根据关键路径得到。
- 节点的后继数量有多少?后继越多,表示依赖该节点的指令越多。优先调度这些节点,可以使下一次调度的候选节点更多。
- 节点需要的寄存器等资源有多少?优先调度需要资源多的节点。这些节点往往容易导致更多的依赖。

贪婪的表调度算法尽可能地用候选指令填充指令槽，对于多流出的超标量或者超长指令字的处理器架构十分有效。

从图 11.20 可以看出，例 11.4 的关键路径是 2-4-6-7 和 2-5-6-7。调度开始时，Candidates = {1,2,3}。节点 1、2 都占用运算部件，存在冲突。节点 2 在关键路径上且后继多，因此优先级高，先调度 2。节点 3 和 2 没有冲突，可以同时流出。

运算部件	2	
存储部件	3	

更新候选集合 Candidates = {1,4,5}，由于存储延迟为 2 拍，节点 4、5 需要等待 3 释放存储部件，运算部件延迟为 1 拍。因此调度 1。

运算部件	2	1	
存储部件	3		

更新候选集合 Candidates = {4,5,8}，此时节点 4、5 的延迟已经满足，由于节点 5 的后继多于节点 4，优先调度节点 5。

运算部件	2	1		
存储部件	3		5	

按贪婪表调度算法，最后得到调度顺序：

运算部件	2	1			9		6			
存储部件	3		5		4		8		7	

因此例 11.4 的指令一共需要 10 个时钟周期。

11.5.4 全局调度

表调度适用于基本块。基本块是顺序执行的指令序列，一个基本块包含的指令条数可能不多，无法挖掘出足够的指令调度。编译器一方面通过循环展开、循环合并等优化技术扩大基本块，另一方面实现跨基本块的调度，即全局调度。对于跨基本块的调度，编译器不仅需要考虑数据依赖，还要考虑控制依赖。

轨迹(trace)调度是一种常用的全局调度方法，由 Fisher 在 1981 年提出。所谓轨迹，是由控制流图中基本块构成的无环路径。轨迹调度将一个轨迹看作是一个基本块进行调度，在轨迹的入口和出口插入必要的补偿代码。轨迹调度目标是使程序中频繁执行的轨迹执行得更快。

编译器根据基本块的执行概率来选择构建轨迹。为了进行指令调度、指令 Cache 等优化，编译器为控制流图中的节点(基本块)或者边标记执行概率。执行概率可以通过基于启发信息的静态分支预测，或者预先插桩执行动态获取。分支语句 if(cond) then … else …，根据不同的分支条件，编译器预定义一组启发信息，如图 11.22 所示：

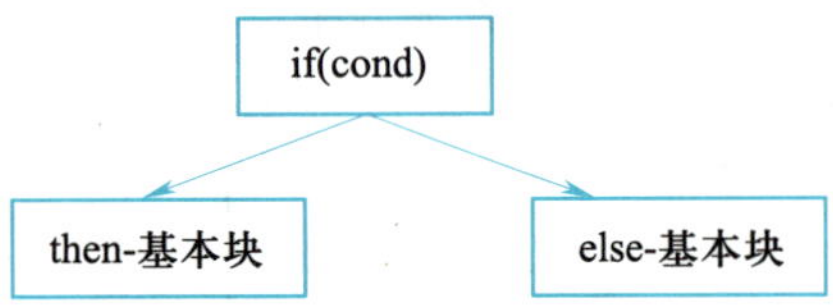

	条件	执行概率
指针	!= NULL	85
操作符	> 0	79
	!=	71
	浮点比较	90
分支后继	函数调用	71
	循环	95

图 11.22　分支预测启发信息

例如，程序中在分配内存后、遍历树或者列表时，经常判断指针是否为空。程序执行的大部分情况下，指针不为空。因此，编译器设置当分支条件是"！ =NULL"时，条件为真，then 基本块的执行概率是 85%。

算法 11.3　轨迹的构建算法

```
输入：带执行概率的控制流图（CFG）
输出：轨迹

i=0
标记所有基本块为未访问
while(还有未访问的基本块) {
    seed=未访问基本块中执行概率最高的基本块
    trace[i] +=seed;
    标记此基本块已被访问
    current=seed
    /* 向前扩展轨迹 */
    while (1) {
        next=best_successor_of(current)
        if (next==0)   break;// 当前轨迹已经不能进一步扩展
        trace[i] +=next
        标记找到的最佳后继 next 已被访问
        current=next
    }
    i++;//寻找下一条轨迹
}
```

构建轨迹的关键就是寻找当前节点的最佳后继并扩展轨迹。当节点没有执行概率大于设置的阈值的后继时，轨迹就不再扩展。

算法 11.4 最佳后续搜索(best_successor_of)算法

```
输入:带执行概率的 CFG,基本块 BB
输出:输入基本块 BB 的最佳后续


e=control flow edge with highest probability leaving BB
if (e 是向后边)  //轨迹是无环路径
    return 0;
if (probability(e) <=阈值)
    return 0;
d=destination of e;
if (d is visited) then  //一个基本块只能出现在一条轨迹中
    return 0;
return d;
```

例 11.5 代码：

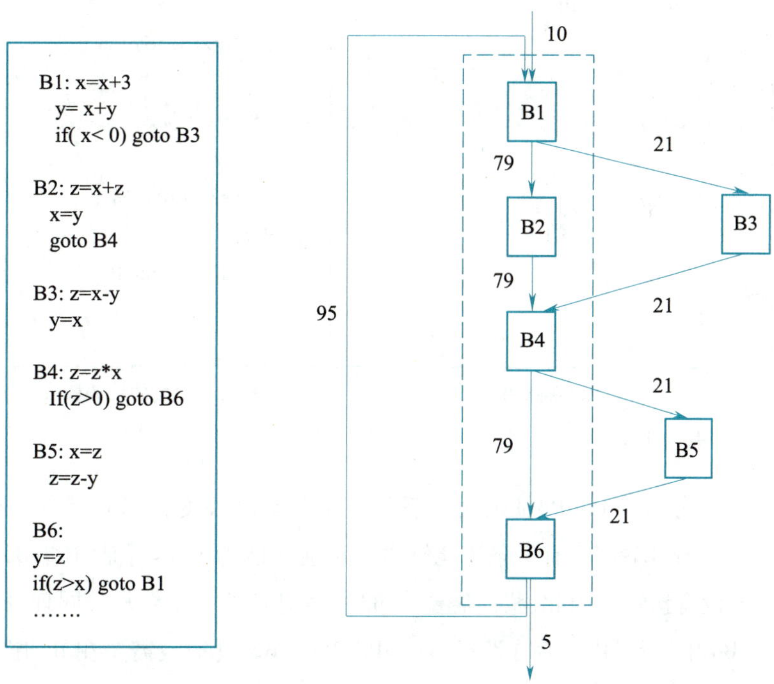

图 11.23 代码加权控制流图

假设轨迹构建的执行概率阈值为 75，控制流图中边的执行频率如图 11.23 所示。例 11.5 代码可以形成 3 条轨迹：{B1，B2，B4，B6}、{B3}和{B5}。轨迹并不是完全顺序执行的指令序列,有分支可以在中间离开轨迹(例如从 B4 跳转到 B5),也可以分支跳转到一条轨迹中间(B3 跳转到 B4)。

Fisher 轨迹调度算法在构建轨迹后,将频繁执行的轨迹,例如上例的{B1,B2,B4,B6}看成一个基本块,采用 11.5.3 节介绍的贪婪表调度算法进行调度,在中途离开轨迹的基本块中插入必要的补偿代码,如图 11.24 所示。

```
B1: x=x+3
    y= x+y
    if(x< 0) goto B3

B2: z=x+z
    x=y
    goto B4

B3: z=x-y
    y=x

B4: z=z*x
    If(z>0) goto B6

B5: x=z
    z=z-y

B6:   y=z
    if(z>x) goto B1
    …….
```

(a) 源代码

```
B1: x=x+3

    if(x < 0) goto B3

B2: y= x+y
    z=x+z
    x=y
    goto B4

B3: y= x+y //补偿代码
    z=x-y
    y=x

B4: z=z*x
    y=z
    If(z>0) goto B6

B5: x=z
    z=z-y
    y=z//补偿代码
B6:
    if(z>x) goto B1
    …….
```

(b) 轨迹调度后

图 11.24　轨迹调度

轨迹{B1,B2,B4,B6}可以看作一个基本块调度,语句 y=x+y 跨基本块被移动到了 B2。由于 B1→B3 有一条边能够离开轨迹,如果实际运行是 B1→B3,那么将导致语句 y=x+y 没有执行。因此,我们需要在 B3 插入补偿语句 y=x+y。同理,B6 中的语句 y=z 提前到 B4 中执行,由于存在路径 B4->B5,B5->B6,此时也需要在 B5 尾部插入补偿代码。

频繁执行的轨迹调度完后,再对其他非频繁执行的轨迹(例如{B3}和{B5})进行单独的调度。

本章小结

指令选择、寄存器分配和指令调度是代码生成最主要的三个阶段。事实上，编译器在代码生成阶段还会进行各种优化，例如指令选择后可以进行窥孔优化，寄存器分配可能引入的多余的存取指令可以通过冗余删除进行优化等。

现代编译器大多采用模式匹配的方法进行指令选择。尽管针对不同的中间表示已经有不同的指令选择方法，但是为了提高效率和生成代码的质量，许多编译器在指令选择之前，会将中间代码扩展为更底层的表示。本章描述了基于树覆盖的指令选择算法，与目前大多数现代编译器基于 DAG 覆盖进行指令选择的基本思想是一致的。

除了本章介绍的基于引用计数的寄存器分配、基于图着色的寄存器分配外，Poletto 等人还提出了线性扫描的寄存器分配方法。近年来，不少针对 SSA 形式的寄存器分配算法被提出，利用 SSA 形式的冲突图是弦图（chordal graph）这一特征，可以大大简化寄存器分配。

贪婪的表调度算法广泛应用于基本块的指令调度。为了提高频繁执行的路径的性能，编译器将轨迹看作顺序执行的代码调度。但是在程序执行过程中，控制流可能从外部进入轨迹中，或者从轨迹中离开，因此需要插入补偿代码保证程序的正确性。16.3.1 节介绍的循环软流水也是一种针对循环的跨基本块的指令调度。

练习 11

1. 画出下面表达式的 IR 树，使用表 11.4 RV32IM 部分指令及其操作树，给出平铺方案，其中 i、t 是寄存器变量。

（1）x=a[i] + r

（2）a[i]=x * r

2. 假设三个可分配的寄存器 r0、r1 和 r2，使用 Chaitin 算法完成图 11.13 的寄存器分配，给出分配后的流图。

3. 按照 Briggs 的保守合并策略，图 11.17 中 s9 和 s10 是否可以合并？s2 和 s8 是否可以合并？如果可以，给出合并后的冲突图。

4. George 将 Briggs 合并条件放松，对于复制指令关联的两个节点 a 和 b，如果 a 的每一个邻居 t 已经和 b 冲突，或者 t 是一个低度数（度<k）节点，则 a 和 b 可以合并。阅读相关论文，将其与 Chaitin 算法和 Briggs 算法进行对比。

5. 第 10 章练习 1 冗余删除后的代码，假设有四个寄存器 R1、R2、R3 和 R4，给出寄存器分配，随后进行带合并（Briggs 算法）的寄存器分配。（如果需要溢出，优先选择冲突多的变量溢出）

6. 假设超标量目标机的功能部件、指令及指令所需时钟周期如下表所示。其中源寄存器在指令流出的第一个时钟周期读取，目的寄存器在每条指令的最后一个周期写回。

Instruction	Description	Unit	Cycle
ld dst,off(src)	从地址(off+src)中取数到 dst	MEM	2
st off(dst),src	将 src 中的值存储到地址(off+dst)	MEM	3
add dst,src1,src2	dst=src1+src2	ALU1	1
mul dst,src1,src2	dst=src1 * src2	ALU2	2

使用表调度算法对下面的代码进行最优指令调度。提示：该目标机包含 3 个功能部件 MEM、ALU1 和 ALU2，其中 add 和 mul 指令既可执行在 ALU1 上也可执行在 ALU2 上。

```
S1:    ld R1,0(R2)
S2:    add R2,R2,4
S3:    ld R4,0(R5)
S4:    add R5,R1,R4
S5:    add R5,R5,R2
S6:    mul R1,R2,R1
S7:    st 0(R1),R5
```

（1）画出带延迟的数据依赖图

（2）用表的形式给出执行时间最短的指令调度，给出上述代码完成所需要的周期数

Cycle	0	1	2	3	4	…
MEM						
ALU1						
ALU2						

第三部分
编译器的自动生成技术

在了解了一个完整编译过程的基础上，第三部分进一步介绍编译器的自动生成技术。编译器的自动生成技术是构建现代编译器的重要组成部分，旨在简化编译器的开发流程，并提高编译器的效率和可靠性。第三部分主要讨论词法分析和语法分析两个关键步骤。

首先，词法分析负责将源代码转换为词法单元流，即将源代码分解成不可再分的最小单元，如标识符、关键字、运算符等。为了实现词法分析的自动生成，我们将介绍正则文法、有穷自动机和实例 Lex 等方法，这些工具能够根据事先定义的规则，自动地对源代码进行词法分析，生成词法单元序列。

其次，语法分析阶段负责根据词法单元流构建抽象语法树，以更深层次理解源代码的语法结构。为了实现语法分析的自动生成，我们将讨论常用的语法分析方法，如 LL(1) 分析法、算符优先分析法和 LR 分析法等。这些自动生成技术能够高效地解析源代码的语法规则，并根据事先定义的文法生成抽象语法树，为后续的语义分析和代码生成做好准备。

第三部分的主要内容包括:第 12 章介绍词法分析的自动生成(正则文法、有穷自动机和实例 Lex)。第 13 章讨论常用的语法分析方法及其局限性,并介绍对应语法分析器的自动生成技术(LL(1)分析法、算符优先分析法、LR 分析法等)。第 14 章介绍 LL(1)文法和自底向上的语法制导翻译技术。

第 12 章

词法分析程序的自动生成技术

本章将介绍词法分析程序的自动生成技术。首先介绍正则表达式（也称正规式），与正则文法（也称正规文法）的功能一样，正则表达式也可以用来描述程序设计语言的单词符号；然后介绍有穷自动机；最后介绍词法分析程序的自动生成器。该生成器的输入是用正则表达式表示的语言的单词符号，其输出即是该语言的词法分析程序。本章主要介绍生成器的基本工作原理和构造，因此将不加证明地引用形式语言与自动机理论中的相关结论。

12.1 正则文法与正则表达式

第 2 章已介绍过乔姆斯基的文法分类，并在第 3 章的前两节指出，程序设计语言的单词符号可以用乔姆斯基 3 型文法（正则文法）来描述。这里将介绍正则表达式，以及将正则文法转换成正则表达式的方法。

由第 2 章可知，对正则文法，其产生式集合中仅含有如下形式的产生式：

$\alpha \rightarrow \beta \quad \alpha \in V_n, \beta = a$ 或 $\beta = aB$

其中：$a \in V_t \quad B \in V_n$

由正则文法所产生的语言被认为是正则的。

12.1.1 正则表达式

正则语言的一种更简洁的表示方式是使用正则表达式。形式语言和自动机理论已经证明，正则文法和正则表达式是等价的。

正则表达式使用三种操作符：连接、选择、重复。假定有两个正则表达式 e_1 和 e_2，它们分别产生语言 L_1 和 L_2。于是：

1）定义正则表达式的连接操作为 $e_1e_2 = \{xy \mid x \in L_1, y \in L_2\}$。

2）选择操作可用“|”或“+”表示，且定义为 $e_1 \mid e_2 = \{x \in L_1$ 或 $x \in L_2\}$。

重复运算用上标“ * ”表示，表示表达式的 0 次到若干次的自重复连接，即 $e_1^* = \left\{x \in L_1^*, L_1^* = \bigcup_{i=0}^{\infty} L_1^i\right\}$。

例如：表达式 110 由数字 1、1 和 0（分别都是正则表达式）连接在一起组成，且所表示的语言为 $L=\{110\}$。表达式 0|1 所表示的语言为 $L=\{0,1\}$，而表达式 1^* 所表示的语言为 $L=\{1^i \mid i=0,1,2,\cdots\}$。

下面用正则表达式给出一些单词符号（token）集。

<标识符>=字母（字母|数字）*

<数>=（ε|+|-）（数字 数字*）

式中字母和数字分别代表字母表和十进制数的集合。

使用上述操作符的定义，就可以给出正则表达式的递归定义，正则表达式所表示的语言称为正则集合。

【定义 12.1】正则表达式和正则集合有字母表 Σ，定义在 Σ 上的正则表达式和正则集合递归定义如下：

（1）ε 和 $\varnothing$ 都是 Σ 上的正则表达式，其正则集合分别为 $\{\varepsilon\}$ 和 $\{\varnothing\}$；

（2）对于任何 $a \in \Sigma$，a 是 Σ 上的正则表达式，其正则集合为 $\{a\}$；

（3）如果 $e1$ 和 $e2$ 是正则表达式，其正则集合分别为 $L1$ 和 $L2$，则：

① $(e1)|(e2)$ 是 Σ 上的正则表达式，其正则集合为 $L1 \cup L2$。

② $(e1)(e2)$ 是 Σ 上的正则表达式，其正则集合为 $L1L2$。

③ $e1*$ 是 Σ 上的正则表达式，其正则集合为 $L1^*$。

（4）任何 Σ 上的正则表达式和正则集合均由（1）、（2）和（3）产生。

如果正则表达式中操作符的优先级定义为重复运算“*”具有最高优先级，连接运算次之，选择运算符“|”有最低优先级。那么，有可能的话，式中的括号可以省略。因此，对 (p)|((p)(q)) 如果省去括号，则其意义仍保持不变。而 (p|q)r 中的括号不能省略，因为这将会使正则表达式所表示的语言发生改变。

下面给出一些正则表达式的例子。设 $\Sigma=\{a,b\}$，下面是定义在 Σ 上的正则表达式和正则集合。

正则表达式	正则集合
a^*b^*	$\{a^m b^n \mid m\geqslant 0, n\geqslant 0\}$，即由 m 个 a，后跟 n 个 b 组成的符号串
$(ab)^*$	$\{(ab)^m \mid m\geqslant 0\}$，即由 m 个 ab 所组成的符号串
$(a\|b)^*$	$\{x \mid x\in\{a,b\}^*\}$，即 Σ 上的所有符号串，包括空符号串
$a(a\|b)^*$	Σ 上以 a 为首的所有符号串
$(aa\|ab\|ba\|bb)^*$	Σ 上的所有偶长度的符号串

注意区分正则表达式 a^* 和集合的闭包运算：这里 a^* 表示由任意多个 a 组成的串，而 $\{a,b\}^*=\{\varepsilon,a,b,aa,ab,ba,bb,\ldots\ldots\}$。

如果两个正则表达式表示相同的语言，则该两个正则表达式相等或等价。因此，$00^*=000^*|0$，因为等号两边的表达式均能产生语言 $\{0^i \mid i\geqslant 1\}$。

程序设计语言的单词符号可用正则文法也可用正则表达式定义。例如：由字母开头，由字母数字组成的标识符可以用下列正则文法：

$$S\to aA|bA|cA|\cdots|zA|a|b|\cdots|z$$

$$A\to aA|bA|cA|\cdots|zA|0A|1A|\cdots|9A|a|b|\cdots|0|1|2|\cdots|9$$

和正则表达式

$$(a|b|c|\cdots|z)(a|b|c|\cdots|z|0|1\cdots|9)^*$$

描述。用“字母”代表 $(a|b|c|\cdots|z)$，用“数字”代表 $0|1|\cdots|9$。那么，为改善可读性，该表达式可写成：

字母（字母|数字）*

正如将在第 12.2 节中所看到的，扫描程序的生成器通常使用正则表达式来描述单词符号。

可以证明，正则表达式的操作符满足某些代数规则，例如，满足结合律、交换律和分配律等。

设 $e1$，$e2$ 和 $e3$ 均是某字母表上的正则表达式，则有：

单位正则表达式：$\varepsilon e = e\varepsilon = e$

交换律：$e1 | e2 = e2 | e1$

结合律：$e1 | (e2 | e3) = (e1 | e2) | e3$

$e1(e2e3) = (e1e2)e3$

分配律：$e1(e2 | e3) = e1e2 | e1e3$

$(e1 | e2)e3 = e1e3 | e2e3$

此外：$r^* = (r | \varepsilon)^*$　　$r^{**} = r^*$

$(r | s)^* = (r^* s^*)^*$

因此，可以写：

$(ab)c = a(bc)$，$(a | b) | c = a | (b | c)$，$a | b = b | a$，$a(b | c) = ab | ac$

下面，简单介绍正则文法与正则表达式的等价转换方法。首先介绍将正则文法转换为正则表达式的方法，然后介绍它们的逆向转换。

12.1.2 正则文法转换为正则表达式

利用以下转换规则，直至只剩下一个开始符号定义的产生式，并且产生式的右部不含非终结符，该右部即为所对应的正则表达式。转换后的产生式以扩充的 BNF 表示，但用 * 号表示符号的 0 次到 n 次的自重复连接。

序号	规则	文法产生式	转换后的产生式
1	代入规则	$A \to xB$，$B \to y$	$A \to xy$
2	消除递归规则	$A \to xA \mid y$	$A \to x^* y$
3	BNF 规则	$A \to x$，$A \to y$	$A \to x \mid y$

例：考虑下列文法 $G[S]$，该文法产生的语言为 $\{a^m ba^n \mid n, m \geqslant 1\}$。

$G[S]$：

$S \to aS$

$S \to aB$

$B \to bC$

$C \to aC$

$C \to a$

对文法应用规则 3，得：

$S \to aS \mid aB$　　(1)

$B \to bC$　　(2)

$C \to aC \mid a$　　(3)

对(1)式和(3)式应用规则 2：

$S \to a^* aB$　　(4)

$C \to a * a$　　(5)

对(2)式和(5)式应用规则 1：

$B \to ba^* a$　　(6)

对(4)式和(6)式应用规则 1：

$S \to a^* aba^* a$　　(7)

可以看到，经转换以后的产生式(7)，其左部是文法的识别符号，右部是一个正则表达式。很容易证明该正则表达式所表示的语言与原来的正则文法所产生的语言相同。

12.1.3　正则表达式转换为正则文法

下面给出将正则表达式转换为正则文法的算法：

1. 对于任何正则表达式 r，选择一个非终结符 S 作为识别符号，并产生产生式 $S \to r$。
2. 若 x, y 是正则表达式，

a. 对形为 $A \to xy$ 的产生式，重写为 $A \to xB, B \to y$，其中 B 为新的非终结符。

b. 对于形为 $A \to x^* y$ 的产生式，则改写为 $A \to xA, A \to y$。

c. 对形为 $A \to x \mid y$ 的产生式，改写为 $A \to x, A \to y$。

【例 12.1】将 $R = a(a \mid d)^*$ 转换为正则文法。

解： 1. $S \to a(a \mid d)^*$　　算法(1)

2. $S \to aA$　　算法(2)a

$A \to (a \mid d)^*$

3. $S \to aA$　　算法(2)b

$A \to (a \mid d)A$

$A \to \varepsilon$

4. $S \to aA$　　算法(2)c

$A \to aA$

$A \to dA$

$A \to \varepsilon$

很显然，由该文法所产生的语言与上述正则表达式所表示的语言相同。

12.2 有穷自动机

第3章在介绍词法分析程序的手工实现时引入了状态图。现在,为了讨论词法分析程序的自动生成,要将状态图的概念加以形式化,这就需要引入并讨论有穷自动机(Finite-state Automata,FA)。本节先介绍确定的有穷自动机,然后讨论不确定的有穷自动机以及从不确定到确定的有穷自动机的转换,最后讨论正则表达式与有穷自动机的等价性问题。

12.2.1 确定的有穷自动机

【定义12.2】确定的有穷自动机(Deterministic Finite Automata,DFA)一个确定的有穷自动机 M 是一个五元式:

$$M=(S,\Sigma,\delta,s_0,Z)$$

其中:

S:有穷状态集

Σ:输入字母表

δ:状态转换函数,为 $S\times\Sigma\to S$ 的映射。$\delta(s,a)=s'$, $s,s'\in S,a\in\Sigma$

s_0:开始状态,$s_0\in S$

Z:终止状态集,$Z\subseteq S$

由于该自动机的状态集 S 是有穷的,所以称为有穷自动机。函数 δ 定义状态转换,用 $\delta(s,a)=s'$表示,其中 $s,s'\in S,a\in\Sigma$。表示当自动机处在状态 s,且 a 是下一个输入字符时,自动机状态将由状态 s 转移到状态 s'。所谓确定有穷自动机是指该自动机含有限个状态,只有一个开始状态 s_0,且 δ 是单值函数。对于函数 δ 还作下面的补充定义:

$$\delta(s,at)=\delta(\delta(s,a),t)$$

其中:$a\in\Sigma$, $t\in\Sigma^*$

该定义是一个递归定义。它说明当自动机处在状态 s,且面临着某个输入串 at 时,那么将首先应用函数 $\delta(s,a)=s'$,然后应用函数 $\delta(s',t)$。该定义将转换函数的功能从一个字符的识别扩展到了对一个字符串的识别。

自动机接受字符串 x。如果对某一自动机 $M=(S,\Sigma,\delta,s_0,Z)$,$x\in\Sigma^*$,有 $\delta(s_0,x)=p$,且 $p\in Z$,则 x 为该自动机 M 所接受。也即自动机从开始状态开始,在读完全部输入串以后自动机恰恰到达终止状态,那么该输入串为该自动机所接受。所有为自动机 M 所能接受的符号串组成的集合,称为自动机 M 所接受的语言,用 $L(M)$表示。因此,自动机所接受的语言可定义为：

$$L(M)=\{t\mid\delta(s_0,t)\in Z,t\in\Sigma^*\}$$

下面给出一个有穷自动机 M_1，它接受仅由偶数个 0 和偶数个 1 所组成的符号串。

$$M_1=(\{S,A,B,C\},\{0,l\},\delta,S,\{S\})$$

且 δ 定义为：

$\delta(S,0)=B$　　$\delta(S,1)=A$

$\delta(A,0)=C$　　$\delta(A,1)=S$

$\delta(B,0)=S$　　$\delta(B,1)=C$

$\delta(C,0)=A$　　$\delta(C,1)=B$

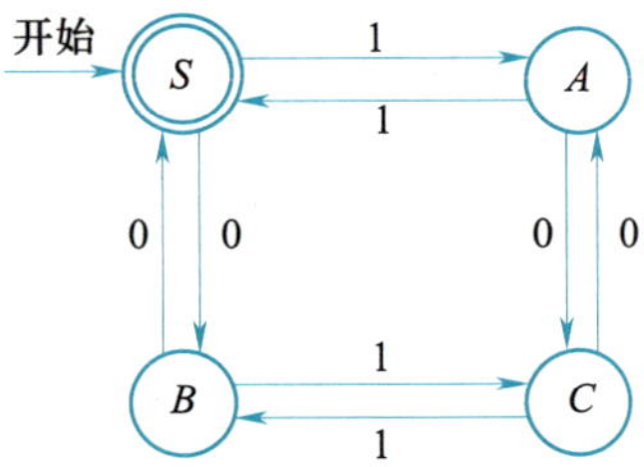

图 12.1　确定有穷自动机的一个例子

图 12.1 绘出了该自动机的非形式表示状态转换图，图中标有“开始”的箭头指向自动机的开始状态，标有双圈的状态为终止状态。

可以用一个矩阵来表示状态转换函数。自动机 M_1 的转换函数可用表 12.1 的矩阵表示。

表 12.1　自动机 M_1 的状态矩阵

状态	输入	
	0	1
S	B	A
A	C	S
B	S	C
C	A	B

表 12.2 给出了自动机 M_1 在处理字符串 110101 和 11101 时的轨迹。处理结果是接受 110101 而拒绝 11101。

表 12.2　有穷自动机识别字符串的轨迹

输入串	
110101	11101
$\delta(S,110101)=\delta(A,10101)$ $=\delta(S,0101)$ $=\delta(B,101)$ $=\delta(C,01)$ $=\delta(A,1)$ $=\delta(S,\varepsilon)$ $=S$（接受）	$\delta(S,11101)=\delta(A,1101)$ $=\delta(S,101)$ $=\delta(A,01)$ $=\delta(C,1)$ $=\delta(B,\varepsilon)$ $=B$（拒绝）

12.2.2 不确定的有穷自动机

若 δ 为多值函数,且输入可允许为 ε,那么该自动机就是不确定的。也就是在某个状态下,对于某个输入字符存在多个后继状态。当自动机处在该状态时,就无法确定其状态改变。当然,该自动机可以试探各种可能性,以确定某一输入串是否能为其所接受。图 12.2 给出了接受语言 $\{a^m b^n \mid m,n \geqslant 1\}$ 的不确定的自动机。

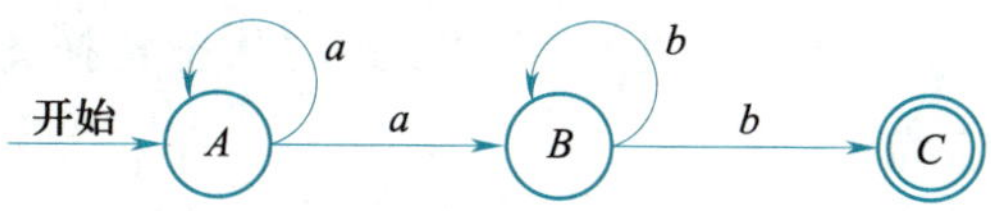

图 12.2 不确定有穷自动机举例

下面给出不确定有穷自动机的形式定义。

【定义 12.3】 不确定有穷自动机(Non-deterministic Finite Automata,NFA)一个不确定的有穷自动机 M'是一个五元式

$$M' = (S, \Sigma \cup \{\varepsilon\}, \delta, s_0, Z)$$

其中,

S:有穷状态集。

$\Sigma \cup \{\varepsilon\}$:输入字母表与空串所组成的集合之和。即自动机状态转换函数中的变量可以是输入字母表中的字符,也可以是空串 ε

δ:状态转换函数,为 $S \times \Sigma \cup \{\varepsilon\} \rightarrow 2^S$ 的映射

s_0:开始状态,$s_0 \in S$

Z:终止状态集,$Z \subseteq S$

状态转化函数中,2^S 为 Q 的幂集,它是由 Z 的子集构成的集合。因此有:

$\delta(s,a) = \{s_1, s_2, s_3, \cdots, s_n\}$;$a \in \Sigma \cup \{\varepsilon\}$;$s, s_1, s_2, s_3, \cdots, s_n \in S$

对状态转换函数 δ,再作如下补充定义:

(1) $\delta(s,\varepsilon) = \varepsilon\text{-}closure(s)$,$s \in S$

(2) $\delta(s,at) = \bigcup\limits_{p \in \delta(s,a)} \delta(p,t)$,$a \in \Sigma \cup \{\varepsilon\}$,$t \in \Sigma^*$

(3) $\delta((s_1, s_2, s_3, \cdots, s_n), x) = \bigcup\limits_{i=1}^{n} \delta(s_i, x)$,$x \in \Sigma^*$

定义(1)表示自动机处于状态 s,遇到空串则下一个状态集为状态 s 的 ε 闭包。下一节将介绍 ε 闭包的计算方法。第二个定义是将输入字符扩展为字符串。如果 $\delta(s,a) = \{p_1, p_2, \cdots, p_n\}$,则定义(2)能够写成 $\delta(s,at) = \delta(p_1,t) \cup \delta(p_2,t) \cup \cdots \cup \delta(p_n,t)$。第三个定义表示从不确定自动机的状态集出发,扫描字符串 x 之后,如何计算其所到达的状态集。它等于从当前状态集的每一个状态出发,在扫描了字符串 x 以后所到达的状态集之和。

不确定有穷自动机所接受的字符串 x(句子)。如果对某台不确定有穷自动机 $M'=(S,\Sigma\cup\{\varepsilon\},\delta,s_0,Z)$，$x\in\Sigma^*$，有 $\delta(s_0,x)=S'$，且 $S'\cap Z\neq\varnothing$，则 x 为 M'所接受。进一步就可以定义 M'所接受的语言 $L(M')$：

$$L(M')=\{x\mid x\in\Sigma^*,\delta(s,x)=S',S'\cap Z\neq\varnothing\}$$

下面举一个 NFA 的例子

【例 12.2】有不确定的有穷自动机 $M'=(\{1,2,3,4\},\{a,b,c\}\cup\{\varepsilon\},\delta,1,\{4\})$，状态转换函数 δ 可以用矩阵表示，如表 12.3 所示。

该自动机也可用非形式的状态转换图表示，如图 12.3 所示。该自动机接受的语言为：

$$L(M')=\{a^m b\mid m\geqslant 1\}\cup\{ac^n\mid n\geqslant 1\}\cup\{\varepsilon\}$$

表 12.3　不确定有穷自动机 M'的状态转换表

状态	输入			
	ε	a	b	c
1	$\{4\}$	$\{2,3\}$	$\varnothing$	$\varnothing$
2	$\varnothing$	$\{2\}$	$\{4\}$	$\varnothing$
3	$\varnothing$	$\varnothing$	$\varnothing$	$\{3,4\}$
4	$\varnothing$	$\varnothing$	$\varnothing$	$\varnothing$

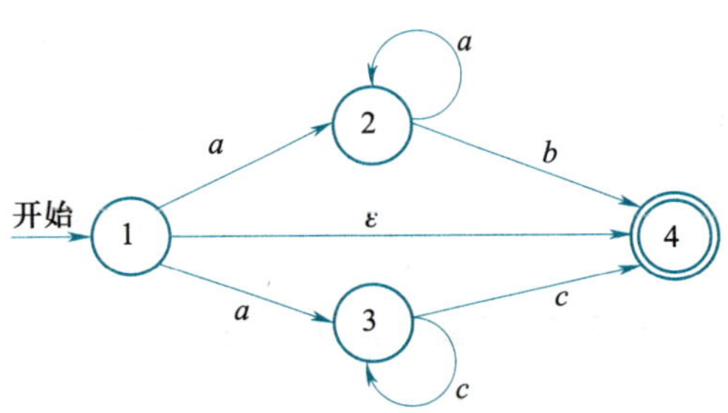

图 12.3　不确定的有穷自动机 M'的状态转换图

12.2.3　NFA 的确定化

形式语言与自动机理论已经证明，不确定的有穷自动机与确定的有穷自动机从功能上来说是等价的，即它们所能接受的语言类相同，可以做到：给定任一 NFA M'，就能构造出一个 DFA M，使得 $L(M)=L(M')$。下面给出确定化的方法，但不给出形式证明。为了使 NFA 确定化，先给出两个定义。

【定义 12.4】集合 I 的 ε-闭包　令 M'是一自动机，I 是 M'的状态集的一个子集。

定义 ε-closure(I) 为：

(1) 若 $s\in I$，则 $s\in\varepsilon$-closure(I)，

(2) 若 $s \in I$,则从 s 出发经过任意条 ε 弧而能到达的任何状态都属于 ε-closure(I)。

状态集 ε-closure(I)称为集合 I 的 ε 闭包。

下面通过一个例子来说明状态子集 I 的 ε 闭包的构造方法。

【例 12.3】考虑图 12.4 的某自动机的部分状态图。

若 $I=\{1\}$,则 ε-closure$(\{1\})=\{1,3,4,6\}$。

若 $I=\{2\}$,则 ε-closure$(\{2\})=\{2,6\}$。

若 $I=\{1,2\}$,则 ε-closure$(\{1,2\})=\{1,2,3,4,6\}$。

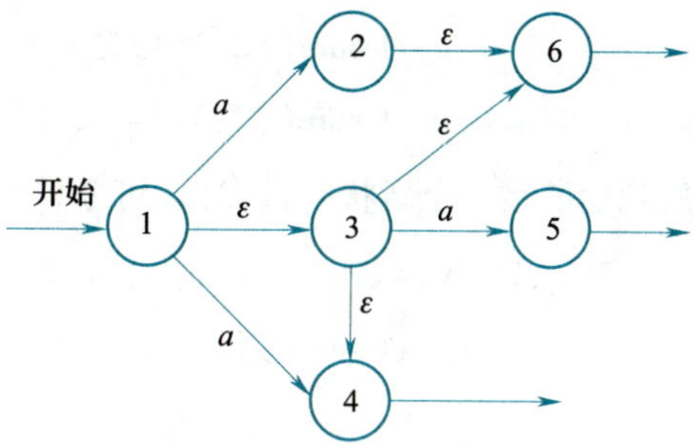

图 12.4 某自动机的部分状态图

【定义 12.5】令 I 是 NFA M'的状态集的一个子集,$a \in \Sigma$,

定义:$I_a=\varepsilon$-closure(J)

其中:$J=\bigcup\limits_{s \in I}\delta(s,a)$

所以 J 是从状态子集 I 中的每一个状态出发,沿着标记为 a 的弧而到达的状态所组成的集合。I_a 也是状态子集,其集合元素为 J 中的状态,加上从 J 中的每个状态出发沿着 ε 弧所能到的状态的集合。

例如对于图 12.4 的状态图,令 $I=\{1\}$,则

$$\begin{aligned}I_a &=\varepsilon\text{-closure}(J)\\&=\varepsilon\text{-closure}(\delta(1,a))\\&=\varepsilon\text{-closure}(\{2,4\})\\&=\{2,4,6\}\end{aligned}$$

下面通过将上例中的一个 NFA M'变换成 DFA M 的例子,来介绍使 NFA 确定化的方法。

【例 12.4】已知一个 NFA M':

$M'=(S',\Sigma'\cup\{\varepsilon\},\delta',s_0',Z')$

$S'=\{1,2,3,4\}$

$\Sigma'=\{a,b,c\}$

$s_0'=1,Z'=\{4\}$,

δ'见表 12.3 所示

可构造一个

$DFA\ M=(S,\Sigma,\delta,s_0,Z)$

使 $L(M)=L(M')$。其构造过程如下:

由定义 12.4 先求出 s_0,则

$$s_0=\varepsilon\text{-closure}(\{s_0'\})=\{1,4\}$$

由定义 12.5 求 s_x，令 $\delta(s,x)=s_x$，其中 $x=a,b,c$。可得：

$$\begin{aligned}\delta(s_0,a)=s_{0a}&=\varepsilon\text{-closure}(\delta(1,a)\cup\delta(4,a))\\&=\varepsilon\text{-closure}(\{2,3\}\cup\varnothing)\\&=\varepsilon\text{-closure}(\{2,3\})=\{2,3\}\end{aligned}$$

所到达的是一个新状态 $\{2,3\}$。可令 $s_1=\{2,3\}$

$$\begin{aligned}\delta(s_0,b)=s_{0b}&=\varepsilon\text{-closure}(\delta(1,b)\cup\delta(4,b))\\&=\varepsilon\text{-closure}(\varnothing)\\&=\varnothing\end{aligned}$$

同理可求 $\delta(s_1,x)$，其中 $x=a,b,c$，可得

$$\delta(s_1,a)=s_{1a}=\{2\}=s_2$$

$$\delta(s_1,b)=s_{1b}=(4)=s_3$$

$$\delta(s_1,c)=s_{1c}=\{3,4\}=s_4$$

然后再分别求出 $\delta(s_2,x)$，$\delta(s_3,x)$ 和 $\delta(s_4,x)$，直到再不出现新的状态子集时为止。最后可得到 DFA M 的状态转换矩阵如表 12.4 所示。

为了使构造的 DFA M 能够且仅能够接受与 NFA M' 相同的语言，即 M' 所接受的串 M 也能接受，M' 不能接受的串 M 也不能接受。因此，可求得 M 的终止状态集 $Z=\{s\mid s\cap Z'\neq\varnothing\}$，其中 s 为 M 的各个状态子集。在例子中，

$$Z=\{s_0,s_3,s_4\}$$

表 12.4　DFA M 的状态转换矩阵

状态	输入		
	a	b	c
s_0	s_1	—	—
s_1	s_2	s_3	s_4
s_2	s_2	s_3	—
s_3	—	—	—
s_4	—	—	s_4

最后，得到一个确定的有穷自动机：

$$\text{DFA } M=(\{s_0,s_1,s_2,s_3,s_4\},\{a,b,c\},\ \delta,s_0,\{s_0,s_3,s_4\})$$

该自动机的状态转换图如图 12.5 所示。很显然，该自动机所能接受的语言为：

$$L(M)=\{a^m b\mid m\geqslant 1\}\cup\{ac^n\mid n\geqslant 1\}\cup\{\varepsilon\}$$

所以有 $L(M)=L(M')$。

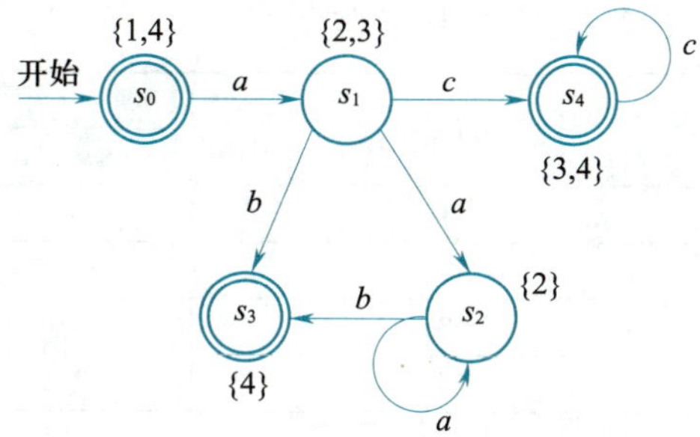

图 12.5 DFA M 的状态图

12.2.4 确定有穷自动机的化简（最小化）

理论上已经证明，每一个正则集合可以由一个状态数最小的 DFA 识别，且这个 DFA 是唯一的。本节将介绍如何在不影响所接受的语言的情况下把一个 DFA 的状态数化简到最小。假定所给定的 DFA 中已没有多余状态，所谓多余状态，即是从该自动机的开始状态出发，读入任何输入串也不能到达的状态。只要画出 DFA 的状态图，就可以很容易地找出多余状态并予以消除。

当且仅当一个 DFA 没有多余状态并且它的状态集中没有两个状态是互相等价时，我们称该 DFA 是化简的。

所谓等价状态是指：在 DFA 中有状态 s 和 t，对于所有的输入符号 c，若存在 $I_c(s)=I_c(t)$，即状态 s,t 对于 c 具有相同的后继，则称 s 和 t 是等价的。因此，很显然任何有后继的状态和任何无后继的状态一定是不等价的。若 DFA 的状态 s 和 t 不等价，则称这两个状态是有区别的。

状态 s 和 t 的等价条件是：

（1）一致性条件：状态 s 和 t 必须同时为接受状态或不接受状态。

（2）蔓延性条件：对于所有输入符号，状态 s 和 t 必须转换到等价的状态里。

下面，介绍一种具体的 DFA 化简方法——分割法。其主要思路是把一个 DFA（不含多余状态）的状态分割成一些不相关的子集，使得任何两个不同的子集状态是可区别的，而同一个子集中的任何状态都是等价的。

通过一个具体例子来介绍这种方法。

【例 12.5】有 DFA $M=(\{1,2,3,4,5,6,7\},\{a,b\},\delta,1,\{5,6,7\})$

其中 δ 由表 12.5 所示。

表 12.5　M 的转换矩阵

状态	输入	
	a	b
1	6	3
2	7	3
3	1	5
4	4	6
5	7	3
6	4	1
7	4	2

（一）区分终态与非终态

首先,可以根据终态与非终态将状态分为两个区:1 区和 2 区,这两个区中的状态是可区别的。如表 12.6 所示。

表 12.6　状态区分表 1

状态	输入		区号
	a	b	
1	6	3	1
2	7	3	
3	1	5	
4	4	6	
5	7	3	2
6	4	1	
7	4	2	

（二）根据蔓延性条件,上表中 1 区中的状态 1 和 2 以及状态 3 和 4 是等价状态。因此,可将 1 区分成两个区,其划分如表 12.7 所示。

表 12.7　状态区分表 2

状态	输入		区号
	a	b	
1	6	3	1
2	7	3	
3	1	5	2
4	4	6	
5	7	3	3
6	4	1	
7	4	2	

根据该新的划分,2 区中的状态 3 和 4 是有区别的,因有 $I_a(3)\neq I_a(4)$。因此,要把该区分成两个区。而对于状态 1 和 2,因有 $I_a(1)=I_a(2)$,且 $I_b(1)=I_b(2)$,故无须进一步划分,得到表 12.8 所示的划分:

表 12.8 状态区分表 3

<table>
<tr><th rowspan="2">状态</th><th colspan="2">输入</th><th rowspan="2">区号</th></tr>
<tr><th>a</th><th>b</th></tr>
<tr><td>1</td><td>6</td><td>3</td><td rowspan="2">1</td></tr>
<tr><td>2</td><td>7</td><td>3</td></tr>
<tr><td>3</td><td>1</td><td>5</td><td>2</td></tr>
<tr><td>4</td><td>4</td><td>6</td><td>3</td></tr>
<tr><td>5</td><td>7</td><td>3</td><td rowspan="3">4</td></tr>
<tr><td>6</td><td>4</td><td>1</td></tr>
<tr><td>7</td><td>4</td><td>2</td></tr>
</table>

进一步考查所得的划分。4 区中的状态 5 和 6,状态 5 和 7 有 $I_a(5)\neq I_a(6)$,$I_a(5)\neq I_a(7)$,所以应将 4 区进一步划分,如表 12.9 所示。

表 12.9 状态区分表 4

<table>
<tr><th rowspan="2">状态</th><th colspan="2">输入</th><th rowspan="2">区号</th></tr>
<tr><th>a</th><th>b</th></tr>
<tr><td>1</td><td>6</td><td>3</td><td rowspan="2">1</td></tr>
<tr><td>2</td><td>7</td><td>3</td></tr>
<tr><td>3</td><td>1</td><td>5</td><td>2</td></tr>
<tr><td>4</td><td>4</td><td>6</td><td>3</td></tr>
<tr><td>5</td><td>7</td><td>3</td><td>4</td></tr>
<tr><td>6</td><td>4</td><td>1</td><td rowspan="2">5</td></tr>
<tr><td>7</td><td>4</td><td>2</td></tr>
</table>

而对于状态 6 和 7,有 $I_a(6)=I_a(7)$,$I_b(6)=I_b(7)$。且对状态 1,2 有 $I_a(1)=I_a(2)$,$I_b(1)=I_b(2)$。因此,状态 6 和 7 以及状态 1 和 2 都是等价状态,无须进一步划分了。

(三)用区号作为自动机的状态,可得到化简后的自动机 M'。

DFA $M'=(\{1,2,3,4,5\},\{a,b\},\delta',1,\{4,5\})$

其中 δ' 由表 12.10 所示。

表 12.10　M'的状态转换表

状态	输入	
	a	b
1	5	2
2	1	4
3	3	5
4	5	2
5	3	1

不难证明 $L(M')=L(M)$。

分割法的算法设计作为一个练习留给读者，读者也可参阅有关参考书。

12.2.5　正则表达式与有穷自动机的等价性

前面已分别介绍了正则表达式和有穷自动机。现在来讨论它们之间的等价性关系。

所谓正则表达式与有穷自动机等价是指若给定一正则表达式 e，即相应地给定了正则集合 $L(e)$，则可构造出一个 DFA M，有 $L(M)=L(e)$。反之，若给定一个 DFA M，M 接受的语言为 $L(M)$，则必然存在一正则表达式 e，且 $L(e)=L(M)$。下面的两个定理证明了这种等价关系的存在。

【定理 12.1】　若 e 是正则表达式，则存在一 NFA，它所接受的语言为 $L(e)$。

可以使用数学归纳法来证明该定理，即对正则表达式中的运算符个数进行归纳证明。假定 NFA 只有一个终止状态，并通过该状态没有射出的弧。

证明：

(1) 归纳基础(具有零个运算符)：

根据正则表达式的定义，此时表达式 e 必定是下面三种情况之一：即 $e=\varepsilon$ 或 $\varnothing$ 或 a，$a\in\Sigma$。由表达式所定义的语言分别为 $L(e)=\{\varepsilon\}$ 或 $\varnothing$ 或 $\{a\}$。可以构造出三种自动机，其状态转换图如图 12.6 所示。其中 12.6(a) 中自动机接受的语言为 $\{\varepsilon\}$、12.6(b) 接受的语言为空集 $\varnothing$、12.6(c) 接受的语言为 $\{a\}$。它们所接受的语言分别有 $L(M)=L(e)$，所以定理成立。

(a) $e=\varepsilon$　(b) $e=\varnothing$　(c) $e=a$

图 12.6　正则表达式 ε 转换图

(2) 归纳(一个或多个运算符)：

假设少于 $i(i\geqslant 1)$ 个运算符定理成立，可证明多于 i 个运算符定理也成立。

情况一：$e=e_1|e_2$，其中 e_1 和 e_2 是少于 i 个算符的正则表达式。根据正则表达式定义，e 也是正则表达式，且其语言为 $L(e)=L(e_1)\cup L(e_2)$。可构造一自动机 M，有 $L(M)=L(e)$。

由于 e_1 和 e_2 是少于 i 个算符的正则表达式，所以根据归纳假设，存在相应的自动机接受其语言，有：

$$\text{NFA } M_1=(S_1,\Sigma_1,\delta_1,s_1,\{f_1\})$$

和

$$\text{NFA } M_2=(S_2,\Sigma_2,\delta_2,s_2,\{f_2\})$$

且

$$L(M_1)=L(e_1),L(M_2)=L(e_2)。$$

假定 $S_1\cap S_2=\varnothing$。若相交则可修改状态名以满足此条件。可以在 M_1 和 M_2 的基础上构造出自动机 M 如下：

$$\text{NFA } M=(S_1\cup S_2\cup\{s_0,f_0\},\Sigma_1\cup\Sigma_2,\delta,s_0,\{f_0\})$$

其中 δ：

① $\delta(s_0,\varepsilon)=\{s_1,s_2\}$

② $\delta(s,a)=\delta_1(s,a)$　当 $s\in S_1-\{f_1\}$ 且 $a\in\Sigma_1\cup\{\varepsilon\}$

③ $\delta(s,a)=\delta_2(s,a)$　当 $s\in S_2-\{f_2\}$ 且 $a\in\Sigma_2\cup\{\varepsilon\}$

④ $\delta(f_1,\varepsilon)=\delta(f_2,\varepsilon)=\{f_0\}$

该 M 的转换图由图 12.7 所示。

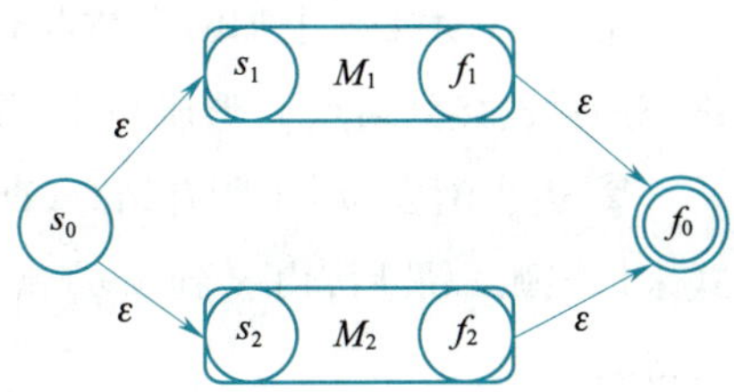

图 12.7　M 的转换图(一)

很容易证明，该自动机 M 接受的语言 $L(M)=L(M_l)\cup L(M_2)$。由归纳假设：

$$L(M_1)=L(e_1),L(M_2)=L(e_2)$$

所以 $L(M)=L(e_1)\cup L(e_2)=L(e)$。

情况二：$e=e_1e_2$，$L(e)=L(e_1)\cdot L(e_2)$。其中 e_1 和 e_2、M_1 和 M_2 的情况同情况一。可构造一 M：

$$M=(S_1\cup S_2,\Sigma_1\cup\Sigma_2,\delta,s_1,\{f_2\})$$

其中 δ：

① $\delta(s,a)=\delta_1(s,a)$，当 $s\in S_1$，且 $a\in\Sigma_1\cup\{\varepsilon\}$

② $\delta(s,a)=\delta_2(s,a)$，当 $s\in S_2$，且 $a\in\Sigma_2\cup\{\varepsilon\}$

③ $\delta(f_1,\varepsilon)=\{s_2\}$

该 M 的转换图由图 12.8 所示。

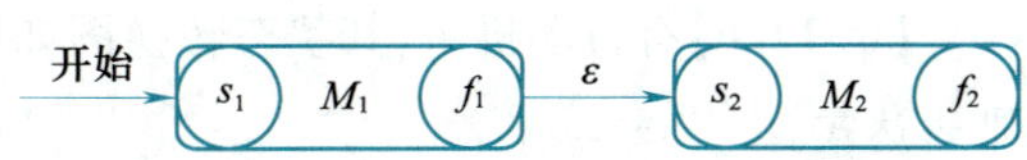

图 12.8　M 的转换图(二)

可以证明，该自动机接受的语言为 $L(M)=L(M_1)\cdot L(M_2)$，所以 $L(M)=L(e)$。

情况三：$e=e_1{}^*$，$L(e)=L(e_1)^*$。正则表达式 e_1 及其相应的自动机 M_1 的情况同前。

可构造出自动机 M，且 $L(M)=L(e)$。

$$M=(S_1\cup\{s_0,f_0\},\Sigma_1,\delta,s_0,\{f_0\})$$

其中 δ：

$$1)\ \delta(s_0,\varepsilon)=\delta(f_1,\varepsilon)=\{s_1,f_0\}$$

$$2)\ \delta(s,a)=\delta_1(s,a),s\in S_1-\{f_1\},a\in\Sigma_1\cup\{\varepsilon\}$$

该 M 的转换图如图 12.9 所示。

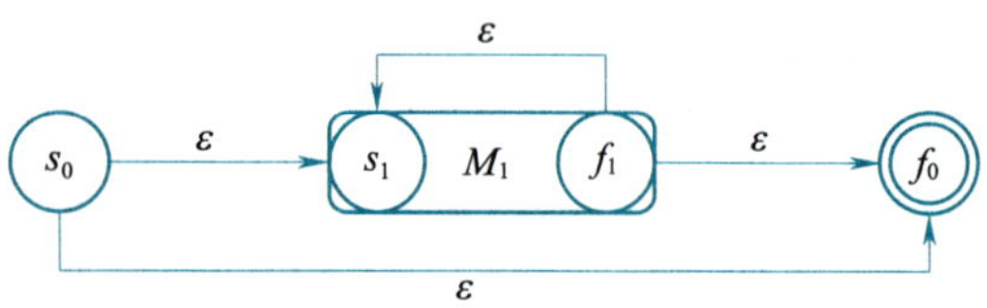

图 12.9　M 的转换图(三)

很显然，该自动机所接受的语言为 $L(M)=L(M_1)^*$，所以 $L(M)=L(e_1)^*$。

【定理 12.2】　如果 L 为 DFA 接受，则能用正则表达式表示。

该定理这里不做严格的证明(有兴趣的读者可参阅相关书籍)，仅给出将有穷自动机转化为正则表达式的算法。

有穷自动机转化为正则表达式的算法：

① 在自动机 M 上加两个结点 x 和 y，从 x 结点用弧连到 M 的所有初态，从 M 的所有终态用弧连接到结点 y，形成与 M 等价的自动机 M'，且 M' 只有一个初态 x 和一个终态 y。

② 逐步消去 M' 中所有结点，直至剩下 x 和 y 结点。在消结过程中，逐步用正则表达式来标记弧。最后，由 x 到 y 的弧上标记即为所求的正则表达式。其消结规则见图 12.10。

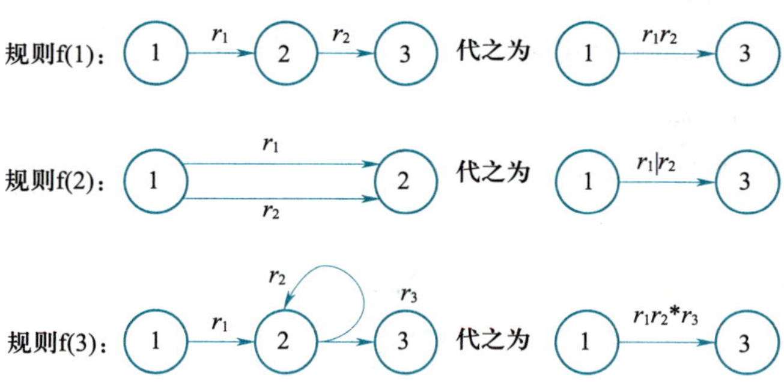

图 12.10　消结规则图

【例 12.6】有自动机 M，其状态转换图如图 12.11 所示的，将该有穷自动机转化为正则表达式。

解：(1) 利用算法①，在 M 上加上两个结点 x、y 形成与 M 等价的自动机 M'。如图 12.12 所示。

(2) 利用算法②，逐步消去 M' 中除 x 和 y 结点以外的所有结点。消结过程如图 12.13 所示。图中括号内的数字表示所用的消结规则。

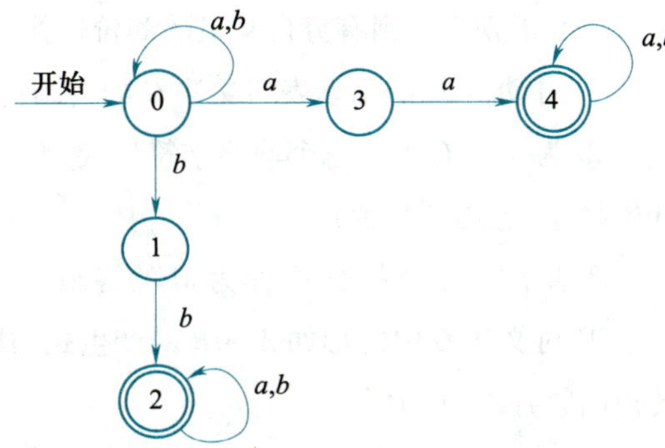

图 12.11 有穷自动机 M 的状态转换图

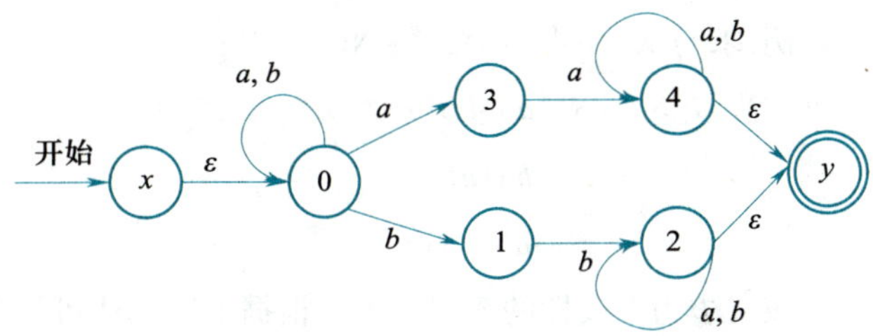

图 12.12 有穷自动机 M'的状态转换图

(3) 最后可得正则表达式 $R=(a|b)^*(aa(a|b)^*|bb(a|b)^*)=(a|b)^*(aa|bb)(a|b)^*$。很容易证明 $L(R)=L(M)$。

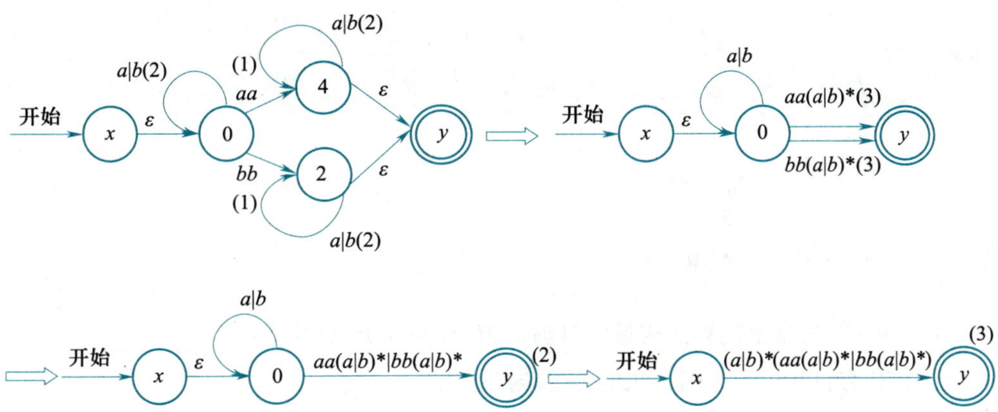

图 12.13 M'的消结过程图

12.2.6 正则文法与有穷自动机的等价性

前面，已介绍了正则文法与正则表达式之间的等价转换，以及正则表达式与有穷自动机之间的等价证明或转换。现在将简单介绍正则文法与有穷自动机之间的等价转换。即有正则文法 G，其产生语言为 $L(G)$，可构造一个自动机 M，该自动机接受语言为 $L(M)$，且 $L(M)=L(G)$，反之亦然。

（1）正则文法到有穷自动机的等价转换算法

① 自动机 M 的字母表与文法 G 的终结符号相同。

② 为文法 G 中的每个非终结符生成 M 的一个状态。G 的开始符号 S，作为自动机的开始状态（也用 S 表示）。

③ 增加一个新状态 Z，作为 M 的终态。

④ 对文法 G 中的形如 $A \to tB$ 的产生式，其中 $t \in V_t \cup \{\varepsilon\}$，$A,B \in V_n$，构造 M 的一个转换函数 $f(A,t)=B$。

⑤ 对文法 G 中的形如 $A \to t$ 的产生式，其中 $t \in V_t \cup \{\varepsilon\}$，$A \in V_n$，构造 M 的一个转换函数 $f(A,t)=Z$。

例：求与文法 $G[S]$ 等价的 NFA。

文法 $G[S]$　$S \to aA \mid bB \mid \varepsilon$

$A \to bA \mid aB$

$B \to aS \mid bA \mid \varepsilon$

该文法为右线性的 3 型文法。根据上述算法可构造自动机 M。图 12.14 为该自动机的状态图。

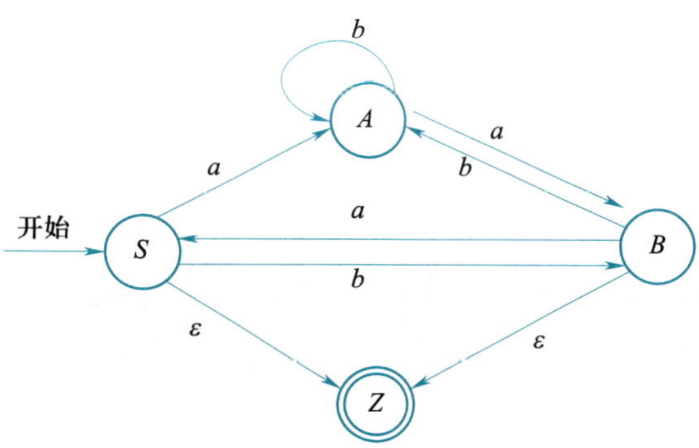

图 12.14　有穷自动机 M 的状态转换图

可以证明，根据上述算法构造的自动机 M，有 $L(M)=L(G[S])$。

（2）有穷自动机到正则文法的等价转换算法：

① 对转换函数 $f(A,t)=B$，可写成一个产生式：$A \to tB$。$t \in V_t \cup \{\varepsilon\}$，$A,B \in V_n$。

② 对接受状态 Z，增加一个产生式：$Z \to \varepsilon$。

③ 有穷自动机的初态对应文法的开始符号，有穷自动机的字母表为文法的终结符号集。

例：构造出如图 12.15 表示的有穷自动机 M 相等价的正则文法 G。

先由算法①和②将文法的产生式集合 P 构造出来（注意其中状态 C 和 D 是自动机的接受状态，所以有 ε-产生式）：

P：	$A \to aB \mid bD$	算法①
	$B \to bC$	算法①
	$C \to aA \mid bD \mid \varepsilon$	算法①和②（C 为接受状态）

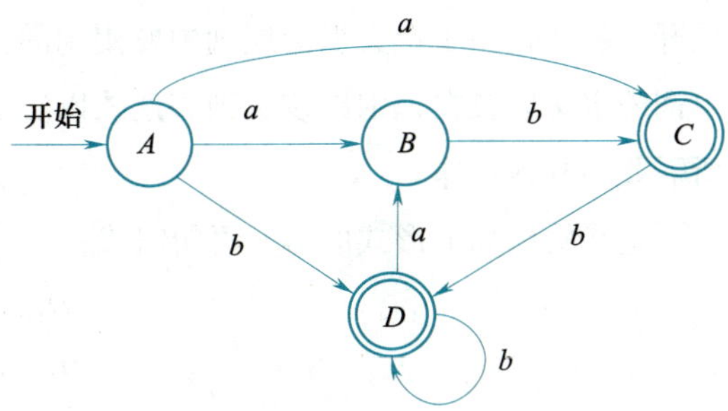

图 12.15 有穷自动机 M 的状态转换图

$D \to aB \mid bD \mid \varepsilon$ 算法①和②（D 为接受状态）

根据上述产生式集合 P 和算法③最后可得文法 G

$G=(\{A,B,C,D\},\{a,b\},P,A)$

不难验证有 $L(G)=L(M)$。

到此，已先后介绍了正则文法、正则表达式和有穷自动机，它们都是正则集合的不同表示方式，而且在它们之间可方便地进行等价转换。

12.3 词法分析程序的自动生成器

如果用正则表达式来描述单词符号，那么就可以构造一程序（词法分析程序的生成器-Lex），它能够根据给定的正则表达式自动生成相应的词法分析程序。所生成的词法分析程序的作用如同一台有穷自动机，可用来识别和分析单词符号。

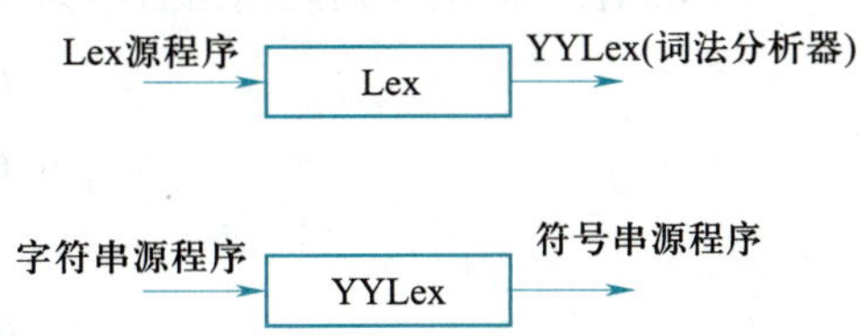

图 12.16 Lex 的全貌

Lex 的输入是用 Lex 源语言写的程序，所以 Lex 本身被称为 Lex 语言的编译程序。其生成的目标程序包含有一个状态转换矩阵和一个控制执行程序。Lex 的全貌如图 12.16 所示。

Lex 运行于 UNIX、GCOS 和 OS/370 等系统上，GNU/Linux 和 Windows 上则用 Flex，Flex 是 Vern Paxon 实现的一个 Lex，它与 Lex 是兼容的。下面我们介绍 Lex 源程序、Lex 的实现以及所生成的词法分析程序的工作过程。

12.3.1 Lex 源程序（Lex 的输入文件）

一个 Lex 源程序由三部分组成：定义式、识别规则及用户子程序。各部分之间用%%

隔开。定义式用于定义识别规则中要用到的正则表达式名。识别规则用正则表达式给出单词的定义以及在识别出该正则表达式以后要执行的程序片段。用户子程序则给出用户所需要的其他操作。

定义式由如下形式的 Lex 语句组成：

$$D_1 \to R_1$$
$$D_2 \to R_2$$
$$\vdots$$
$$D_n \to R_n$$

其中 $R_1, R_2, \cdots, R_n$ 是正则表达式；$D_1, D_2, \cdots, D_n$ 是给正则表达式起的名字，称为简名。

限定在 R_i 中只能出现字母表 V_t 中的字符，以及前面已定义的正则表达式的简名，用这种辅助定义式（相当于规则）来定义程序语言的单词符号。例如，标识符和带符号整数的定义如下。

标识符：

letter→A | B | … | Z

digit→0 | … | 9

iden→letter { letter | digit }

带符号整数：

integer→digit { digit }

sign→+ | - | ε

sign_integer→sign integer

LEX 源程序中的识别规则由一串如下形式的 LEX 语句所组成：

$$P_1\{A_1\}$$
$$P_2\{A_2\}$$
$$\vdots$$
$$P_m\{A_m\}$$

其中，P_i 是定义在 $V_t \cup \{D_1, D_2, \cdots, D_n\}$ 上的正则表达式，也称为词形。$\{A_i\}$ 为语义动作，其中 A_i 为 C 语句序列（语句用大括号括起来是 C 语言的风格），它指出在识别出词形为 P_i 的单词符号后词法分析程序应做的动作。

词法分析程序在识别出一个单词之后的基本动作是返回单词的类别编码（或是记忆符）和单词值。这可调用一个名为 RETURN 的 Lex 过程实现，即 RETURN（C，LexVAL）。其中 C 为单词的类别编码；LexVAL 的值对应于标识符为 TOKEN（LEX 中定义的字符数组，存储词法分析器接受的字符串）；对应的整常数为 DTB（数值转换函数，将 TOKEN 中的数字串转换成二进制形式的值）；对其他单词无意义。

Lex 源程序中的识别规则完全决定了词法分析程序的功能。该分析程序只能识别具有词形 $P_1, P_2, \cdots, P_m$ 的单词符号。

下面是识别前面已提到的一个简单语言的单词符号的 Lex 源程序,其输出单词的类别编码用整数编码表示。

```
AUXILIARY   DEFINITIONS                /* 辅助定义 */
        Letter→A|B|…|Z
        Digit→0|1|…|9
    %%
    RECOGNITION   RULES                /* 识别规则 */
    1.  BEGIN                          {RETURN (1,--)}
    2.  END                            {RETURN (2,--)}
    3.  IF                             {RETURN (3,--)}
    4.  THEN                           {RETURN (4,--)}
    5.  ELSE                           {RETURN (5,--)}
    6.  letter{letter|digit}           {RETURN (20,TOKEN)}
    7.  digit{digit}                   {RETURN (21,DTB)}
    8.   +                             {RETURN (22,--)}
    9.   -                             {RETURN (23,--)}
    10.   *                            {RETURN (24,--)}
    11.  /                             {RETURN (25,--)}
    12. (                              {RETURN (26,--)}
    13. )                              {RETURN (27,--)}
    14. ,                              {RETURN (28,--)}
    15. ;                              {RETURN (29,--)}
    16. :                              {RETURN (30,--)}
    17. :=                             {RETURN (31,--)}
    18. =                              {RETURN (32,--)}
```

该 Lex 源程序用户子程序为空。

12.3.2 Lex 的实现

Lex 的功能是根据 Lex 的源程序构造一个词法分析程序。该分析程序的作用如同一台有穷自动机,可用于识别和分析由 Lex 源程序所定义的单词符号。

由 Lex 所生成的词法分析程序由两部分组成,即一张状态转换矩阵和一个控制执行程序。所以 Lex 系统的功能就是根据 Lex 源程序生成相应的状态转换矩阵和控制执行程序。下面简单介绍 Lex 的工作过程。

1. Lex 的工作过程

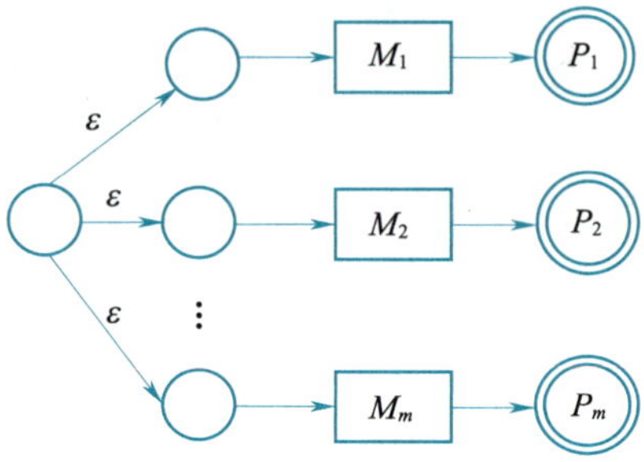

图 12.17　将各 M 连接成一个 NFA

（1）扫描每一条识别规则 P_i，构造一个相应的不确定有穷自动机 M_i。

（2）将各条规则对应的有穷自动机 M_i 合并成一个新的 NFA M，如图 12.17 所示。

（3）确定化，并生成该确定有穷自动机的状态转换矩阵和控制执行程序。由于各种语言的状态转换矩阵形式相同，所以控制执行程序对各种语言都是一样的。

2. 处理二义性问题的两条规则

Lex 所生成的词法分析程序在识别单词符号时，可能会遇到二义性问题。如遇到字符串 begin，识别规则 1 和 6 都能匹配，分析器应判断其是保留字还是用户标识符？又如字符串“:=”，用规则 16 和 18 能匹配，且用 17 也能匹配，那么分析器应判定是符号“:”和“=”，还是应判定为符号“:=”？对此类问题有两条处理原则。Lex 在生成词法分析程序时应该根据这两条原则来确定词法分析程序的识别算法。

（1）最长匹配原则

在识别单词过程中，如果一个字符串可同时由一个识别规则或连续用多个识别规则进行匹配，该原则规定应该识别为一个或较少个规则所匹配的单词符号。如字符串“:=”应根据规则 17 识别为赋值号，而不是根据规则 16 和 18 识别为冒号“:”和等号“=”。

（2）优先匹配原则

如一字符串有两条规则可以同时匹配时，那么用处在规则序列前面的规则进行匹配。所以根据该原则，在 Lex 源程序中排在最前面的规则其优先级最高。例如字符串“begin”可同时满足识别规则 1 和 6。根据优先匹配原则，识别该字符串为保留字。用户在写 Lex 源程序时应该注意到这个原则的存在。

Lex 所生成的词法分析程序就是根据上述原则来解决分析过程中可能遇到的冲突。应该注意的是，上述两条原则中首先是最长匹配原则，在不违反该原则的情况下才能使用优先匹配原则。下面举一个简单的例子来说明 Lex 的工作过程以及词法分析程序在识别单词符号时，如何根据上述原则解决二义性的问题。

3. Lex 工作过程举例

设有如下省略了动作部分的 Lex 源程序。该程序描述了三个单词符号，且没有定义部分和用户子程序部分。

```
%%
```

a { }

abb { }

$a^* bb^*$ { }

(1) 读 Lex 源程序，分别生成不确定的有穷自动机，用三个状态转换图表示，如图 12.18 所示。

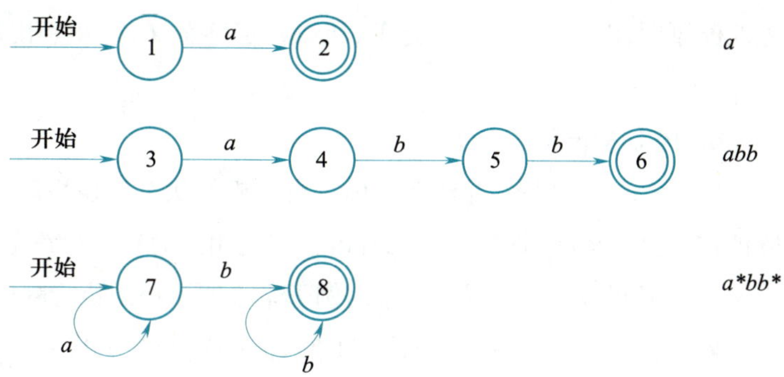

图 12.18 不确定的有穷自动机

(2) 合并为一个不确定的有穷自动机，如图 12.19 所示。

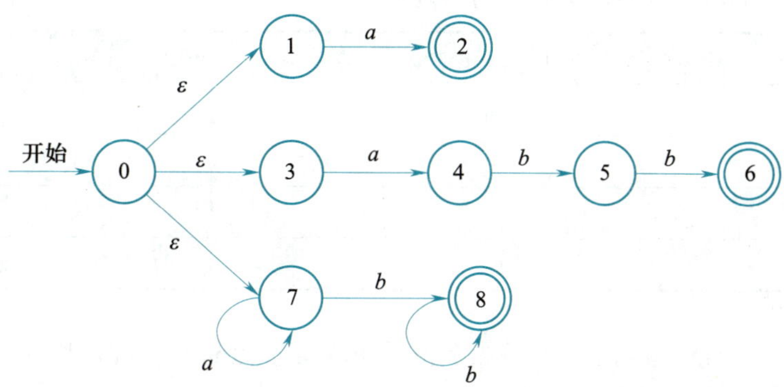

图 12.19 合并后的不确定的有穷自动机

(3) 将图 12.19 所示的自动机确定化。确定化后的自动机用表 12.11 的状态转换矩阵表示。

表 12.11 确定有穷自动机的状态转换矩阵

状态	符号		到达终态所识别的单词
	a	b	
初态{0,1,3,7}	{2,4,7}	{ 8 }	
终态{2,4,7}	{ 7 }	{5,8}	a
终态{ 8 }	∅	{8}	$a^* bb^*$
{ 7 }	{ 7 }	{ 8 }	
终态{ 5,8 }	∅	{ 6,8 }	$a^* bb^*$
终态{ 6,8 }	∅	{ 8 }	abb

在该自动机中，初态为{0,1,3,7}。终止状态为{2,4,7}、{8}、{5,8}和{6,8}。在前三个终态集中各只含原来的不确定自动机的一个终止状态，即 2 和 8。所以当识别单词进入该终态集时，所识别的单词符号串分别为 a 和 a^*bb^*，不会产生二义的情况。而在最后一个终止状态集中，有两个不确定自动机的终止状态 6 和 8，由状态 6 自动机识别单词为 abb；由状态 8 则识别单词为 a^*bb^*，这就发生了二义的情况。根据解决二义问题的优先匹配原则，因 abb 在 a^*bb^* 之前，所以判定终态{6,8}识别出的单词为 abb。

4. 控制执行程序

Lex 读 Lex 源程序，并构造出确定自动机的状态转换矩阵，然后再生成该状态转换矩阵的控制执行程序（该程序对所有语言都是相同的），以最终形成可编译运行的 YYLex 目标文件。下面举一个分析字符串的例子来说明该控制执行程序的工作过程。

假定输入串为 $aba\cdots$。表 12.11 的 DFA 从初态{0,1,3,7}开始工作，当它扫描到第一个字符 a 时，进入状态{2,4,7}；然后，遇到 b 又进入状态{5,8}，但该状态对于后面的输入字符 a 没有后继状态，因此，不能再继续往前扫描，如表 12.12 所示。

表 12.12　字符串 $aba\cdots$ 的分析过程

读入字符	进入状态
开始	{0,1,3,7}
a	{2,4,7}
b	{5,8}
a	无后继状态

此时应回退一个输入字符 a，并为了实现最长匹配原则应按反序检查所经历的每个状态，看哪一个状态集中含有原来的 NFA 的终态。首先，检查{5,8}，它恰好含有唯一的原 NFA 的终态 8。因此，可断定所识别出的单词是属于单词类 a^*bb^* 中的一个成员。接着就可立即调用该单词后面的语义动作程序。若在状态子集中无 NFA 的终态，则要从扫描的字符串中再退掉一个字符 b，然后再检查上一个状态子集并在此继续下去，若一旦已扫描的字符都已退完，还没有到达终态，则宣布分析失败，调用错误处理程序进行处理。

至于对单词符号右边的语义动作程序 A_i 的处理，是十分明显的。只需将该动作程序复制到 YYLex 目标文件上，且仅当最终明确所识别出的最长子串是属于 P_i 时，词法分析程序才转到相应的 A_i 程序段进行处理。

至此，已简要叙述了 Lex 编译程序如何把一个 Lex 源程序翻译成一张状态转换表（如表 12.4）及一个控制程序的基本过程。虽然是原理性的，但据此不难将 Lex 构造出来。所构造出来的 Lex 是一个通用工具，用它可以生成各种语言的词法分析程序，只需根据不同语言按约定规则书写出不同的 Lex 源程序即可。Lex 不仅是程序语言词法分析程序的自动生成工具，而且在开发各种应用系统和软件工具时，也是一个十分有用的工具。例如,可用于文本编辑程序、多种源程序的格式化工具等。只要根据具体需要修改 Lex 源程序中相应的语义动作部分就可以实现。

练习 12

1. 令 A 和 B 是任意正则表达式,证明以下关系成立。

$A|A=A$

$(A^*)^*=A^*$

$A^*=\varepsilon|AA^*$

$(AB)^*A=A(BA)^*$

$(A|B)^*=(A^*B^*)^*=(A^*|B^*)^*$

2. 构造下列正则表达式相应的 DFA,并进行化简。

$1(0|1)^*|0$

$1(1010^*|1(010)^*1)^*0$

$1(0|1)^*101$

3. 用某种高级语言写出:

(1) 把正则表达式变成 NFA 的算法;

(2) NFA 确定化的算法。

4. 把图 12.20 的(a)和(b)分别确定化、最小化。

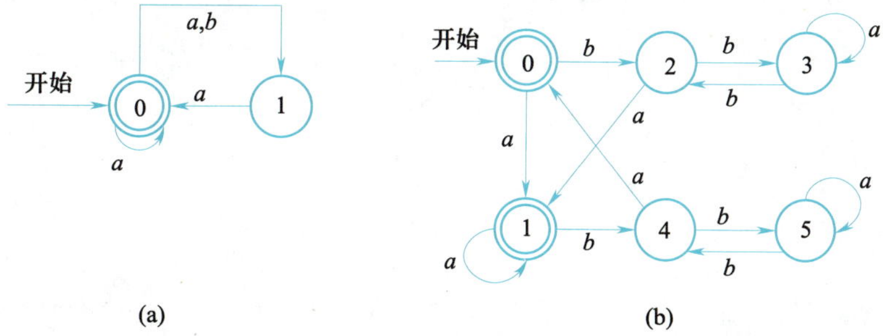

图 12.20　NFA 的转换图

5. 构造一个 DFA,使得它接受{0,1}上所有满足如下条件的字符串:每个 1 都有 0 直接跟在右边。

6. 写出描述 Pascal 或 C 语言的单词符号的 Lex 源程序(可通过网络查询得到相关词法)。并利用已有 Lex 系统生成该语言的词法分析程序。

第 13 章

语法分析器的自动生成技术

本章将介绍语法分析器技术的自动生成技术，语法分析器的自动生成技术是一种利用工具根据预定义的语法规则来生成语言识别器的方法。语言识别器可以对输入的文本进行词法分析和语法分析，从而构建出语法树或抽象语法树等数据结构。这些数据结构可以用于进一步的语义分析、编译、解释或转换。

13.1 LL(1)分析法

LL(1)分析法是实现自顶向下分析的一种方法。将其命名为 LL(1)分析法，是因为相应的语法分析将按自左向右(left to right)的顺序扫描输入符号串，并在此过程中产生一个句子的最左推导(leftmost derivation)。括号中的“1”表示在分析过程中，每进行一步推导，只要向前查看一个输入符号，便能确定当前所应选用的产生式(规则)。因此，通常把按此方法执行语法分析任务的程序称为 LL(1)分析程序或 LL(1)分析器。可借助于一张分析表及一个语法分析栈，在一个总控程序的控制下很方便地实现这种语法分析。

下面首先介绍 LL(1)分析器的逻辑结构和工作过程，然后介绍 LL(1)分析器的构造方法。

13.1.1 LL(1)分析器的逻辑结构及工作过程

在逻辑上，一个 LL(1)分析器由一个总控程序、一张分析表和一个符号栈组成，如图 13.1 所示，其中：

(1) “输入串”即待分析的符号串(注意，$\# \notin V_t$。在输入串的末尾放置一个#表示输入串结束。其实，只要是不属于文法符号的其他符号都可以用来代替 #)。

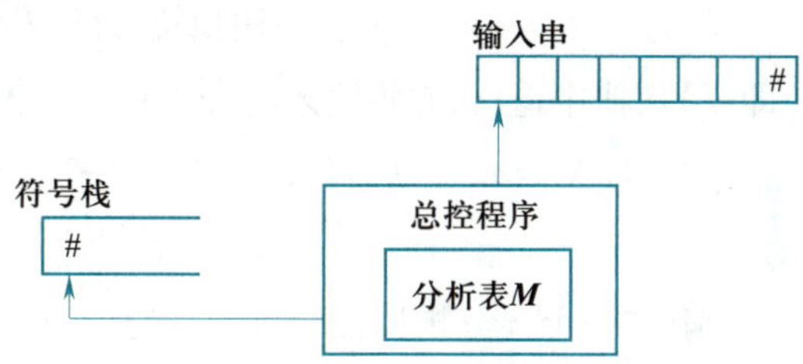

图 13.1 LL(1)分析器及其结构

(2) 分析表 **M** 可用一个矩阵(或二维数组)来表示，它概括了相应文法的全部信息。矩阵的每一行与文法的一个非终结符号相关联，而每一列则与文法的一个终结符号或#相关，如图 13.2 所示。

非终结符号	输入符号			
	…	a	…	#
A	…	$A::=a_i$	…	…

图 13.2 LL(1)分析表 **M** 的结构

分析表是一个二维矩阵 **M**：

$$\boldsymbol{M}[A,a]=\begin{cases}A::=\alpha_i, & \alpha_i \in V^*, A \in V_n \\ \text{error}, & a \in V_t \text{ or } \#\end{cases}$$

分析器对每一输入串的分析均在总控程序的控制下进行，其算法如下。

第一步：分析开始时，首先将符号 # 及文法的开始符号 S 依次置于符号栈的底部，并

把各指示器调整至起始位置,即初始格局为:

$\#S$	$a_1 \quad a_2\cdots a_n\#$
	$\uparrow$

然后,反复执行第二步。

第二步:设在分析的某一步,符号栈及余留的输入符号串处于如下的格局:

$\#X_1X_2\cdots X_{m-1}X_m$	$a_i \quad a_{i+1}\cdots a_n\#$
	$\uparrow$

其中,X_1、X_2、…、X_m 为分析过程中所得的文法符号,此时,可根据栈顶符号 X_m 的不同情况分别执行如下动作:

(1) 若 $X_m \in V_n$,则以 X_m 及 a_i 组成符号对(X_m, a_i)查分析表 $\boldsymbol{M}$。设$\boldsymbol{M}[X_m, a_i]$为一产生式,例如 $X_m ::= UVW$,此时将 X_m 从分析器中退出,并将 UVW 按反序压入栈中(即用该产生式进行一步推导。注意,反序压入是为了符合最左推导的要求),从而得到如下的新的格局。

$\#X_1X_2\cdots X_{m-1}X_mWVU$	$a_i \quad a_{i+1}\cdots a_n\#$
	$\uparrow$

但若 $\boldsymbol{M}[X_m, a_i]=$"error"则应调用出错处理程序进行处理。

(2) 若 $X_m = a_i \neq \#$,则表明栈顶符号已与当前正扫描的输入符号相匹配,此时应将 X_m(即 a_i)从栈中退出,并将输入符号指针向前推进一个位置。

(3) 若 $X_m = a_i = \#$则表明输入串已完全得到匹配,此时即可宣告分析成功并结束分析工作。

编译时,上述分析过程的每一步均可视需要附加相应的语义处理工作。

13.1.2 LL(1)分析表的构造方法

LL(1)分析算法对于不同的 LL(1)文法都是相同的。具体体现在对不同的 LL(1)分析器而言,它们的总控程序都是相同的,不同的仅仅是分析表。也就是说,总控程序是通用的,和具体文法无关,而分析表是随文法而变的。同时,我们已经看到总控程序十分简单,非常容易实现。因此,下面将着重讨论分析表的构造问题。为了构造分析表,我们需要预先定义和构造两个与文法有关的集合 FIRST 和 FOLLOW.

【定义 13.1】α 的头符号集 FIRST(α)

假定 α 是文法 G 的任一符号串,或者说 $\alpha \in (V_t \cup V_n)*$,我们定义:

FIRST(α)$=\{a \mid {}_\alpha\Rightarrow a\cdots, a \in V_\alpha\}$,特别是,若 $\alpha \overset{*}{\Rightarrow} \varepsilon$,则规定 $\varepsilon \in$ FIRST(α),换句话说,FIRST(α)是从 α 可能推导出的所有符号串的第一个终结符号或可能的 ε 组成的集合。

【定义 13.2】A 的后继符号集 FOLLOW(A)

假定 S 是文法的开始符号，对于 G 的任何非终结符 A，我们定义：

FOLLOW(A) = $\{a \mid S \overset{*}{\Rightarrow} \cdots Aa \cdots, a \in V_t\}$，特别是，若 $S \overset{*}{\Rightarrow} \cdots A$，则规定# ∈ FOLOW($A$)，换句话说，FOLLOW($A$)是所有句型中出现在紧接 A 之后的终结符或#组成的集合。

下面首先给出构造集合 FIRST 及 FOLLOW 的算法，然后给出构造 LL(1)分析表的算法。

1. 构造集合 FIRST 的算法

由于文法每一非终结符号对应的产生式右端各候选式均为一符号串，因此，只要能够求出文法符号的 FIRST 集，也就不难求出各个候选式的 FIRST 集。

事实上，对于 G 中的每一文法符号 $X \in V_t \cup V_n$，为计算 FIRST(X)，可反复地应用如下的规则，直到相应的 FIRST 集不再增大。

(1) 若 $X \in V_t$，则 FIRST(X) = $\{X\}$。

(2) 若 $X \in V_n$，且有形如 $X ::= a\alpha$ 的产生式($a \in V_t$)，或(和)形如 $X ::= \varepsilon$ 的产生式，则把 a 或(和) ε 加进 FIRST(X)。

(3) 设 G 中有形如 $X ::= Y_1 Y_2 \cdots Y_k$ 的产生式，若 $Y_1 \in V_n$，则把 FIRST(Y_1)中的一切非 ε 的符号加进 FIRST(X)；对于一切 $2 \leqslant i \leqslant k$，若 $Y_1, Y_2, \cdots, Y_{i-1}$ 均为非终结符，且 $\varepsilon \in$ FIRST(Y_j)，$1 \leqslant j \leqslant i-1$，则将 FIRST($Y_i$)中的一切非 ε 的符号加进 FIRST(X)；但若对一切 $1 \leqslant j \leqslant k$，均有 $\varepsilon \in$ FIRST(Y_j)，则将 ε 加进 FIRST(X)。

对于文法 G 的任一符号串 $\alpha = X_1 X_2 \cdots X_n$ 可按如下的步骤构造相应的 FIRST(α)。首先，置 FIRST(α) = $\varnothing$；其次把 FIRST(X_1)中的一切非 ε 符号加进 FIRST(α)；然后依次进行下述的操作：若 $\varepsilon \in$ FIRST(X_1)，将 FIRST(X_2)中的一切非 ε 的符号加进 FIRST(α)；若 ε 属于 FIRST(X_1)及 FIRST(X_2)，将 FIRST(X_3)中一切非 ε 的符号加进 FIRST(α)；其余依此类推。最后，若对于一切 $1 \leqslant i \leqslant n$，$\varepsilon$ 属于 FIRST(X_i)，则将 ε 加进 FIRST(α)。

2. 构造 FOLLOW 集的算法

对于 $G[S]$ 中的每一 $A \in V_n$，为构造相应的 FOLLOW(A)，可反复应用如下的规则，直到每一 FOLLOW 集不再增大。

(1) 对于文法的开始符号 S，令# ∈ FOLLOW(S)。

(2) 若 G 中有形如 $A ::= \alpha B\beta$ 的产生式，且 $\beta \neq \varepsilon$，则将 FIRST(β)中的一切非 ε 符号加进 FOLLOW(B)中。

(3) 若 G 中有形如 $A ::= \alpha B\beta$ 的产生式，且 $\varepsilon \in$ FIRST(β)，则 FOLLOW(A)中的全部元素均属于 FOLLOW(B)。

3. 构造 LL(1)分析表的算法

对于任一给定的已化简的文法 G,要构造相应的 LL(1)分析表 $\boldsymbol{M}$,也就是要定义 $\boldsymbol{M}$ 的各个元素。参见上节 LL(1)分析表的结构。

假定文法 G 的每一个非终结符的 FOLLOW 集与每一个产生式的各候选式的 FIRST 集均已按上述算法求出。为构造 G 的 LL(1)分析表 $\boldsymbol{M}$,则只需对 G 中的每一产生式 $A::=\alpha$,依如下的规则确定 $\boldsymbol{M}$ 的各个元素:

(1) FIRST(α)中的每一终结符 a,置 $\boldsymbol{M}[A,a]$为 $A::=\alpha$。

(2) 若 $\varepsilon\in$ FIRST(α),则对属于 FOLLOW(A)的每一符号 b(b 为终结符或#),置 $\boldsymbol{M}[A,b]$为 $A::=\varepsilon$。

(3) 把 $\boldsymbol{M}$ 中所有不满足规则(1)、(2)定义的元素均置为空,即为“error”,表示出错。

一个文法 G,若它的 LL(1)分析表 M 不含多重定义元素,则称它为 LL(1)文法。一个 LL(1)文法是无二义的,它所定义的语言恰好就是它的分析表 $\boldsymbol{M}$ 所能识别的全部句子。可以证明,当且仅当对于一个文法 G 的每一个非终结符 A 的任何两条不同规则 $A::=\alpha|\beta$,下面的条件成立时该文法 G 是 LL(1)的:

(1) FIRST(α) ∪ FIRST(β) = ∅也就是由 α 和 β 推导不出以某个同一终结符 α 为首符号的符号串;它们也不应该都能推出空符号串 ε。

(2) 假若 $\beta\overset{*}{\Rightarrow}\varepsilon$,那么 FIRST($\alpha$) ∩ FOLLOW($A$) = ϕ;也就是说,若 $\beta\overset{*}{\Rightarrow}\varepsilon$,则 α 所能推出的符号串的首符号不应在 FOLLOW(A)中。

很显然,该文法是 LL(1)文法。

应当指出,对已化简的每一个文法 G,尽管都可按上述算法为它们构造一个 LL(1)分析表 $\boldsymbol{M}$,然而,在某些情况下,例如 G 存在左递归或二义性等,则在相应的分析表中必然会出现多重定义的元素。以下面的文法进行说明:

$$G=(\{S,A,B,C\},\{a,b,c\},P,S)$$

其中 P 由如下产生式组成:

$$S::=abB, A::=SC, A::=BAA, A::=\varepsilon, B::=AbA, C::=B, C::=\varepsilon$$

因为:

$$\text{FIRST}(S)=\{a\}$$

$$\text{FIRST}(A)=\{a,\varepsilon,b\}$$

$$\text{FIRST}(B)=\{a,b\}$$

$$\text{FIRST}(C)=\{a,b,c\}$$

故由上述算法的规则(1)可知:$\boldsymbol{M}[A,a]$中含有“$A::=SC$”及“$A::=BAA$”;$\boldsymbol{M}[A,b]$中含有“$A::=BAA$”。再由于 G 中含有产生式 $A::=\varepsilon$,且 $b\in$ FOLLOW(A),故由规则(2)可知,$\boldsymbol{M}[A,b]$中也含有产生式 $A::=\varepsilon$。可见在此文法的分析表中,元素 $\boldsymbol{M}[A,a]$和$\boldsymbol{M}[A,b]$

都是多重定义的。出现上述情况的原因在于 G 中存在如下的问题。

(1) G 中含有左递归非终结符 A 和 B;

(2) 对于 G 中的三个 A 的产生式,有:

$$\mathrm{FIRST}(SC) \cap \mathrm{FIRST}(BAA) \neq \varnothing$$

$$\mathrm{FIRST}(BAA) \cap \mathrm{FOLLOW}(A) \neq \varnothing$$

也就是说,G 不是一个 LL(1) 文法。可以证明,对于任何文法 G,当且仅当它是一个 LL(1) 文法时,才能按上述算法为它构造一个无多重定义元素的分析表,而且此分析表能分析并且仅能分析 G 中的全部句子。尽管如此,对某些非 LL(1) 文法而言,通过消除左递归和提取左因子,有可能把它们改造为 LL(1) 文法。例如,对于如下的非 LL(1) 文法:

$E ::= E+T \mid T$

$T ::= (E) \mid a(E) \mid a$

经消除其中的左递归并对 T 产生式提取左因子之后,可以把它改造为如下的文法:

$E ::= T\{+T\}$

$T ::= aT' \mid (E)$

$T' ::= (E) \mid \varepsilon$

但是,并非所有的非 LL(1) 文法都能改造为 LL(1) 文法。例如,对于文法:

$S ::= AU \mid BR$

$A ::= aAU \mid b$

$B ::= aBR \mid b$

$U ::= c$

$R ::= d$

因为对于 S 产生式,有 $\mathrm{FIRST}(AU) \cap \mathrm{FIRST}(BR) \neq \phi$,故它不是一个 LL(1) 文法。为了对 S 产生式提取左因子,将其中的非终结符号 AB 分别以其各候选式替换,得到 $S ::= aAUU \mid bU \mid aBRR \mid bR$,经提取左因子后,得到与原文法等价的新文法:

$S ::= aS' \mid bS''$

$S'' ::= U \mid R$

$S' ::= AUU \mid BRR$

$A ::= aAU \mid b$

$B ::= aBR \mid b$

$U ::= cU ::= c$

$R ::= d$

显然,它仍不是一个 LL(1) 文法,且不难看出,无论把上述工作重复进行多少次,都不能把它改造为 LL(1) 文法。

能由某一 LL(1)文法产生的语言称为 LL(1)语言。已经证明,LL(1)文法及 LL(1)语言具有许多重要的性质。下面不加证明地列出其中的一些主要结论。

(1) 任何 LL(1)文法都是无二义性的。

(2) 若一文法中含有左递归的非终结符号,则它必然是非 LL(1)文法。

(3) 存在一种算法,它能判定任一文法是否为 LL(1)文法。

(4) 存在一种算法,它能判定任意两个 LL(1)文法是否产生相同的语言。

(5) 不存在能判定任意上下文无关语言是否能由 LL(1)文法产生的算法。

(6) 非 LL(1)语言是存在的。

最后还需要注意的是,在进行自顶向下的语法分析时,若每一步推导不是向前查看一个符号,而需要查看 k 个符号才能唯一地确定所应选用的产生式,则把此语法分析称为 LL(k)分析,把满足此种分析条件的文法称为 LL(k)文法。由于 LL(k)文法及 LL(k)分析(k>1)在实际中极少应用,此处不再详细介绍。

13.2　自底向上分析法及问题分析

一个自底向上的语法分析过程对应于为一个输入串构造语法分析树的过程,它从叶子结点(底部)开始,逐渐向上到达根结点(顶部)。将语法分析描述为语法分析树的构造过程会比较方便,虽然编译器前端实际上不会显式地构造出语法分析树,而是直接进行翻译。图 13.3 中显示的分析树的快照序列演示了按照表达式文法对词法单元序列 id * id 进行的自底向上语法分析的过程。

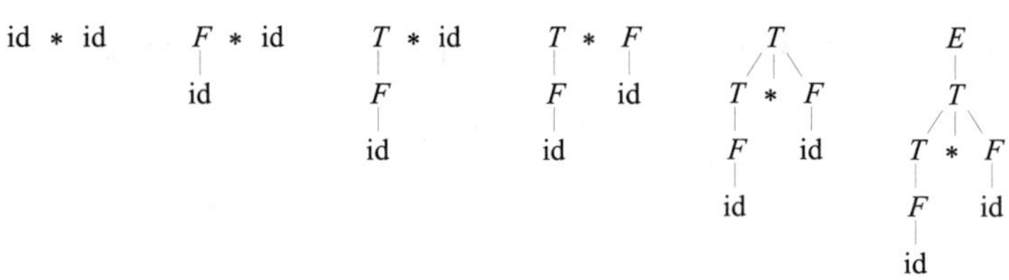

图 13.3　id * id 的自底向上分析过程

13.2.1　规约

我们可以将自底向上语法分析过程看成将一个串 w “归约”为文法开始符号的过程。在每个归约(reduction)步骤中,一个与某产生式右部相匹配的特定子串被替换为该产生式左部的非终结符号。

在自底向上语法分析过程中，关键问题是何时进行归约，以及应用哪个产生式进行归约。图 13.3 中的快照演示了一个归约序列，相应的文法是表达式文法。我们将使用如下的符号串序列来讨论这个归约过程：

$$\boldsymbol{id} * \boldsymbol{id}, F * \boldsymbol{id}, T * \boldsymbol{id}, T * F, T, E$$

这个序列中的符号串由快照中各相应子树的根结点组成。这个序列从输入串 $\boldsymbol{id} * \boldsymbol{id}$ 开始。第一次归约使用产生式 $F:=\boldsymbol{id}$，将最左边的 **id** 归约为 F，得到串 $F * \boldsymbol{id}$。第二次归约将 F 归约为 T，生成 $T * \boldsymbol{id}$。

现在我们可以选择对串 T 还是对由第二个 **id** 组成的串进行归约，其中 T 是 $E:=T$ 的右部，而第二个 **id** 是 $F:=\boldsymbol{id}$ 的右部。我们没有将 T 归约为 E，而是将第二个 **id** 归约为 F，得到串 $T * F$。然后这个串被归约为 T。最后将 T 归约为开始符号 E，从而结束整个语法分析过程。

根据定义，一次归约是一个推导步骤的反向操作（回顾一下，一次推导步骤将句型中的一个非终结符号替换为该符号的某个产生式的右部）。因此，自底向上语法分析的目标是反向构造一个推导过程。下面的推导对应于图 13.3 中的分析过程：

$$E \Rightarrow T \Rightarrow T * F \Rightarrow T * \boldsymbol{id} \Rightarrow F * \boldsymbol{id} \Rightarrow \boldsymbol{id} * \boldsymbol{id}$$

这个推导过程实际上是一个最右推导。

13.2.2 句柄剪枝

对输入进行从左到右的扫描，并在扫描过程中进行自底向上语法分析，就可以反向构造出一个最右推导。非正式地讲，“句柄”是和某个产生式右部匹配的子串，对它的归约代表了相应的最右推导中的一个反向步骤。

最右句型	句柄	归约用的产生式
$\mathbf{id}_1 * \mathbf{id}_2$	$\mathbf{id}_1$	$F := \mathbf{id}$
$F * \mathbf{id}_2$	F	$T := F$
$T * \mathbf{id}_2$	$\mathbf{id}_2$	$F := \mathbf{id}$
$T * F$	$T * F$	$T := T * F$
T	T	$E := T$

图 13.4 **id** * **id** 的自底向上分析过程

例如，在按照表达式文法对 $\boldsymbol{id}_1 * \boldsymbol{id}_2$ 进行语法分析时，各个句柄如图 13.4 所示。为了表示得更清楚，我们为其中的词法单元 **id** 加上了下标。虽然 T 是产生式 $E:=T$ 的体，但符号 T 并不是句型 $T * \boldsymbol{id}_2$ 的一个句柄。假如 T 真的被替换为 E，我们将得到串 $E * \boldsymbol{id}_2$，而这个串不能从开始符号 E 推导得到。因此，和某个产生式右部匹配的最左子串不一定是句柄。

正式地讲，如果有 $S \underset{rm}{\overset{*}{\Rightarrow}} \alpha A \omega \underset{rm}{\Rightarrow} \alpha\beta\omega$（如图 13.5，其中 $\underset{rm}{\Rightarrow}$ 符号代表进行最右推导），那么紧跟 α 产生式 $A::=\beta$ 是 $\alpha\beta\omega$ 的一个句柄（handle）。换句话说，最右句型 γ 的一个句柄是满足下述条件的产生式 $A::=\beta$ 及串 β 在 γ 中出现的位置：将这个位置上的

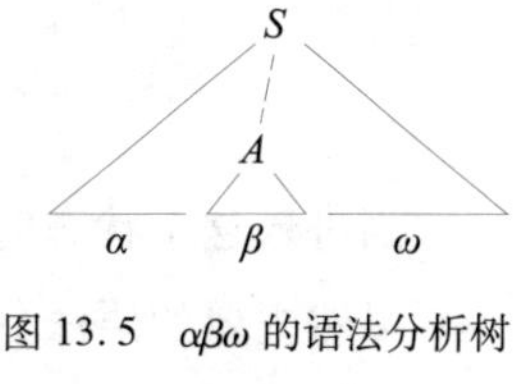

图 13.5 $\alpha\beta\omega$ 的语法分析树中的一个句柄 $A::=\beta$

β 替换为之后得到的串是 γ 的某个最右推导序列中出现在位于 γ 之前的最右句型。

请注意，句柄右边的串 ω 一定只包含终结符号。为方便起见，我们把产生式右部 β（$A::=\beta$）称为一个句柄。注意，我们说的是“一个句柄”，而不是“唯一句柄”。这是因为文法可能是二义性的，$\alpha\beta\omega$ 可能存在多个最右推导。如果一个文法是无二义性的，那么该文法的每个右句型都有且只有一个句柄。

通过“句柄剪枝”可以得到一个反向的最右推导。也就是说，我们从被分析的终结符号开始。如果 ω 是当前文法的句子，那么令 $\omega=\gamma_n$，其中 γ_n 是某个未知最右推导的第 n 个最右句型。

为了以相反顺序重构这个推导，我们在 γ_n 中寻找句柄 β_n，并将 β_n 替换为相关产生式 $A_n::=\beta_n$ 的头部，会得到前一个最右句型 γ_{n-1}。请注意，我们现在还不知道如何发现句柄，但是我们很快就会介绍多个寻找句柄的方法。

然后我们重复这个过程。也就是说，我们在 γ_{n-1} 中寻找句柄 β_{n-1}，并对这个句柄进行归约，得到了最右句型 γ_{n-2}。如果我们按照这个过程得到了一个只包含开始符号 S 的最右句型，那么就可以停止分析并宣称语法分析过程成功完成。将归约过程中用到的产生式反向排序，就得到了输入串的一个最右推导过程。

13.2.3　移入-归约语法分析技术

移入-归约语法分析是自底向上语法分析的一种形式。它使用一个栈来保存文法符号，并用一个输入缓冲区来存放将要进行语法分析的其余符号。我们将看到，句柄在被识别之前，总是出现在栈的顶部。

我们使用#来标记栈的底部以及输入的右端。按照惯例，在讨论自底向上语法分析的时候，我们将栈顶显示在右侧，而不是像在自顶向下语法分析中那样显示在左侧。如下所示，开始的时候栈是空的，并且输入串 w 存放在输入缓冲区中。

栈	输入
#	ω#

在对输入串的一次从左到右扫描过程中，语法分析器将零个或多个输入符号移到栈的顶端，直到它可以对栈顶的一个文法符号串 β 进行归约为止。它将 β 归约为某个产生式的头。语法分析器不断地重复这个循环，直到它检测到一个语法错误，或者栈中包含了开始符号且输入缓冲区为空为止：

栈	输入
#S	#

当进入这个状态时，语法分析器停止运行，并宣称成功完成了语法分析。

虽然主要的语法分析操作是移入和归约，但实际上一个移入-归约语法分析器存在如下四种可能的动作：移入、归约、接受、报错。

(1) 移入:将下一个输入符号移到栈的顶端。

(2) 归约:被归约的符号串的右端必然是栈顶。语法分析器在栈中确定这个串的左端,并决定用哪个非终结符号来替换这个串。

(3) 接受:宣布语法分析过程成功完成。

(4) 报错:发现一个语法错误,并调用一个错误恢复子例程。

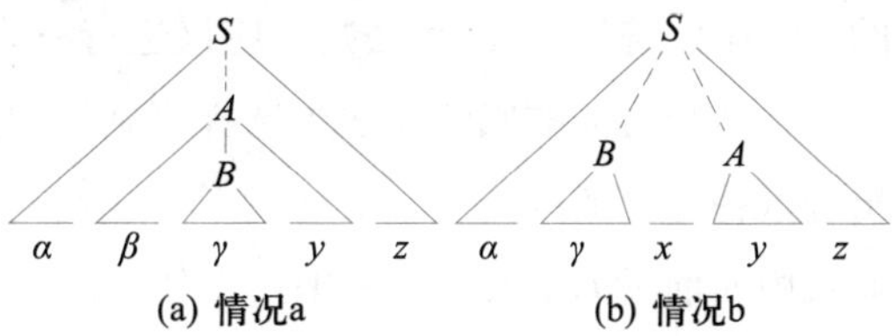

图 13.6 一个最右推导中两个连续步骤的两种情况

我们之所以能够在移入-归约语法分析中使用栈,是因为这个分析过程具有"句柄总是出现在栈的顶端,绝不会出现在栈的中间"的重要性质。要证明这个性质,我们只需要考虑任意最右推导中的两个连续步骤可能具有的形式。图 13.6 演示了两种可能的情况。在情况 a 中,A 被替换为 βBy,然后产生式右部 βBy 中最右非终结符号 B 被替换为 γ。在情况 b 中,A 仍然首先被展开,但这次使用的产生式右部 y 中只包含终结符号。下一个最右非终结符号 B 将位于 y 左侧的某个地方。

换句话说:

$$S \overset{rm}{\underset{}{\overset{*}{\Rightarrow}}} \alpha Az \underset{rm}{\Rightarrow} \alpha\beta Byz \underset{rm}{\Rightarrow} \alpha\beta\gamma yz$$

$$S \overset{rm}{\underset{}{\overset{*}{\Rightarrow}}} \alpha BxAz \underset{rm}{\Rightarrow} \alpha Bxyz \underset{rm}{\Rightarrow} \alpha\gamma xyz$$

反向考虑情况 a,即一个移入-归约语法分析器刚刚到达如下格局的情况:

栈	输入
$\#\alpha\beta\gamma$	$yz\#$

语法分析器将句柄 γ 归约为 B,从而到达如下格局:

$\#\alpha\beta B$	$yz\#$

现在,语法分析器可以通过零次或多次移入动作,把串 y 移入栈的上方,得到如下格局:

$\#\alpha\beta By$	$z\#$

其中,句柄 βBy 位于栈顶,它将被归约为 A。

现在考虑情况 b。

$\#\alpha\gamma$	$xyz\#$

在格局中,句柄 γ 位于栈顶。将句柄 γ 归约为 B 之后,语法分析器可以把 xy 移入栈中得到位于栈顶的下一个句柄 y。该句柄可以被归约为 A:

$\#\alpha Bxy$	$z\#$

在这两种情况下,语法分析器在进行一次归约之后,都必须接着移入零个或多个符号才能在栈顶找到下一个句柄,因此它从不需要到栈中间去寻找句柄。

13.2.4　移入-归约语法分析中的冲突

有些上下文无关文法不能使用移入-归约语法分析技术。对于这样的文法，每个移入-归约语法分析器都会得到如下的格局：即使我们知道了栈中的所有内容以及接下来的 k 个输入符号，仍然无法判断应该进行移入操作还是归约操作（移入/归约冲突），或者无法在多个可能的归约方法中选择正确的归约动作（归约/归约冲突）。现在我们给出会出现这种冲突的构造的文法的例子。我们把它们称为非 LR 文法。LR(k)中的 k 表示在输入中向前看 k 个符号。在编译中使用的文法通常属于 LR(1)文法类，即最多只需要向前看一个符号。

一个二义性文法不可能是 LR 的。例如，考虑如下文法：

stmt ::= **if** *expr* **then** *stmt*
　　　| **if** *expr* **then** *stmt* **else** *stmt*
　　　| **other**

如果我们有一个移入-归约语法分析器处于如下格局：

栈	输入
…**if** *expr* **then** *stmt*	*else* … #

那么不管栈中 **if** *expr* **then** *stmt* 之下是什么内容，我们都不能确定它是否是句柄。这里就出现了一个移入/归约冲突。根据输入中 **else** 之后的内容的不同，可能应该将 **if** *expr* **then** *stmt* 归约为 *stmt*，也可能应该将 **else** 移入然后再寻找另一个 *stmt*，从而找到完整的 *stmt* 产生式右部 **if** *expr* **then** *stmt* **else** *stmt*。

请注意，经过修正的移入-归约语法分析技术可以对某些二义性文法进行语法分析，例如上面的 if-then-else 文法。如果我们在碰到 **else** 时选择移入来解决移入/归约冲突，语法分析器就会按照我们的期望运行，也就是将每个 **else** 和前一个尚未匹配的 **then** 相关联。

另一个常见的冲突情况发生在我们已经找到句柄的时候。在这种情况下，我们不能根据栈中内容和下一个输入符号确定应该使用哪个产生式进行归约。下面给出这种情况的例子。

假设我们有这样一个词法分析器，它不考虑各个名字的类型，而是对所有的名字都返回词法单元名 **id**。假设我们的语言在调用过程时会给出过程名字，并把调用参数放在括号内，并且假设引用数组的语法与此相同。因为在数组引用中对下标的翻译不同于过程调用中对参数的翻译，我们希望使用不同的产生式分别生成实在参数列表和下标列表。因此，我们的文法包含了图 13.7 中所示的产生式（还包含其他产生式）。

一个以 p(i,j)开头的语句将以词法单元流 **id**(**id**,**id**)的方式输入到语法分析器中。在将前三个词法单元移入栈中后，移入-归约语法分析器将处于如下格局：

(1)	*stmt*	::=	*id*(*parameter_list*)
(2)	*stmt*	::=	*expr* := *expr*
(3)	*parameter_list*	::=	*parameterlist*, *parameter*
(4)	*parameter_list*	::=	*parameter*
(5)	*parameter*	::=	*id*
(6)	*expr*	::=	*id*(*expr_list*)
(7)	*expr*	::=	*id*
(8)	*exp7、_llst*	::=	*cxpr_iist*, *expr*
(9)	*expHst*	::=	*expr*

图 13.7　有关过程调用和数组引用的产生式

栈	输入
…**id**（**id**	,**id**）…

显然,栈顶的 **id** 必须被归约,但使用哪个产生式呢? 如果 p 是一个过程,那么正确的选择是产生式(5);但如果 p 是一个数组,就该选择产生式(7)。栈中的内容并没有指出 p 是什么,必须使用从 p 的声明中获得的符号表中的信息来确定。

解决方法之一是将产生式(1)中的词法单元 **id** 改成 **procid**,并使用一个更加复杂的词法分析器。该词法分析器在识别到一个过程名字的词素时返回词法单元名 **procid**。这就要求词法分析器在返回一个词法单元之前先查询符号表。

如果我们做了这样的修改,那么在处理 p(i,j)的时候,语法分析器要么进入格局:

栈	输入
…**procid**（**id**	,**id**）…

要么进入前面描述的格局。在前一种情况下,我们选择产生式(5)进行归约;在后一种情况下,则选择产生式(7)进行归约。请注意,在这个例子里,栈顶之下的第三个符号决定了应该执行什么归约,虽然它本身并没有被归约。移入-归约的语法分析技术可以使用栈中离栈顶很远的信息来引导语法分析过程。

13.3　算符优先分析法

算符优先分析法是一种简单直观、广为使用的自下而上的分析方法。这种方法特别有利于分析表达式,且易于手工实现。

13.3.1　算符优先分析法

众所周知,做算术式的四则运算时,为了保证计算过程和结果的唯一性,必须要规定一个统一的四则运算法则。该法则主要规定运算之间的优先顺序。现在人们所遵循的统一法则是:乘除运算优先于加减运算,故在算术式中要先做乘除运算,后做加减运算;同优先级的运算符先左后右(即左结合),先做左边的运算符的运算,后做右边的运算符的运算。根据这个法则,如果每一步只做一个运算,则任何四则运算算术式的计算过程和结果便是唯一且确定的。例如:

9+8-6÷2×3	+和-同级,先做+
=17-6÷2×3	-优先级低于÷,先做÷
=17-3×3	-优先级低于×,先做×
=17-9	只有唯一的-
=8	

对于含有括号和单目运算减的算术式,只需对上述的法则加以补充即可。如规定要先做括号里的运算,后做括号外的;单目运算减的优先级高于加减、低于乘幂。则包含有括号和单目运算减的算术式的计算过程也是唯一且确定的。

所谓算符优先分析法就是仿照上述算术式的四则运算过程而设计的一种语法分析方法。实际上,该方法最初就是为了分析和翻译程序语言中的表达式而设计的。这种方法首先要规定运算符之间(更一般地说是终结符号之间)的优先关系和结合性质,然后利用这种关系用比较相邻运算符的优先顺序的方法来确定句型的"句柄"和进行归约。应该指出的是,这种归约未必是严格的最左归约,即每一步未必是当前句型的句柄,所以,我们在"句柄"上加了引号(后面将给出对"句柄"的解释)。下面通过一个简单的例子来说明应用该方法分析符号串的过程。

设有文法 $G[E]:E::=E+E \mid E-E \mid E*E \mid E/E \mid (E) \mid i$

这是一个二义性的文法,它的句子往往有不同的规范推导,因而就有不同的规范归约(句型的句柄未必是唯一的)。例如,对句子

$$i+i-i*(i+i)$$

就有两种不同的规范推导和规范归约,所以,归约过程中句型的句柄不唯一。但是,如果采用上述关于运算符优先顺序和结合原则的规定,并按这种规定进行归约,则该句子的归约过程就是唯一的。例如,可以按照正常的四则运算法则,即规定乘除运算符的优先级高于加减运算符;同级运算符中左边的运算符的优先级高于右边的;有括号时,先括号内后括号外;另外,因为 i 是一个基本的运算对象(属于终结符号),因此要先算它,然后进行别的运算,故规定 i 的优先级高于其他运算符。按此条件来归约分析上述句子,可得到

该句子的归约过程如下：

① $i+i-i*(i+i)$

② $E+i-i*(i+i)$

③ $E+E-i*(i+i)$

④ $E-i*(i+i)$

⑤ $E-E*(i+i)$

⑥ $E-E*(E+i)$

⑦ $E-E*(E+E)$

⑧ $E-E*(E)$

⑨ $E-E*E$

⑩ $E-E$

⑪ E

由前所述可知这个归约过程是唯一的。当从③归约到④时，相继的两个运算符+和-虽属同一优先级，但因采用左结合原则，故+优先于-（记为+⋗-）。因此，先把 $E+E$ 归约为 E。当从⑤归约到⑥时；因-的优先级低于 *（记为 * ⋗-），所以，不能立即把 $E-E$ 归约为 E，而必须首先归约乘法运算。但因 * 的右运算对象是带括号的，故必须先对括号里的式子进行归约。当从⑧归约到⑨时，同样不能先归约减法而必须先归约乘法，但由于乘法的右运算对象含有括号，因此，又必须先把括号去掉，这次归约同时去掉两个终结符“(”和“)”，这两个终结符的优先级被认为是相同的（记为≐）。

在上述的整个归约过程中，起决定作用的是相邻两个终结符的优先关系，所以应用算符优先分析法自底向上地分析句子解决了前面提到的两个问题，即：

（1）可以只根据相邻运算符的优先关系就能方便并且唯一地确定要归约的“句柄”；

（2）可以用它来分析二义性文法所产生的语言。上述文法虽是二义性的（存在不同的规范归约），但用算符优先法分析其句子时，其归约过程是唯一的。我们所规定的运算符之间的优先顺序和左结合的原则，就是避免二义性的充分条件。

下面首先介绍如何以直观的方法来构造运算符之间的优先关系并建立相应的分析算法；然后讨论这种分析方法所对应的文法类，即讨论对文法有什么要求，并从理论上研究如何根据文法构造出终结符号之间的优先关系，以及如何根据这种关系来构造分析算法。

13.3.2　算符优先关系矩阵的自动生成

现在进一步讨论算符优先分析法的形式化方法及其自动生成技术。首先讨论这种方法所适用的文法类——算符优先文法，然后介绍构造该文法优先关系矩阵的算法，最后介绍算符优先分析算法的设计。

1. 算符优先文法

这是算符优先分析法所适用的文法类。什么是算符优先文法呢？下面给出三个定义：

【定义 13.3】算符文法。设有一文法 G，如果 G 中没有形如 $U::=\cdots VW\cdots$ 的规则，且其中 V 和 W 是非终结符号，则把文法 G 称为算符文法（OG 文法）。

也就是说，OG 文法中不存在那些包含两个相邻非终结符号的规则右部。对句型来说，也隐含有这一结论。

【定义 13.4】算符优先关系。设文法 G 是一个 OG 文法，并令 a 和 b 是任意两个终结符号，U、V、W 是非终结符号。a 和 b 之间的优先关系定义如下：

（1）$a \doteq b$，当且仅当文法中有形如 $U::=\cdots ab\cdots$ 或 $U::=\cdots aVb\cdots$ 的规则；

（2）$a \lessdot b$，当且仅当文法中有形如 $U::=\cdots aW\cdots$ 的规则，其中 $W \overset{+}{\Rightarrow} b\cdots$ 或 $W \overset{+}{\Rightarrow} Vb\cdots$；

（3）$a \gtrdot b$，当且仅当文法中有形如 $U::=\cdots Wb\cdots$ 的规则，其中 $W \overset{+}{\Rightarrow} \cdots a$ 或 $W \overset{+}{\Rightarrow} \cdots aV$。

【定义 13.5】算符优先文法。设有一个 OG 文法，如果在任意两个终结符号之间，在 $\lessdot$、$\gtrdot$ 和 $\doteq$ 中至多只有一种关系成立，则这样的 OG 文法称为算符优先文法（operator precedence grammar 文法，OPG 文法）。

例如，有文法 $G[E]$

$$E::=E+T \mid T$$

$$T::=T*F \mid F$$

$$F::=(E) \mid i$$

由最末一条规则可得到关系 $\doteq$。因为在此文法中，再没有其他右部包含有两个终结符号，所以，只有上面一个 $\doteq$ 关系。又因有

$$E \Rightarrow E+T \Rightarrow T+T \Rightarrow T*F+T \Rightarrow F*F+T \Rightarrow i*F+T$$

所以，从规则 $F::=(E)$ 得出 $(\lessdot +$、$(\lessdot *$ 和 $(\lessdot i$，使用同样的规则和直接推导序列，还能推出 $+ \gtrdot)$。由于这两个文法是等价的，所以具有相同的优先关系矩阵。因为文法 $G[E]$ 是 OG 文法，并在任意两个终结符号之间至多只有一个优先关系成立，所以它又是 OPG 文法。

可以看出，一般算法语言中的表达式都是 OPG 文法。对于单目运算减，只需要把它处理成与双目运算减不是同一个终结符号即可。

2. 构造优先关系矩阵

现在介绍从算符优先文法 G 构造优先关系表的算法。

通过检查 G 的每条规则的每一个选择，可以找出所有满足 $a \doteq b$ 的终结符号对。为了找出所有满足关系 $\lessdot$ 和 $\gtrdot$ 的终结符号对，首先需要对 G 的每个非终结符号 U 构造两个集

合 FIRSTVT(U)和 LASTVT(U)。

$$\text{FIRSTVT}(U)=\{b \mid U\overset{+}{\Rightarrow}b\cdots \text{或}\ U\overset{+}{\Rightarrow}Vb\cdots, b\in V_t, V\in V_n\}$$

$$\text{LASTVT}(U)=\{a \mid U\overset{+}{\Rightarrow}\cdots a\ \text{或}\ U\overset{+}{\Rightarrow}\cdots aV, a\in V_t, V\in V_n\}$$

有了这两个集合之后,就可以通过检查每条规则的选择以确定满足关系⋖和⋗的所有终结符号对。例如,假定某条规则的右部选择为$\cdots aU\cdots$,则对任何 $b\in$ FIRSTVT(U),有 $a⋖b$;类似地,假定有某个规则的一个选择为$\cdots Ub\cdots$,则对任何 $a\in$ LASTVT(U),有 $a⋗b$。

下面,首先讨论构造集合 FIRSTVT(U)的算法。根据定义,可用下面两条规则来构造集合 FIRSTVT(U):

(1) 若有规则 $U::=b\cdots$或 $U::=Vb\cdots$,则 $b\in$ FIRSTVT(U);

(2) 若有规则 $U::=V\cdots$,且 $b\in$ FIRSTVT(V),则 $b\in$ FIRSTVT(U)。

因此,可以建立布尔数组 F,使得 $F[U,b]$为真的条件是当且仅当 $b\in$ FIRSTVT(U)。开始时,按上述的规则(1)对每个数组元素 $F[U,b]$赋初值,用一个栈 STACK 把所有初值为真的数组元素 $F[U,b]$的符号对(U,b)全部放在 STACK 栈中。然后,对栈 STACK 施加如下运算:

如果栈 STACK 不空,就将栈顶项元素弹出,记此栈顶项为(V,b)。对于每个形如 $U::=V\cdots$的规则,若 $F[U,b]$为假,则变其值为真,并将(U,b)压入 STACK 栈。

重复上述过程,直到栈 STACK 为空。

由此,我们可得到一个类程序的算法描述(包括一个过程和主程序):

```
PROCEDUREINSERT(U,b);        /* 声明一个过程,将符号对(/b)插入 STACK 栈中 */
    IF NOT F[U,b] THEN
        BEGIN
            F[U,b]:= TRUE;   /* 首先置 F[U,b]为真 */
            把(U,b)压入 STACK
        END;
```

下面是主程序:

```
BEGIN
    FOR 每个非终结符号 U 和终结符号 b   DO
        F[U,b]:= FALSE;        /* 赋初值 */
    FOR 每个形如 U:: = b 或 U:: = Vb…的规则
        DO INSERT(U,b);
    WHILE STACK 非空 DO
        BEGIN
            把 STACK 的栈顶项弹出,并记为(V,b);
            FOR 每条形如 U::= b 的规则 DO
```

```
            INSERT(U,b)
        END
    END
```

这个算法的工作结果是一个二维数组 F，从它可得任何非终结符号 U 的 FIRSTVT 集合：FIRSTVT(U) = $\{b \mid F[U,b] = \text{TRUE}\}$

使用每个非终结符号 U 的 FIRSTVT(U) 和 LASTVT(U)，就能够构造文法 G 的算符优先表。构造优先表的算法如下：

```
FOR 每条规则 U ::= x1,x2…xn DO
FOR i ::= 1 TO n - 1 DO
    BEGIN
        IF xi 和 xi+1 都为终结符号 THEN
            置 xi ≐ xi+1;
        IF i≤n-2 且 xi 和 xi+2 都为终结符号，但 xi+1 为非终结符号 THEN
            置 xi ≐ xi+2;
        IF xi 为终结符号而 xi+1 为非终结符号 THEN
            FOR FIRSTVT (xi+1)中的每个 b  DO  置 xi ⋖ b;
        IF xi 为非终结符号而 xi+1 为终结符号 THEN
            FOR LASTVT(xi)中的每个 a  DO  置 a ⋗ xi+1;
        END
```

至此完成了从文法 G 自动构造出优先关系矩阵。给出的算法虽然是原理性的，但足以作为实现的依据。

3. 算符优先分析算法设计

可以证明，算符优先分析法仍然是一种自底向上的分析算法，但不是严格从左到右的。在每一步分析中，它将识别和归约最左素短语。

下面先给出素短语递归的定义，然后以一个定理的方式介绍算符优先分析法所进行的每一步归约都是归约当前句型的最左素短语。

【定义 13.6】素短语。文法的句型的素短语是这样一个短语，它至少包含有一个终结符号，并且除它自身之外，不再包含其他素短语。

考虑文法 $G[E]$：

$$E ::= E+T \mid T$$

$$T ::= T * F \mid F$$

$$F ::= (E) \mid i$$

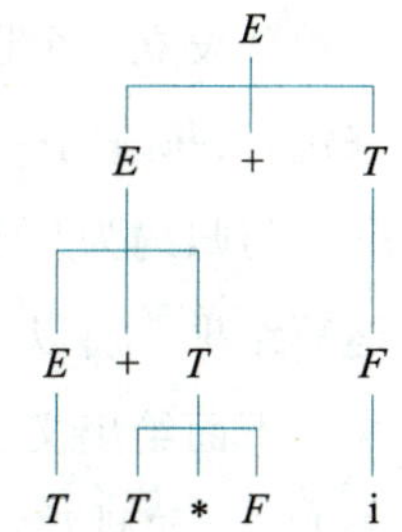

图 13.8 句型 $T+T*F+i$ 的语法树

现有句型 $T+T*F+$i，只要画出该句型的语法树，就能很方便地找出该句型的短语，它们是 $T+T*F+i$，$T+T*F$，T，$T*F$ 和 i。

那么上述短语中哪些是素短语呢？因为素短语中要包含终结符号，而又不能包含其他素短语，所以，$T+T*F+i$ 不是素短语（因为它包含短语 i，其语法树如图 13.8 所示）。类似地，包含短语 $T*F$ 的语法树 $T+T*F$ 也不是素短语。

其他有可能成为素短语的是 T，$T*F$ 和 i。但 T 不包含终结符号，所以它不是素短语（注意：T 是该句型的句柄，但它不是素短语）。因此，素短语只能是 $T*F$ 和 i，而且其中 $T*F$ 是最左素短语。

现在，把句型（两端已加上分界符#）的一般形式写成如下格式：

$\#N_1a_1N_2a_2\cdots N_{n-1}a_{n-1}N_na_nN_{n+1}\#$

其中 N_i 是非终结符号，而 a_i 是终结符号。换句话说，上述句型是由 n 个终结符号组成的，而每对相邻终结符号之间至多只能出现一个非终结符号。应当记住，任何算符文法的句型都有这种形式。我们可以证明下述定理：

【定理 13.1】一个 OPG 句型的最左素短语是满足下列条件的最左子串 $N_ja_j\cdots N_ia_iN_{i+1}$：

$$a_{j-1} \lessdot a_j$$

$$a_j \doteq a_{j+1} \doteq a_{j+2},\cdots,a_{i-2} \doteq a_{i-1} \doteq a_i$$

$$a_i > a_{i+1}$$

注意：出现在 a_j 左端或 a_i 右端的非终结符号一定属于这个素短语。

为了说明上述定理，用优先矩阵和归约当前句型最左子串的方法，给出文法 $G[E]$ 的句型 $T+T*F+i$ 的分析过程，如表 13.1 所示。

表 13.1 句型 $T+T*F+i$ 的分析过程

步骤	句型	优先关系	最左子串	规约符号
1	$\#T+T*F+i\#$	$\#\lessdot+\lessdot*\gtrdot+\lessdot i\gtrdot\#$	$T*F$	T
2	$\#T+T+i\#$	$\#\lessdot+\gtrdot+\lessdot i\gtrdot\#$	$T+T$	E
3	$\#E+i\#$	$\#\lessdot+\lessdot i\gtrdot\#$	i	F
4	$\#E+F\#$	$\#\lessdot+\gtrdot\#$	$E+F$	E

由语法树和最左素短语的定义可以明显看出，上述归约过程每次所归约的当前句型的最左子串也就是句型的最左素短语。

在上述分析中，虽然指出了每个素短语所应归约的非终结符号，但需要注意的是，在查找所应归约的最左素短语的过程中，完全没有用到非终结符号。因此，在符号栈中是否放相应的非终结符号对寻找最左素短语毫无影响。因此可以取任意的名字来代替它们，并单独设立一个运算对象栈来存放它们。在具体实现时，语法分析和语义处理会结合起来进行，每进行一次归约就调用一次有关的语义处理程序，生成计算相应子表达式的代码。与归约为某个非终结符号相对应，语义程序分配一个工作单元来存放该子表达式的运算结果。所以，对语义处理程序来说，并不需要知道真正的非终结符号的名字。

下面给出文法 $G[E]$ 的句型 $i*(i+i)$ 的分析过程，如表 13.2 所示。

表 13.2 句型 $T+T*F+i$ 的分析过程

步骤	符号栈 S	优先关系	读入符号	输入串 T
0	#	$\lessdot$	i	$*(i+i)$#
1	#i	$\gtrdot$	$*$	$(i+i)$#
2	#N	$\lessdot$	$*$	$(i+i)$#
3	#$N*$	$\lessdot$	(	$i+i)$#
4	#$N*($	$\lessdot$	i	$+i)$#
5	$*(i+i)$#	$\gtrdot$	+	$i)$#
6	#$N*(N$	$\lessdot$	+	$i)$#
7	#$N*(N+$	$\lessdot$	i	)#
8	#$N*(N+i$	$\gtrdot$	)	#
9	#$N*(N+N$	$\gtrdot$	)	#
10	#$N*(N$	$\doteq$	)	#
11	#$N*(N)$	$\gtrdot$	#	
12	#$N*N$	$\gtrdot$	#	
13	#N	停止		

由此可以构造出 OPG 文法的句型的识别算法，该算法所遵循的原则是：每次归约均是归约当前句型的最左素短语。可以看到其归约过程与直观算符优先分析法相同。

13.4 LR 语法分析方法

13.4.1 LR 分析法概述

1. 为什么使用 LR 语法分析器

LR 语法分析器是表格驱动的，在这一点上它和非递归 LL 语法分析器很相似。如果我们可以使用本节和下一节中的某个方法为一个文法构造出语法分析表，那么就称这个文法为 LR 文法(LR grammar)。直观地讲，只要存在这样一个从左到右扫描的移入-归约语法分析器，它总是能够在某文法的最右句型的句柄出现在栈顶时识别出这个句柄，则这个文法就是 LR 的。

LR 语法分析技术很有吸引力，原因如下：

- 对于几乎所有的程序设计语言构造，只要能够写出该构造的上下文无关文法，就能够构造出识别该构造的 LR 语法分析器。虽然确实存在非 LR 的上下文无关文法，但一般来说，常见的程序设计语言构造都会避免使用这样的文法。
- LR 语法分析方法是已知的最通用的无回溯移入-归约分析技术，并且它的实现可以和其他更原始的移入-归约方法一样高效。
- 一个 LR 语法分析器可以在对输入进行从左到右扫描时尽可能早地检测到错误。
- 可以使用 LR 方法进行语法分析的文法类是可以使用预测方法或 LL 方法进行语法分析的文法类的真超集。一个文法是 LR(k)的条件是当我们在一个最右句型中看到某个产生式的右部时，我们再向前看 k 个符号就可以决定是否使用这个产生式进行归约。这个要求比 LL(k)文法的要求宽松很多。对于 LL(k)文法，我们在决定是否使用某个产生式时，只能向前看该产生式右部推导出的串的前 k 个符号。因此，LR 文法能够比 LL 文法描述更多的语言。

LR 方法的主要缺点是为一个典型的程序设计语言文法手工构造 LR 分析器的工作量非常大。我们需要一个特殊的工具，即一个 LR 语法分析器生成工具。幸运的是，有很多这样的生成工具可用，我们将讨论其中最常用的工具 Yacc。这种生成工具将一个上下文无关文法作为输入，自动生成一个该文法的语法分析器。如果该文法含有二义性的构造，或者含有其他难以在从左到右扫描时进行语法分析的构造，那么语法分析器生成工具将对这些构造进行定位，并给出详细的诊断信息。

2. 概念和术语

【定义 13.7】规范推导。对于直接推导 $xUy \Rightarrow xuy$，如果 y 只包含终结符号或者为空符号串，那么就把这种直接推导称为规范推导，记作：

$xUy \not\Rightarrow xuy$，其中 $y \in V_t^*$

LR 分析器为一个输入串逆向构造一个最右推导。考虑文法 G，其开始符号为 S，对于输入串 x 其最右推导为：

$S \not\Rightarrow \alpha_1 \not\Rightarrow \alpha_2 \cdots \not\Rightarrow \alpha_{m-1} \not\Rightarrow \alpha_m = x$

推导序列中的每一步都具有形式：

$\varphi At \not\Rightarrow \varphi\beta t$

式中 $\alpha_i = \varphi At$，$A \to \beta$ 是所使用的产生式。由于是最右推导，所以 $t \in V_t^*$。

对于一个文法，如果对任何给定的输入串，在推导的任何一步上，都能够通过考虑符

号串 $\varphi\beta$ 以及至多向前看未处理输入串的前 k 个符号就能识别出句柄 β（句型的最左简单短语），就称该文法为 LR(k) 文法。

现在我们定义一个术语——规范句型的活前缀，它是讨论 LR 分析器的核心问题。所谓规范句型就是通过规范推导或规范归约得到的句型，而规范句型的前缀就是由该句型前面若干符号组成的子串。对于规范句型 $\varphi\beta t$，$\varphi\beta$ 就是规范句型的前缀，这里 β 表示句柄，如果 $\varphi\beta=u_1u_2\cdots u_r$，则符号串 $u_1u_2\cdots u_i$（其中 $1\leqslant i\leqslant r$）即是规范句型 $\varphi\beta t$ 的活前缀。值得注意的是，这里之所以称这个前缀为"活前缀"，就是因为所有活前缀都不包括句柄 β 右边的任何符号（即 t 中的任何符号）。

例如，考虑具有下列产生式的文法 G：

$$E::=T\mid E+T\mid E-T$$

$$T::=i\mid(E)$$

为方便讨论，在上述文法中引入一个新的开始符号 S，并将 $S\rightarrow E\#$（#为表示输入串结束的右界符）作为新加入的第 0 个产生式加到文法 G 的产生式中，从而得到所谓 G 的拓广文法 G'。它具有如下的产生式：

$$S::=E\#$$

$$E::=T\mid E+T\mid E-T$$

$$T::=i\mid(E)$$

其中符号"#"是作为由文法 G 所产生的终结符号串的右界符。显然，有 $L(G')=L(G)$。将文法拓广的目的是使文法只有一个以识别符号（开始符号）作为左部的产生式，从而使构造出来的分析器具有唯一的接受状态。

考虑在下列最右推导序列中的句型 $E-(i+i)\#$

$S\overset{+}{\not\Rightarrow}E-(T+i)\#\overset{+}{\Rightarrow}E-(i+i)\#$

若使用前述的表示方式，则 $A=T$，$\varphi\beta$ =E—(i 且句柄 $\beta=i$。符号串 E、$E-$、$E-($ 和 $E-(i$ 是句型 $E-(i+i)\#$的所有活前缀。

Knuth 在他研究 LR(k) 文法的重要文章中证明了：与一个具体文法相联系的所有最右推导的所有活前缀都能够为有穷状态机所接受。该状态机将成为 LR 分析器的有穷控制部分。一般来说，一个可用文法具有无穷多个活前缀。值得指出的是，在构造 LR 分析器时可以从文法的产生式直接（自动地）构造该状态机。现在的问题是：如何构造出这种能识别无数个规范句型活前缀的有穷状态机？这个问题将在下一节中进行讨论。

下面概要介绍 LR 语法分析算法和分析器的工作情况。先假定分析器的有穷控制已存在，与文法相联系的所有活前缀已分别在能识别这些活前缀的有穷状态机的各个状态中反映。下面将集中讨论在输入串中最多向前看一个符号的 LR 分析器，即 LR(0) 和 LR(1) 分析器。

13.4.2 LR 分析法的一般过程和算法

1. LR 分析过程

LR 分析法也是一种表驱动的方法，它是一个由分析栈、驱动程序、分析表，以及输入串组成的下推自动机，其结构如图 13.9 所示。

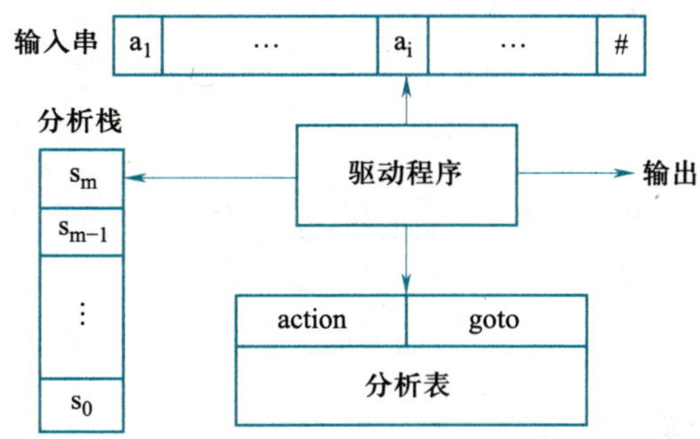

图 13.9 LR 分析器的结构

分析表有 action 表和 goto 表两部分。

action 表是一个状态及终结符的二维矩阵，action[s,a]定义了在状态 s 下，当前输入符为 a 时应采取的分析动作。动作有如下 4 种：

① action[s,a] = shift j，将状态 j 移进(shift)分析栈栈顶，在分析表中简记为 s_j。

② action[s,a] = reduce j，将栈顶内容按第 j 个产生式归约(reduce)，简记为 r_j。

③ action[s,a] = accept，分析成功，输入串被接受(accept)，简记为 acc。

④ action[s,a] = error，语法错误，在分析表中记录出错处理程序入口，为简单起见，这里用空白表示。

goto 表是一个状态及非终结符的二维矩阵，goto[s,X]定义了在状态 s 下，面对文法符 X 时的状态转换。

将文法 G_1 的产生式编号如下：

(1) $E::=E+T$

(2) $E::=T$

(3) $T::=T*F$

(4) $T::=F$

(5) $F::=(E)$

(6) $F::=i$

它的分析表如图 13.10 所示。

分析栈可分为状态栈和符号栈两部分。状态栈存放分析的状态信息，同时还隐含了分析的“历史”和“展望”信息。符号栈存放分析过程中移进和归约的文法符号信息。

驱动程序又称控制程序，它对任何 LR 分析器都适用。初始时，状态栈中置初始状态 0，输入指针指向输入串第一个符号。以后根据状态栈栈顶状态 s 和输入指针所指当前输

状态	action						goto		
	i	+	*	(	)	#	E	T	F
0	s_5			s_4			1	2	3
1		s_6				acc			
2		r_2	s_7		r_2	r_2			
3		r_4	r_4		r_4	r_4			
4	s_5			s_4			8	2	3
5		r_6	r_6		r_6	r_6			
6	s_5			s_4				9	3
7	s_5			s_4					10
8		s_6			s_{11}				
9		r_1	s_7		r_1	r_1			
10		r_3	r_3		r_3	r_3			
11		r_5	r_5		r_5	r_5			

图 13.10 文法 G_1 的 LR 分析表

入符 a 查分析表 action[s,a]:

(1) 若 action[s,a] $=s_j$,则将状态 j 推入栈顶,输入指针指向下一输入符号。

(2) 若 action[s,a] $=r_j$,则按第 j 个产生式 $A::=\beta$ 归约,设 $|\beta|=1$,应上托 t 个状态出栈,再根据当前的栈顶状态 s_i 及归约后的非终结符 A,查 goto 表,若 goto[s_i,A]$=k$,则将状态 k 推入栈顶。

(3) 若 action[s,a]=acc,则分析成功,输入串被接受。

(4) 若 action[s,a]或 goto[s,A]为空白(error),则转出错处理程序。

利用文法 G_1 的 LR 分析表,假定输入串为 $i+i*i$,LR 分析过程如图 13.11 所示。其中,状态栈一列表示状态栈存放的状态信息,左边为栈底,右边为栈顶。符号栈一列表示符号栈存放的符号信息。输入串一列表示尚未处理的输入串,其中最左边的符号为当前输入符号。动作一列表示在当前栈顶状态和当前输入符号下,查分析表后应采取的动作。分析开始时,状态栈底置 0 状态. 符号栈底置#,输入指针指向输入串最左边那个符号。当符号栈顶为文法开始符,状态栈顶为 1 状态,输入指针指向结束符#时,表示分析成功,输入串是文法 G_1 的合法句子。若在查分析表时遇到空白(error),则输入串语法出错。

现在我们关心的主要问题是如何构造 LR 分析表,下面逐步介绍分析表的构造方法。

2. LR 项目集规范族的构建

(1) LR(0)项目

在文法 G 中每个产生式的右部适当位置添加一个圆点构成项目。

例如,产生式 $S::=aAcBe$ 对应有 6 个项目。

[0] $S::=\cdot aAcBe$

序号	状态栈	符号栈	输入串	动作
1	0	#	$i+i*i\#$	action[0, i] = s_5
2	0, 5	# i	$+i*i\#$	action[5, +] = r_6, $F\to i$, goto[0, F] = 3
3	0, 3	# F	$+i*i\#$	action[3, +] = r_4, $T\to F$, goto[0, T] = 2
4	0, 2	# T	$+i*i\#$	action[2, +] = r_2, $E\to T$, goto[0, E] = 1
5	0, 1	# E	$+i*i\#$	action[1, +] = s_6
6	0, 1, 6	# E+	$i*i\#$	action[6, i] = s_5
7	0, 1, 6, 5	# $E+i$	$*i\#$	action[5, *] = r_6, $F\to i$, goto[6, F] = 3
8	0, 1, 6, 3	# $E+F$	$*i\#$	action[3, *] = r_4, $T\to F$, goto[6, T] = 9
9	0, 1, 6, 9	# $E+T$	$*i\#$	action[9, *] = s_7
10	0, 1, 6, 9, 7	# $E+T*$	$i\#$	action[7, i] = s_5
11	0, 1, 6, 9, 7, 5	# $E+T*i$	#	action[5, #] = r_6, $F\to i$, goto[7, F] = 10
12	0, 1, 6, 9, 7, 10	# $E+T*F$	#	action[10, #] = r_3, $T\to T*F$, goto[6, T] = 9
13	0, 1, 6, 9	# $E+T$	#	action[9, #] = r_1, $E\to E$ + T, goto[0, E] = 1
14	0, 1	# E	#	action[1, #] = acc，接受

图 13.11 关于 $i+i*i$ 的 LR 分析过程

[1] $S::=a\cdot AcBe$

[2] $S::=aA\cdot cBe$

[3] $S::=aAc\cdot Be$

[4] $S::=aAcB\cdot e$

[5] $S::=aAcBe\cdot$

一个产生式可对应的项目个数一般为它右部符号的长度加 1。值得注意的是,对空产生式,$A::=\varepsilon$ 仅有一个项目 $A::=\cdot$ 。

每个项目的含义与圆点的位置有关,概括来说,圆点的左部表示分析过程中某时刻欲用该产生式归约时已识别过的句柄部分,圆点右部表示期待的后缀部分。

上例中项目的编号用[ ]中的数字表示,项目[0]意味着希望用 S 的右部归约,当前输入串中符号应为 a;项目[1]表明用该产生式归约已与第一个符号 a 匹配过了,下一步需分析非终结符 A 的右部;项目[2]表明 A 的右部已分析完归约成 A,目前希望遇到输入串中的符号为 c。依此类推,直到项目[5]表明 S 的右部都已分析完毕,句柄已形成,可以进行归约。

(2) 构造识别活前缀的不确定有穷自动机(NFA)

把文法的所有产生式的项目都列出,并使每个项目都作为 NFA 的一个状态。

以文法 G'为例

$$S'::=E$$

$$E::=aA\mid bB$$

$$A::=cA\mid d$$

$$B::=cB\mid d$$

该文法的项目有

1. $S'::=\cdot E$
2. $S'::=E\cdot$
3. $E::=\cdot A$
4. $E::=q\cdot A$
5. $E::=aA\cdot$
6. $A::=\cdot cA$
7. $A::=c\cdot A$
8. $A::=cA\cdot$
9. $A::=\cdot d$
10. $A::=d\cdot$
11. $E::=bB$
12. $E::=b\cdot B$
13. $E::=bB\cdot$
14. $B::=\cdot cB$
15. $B::=c\cdot B$
16. $B::=cB\cdot$
17. $B::=\cdot d$
18. $B::=d\cdot$

由于 S' 仅在第一个产生式的左部出现，因此规定项目 1 为初态，其余每个状态都为活前缀的识别态，圆点在最后的项目为句柄识别态，第一个产生式的句柄识别态为句子识别态。状态之间的转换关系确定方法如下：

若 i 项目为：$X::=X_1X_2\cdots X_{i-1}\cdots X_i\cdots X_n$

j 项目为：$X::=X_1X_2\cdots X_{i-1}X_i\cdot X_{i+1}\cdots X_n$

i 项目和 j 项目出于同一个产生式，对应于 NFA 为状态 j 的圆点只落后于状态 i 的圆点一个符号的位置，那么从状态 i 到状态 j 连一条标记为 X_i 的箭弧。如果 X_i 为非终结符，则也会有以它为左部的有关项目及其相应的状态。例如，有项目形如：

$i\quad X::=\gamma\cdot A\delta$

$k\quad A::=\cdot\beta$

则从状态 i 画标记为 ε 的箭弧到状态 k，对于 A 的所有产生式圆点在最左边的状态都连一条从 i 状态到该状态的箭弧，箭弧上标记为 ε。

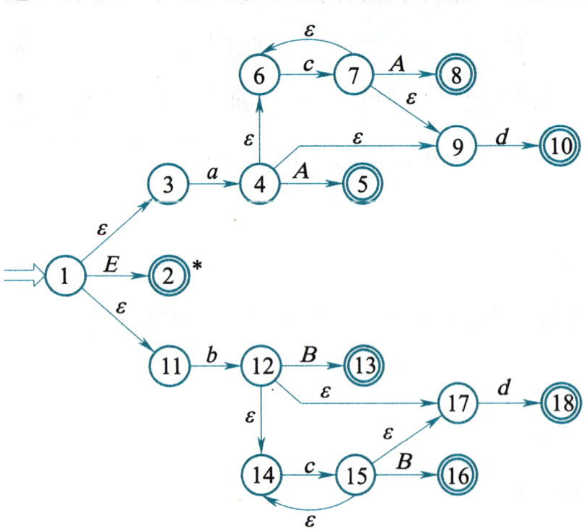

图 13.12　识别活前缀的 NFA

按上面的规则，可对文法 G' 的所有项目对应的状态构造出识别活前缀的有限自动机 NFA，如图 13.12 所示。图中双圈表示句柄识别态，双圈外有 * 号者为句子“接受”态。

也可以根据圆点所在的位置和圆点后是终结符还是非终结符把项目分为以下几种：

（1）移进项目，形如 $A::=\alpha\cdot a\beta$，其中 $\alpha,\beta\in V^*$，$a\in V_T$，即圆点后面为终结符的项目为移进项目，对应状态为移进状态。分析时把 a 移进符号栈。

(2) 待约项目，形如 $A::=\alpha\cdot B\beta$，其中 $\alpha,\beta\in V^*$，$B\in V_N$，即圆点后面为非终结符的项目为待约项目，它表明所对应的状态等待着分析完非终结符 B 所能推出的串归约成 B，才能继续分析 A 的右部。

(3) 归约项目，形如 $A::=\alpha\cdot$，其中 $\alpha\in V^*$，即圆点在最右端的项目，称为归约项目，它表明一个产生式的右部已分析完，句柄已形成，可以归约。

(4) 接受项目，形如 $S'::=\alpha\cdot$，其中 $\alpha\in V^+$，$S'::=\alpha$ 为拓广文法，S'为左部的产生式只有一个，因而它是归约项目的特殊情况，对应状态称为接受状态。规定 $S'::=\cdot\alpha$ 为初态。实际上接受项目中的 α 为文法的开始符号。

对于图 13.12 所示的识别活前缀的 NFA，可以利用第 3 章讲过的子集法将其确定化。

3. LR(0)项目集规范族的构造

构成识别一个文法活前缀的 DFA 项目集(状态)的全体称为这个文法的 LR(0)项目集规范族；然而，若按上面介绍的方法构造识别活前缀的 DFA，则需要列出拓广文法的所有项目，并按规定原则构造其 NFA(类似图 13.12)，然后再确定化为 DFA，这样做确定化的工作量较大。分析每个状态中项目集的构成，不难发现如下规律。

若状态中包含形如 $A::=\alpha\cdot B\beta$ 的项目，则形如 $B::=\cdot\gamma$ 的项目也在此状态内。例如，0 状态中的项目集为

$$\{S'::=\cdot E, E::=\cdot aA, E::=\cdot bB\}$$

回顾由 NFA 确定化到 DFA 时，$E::=\cdot aA$ 和 $E::=\cdot bB$ 正是属于 $S'::=\cdot E$ 所在的项目集。因而，可以用闭包函数(CLOSURE)来求 DFA 一个状态的项目集。

若文法 G 已拓广为 G'，而 S 为文法 G 的开始符号，拓广后增加产生式 $S'::=S$。如果 I 是文法 G'的一个项目集，定义和构造 I 的闭包 CLOSURE(I)的步骤如下：

(1) I 的项目均在 CLOSURE(I)中。

(2) 若 $A::=\alpha\cdot B\beta$ 属于 CLOSURE(I)，则每一形如 $B::=\cdot\gamma$ 的项目也属于 CLOSURE(I)。

(3) 重复步骤(2)直到不出现新的项目为止，即 CLOSURE(I)不再扩大。

由此，可以很容易地构造出初态的闭包，即 $S'::=\cdot S$ 属于 I，再按上述 3 个步骤求其闭包。

有了初态的项目集，其他状态的项目集如何求出？回顾在构造识别活前缀的 NFA 时除了箭弧上标记为 ε 的外，其两个相邻状态对应的项目出自同一个产生式，只是圆点的位置相差 1。

箭弧上的标记为前一个状态和后一个状态对应项目圆点间的符号，而识别活前缀的 DFA 的每个状态是一个项目集，项目集中的每个项目都不相同，每个项目圆点后的符号不一定相同，因而对每个项目圆点移动一个位置后，箭弧上的标记也不会完全相同，这样，

对于不同的标记将转向不同的状态。例如，初态$\{S'::=\cdot E,E::=\cdot aA,E::=\cdot bB\}$，对第一个项目，圆点右移一个位置后变为$S'::=E\cdot$，箭弧标记应为 E；对第二个项目$E::=\cdot aA$，圆点右移一个位置后变为$E::=a\cdot A$，箭弧标记为$a$；同样第三个项目圆点右移一个位置后变为$E::=b\cdot B$，箭弧标记为$b$。显然，初态发出了 3 个不同标记的箭弧，因而转向 3 个不同的状态，也就由初态派生出 3 个新的状态，对于每个新的状态又可以利用前面的方法，若圆点后为非终结符，则可对其求闭包，得到该状态的项目集。圆点后面为终结符或在一个产生式的最后，则不会再增加新的项目。例如新状态的项目$E::=a\cdot A$，求其闭包可得到项目集为$\{E::=a\cdot A,A::=\cdot cA,A::=\cdot d\}$。同样，另一新状态的项目$E::=b\cdot B$，求其闭包可得到项目集为$\{E::=b\cdot B,B::=\cdot cB,B::=\cdot d\}$。对于新状态仅含项目$S'::=E\cdot$的则不会再增加新的项目。这样，由初态出发，对其项目集的每个项目的圆点向右移动一个位置，用箭弧转向不同的新状态，箭弧上用移动圆点经过的符号标记。新状态的初始项目（即圆点移动后的项目）称为核。例中$E::=a\cdot A$和$E::=b\cdot B$都为核，对核求闭包就为新状态的项目集。为把这个过程写成一般的形式，定义转换函数 GO(I,X)如下：

GO(I,X)= CLOSURE(J)

其中，I为包含某一项目集的状态。

X为一文法符号，$X\in V_N\cup V_T$

$$J=\{\text{任何形如 } A::=\alpha X\cdot\beta \text{ 的项目 } A::=\alpha\cdot X\beta \text{ 属于 } I\}$$

这也表明，若状态I识别活前缀X则状态γ识别活前缀γX。圆点不在产生式右部最左边的项目称为核，但开始状态拓广文法的第一个项目$S'::=\cdot S$除外。因此用 GO(I,X)转换函数得到的J为转向后状态所含项目集的核。核可能是由一个或若干项目组成。因此，可以使用闭包函数 CLOSURE 和转向函数 GO(I,X)构造文法G'的 LR(0)项目集规范族，步骤如下：

（1）置项目$S'::=\cdot S$为初态集的核，然后对核求闭包 CLOSURE$(\{S'::=\cdot S\})$，得到初态的项目集。

（2）对初态集或其他所构造的项目集，应用转换函数 GO(I,X)= CLOSURE(J)求出新状态J的项目集。

（3）重复步骤(2)直到不出现新的项目集为止。

最后还需要说明的是，由于任何一个高级语言相应文法的产生式是有限的，每个产生式右部的文法符号个数是有限的，因此每个产生式可列出的项目也为有限的，由有限的项目组成的子集（即项目集）作为 DFA 的状态也是有限的，所以不论用哪种方法构造识别活前缀的有限自动机，都必定会在有限的步骤内结束。

以上介绍了构造识别文法活前缀 DFA 的三种方法，读者可对它们进行比较分析以加深理解。这三种方法可以粗略地概括如下：

第一种方法是根据形式定义求出活前缀的正规表达式，然后由此正规表达式构造 NFA，再确定化为 DFA。

第二种方法是求出文法的所有项目，按一定规则构造识别活前缀的 NFA，再确定化为 DFA。

第三种方法是把拓广文法的第一个项目$\{S'::=\cdot S\}$作为初态集的核，通过求核的闭包和转换函数，求出 LR(0)项目集规范族，再由转换函数建立状态之间的连接关系，得到识别活前缀的 DFA。

显然第一种方法从理论上讲比较严格确切，第二三种方法较为直观，从直观上的分析与理论上实现的结果吻合。三种做法虽然不同，但出发点都是把 LR 分析方法的归约过程看成是识别文法规范句型活前缀的过程，因为只要分析到的当前状态是活前缀的识别态，则说明已分析过的部分是该文法的某规范句型的一部分，也就说明了已分析过的部分是正确的。

进一步分析所构造的 LR(0)项目集规范族的项目，可分为如下四种：

(1) 移进项目。圆点后面为终结符的项目，形如$A::=\alpha\cdot a\beta$，其中$\alpha,\beta\in V^*$，$a\in V_T$，相应状态为移进状态。

(2) 待约项目。圆点在产生式右部最后的项目，形如$A::=\beta\cdot$，其中$\beta\in V^*$，对于$\beta=\varepsilon$的项目为$A::=\cdot$(对应产生式为$A::=\varepsilon$)，相应状态为归约状态。

(3) 归约项目。圆点后为非终结符的项目，形如$A::=\alpha\cdot B\beta$，其中$\alpha,\beta\in V^*$，$B\in V_N$，这表明用产生式 A 的右部归约时，首先要将 B 的产生式右部归约为 B，对 A 的右部才能继续进行分析。也就是期待着继续分析过程中首先能进行归约得到 B。

(4) 接受项目。当归约项目为$S'::=S\cdot$时，则表明已分析成功，即输入串为该文法的句子，相应状态为接受状态。

一个项目集中可能包含以上 4 种不同的项目，但是一个项目集中不能有下列情况存在：

(1) 移进和归约项目同时存在，形如：

$$A::=\alpha\cdot a\beta$$

$$B::=\gamma\cdot$$

这时如果面临输入符号为α，则不能确定移进α还是把γ归约为β，因为 LR(0)分析是不向前看符号，所以对归约的项目不管当前符号是什么都应归约。同时存在移进和归约项目的状态被称为移进-归约冲突。

(2) 归约和归约项目同时存在，形如：

$$A::=\beta\cdot$$

$$B::=\gamma\cdot$$

这时不管面临什么输入符号，都不能确定归约为 A 还是归约为 B，同时存在两个以上归约项目的状态被称归约-归约冲突。若一个文法的 LR(0)项目集规范族不存在移进-归约冲突或归约-归约冲突，则称这个文法为 LR(0)文法。

4. LR 分析表的构建

LR(0)分析表是 LR(0)分析器的重要组成部分，它是总控程序分析动作的依据。对于不同的文法，LR(0)分析表不同，它可以用一个二维数组表示，行标为状态号，列标为文法符号和#号。分析表的内容可由两部分组成，一部分为 action 表，它表示当前状态下面临输入符号时应做的动作是移进、归约、接受还是出错，动作表的列标只包含终结符和#；另一部分为 goto 表，它表示在当前状态下面临文法符号时应转向的下一个状态，相当于识别活前缀的有限自动机 DFA 的状态转换矩阵。因此构造一个文法的 LR(0)分析表时，首先构造其识别活前缀的 DFA，这样可以很方便地利用 DFA 的项目集和状态转换函数构造它的 LR(0)分析表。在实际应用中为了节省存储空间，通常把关于终结符部分的 goto 表和 action 表重叠，即把当前状态下面临终结符应做的移进-归约动作和转向动作用同一数组元素表示。

LR(0)分析表的构造算法如下：

假设已构造出 LR(0)项目集规范族为

$$C=\{I_0,I_1,\cdots,I_n\}$$

其中 I_k 为项目集的名字，k 为状态名，令包含 $S'::=\cdot S$ 项目的集合 I_k 的下标 k 为分析器的初始状态。那么分析表的 action 表和 goto 表的构造步骤如下：

（1）若项目 $A::=\alpha\cdot a\beta$ 属于 I_k 且转换函数 $\mathrm{GO}(I_k,\alpha)=I_j$，当 α 为终结符时则置 action[k,a]为 S_j，其动作含义为将终结符 α 移进符号栈，状态 j 进入状态栈（相当于在状态 k 时遇 α 转向状态 j）。

（2）若项目 $A::=\alpha\cdot$ 属于 I_k，则对任何终结符 α 和#号置 action[k,α]和 action[k,#]为 r_j，j 为在文法 G' 中某产生式 $A::=\alpha$ 的序号。r_j 动作的含义是把当前文法符号栈顶的符号串 α 归约为 A，并将栈指针从栈顶向下移动 $|\alpha|$ 的长度，符号栈中弹出 $|\alpha|$ 个符号，非终结符 A 变为当前面临的符号。

（3）若 $\mathrm{go}(I_k,\mathrm{A})=I_j$，则置 goto[k,A]为“$j$”，其中 A 为非终结符，表示当前状态为“$k$”时，遇文法符号 A 时状态应转向 j，因此 A 移入文法符号栈，j 移入状态栈。

（4）若项目 $S'::=S\cdot$ 属于 I_k，则置 action[k,#]为 acc，表示接受。

（5）凡不能用上述方法填入的分析表的元素，均应填上报错标志。为了表的清晰度，本书在表中用空白表示错误标志。

根据这种方法构造的 LR(0)分析表不含多重定义时称为 LR(0)分析表，能用 LR(0)分析表的分析器称为 LR(0)分析器，能构造 LR(0)分析表的文法称为 LR(0)文法。

若对文法 G'的产生式编号如下：

(0) $S'::=E$　　(4) $A::=d$

(1) $E::=aA$　　(5) $B::=cB$

(2) $E::=bB$　　(6) $B::=d$

(3) $A::=cA$

那么按上述算法构造的这个文法的 LR(0)分析表如表 13.3 所示。

表 13.3　LR(0)分析表

状态	action					goto		
	a	b	c	d	#	E	A	B
0	S_2	S_3				1		
1					acc			
2			S_4	S_{10}			6	
3			S_5	S_{11}				7
4			S_4	S_{10}			8	
5			S_5	S_{11}				9
6	r_1	r_1	r_1	r_1	r_1			
7	r_2	r_2	r_2	r_2	r_2			
8	r_3	r_3	r_3	r_3	r_3			
9	r_5	r_5	r_5	r_5	r_5			
10	r_4	r_4	r_4	r_4	r_4			
11	r_6	r_6	r_6	r_6	r_6			

对一个文法构造了它的 LR(0)分析表后，就可以在 LR 分析器的总控程序(驱动程序)的控制下对输入串进行分析，即根据输入串的当前符号和分析栈的栈顶状态查找分析表应采取的动作，对状态栈和符号栈进行相应的操作，即移进、归约、接受或报错。具体说明如下：

(1) 若 action[S,α]=S_j,α 为终结符，则把 α 移入符号栈，j 移入状态栈。

(2) 若 action[S,α]=r_j,α 为终结符或#号，则用第 j 个产生式归约，并将两个栈的指针减去 k，其中 k 为第 j 个产生式右部的符号串长度，这时当前面临符号为第 j 个产生式左部的非终结符，不妨设为 A，归约后栈顶状态设为 n，则再进行 goto[n,A]。

(3) 若 action[S,α]=acc,α 应为#号，则为接受，表示分析成功。

(4) 若 goto[S,A]=j,A 为非终结符，表明前一动作是用关于 A 的产生式归约的，当前面临的非终结符 A 应移入符号栈，j 移入状态栈。对于终结符的 goto[S,α]已和 action[S,α]重合。

(5) 若 action[S,α]为空白,则转向出错处理。

现在用表 13.3 的 LR(0)分析表给出对输入串的 LR(0)分析,其状态栈、符号栈及输入串的变化过程如表 13.4 所示。

表 13.4　对输入串 bccd#的 LR(0)分析过程

步骤	状态栈	符号栈	输入串	action	goto
(1)	0	#	*bccd*#	S_3	
(2)	03	#*b*	*ccd*#	S_5	
(3)	035	#*bc*	*cd*#	S_5	
(4)	0355	#*bcc*	*d*#	S_{11}	
(5)	0355(11)	#*bccd*	#	r_6	9
(6)	03559	#*bccB*	#	r_5	9
(7)	0359	#*bcB*	#	r_5	7
(8)	037	#*bB*	#	r_2	1
(9)	01	#*E*	#	acc	

13.4.3　SLR 语法分析法及分析器构造

构造 LR 分析器的关键就在于构造其分析表。由文法来构造 LR 分析表有三种方法,它们的能力和实现的难易程度不同。第一种方法被称为简单 LR,即 SLR。SLR 的功能最弱,但最易实现。根据这种方法构造的语法分析表叫作 SLR 语法分析表。使用 SLR 语法分析表的 LR 语法分析器叫作 SLR 语法分析器。能够为之构造 SLR 语法分析器的文法叫作 SLR 文法。另外两种方法通过用向前看信息增强了 SLR 文法。SLR 方法是研究 LR 语法分析的理想起点,所以首先讨论 SLR 分析表的构造方法。

由前面的 LR 分析过程可以知道,若输入串无语法错误,则按照分析表对输入串进行分析时,分析的每一步(移进或归约)都将保证在栈内形成规范句型的活前缀。换句话说,每次归约的都是当前句型的句柄。要做到这一点,应该使分析过程按照识别规范句型活前缀的有穷自动机那样来工作,即按照分析表来决定分析动作和进行状态转移。

因此,构造 LR 分析表的方法是:

(1) 根据文法构造识别规范句型活前缀的有穷自动机 DFA;

(2) 由该 DFA 来构造分析表。

下面讨论 SLR 分析表的构造。

首先给出文法 G 的 LR(0)项目的定义。

文法 G 的 LR(0)项目(简称项目)是在 G 的产生式右部的某处加点的产生式。例如,

产生式 $A::=XYZ$ 可以生成如下 4 个项目：

$A::=\cdot XYZ$

$A::=X\cdot YZ$

$A::=XY\cdot Z$

$A::=XYZ\cdot$

产生式 $A::=\varepsilon$ 只生成一个项目 $A::=\cdot$ 。

项目可以用一对整数来表示：第一个整数表示产生式的号码，第二个整数表示点的位置。项目的实际含义是：在语法分析过程中的某一时刻，我们已经看见了（即在栈内已形成了）一个产生式的多大部分。例如，上面第一个项目表示栈内目前并没有形成产生式右部的 XYZ，但我们希望看到下面的输入中由 XYZ 推出的符号串，第二个项目表示我们刚从输入中看见了由 X 推出的符号串（X 已在栈内），希望看见在下面的输入中会有 YZ 推出的符号串。上面第 4 个项目"."在产生式的最后，表示产生式右部的 XYZ 已全部在栈内形成，下面就可以把 XYZ 归约为 A。

SLR 文法的主要思想是首先从文法构造出识别规范句型活前缀的确定有穷自动机。把上述项目划分成一组项目集合，这组集合中的每一个项目集合就对应了 SLR 语法分析器的一个状态（也就是该 DFA 的状态）。

被称为 LR(0) 项目集规范族的 LR(0) 项目集合族是构造 SLR 语法分析表的基础。为了构造文法的规范 LR(0) 项目集族，需要定义拓广文法的概念，并引入闭包（closure）运算和转移函数（goto）。

如果文法 G 的开始符号是 S，则 G 的拓广文法 G' 是在 G 的基础上增加一个新的开始符号 S' 和产生式 $S'::=S$。增加新产生式的目的是确保有关文法识别符号的产生式只有一条，这样可用来指示语法分析器什么时候应该停止分析并宣布接受输入，即当且仅当语法分析器执行 $S'::=S$ 归约时，便分析成功。

1. 闭包运算 closure

下面求项目集的闭包运算。如果 I 是文法 G 的项目集，那么 closure(I) 是从 I 出发由下面两条规则构造的项目集：

（1）初始时，把 I 的每个项目都加入 closure(I) 中；

（2）如果 $A::=\alpha\cdot B\beta$ 在 closure(I) 中，且存在产生式 $B::=\gamma$，若 $B::=\cdot\gamma$ 不在 closure(I) 中，则将其加入 closure(I)，反复运用这条规则，直到没有更多的 $B::=\cdot\gamma$ 项目可加入为止。

直观上 $A::=\alpha\cdot B\beta$ 在 closure(I) 中表示在语法分析过程的某一时刻，下一步应该从输入中看见的是由 $B\beta$ 推出的串。如果 $B::=\gamma$ 是一个产生式，我们希望在这个时刻也应该从输入串中看见从 γ 推出的子串。基于这个原因,我们把 $B::=\cdot\gamma$ 加入 closure(I)。

【例13.1】考虑拓广的表达式文法:

$$
\begin{aligned}
E' &::= E \\
E &::= E+T \mid T \\
T &::= T*F \mid F \\
F &::= (E) \mid I
\end{aligned}
\tag{13-1}
$$

如果 I 是一个项目集合{[$E'::=,E$]},则 closure(I)包含下列项目:

$$E'::=\cdot E$$

$$E::=\cdot E+T$$

$$E::=\cdot T$$

$$T::=\cdot T*F$$

$$T::=\cdot F$$

$$F::=\cdot(E)$$

$$F::=\cdot i$$

这里,按规则(1),把 $E'::=\cdot E$ 加入 closure(I)。因为 E 紧挨在点的右边,由规则(2),把点在 E 产生式右部左端的项目,即 $E::=\cdot E+T$ 和 $E::=\cdot T$ 都加入 closure(I)。同样,把 $T::=\cdot T*F$ 和 $T\rightarrow\cdot F$ 也加入进去。最后,$T::=\cdot F$ 导致了 $F::=\cdot(E)$ 和 $F::=\cdot i$ 的加入。至此,再没有其他项目可以应用规则(2)了。

计算函数 closure 的算法如下。一种简单的实现方法是使用一个由 G 的非终结符作为索引的布尔数组 added。当为每个 $B::=\gamma$ 产生式增加项目 $B::=\cdot\gamma$ 时,将 added[B]置为 true。

【算法13.1】closure(I)的计算。

```
function closure(I)
begin
    J: =I;
    repeat
        for J 的每个项目 A::=α·Bβ 和 G 的每个产生式 B::=γ
            若 B::=·γ 不在 J 中 do
                把 B::=·γ 加入 J;
            until 没有新项目可以加入 J;
    return J;
end
```

2. goto 函数

第二个非常有用的函数是 goto(I,X)，其中 I 是项目集，X 是文法符号。goto(I,X) 定义为所有$[A::=\alpha X \cdot \beta]$项目集（注意，这里的前提是$[A::=\alpha X \cdot \beta]$在 I 中）的闭包。可表示为

goto(I,X) = closure(J)

其中，I 为项目集，X 为文法符号，$X \in V$，J 为项目集：

J = { 任何形如 $A::=\alpha X \cdot \beta$ 的项目 | $A::=\alpha \cdot X\beta \in V$ }

closure(J)是项目集 J 的闭包，仍是项目集。直观地说，它规定了识别文法规范句型活前缀的 DFA，从状态 1（项目集）出发，经过 X 弧所应该到达的状态（项目集）。因此如果 I 是对某个活前缀 γ 的有效项目集，则 goto(I,X) 是对活前缀 γX 有效的项目集。

【例 13.2】若 I 是两个项目的集合{$[E'::=E]$，$[E::=E \cdot +T]$}，则 goto$(I,+)$ 包含以下项目：

$$E::=E+\cdot T$$

$$T::=\cdot T*F$$

$$T::=\cdot F$$

$$F::=\cdot (E)$$

$$F::=\cdot i$$

通过考察 I 的项目，找到+紧挨在点右侧的项目来计算 goto$(I,+)$。$E'::=E$ 不是这样的项目，但 $E::=E \cdot +T$ 是这样的项目。把 $E::=E \cdot +T$ 中的点移过+得到 J = {$[E::=E+\cdot T]$}，然后取它的闭包。

3. 项目集的构造

下面给出拓广文法 G'的规范 LR(0) 项目集族（下面用 C 表示）的构造算法。

【算法 13.2】项目集的构造。

```
procedure items(G')
    begin
        C:={closure({[S'::=S]})};
        repeat
            for C 的每个项目集 I 和 G′的每个文法符号 X
                若 goto(I,X)非空且不在 C 中 do
                    把 goto(I,X)加入 C 中
            until 没有更多的项目可以加入 C
end
```

【例 13.3】文法(13-1)的 LR(0)项目集规范族如图 13.13 所示。这个项目集的 goto 函数表示为图 13.14 中有穷自动机 DFA 的状态转换图。

I_0: $E'\to.E$	I_4: $E\to(.E)$	I_7: $T\to T*.F$
$E\to.E+T$	$E\to.E+T$	$F\to.(E)$
$E\to.T$	$E\to.T$	$F\to.\mathrm{i}$
$T\to.T*F$	$T\to.T*F$	I_8: $F\to(E.)$
$T\to.F$	$T\to.F$	$E\to E.+T$
$F\to.(E)$	$F\to.(E)$	I_9: $E\to E+T.$
$F\to.\mathrm{i}$	$F\to.\mathrm{i}$	$T\to T.*F$
I_1: $E'\to E.$	I_5: $F\to\mathrm{i}.$	I_{10}: $T\to T*F.$
$E\to E.+T$	I_6: $E\to E+.T$	I_{11}: $F\to(E).$
I_2: $E\to T.$	$T\to.T*F$	
$T\to T.*F$	$T\to.F$	
I_3: $T\to F.$	$F\to.(E)$	
	$F\to.\mathrm{i}$	

图 13.13 文法(13-1)的 LR(0)项目集规范族

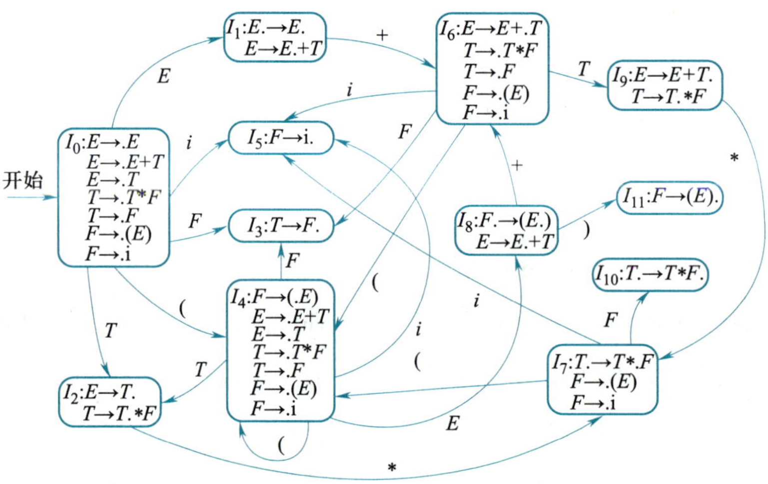

图 13.14 识别活前缀的 DFA 的状态转换图

下面给出有效项目的定义。如果存在一个规范推导 $S \overset{*}{\Rightarrow} \alpha A\omega \Rightarrow \alpha\beta_1\beta_2\omega$,则称项目 $A::=\beta_1\cdot\beta_2$ 对活前缀 $\alpha\beta_1$ 是有效的。一般而言,同一项目可能对多个活前缀有效。$A::=\beta_1\cdot\beta_2$ 对活前缀 $\alpha\beta_1$ 有效告诉我们,在发现 $\alpha\beta_1$ 在分析栈时,下面是移进还是归约,特别是,如果 $\beta_2\neq\varepsilon$,则暗示了句柄还没有完全进栈,动作应该是移进。如果 $\beta_2=\varepsilon$,则 $A::=\beta_1$ 是句柄,应该用这个产生式归约。当然,同一个活前缀的两个有效项目可能告诉我们做不同的事情,这样的冲突有些可以通过向前看下一个输入符号来解决,另一些可以用后面的章节给出的方法解决。当 LR 方法用于构造任意文法的语法分析表时,不能保证所有语法分析动作的冲突都能被解决。

我们可以很容易地计算出能够出现在 LR 语法分析器栈中的每个活前缀的有效项目集。实际上,如果 A 是一个由项目集规范族构造、以 goto 函数为转换函数的 DFA,则一个

活前缀 γ 的有效项目集正好从 A 的初态出发，沿着标记为 γ 的路径所能到达的那些项目的集合。这是 LR 分析理论的一条基本定理。本质上，有效项目集蕴含了所有可以从栈中收集到的有用信息。本书不证明这个定理，而是用例子来说明。

【例 13.4】再次考虑文法(13-1)。很明显，符号串 $E+T*$ 是文法(13-1)的活前缀。图 13.14 的自动机读完 $E+T*$ 之后进入状态 I_7，状态 I_7 包含下列项目：

$$T::=T*\cdot F$$

$$F::=\cdot(E)$$

$$F::=\cdot i$$

它们都对 $E+T*$ 有效。为了说明这一点，考虑下面三个最右推导：

$E'=>E$	$E'=>E$	$E'=>E$
$=>E+T$	$=>E+T$	$=>E+T$
$=>E+T*F$	$=>E+T*F$	$=>E+T*F$
	$=>E+T*(E)$	$=>E+T*i$

第一个推导说明了 $T::=T*\cdot F$ 对 $E+T*$ 的有效性，第二个推导说明了 $F::=\cdot(E)$ 对 $E+T*$ 的有效性，第三个推导说明了 $F::=\cdot i$ 对 $E+T*$ 的有效性。可以证明，不存在对 $E+T*$ 有效的其他项目。这个证明留给感兴趣的读者。

13.4.4 规范 LR 语法分析法及分析器构造

1. 规范 LR(1)项

现在我们将给出最通用的为文法构造 LR 语法分析表的技术。回顾一下，在 SLR 方法中，如果项集 I_i 包含项$[A::=\alpha\cdot]$，且当前输入符号 α 在 FOLLOW(A)中，那么状态 i 就要按照 $A::=\alpha$ 进行归约。然而在某些情况下，当状态 i 出现在栈顶时，栈中的可行前缀是 $\beta\alpha$ 且在任何最右句型中 a 都不可能跟在 βA 之后，那么当输入为 a 时不应该按照 $A::=\alpha$ 进行归约。

【例 13.5】 考虑包含以下产生式的文法：

$$S::=L=R\mid R$$

$$L::=*R\mid id$$

$$R::=L$$

其中状态 2 包含项 $R::=L\cdot$。这个项对应于上面讨论的 $A::=\alpha$，而和 α 对应的是 FOLLOW(R)中的符号=。因此，SLR 语法分析器在下一个输入为=且状态为 2 时要求按照 $R::=L$ 进行归约(因为状态 2 中还包含项 $S::=L\cdot=R$，它同时还要求执行移入动作)。

然而，该文法没有以 R =…开头的最右句型。因此状态 2 只和可行前缀 L 对应，它实际上不应该执行从 L 到 R 的归约。

如果在状态中包含更多的信息，我们就可能排除掉一些这样的不正确的 $A::=\alpha$ 归约。在必要时，我们可以通过分裂某些状态，设法让 LR 语法分析器的每个状态精确地指明哪些输入符号可以跟在句柄 α 的后面，从而使 α 可能被归约成为 A。

将这个额外的信息加入状态中的方法是对项进行精化，使它包含第二个分量，这个分量的值为一个终结符号。项的一般形式变成了 $[A::=\alpha\cdot\beta,a]$，其中 $A::=\alpha\beta$ 是一个产生式，而 a 是一个终结符号或右端结束标记$。我们称这样的对象为 LR(1)项。其中的 1 指的是第二个分量的长度。第二个分量称为这个项的向前看符号。在形如 $[A::=\alpha\cdot\beta,a]$ 且 $\beta\neq\in$ 的项中，向前看符号没有任何作用，但是一个形如 $[A::=\alpha\cdot,a]$ 的项只有在下一个输入符号等于 a 时才要求按照 $A::=\alpha$ 进行归约。因此，只有当栈顶状态中包含一个 LR(1)项 $[A::=\alpha\cdot,a]$，我们才会在输入为 a 时按照 $A::=\alpha$ 进行归约。这样的 a 的集合总是 FOLLOW(A)的子集，而且如例 13.5 所示，它很可能是一个真子集。

正式地讲，我们说 LR(1)项 $[A::=\alpha\cdot\beta,a]$ 对于一个可行前缀 γ 有效的条件是存在一个推导 $S\overset{*}{\Rightarrow}\delta Aw\underset{rm}{\Rightarrow}\delta\alpha\beta\omega$，其中：

(1) $\gamma=\delta\alpha$，且

(2) 要么 α 是 ω 的第一个符号，要么 ω 为 ε 且 a 等于$。

【**例 13.6**】让我们考虑文法

$$S::=BB$$

$$B::=aB\mid b$$

该文法有一个最右推导 $S\underset{rm}{\Rightarrow}aaBab\underset{rm}{\Rightarrow}aaaBab$。

在上面的定义中，$\alpha=aa$，$A=B$，$\omega=ab$，$\alpha=a$ 且 $\beta=B$，我们可知项 $[B::=\alpha\cdot B,a]$ 对于可行前缀 $\gamma=aaa$ 是有效的。

另外还有一个最右推导 $S\underset{rm}{\Rightarrow}BaB\underset{rm}{\Rightarrow}BaaB$ 根据这个推导，我们知道项 $[B::=\alpha\cdot B,\$]$ 是可行前缀 Baa 的有效项。

2. LR(1)项目集族的构造

以 $S'::=\cdot S$,#属于初始项目集中，把#作为向前搜索符，表示活前缀为 γ(若 γ 是有关 S 产生式的某一右部)要归约成 S 时，必须面临输入符为#才行。对初始项目 $S'::=\cdot S$,#求闭包后，再用转换函数逐步求出整个文法的 LR(1)项目集族。具体构造步骤如下：

(1) 构造 LR(1)项目集的闭包函数。

① 假定 I 是一个项目集，I 的任何项目都属于 CLOSURE(I)。

② 若有项目 $A::=a\cdot B\beta,a$ 属于 CLOSURE(I)，$B::=\gamma$ 是文法中的产生式，$\beta\in V^*$， b ∈ FIRST(βa)，则 $B::= \cdot \gamma, b$ 也属于 CLOSURE(I)。

③ 重复步骤②，直到 CLOSURE(I) 不再增大为止。

（2）构造转换函数。

LR(1)转换函数的构造与 LR(0)的相似：

$$GO(I,X)=CLOSURE(J)$$

其中 I 是 LR(I)的项目集，X 是文法符号，

$$J=\{ \text{任何形如}[A::=\alpha X\cdot\beta,a]\text{的项目} \mid [A::=\alpha\cdot X\beta,a]\in I \}$$

对文法 G' 的 LR(1)项目集族的构造仍以[$S'::=\cdot S,\#$]为初态集的初始项目，然后对其求闭包和转换函数，直到项目集不再增大为止。

也就是对状态 I 经过符号 X 后转向状态 J，求出 J 的核后，对核求闭包即为 CLOSURE(J)。现在可以对上面例子中不能用 SLR(1)方法解决 I_5 和 I_7 中移进-归约冲突的文法构造它的 LR(1)项目集规范族如下：

I_0: $S'::=\cdot S,\#$	I_4: $S::=aA\cdot d,\#$
$S::=\cdot aAd,\#$	I_5: $S::=ae\cdot c,\#$
$S::=\cdot bAc,\#$	$A::=ae\cdot c,\#$
$S::=\cdot aec,\#$	I_6: $S::=bA\cdot c,\#$
$S::=\cdot bed,\#$	I_7: $S::=be\cdot d,\#$
I_1: $S'::=S\cdot,\#$	$A::=e\cdot,c$
I_2: $S::=a\cdot Ad,\#$	I_8: $S::=aAd\cdot,\#$
$S::=a\cdot ec,\#$	I_9: $S::=aec\cdot,\#$
$A::=\cdot e,d$	I_{10}: $S::=bAc\cdot,\#$
I_3: $S::=b\cdot Ac,\#$	I_{11}: $S::=bed\cdot,\#$
$S::=b\cdot ed,\#$	
$A::=\cdot e,c$	

这样 LR(1)方法构造的项目集规范族在项目集 I_5 和 I_7 中的移进-归约冲突便可解决。

由于归约项目的搜索符集合与移进项目的待移进符号不相交，所以在 I_5 中，当面临输入符为 d 时归约，为 c 时移进；而在 I_7 中，则当面临输入符为 c 时归约，为 d 时移进。冲突已全部可以解决，因此该文法为 LR(1)文法。

3. LR(1)分析表的构造

由于一个 LR(1)项目可以看成由两个部分组成，一部分和 LR(0)项目相同，称为心，另一部分为向前搜索符集合，因而 LR(1)分析表的构造与 LR(0)分析表的构造在形式上

基本相同，只是归约项目的归约动作取决于该归约项目的向前搜索符集，即只有当面临的输入符属于向前搜索符的集合，才做归约动作，其他情况均出错。具体构造过程如下：

若已构造出某文法的 LR(1) 项目集族 C：

$$C=\{I_0,I_1,\cdots,I_n\}$$

其中 I_k 的 k 为分析器的状态，则 action 表和 goto 表构造规则如下：

(1) 若项目 $[A::=\alpha\cdot a\beta,b]$ 属于 I_k，且 $go(I_k,a)=I_j$，其中 $a\in V_T$，则置 action$[k,a]=S_j$。S_j 的含义是把输入符号 a 和状态 j 分别移入文法符号栈和状态栈。

(2) 若项目 $[A::=\alpha\cdot,a]$ 属于 I_k，则置 action$[k,a]=r_j$。其中 $a\in V_T$，r_j 的含义为把当前栈顶符号串 α 归约为 A（即用产生式 $A::=\alpha$ 归约），j 为在文法中产生式 $A::=\alpha$ 的编号。

(3) 若项目 $[S'::=S\cdot,\#]$ 属于 I_k，则置 action$[k,\#]=$acc，表示“接受”。

(4) 若 $GO(I_k,A)=I_j$，其中 $a\in V_N$，则置 goto$[k,A]=j$，表示转入 j 状态，置当前文法符号栈顶为 A，状态栈顶为 j。

(5) 凡不能用规则(1)至(4)填入分析表中的元素，均置报错标志。在本书中用空白表示。

根据上述规则，对上面例子中文法的 LR(1) 项目集族构造其相应的 LR(1) 分析表，如表 13.5 所示。

表 13.5 LR(1)分析表

状态	action						goto	
	a	b	c	d	e	#	S	A
0	S_2	S_3					1	
1						acc		
2					S_5			4
3					S_7			6
4				S_8				
5			S_9					
6			S_{10}					
7			r_5	S_{11}				
8						r_1		
9						r_3		
10						r_2		
11						r_4		

由表 13.5 可以看出，对 LR(1) 的归约项目不存在任何无效归约。但在多数情况下，同一个文法的 LR(1) 项目集的个数比 LR(0) 项目集的个数多，甚至可能多好几倍。这是

由于同一个 LR(0)项目集的搜索符集合不同，多个搜索符集合则对应着多个 LR(1)项目集。这可以看成是 LR(1)项目集的构造使某些同心集进行了分裂，因而项目集的个数增多了。下面举例说明这一概念。

若文法 G'为

(0) $S'::=S$

(1) $S::=BB$

(2) $B::=aB$

(3) $B::=b$

它的 LR(1)项目集族和转换函数如图 13.15 所示，LR(1)分析表如表 13.6 所示。

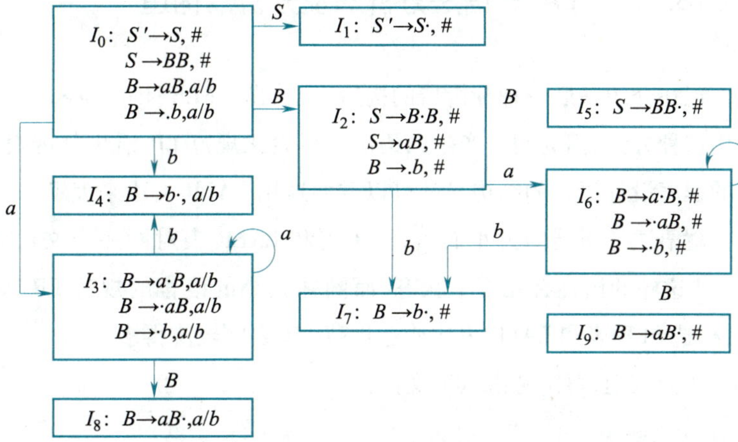

图 13.15 LR(1)项目集和转换函数

表 13.6 LR(1)分析表

状态	action			goto	
	a	*b*	#	*S*	*B*
0	S_3	S_4		1	2
1			*acc*		
2	S_6	S_7			5
3	S_3	S_4			8
4	r_3	r_3			
5			r_1		
6	S_6	S_7			9
7			r_3		
8	r_2	r_2			
9			r_2		

只要仔细分析该文法的每个 LR(1)项目集的项目，不难发现，即使不考查搜索符，它

的任何项目集中都没有动作冲突,因此实际上这个文法是 LR(0)文法,读者可以自己构造它的 LR(0)项目集,可以得知它的 LR(0)分析器只含 7 个状态,而现在 LR(1)分析器却含有 10 个状态,其中 I_3 和 I_{13}、I_4 和 I_7、I_8 和 I_9 分别为同心集。

如果一个文法的 LR(1)分析表不含多重入口(即任何一个 LR(1)项目集中无移进-归约冲突或归约-归约冲突),则称该文法为 LR(1)文法,所构造的相应分析表称为 LR(1)分析表,使用 LR(1)分析表的分析器称为 LR(1)分析器或规范的 LR 分析器。如果一个文法是 LR(0)文法,则它一定也是 SLR(1)文法和 LR(1)文法,但反之则不一定成立。

13.4.5　LALR 语法分析法及分析器构造

现在介绍最后一种分析器的构造方法,即 LALR(lookahead LR)技术。在实践中经常使用这种方法,因为由它产生的语法分析表比规范 LR 语法分析表要小得多,而大多数普通的程序设计语言的结构又都可以方便地用 LALR 文法来表示。

就语法分析器的大小而言,SLR 表和 LALR 表对同一个文法具有同样多的状态,对 Pascal 这样的语言有几百个状态,而同样大小的语言的规范 LR 表则有几千个状态。所以,构造 SLR 表和 LALR 表比构造规范 LR 表要经济得多。

作为入门,再次考虑以下文法:

$$S::=S'$$

$$S::=CC \tag{13-2}$$

$$S::=cC\mid d$$

它的状态转移图如图 13.16 所示。取一对看起来类似的状态,如 I_4 和 I_7,它们都只有一个项目,并且第一分量都是 $C::=d\cdot$,I_4 中搜索符是 c 或 d,I_7 中搜索符是#。

下面分析语法分析器中 I_4 和 I_7 的不同作用。注意,文法(13-2)产生的是正则集合 $c*dc*d$。当读入输入串 $cc\cdots cdcc\cdots cd$ 时,语法分析器把第一组 c 及其后面的 d 移进栈中,进入状态 4。如果下一个输入符号是 c 或 d,语法分析器将按产生式 $C::=d$ 归约。要求 c 或 d 跟随是合乎情理的,因为它们属于串 $c*d$ 的开始符号。如果跟在第一个 d 后的下一个输入符号是#,例如输入符号串 ccd,因为该符号串不在此正则集合内,因此分析器将报错(由状态 4 正确地指出错误)。

语法分析器在读入第二个 d 之后进入状态 7。下一个输入符号必须是#,否则输入串就不是 $c*dc*d$ 的形式。所以合理的做法是,面临#时状态 7 应按 $C::=d$ 归约,面临 c 或 d 时报告错误。

现在,把状态 I_4 和 I_7 合并为 I_{47},把它们的搜索复合起来,成为[$C::=d,c/d/\#$]。从 I_0、I_2、I_3 和 I_6,到达 I_4 或 I_7 的在 d 上的转移现在都进入 I_{47},状态 I_{47} 的动作是对任何输入

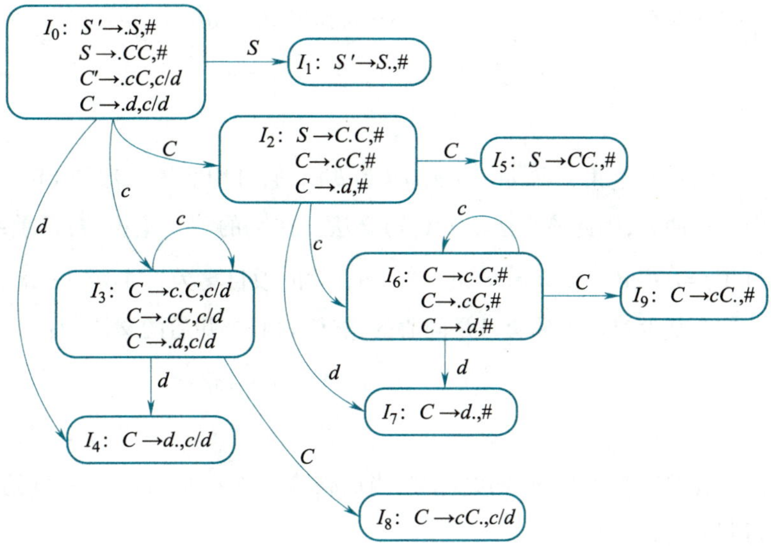

图 13.16 文法(13-2)的状态转移图

符号都进行归约。修改后的语法分析器的行为本质上和原来的一样，但它会在某些情况下不恰当地把 d 归约成 C，而原来的语法分析器对这些情况是报错的，如输入为 ccd 或 $cdcdc$ 时。但万幸的是，这些错误最终会被捕获，而且是在移进下一个输入符号之前被捕获。

更一般地讲，可以寻找同心的（即第一分量相同）LR(1)项目集，并把这些同心的项目集合并成一个项目集。例如，在图 13.16 中，I_4 和 I_7 形成这样的一对同心集，心为$\{C::=d\}$。类似地，I_3 和 I_6 形成另一对，它们的心是$\{C::=c\cdot C, C::=\cdot cC, C::=\cdot d\}$。还有一对是 I_8 或 I_9，它们的心是$\{C::=cC\cdot\}$。注意，一般而言，心是相应文法的一个 LR(0)项目集；而 LR(1)文法可能产生多个同心的项目集合。

因为 goto(I,X)的心只依赖 I 的心，所以 LR(1)项目集合并后的转移函数可以通过 goto(I,X)自身的合并而得到，这样，在合并项目集时不必同时考虑修改转移函数的问题。动作函数应作相应修改，使得它能反映各个被合并集合的既定动作。

假设有一个 LR(1)文法，即它的 LR(1)集中不存在分析动作冲突。如果把同心的项目集合并为一，就可能导致冲突，但是这种冲突不会是移进-归约冲突。因为如果存在这种冲突，则意味着对当前输入符号 a，也有一个项目$[A::=\alpha\cdot,a]$要求以 $A::=\alpha$ 进行归约，同时又有另一个项目$[B::=\beta\cdot a\gamma,b]$要求把 a 移进。这两个项目既然同处于合并之后的项目集中，则意味着在合并前必有某个 c 使得$[A::=\alpha\cdot,a]$和$[B::=\beta\cdot a\gamma,c]$同处于合并前的某一集合中。然而，这又意味着原来的 LR(1)项目集就已经存在着移进-归约冲突。从而文法不是 LR(1)的，这与假设不符。事实上移进-归约冲突不依赖于搜索符号而只依赖于其心，因此，同心集的合并不会引起新的移进-归约冲突。

但是，同心集的合并有可能产生新的归约-归约冲突，如例 13.7 所示。

【例 13.7】考虑如下文法：

$$S ::= aAd \mid bBd \mid aBe \mid bAe$$

$$A ::= c$$

$$B ::= c$$

它只产生 4 个串：acd、ace、bcd 和 bee。通过构造该文法的 LR(1)项目集，可以看出其中没有冲突，因此该文法是 LR(1)文法。在它的项目集中，对活前缀 ac 有效的项目集为 $\{[A ::= c\cdot, d], [B ::= c\cdot, e]\}$ 对 be 有效的项目集为 $\{[A ::= c\cdot, e], [B ::= c\cdot, d]\}$，这两个集合都没有产生冲突且是同心的，然而它们合并后的文法为：

$$A ::= c\cdot, d/e$$

$$B ::= c\cdot, d/e$$

合并产生了归约-归约冲突：当面临输入符号 d 或 e 时，不知道应该用哪个产生式进行归约。

下面给出构造 LALR 语法分析表的一个算法，其基本思想是：首先构造 LR(1)项目集族，如果它不存在冲突，就把同心集合并在一起，再按这个项目集族构造语法分析表。该方法可以作为描述 LALR(1)文法的基本定义。在实际应用中，由于构造完整的 LR(1)项目集族需要很多的空间和时间，因而在实际应用中需要另找算法，感兴趣的读者可以参阅有关参考书。

【算法 13.3】一个简易的 LALR 分析表构造法。

输入：拓广文法 G'。

输出：G'的 LALR 语法分析表的 action 函数和 goto 函数。

方法：

(1) 构造文法的 LR(1)项目集规范族 $C=\{I_0, I_1, \cdots, I_n\}$。

(2) 对出现在 LR(1)项目集中的每个心，找出所有与之同心的项目集，用它们的并集代替它们。

(3) 令 $C'=\{J_0, J_1, \cdots, J_m\}$ 是合并后的 LR(1)项目集族。如果分析动作出现冲突，算法无法产生分析表，说明该文法不是 LALR(1)文法。

(4) goto 表的构造如下：如果 J 是一个或多个 LR(1)项目集的并，即 $J=I_1\cup I_2\cup\cdots\cup I_k$ 那么 goto(I_1, X)，goto(I_2, X)，…，goto(I_k, X) 也同心，因为 $I_1, I_2, \cdots, I_k$ 都同心。记 K 为所有与 goto(I_1, X) 同心的项目集的并，则 goto$(J, X)=K$。

由算法 13.3 产生的表称为 G 的 LALR 分析表。如果分析动作没有冲突，则该文法称为 LALR(1)文法。在第(3)步中构造的项目集族叫作 LALR(1)项目集族。

【例 13.8】考虑如下文法：

$$S'\to S$$

$$S\to CC$$

$$C\to cC \mid d$$

它的 LR 分析表如表 13.7 所示，转移图如图 13.16 所示。正如前面所提到的，有 3 对项目集可以被合并，I_3 和 I_6 合并成：

$I_{36}:C::=c\cdot C,c/d/\#$

$C::=\cdot cC,c/d/\#$

$C::=\cdot d,c/d/\#$

I_4 和 I_7 合并成：

$I_{47}:C::=d\cdot$,c/d/#

I_8 和 I_9 合并成：

$I_{89}:C::=cC\cdot$,c/d/#

表 13.7　文法的 LR 分析表

状态	action			goto	
	c	*d*	#	*S*	*C*
0	*s*36	*s*47		1	2
1			acc		
2	*s*36	*s*47			5
36	*s*36	*s*47			89
47	*r*3	*r*3	*r*3		
5			*r*1		
89	*r*2	*r*2	*r*2		

将项目集压缩后的 LALR 语法分析表以及 DFA 的状态转换图如图 13.17 所示。

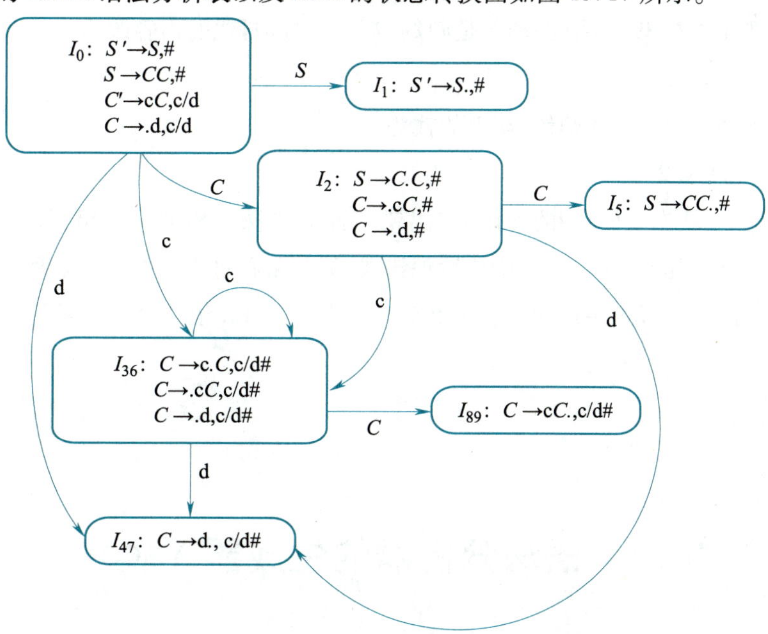

图 13.17　文法的 LALR 语法分析表和状态转换图

现在来看看转移函数是怎样计算的。考虑 goto(I_{36}, C)，在原来的 LR(1)项目集中，goto(I_3, C) = I_8，而 I_8 现在是 I_{89} 的一部分。因此，置 goto(I_{36}, C) = I_{89}。如果考虑 I_{36} 的另一部分 I_6，可以得到同样的结论，即 goto(I_6, C) = I_9，而 I_9 现在是 I_{89} 的一部分。又例如，考虑 goto(I_2, c)，它指出了在面对输入符号 C 时执行了 I_2 的移进动作之后的转移方向。在原来的 LR(1)项目集中，goto(I_2, c) = I_6，因为 I_6 现在是 I_{36} 的一部分，所以 goto(I_2, c) = I_{36}。于是，语法分析表中状态 2 面临输入符号 c 的表项是 s36，其含义是移进 c，再把状态 36 置于栈顶。

当输入串为 $c*dc*d$ 时，无论是图 13.16 的 LR 语法分析器还是图 13.17 的 LALR 语法分析器都给出了同样的移进—归约序列。其差别只是状态名不同而已，即如果 LR 语法分析器把 I_3 或 I_6 压进栈，LALR 语法分析器就把 I_{36} 压进栈。对于正确的输入串，LR 语法分析器和 LALR 语法分析器将非常相像。

但是，当输入串存在错误时，LALR 语法分析器可能比 LR 语法分析器多做了一些不必要的归约，而 LR 语法分析器能够立即报错。但 LALR 语法分析器在相应于 LR 语法分析器报错位置之后绝不会移进更多的符号。例如，若输入串是 ccd 并跟随以#时，图 13.16 的 LR 语法分析器将把

0 c 3 c 3 d 4

压入栈，并在状态 4 发现错误，因为状态 4 面临#的动作是“出错”。对于同一输入串，LALR 语法分析器将产生相应的动作，即把

0 c 36 c 3 6 d 4 7

压入栈。但状态 47 面临#的动作是归约 C::= d，栈的内容成为

0 c 36 c 3 6 C 8 9

现在状态 89 面临#的动作是归约 C::= cC，这时栈的内容改为

0 c 36 C 8 9

再经一次类似的归约，获得的栈为

0 C 2

最后，状态 2 面临#的动作是“出错”，此时语法分析器发现错误。LALR 语法分析器尽管多做了几次归约，晚一些才发现错误，但并未移进更多的符号。所以就准确地指出输入串的出错位置这一点而言，LALR 语法分析器和 LR 语法分析器是等效的。

13.5　语法分析器的生成器 Yacc

Yacc 是语法分析器(Parser)的自动生成工具。需要与词法分析器 Lex 一起使用，再

把两部分产生出来的 C 程序一并编译。该工具和 Lex 都是源于贝尔实验室的 UNIX 计划，如今 Yacc 也成了 UNIX 系统的标准实用程序。Yacc 大大地简化了在语法分析器设计时的手工劳动，将程序设计语言编译器的设计重点放在语法制导翻译上来，从而方便了编译器的设计和对编译器代码的维护。

BISON 是 Yacc 的 GNU 版本。Yacc 本来只在 UNIX 系统上才有，但现在也普遍已经移植到 Windows 及其他平台。Yacc 是识别程序自动生成工具中的典型代表，自 20 世纪问世以来几经改进，用来开发了许多编译系统。Yacc 为语法分析器或剖析器生成 C 程序代码。Yacc 使用特定的语法规则以便解释从 Lex 得到的标记并且生成一棵语法树，语法树把各种标记当作分级结构，例如，操作符的优先级和相互关系在语法树中是很明显的，最后 Yacc 对语法树进行一次深度遍历，生成原代码。图 13.18 显示了用 Lex 和 Yacc 共同构建编译器的原理。

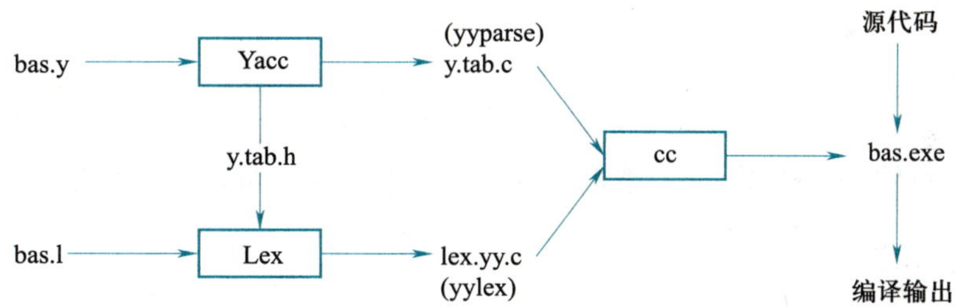

图 13.18 用 Lex 和 Yacc 共同构建一个编译器

语法分析必须建立在词法分析的基础之上，所以生成的语法分析程序还需要有一个词法分析程序与它配合工作。yyparse 要求这个词法分析程序的名字为 yylex，用户写 yylex 时可以借助于 Lex。因为 Lex 产生的词法分析程序的名字正好是 yylex，所以 Lex 与 Yacc 的配合使用是很方便的。Yacc 工作示意图如图 13.19 所示。

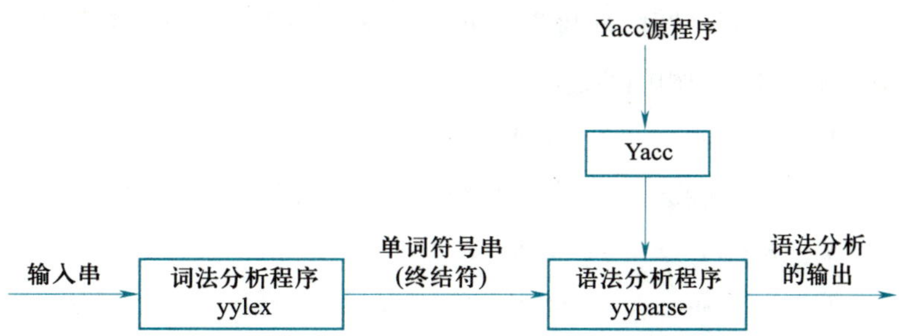

图 13.19 Yacc 工作示意图

在图 13.19 中，“Yacc 源程序”是用户用 Yacc 提供的一种类似 BNF 的语言写的要处理的语言的语法描述。Yacc 会自动地将这个源程序转换成用 LR 方法进行语法分析的语法分析程序 yyparse，同 Lex 一样，Yacc 的宿主语言也是 C 语言，因此 yyparse 是一个 C 语言的程序，用户在主程序中通过调用 yyparse 进行语法分析。

在 Yacc 源程序中除了语法规则外，还包括当这些语法规则被识别出来时，将用它们进行归约时要完成的语义动作,语义动作是用 C 语言编写的程序段。语法分析的输出可能是一棵语法树,可能是生成的目标代码,还可能是关于输入串是否符合语法的信息,需要什么样的输出都是由语义动作和程序部分的程序段来实现的。

13.5.1　Yacc 原理

Yacc 的文法由一个使用 BNF 文法的变量描述。BNF 文法规则最初由 John Backus 和 Peter Naur 制定,用于描述 Algol 语言。BNF 能够用于表达上下文无关语言。现代程序语言中的大多数结构可以用 BNF 文法来表达。例如,数值相乘和相加的文法是:

$$E::=E+E \quad (\mathrm{r1})$$

$$E::=E*E \quad (\mathrm{r2})$$

$$E::=id \quad (\mathrm{r3})$$

上面举了三个例子,代表三条规则(依次为 r1、r2、r3)。这段文法表示,一个表达式可以是两个表达式的和、乘积,或者是一个标识符。可以用这种文法来构造下面的表达式:

E	$=>E*E$	(r2)
	$=>E*z$	(r3)
	$=>E+E*z$	(r1)
	$=>E+y*z$	(r3)
	$=>x+y*z$	(r3)

每一步都扩展了一个语法结构,用对应的右式替换了左式,右面的数字表示应用了哪条规则。为了剖析一个表达式,需要把一个表达式逐步简化成一个非终结符。这叫作“自底向上”或者“移进归约”分析法,这需要一个堆栈来保存信息。下面就是用相反的顺序细述了和上例相同的语法:

1	$\cdot x+y*z$	移进
2	$x\cdot +y*z$	归约(r3)
3	$E\cdot +y*z$	移进
4	$E+\cdot y*z$	移进
5	$E+y\cdot *z$	归约(r3)
6	$E+E\cdot *z$	移进
7	$E+E*\cdot z$	移进
8	$E+E*z\cdot$	归约(r3)
9	$E+E*E\cdot$	归约(r2) 进行乘法运算
10	$E+E\cdot$	归约(r1) 进行加法运算
11	$E\cdot$	接受

“·”左边的结构在堆栈中，而右边的是剩余的输入信息。从标记移入堆栈开始，当堆栈顶部和右式要求的记号匹配时，就用左式取代所匹配的标记。概念上，匹配右式的标记被弹出堆栈，而左式被压入堆栈。Yacc 把所匹配的标记认为是一个句柄，需要做的就是把句柄向左式归约，这个过程一直持续到把所有输入都压入堆栈中，而最终堆栈中只剩下最初的非终结符。第 1 步把 x 压入堆栈中；第 2 步对堆栈应用规则 r3，把 x 转换成 E，然后继续压入和归约，直到堆栈中只剩下一个单独的非终结符，开始符号；第 9 步应用规则 r2，执行乘法指令，同样地第 10 步执行加法指令。这种情况下，乘法就拥有了比加法更高的优先级。

可以思考的是，如果在第 6 步时不是继续压入，而是马上应用规则 r1 进行归约，将导致加法比乘法拥有更高的优先级，这就叫作“移进-归约”冲突。在这种情况下，操作符优先级就可以起作用了。另一个例子，可以看到规则 $E::=E+E$ 是模糊不清的，它可以从左面递归也可以从右面递归，为了解决这个问题，可以重写语法规则，或者给 Yacc 提供指示以明确操作符的优先顺序。

下面的语法存在“归约-归约”冲突。堆栈中的 id 既可以归约为 T，也可以归约为 E。

$$E::=T$$

$$E::=id$$

$$T::=id$$

当存在“移进-归约”冲突时，Yacc 将进行移进；当存在“归约-归约”冲突时，Yacc 将执行列出的第一条规则。对于任何冲突，它都会给出警告信息，只有通过书写明确的语法规则，才能消灭警告信息。

1. Yacc 程序结构

词法分析是对输入文件的第一次重组，将有序的字符串转换成单词序列；语法分析是在第一次重组的基础上将单词序列转换为语句，它使用的是上下无关文法的形式规则。一般的程序设计语言的形式方法大多是 LALR(1) 文法，它是上下无关文法的一个子类。多数程序设计语言的语法分析都采用 LALR(1) 分析表，Yacc 也正是以 LALR(1) 文法为基础。类似于 Lex，它通过对输入的形式文法规则进行分析产生 LALR(1) 分析表，输出以该分析表为驱动的语法分析器 C 语言源程序。Yacc 的输入文件称为 Yacc 源文件，它包含一组以 BNF 范式书写的形式文法规则以及对每条规则进行语义处理的 C 语言语句。

Yacc 源文件的文件后缀名一般用.y 表示。Yacc 的输出文件一般有两个，在 BISON 下，一个是后缀为.c 的包含有语法分析函数 int yyparse( ) 的 C 语言源程序 xxx.tab.c（其中 xxx 是源文件的文件名），称为输出的语法分析器；另一个是包含有源文件中所有终结符（词法分析中的单词）编码的宏定义文件 xxx.tab.h（当 BISON 加参数-d 时生成），称为输出的单词宏定义头文件。Yacc 的源文件程序结构由两个部分组成，即：

定义部分

%%

语法规则部分

%%

用户附加 C 语言代码部分与 Lex 不同，Yacc 对源文件格式没有严格的要求，任何 Yacc 指令都可以非顶行书写。

Yacc 在对源文件进行编译时，将对所有的单词和非终结符进行编码，并用该编码建立分析表和语法分析器。单词的编码原则是：字符单词使用其对应的 ASCII 码，有名单词则由分析器进行编码。用户在对有名单词进行命名时，要注意不要和使用该单词名的 C 源程序中已有的宏名相同，否则在编译该 C 模块时是会产生宏定义冲突的。

（1）定义部分 Yacc 的定义部分比 Lex 复杂，定义部分结构如下：

%{C 语言代码部分%}

语义值数据类型定义

单词定义

非终结符定义

优先级定义

其中，C 语言代码部分同 Lex。语义值数据类型定义部分定义了进行语法分析时语义栈中元素的数据类型，可用宏 YYSTYPE 定义。

结合次序和优先级别的定义，可使 Yacc 在编译源文件时，在面对文法的二义性引起的移进-归约冲突时，能正确地选择移进或归约。二元'+'和'-'的优先级低于'*'和'/'，它们优先级又都低于一元减（取负）'-'，且它们都是左结合的，那么可以定义：

```
%left '+' '-'
%left '*' '/'
%left UMINUS /* 虚拟单词，它和一元减有相同的优先级别和结合次序 */
```

上面的定义说明了它们的优先级，规则是越在后面定义的优先级越高。而%left 说明了是左结合的。在规则部分，对一元减做如下处理：

```
exp :
| '-' exp %prec UMINUS
……
```

它规定了一元减'-'就是前面定义的 UMINUS。这样就区别了同一算符在不同上下文环境中的优先级别和结合次序。

（2）语法规则部分

Yacc 利用 BNF 范式定义形式语言的递归生成规则。Yacc 采用下述符号作为每个产生式的控制符号：冒号":"分割产生式的左右两个部分；竖杠"|"分割同一非终结符对应

的多条规则;分号“;”结束一个产生式。注意:在书写语法规则时一定要区别单词、非终结符和上述控制符号,否则将会导致出错。综上,每个产生式的规则如下:

非终结符:规则一

| 规则二

…… | 规则 n

其中,每个规则是由单词和非终结符组成的语法符号串,每个语法符号用白字符分隔。如产生式 exp::=exp+exp | exp-exp | NUM 可表示为:

```
exp:exp'+'exp
| exp'-'exp
| NUM
;
```

规则部分可以是空串.如产生式 input::=ε 可表示为

```
input:/ * 空串 */
;
```

2. 语法 Yacc

采用指定的语法并编写识别语法中有效“句子”的分析程序,语法是语法分析程序用来识别有效输入符号的一系列规则,例如:

statement::=NAME = expression

expression::=NUMBER + NUMBER | NUMBER- NUMBER

竖线“|”意味着同一个符号有两种可能性,例如,表达式可以是加法也可以是减法。箭头左侧的符号被认定为规则的左边,通常被缩写成 LHS(left-hand Side),右侧的符号是规则的右边,通常缩写成 RHS(right-hand Side)。有些规则可以有相同的左边,竖线是对应于这种情况的一个速记符号(short hand)。实际上,出现在输入中的和被词法分析程序返回的符号是终结符或标记,而规则的左侧出现的是非终结的符号(或非终结符)。终结符和非终结符必须是不同的,标记出现在规则左侧是错误的。

通常使用树状结构来表示所分析的句子。例如,如果用语法分析输入串“fred=12+13”,得到的树状结构如图 13.20 所示。“12+13”是一个表达式,“fred=expression”是一条语句。

每个语法都包括起始符号,这些起始符号必须位于语法分析树的根部。在这个语法中,statement 是起始符号。

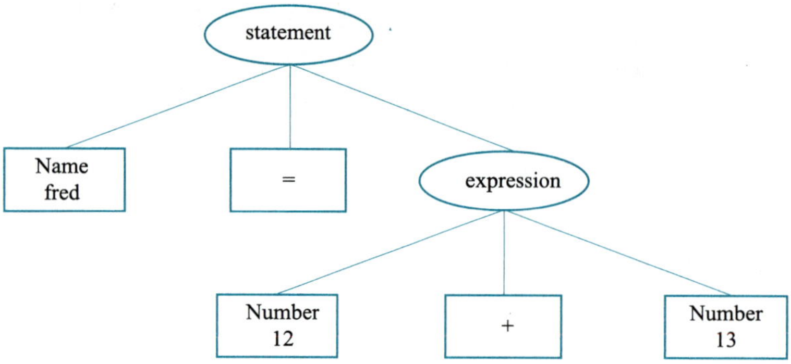

图 13.20　“fred = 12+13”的树状结构

13.5.2　Yacc 进阶

1. 递归

当设计一个列表时，可以这样使用左递归，

```
list:
item
 | list','item
;
```

或者使用下面的右递归：

```
list:
item
        | list','list
```

当使用左递归时，堆栈中的项永远不会超过三个，即一边前进一边简化。当使用右递归时，列表中所有的项都会被压入堆栈，在压入最后一个项之后，才开始简化。因此，左递归的空间复杂度更低。

2. if-Else 歧义

在 if-else 结构中，“移进-归约”冲突经常出现。假定有下面的规则：

```
stmt:
    IF expr stmt
     | IF expr stmt ELSE stmt
    …
```

以及下面的状态：

```
IF expr stmt IF expr stmt . ELSE stmt
```

需要确定是否应该移进 ELSE,或者归约堆栈顶部的 IF expr stmt。如果移进,那么结果会是这样:

```
IF expr stmt IF expr stmt . ELSE stmt
IF expr stmt IF expr stmt ELSE . stmt
IF expr stmt IF expr stmt ELSE stmt .
IF expr stmt stmt .
```

第二个 ELSE 和第二个 IF 配对。如果归约,又会这样:

```
IF expr stmt IF expr stmt . ELSE stmt
IF expr stmt stmt . ELSE stmt
IF expr stmt . ELSE stmt
IF expr stmt ELSE . stmt
IF expr stmt ELSE stmt .
```

第二个 ELSE 和第一个 IF 配对。现代程序语言通常把 ELSE 和最近的未配对的 IF 配对,所以前面的结果才是希望得到的。当遇到"移进-归约"冲突时,默认行为是"移进"。尽管 Yacc 的动作是正确的,但它仍然会显示一个"移进-归约"冲突的警告,为了阻止警告信息,可以给 IF-ELSE 结构定义更高的优先权:

```
% nonassoc IFX
% nonassoc ELSE
stmt:
    IF expr stmt % prec IFX
   | IF expr stmt ELSE stmt
```

3. 错误信息

一个成熟的编译器应当给用户提供有意义的错误信息。例如,错误信息 syntax error 就没有传达出多少有意义的信息。如果在 Lex 中跟踪行号,那么至少可以给用户提供出错的行号:

```
void yyerror(char * s) {
    fprintf (stderr,"line % d:% s\n",yylinen,s);
}
```

当 Yacc 发现一个解析错误,默认动作是调用 yyerror,然后从 yylex 中返回一个值或 1。下面的例子中,把输入流刷新为一个分隔符,然后继续扫描:

```
stmt:
 ';'
  | expr';'
  | PRINT expr';'
  | VARIABLE ='expr';
  | WHILE'(' expr ')' stmt
  | IF'(' expr ')' stmt %prec IFX
  | IF'(' expr ')' stmt ELSE stmt
  | '{' stmt_list '}'
  | error';'
  | error'}'
 ;
```

error 是 Yacc 中的一个特殊标志,它会匹配任意输入直到碰到紧随其后的错误符号。在这个例子中,当 Yacc 遇到错误时它会调用 yyerror,把输入流刷新为下一个分号或者右花括号,然后继续扫描。

4. 继承属性

到目前为止的例子都使用了综合属性。在一棵语法树的任意一点都能基于子节点的属性来判断此节点的属性,例如下面这个规则:

```
expr:expr '+' expr {$$=$1+$3;}
```

由于是从底向上剖析的,两个操作数的值都是可用的,并且可以计算出对应左边的值。一个节点的继承属性依赖于其父节点或兄弟节点的值。下面的语法定义了一个 C 变量的声明:

```
decl : type varlist
type : INT | FLOAT
varlist :
     VAR              {setType( $1,$0);}
     | varlist',' VAR      {setType( $3,$0);}
```

对上例的分析如下:

```
. INT VAR
INT. VAR
type . VAR
type VAR .
```

```
type varlist .
decl .
```

当把 VAR 归约到 varlist 的时候,应当为符号表注明此变量的类型。注意,这个类型隐藏在堆栈中,解决这个问题的办法是把堆栈索引向后推。$1 指向右边第一项,可以把索引值向后推,也可以使用$0、$-1 等。如果要指向一个特定类型的标志,可以用语法:$<tokentype>0,用尖括号括起来。在这个特殊例子中,注意必须总是指向变量列表之前的不确定类型。

5. 嵌入动作

Yacc 中的规则可以包含嵌入动作:

```
list:iteml { do_iteml ($1) ;} item2 { do_item2 ($3);} item3
```

注意每个动作也在堆栈中占有一个位置,所以在 do_item2 中必须用 $3 指向 item2。实际上,这个语法被 Yacc 翻译成了下面这样:

```
list:iteml_rule01 item2 _rule02 item3
_rule01:{do_iteml ($0);}
_rule02:{do_item2 ($0);}
```

6. 调试 Yacc

Yacc 含有允许调试的工具。这个特性可能随 Yacc 版本的不同而各不相同。通过定义 YYDEBUG 并且把它设置成非零值,Yacc 就会在 y. tab. c 中生成调试状态代码,这也需要在命令行指定参数"-t"。如果设置了 YYDEBUG,通过设置 yydebug 可以打开或者关闭调试信息的输出。输出信息包括扫描到的标志和移进-归约动作。

```
%{
# define YYDEBUG 1
%}
%%
…
%%
int main (void){
    # if YYDEBUG
    yydebug = 1;
    # endif
    yylex();
    }
```

在 Yacc 中可以通过指定命令行参数“-v”保存剖析状态，状态会保存在文件 y. output 中，状态在调试程序时非常有用。另外还可以通过定义宏 TRACE 来编写自己的调试代码，如同下面的例子，当定义 DEBUG 之后，归约的过程会带着行号显示。

```
%{
#ifdef DEBUG
#define TRACE printf("reduce at line %d\n", __LINE__);
#else
#define TRACE
#endif
%}

%%

statement_list:
        statement
            {TRACE $$ = $1;}
        | statement_list statement
            {TRACE $$ = newNode(';',2,$1,$2);}
            ;
```

13.5.3　Yacc 例子

以构造一个小型的加减法计算器为例。下面是 Yacc 输入文件的定义段：

```
%token INTEGER
```

这个定义声明了一个 INTEGER 标记。当运行 Yacc 时，它会在 y. tab. c 中生成一个剖析器，同时会产生一个包含文件 y. tab. h：

```
#ifndef   YYSTYPE
#define   YYSTYPE int
#endif
#define INTEGER 258
extern YYSTYPE yylval;
```

Lex 文件要包含这个头文件，并且使用其中对标记值的定义。为了获得标记，Yacc 会调用 yylex，yylex 的返回值类型是整型. 可以用于返回标记，而在变量 yylval 中保存着与返回的标记相对应的值。例如，

```
[0-9]+  {
        yylval = atoi (yytext);
        return INTEGER;
        }
```

上例将整数的值保存在 yylval 中,同时向 Yacc 返回标记 INTEGER。yylval 的类型由 YYSTYPE 决定,由于它的默认类型是整型,所以在这个例子中程序运行正常。0-255 之间的标记值约定为字符值。例如,如果有这样一条规则:

```
[-+] return *yytext;        /* 返回操作符 */
```

上例将会返回减号和加号的字符值。注意,这里必须把减号放在第一位避免出现范围指定错误。由于 Lex 还保留了"文件结束"和"错误过程"这样的标记值,所以生成的标记值通常是从 258 左右开始。下面为计算器设计的完整的 Lex 输入文件:

```
%{
#include <stdlib.h>
void yyerror(char *);
#include "y.tab.h"
%}
%%
[0-9]+    {
            yylval = atoi(yytext);
            return INTEGER;
              }
[-+\n]        return *yytext;
[ \t]         ; /* skip whitespace */
.             yyerror("invalid character");
%%
int yywrap(void) {
        return 1;
}
```

Yacc 在内部维护着两个堆栈:一个解析栈和一个内容栈。解析栈中保存着终结符和非终结符,并且代表当前剖析状态;内容栈是一个 YYSTYPE 元素的数组,对于解析栈中的每一个元素都保存着对应的值。例如,当 yylex 返回一个 INTEGER 标记时,Yacc 把这个标记移入解析栈,同时,相应的 yylval 值将会被移入内容栈。解析栈和内容栈的内容总是同步的,因此从栈中找到对应于一个标记的值是很容易实现的,下面为计算器设计的 Yacc 输入文件:

```
%{
        #include <stdio.h>
        int yylex (void);
        void yyerror (char * );
%}
%token INTEGER
%%
program:
        program expr '\n'{ printf ("%d\n",$2);}
        |
        ;
expr:
        INTEGER        {$$= $1; }
        | expr '+' expr{ $$= $1 + $3; }
        | expr '-' expr{ $$= $1 $3;}
        ;
%%
void yyerror (char * s) {
        fprintf (stderr,"%s\n",s);
}
int main(void) {
        yyparse();
        return 0;
}
```

通过利用左递归,已经指定一个程序由零个或多个表达式构成。每一个表达式由换行结束。当扫描到换行符时,程序就会打印出表达式的结果。当程序应用下面这个规则时:

```
expr:expr '+'expr { $$=  $1+ $3;}
```

在解析栈中用左式替代了右式。在本例中,首先弹出“exp '+' expr”,然后压入“expr”。通过弹出三个成员,压入一个成员达到缩小堆栈的目的。在 C 代码中可以通过相对地址访问内容栈中的值,“$1”代表右式中的第一个成员,“$2”代表第二个,以此类推,“$$”表示缩小后的堆栈的顶部。在上面的动作中,把对应两个表达式的值相加,弹出内容栈中的三个成员,再把值相加得到的和压入堆栈。这样,解析栈和内容栈中的内容依然是同步的。

当把 INTEGER 归约到 expr 时,数字被压入内容栈中。当 INTEGER 被压入分析栈中之后,Yacc 会就用到下面这条规则:

```
expr:INTEGER { $$= $1 ; }
```

INTEGER 标记被弹出分析栈,然后压入一个 expr。对于内容栈。弹出整数值,然后又把它压回去。当遇到换行符时,与 expr 相对应的值就会被打印出来;当遇到语法错误时,Yacc 会调用用户提供的 yyerror 函数。如果需要修改 yyerror 的调用界面,改变 Yacc 包含的外壳文件就能实现。值得注意的是,这个例子仍旧有二义性的语法:Yacc 会显示"移进-归约"警告,但是依然能够用默认的移进操作语法处理。

练习 13

1. 下列描述括号匹配的文法中,哪些是 LL(1)文法?

(1) $S::=(SS' \mid \varepsilon$

$S'::=) \mid \varepsilon$

(2) $S::=(S)S \mid \varepsilon$

(3) $S::=S(S)S \mid \varepsilon$

(4) $S::=(S \mid S'$

$S'::=(S') \mid \varepsilon$

2. 已知文法 $G[A]$为:

$A::=aABe \mid a$

$B::=Bb \mid d$

(1) 试给出与 $G[A]$等价的 LL(1)文法 $G'[A]$。

(2) 构造 $G'[A]$的 LL(1)分析表并给出输入串 $aade\#$的分析过程。

3. 证明下列文法不是 SLR(1)文法:

$S::=E\#$　$E::=bEa \mid aEb \mid ba$

4. 考虑以下的文法 $G(E)$:

$E::=(L) \mid a$

$L::=L,E \mid E$

(1) 构造 LR(0)项目集规范簇及识别活前缀的 DFA。

(2) 构造 SLR(1)分析表。

5. 给定下列产生式的文法:

$S::=E\#$　$E::=T \mid E+T$　$T::=P \mid T*P$　$P::=F \mid F\uparrow P$　$F::+i \mid (E)$

(1) 为该文法构造 LR(0)自动机。

(2) 同时证明该文法是 SLR(1),为该文法构造 SLR(1)分析表。

第 14 章

语法制导翻译技术 II

第 7 章介绍了语法制导翻译技术，引入了翻译文法、属性翻译文法的概念，并以递归下降分析法为例讲解了翻译文法的自顶向下翻译和属性翻译文法的自顶向下翻译。本章将补充介绍 LL(1) 文法的语法制导翻译，以及自底向上的语法制导翻译。

* 14.1 LL(1)文法的语法制导翻译

本节主要讨论输入文法为 LL(1)文法的语法制导翻译。首先介绍输入文法为 LL(1)文法的翻译文法的情况,之后讨论输入文法为 LL(1)文法的属性翻译文法及其对应的下推自动机。

* 14.1.1 翻译文法的自顶向下翻译-LL(1)翻译器

针对由翻译文法确定的符号串翻译的实现问题,考虑输入文法为 LL(1)文法的翻译文法的情况。这样的翻译总能由称为下推机的翻译器来实现。这个翻译器很容易用本章所构造的 LL(1)分析器进行扩展而得到。

考虑如下的 LL(1)文法:

① <A>→ a <B> c <D> (文法 14-1)

② <A>→ b

③ <B>→ c

④ <B>→ a <A>

⑤ <D>→ c <D>

⑥ <D>→ b

可以很容易地构造出该语法分析器的分析表。如表 14.1 所示。

表 14.1 文法 14-1 的 LL(1)分析表

非终结符号	输入符号			
	a	b	c	#
<A>	<A>→a <B>c<D>	<A>→b		
<B>	<B>→a <A>		<B>→c	
<D>		<D>→b	<D>→c <D>	

若在该文法的适当位置上插入翻译所要求的动作符号,则可得到相应的翻译文法。

① <A>→@ v a @ w<B> @ x c @ y<D>@ z (文法 14-2)

② <A>→b

③ <B>→c@ r

④ <B>→a @ m <A>

⑤ <D>→c <D> @ n

⑥ <D>→@ s b

为了简化讨论,我们仍假定动作符号所要做的语义动作是输出动作标记后面的符号串。这样,上述文法就成为符号串翻译文法。只需要对该文法的输入文法的分析器作相应的扩充就可得到由该翻译文法所定义语言的翻译器。下面以该文法的一个产生式为例,说明如何进行这种扩充。

考虑上述文法中有产生式:

<A>→@ v a @ w<B> @ x c @ y<D>@ z

其对应的输入文法的产生式为:

<A>→a <B>c<D>

假如分析器栈顶符号为<A>,且当前输入符号为 a,那么分析器的下一步动作应是"弹出栈顶符号<A>, 将规则右边符号 a <B>c<D>按反序入栈(保证最左推导)"。图 14.1 表示该分析动作前后分析栈的情况。

(a) 分析动作前　　(b) 分析动作后

图 14.1 输入文法分析动作前后分析栈的情况

对于翻译文法,如果翻译器下堆栈的栈顶符号为<A>,且当前输入符号为 a,根据翻译文法对应的规则,分析器的下一步动作应是"弹出栈顶符号<A>, 将规则右边符号@ v a @ w<B> @ x c @ y<D>@ z 按反序入栈(保证最左推导)"。图 14.2 表示该分析动作前后分析栈的情况。

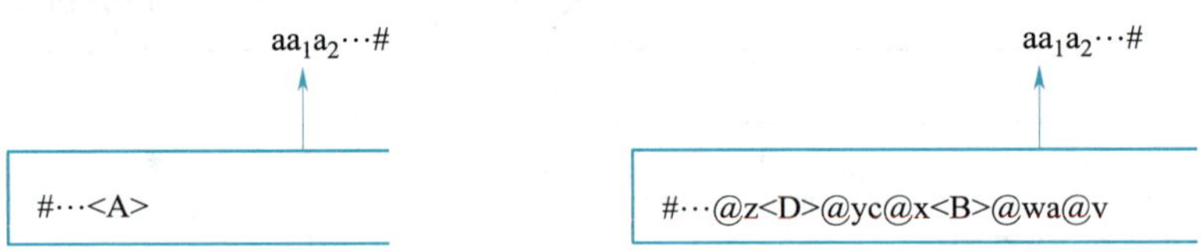

(a) 分析动作前　　(b) 分析动作后

图 14.2 翻译文法分析动作前后分析栈的情况

如果动作符号处在栈顶,那么不论当前的输入符号是什么,都要执行该动作符号所规定的操作,并将该动作符号从栈顶弹出。这个过程中读符号指针并不移动。此时,根据图 14.2(b)的栈内情况,首先执行动作符号@ v 所规定的操作,这里输出 v,并将@ v 从栈顶弹出,a 成为栈顶符号,与当前输入符号匹配,于是"弹出栈顶符号 a,移动读符号指针到下一个符号"。这时栈顶符号为@ w,为此执行动作符号@ w 所规定的操作输出 w;并将@ w

从栈顶弹出,此时栈的情况如图 14.3 所示。

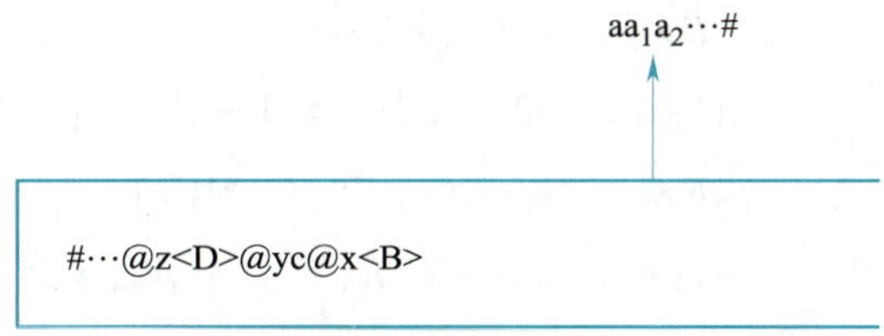

图 14.3 翻译文法输出 w 后的栈顶情况

根据图 14.3 的栈内情况,可预测翻译器将发生如下分析和翻译动作:首先分析并翻译由<B>导出的符号序列;接着执行动作符号@ x 所规定的操作,这里输出 x;然后,检查栈顶的 c 与输入符号的匹配情况,若不匹配则转出错误处理,若匹配则移动读符号指针到下一个符号,再输出 y;随后,分析和翻译 D;最后输出 z。因此,可以看出翻译文法的分析过程和输入文法非常相似,唯一不同的是在翻译文法中,“如果栈顶符号是动作符号,则执行该动作符号所规定的操作,并将该动作符号从栈顶弹出。”

由上述过程可以看出,翻译文法确定了所要做的语义动作的顺序,而翻译过程确定了调用相应的语义程序的时间和顺序。

根据上述讨论,不难将 LL(1)分析器扩充为 LL(1)语言的翻译器。通过扩充相应分析表的动作部分,并具体设计出每个动作符号的语义子程序,就可以得到翻译文法所确定语言的翻译程序。

*14.1.2 属性文法自顶向下翻译的实现——下推机法

第 13 章介绍了 LL(1)文法及其语言的识别器,即下推 LL(1)分析器。14.1.1 小节描述了通过在文法的产生式右部插入动作符号,形成输入文法为 LL(1)文法的翻译文法。在此基础上可将下推机作相应的扩充,允许动作符号进分析栈,当栈顶为动作符号时,就调用相应的语义动作程序完成翻译任务,从而实现翻译文法的翻译。通过进一步扩充下推机,可以实现对属性翻译文法的翻译。扩充的办法是,不仅允许文法符号进分析栈,也允许符号的属性进栈。为此,将栈符号进行扩充,使之包括符号名和属性域两个部分。栈符号的域是在栈内的一些存储单元。例如,对符号串 *ABC*,假定 *A* 有两个属性,*B* 有一个属性,而 *C* 没有任何属性。若符号名也占用一个存贮单元,则 *A* 对应的栈符号占三个存储单元,*B* 占两个,*C* 占一个。压入堆栈以后的情况如图 14.4 所示,其中“#”为栈底符号。

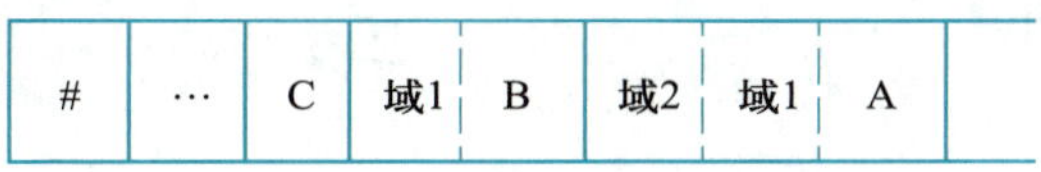

图 14.4 *ABC* 压入堆栈后

考虑如下文法:

① $<S> \to <E>_{\uparrow p}$@ ANSWER$_{\downarrow r}$,　$r := p$　　（文法 14-3）

② $<E>_{\uparrow p} \to +<E>_{\uparrow q}<E>_{\uparrow r}$@ ADD$_{\downarrow A1,\ A2\uparrow R}$

　$A1 := q,\ A2 := r,\ R := A1 + A2,\ p := R$

③ $<E>_{\uparrow p} \to *<E>_{\uparrow q}<E>_{\uparrow r}$@ MULT$_{\downarrow A1,\ A2\uparrow R}$

　$A1 := q,\ A2 := r,\ R := A1 * A2,\ p := R$

④ $<E>_{\uparrow p} \to$ @ $C_{\uparrow q}$　$p := q$

如果把属性删除，并且把该文法当作普通的符号串翻译文法来处理，那么对 LL(1) 文法下推机作一点扩充就可以构造出一个翻译器，实现由该符号串翻译文法所定义的翻译。这个翻译器的 LL(1) 分析表如表 14.2 所示。

表 14.2　翻译文法的 LL(1) 分析表

非终结符号	输入符号			
	+	*	C	#
$<S>$	$<E>$ @ ANSWER	$<E>$ @ ANSWER	$<E>$ @ ANSWER	
$<E>$	$+<E><E>$@ ADD	$*<E><E>$@ MULT	@ C	

该文法为符号串翻译文法，所以当动作符号处在栈顶时，不管输入符号是什么，翻译器将输出动作符号中的符号串。例如，对动作符号@ ADD，输出 ADD，并将该动作符号从栈中弹出。

现在可以再进一步扩充这个翻译器，以得到处理属性文法的下推机。

在扩充后的下推机中，栈符号由文法符号及存放该符号属性的域所组成。因此，文法的动作符号@ ADD 和@ MULT 有三个属性，应设三个属性域；$<E>$和@ ANSWER 各设一个域；$<S>$和栈底符号#无属性域，如图 14.5 所示。

图 14.5　属性翻译文法的栈符号

要注意到，栈符号的域不一定都存放相应属性的值。例如综合属性域不存放相关的属性值,而是存放指针。继承属性域开始为空,但是在该栈符号变成栈顶符号之前的某一时刻,它们必须被赋予相应的属性值。对于栈顶符号,继承属性域将包含该属性值,而综合属性域将包含指向存储该属性值的指针。

下面给出当动作符号出现在栈顶时,根据翻译的具体要求所要做的语义动作。假定要求翻译器所要做的工作是计算由文法定义的表达式的值并输出(所以该翻译器实际上是一个解释器),那么三个动作符号的翻译动作如下:

@ ADD:把头两个域的内容相加,并把计算结果存储在第三个域所指的单元中;弹出符号栈。

@ MULT:把头两个域的内容相乘,并把计算结果存储在第三个域所指的单元中;弹出符号栈。

@ ANSWER:输出 ANSWER 的继承属性域的内容;弹出符号栈。

当然,只需要改变相应域的内容以及动作符号所对应的动作,就可以生成某种代码。见本节后面的例子。

为了理解下推机的处理过程,这里以该翻译器处理(解释执行)输入串+ * $C_2C_3C_5$#的过程为例,进行详细说明。其中 C 为常量,下标为该常量的值。所以上述前缀表达式的运算结果为(2 * 3)+5 等于 11。该翻译器从符号对[<S>,+]开始,执行由分析表所规定的动作。图 14.6 给出了翻译器处理上述符号串时符号栈的动作过程。分析如下:

(1) 图 14.6(a)为初始状态。

(2) 从图 14.6(a)到图 14.6(b),此时,栈顶符号为<*S*>,输入符号为+,根据分析表 14.2,相应的动作为:将<*S*>从栈内弹出,将产生式①的右部符号串<E> @ ANSWER 按反序推入符号栈。应用产生式①时,有属性求值规则 $r:=p$,<*E*>的综合属性值 p 不能确定,因为该值可能依赖于还没有读进的输入符号。下推机只得让栈符号@ ANSWER 的域空着,而在栈符号<*E*>的域中放置指向它的指针,准备在<*E*>的综合属性值 p 确定以后填写它。计算<*E*>的综合属性以及把它存储到@ ANSWER 域中的任务留给符号<*E*>去处理。因为<*E*>在@ ANSWER 变成栈顶符号之前被处理,所以空域将在@ ANSWER 变成栈顶符号前填写。

(3) 从图 14.6(b)到图 14.6(c),除将栈顶符号弹出、将产生式②右部(+<*E*><*E*>@ ADD)反序压入以外,还要根据属性求值规则设置指针。如有 $A1:=q$,$A2:=r$,且因 q 和 r 的值未知,所以分别设置一个指向 $A1$ 和 $A2$ 的指针。产生式②的另一个属性求值规则为 $p:=R$,为了实现将图 14.6(b)中的<*E*>的综合属性存储在该图<*E*>的域所指的单元中,可通过把旧<*E*>的指针复写到@ ADD 的第三个域中来完成。之后,根据当前栈顶符号+与输入符号匹配,弹出该符号,并移动读符号指针到下一个符号。

(4) 从图 14.6 (c)到图 14.6(d),执行分析表相应动作,并以同样的道理设置各个指针,应注意图 14.6(c)中的栈顶<*E*>的属性域为指向@ ADD 第一个属性域的指针,此时应复制到@ MULT 的第三个属性域中(即产生式③右部符号串最右端的一个符号的综合属性域)。

(5) 从图 14.6(d)到图 14.6(e),此时已读到第一个操作数,对应的规则为:<*E*>$_{\uparrow p}$→@ $C_{\uparrow q}$,此时可直接将当前输入符号的属性值(综合属性)放入<*E*>域所指定的单元中。(当然,也可以为动作符号@ *C* 设置属性域,先入栈,这里做简化处理了)。由于栈顶符号<*E*>的综合属性值为已知,故根据栈顶符号<*E*>的综合属性域的指针,将 C_2 的值部分(即 2)填入@ MULT 的第一个域中。同时将栈顶符号<*E*>连同其属性域一起从符号栈中弹出。读符号指针指向下一个符号。

(6) 从图 14.6(e)到图 14.6(f),同上。

(7) 从图 14.6(f)到图 14.6(g),是执行栈顶动作符号@ MULT 所规定的动作结果。该动作序列将继承属性域里的值相乘,并把结果放入由综合属性域所指向的域中。

(8) 从图 14.6(g)到图 14.6(h)的变换,是发现了第二个操作数。

(9) 从图 14.6(h)到图 14.6(i)是执行@ ADD 的动作,@ ANSWER 得到它的属性值。

(10) 从图 14.6 (i)到图 14.6(j),执行由@ ANSWER 所规定的动作,即输出其值。最后得到的是分析器接受该符号串的符号栈形式。

下面再举一个条件语句翻译的例子,进一步说明属性下推翻译器的工作原理和设计方法。

若条件语句具有如下文法,<*S*>为开始符号:

① <*S*>→IF *V* *V*<*S*><ifrem>　　　　(文法 14-4)

② <ifrem>→ENDIF

③<ifrem>→ELSE <*S*> ENDIF

其中 *V* 表示变量,并且有值部分,其值是指向表项 *V* 的指针。根据该文法,实质上有两类 IF 语句,即 IF-THEN 型和 IF-THEN-ELSE 型。

在第一类 IF 语句中,如果两个变量相等,那么执行语句<*S*>,然后将控制转到 ENDIF 后面的语句;如果两个变量不等,那么将不执行语句<*S*>,控制直接转到 ENDIF 后面的语句。第二类 IF 语句中,如果两个变量相等,则执行 ELSE 左边的语句<*S*>;否则执行 ELSE 右边的语句<*S*>。

因此,翻译器需要生成能控制转移的指令及表示转移目的的标号。例如,可以用 LABEL 表示标号,并且具有值部分,其值部分是指向该标号数据区的指针。JUMP 为无条件转移指令,其值部分为指向转移标号数据区的指针。JUMPN 为不等转移指令,其值部分由三个指向数据区的指针组成:头两个指针指向要比较的两个变量的数据区,第三个指针指向当这两个变量不等时控制应转移到的 LABEL 的数据区。图 14.7 给出了翻译这两类 IF 语句时生成的转移指令、标号及其在指令序列中的位置以及数据区示意。

根据所要生成的转移指令和标号,首先可在上述 IF 语句的文法中引入动作符号,从而将其扩充为如下的符号串翻译文法。

①<*S*>→IF *V* *V*@ JUMPN <*S*><ifrem>　　　　(文法 14-5)

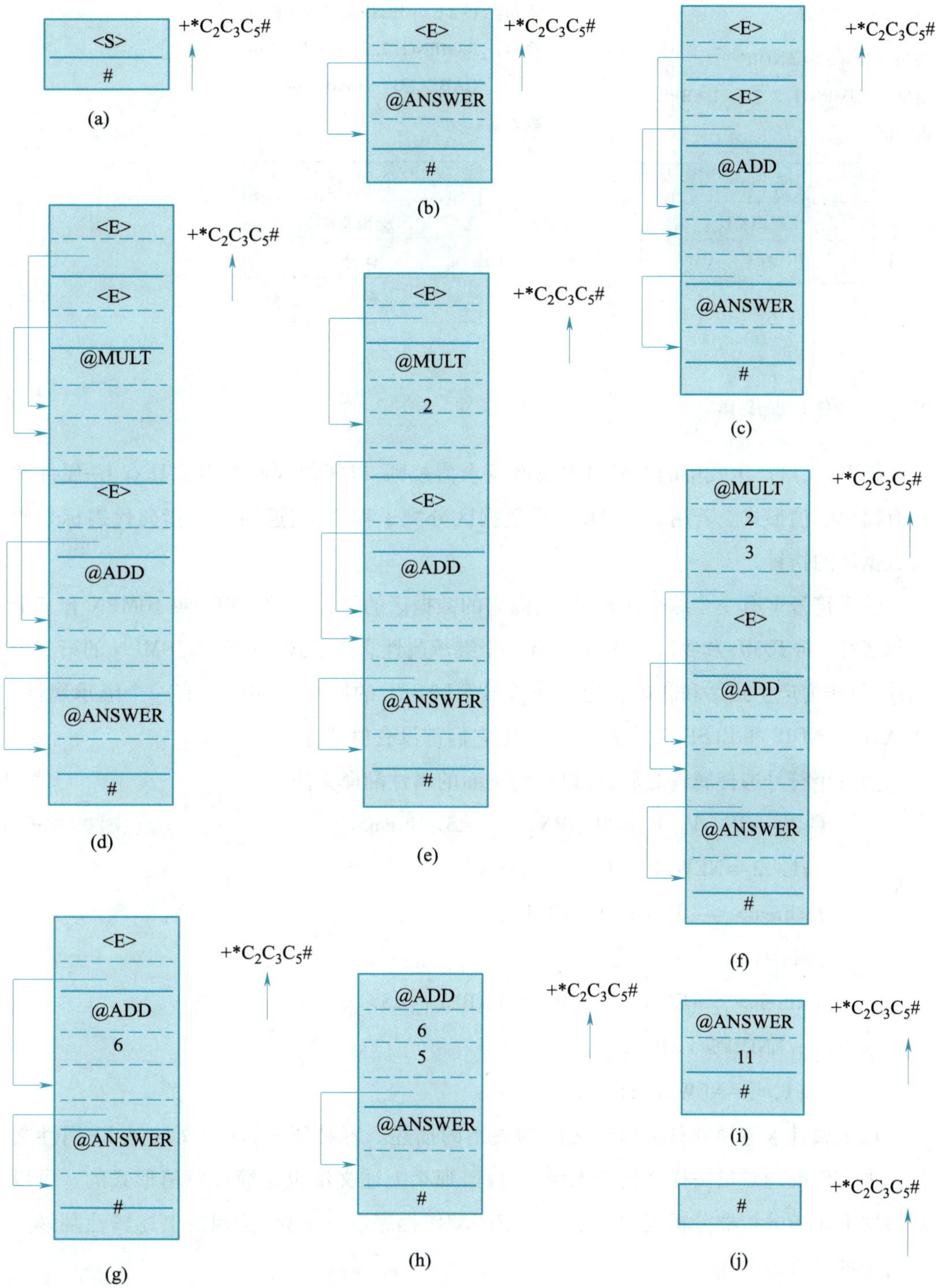

图 14.6　符号栈的动作轨迹

②<ifrem>→ENDIF @ LABEL

③<ifrem>→ELSE @ JUMP @ LABEL <*S*>

ENDIF @ LABEL

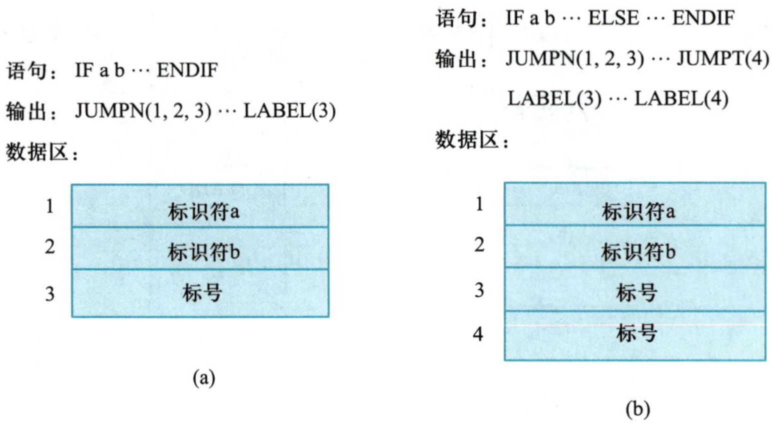

图 14.7 条件语句的翻译

接下来，给产生式中的符号设置属性及求值规则，以便使这些产生式具有 L-属性并具有简单赋值形式。若用 NEWTL 表示数据区分配子程序，它返回一个指向代表标号的新数据区的指针。

输入符号 V 有一个综合属性，即指向它的数据区的指针。动作符号@ JUMPN 有三个继承属性。@ JUMP 和@ LABEL 都各有一个继承属性。产生式①中的@ JUMPN 的第三个属性，将作为产生式②和③中相应动作符号@ LABEL 的属性。<ifrem>有一个继承属性。注意，IF、ENDIF 和 ELSE 都是单词符号，但它们都没有值部分。

为每个符号选择属性之后，可以得到下面的属性翻译文法：

①$<S> \to \text{IF}\quad V_{\uparrow x}\ V_{\uparrow y}\ @\text{JUMPN}_{\downarrow x1,y1,z1}<S><\text{ifrem}>_{\downarrow z2}$ （文法 14-6）

$z1,\ z2\ =\text{NEWTL},\ x1:=x,\ y1:=y$

②$<\text{ifrem}>_{\downarrow z} \to \text{ENDIF}@\ \text{LABEL}_{\downarrow z1}$

$z1:=z$

③$<\text{ifrem}>_{\downarrow z} \to \text{ELSE}@\ \text{JUMP}_{\downarrow w}@\ \text{LABEL}_{\downarrow z1}<S>$

$\text{ENDIF}@\ \text{LABEL}_{\downarrow w1}$

$w1,w:=\text{NEWTL},z1:=z$

以上属性求值规则只是指针之间的关系的描述。容易证明，这个文法是 L-属性文法。如果像处理常量一样来处理无函数过程，那么上述文法也是简单赋值形式的。可以通过对 LL(1)分析器分析表中产生式对应的动作程序进行扩充，实现由上述属性翻译文法对应的翻译器。

采用产生式①推导时的动作程序为：

a. 调用 NEWTL；

b. 对符号栈作如图 14.8 所示的动作；弹出栈顶符号，将规则右边反序入栈。

采用产生式②推导时的动作程序是：

a. 用栈顶符号<ifrem>域的内容作为它的属性，输出 LABEL；

b. 弹出栈顶符号。

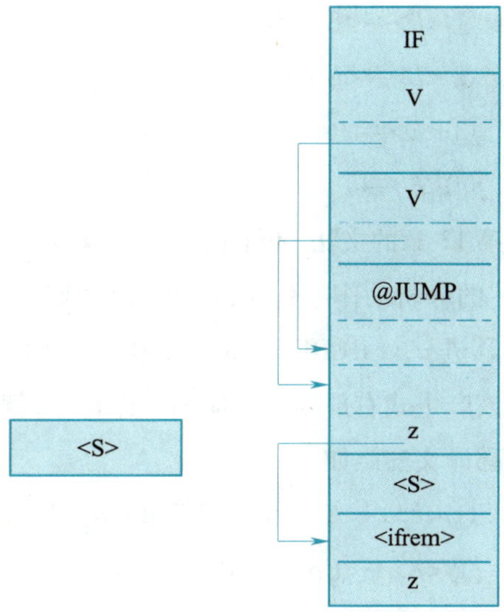

Z=指向NEWTL返回的数据区指针

图 14.8 符号栈动作示图

采用产生式③推导时的动作程序是:

a. 调用 NEWTL;

b. 输出用 NEWTL 的结果作为其属性的 JUMP;

c. 输出用栈顶符号<ifrem>的内容作为其属性的 LABEL;

d. 弹出栈顶符号,将规则右边的符号反序入栈。

当栈顶符号是输入符号 V,且当前的输入符号也是 V 时,那么,可把当前输入符号的值放在由该栈符号域所指向的域内。

14.2 自底向上语法制导翻译

在第 13 章讨论自底向上分析时,介绍了算符优先分析和 LR 分析,以及相应分析器的构造。同时指出 LR 分析过程的本质是归约当前句型的句柄。对于 LR 分析器,其处理可接受的输入符号串时所执行的移进和归约操作序列可用翻译文法来描述。只需在输入文法的每个产生式(假定该产生式的编号为 p)的右端插入动作符号@ REDUCE(p),就能构造出相应的翻译文法。该动作符号所规定的动作是用产生式 p 进行归约,将在栈顶的产生式的右部符号串从栈内弹出,同时压入该产生式的左部符号。如果把翻译文法所产生的活动序列中的每个输入符号都看作是当那个符号为当前输入时所执行的移进动作,那么,活动序列恰好描述了在处理输入符号串期间所执行的移进和归约操作序列。为说

明这个问题,考虑如下文法:

①<L>→<E>,<L>　　　　（文法 14-7）

②<L>→<E>

③<E>→a

④<E>→b

按第 13 章的文法,不难构造出该文法的 LR(1)分析器。该分析器对于输入符号串“a,b,a”的分析动作序列为:移进 a,@ REDUCE(3),移进“,”,移进 b,@ REDUCE(4),移进“,”,移进 a,@ REDUCE(3) ,@ REDUCE(2),@ REDUCE(1),@ REDUCE(1)。

在该产生式右部插入相应的动作符号,就可以得到能产生描述移进、归约顺序的活动序列的翻译文法。如:

①<L>→<E>,<L>@ REDUCE(1)

②<L>→<E>@ REDUCE(2)　　　　（文法 14-8）

③<E>→a@ REDUCE(3)

④<E>→b@ REDUCE(4)

对输入符号串 a,b,a,可根据上述文法,用自顶向下推导可得出如下的推导序列;

<L>⇒<E>,<L>@ REDUCE(1)

⇒<E>,<E>,<L>@ REDUCE(1)@ REDUCE(1)

⇒<E>,<E>,<E>@ REDUCE(2) @ REDUCE(1) @ REDUCE(1)

⇒a@ REDUCE(3),b@ REDUCE(4),a@ REDUCE(3)

@ REDUCE(2) @ REDUCE(1) @ REDUCE(1)

可以看出,由文法通过推导得到的活动序列中的 11 个符号,与分析输入符号串“a,b,a”时的移进、归约操作序列相匹配。活动序列能描述移进和归约操作序列的原因是,每一个归约操作都在对应的句柄压入栈后立即执行;而且在对产生式右部的最右符号的处理完成之后也要立即执行这种归约操作。

在本节中,作为翻译文法的自底向上处理,我们将简单讨论一种称为波兰翻译文法的翻译问题,属性文法自底向上处理将只讨论 S-属性文法的翻译问题。

14.2.1　波兰翻译

首先给出波兰翻译文法的定义。当且仅当每个产生式右部的所有动作符号都只出现在所有输入符号和非终结符号的右边时,称这种翻译文法为波兰翻译文法。本节中给出的文法 14-8 就是这种波兰翻译文法。如果动作符号除完成所指定的归约动作以外,还输出由动作符号所指定的符号,那么便称这种波兰翻译文法为波兰符号串翻译文法。例如,下面给出一个波兰符号串翻译文法:

①<L>→<E>,<L>@ x

②$\langle L\rangle \to \langle E\rangle @y$ （文法 14-9）

③$\langle E\rangle \to a@x@y$

④$\langle E\rangle \to b@y@x$

显然该文法的输入文法是文法 14-8。该文法的翻译器很容易通过修改其输入文法的分析器得到，通过修改使得完成每个归约操作还同时完成由动作符号规定的动作。对于上面的文法，可在过程 REDUCE(1)中输出 x，在 REDUCE(2)中输出 y，在 REDUCE(3)中输出 xy 等。修改文法翻译器之所以有效，是由于实现翻译时插入的动作符号(如@ x)与分析时插入的归约符号(如 REDUCE(1))都位于同一产生式的最右端。因此，可以在进行符号串分析的同时实现所要求的翻译。

14.2.2 S-属性文法

现在来进一步讨论如何扩充前节所讨论的下推翻译器，以完成属性翻译。这里要讨论的主要问题是 S-属性文法。

当且仅当以下三个条件成立时，属性翻译文法又称为 S-属性文法：

① 所有非终结符的属性都是综合属性。

② 综合属性的每一个求值规则与正被确定属性的那个符号的综合属性无关。

③ 继承属性的每个规则只依赖于产生式右部一些符号的属性，这些符号出现在正被确定属性的那个符号的左边。

下面文法是文法 14-9 相应的 S-属性文法

①$\langle L\rangle_{\uparrow s1} \to \langle E\rangle_{\uparrow s2}, \langle L\rangle_{\uparrow s1} @x_{\downarrow I1}$ $S_1 := S_2 + S_1, I_1 := S_1$

②$\langle L\rangle_{\uparrow s1} \to \langle E\rangle_{\uparrow s2} @y_{\downarrow I2}$ $S_1 := S_2,\ I_2 := S_2$ （文法 14-10）

③$\langle E\rangle_{\uparrow s2} \to a_{\uparrow v} @x_{\downarrow q} @y_{\downarrow I3}$ $S_2 := v + I_3,\ q := v, I_3 := q$

④$\langle E\rangle_{\uparrow s2} \to b_{\uparrow t} @y_{\downarrow I} @x_{\downarrow r}$ $S_2,\ I := t,\quad r := I + t$

给定一个 S-属性翻译文法，并给定一个该文法的输入文法的下推分析器，可以通过扩充该下推分析器完成该 S-属性翻译文法翻译器的构造。在该翻译器中，每个栈符号由名字部分和属性域组成。栈中任何符号的域都是一些存储单元，当符号在栈内时，这些域用于保存该符号的属性信息。这与前面所讲的属性文法的自顶向下处理栈符号的组织是相同的。

为了实现属性文法的翻译，还需对相应分析器的移进和归约动作做适当的扩充。

移进动作可以这样来扩充，把当前输入的属性放在移进操作压入的那个栈符号相应的域中。

当选用产生式 p 进行归约操作时，栈顶部的符号串表示输入文法的产生式 p 的右部，且这些域含有文法符号的属性。扩充这个归约操作，以便可以使用这些属性来计算与这个产生式有关的所有动作符号属性，以及左部非终结符的所有属性。使用这些动作符号属性来产生所需要的输出和完成有关的动作。使用左部非终结符属性来填写表示左部非终结符的域,而归约子程序把这个左部终结符压入栈中。

对于文法 14-9,若输入符号串“a,b,a”,则符号串的自底向上分析过程如表 14.3 所示。

表 14.3　符号串“a,b,a”的分析

步骤	符号栈	输入符号串	动作
1	#	a,b,a#	左界符进栈
2	#a	,b,a#	进栈
3	#E	,b,a#	归约
4	#E,	b,a#	进栈
5	#E,b	,a#	进栈
6	#E,E	,a#	归约
7	#E,E,	a#	进栈
8	#E,E,a	#	进栈
9	#E,E,E	#	归约
10	#E,E,L	#	归约
11	#E,L	#	归约
12	#L	#	接受

图 14.9 表示属性翻译器在完成相应分析器第 7 到第 11 行的动作时的符号栈和输出的情况。在第 7 行,假定靠近栈顶的 E 的属性值为 5,靠近栈底的 E 的值为 2。从第 7 行到第 8 行是移进输入符号 a,假定 a 具有的综合属性值为 3,从第 8 行到第 9 行是根据产生式③将 a 归约为 E。根据属性求值规则求得 E 的属性值 $S_2=6$,($S_2=v+I_3$,而 $I_3=q$,$q=v$),并将其填入 E 的域内。在归约动作的同时,求得动作符号的属性值。此处求得 x 和 y 的属性值均等于 3,并输出之。从第 9 行到第 10 行是根据产生式②将 E 归约为 L。根据属性求值规则求得 L 的属性值 $S_1=6$,($S_1=S_2$),并将其填入 L 的域内。在归约动作的同时,求得动作符号的属性值。此处求得 y 的属性值等于 6,并输出之。从第 10 行到第 11 行是根据产生式①将 E, L 归约为 L。根据属性求值规则求得 L 的属性值 $S_1=11$,($S_1=S_2+S_1$),并将其填入 L 的域内。在完成归约动作的同时,求得动作符号的属性值。此处求得 x 的属性值等于 11,并输出之。

总之,给定一个 S-属性波兰翻译文法,就有一个输入文法与之相对应。可为该输入文法构造一个下推分析器。在该下推分析器的基础上,可构造出 S-属性翻译文法的翻译器。该翻译器可以通过对分析器的栈符号增加属性域,以及对移进和归约操作进行适当的扩充构造出来。

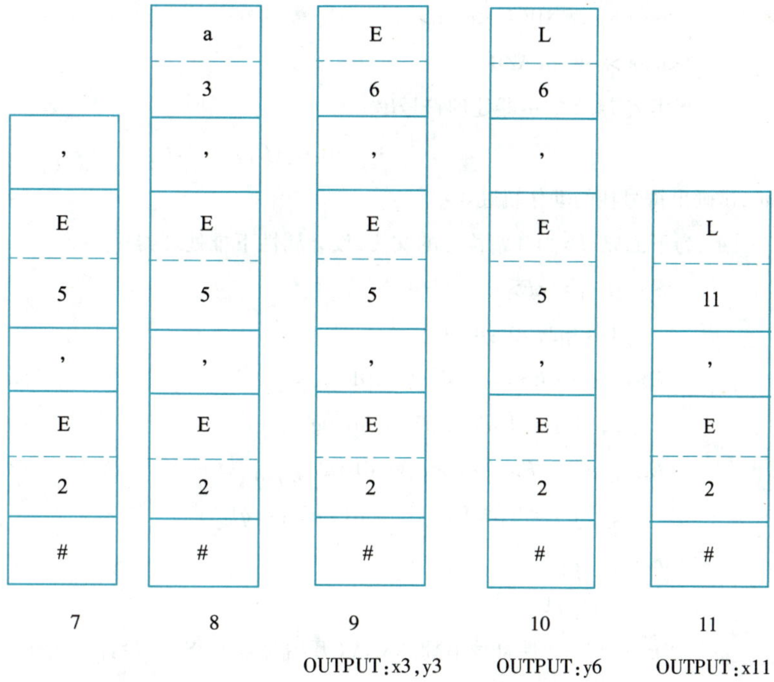

图 14.9　符号栈动作追踪

练习 14

1. 给定任意的 LL(1)文法，指出如何构造一个符号串翻译文法，使得该文法能够把语言中的任意句子翻译成由一些产生式名字所组成的序列，要求这些名字能够反映出在推导符号串过程中产生式的使用顺序。

2. 对下列每个符号串翻译文法，设计一个下推翻译器(其中<S>为开始符号)：

(1) <S>→a @x <B> @h @a c

<S>→@a b @a

<B>→c @x @y <B><B> @e

<B>→a @b @c d @e f @y

(2) <S>→3 @THREE <erp><S> @VOID

<S>→@Y @z 4

<erp>→ε

<erp>→2 @TWO <S><erp>

(3) <S>→@A <noon> @Y Y

<S>→x @DRB

<noon>→@ NIB Q <noon>

<noon>→@ BLAZB

3. 当用表 14.2 的机器处理符号串

$$+ * + C_1 C_2 + C_1 * C_3 C_2 C_4$$

时，试画出符号栈的动作轨迹。

4. 为下面以<S>为开始符号的文法，设计属性下推处理器。

$<S> \to I_{\uparrow p1} = <E>_{\uparrow r1} @ \text{ASSIGN}_{\downarrow p2, r2}$

$p1 := p2,\ r2 := r1$

$<E>_{\uparrow r2} \to + <E>_{\uparrow p1} <E>_{\uparrow q1} @ \text{ADD}_{\downarrow p2, q2, r1}$

$r2,\ r1 := \text{NEWTL},\ p2 := p1,\ q2 := q1$

$<E>_{\uparrow r2} \to * <E>_{\uparrow p1} <E>_{\uparrow q1} @ \text{MULT}_{\downarrow p2, q2, r1}$

$r2,\ r1 := \text{NEWTL},\ p2 := p1,\ q2 := q1$

$<E>_{\uparrow r2} \to I_{\uparrow r1}$

$r2 := r1$

5. 对于下面 L-属性符号串翻译文法（开始符号为<S>），设计一属性下推翻译器。

$<S> \to a_{\uparrow M1} <A>_{\uparrow N1} @ d_{\uparrow M2, N2} <B>_{\downarrow N3}$

$M2 := M1,\quad N3,\ N2 := N1$

$<S> \to b_{\uparrow k} <B>_{\downarrow R1} @ g_{\downarrow R2}$

$R2,\ R1 := 52$

$<A>_{\uparrow Q4} \to a_{\uparrow p} <A>_{\uparrow Q1} @ d_{\downarrow Q2, Q3} <A>_{\uparrow N}$

$Q4,\ Q3,\ Q2 := Q1$

$<A>_{\uparrow R2} \to b_{\uparrow T1} @ q_{\downarrow T2} a_{\uparrow R1}$

$T2 := T1,\ R2 := R1$

$<B>_{\downarrow T} \to a_{\uparrow Z} <B>_{\downarrow Y}$

$Y := Z + T$

$<B>_{\downarrow T1} \to @ d_{\downarrow T2,\ L}$

$T2 := T1,\ L := T1 - 5$

6. 试比较 S-属性文法与 L-属性文法的区别。

7. 考虑下列带有开始符号为<S>的属性翻译文法。非终结符<S>有两个属性，为该文法设计一自底向上的属性翻译器。

① $<S>_{\uparrow x} \to (<A>_{\uparrow u, v} a_{\uparrow y}) @ d_{\downarrow z}$　　　$z := u * v + y,\ x := 3$

② $<S>_{\uparrow x} \to (b_{\uparrow y} <S>_{\uparrow u}) @ f_{\downarrow v} @ d_{\downarrow z}$　　　$v := y, z := v - 2,\ x := u + z$

③ $<A>_{\uparrow x, y} \to (a_{\uparrow z}\ b_{\uparrow u} <S>_{\uparrow v})$　　　$x := z + u - v, y := u$

④ $<A>_{\uparrow x, y} \to ()$　　　$x := 1,\quad y := 2$

8. 对算术表达式考虑下列文法：

$E \to (E + E)$

$E \to (E * E)$

$F \to I$

假定 I 是一个记号，它的值部分为指向标识符表项的指针。现在想把这个语言中的符号串翻译成由四元式 ADD,p,q,r 和 MULT,p,q,r 组成的序列。其中 p,q,r 分别指向左操作数、右操作数和结果表项的指针。

（1）试构造确定这个翻译的 S-属性波兰翻译文法。

（2）设计实现该翻译的自底向上的翻译器。

9. 考虑下列带有开始符号为<S>的属性翻译文法。非终结符<S>有两个属性，为该文法设计一个自底向上的属性翻译器。

①<S> →<E> @ ANSWER

②<E>→<P>

③<E>→<E>+<P>

④<E>→<E>-<P>

⑤<P>→c

⑥<P>→(<E>)

10. 给定任何翻译文法，试证明存在一个定义相同翻译的波兰翻译文法。

11. 给定一个算术表达式文法，为该表达式开发三个编译程序：一个使用递归下降分析，另一个使用 LALR(1) 分析，第三个使用自顶向下的 LL(1) 分析。试对你所开发的这三个编译程序进行对照和比较。

第四部分 编译器实例分析与高级编译技术

本部分我们介绍一个开源的现代编译器实例——LLVM 编译架构,并对一些高级编译技术展开初步的讨论。第 15 章简要介绍 LLVM 编译器架构,包括 LLVM 核心、Clang 以及多级中间表示架构 MLIR。第 16 章介绍面向特定领域的编译技术,包括可信编译和面向深度学习的编译架构,以及面向微处理器架构的高级编译优化技术。

第 15 章

LLVM 编译器架构

LLVM（low level virtual machine）编译架构是一个开源的编译器与工具链集合，由 LLVM 指导委员会管理，具有模块化、可重用等技术优势。LLVM 起源于美国伊利诺伊大学的一个研究项目，目的是提供一个现代的、基于 SSA 的编译基础设施，支持任意程序设计语言的静态和动态编译。发展至今，LLVM 已经包含了大量子项目，提供全生命周期的编译支持。LLVM 主要子项目如图 15.1 所示。

LLVM编译器架构

LLVM Core	提供语言和目标无关的优化，代码生成支持
Clang	C语言族的编译前端
MLIR	支持构建可重用的、可扩展的编译器的多级中间表示
LLDB	调试器
Libc++/libc++ABI	C++标准库，支持C++11和C++14
compiler-rt	为处理器不支持的低级功能提供优化实现
OpenMP	OpenMP并行编程接口的运行时库
Polly	基于多面体模型的优化，支持自动向量化和并行化
libclc	OpenCL编程语言的运行时库
klee	基于LLVM的符号执行工具
LLD	链接器
BOLT	链接后优化器，基于运行时获取的性能数据优化

图 15.1　LLVM 编译器架构

接下来几节将对 LLVM 核心、Clang、MLIR 子项目做简单介绍，更多的信息可以参见 LLVM 官方网站。

15.1 LLVM 核心

LLVM 核心由围绕 LLVM IR 构建的一系列模块(库)构成,提供现代的、与语言和目标平台无关的优化,支持多种处理器的代码生成,包括 x86、ARM、RISC-V 等,如图 15.2 所示。基于 LLVM 核心库,可以很方便地构建一个新语言的编译器,也可以快速地将编译器移植到新的目标平台。

如图 15.2 所示,不同的编程语言经过相应的语言前端转换后,生成统一的 LLVM IR。LLVM IR 是一种基于静态单一赋值(SSA)的、类型安全的、与语言和目标机无关的中间代码表示方式。在 IR 层面,LLVM 内建了一系列的代码分析模块,包括控制流、数据流分析、别名分析、依赖关系分析等。基于分析获取的信息,LLVM 中执行各种通用的优化变换,例如常量传播、死代码删除、循环变换等。

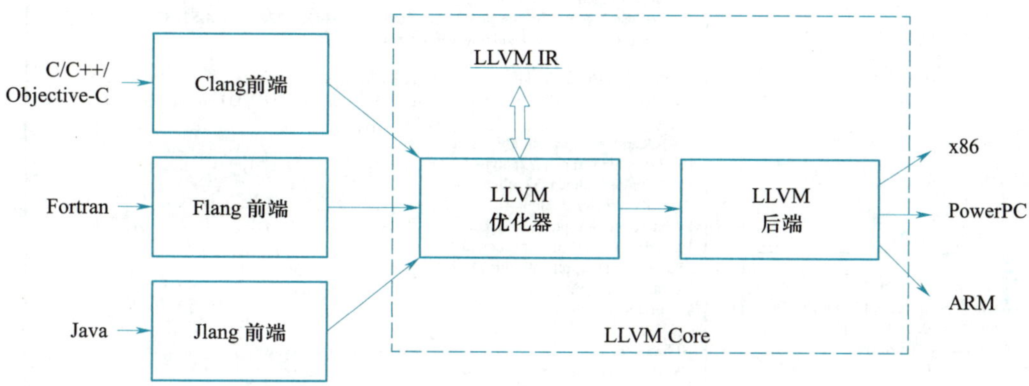

图 15.2 LLVM 核心

LLVM 后端是一个目标平台无关的代码生成器,提供一组可重用组件(库),将 LLVM IR 转换为指定目标平台的机器代码。机器代码可以是目标机汇编语言,也可以是二进制机器码(通过 JIT 编译器运行)。目标平台无关是指代码生成器实现编译后端的通用算法(例如指令选择、寄存器分配,以及指令调度等算法)与具体的目标平台无关。

15.1.1 LLVM IR

LLVM IR(intermediate representation,中间表示)支持两种在功能上等价的表达方式:便于阅读的汇编格式和序列化后的位码表示,不仅有助于实施高效的代码变换与分析,而且能够可视化地进行开发调试。两种格式可以通过 llvm-dis 和 llvm-as 相互转换,如图 15.3 所示。

LLVM IR 是一种强类型语言表示,包含显式的与语言无关的类型信息。同时,所有指

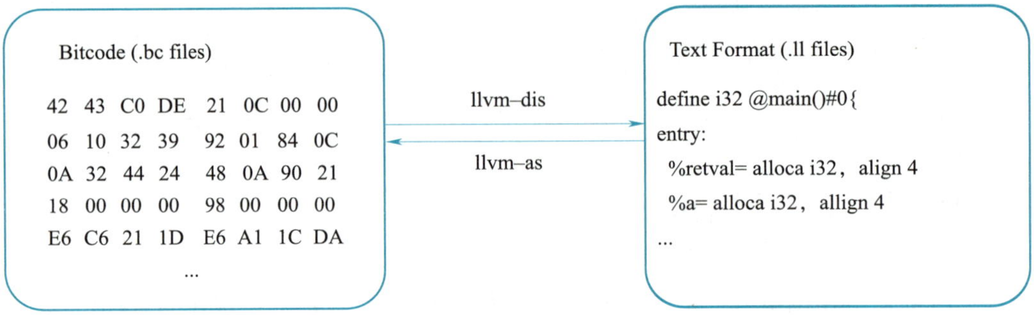

图 15.3　LLVM 中间表示的两种形式

令都显式携带类型信息,例如存取(load/store)指令、计算指令等。LLVM IR 的指令使用 RISC 类似的三地址代码,指令格式包括操作符、类型、操作数和返回值(结果),例如:

%i.2=add i32 %i,1

其中 add 是操作符,i32 表示 32 位整型,%i.1 和 1 是操作数,%i.2 存放返回结果。局部名字和全局名字分别用“%”和“@”表示,例如局部变量%i,函数@ Sum。LLVM IR 通过插入ϕ节点实现 SSA。控制流结构采用简单、低级的跳转指令实现,图 15.4 展示了一个 C 语

```
void sum(int *, int *);
void foo( int *A, int N, int P) {
for(int i = 0; i< N; i++)
    sum(&A[i],&P);
}
```

```
; ModuleID = 'tt.c'
source_filename = "tt.c"
target datalayout = "e-m:e-i8:8:32-i16:16:32-i64:64-i128:128-n32:64-S128"
target triple = "aarch64-unknown-linux-gnu"

; Function Attrs: noinline nounwind optnone uwtable
define dso_local void @foo(ptr noundef %A, i32 noundef %N, i32 noundef %P) #0 {
entry:
  %A.addr = alloca ptr, align 8
  %N.addr = alloca i32, align 4
  %P.addr = alloca i32, align 4
  %i = alloca i32, align 4
  store ptr %A, ptr %A.addr, align 8
  store i32 %N, ptr %N.addr, align 4
  store i32 %P, ptr %P.addr, align 4
  store i32 0, ptr %i, align 4
  br label %for.cond

for.cond:                               ; preds = %for.inc, %entry
  %0 = load i32, ptr %i, align 4
  %1 = load i32, ptr %N.addr, align 4
  %cmp = icmp slt i32 %0, %1
  br i1 %cmp, label %for.body, label %for.end

for.body:                               ; preds = %for.cond
  ......
  %arrayidx = getelementptr inbounds i32, ptr %2, i64 %idxprom
  call void @sum(ptr noundef %arrayidx, ptr noundef %P.addr)
  br label %for.inc

for.inc:                                ; preds = %for.body
  %4 = load i32, ptr %i, align 4
  %inc = add nsw i32 %4, 1
  store i32 %inc, ptr %i, align 4
  br label %for.cond, !llvm.loop !6

for.end:                                ; preds = %for.cond
  ret void
}

declare void @sum(ptr noundef, ptr noundef) #1

attributes #0 = { noinline nounwind optnone uwtable "frame-pointer"="non-leaf"   ......  }
...... //other Stuff
```

图 15.4　LLVM IR(clang -emit-llvm -S tt.c)

言 for 循环及其对应的 LLVM IR,其中的 for 循环通过转化为条件分支实现。

尽管控制流结构简单、低级,但 LLVM IR 仍包含了足够的高层信息,用于后续的分析和优化,例如显式的栈分配、数组下标和结构索引、完整的函数调用信息等。

LLVM IR 中,一个编译单元称为一个模块(module),通常对应一个源文件,例如一个.c 文件。LLVM IR 的层次结构如图 15.5 所示。

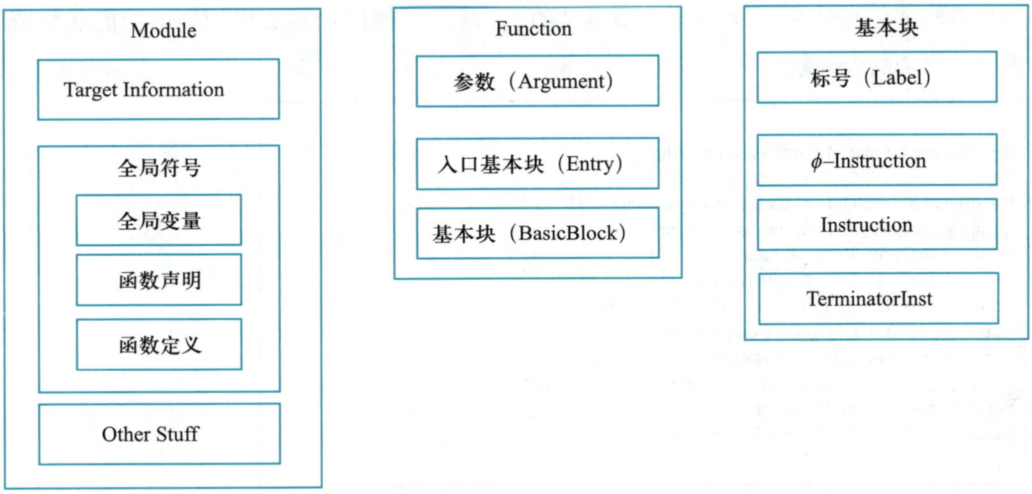

图 15.5 LLVM IR 的层次结构

一个模块中包含多个函数,函数由基本块组成,其中有且只有一个入口基本块。基本块中,只有最后一条指令是 TerminatorInst。分支指令、返回指令都属于 TerminatorInst。

15.1.2 优化器

LLVM 优化器(opt)是一个模块化的 LLVM IR 分析器和优化器,包含一系列编译"遍",对 LLVM IR 程序进行分析和变换。遍管理器(PassManager)负责组织遍的执行顺序,用户也可以通过编译选项控制遍的执行。事实上,LLVM 支持全生命周期化包括编译时(compile-time)、链接时(link-time)、运行时(run-time)及离线(off-line)优化,如图 15.6 所示。

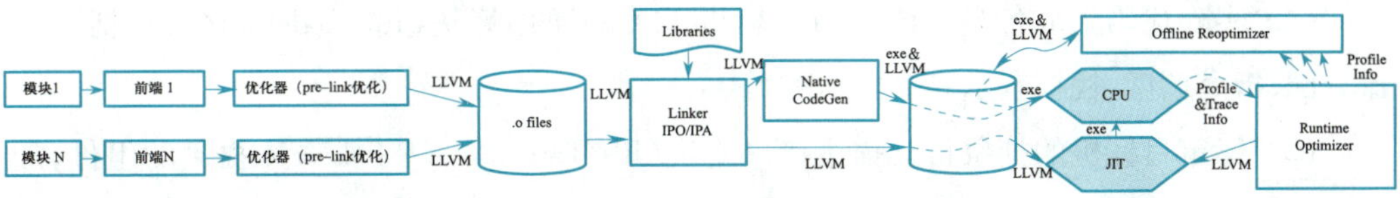

图 15.6 LLVM 全生命周期优化

链接时优化通过 llvm-link 工具将多个编译单元(模块)链接为一个目标文件,进行跨编译单元的优化。用户也可以直接使用 clang 在编译和链接时加入 -flto 编译选项使能链接时优化。

优化包括分析和变换,LLVM 的优化器主要由分析遍和变换遍组成。根据遍的处理的范围,主要分成模块遍(ModulePass)、函数遍(FunctionPass)、区域遍(RegionPass)、循环遍(LoopPass)、基本块遍(BasicBlockPass),以及用于过程间优化的强连通调用图遍(CallGraphSCCPass)等。在图 15.7 列举的遍中,必经节点树分析遍(DominatorTreeAnalysis)是一个函数遍,参数值传播遍(CalledValuePropagationPass)是一个模块遍。编译器开发者在增加新的优化遍时,可以继承这些预定义的类(遍),根据优化算法增加新的功能函数或者覆盖原来的虚函数。

```
......
Running pass: OpenMPOptPass on [module]
Running pass: IPSCCPPass on [module]
Running analysis: DominatorTreeAnalysis on foo
Running analysis: AssumptionAnalysis on foo
Running analysis: TargetIRAnalysis on foo
Running analysis: LoopAnalysis on foo
Running pass: CalledValuePropagationPass on [module]
Running pass: GlobalOptPass on [module]
Running analysis: TargetLibraryAnalysis on foo
Skipping pass PromotePass on foo due to optnone attribute
Skipping pass: PromotePass on foo
Running analysis: PreservedCFGCheckerAnalysis on foo
......
```

图 15.7　LLVM 优化器执行的分析遍和变换遍(opt -O2 --debug-pass-manager tt.ll)

15.1.3　代码生成器

LLVM 代码生成器(llc)有 6 个主要组成部分:

(1) 抽象目标机描述接口(include/llvm/Target/)。

(2) 表示生成的代码的类(include/llvm/CodeGen/),这些抽象的类可以表示任何目标机的机器代码。

(3) 表示机器代码层(MC Layer)的类和算法,能够表示汇编级构件,如标号(label)、节(section)和指令。

(4) 实现代码生成各个阶段的与目标机无关的通用算法(lib/CodeGen/),包括寄存器分配、指令调度、栈帧表示等。

(5) 特定目标机的抽象目标描述接口实现(lib/Target/),基于 LLVM 提供的组件,加上针对特定目标机定制的编译遍,为特定目标机构建完整的代码生成器。

(6) 与目标机无关的 JIT 组件(lib/ExecutionEngine/JIT)。LLVM JIT 使用 TargetJITInfo 结构来处理目标机相关问题,使 JIT 完全独立于目标机。

为了进行代码生成,代码生成器使用三种不同层次的中间表示:SelectionDAG、MachineInstr 和 MCInst,最后生成机器汇编代码或者机器代码,生成流程如图 15.8。

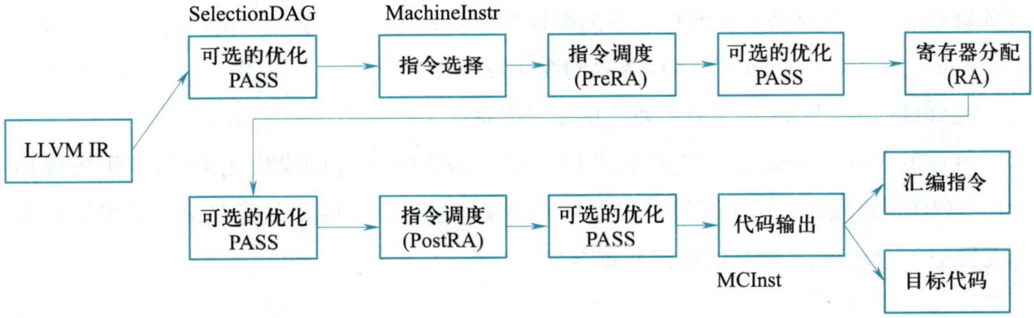

图 15.8 生成代码流程

代码生成器将 LLVM IR 转换为 SelectionDAG。SelectionDAG 是一个与目标机无关的低级 IR,DAG 节点表示指令或者一个操作数,边描述了指令间存在数据依赖关系,每个基本块对应一个 DAG。LLVM 基于 SelectionDAG 采用模式匹配进行指令选择,选择阶段还执行一系列的优化,例如窥孔优化、冗余删除等,最后生成 MachineInst 表示。基于 MachineInst 表示,LLVM 执行贪婪的指令调度,尽可能挖掘指令级并行。

在寄存器分配之前,所有中间表示都具有 SSA 属性,以便开展基于 SSA 的各种优化。在寄存器分配前,LLVM 对 PHI 指令进行必要的转换,解构 SSA,以减轻寄存器压力。LLVM 支持四种寄存器分配方法:pbqp、greedy、basic 和 fast,用户可通过编译选项-regalloc=<regalloc_name>进行选择。其中,pbqp 将寄存器分配映射为分区布尔二次规划(partitioned boolean quadratic programming,PBQP)问题,一个 PBQP 解决方法用于将这个问题的结果映射回寄存器。greedy 给出一种高效的全局(函数范围)寄存器分配实现,优先为长生存期的对象分配寄存器,支持活跃区域分割以最小化寄存器溢出。basic 是一种很简单的分配器,并提供扩展接口,可作为新的寄存器分配器的开发基础,同时用作 LLVM 内部衡量寄存器分配效率的基线。fast 是局部的寄存器分配(作用于各个基本块),它尽量将值保持在寄存器中并重用它们。

寄存器分配后,指令已经使用真实的物理寄存器,LLVM 还会再执行一次指令调度,以及其他的优化,进一步进行优化。代码输出阶段,LLVM 将指令从 MachineInst 生成 MCInst 实例。

15.2 Clang

Clang 基于 LLVM 架构,为 C 语言族(包括 C、C++、Objective-C、OpenCL、CUDA 等)的语言提供语言前端和工具,Clang 和 LLVM 的关系如图 15.9 所示。同时,Clang 提供了和

GCC 兼容的编译器驱动和 MSVC 兼容的编译器驱动：

$clang hello. c -o hello（GCC 兼容的编译器命令）

D:\>clang-cl hello. c(MSVC 兼容的编译器命令)

和 GCC 相比，Clang 编译速度快，占用内存小，采用基于库的模块化设计，用于集成开发环境(IDE)集成或者用于开发其他工具。在编译过程中，Clang 创建并保留了大量详细的元数据，有利于调试信息的输出和错误报告。

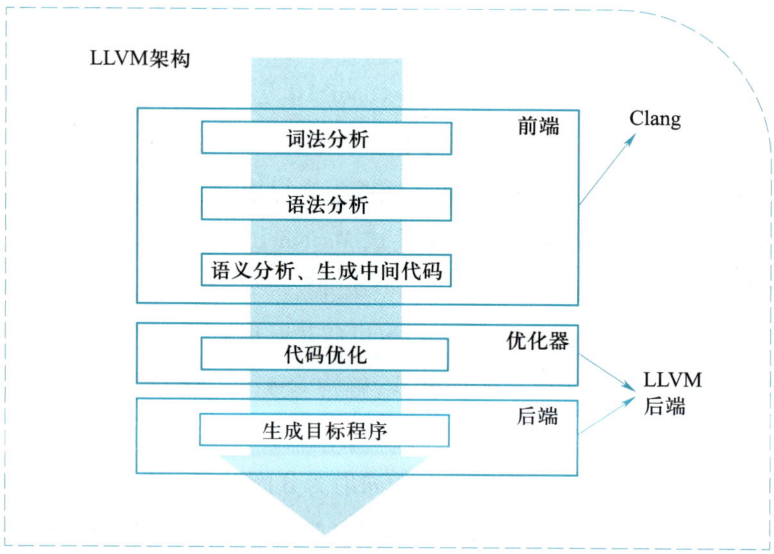

图 15.9　Clang 和 LLVM 关系

此外，Clang 还提供了 Clang 静态分析器和 Clang-Tidy 工具帮助程序员发现程序中隐含的错误。

15.2.1　Clang 处理流程

Clang 首先运行预处理器进行宏展开，处理包含文件和预处理指导命令，然后进行词法分析(Clang/lib/Lex)、语法分析(Clang/lib/Parse)、语义分析(Clang/lib/Sema)，生成 Clang 抽象语法树(abstract syntax tree，AST)。在 AST 的基础上，进一步生成 LLVM IR (Clang/lib/codeGen)。

词法分析输出词法单元，并生成相关的符号表，Clang 定义了词法单元类(tokens)保存词法单元信息。Clang 采用递归下降的语法分析技术，分析词法单元组成的序列是否符合源语言语法，并生成 AST。语义分析利用符号表信息检查语义正确性，例如类型检查。如图 15.10 所示，Clang 语义分析并不是在语法分析完成之后再遍历 AST 进行，而是在 AST 节点生成的同时执行分析检查。

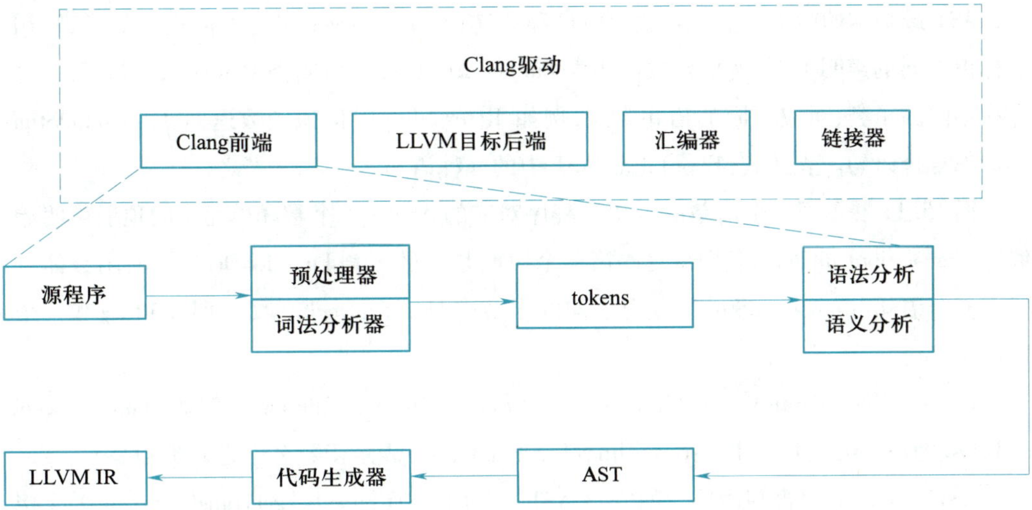

图 15.10 Clang 处理流程

15.2.2 Clang 抽象语法树

经过语法分析后，Clang 生成源程序的 AST。AST 是一种携带丰富语义信息的源代码语法结构的抽象表示，包括类型、表达式树和符号等。AST 以树的形式表现编程语言的语法结构，树上的每个节点都表示源代码中的一种结构。和其他编译器使用的 AST 不同，括号表达式和编译时常量以完整的形式在 Clang AST 中保留。ParenExpr 表示的括号表达式(7+3)，如图 15.11 所示。这使得 Clang AST 非常适合用于重构其他工具。

```
int f(){
    int a=(7+3)*7;
    int b = 5;
    return b-a;
}
```

```
TranslationUnitDecl 0x320d4ff8 <<invalid sloc>> <invalidsloc>
|-TypedefDecl 0x320d5e40 <<invalid sloc>> <invalid sloc> implicit __int128_t '__int128'
| `-BuiltinType 0x320d55c0 '__int128'
...此处省略Clang内部类型说明...
`-FunctionDecl 0x3217d880 <test.c:1:1, line:6:1> line:1:5 f'int ()'
  `-CompoundStmt 0x3217dc20 <line:2:1,line:6:1>
    |-DeclStmt 0x3217dab0 <line:3:9, col:24>
    | `-VarDecl 0x3217d988 <col:9, col:23>col:13 used a 'int' cinit
    |   `-BinaryOperator 0x3217da90 <col:17, col:23> 'int' '*'
    |     |-ParenExpr 0x3217da50 <col:17,col:21> 'int'
    |     | `-BinaryOperator0x3217da30 <col:18, col:20> 'int' '+'
    |     |   |-IntegerLiteral 0x3217d9f0 <col:18> 'int' 7
    |     |   `-IntegerLiteral0x3217da10 <col:20> 'int' 3
    |     `-IntegerLiteral 0x3217da70 <col:23> 'int' 7
    |-DeclStmt 0x3217db68 <line:4:9, col:16>
    | `-VarDecl 0x3217dae0 <col:9, col:15>col:13 used b 'int' cinit
    |   `-IntegerLiteral 0x3217db48 <col:15> 'int' 5
    `-ReturnStmt 0x3217dc10 <line:5:9, col:18>
      `-BinaryOperator 0x3217dbf0 <col:16,col:18> 'int' '-'
        |-ImplicitCastExpr 0x3217dbc0 <col:16> 'int' <LValueToRValue>
        | `-DeclRefExpr 0x3217db80 <col:16 > 'int' lvalue Var 0 x3217dae0 'b' 'int'
        `-ImplicitCastExpr 0x3217dbd8 <col:18> 'int' <LValueToRValue>
          `-DeclRefExpr 0x3217dba0 <col:18> 'int' lvalue Var 0x3217d988 'a' 'int'
```

图 15.11 C 语言代码和它的 Clang AST(clang -cc1 -ast-dump test.c)

AST 最基本的两类节点是声明(Decl)和语句(Stmt)。Decl 包含不同类型的子类,用于标识不同的声明类型,例如函数声明类 FunctionDecl,参数声明类 ParmVarDecl。Stmt 也存在不同的子类,对应不同的语句类型,例如 ReturnStmt 类标识函数返回,CompoundStmt 类标识复合语句。表达式(Expr)也是 AST 中的一种语句。

图 15.11 展示了一个简单的 C 语言程序对应的 AST。一个翻译单元中的顶层声明始终是 TranslationUnitDecl,我们编写的第一个声明是函数 f 的 FunctionDecl。f 的函数体是一个复合语句(CompoundStmt),复合语句的子节点是 2 个 DeclStmt(声明 a 和 b)和一个 ReturnStmt。

FunctionDecl、ParamVarDel 和 VarDecl 都包含声明的名字和类型。例如"FunctionDecl 0x3217d880 <test.c:1:1, line:6:1> line:1:5 f 'int ()'"表示函数名字是 f,类型是 int()。

ASTContext 类包含翻译单元的完整 AST。利用 ASTContext::getTranslationUnitDecl 接口,从顶层 TranslationUnitDecl 开始,我们可以遍历任何一个 AST 节点。

Clang 还提供了图形方法帮助用户清晰地查看 AST 语句,效果如图 15.12 所示。

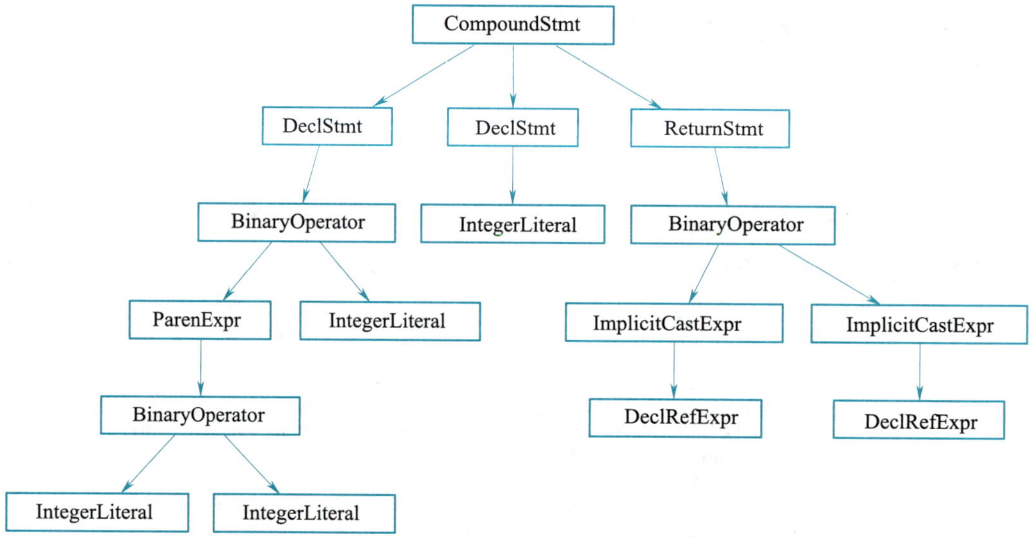

图 15.12　C 代码的函数体 Clang AST(clang -cc1 -ast-view test.c)

15.3　MLIR

MLIR(Multi-Level Intermediate Representation)是谷歌公司开发的一种全新的中间表示,提供了一种构建可复用、可扩展的编译器基础架构的新方法,旨在解决软件碎片化问题,改善面向异构体系结构的编译器开发过程,大幅降低领域特定编译器构建的成本,并将已有的编译器连接在一起。

与其他中间表示语言不同,MLIR 支持多个抽象层次的语言结构共存,每个抽象层次结构都可用于不同的目的。这种设计使得 MLIR 可以灵活地表示各种类型的程序,并允许编译器开发人员根据需要添加新的层次结构。MLIR 的设计基于两个关键思想:可组合性和可扩展性。

- 可组合性

MLIR 的可组合性是指其能够将多个层次结构组合在一起,形成一个完整的程序表示。这种设计使得编译器开发人员可以使用 MLIR 来处理不同类型的程序,并将它们组合在一起形成更复杂的程序。MLIR 还支持在不同的层次结构之间共享数据。这意味着,无论是在高级别还是低级别的抽象层次结构中定义的数据,在整个 MLIR 表示中都是可用的。这种设计使得编译器开发人员可以使用 MLIR 来创建高度模块化的编译器,提高代码复用性和可维护性。

- 可扩展性

MLIR 的可扩展性是指其能够轻松添加新的层次结构以支持新的编程语言、硬件体系结构或优化技术等。这种设计使得 MLIR 成为一个通用的中间表示语言,适用于各种类型的编译器和优化器。MLIR 使用一种称为方言(dialect)的机制来实现可扩展性。每个 Dialect 都定义了一组操作和类型,可以用来表示特定类型的程序。编译器开发人员可以通过创建自己的方言来扩展 MLIR,并将其与现有的方言组合在一起以创建更复杂的程序表示。

15.3.1 MLIR

MLIR 中的语义单位是“操作”(operations,Op)。在 MLIR 中,从指令到函数再到模块,一切都建模为 Op。MLIR 没有固定的 Op 集合,允许并鼓励用户自定义扩展 Op。Op 具有唯一的操作符(opcode),用于标识它所在的方言和操作。Op 可以有零个或多个值作为操作数和结果,并以 SSA 形式维护操作数和结果。所有值都有一个类型,类似于 LLVM IR。除了操作符、操作数和结果外,Op 还可能具有属性(attributes)、区域(regions)、块参数(block arguments)和位置信息(location information)。属性是编译时获取的静态信息,例如整数常量值、字符串数据或常量浮点值列表。与操作符一样,MLIR 没有固定的属性集。属性的含义由 Op 语义或与属性相关的方言中得出。属性是可扩展的,允许直接引用外部数据结构。Op 的实例可能附有一系列附加区域。区域的主要目的是为 MLIR 提供嵌套结构的实现机制:一个区域包含一系列块,每个块包含一系列操作(操作中可能又包含嵌套的区域)。区域的语义由其附加的操作定义,区域内部的块(如果有多个)可形成控制流图(Control-flow graph,CFG)。MLIR 提供了位置信息的紧凑表示形式,并在整个系统中处理和传播位置信息。MLIR 使用静态单赋值(SSA)的函数形式,每个块都有一个类型化的块参数(block arguments)列表(可能为空)。

MLIR 使用方言作为语言扩展的基本单位。方言在一个单一的命名空间下提供 Op、属性和类型的逻辑分组,如图 15.13 所示。方言本身并未引入任何新的语义,而是用作逻辑分组机制。MLIR 支持多种方言的混合以便能实现渐进式降级(lowering)。来自不同方言的 Op 可以在 IR 的任何级别共存,同时可以使用其他方言中定义的类型与属性。

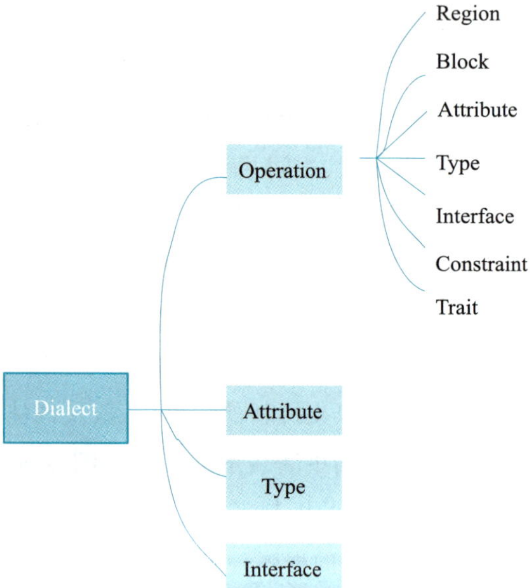

图 15.13　方言

方言命名空间在操作码中是以“.”分隔的前缀,例如图 15.14 使用了仿射方言(affine dialect)来描述一个两重嵌套循环,affine. for Op 描述一个 for 循环结构,使用 affine. load 和 affine. store 将索引限制为循环下标的仿射表达式,以便后续进行依赖关系分析和循环变换。

```
// Affine loops are Ops with regions
affine.for %arg0 = 0 to %N {
 // Only loop =invariant values, loop iterators, and affine functions of  // those are allowed.
 Affine.for %arg1 =0 to%N {
      // Body of affine for loops obey SSA.
      %0 = affine.load%A[%arg0] : memref<? xf32>
      //Structured memory reference, (memref) type can have
      affine layout maps.
      %1 = affine.load%B[%arg1] :memref<? xf32, (d0)[s0] -> (d0 + s0]>
      %2 = mulf %0,%1 :f32
      // Affine load/store can have affine expressions as subscripts.
      %3 = affine.load %C[%arg0 + %arg1] :memref<? xf32>
      %4 = add%3,%2 :f32
      affine.store%4, %C[%arg0 +%arg1] : memref<? xf32>
      }
 }
```

图 15.14　使用仿射方言描述两重嵌套循环

MLIR 已经预定义了一组 Dialect,其中包括 Affine Dialect、GPU Dialect、Vector Dialect、APIR Dialect 等。

15.3.2 MLIR 示例

由于其可扩展性和可组合性,MLIR 已成为一个通用的中间表示语言,适用于各种类型的编译器和优化器,涵盖了例如高级语言 Fortran 编译器(Flang)、深度学习(TensorFlow 编译)、硬件合成(CIRCT 项目)等多个领域。

- TensorFlow

MLIR 起源于机器学习框架的开发。如图 15.15 所示,TensorFlow 框架由不同的编译器、基于图的优化技术和运行时系统组成,它们并没有共享公共的基础架构或者设计理念,各种图 IR 之间存在重复,难以相互转换,给定向到新的硬件带来困难。

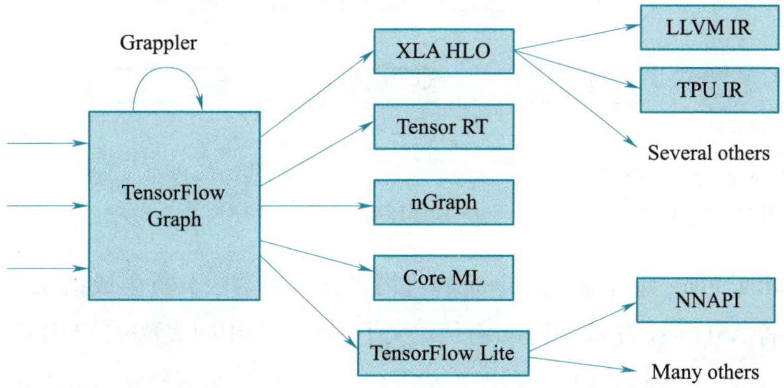

图 15.15 TensorFlow 编译环境

TensorFlow 将图优化工作从 Grappler 迁移到 MLIR,定义 tf 方言(如图 15.16 所示)对该内部表示进行建模,基于 tf 方言进行优化,并将 tf 方言逐渐降级到 MLIR 其他方言,以复用这些方言提供的表达和优化能力,例如图 15.17 所示的 Affine 方言、Linalg 方言等,最后转换为 LLVM IR 或者其他低层次的 IR,生成高效的代码。

```
%0 = tf.graph (%arg0 : tensor<f32>, %arg1 : tensor<f32>,  %arg2 : tf.resource) {
  %1, %control = tf.ReadVariableOp(%arg2) : (!tf.resource) -> (tensor<f32>, !tf.control)
  %2, %control_1 = tf.Add(%arg0, %1)  : (tengsor<f32>, tensor<f32>) -> (tensor<f32>, !tf.control)
  %control_2 = tf.AssignVariableOp(%arg2, %arg0, %control)  : (!tf.resource, tensor<f32>) -> !tf.control
  %3, %control_3 = tf.Add(%2, %arg1)  : (tengsor<f32>, tensor<f32>) -> (tensor<f32>, !tf.control)
  tf.fetch %3, %control_2 : tensor<f32>, !tf.control
}
```

图 15.16 tf 方言

- Flang

Fortran 语言广泛应用于数值模拟和工程计算领域,Flang 是新的基于 MLIR 实现的 Fortran 语言前端,旨在支持 Fortran 2018 标准,支持 OpenMP 并行编程接口。图 15.18 展

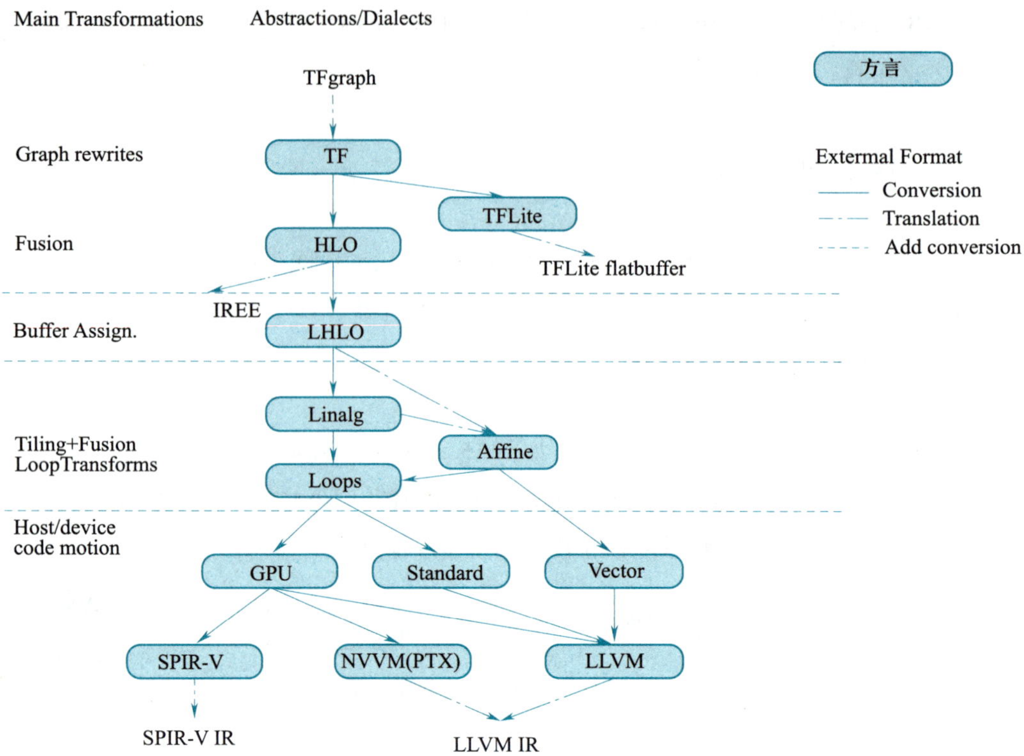

图 15.17　基于 MLIR 的 TensorFlow 编译环境

示了 Flang 编译流程。Flang 经过词法分析和语法分析生成抽象语法树，此时 Flang 并不将 AST 转换为 LLVM IR，而是定义了一种新的中间表示——FIR 方言。在 FIR 方言一级，Flang 利用 FIR 保持的高级语义信息，进行优化，最后转换为 LLVM IR，利用 LLVM 优化器和代码生成器优化和生成目标代码。

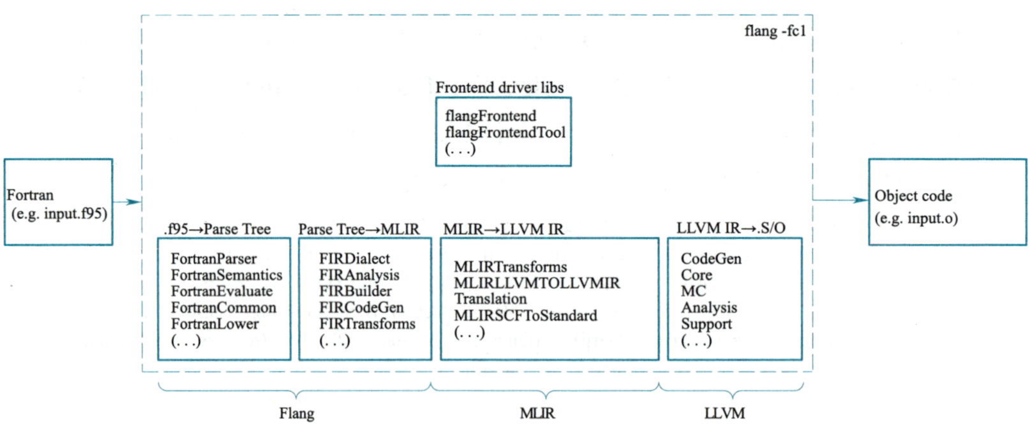

图 15.18　Flang 编译流程

FIR 方言是 Flang 的核心。FIR 能够在一个较高的层次表示 Fortran 程序。例如 Fortran 数组计算 a=b(1:100:4)，假定形状数组参数，循环和 where 语句抽象等。如图 15.19 所示，参数 a 是假定形状的数组，数组赋值语句 a=b 将数组 a 的所有元素都赋值为 b。

```
subroutine work(a,b)
  real a(:),b
  a=b
end
```

```
module attributes { …… } {
 func.func @_QPwork(%arg0: !fir.box<!fir.array<?xf32>> {fir.bindc_name = "a"},
                    %arg1: !fir.ref<f32> {fir.bindc_name = "b"}) {
  %c0 = arith.constant 0 : index
  %0:3 = fir.box_dims %arg0, %c0 : (!fir.box<!fir.array<?xf32>>, index) -> (index, index, index)
  %1 = fir.array_load %arg0 : (!fir.box<!fir.array<?xf32>>) -> !fir.array<?xf32>
  %2 = fir.load %arg1 : !fir.ref<f32>
  %c1 = arith.constant 1 : index
  %c0_0 = arith.constant 0 : index
  %3 = arith.subi %0#1, %c1 : index
   %4 = fir.do_loop %arg2 = %c0_0 to %3 step %c1 unordered iter_args(%arg3 = %1) -> (!fir.array<?xf32>) {
    %5 = fir.array_update %arg3, %2, %arg2 : (!fir.array<?xf32>, f32, index) -> !fir.array<?xf32>
    fir.result %5 : !fir.array<?xf32>
   }
   fir.array_merge_store %1, %4 to %arg0 : !fir.array<?xf32>, !fir.array<?xf32>, !fir.box<!fir.array<?xf32>>
   return
 }
}
```

图 15.19　FIR 方言(flang-new -fc1 -emit-mlir t.f90)

Flang 目前正在开发阶段,可以前往 LLVM 的 Github 主页下的 llvm-project 中的 flang 项目获取更多信息。

- CIRCT

CIRCT(Circuit IR Compilers and Tools)是基于 MLIR 打造开源的 EDA(electronic design automation 电子设计自动化)框架,由 Chris Lattner 牵头设计,Xilinx、SiFive、微软等多家公司参与其中,旨在利用编译技术,设计在顶层重用 MLIR 的高级抽象 IR,在底层引入新的描述电路 IR(Verilog/VHDL 也可以看作描述电路的 IR)的统一硬件设计工具。

CIRCT 软件框架如图 15.20 所示,其中包含几种针对 EDA 框架的方言。

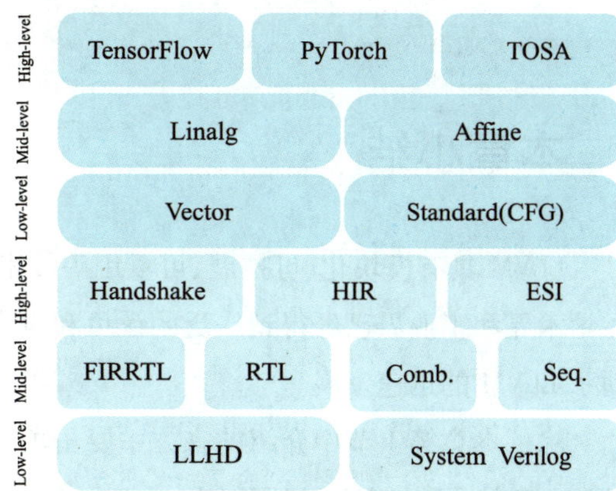

图 15.20　CIRCT 软件框架

(1) Handshake,主要描述独立的非同步的数据传输,数据传输的通道基于 FIFO 实现。

(2) HIR(An MLIR-based Intermediate Representation for Hardware Accelerator Description),主要在高层次描述时序电路的行为,例如带有延迟的计算、流水线、状态机,同时也有具体调度行为和并行计算的表示等。

(3) ESI (Elastic Silicon Interconnect),主要是表示片上和片外的互联关系,用于实现点对点双向的数据流通路,数据流通路中含有数据类型,数据类型支持所有 MLIR 中定义的类型。

(4) FIR-RTL 选用来自 Chisel 编译器的 IR,是比 Verilog 更高一级的表达。

(5) RTL/Seq/Comb RTL,用于描述 module 和端口,Seq 描述时序电路,Comb 描述组合电路,目前处于开发阶段。

(6) LLHD,针对硬件设计 RTL 代码的多层级 IR 表示,分为行为级的表示和结构级的表示。前端支持目前多种硬件语言,例如 Chisel、MyHDL、SystemVerilog 等,后端可以加入不同硬件厂商的综合工具,最终输出网表级别的 IR。目前 LLHD 的前端只支持 System Verilog。

基于 MLIR,各个方言之间能够相互转换,目前支持两条到 Verilog 的转换路径:第一条输入为 FIR(或者 Handshake): FIR(或者 Handshake)→high FIRRTL→mid FIRRTL→low FIRRTL→Verilog。第二条输入为 SystemVerilog:SystemVerilog→behavior LLHD→structure LLHD→LLHD-sim。

CIRCT 项目是 MLIR 生态中一个非常具有挑战性和启发性的项目,将编译技术应用到硬件设计中,颠覆了我们对传统硬件设计工具的认识,寻求利用编译技术统一硬件设计工具,打造 EDA 框架。目前还处于起步阶段,可以前往 LLVM 的 Github 主页下的 circt 项目获取更多信息。

本章小结

LLVM 具有模块化、可扩展、可重用等技术优势,获得了 2012 年度 ACM 软件系统奖,在学术界和工业界已经得到广泛的认可和应用,LLVM 社区吸引了众多贡献者和用户,推动了 LLVM 的迅速发展。

除了本章第 1 节中介绍的官方主要子项目外,还有其他很多编译或者工具项目基于 LLVM 实现,可以前往 LLVM 官网了解更多的信息。

第 16 章

高级编译技术

本章我们讨论几种面向特定领域的前沿编译技术和面向处理器体系结构的并行和局部性优化技术。

16.1 可信编译

16.1.1 引子

计算机技术日益广泛地应用于航空航天、高速铁路、核电能源和医疗卫生等领域的安全攸关系统(safety-critical system),此类系统一旦失效,将给生命、财产、社会生产、生活环境带来巨大的破坏。现代计算机技术的发展中,硬件方面的安全性保障技术相比软件来说要更加成熟,软件方面的安全性一直是计算机系统安全性中较为薄弱的一环。

软件安全性最终体现于可执行目标程序/代码的安全可信。从软件生产环节到软件代码的执行,各阶段的代码生成器或编译器是影响可执行代码安全可信的直接因素。首先,对于安全攸关系统而言,必须考虑因编译器引入的错误,否则花大力气在源程序级的验证工作可能在目标程序级失效。实际上,如航空领域的 RTCA DO-178B/C 标准,代码生成器和编译器属于需要鉴定的工具类软件,需要按照机载软件一样的标准对待。此外,代码生成器和编译器在处理从源程序到目标代码的过程中,有许多机会对各阶段代码施加各种安全性检查,因此安全性检查能力是衡量安全编译器的重要方面。后文多数情况下,我们将代码生成器和编译器统一称作编译器。

综上,可以认为,可信编译器(trustworthy/credible/dependable/reliable compiler)主要包含两层含义:编译器自身的安全可信,以及尽可能保障被编译对象的安全可信。

编译器自身的安全可信是指编译器要做正确的事情,保证它能将符合源语言规范的程序正确翻译到目标语言程序。这里的“正确翻译”主要指功能方面,即保证源语言的行为特征能够在目标语言中被正确地体现,目标程序的行为能够准确反映其对应源程序的行为。虽然源程序的某些行为在编译器的实现过程中会因适应目标语言环境而发生各类简化、优化、确定化等变换,但是若以源程序的外部可观察程序状态为准,目标程序的执行效果一定包含于源程序的执行效果之中。因此,“正确翻译”是指源语言到目标语言的语义保持关系,通常被刻画为一种反向的行为模拟等价关系。不能实现“正确翻译”的编译器,则一定存在某种程度的“误编译”错误。

为了保证编译器自身的安全和可信,杜绝“误编译”,传统的方法是采用测试和严格的过程管理。例如, GCC 的 torture 测试集包含几千个 C 源程序用例,商用的 Plum Hall Validation Suite for C 有几万个用例。还有一些 Bug-hunting 工具,例如 Csmith,它可以产生更多或更独特的源程序用例,从而覆盖更广,发现更多的编译器缺陷。实际上,仅编译器自动测试工具 Csmith 截至 2011 年 2 月,以及 EMI/SPE 截至 2017 年 10 月,发现了 GCC 和 LLVM 的共计近 2000 个“误编译”错误。尽管如此,采用测试的手段仍是不完善的,如果测试用例的覆盖范围不够广泛,可能还是会遗漏编译器中的错误。因此即便是通过测试发现了错误并且完成了修改,也无法保证编译器自身的正确性。

为进一步增加编译器的安全和可信程度,仅通过测试和严格的过程管理显然是不够的,对一些我们所关注的重要性质进行正确性验证(相当于全覆盖测试),才是解决问题的根本途径。最严格的验证手段莫过于采用形式化方法。工业界也早已意识到形式化软件开发的潜力,在一些安全攸关领域的安全级软件开发标准中也逐步新增了形式化方法相关的目标或者相应的补充说明。CC(common criteria)安全评估标准中将可信性分为 7 个级别(EAL1 到 EAL7),可信性级别越高,其采用形式化规范和验证的程度就越高。航空无线电委员会(Radio Technical Commission for Aeronautics,RTCA)近年也推出民航电子系统的国际标准 DO-178C,相比 DO-178B 增加了对于形式化规范和验证的要求。

关于编译器的形式化验证,我们将在随后的 16.1.3 节对两种核心技术进行概要介绍,并在 16.1.4 节将介绍一个成功案例 CompCert。

可信编译的另一层含义,也称为编译器的安全性增强(safety / security enhancement),主要关注编译器在保障被编译对象的安全可信方面如何尽可能发挥作用。一方面,围绕源程序、各级中间表示及目标程序的安全性,引入程序分析与验证技术,可以显著提升编译器的安全检查能力,这与传统编译器的目标是一致的。另一方面,借助各种基于语言的安全性(language-based security)技术,可以显著降低目标代码对系统环境的潜在危险,提升系统防御能力。

程序分析技术如常规的数据流分析、指针与别名分析、相关性分析、过程间分析等,除了可用于编译优化,对于程序验证也能起到关键作用。此外,还可以将抽象解释(abstract interpretation),以及符号执行(symbolic execution)等技术应用于程序分析与验证。

最后,无论是编译器自身的安全可信,还是保障被编译对象的安全可信,均以程序验证作为技术基础。

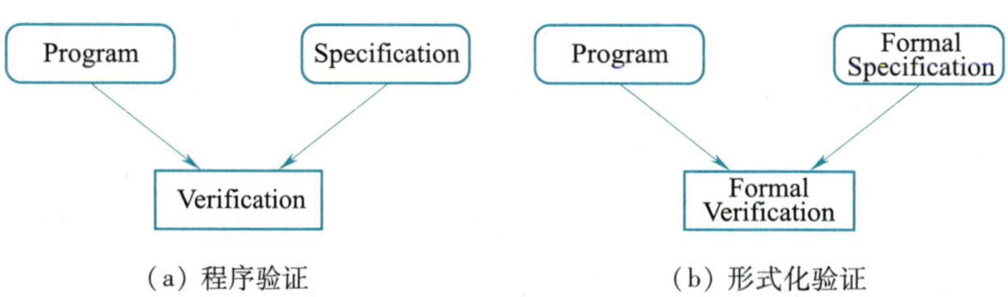

(a) 程序验证　　(b) 形式化验证

图 16.1　程序验证与形式化验证

所谓程序验证,就是要验证程序是否满足其规范(specification),如图 16.1(a)所示。工程上的解决方案包括分析、测试、模拟、诊断、过程管理等的各种 V&V(verification and validation)手段,一般只是缓解这一问题,严格意义上不能够解决程序验证问题。实现程序验证,一般需要借助形式化方法。因此,程序验证往往是指程序的形式化验证(formal verification),如图 16.1(b)所示。

由 Rice 定理可知,有关图灵机计算行为的任何非平凡性质都是不可判定的。如果对规范不做特殊限定,要证明程序满足其规范,通常不存在完备的机器证明/求解系统,证明器/求解器只能采取不完备的(partial)解决方案。例如,采用构造性(constructive)证明、人工辅助证明,或者逼近(approximation)方法。

程序验证策略如果可以通过自动化的分析与验证过程实现,那么就可以方便地融入编译器当中,实现相应验证策略的静态程序分析(static program analysis)。典型的面向程序验证的静态程序分析过程如图 16.2 所示。首先针对程序规范,在特定的程序分析或逼近分析基础上,自动生成验证方程组或约束条件,然后通过自动求解器或证明器(例如 Z3)进行求解,最后对求解结果进行诊断分析,反馈程序验证结果。生成验证方程组还可以借助一些较新流行的技术,如符号执行。

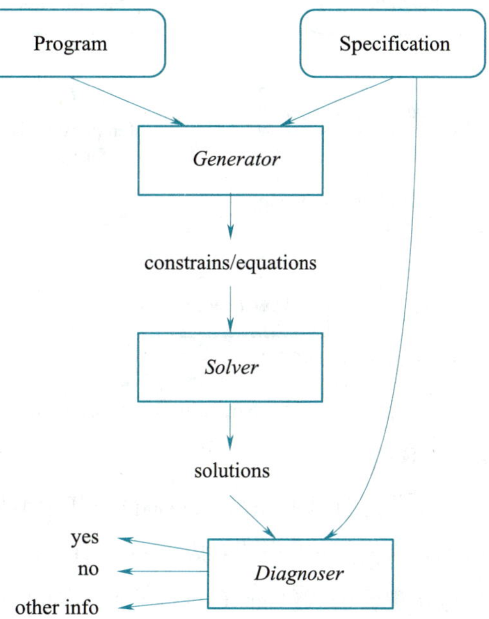

图 16.2 静态程序分析

由于不针对特定程序,静态程序分析过程具有很好的可重用性。但是也正因如此,以及像符号执行和自动求解(证明)难以回避的路径或状态爆炸等问题,一般情况下,静态程序分析方法仅适用于比较简单的程序规范。例如无缓冲区越界、无存储访问冲突、无整数溢出等,通常属于类型安全性范畴。为适应进一步的程序规范(如 Hoare 表达式、最弱前谓词、rely/guarantee 等),可在源语言中增加相应的附加特性(例如 assert),由程序开发人员按应用需求引入,可以大大增强程序规范能力,也会缓解分析或自动求解(证明)的压力。

模型检查(model checking)是一种较为成熟的软件形式化验证技术,如果配以合适的逼近分析技术,它完全可以成为强大的静态程序分析工具。如图 16.3 所示,经过合适的抽象解释,将程序行为用相应的有限状态机进行逼近,然后针对时态逻辑(temporal logic)

公式表示的程序规范，可以利用模型检查器对程序的有限状态行为进行验证。模型检查有完备的算法，可以反馈满足或不满足的验证结果，如果不满足，还可以给出反例。因为可以基于时态逻辑系统，所以可以定义比较复杂的程序规范，例如描述面向并发程序的安全行为。对于程序验证，模型检查技术的局限性有两个方面，一是该技术并非针对验证程序代码本身，而是对抽象后的程序行为进行验证；二是程序代码或其抽象模型规模较大时，模型检查算法面临状态爆炸的压力。同样，在源语言中增加 assert 之类的附加特性，可以用来缓解模型检查算法的压力。

典型的定理证明（theorem proving）过程如图 16.4 所示。针对特定的程序和特定的规范，根据需要证明的性质定义验证条件，然后借助自动/交互式定理证明器给出证明。定理证明技术的适用性取决于定理证明系统，一般是给出构造性证明。

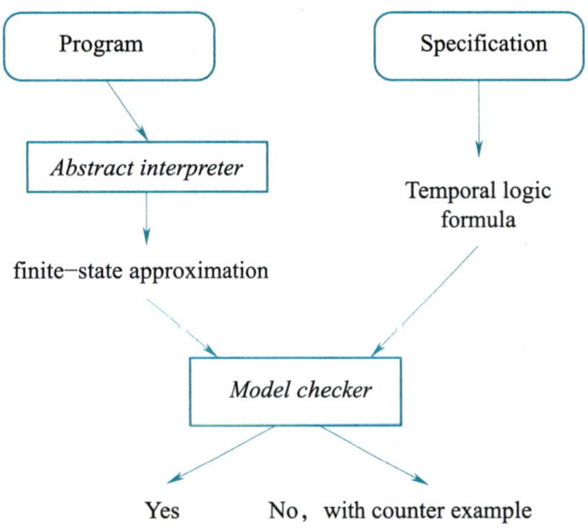

图 16.3 模型检查

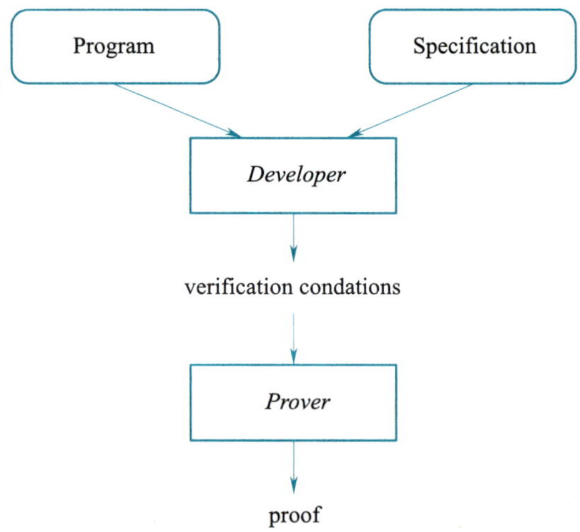

图 16.4 定理证明

不少定理证明系统（如 Coq）是基于类型理论（type theory），其构造性证明的基本原理可体现为柯里–霍华德对应（Curry–Howard correspondence）：（1）程序规范（specification），对应于逻辑公式（logic formula），也对应于类型（type）；（2）程序，对应于证明，也对应于项（term）；（3）程序验证（program verification），对应于证明推理（proof inference），也对应于类型检查（type checking）；等等。

由于基于定理证明的程序验证是针对特定的程序和特定的规范，所以可重用性较差。自动定理证明存在类似于前面所述的自动求解（证明）的压力，然而交互式定理证明则不受程序规模的限制。

近些年来，基于交互式定理证明器实现了以编译器和操作系统内核验证为代表的大型软件形式化验证，引起很大反响，如 CompCert、seL4、CertiKOS 等。

16.1.2 基于语言的安全性

基于语言的安全性是近些年来较为活跃的研究领域，所涉内容广泛，主要探讨借助程序语言特性来增强应用层安全性的系列技术问题,避免一些操作系统层面(或代码消费方)无法解决的安全漏洞。

此类方法的第一个实际例子当属 Java,它设计了基于语言的阻止恶意 Applet 的机制。Java 运行时环境包含一个 bytecode 验证器,可以确保基本的存储、控制流和类型安全;还包含一个可信的安全管理器,用来强制实施某些高级安全策略,如受限的磁盘 I/O。类似的技术也适用于其他各类低级代码安全性的保障,多数情况下可以通过建立相应的安全类型系统、开发相应的类型检查器来实现。

但像 Java 这样的机制可能会导致代码消费方的运行负担过重。一个可行的方法是基于认证式编译(certifying compilation)技术,其可以有效解决代码消费方的运行负担过重的问题。下面我们简单介绍这一方法。

编译器在将高级语言程序翻译为目标语言程序的过程中伴随着多种附加信息产生,而有些附加信息本身就蕴含着与目标代码的某种安全性相关,如类型信息、变量取值范围信息、结构信息及命名信息等;此外,我们还可以改造编译器,使其根据特定安全策略来产生所需要的附加信息,如证明过程或模型检查过程等信息。这些附加信息被统称为认证信息(certificate)。

此类带有认证式编译功能的编译器,被称为认证式编译器(certifying compiler),也被称验证式编译器(verifying compiler)。

基于认证式编译技术的移动代码安全性协议框架如图 16.5 所示。编译时创建的认证信息与目标代码一同打包。当代码被消费方下载时,其携带的认证信息同时被下载。然后,消费方运行一个验证器来检查代码和认证信息是否符合安全策略。如果通过了检查,则可以安全运行代码。

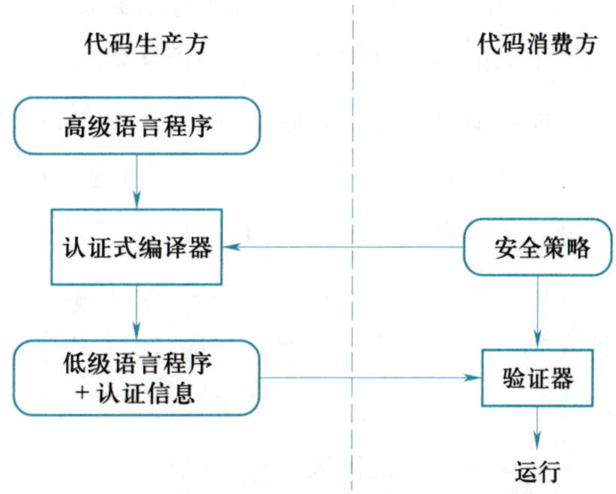

图 16.5 基于认证式编译技术的移动代码安全性协议框架

这种安全性协议的最大特点就是将满足安全策略的主要负担由代码消费方转移到了代码生产方。代码生产方在提供目标代码的同时,还必须提供认证信息,且通过该认证信息必须能够验证目标代码满足安全策略。这样,代码消费方的安全性检查负担大大减少,其任务从"证明"简化为相对简单的"检查"工作。

其次,该安全性协议还具有以下优点。一是代码消费方不必关心代码生产方的身份(即允许匿名的代码生产方),只要目标代码和认证信息能够通过验证器的检查,就可以放心地让目标代码运行;另外,该协议没有假设编译器一定能够产生可信的代码,也没有假设目标代码和认证信息在网上传送时不被篡改,只要保证(代码消费方)本地的验证机制是可信的就足够了(参见图 16.5,其中虚线左边不必可信,而右边必须可信)。

基于认证式编译技术的安全性研究在 20 世纪 90 年代后期才兴起,但发展非常迅速。国际上许多著名大学都相继开始了这方面的研究工作。研究内容主要为认证信息的形式和安全策略的定义。

George Necula 和 Peter Lee 的 PCC(proof-carrying code)及认证式编译技术无疑是该领域的开创性工作之一。PCC 协议大致符合图 16.5 所示的框架,但包含了更细致的工作。代码生产方利用认证式编译器产生目标代码,同时在目标代码中自动或半自动地插入一些表示循环不变量及函数前置、后置条件等的标注(annotations)。代码消费方根据自身的安全策略从这些标注出发生成一个用一阶逻辑公式表达的验证条件(verification condition),该条件蕴含着程序代码满足消费方设定的安全策略。然后,代码产生方运行一个定理证明器,产生此验证条件的一个证明(proof)。将该证明作为认证信息,连同目标代码一起下载到代码消费方。代码消费方运行一个证明检查器(对应图 16.5 中的验证器),检查该证明的有效性;有效性检查通过后,就可以安全地运行目标代码。基于 PCC 协议所实现的验证式编译系统原型有 Touchstone 和 SpecialJ。

其他具有代表性的工作还有许多。TAL 可以处理由类型系统表达的任何安全策略,其认证信息由完整的类型标注构成,验证器的工作由一个类型检查器完成。ECC 研究如何优化认证信息更加紧凑、容易产生和验证。JFlow 的安全策略采用信息流模型,Java 代码中插入信息流原语,利用类型检查机制验证信息流安全性。

安全策略分不同的级别。要在本地运行可信任的代码,任何安全策略都必须保证一些最基本的安全性质,如:(1) 控制流安全性,跳转或调用指令应转移到自己代码段内的有效指令地址,调用指令必须转移到有效的函数入口,而返回指令必须返回至函数调用处;(2) 存储安全性,程序只能访问自己的静态数据段、分配给它的动态系统堆,以及有效堆栈区;(3) 栈安全性,对基于栈的运行时体系结构,运行时栈在函数调用期间必须一直保留。这些都是较低级别的安全性质,实际上它们都可以归类为类型安全性。

目前较成熟的认证式编译技术中许多都是基于类型系统的,但传统的类型系统并不能覆盖许多必需的安全性质,例如资源的可用性、并发性、更广泛的安全策略(如安全自动机)、更广义的安全性(即不做"坏事")、甚至活性(即"好事"终将出现)。低级并发程序验证已有一些工作成果,但远比不上充分利用现有高抽象级别并发程序验证所取得的大量有效成果。对此,便利的程序逻辑系统(如分离逻辑)会有所帮助。

16.1.3 编译器的形式化验证

人们在几十年前就开展了编译器形式化验证的工作，J. McCarthy 等人在 1967 年手工证明了一个简单编译器(从算术表达式翻译到栈式机目标代码)的正确性，随后 R. Milner 等人在 1972 年给出了相应的机器证明。M. A. Dave 于 2003 年在综述中列举了从 1967 年到 2003 年的大部分相关工作，包含从简单语言的单遍编译器到较成熟的代码优化遍等形形色色的工作。近年来，随着技术的不断进步，我们已经可以形式化验证许多较为复杂的编译器，例如 X. Leroy 等人开发的 C 编译器 CompCert、A. Chlipala 等人开发的从非纯函数式的语言到汇编语言的编译器、G. Klein 和 T. Nipkow 等人开发的从 Java 核心子集到 Java 虚拟机的编译器。

编译器形式化验证的两种主流技术：(1) 对编译过程本身进行形式化验证，多采用构造即证明的方法(correct-by-construction)，得到经过验证的编译器(certified / verified compiler)；(2) 翻译确认(translation validation)，构造可信的翻译前后确认程序，确认程序的构造通常基于静态分析、模型检查、约束求解等自动分析或证明技术，必要时可进一步对确认程序进行验证。

1. 对编译过程本身进行形式化验证

我们先来看一个验证简单表达式翻译过程的正确性的小例子。该例描述的是从一个单类型(自然数)简单表达式(波兰式)到一个简易栈式机的翻译(编译)过程(下面我们称其为 TransExp)的构造及其正确性证明。

TransExp 及其正确性证明是在交互式证明辅助工具 Coq 环境中实现的，其源语言的语法和语义定义、目标语言的语法和语义定义、翻译函数，以及翻译正确性定理及其证明，均在 Coq 中完成。

TransExp 源语言的语法描述函数(exp)归纳定义为：

```
Inductive exp : Set :=
    | Const : nat → exp
    | Binop : binop → exp → exp → exp.
Inductive binop : Set := Plus | Times
```

其中，Inductive 为归纳定义关键字。由 exp 的定义，TransExp 源语言的简单表达式，可以是(自然数)常量，也可以由已知的简单表达式通过二元算子构造得到的波兰表达式(前缀表达式)。

TransExp 源语言的语义函数(expDenote)递归定义为：

```
    Fixpoint expDenote (e : exp) : nat :=
```

```
    match e with
        | Const n ⇒ n
        | Binop b e1 e2 ⇒ (binopDenote b) (expDenote e1 ) (expDenote e2)
    end.
Definition binopDenote (b : binop) : nat → nat → nat :=
    match b with
        | Plus⇒ plus
        | Times⇒ mult
    end.
```

其中，Fixpoint 为归纳定义（不动点归纳）关键字。语义函数 expDenote 定义了 TransExp 源语言中简单表达式的求值方法。

TransExp 的目标机器（语言）是一个简易栈式机，其语法定义如下：

```
Inductive instr : Set :=
    | iConst : nat → instr
    | iBinop : binop → instr.
Definition prog := list instr.
Definition stack := list nat.
```

其中，定义 prog 为栈式机程序，对应于指令（instr）序列；定义 stack 为栈式机的栈结构，栈中存放内容为自然数列表。

简易栈式机的语义函数 progDenote 的递归定义如下：

```
Fixpoint progDenote (p : prog) (s : stack) : option stack :=
    match p with
        |nil ⇒ Some s
        |i :: p' ⇒
            match instrDenote i s with
                |None ⇒ None
                |Some s' ⇒ progDenote p' s'
            end
        end.
    Definition instrDenote (i : instr) (s : stack) : option stack :=
        match i with
            |iConst n ⇒ Some (n :: s)
            |iBinop b ⇒
                match s with
                    | arg1 :: arg2 :: s' ⇒ Some ((binopDenote b) arg1 arg2 :: s')
```

```
        | _⇒ None
    end
end.
```

其中,语义函数 progDenote 递归定义了在栈 s 上执行程序 p(逐条执行 p 中指令序列)的结果(栈);语义函数 instrDenote 定义了在栈 s 上执行一条指令 i 的结果(栈)。option 为关键字,表明可以返回 None(代表发生栈下溢的异常结果)。

TransExp 的翻译函数(compile)递归定义为

```
Fixpoint compile (e : exp) : prog :=
    match e with
    | Const n ⇒ iConst n :: nil
    | Binop b e1 e2 ⇒ compile e2 ++ compile e1 ++ iBinop b :: nil
end.
```

这里,翻译函数 compile 可将简单的波兰表达式翻译(编译)为简易栈式机的代码(指令序列),每条指令或为一个自然数或为一个二元运算符,指令序列与相应的逆波兰式对应。

TransExp 的翻译正确性定理(compile_correct)定义为

Theorem compile_correct : ∀ e, progDenote (compile e) nil = Some (expDenote e :: nil).

其中,∀在 Coq 中对应关键字 forall。定理 compile_correct 表明,对任何简单表达式(波兰式)e,(compile e) 在简易栈式机的计算结果与 e 的求值结果相同。

翻译正确性定理 compile_correct 可以在 Coq 中构造出来,即可以被证明。

CompCert 是形式化验证的可信编译器的杰出代表。CompCert 的编译过程被划分为多个阶段,每个阶段的翻译正确性是验证一种正向的行为模拟等价关系:

$$\forall B \notin \text{Wrong},\ S \Downarrow B \Rightarrow C \Downarrow B$$

这里,S 和 C 分别代表当前翻译过程的源和目标程序,表示满足安全行为的语义。值得注意的是,"正确翻译"通常被刻画为一种反向的行为模拟等价关系。前面简单表达式的例子中,定理 compile_correct 可以理解为一种反向行为等价。之所以上式所描述的正向行为模拟等价关系可以达到相同效果,是建立在 Clight 以及其后续中间语言具有确定的语义的前提下。对于前面简单表达式的例子,由于语义函数 expDenote 和 progDenote 均是确定的,所以翻译正确性采用正向行为等价来描述也是可以的,有兴趣的读者可以作为练习。

在 16.1.4 节将介绍 CompCert 的架构以及其他细节。

2. 翻译确认

相对 CompCert 所采取的直接对翻译过程进行验证的方法,编译器验证的另外一种重要方案是翻译确认，由 Amir Pnueli 等人于 1998 年首次提出，所给示范例子的源语言是同步数据流语言 Signal，目标语言是 C。翻译确认的方法不是直接验证翻译程序，而是用统一的语义框架为翻译过程的源和目标代码建模，两个模型之间定义一种特定的语义等价关系/模拟等价关系，设计一种可自动证明二者等价性的确认程序（返回成功与否，成功时给出证明脚本，不成功时给出反例），如图 16.6 所示。根据不同的语义模型，确认程序可以通过自动求解或证明、模型检查、静态分析等方式来实现模型间的等价性确认。

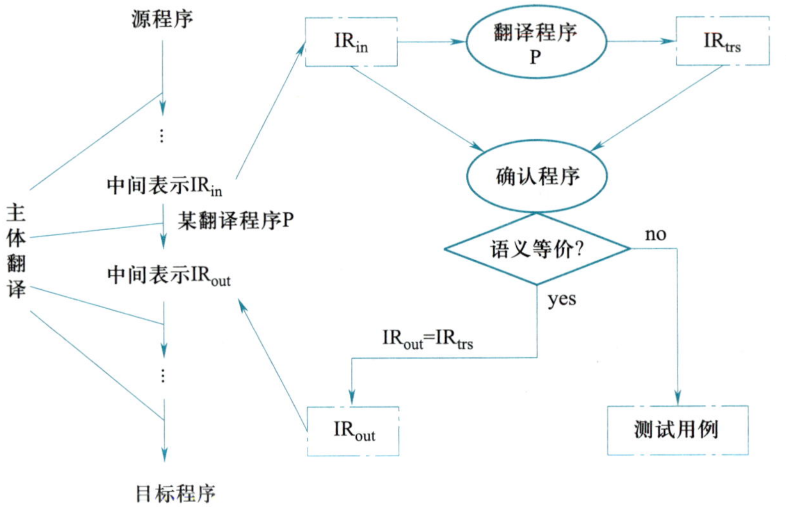

图 16.6　翻译确认（针对某个主体翻译阶段）

图 16.6 所示的翻译确认过程应用于主体翻译阶段，在发现前后中间表示的语义不等价时，会使编译器停下来。若不是主体翻译的阶段，例如某类中间表示的优化，则编译器不必停下来，跳过这一优化即可，如图 16.7 所示。因此，翻译确认的方法更多应用于编译优化。

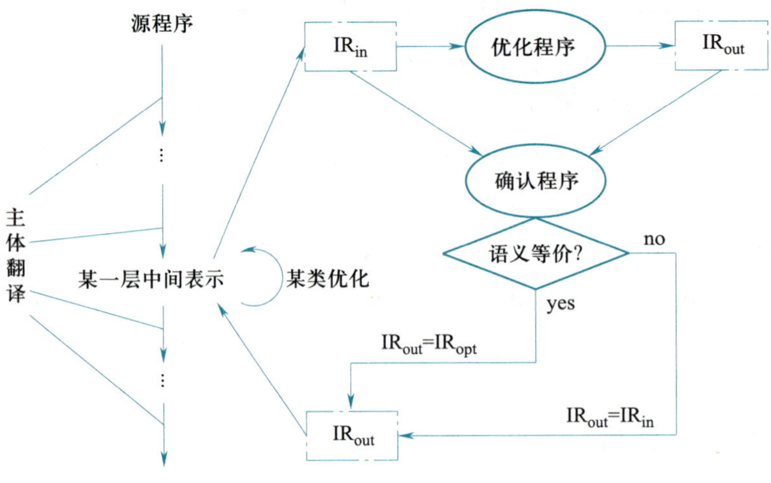

图 16.7　翻译确认（针对某个中间表示上的优化）

对比直接对翻译过程进行验证和翻译确认,两种方案各有利弊。对编译器的翻译过程本身进行形式化验证是一种比较完美的解决方案,原理上可以保证源程序的一般性质都可以保持到目标程序上,其缺点是难以扩展,一旦编译过程有所变化,证明脚本就可能需要大范围修改。翻译确认的方法只对编译器各翻译阶段的输入和输出代码作检查,而不关心编译过程的具体实现,因而具有较好的可重用性。然而,在翻译确认的方法中,确认程序本身是编译器的一部分,因此必须是一个自动化的过程,从理论上决定了它往往只能关注部分或抽象性质的保持性(当然,也可以逐步逼近程序的本原性质),因而可能会存在误报,从而使程序员无所适从。当然,如果翻译过程仅限于实现某种代码优化,则产生的误报可以不反馈给程序员,跳过该优化即可,这种情况对程序员的体验影响不大。目前看来,针对一个完整的编译过程,根据各个翻译过程的特点,将这两种方案混合使用是十分有益的做法,例如主体翻译过程采用直接验证,优化过程采用翻译确认。

从应用角度看,CompCert 编译器无论从源语言(C 语言子集)大小,还是从目标代码质量,已经可以满足多数嵌入式应用系统的软件需求。最近几年,不断有基于 CompCert 的翻译确认工作,实现了更多的优化算法。这些工作在改进 CompCert 性能的同时,还有一个值得关注的共同特点,就是对确认程序也进行了严格的形式化验证,可达到与验证整个翻译过程同样的效果。当然,不像这些基于 CompCert 的翻译确认,已有的许多翻译确认工作,并不容易对确认程序进行严格的形式化验证,但这并不妨碍其实际应用。已有许多针对 GCC 和 LLVM 的翻译确认工作,对于进行确认的优化算法来说,误报率基本保持在 5%以下,对于某些优化甚至误报率能控制在 0.01%以下。试想一下,如果我们在怀疑某项 GCC 优化是否会带来安全隐患而犹豫是否将其关闭时,完全可以考虑实现一个低误报率的确认程序,没误报就实施优化算法,有误报就跳过该项优化。

16.1.4 编译器形式化验证的成功案例:CompCert

CompCert 是首个可商用的经过形式化验证的 C 语言可信编译器(2015 年),于 2008 年 3 月发布首个版本(CompCert C Compiler 1.2),获得了 2016 年度的十年最有影响 POPL 论文奖、2021 年度 ACM 系统软件奖(ACM Software System Award,公认的计算机科学研究界最高软件奖)以及 2022 年度 SIGPLAN 编程语言软件奖(ACM SIGPLAN Programming Languages Software Award)。

可信编译器 CompCert 的总体设计架构如图 16.8 所示。CompCert 编译器的源语言为 CompCert C,是 C 语言的大子集,接近于支持/兼容 ISO C 标准 C99/C2011。经过前端解析(含词法和语法分析)、符合性检查(各种静态检查)、规范化(剔除表达式计算中的副作用,明确求值顺序等 ISO C 标准中一些模糊的内容),编译器将 CompCert C 变换为一种简化的中间表示 Clight,后者已消除表达式的副作用,满足语义确定性。从 Clight 开始,编译器经历另外 8 层中间表示以及 10 多遍变换,最终生成目标汇编代码。当前版本支持 Pow-

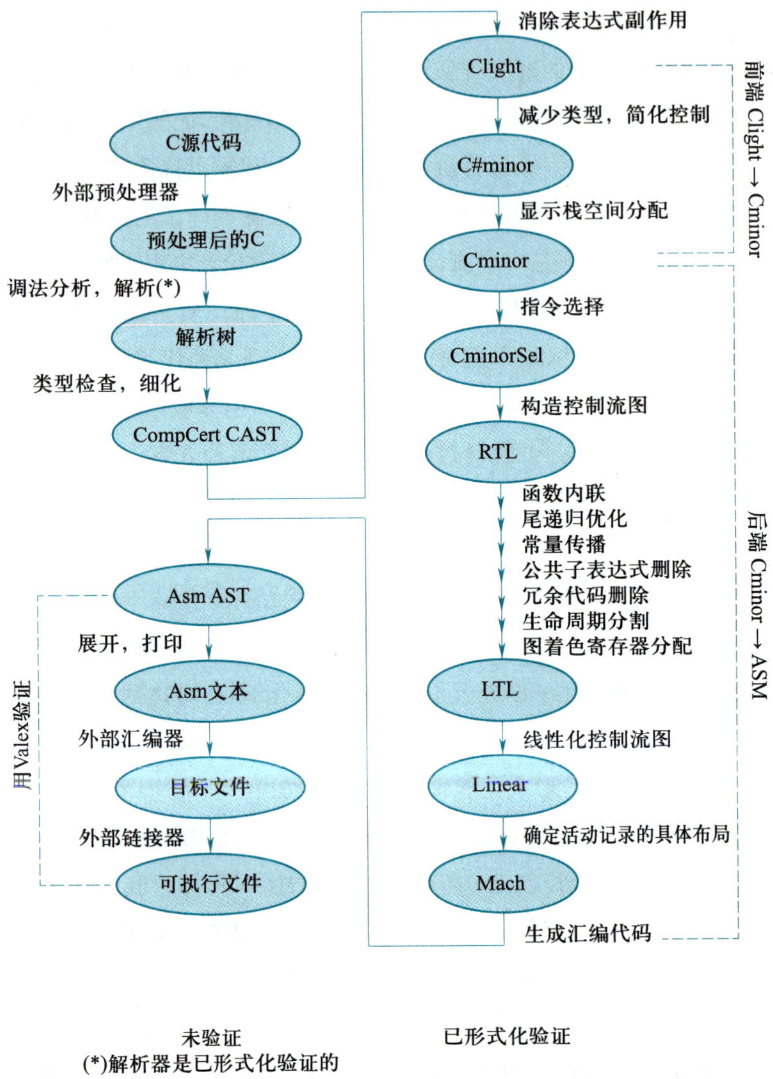

图 16.8　可信编译器 CompCert 的总体设计架构

erPC、ARM、RISC-V 和 x86 等目标处理器(含 32 位和 64 位处理器)。CompCert 编译器的优化性能接近于 GCC 4(-O1),能够满足大多数嵌入式系统的应用需求。

CompCert 最突出的特点就是其大部分实现是在证明辅助器 Coq 环境中完成的,并且除词法分析和某些预处理过程之外,各个翻译阶段均在 Coq 中实现了正确性证明。

从版本 2.3(于 2014 年 5 月发布)开始,CompCert 实现了对语法分析过程的翻译确认。如图 16.9 所示,确认程序(validator)对 Parser 生成器 Menhir 所生成的 LR(1) 自动机与源文法的行为等价性进行翻译确认,并对确认程序的正确性进行了验证,主要证明了若确认程序返回 OK,则语法分析器拥有可靠性(soundness)、安全性(safety)、完备性(completeness)和无二义性(unambiguity)。这些性质的证明基于 Coq 实现。

继语法分析之后,从版本 2.5(于 2015 年 6 月发布)开始,CompCert 增加了对类型检查程序的验证,主要是通过确认满足类型系统定义来验证其正确性,具体是指类型检查程

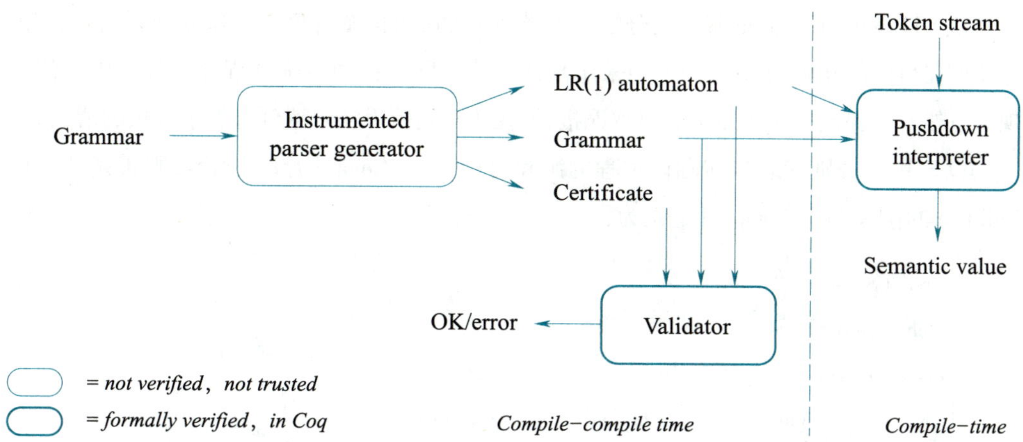

图 16.9 验证语法分析过程:LR(1) 自动机的确认(源自 J.-H. Jourdan 等的论文)

序的合理性/可靠性。设有如下函数:

wt_program (*p*) :*p* 是类型良好的程序 (AST),

typecheck_program (*p*) :类型检查函数,返回结果程序 (AST)

则类型检查程序的正确性可描述为:

$$\forall p.\ \text{typecheck\_program}\ (p) = \text{OK}\ (p') \rightarrow \text{wt\_program}\ (p')$$

从 Clight 开始到目标汇编代码的生成,是 CompCert 编译器实现及其形式化验证最核心的部分,证明了所生成汇编代码保持了 Clight 源代码的语义。在 CompCert 中,所证明的语义保持性质可描述为一种正向的行为模拟等价关系,如 16.1.3 节所述。从 Clight 至 Asm AST 共 16 遍翻译,除寄存器分配外的其余 15 遍均是直接证明翻译过程本身满足这种语义保持性质。这些中间语言的(动态)语义均定义为操作语义(operational semantics),且基于统一的内存模型(memory model)。

CompCert 编译器从 Clight 层中间表示开始逐步增加低级特性。首先是细化访存操作及部分局部量的显式栈空间分配,体现于中间表示 C#minor 和 Cminor。从 Cminor 到 CminorSel,生成了面向特定机器的算术/逻辑运算、布尔条件以及寻址方式。至中间表示 RTL,程序已转换为了基于三地址码、伪寄存器(不限量的中间变量)的控制流图结构。从 RTL 到 LTL 的变换,程序变换为以三地址码基本块为节点的控制流图,且通过图着色寄存器分配将伪寄存器访问转换为有限个数的物理寄存器访问(并未指定具体处理器)。接着,从 LTL 到 Linear 的变换,控制流图被替换为含显式的分支和标号的线性指令列表。然后,从 Linear 到 Mach 的变换,使得活动记录的访问操作更加具体化,使用了实际偏移量而非抽象的栈帧单元的位置,同时也显式区分开了 caller 和 callee 的栈帧空间。最后,在 Mach 基础上的目标汇编代码生成,将编译器重定向到各种目标处理器结构。

除上述编译主体的各阶段翻译过程,CompCert 编译器也包含了某些层次的中间代码优化工作。各级中间语言在编译器中的关联关系可参见图 16.8。

从 RTL 翻译至 LTL 的寄存器分配过程采用一种改进的图着色寄存器分配算法，其正确性验证在目前的开源版 CompCert 中采用翻译确认且同时证明该确认程序正确性的方法实现。虽然不能保证确认程序不会出现误报，但在实际经验里从未遇到过发生误报的情况。

设 S 和 C 分别代表当前翻译过程的源和目标程序，Comp 为翻译函数，则带确认程序 Validate 的翻译函数 Comp′可定义为：

```
Comp′ (S) =
match Comp(S) with
|Error → Error
|OK(C) → if Validate(S,C) then OK(C) else Error
end.
```

这样，确认程序 Validate 的正确性可描述为：

$$\forall B, C, \text{Validate}(S, C) = \text{true} \Rightarrow S \approx C$$

其中，$S \approx C$ *iff* $\forall B, B \notin \text{Wrong} \wedge S \Downarrow B \Rightarrow C \Downarrow B$，同 16.1.3 节中的定义。

CompCert 团队的另一工作是对这种改进的图着色寄存器分配算法进行直接验证，该方法具有完备性，可证明算法实现的完全正确性。即证明：

$$\forall B, C, \text{Comp}(S) = \text{OK}(C) \Rightarrow S \approx C$$

图 16.8 中 Asm AST 之后的步骤均未进行形式化验证，但 CompCert 提供了一个从 Asm AST 至可执行文件的翻译确认工具 Valex，可用于与这些步骤的验证。然而，CompCert 并未实现工具 Valex 本身的正确性证明。

总之，CompCert 编译器核心翻译步骤的正确性都借助证明辅助工具 Coq 进行了证明，且这些证明可由独立的证明检查器检查，被认为是迄今最强的形式化验证手段，达到了人们所能期望的最高可信程度。Xuejun Yang 等关于 Csmith 的研究工作表明：CompCert 在正确性方面的表现明显优于常用的开源或商用 C 编译器。

16.2　深度学习编译

深度学习是目前主流的机器学习算法，推动了图像识别、内容生成等人工智能应用的快速发展，其对硬件计算性能的需求也推动了专用加速器以及编译器的发展。图 16.10 展示了深度学习模型的推理流程：将输入数据灌给部署的深度学习模型，然后运行模型，得到推理结果。深度学习模型的部署有两种方式：一种是依赖深度学习框架进行推理；另一种是独立部署,由深度学习编译器编译生成的可执行程序。很明显,后一种部署方式在执行速度、部署成本等方面均存在优势,且非常适合在移动设备上部署模型。

深度学习框架是目前最普遍的神经网络编程工具,其通过提供非常简便的接口,帮助用户创建神经网络模型,并可以轻易地将其部署到不同硬件平台。在现有的深度学习框架运行时系统中,使用计算图中间表示来表示神经网络,并支持在图中间表示层进行优化。在进行图优化后,运行时系统支持两种方式执行计算图:一种是调用处理器厂商开发的算子库来一个一个地执行计算图中的节点;另一种是调用深度学习编译器运行时编译计算子图,生成可执行代码并运行。

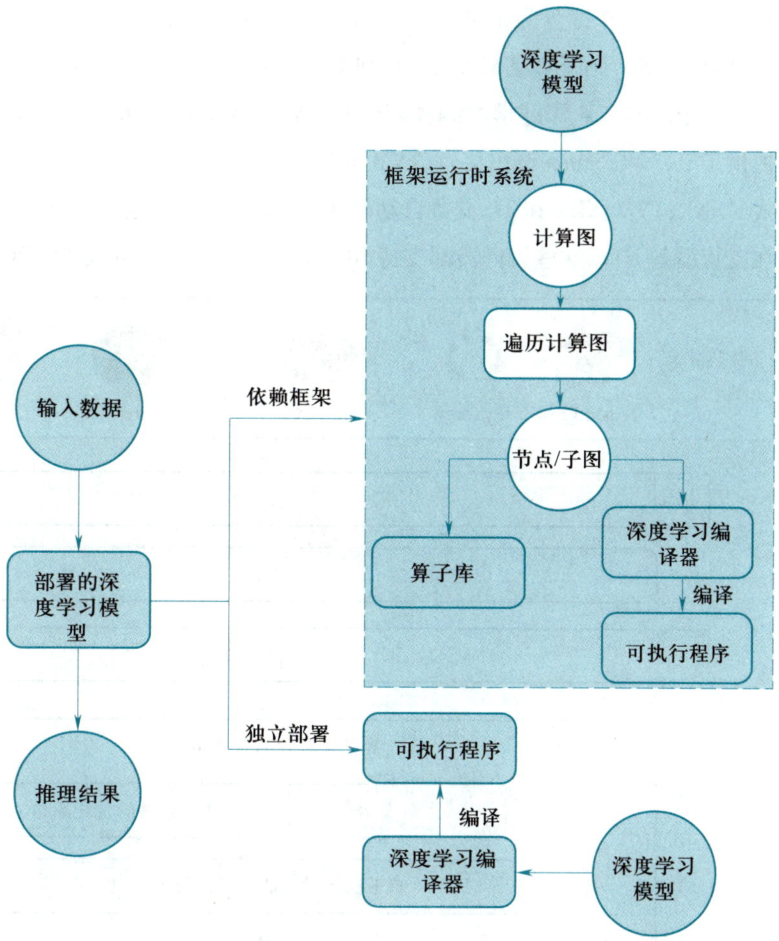

图 16.10 深度学习模型的推理流程

基于算子库的执行方式存在局限性,例如通常只针对特定的 GPU 设备,并将平台相关优化交给算子库来完成,而算子库开发需要极大的手工编写与调优成本,并且无法轻易地跨平台移植,另一方面能进行的图优化受限于算子库提供的算子操作。为了克服这些问题,深度学习编译器应运而生。

与传统编译器相比,深度学习编译器需要处理的输入通常是神经网络模型描述文件或者是 DSL 语言编写的源文件。神经网络模型描述文件是由现有的深度学习编程框架

(如 Caffe、TensorFlow、MXNet 和 PyTorch 等)导出的神经网络模型。

16.2.1　深度学习编译器架构

深度学习编译流程可以划分为四个阶段:前端、高级优化、低级优化和后端。前端负责将模型描述转换为编译器的高级中间表示,这些中间表示通常采用有向图形式,图的每个节点表示一个计算操作,边则表示计算操作之间的数据依赖关系。因此在高级中间表示上,可以进行图级别的优化算法,如算子融合、数据布局优化等。在低级中间表示中,通常会将计算操作拆分为张量运算,如矩阵向量乘、矩阵乘等,从而可以进行数据局部性优化、向量化等。后端负责将低级 IR 映射为机器指令或其他语言。

目前现有工业深度学习编译器包括 TVM、XLA、nGraph、TC 和 Glow 等。这些编译器都提供了 C++和 Python 调用接口;TVM、nGraph、Glow 和 XLA 都支持开源神经网络模型描述格式 ONNX;TVM、XLA 和 TC 支持自动调优;除 TVM 外,其他编译器都支持模型的训练操作;在支持设备方面,这些编译器都支持 GPU 设备,其中 TVM 还支持 FPGA、ARM 等设备。

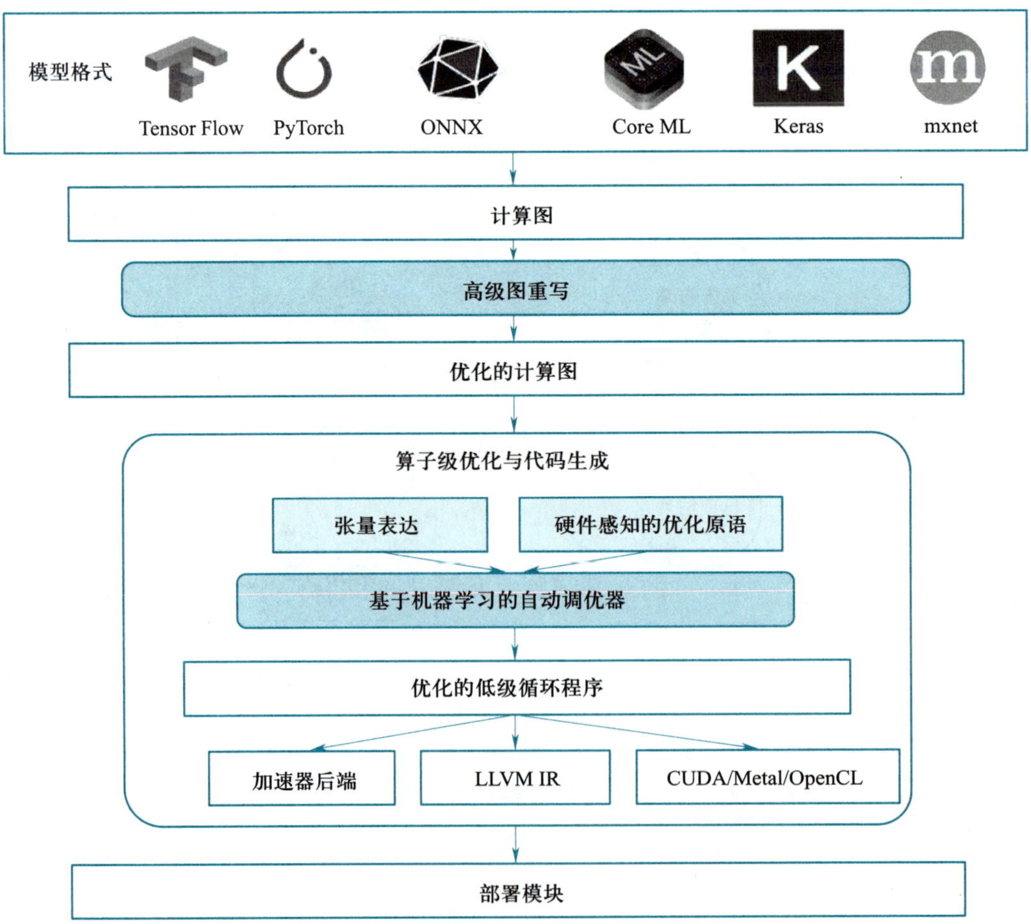

图 16.11　TVM 编译器架构

图 16.11 为 TVM 编译器架构,编译系统的输入为现有框架导出的神经网络模型,编译器将其转换为计算图表示,然后在该表示上进行高级数据流重写,生成优化的计算图。然后算子级优化模块负责为计算图的每个节点生成高效的代码,编译器根据声明式张量表达与硬件感知的优化原语进行代码的生成与优化。TVM 可以为给定硬件平台的算子发现大量可能的代码优化,这些优化组成了庞大的搜索空间,因此 TVM 支持基于机器学习的自动调优,用于搜索最好的优化策略。在后端方面,TVM 支持 GPU、CPU 以及专用加速器,还支持生成 LLVM IR,可以使用 LLVM 编译器进一步优化及代码生成,还可以生成 CUDA、Metal 和 OpenCL 源代码。

16.2.2 深度学习编程语言

通常深度学习编程框架将 DSL 语言嵌入到宿主语言中,如 Python、Lua、C++等得到广泛使用的语言,而不是创造一门新的语言,从而降低了用户的学习门槛。根据编程语言类型,可以将编程框架分为三类:命令式、声明式和混合式。命令式编程框架,需要用户描述计算如何完成,常见编程框架包括 Matlab 等;声明式编程框架需要用户描述计算什么,常见编程框架有 Caffe、CXXNet 等;混合式编程框架需要用户声明计算图,以及描述图中的计算流程,常见编程框架有 Theano、TensorFlow、PyTorch 等。

以 PyTorch 编程框架为例,该框架的宿主语言为 Python 语言,提供了大量 Python 编程模块,如 nn 模块提供了包括卷积层、编码层、线性计算层等操作,允许用户简单地声明神经网络。图 16.12 展示了使用 PyTorch 框架提供的 nn 模块声明 CNN 模型。

```
class NeuralNetwork(nn.Module):
    def __init__(self):    # 初始化，实例化模型的时候就会调用
        super(NeuralNetwork, self).__init__()
        self.flatten = nn.Flatten()       # [64, 1, 28, 28] -> [64, 1*28*28]
        self.linear_relu_stack = nn.Sequential(
            nn.Linear(28*28, 512),        # [64, 1*28*28] -> [64, 512]
            nn.ReLU(),
            nn.Linear(512, 512),          # [64, 512] -> [64, 512]
            nn.ReLU(),
            nn.Linear(512, 10)            # [64, 512] -> [64, 10]
        )

    def forward(self, x):   # 前向传播，输入数据进网络的时候才会调用
        x = self.flatten(x)                        # [64, 1*28*28]
        logits = self.linear_relu_stack(x)         # [64, 10]
        return logits

# 使用gpu或者cpu进行训练
device = "cuda" if torch.cuda.is_available() else "cpu"
# 打印使用的是gpu/cpu
print("Using {} device".format(device))
# 实例化模型
model = NeuralNetwork().to(device)
# 打印模型结构
print(model)
```

图 16.12 使用 PyTorch 框架声明的 CNN 模型

在深度学习框架中,用户编写的代码一般依赖宿主语言解释器进行解释执行,而不能直接作为输入由深度学习编译器进行编译。深度学习编译器通常接受由深度学习框架导出的神经网络模型作为输入。

现有深度学习框架都支持神经网络模型的导出功能,不同框架模型的格式不同,因此提出一个通用开源格式 ONNX,用于表示以及序列化神经网络模型,以支持不同深度学习框架之间的交互。ONNX 格式的规范及代码主要由微软、亚马逊 、Meta 和 IBM 等公司共同开发,以开放源代码的方式托管在 Github 上,目前常用的深度学习框架都支持导出或读入 ONNX 格式的网络模型。在 ONNX 格式中,神经网络模型表示为计算流图,计算流图由节点列表以及节点间依赖关系组成,每个节点是一个计算操作,可能有一个或多个输入与输出。

16.2.3　深度学习编译器中间表示

目前深度学习编译器的高级中间表示通常选择基于节点的数据流图,可以比较完整的保留神经网络模型高级特征。在解析神经网络模型时,编译器将神经网络模型中的每个操作翻译为一至多个节点。

常见的高级中间表示包括 TVM 使用的 Relay 和 Halide 语言、XLA 使用的 HLO 语言、MLIR 语言等。与传统编译器中间表示相比,如 LLVM 的 LLVM IR、GCC 的 GIMPLE 和 RTL 中间表示等,深度学习编译器使用的高级中间表示为了能够保留更多深度学习模型相关的信息,需要支持张量数据类型以及对应的操作。例如在 HLO 语言中,提供 shape 数据类型,支持描述 N 维数组的维度、每个维度的长度,以及数据类型;提供操作 shape 数据类型的运算,如 Conv、Dot、DynamicSlice 等。其中 MLIR 语言具有通用性、很强的可扩展性,以及具有较好的基础设施。使用统一的中间表示语言,可以避免重复实现优化算法,协同融合不同编译器间的优化技术,因此不少学术研究性质的深度学习编译器基于 MLIR 框架进行开发,工业界编译器也开始引入 MLIR 作为编译器的中间表示语言。

在部分编译器中,如 TVM 编译器,直接从高级中间表示生成目标代码。在其他编译器(例如 nGraph)会引入低级中间表示。将高级中间表示降级到低级中间表示,进行算子优化,最后将低级中间表示映射为目标代码。在从高级中间表示降级到低级中间表示的过程中,通常将计算图中的每个节点直接翻译为一段低级中间表示代码,包含循环和其他低级指令等,然后再进行如循环优化、向量化等优化。在低级中间表示中可以支持平台相关的操作,如异步 DMA 操作等,从而允许编译器进行访存延迟隐藏等平台相关的优化。

16.2.4　深度学习编译优化

神经网络模型本身是数据流图,每个操作代表某种数学运算,如矩阵乘等。这种计算范式天然具有两个层次的优化机会:一层是计算图层次的优化,即对不同操作之间进行调度、融合等优化；另一层是操作本身在实现时的优化，即算子级别优化。目前的深度学习框架通常都会进行图优化，将算子优化交给算子库完成，而深度学习编译器需要同时负责图优化和算子优化。

图优化是指在计算图表示上进行优化，优化的对象是计算图中的各个操作，最后得到高效的计算图。常见的优化包括算子融合、空操作消除、数据布局变换、自动异构化等。空操作消除是指在计算图中，存在缺少足够输入的节点，如只有一个输入的 sum 节点、参数为 0 的 padding 节点等，此时这些节点都是空操作，从而可以进行消除。自动异构化是指根据节点的计算特点，为其分配计算设备，例如可以将卷积计算调度到加速器上执行等。算子融合优化是指根据融合规则，将多个算子合并为单个算子，从而不需要保存中间结果到内存中，这个优化可以极大地减少执行时间。数据布局变换是指根据每个算子在目标平台上的偏好数据布局，变换数据在内存中的存储方式，提高计算图的执行效率。

算子优化是指编译器在生成算子时进行的代码优化。编译器根据用户对算子功能的描述，包括算子输入输出张量的形状以及输出张量每个元素的计算表达式，生成算子的低级中间表示实现。然后编译器在低级中间表示上进行平台相关的优化，例如循环变换、延迟隐藏、数据搬运、张量化等。循环变换优化包括循环展开、循环分块等，与传统编译器中的循环变换相同；张量化是为了利用加速器提供的张量运算部件而提出的优化技术，与 SIMD 向量化类似，不同之处在于张量化的输入维度更高并且具有多样的输入形状；数据搬运优化是指在内存与片上软件管理存储之间进行数据搬运；延迟隐藏优化通过重叠计算与数据搬运，来隐藏访存延迟。

16.3 无处不在的并行

11.2.2 节已经介绍了现代处理器都使用超标量流水线实现指令级并行。此外处理器还通过硬件分支预测、乱序执行、投机执行等手段来发现和实现同时发射多条指令。但是编译优化，例如指令调度、寄存器分配、循环优化等对提高指令级并行仍旧至关重要。尤其是显式并行指令计算架构的处理器，完全按照程序预先指定的顺序执行，主要依赖编译优化技术来挖掘处理器的计算潜能。

为了提高计算性能，处理器利用单指令多数据（single instruction multiple data，SIMD）同时完成对一组数据的操作，开发数据级并行。这种操作又被称为向量计算或向量并行。如图 16.13 所示，使用向量寄存器和向量计算部件可同时对四组数据进行加运算。现代处理器都提供了 SIMD 指令以提高处理器性能，例如 Intel SSE/AVX/AVX2/AVX512、ARM 的 NEON/SVE 和 RISC-V 的向量扩展等。

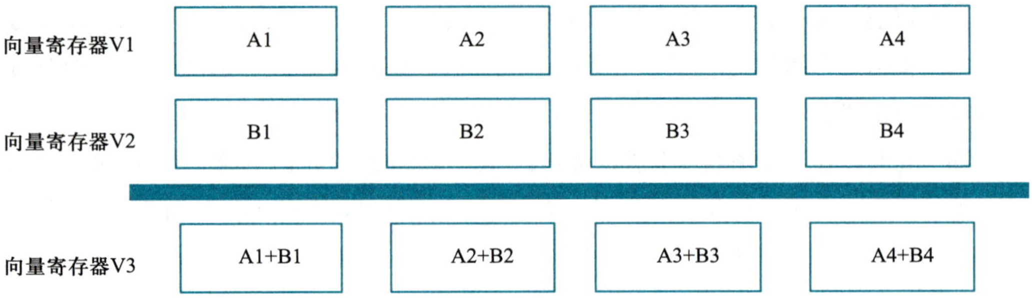

图 16.13　向量计算

编译器通过自动向量化、程序指导的半自动向量化来开发程序中可以向量执行的部分。

受限于功耗、散热等问题，目前已经无法单纯依赖提高主频来提升处理器的性能。集成多个计算核到一个处理器芯片，构成多核（multi-core）、众核（many core）处理器是现代处理器提高性能的重要方向。每个处理器核都拥有独立的寄存器文件、流水线以及计算单元，通过线程级或者进程级并行执行来加速程序运行。

现在常将这几种并行方式配合起来，形成具有深流水线、超标量、SIMD 和多个计算核心的复杂处理器设计。一个优化的编译器需要通过指令调度、寄存器分配等优化提高指令级并行，通过向量化发挥 SIMD 能力、通过并行化利用多核并行执行。

16.3.1　提高指令级并行的编译优化

现代处理器每个时钟周期可以同时发射多条指令，例如采用 RISC-V 架构的南湖处理器每拍可以发射 6 条指令。ILP 能力既依赖于程序中可用的 ILP（满足依赖关系，可以并行执行的指令），也依赖于处理器架构。编译器需要尽可能挖掘程序中能够并行执行的指令，通过指令调度实现指令级并行。10.4.3 节介绍的循环展开是增加基本块的指令数目，从而挖掘更多的可用 ILP 的简单有效的方法之一。

- 寄存器重命名（register renaming）

在寄存器分配时，由于可分配对象之间没有冲突，可以使用同一寄存器，导致产生反向依赖和输出依赖。如图 16.14（a）所示，在寄存器分配时，一个分配的原则是尽可能少地使用寄存器，由于不存在冲突，四条指令使用了同一个寄存器 x5，导致指令 3 和指令 1 产生输出依赖。寄存器重命名后，代码如图 16.14（b）所示，输出依赖被消除，指令 1 和指令 3 可以同时流出，增加了指令调度的灵活性。

```
1: addi     x5, x6, 1
2: sw       x5, 52(fp)
3: mul      x5, x7, 2
```

(a) 寄存器分配，x5被重用

```
1: addi     x5, x6, 1
2: sw       x5, 52(fp)
3: mul      x8, x7, 2
```

(b) 寄存器重命名后

图 16.14

- 循环软流水

软流水通过同时处理多个连续迭代的指令，来获取更多的指令级并行。如果一个循环包含 6 条指令 A、B、C、D、E 和 F，指令具有依赖关系，顺序执行，每条指令 1 拍完成。那么，执行完 n 次迭代，一共需要 $6n$ 拍。假设我们将循环完全展开，可能的调度顺序如图 16.15 所示。

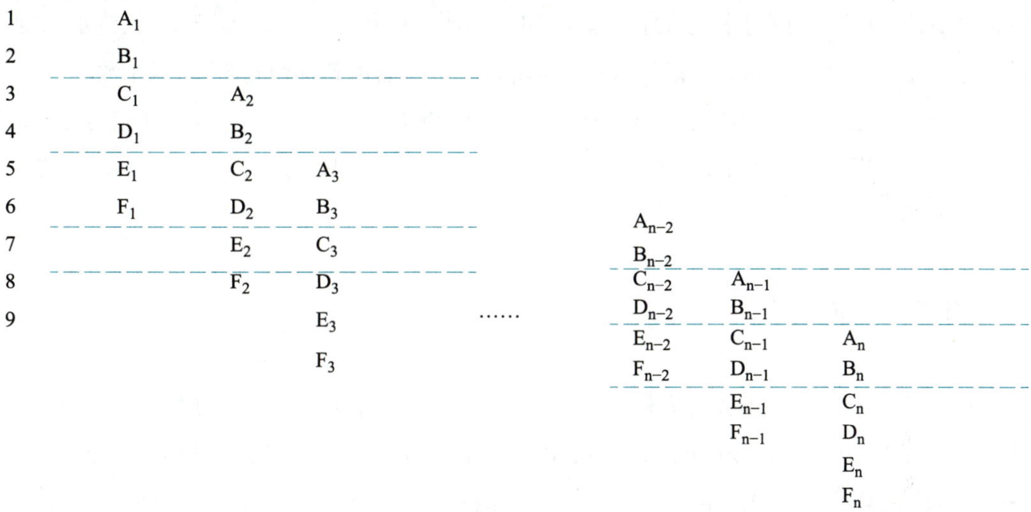

图 16.15 循环指令调度示意图

第一拍执行 A1，第二拍执行 B1；第三拍执行 C1 和来自第二次迭代的 A2；第四拍执行 D1，第二次迭代的 B2；第 5 拍执行 E1，第二次迭代的 C2 和第三次迭代的 A3；第 6 拍执行 F1，第二次迭代的 D2 和第三次迭代的 B3。从图 16.15 可以看出，第 5、第 6 拍和第 7、第 8 拍执行的指令一样，来自连续的 3 次迭代，第 9、第 10 拍调度执行的指令也同样来自连续的 3 次迭代。这样，不断有老迭代指令流出，新迭代指令流入，流水线上总是执行同样的一组指令，直到所有迭代运行结束。我们可以用图 16.16 更清楚地表示流水执行循环的过程。

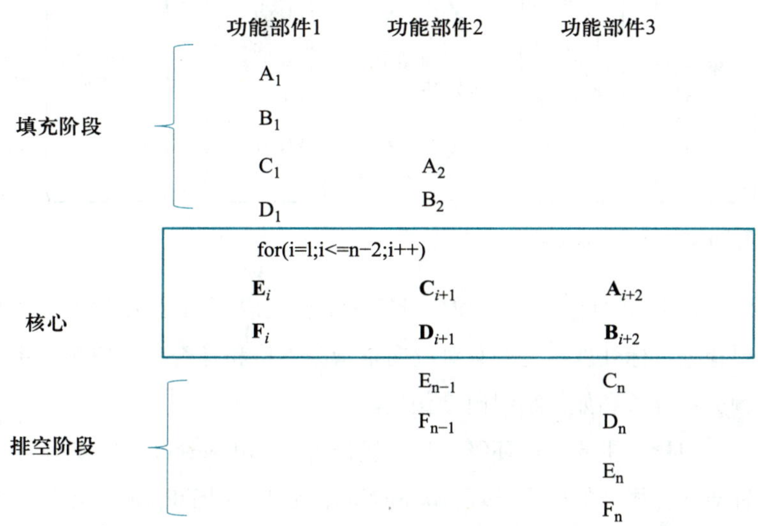

图 16.16 循环流水调度示意图

第 5 拍开始，流水线进入稳定的核心状态，每拍都有来自三次连续迭代的指令同时执行。n 次迭代完成只需要（填充阶段拍数）+2(n-2)+（排空阶段拍数），远远小于 $6n$。

软件流水调度的目标，就是将不同连续迭代的指令连接起来，形成流水稳定状态，并且这个状态不会违背数据依赖，也不会有资源冲突。连续两个核心迭代的第一条指令之间的时钟周期，即启动间隔等于核心的长度。例如这个例子中核心的长度等于 2。软流水调度后，循环总的执行时间=填充阶段拍数+启动间隔×核心包含的迭代数+排空阶段拍数。

软流水算法可以分为两类，一类是模调度方法，例如 lam 迭代方法、Rau 迭代方法、路径代数方法、谓词执行模调度、增强模调度等；另一类是核心识别方法，例如完美调度、Petri 网模式等。

16.3.2　向量化

程序员主要通过五种方式来使用 SIMD 指令：编译器自动向量化、程序员指导的向量化（例如 OpenMP 指导命令中的 SIMD 从句）、程序员通过内建数据类型和函数手工向量化、程序员直接使用 SIMD 指令编写向量化汇编程序，以及调用已经实现向量化的库函数。前三种方式都需要编译器提供支持。

自动向量化指的是在依赖关系分析的基础上，通过一系列的程序变换技术，消除妨碍向量化的依赖关系，使程序中尽可能多的代码段向量化。

自动向量化一般分为可向量化检测、标量语句组合、收益评估和向量代码生成等步骤，具体过程如图 16.17 所示。

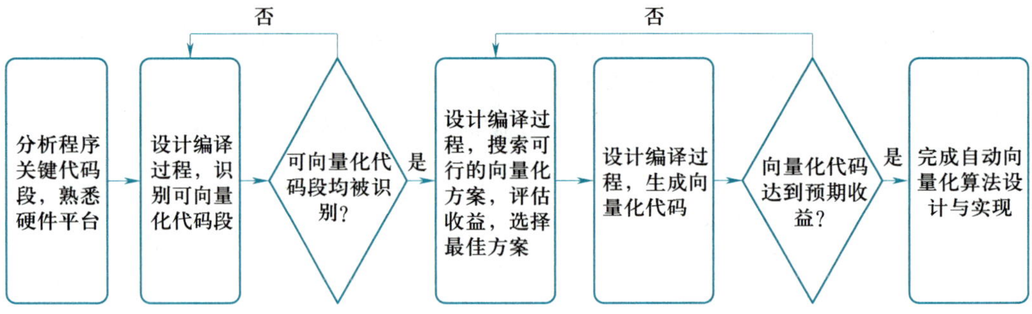

图 16.17　自动向量化过程

其中，可向量化检测和标量语句组合完成可向量化代码段的识别。可向量化检测需要检查目标处理器是否有对应向量指令支持和是否满足依赖关系。向量化的难度在于依赖关系分析和如何组织向量化代码。

向量化主要在循环级和超字级（Superword-level）层次发掘数据并行。大部分向量化针对嵌套循环的内层循环，循环向量化最早应用于向量巨型机。如果循环中仅含赋值语句，且每个语句 S_i 都可以在循环中它之后的语句执行之前，执行完对应于循环区间的每一个实例，而结果与串行执行时相同，则称该循环是可向量化的。

图 16.18(a)是可向量化循环,图 16.18(b)所示的循环中存在依赖关系,因此不可向量化。

```
for(i=0;i<N;i++){
S1:    A[I]=D[I]*2;
S2:    C[I]=B[I]+A[I];
}
```

(a) 可向量化循环

```
for(i=0;i<N;i++){
S1:    A[I]=C[I-1]*2;
S2:    C[I]=B[I];
}
```

(b) 不可向量化循环

图 16.18 向量化示例

对于存在控制依赖(例如条件分支)的循环,编译器结合传统 if-conversion 方法,将控制依赖转换成数据依赖。编译器分析循环内数据依赖,根据距离向量以及方向向量确定迭代之间的依赖关系,构造循环语句依赖图,在语句依赖图上求解强连通分量,排除存在强连通分量的语句。通过循环分布、标量扩展等变换消除反依赖和输出依赖。对于循环语句之间的真依赖,在依赖距离大于或等于向量长度的情况下编译器仍可以执行向量化,否则编译器放弃向量化。

对于静态无法确定依赖关系的循环,编译器使用动态多版本技术,分别生成串行代码和向量代码,并在两个版本代码之前插入动态检测及跳转代码,在程序运行时,根据动态检测的依赖关系选择执行串行版本代码或向量化版本代码。

超字向量化方法将同一基本块内的多条同型不相关的语句按照 SIMD 的方式执行。超字向量化以相邻地址的存储访问指令作为起点,通过遍历定值-使用链或使用-定值链递归地扩展超字图,把超字图中超字指令的依赖及使用加入超字图中,根据数据依赖关系在超字图中对超字的执行顺序以及超字内语句的执行顺序进行调度,如图 16.19 所示,基本块内同型指令,满足依赖关系条件下,基于超字向量化,生成 SIMD 指令。动态调度算法也被应用于找寻最佳的向量化方案。基于基本块的数据依赖图,可以选择性地向量化基本块内语句,从而避免生成低效代码。

```
b[0] = 2.0 * a[0];
b[1] = 2.0 * a[1];
b[2] = 2.0 * a[2];
b[3] = 2.0 * a[3];
```

(a) 基本块指令

```
ldr    q0, [x0]
fadd   v0.4s, v0.4s, v0.4s
str    q0, [x1]
```

(b) 超字向量化生成的NEON指令

图 16.19 超字向量化示例

除了上述两点为一般程序开发的通用向量化技术外,不少针对 SIMD 优化的研究着重于某类特征代码段或特殊应用,例如针对线性代数程序段、模板计算、快速傅里叶变换、流处理应用、任务级递归应用、遍历非规则数据结构的程序等。卡内基梅隆大学提出了针对 Intel AVX 和 IMCI 指令集的编译优化框架和自动最优化 SIMD 指令序列的 super-optimization 技术,使快速傅里叶变换等信号处理类计算和线性代数类计算能够更好地利用越来越宽的 SIMD 单元,获得更高的性能。

16.3.3　并行化

并行化就是在不破坏程序中原有的数据和控制依赖关系的前提下，将程序划分成许多可并发执行子任务的过程。加上适当的同步通信，含有依赖关系的两个任务也可以并行。

用户可以使用并行编程语言和接口进行并行程序设计，也可以利用编译器实现串行程序的自动并行化。自动并行化对象可以是子程序、循环和语句块。循环一般占程序的大部分运行时间，且循环的并行化分析和转换相对容易，是并行化主要对象。同时，组织循环并行执行的开销一般比组织循环向量执行的开销大得多，因此对于嵌套循环要尽可能选择可并行化的外层循环作并行化。对于向量处理器，同时还可以将内层循环向量化。在通用多核处理器上，由于核之间共享存储，且支持 Cache 一致性，编译器通常使用线程并行执行子任务。

如果一个循环的各个迭代可按任何次序执行，且结果与串行执行时相同，那么它是可并行化的循环。嵌套循环 $L=(L_1, L_2, \cdots, L_m)$ 中的第 i 层循环 L_i 是可并行化的，当且仅当 L 中不存在层次为 i 的依赖关系。下面的 C 代码包含一个两层嵌套循环：

```
L:for(int i = 0; i< N;i++)
      for(j = 1; j< M; j++)
S:        x[i][j] = x[i][j-1] + x[i][j+1]
```

L 的内层 j 循环携带依赖关系，例如计算 x[3][4]时读取 x[3][3]和 x[3][5]，如图 16.20 所示，不能按任意顺序执行，因此不能并行化。但外层循环不存在循环 i 携带的依赖关系，可以按任意顺序执行 i 循环，是可并行化循环的。使用 OpenMP 并行指导命令，将循环并行化为：

```
#pragma omp parallel for
L:   for(int i = 0; i< N;i++)
         for(j = 1; j< M; j++)
S:           x[i][j] = x[i][j-1] + x[i][j+1]
```

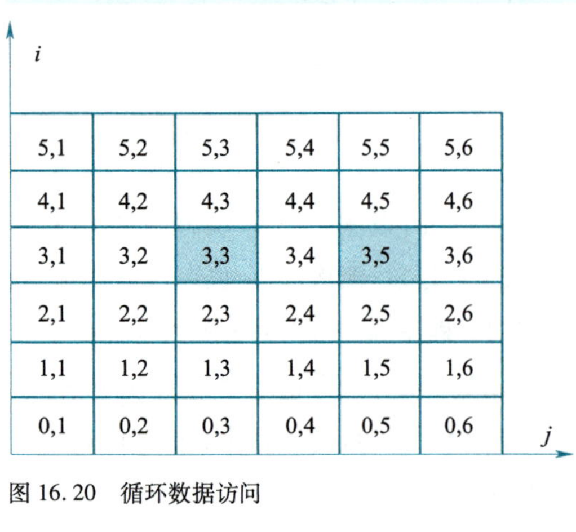

图 16.20　循环数据访问

当一个循环中有少量的跨迭代依赖时,可以通过循环变换、标量扩张、数据私有化等消除依赖,或者加入同步等机制并行执行这个循环。例如循环:

```
L:for(int i = 0; i< N;i++){
    temp =a[i]+c[i] * y;
        d[i] = temp;
}
```

由于对 temp 的读写产生数据依赖,阻碍并行。编译器通过将 temp 扩张成为数组 $temp,使得原本不能并行化的循环可以被并行化。

```
L: for(int i = 0; i< N;i++){
    $temp[i] =a[i]+c[i] * y;
    d[i] = $temp[i];
}
```

编译器进行标量扩张变换时,需要处理扩张后数组 $temp 大小和初值,以及原标量 temp 的终值。编译器也可以通过数据私有化来处理上述依赖关系。

```
#pragma omp parallel for private(temp)
L:for(int i = 0; i< N;i++){
        temp =a[i]+c[i] * y;
        d[i] = temp;
}
```

编译器将变量 temp 处理为线程私有变量,每个线程只对私有副本进行读写,循环得以并行执行。

编译器或工具自动并行化非常困难,一方面对使用间接寻址、指针、递归或间接函数调用的代码进行依赖分析非常困难,编译时只能作出保守的估计;另一方面,在实际应用中,循环往往比较复杂,还包含有分支、I/O 等,循环迭代次数也常常是未知的,难以自动进行转换或者插入同步通信机制来实现并行。

现代编译器采用基于多面体模型的优化技术进行包含向量化和并行化在内的循环变换,例如 MLIR 中引入多面体方言。

16.4 “存储墙”(局部性优化)

根据摩尔定律,处理器性能每 18~24 个月就翻一倍,而存储器性能每 6 年才能翻倍,导致处理器和存储器间的性能差距越来越大。在程序执行过程中，处理器流水线不得不停顿以等待数据访问的完成，这就是“存储墙”问题。为了弥补该性能差距，处理器在寄存器和主存储器之间设计了多级高速缓冲存储器（简称高速缓存，Cache），我们在11.2.3节中已经介绍了现代处理器的多级存储层次。但Cache容量有限，无法完全解决“存储墙”问题。多核、众核处理器上，由于处理器核可能共享Cache使存储层次更加复杂，多线程、多进程并行执行时竞争访存带宽，导致“存储墙”问题依然严峻。

程序的执行时钟周期可以简单表示如下：

程序执行时钟周期=CPU执行时钟周期+存储访问时钟周期

存储访问时钟周期=存储访问次数×平均存储访问时钟周期

平均存储访问时钟周期=Cache命中延迟 +Cache失效率×失效延迟

对于采用了二级Cache结构的处理器而言，可以将平均存储访问时钟周期更准确地定义为：

平均存储访问时钟周期=L1命中延迟+L1失效率×（L2命中延迟 + L2失效率×L2失效延迟）

提高数据的局部性，降低Cache失效率，从而减少存储访问开销，是现代编译优化面临的主要问题之一。Cache的利用率取决于程序的空间和时间局部性。编译器可以通过程序转换，改变存储访问顺序，例如循环交换、循环铺砌等；或者通过数据变换，改变数据（包括代码）在存储中的布局，例如基本块重排、数据垫塞（padding）等。

16.4.1　指令Cache优化

处理器可以具有独立的数据高速缓存（D-Cache）和指令高速缓存（I-Cache），例如一级Cache通常包括独立的D-Cache和I-Cache；也可以具有同时容纳数据和指令的统一的高速缓存，例如大部分通用处理器的二级或者三级Cache。指令局部性优化技术通过代码布局，例如基本块重排、过程放置等技术将时间局部性转换为空间局部性，提高指令Cache命中率。

1. 基本块重排（basic block reorder）

理想情况下，如果基本块B在基本块A之后执行，那么在存储器中，基本块B应该和A放置在一起，以减少I-Cache失效的可能性。

令S为基本块链的集合，初始为空。A、B为基本块，边e：A→B（A≠B）表示基本块B在基本块A之后执行。基本块重排的步骤如下：

（1）计算控制流图中所有边的执行次数或者执行频率。

（2）按照边的执行次数或频率的递减顺序，处理每条边：

a. 对每条边e，如果A和B都不属于S中的任何基本块链，则开始一个新的基本块链ζ，将e加入ζ中；

b. 否则，如果存在一条边 m ∈S 中的某个基本块链ζ，并且 m 以 A 为终点 m：$C\to$A，或者以 B 为起点 m：$B\to C$（C 为其他基本块），则用 e 扩展 m：

如果 m 形如 m：$C\to$A，则扩展 m 为 C→A→B；

如果 m 形如 m：$B\to C$，则扩展 m 为 A→B→ C；

c. 否则抛弃 e。

（3）最后形成基本块链的集合 S。

（4）连接这些链，得到最后基本块序。

2. 过程放置

又称为过程排序，如果过程 p 频繁调用过程 q，那么 p 和 q 应当相邻放置。

例如图 16.21(a)所示的程序，按照调用频率构建的加权过程调用图如图 16.21(b)所示：

```
int main(){
    if(condl)a();
    for(i=0;i<=n;i++)
        b();

}
void a(){...}
void b(){
    if (cond2)
        c();
    else
        d();
}
void c(){
    e();
}
```

(a) 包含过程调用的程序

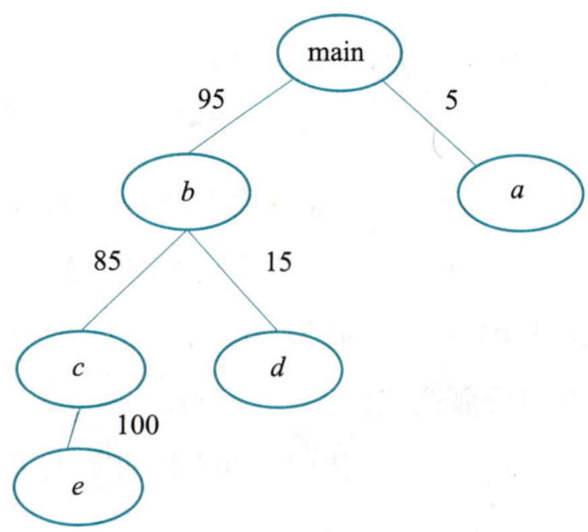

(b) 加权过程调用图

图 16.21

过程放置按照在源代码出现的顺序放置，在内存中存放顺序 main-a-b-c-d-e。利用基本块重排算法可以重构放置顺序，形成三条链{main→b→c→e}，{d}，{a}。最后在内存中存放顺序是 main-b-c-e-d-a。

16.4.2 数据 Cache 优化

编译器提供了多种优化技术，或者提高数据局部性来降低数据 Cache 失效率，或者隐藏读取数据的延迟，降低 Cache 失效对性能的影响。前者包括循环交换、循环铺砌、循环分块等循环变换技术，数据垫塞、聚合类型域重排等数据布局技术；后者主要是通过软件预取提前将数据读取到数据 Cache。

1. 循环交换

循环交换是交换相邻循环位置的一种变换，通常用于改善程序的空间局部性。下面 C 语言代码循环中的数组 A 数据的存储方式和访问顺序如图 16.22 所示。

存储顺序 →

引用顺序 ↓

A(0,0)	A(0,1)	A(0,2)	A(0,3)	……	A(0,m)
A(1,0)	A(1,1)	A(1,2)	A(1,3)	……	A(1,m)
A(2,0)	A(2,1)	A(2,2)	A(2,3)	……	A(2,m)
……	……	……	……	……	……
A(n,0)	A(n,1)	A(n,2)	A(n,3)	……	A(n,m)

图 16.22　数组 A 的存储方式和访问顺序

```
L1  for(j=1;j<=m;j++)
L2      for(i=0;i<=n;i++)
            A[i][j]=A[i][j-1]+B[i]
```

由于用 C 语言中数组按行存储数据，即在存储器中存储位置依次是 A(0,0)，A(0,1)，…，A(0,m)，A(1,0)，A(1,1)，…，A(1,m)…。循环中数据访问顺序为 A(0,0)，A(1,0)，…，A(n,0)，A(0,1)，A(1,1)，…，A(n,1)，…。数据访问不连续，导致该循环的空间局部性差。

我们可以交换 L1 和 L2，使数组引用顺序和存储顺序一致。循环交换后得到：

```
L2  for(i=0;i<=n;i++)
L1      for(j=1;j<=m;j++)
            A[i][j]=A[i][j-1]+B[i]
```

2. 域重排

聚合类型，例如结构(struct)、联合(union)等在程序中被广泛使用。例如下面的 C 语言代码，在主存中的布局如图 16.23(a)所示。

```
struct foo{
    int a;
    char    b[8];
    int c;
    int d;
    char    e[12];
}
```

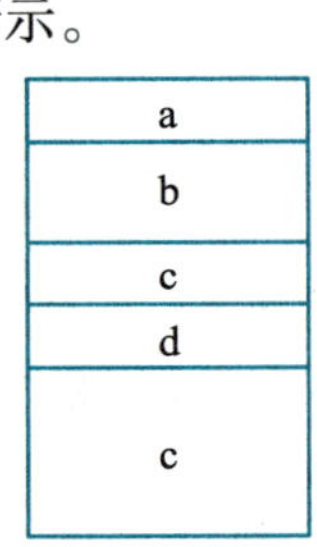


```
struct  foo A[100];
for(i=0;i<N;i++){
…A[i].a…
…
…A[i].e…
}
```

(a) 结构在主存布局　　(b) 访问结构foo的代码

图 16.23

假设处理器 Cache 行大小为 64 位,假设用户按图 16.23(b)中的方式访问该结构,则需要占用两个 Cache 行,如图 16.24 所示。

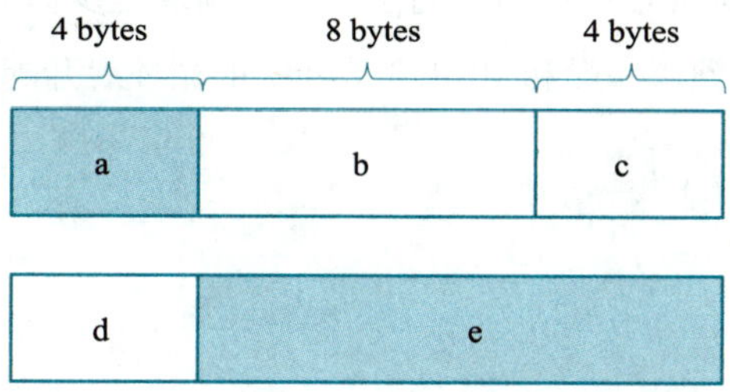

图 16.24 占用两个 cache 行

```
struct foo{
    int a;
    char e[12];
    char b[8];
    int c;
    int d;
}
```

图 16.25 按访问模式布局

由于处理器实际一次读入一个 Cache 行,访问 A[i].a 时,A[i].b 和 A[i].c 也会读入 Cache 行,导致实际读入 Cache 的数据被浪费,再访问 A[i].e 时仍旧会发生 Cache 失效,如图 16.24 所示。

将结构的域使用如图 16.25 所示的按访问模式重新布局,读入 A[i].a 时,A[i].e 被读入 Cache,再访问 A[i].e 时,Cache 命中,只需要一个 Cache 行就可以完成对域 a 和 e 的访问。

3. 数据预取

Cache 的容量非常有限,数据访问不可避免地会出现 Cache 不命中。现代大多数处理器,例如 Intel Xeon、PowerPC、AArch64、MPIS 等,都提供了预取指令或者非阻塞的取指令,编译器根据程序的存储访问模式,在数据真正被使用之前,提前将数据读取到数据 Cache。

数据预取本身并不能降低数据访问延迟,而是通过重叠访存与计算来隐藏访问延迟,对于连续访问大规模的数组优化效果显著。例如下面的归约求和循环代码:

```
for (i = 0; i < N; i++) {
    sum += a[i] * b[i];
}
```

当 a 和 b 较大时,读取 a[i]和 b[i]会出现访问 D-Cache 不命中。编译器通过在迭代中插入预取指令来预取下一个迭代所需数据,这样执行 i+1 次迭代时就会 D-Cache 命中。

```
for (i = 0; i < N; i++) {
    prefetch (&a[i+1]);
    prefetch (&b[i+1]);
    sum += a[i] * b[i];
}
```

通常情况下,预取指令一次会读取若干字节,例如 Intel Xeon 处理器,预取字节数和 Cache 行大小一致。这样简单地插入一方面产生大量的冗余预取,另一方面由于循环体中计算较少,不足以隐藏访存延迟。即执行第 i+1 次迭代计算时,仍旧需要等待预取完成。如果循环的一次迭代执行周期为 s,存储访问延迟为 l,预取至少需要提前$\delta=\lceil l/s \rceil$个迭代。对于循环体较小的循环,预取一般和 10.4.3 节介绍的循环展开配合使用。

```
for (i = 0; i < N; i+=4) {
    prefetch (&a[i+4]);
    prefetch (&b[i+4]);
    sum += a[i] * b[i];
    sum += a[i+1] * b[i+1];
    sum += a[i+2] * b[i+2];
    sum += a[i+3] * b[i+3];
}
```

16.4.3　寄存器重用

标量替换通过重用寄存器,删除不必要的存储指令,来提高程序性能。

考虑以下二层循环:

```
for (i = 1; i<n; i++)
    for (j = 1; j< n; j++)
        a[i] = a[i] + b[j];
```

代码内层循环将数组 b 的前 n-1 个元素的值累加给 a[i]。每次迭代 a[i] = a[i] + b[j],都需要读取 a[i]→读取 b[j]→计算 a[i]→存储 a[i]。可以发现,内层循环的每次迭代读取的 a[i]都是同一地址,我们可以考虑先将读取的 a[i]存放在临时变量中,内层迭代执行完成后,再将临时变量的值赋给 a[i]。转换后程序如下:

```
for (i = 1; i< n; i++){
    tmp = a[i];
    for (j = 1; j < n; j++)
        tmp = tmp + b[j];
    a[i] = tmp;
}
```

内层循环使用标量 tmp 替换 a[i]后,只需要读取 b[j]→计算 tmp。和原循环相比,减少了一次读取和一次存储。进一步地,源程序可以优化为:

```
for (i = 1; i< n; i++){
    tmp = 0.0;
    for (j = 1; j < n; j++)
        tmp = tmp + b[j];
    a[i] =a[i]+tmp;
}
```

对外层 i 循环而言,内层循环计算 tmp 是一个循环不变量,可以进一步外提。原循环可以优化为:

```
tmp = 0.0;
for (j = 1; j < n; j++)
    tmp = tmp + b[j];
for (i = 1; i< n; i++)
    a[i] =a[i]+tmp;
```

标量替换就是寻找数组元素重用,用标量临时变量来替换这些重用,从而提高寄存器重用,减少访存次数。

参考文献

[1] 王晓斌. 程序设计语言与编译. 第 4 版[M]. 北京:电子工业出版社,2015.

[2] 陈火旺. 程序设计语言编译原理[M]. 北京:国防工业出版社,2000.

[3] 张莉,杨海燕,史晓华,等. 编译原理及编译程序构造[M]. 北京:清华大学出版社,2011.

[4] Alfred V. Aho 等. 编译原理[M]. 北京:机械工业出版社,2009.

[5] 龙桂鲁. 量子计算机的研发进展与未来展望[J]. 人民论坛 · 学术前沿,2021(07):44-56.

[6] 王亚刚. 深入分析 GCC[M]. 北京:机械工业出版社,2017.

[7] 王生原等. 编译原理[M]. 北京:清华大学出版社,2015.

[8] Shane Cook. CUDA 并行程序设计——GPU 编程指南[M]. 北京:机械工业出版社,2014.

[9] R. E. Bryant, D. R. O'Hallaron. Computer. Systems: A. Programmer's Perspective, Second Edition, Prentice Hall,2011.

[10] R. E. Bryant, D. R. O'Hallaron. Computer Systems: A Programmer's Perspective, Third Edition, Pearson Education, Inc. , 2015.

[11] Alfred V. Aho, Monica S. Lam, Ravi Sethi, Jeffrey D. Ullman, Compilers:Principles, Techniques, and Tools, Addison Wesley, 2007.

[12] Andrew W. Appel, Maia Ginsburg, Modern Compiler Implementation in C, Andrew W. Appel, Maia Ginsburg,Cambridge University Press, 1998.

[13] System V Application Binary Interface, MIPS ®RISC Processor Supplement, 3rd Edition, The Santa Cruz Operation, Inc.

[14] Richard Jones and Rafael Lins, Garbage Collection: Algorithms for Automatic Dynamic Memory Management, John Wiley & Sons, 1996.

[15] Charles N. Fischer, Ronald K. Cytron, Richard J. LeBlanc, Crafting a Compiler, Jr. , 2010.

[16] Charles N. Fischer, Ronald K. Cytron, Richard J. LeBlanc, Crafting a Compiler with C, Jr. , 1991.

[17] A. Church. The Calculi of Lambda Conversion, Princeton University Press. , 1941.

[18] Michal L. Scott. Programming Language Pragmatics, Elsevier, Inc. , 2000. 裘宗燕译. 程序设计语言:实践之路. 北京:电子工业出版社,2005.

[19] Allen B. Tucker, Robert E. Noonan. Programming Languages: Principles and Paradigms, Second Edition, The McGraw-Hill Companies, Inc. , 2009.

[20] Lengauer, Thomas and Robert E. Tarjan. A Fast Algorithm for Finding Dominators in a Elowgraph, ACM TOPLAS, Vol. 1, No. 1, July 1979, pp. 121-141.

[21] Bowen Alpern, Mark N. Wegman, F. Kenneth Zadeck: Detecting Equality of Variables in Programs. POPL 1988: 1-11.

[22] Ron Cytron, Jeanne Ferrante, Barry K. Rosen, Mark N. Wegman, F. Kenneth Zadeck: An Efficient Method of Computing Static Single Assignment Form. POPL 1989: 25-35.

[23] Cytron, Ronald, Jean Ferrante, Barry K. Rosen, Mark N. Wegman, and F. Kenneth Zadeck. Efficiently Computing Static Single Assignment Form and the Program Dependence Graph, ACM TOPLAS, Vol. 13, No. 4, Oct. 1991, pp. 451-490.

[24] Zheng Wang, Michael O'Boyle. Machine Learning in Compiler Optimisation. Proceedings of the IEEE, 2018.

[25] Erik Hellsten, Artur Souza, Johannes Lenfers, Rubens Lacouture, Olivia Hsu, Adel Ejjeh, Fredrik Kjolstad, Michel Steuwer, Kunle Olukotun, Luigi Nardi. BaCO: A Fast and Portable Bayesian Compiler Optimization Framework. ASPLOS 2024.

[26] Phitchaya Mangpo Phothilimthana, Amit Sabne, Nikhil Sarda, Karthik, Srinivasa Murthy, Yanqi Zhou, Christof Angermueller, Mike Burrows, Sudip Roy, Ketan Mandke, Rezsa Farahani, Yu Emma Wang, Berkin Ilbeyi, Blake Hechtman, Bjarke Roune, Shen Wang, Yuanzhong Xu, and Samuel J. Kaufman. A Flexible Approach to Autotuning Multi-Pass Machine Learning Compilers. PACT 2021.

[27] Chaitin, Gregory, Marc Auslander, Ashok Chandra, John Cocke, Martin Hopkins, and Peter Markstein. Register Allocation Via Coloring, Computer Languages, Vol. 6,

No. 1, 1981, pp. 47-57; pp. 88-97.

[28] Chaitin, Gregory. Register Allocation and Spilling via Graph Coloring, in [Comp82], pp. 98-105.

[29] P. Briggs, et al. Improvement to graph coloring register allocation. Transactions on Programming Languages and Systems, 1994.

[30] L. George and Andrew W. Appel. Iterated register coalescing. Transactions on Programming Languages and Systems (TOPLAS), 1996.

[31] M. Poletto and V. Sarkar. Linear scan register allocation. Transactions on Programming Languages and Systems, 1999.

[32] P. Brisk, et al. Polynomial-time graph coloring register allocation. In 14th International Workshop on Logic and Synthesis. ACM Press, 2005.

[33] S. Hack, et al. Register allocation for programs in SSA-form. In 15th Conference on Compiler Construction, Springer-Verlag, 2006.

[34] F. Pereira et al. Register allocation by puzzle solving. In PLDI, 2008.

[35] Fisher, Joseph A. Trace Scheduling: A Technique for Global Microcode Compaction. IEEE Transactions on Computers. 30 (7):478-490.

[36] Nicolau, Alexandru, Fisher, Joseph A. Measuring the Parallelism Available for Very Long Instruction Word Architectures. IEEE Transactions on Computers. 33 (11).

[37] Bernstein, David; Rodeh, Michael. Global Instruction Scheduling for Superscalar Machines. Proceedings of the ACM, SIGPLAN '91 Conference on Programming Language Design and Implementation.

[38] Chris Lattner, Mehdi Amini, Uday Bondhugula, Albert Cohen, Andy Davis, Jacques Pienaar, River Riddle, Tatiana Shpeisman, Nicolas Vasilache, Oleksandr Zinenko. MLIR: Scaling Compiler Infrastructure for Domain Specific Computation. In proceedings of 2021 IEEE/ACM International Symposium on Code Generation and Optimization (CGO) - pp. 2-14

[39] Li, Mingzhen, Yi Liu, Xiaoyan Liu, Qingxiao Sun, Xin You, Hailong Yang, Zhongzhi Luan, Lin Gan, Guangwen Yang, and Depei Qian. The deep learning compiler: A comprehensive survey. IEEE Transactions on Parallel and Distributed Systems 32, no. 3 (2020): 708-727.

[40] Eric Schweitz. An MLIR Dialect for High-Level Optimization of Fortran. LLVM Developers' Meeting. 2019.

[41] John Demme, Fabian Schuiki, Mike Urbach, and Andrew Young. Charting CIRCT: the present and near future landscape. LLVM Developer Meeting 2021.

[42] Andrew Lenharth, and Chris Lattner. CIRCT: Lifting hardware development out of the

20th century. LLVM Developer Meeting. 2021.

[43] Knight, J. C. Safety critical systems: challenges and directions. In Proceedings of the 24th International Conference on Software Engineering. ICSE 2002, pp. 547–550, May 2002.

[44] Xuejun Yang, Yang Chen, Eric Eide, John Regehr. Finding and understanding bugs in C compilers. In Proceedings of the 2011 ACM SIGPLAN Conference on Programming Language Design and Implementation (PLDI 2011), pp. 283–294, Jun. 2011.

[45] Qirun Zhang, Chengnian Sun, and Zhendong Su. Skeletal Program Enumeration for Rigorous Compiler Testing. In Proceedings of the 2017 ACM SIGPLAN Conference on Programming Language Design and Implementation (PLDI 2017), Barcelona, Spain, June 2017.

[46] Xavier Leroy. Formal verification of a realistic compiler, Communications of The ACM – CACM, vol. 52, no. 7, pp. 107–115, 2009.

[47] X. Leroy. Formal certification of a compiler back-end or: programming a compiler with a proof assistant. Proceedings of the 33rd ACM SIGPLAN-SIGACT symposium on Principles of programming languages, 41(1):42–54, January 2006.

[48] Gerwin Klein, June Andronick, Kevin Elphinstone, Gernot Heiser, David Cock, Philip Derrin, Dhammika Elkaduwe, Kai Engelhardt, Rafal Kolanski, Michael Norrish, Thomas Sewell, Harvey Tuch, Simon Winwood, seL4: Formal Verification of an Operating-System Kernel, Communications of the ACM, June 2010, Vol. 53 No. 6, Pages 107–115.

[49] R. Gu, Z. Shao, et al., CertiKOS: An Extensible Architecture for Building Certified Concurrent OS Kernels, Proceedings of the 12th USENIX Symposium on Operating Systems Design and Implementation (OSDI'16), pp. 653–669, 2016.

[50] Tim Lindholm and Frank Yellin. The Java virtual machine specification. Addison Wesley, 1996.

[51] Tony Hoare, The Verifying Compiler: A Grand Challenge for Computing Research. J. ACM, 2003.

[52] George C. Necula. Compiling with proofs, PhD thesis, Carnegie Mellon University, September 1998.

[53] George C. Necula and Peter Lee. The design and implementation of a certifying compiler. In Proc. Conf. Programming Language Design and Implementation, pp. 333–344. ACM SIGPLAN, 1998.

[54] Christopher Colby, Peter Lee and George C. Necula. A certifying compiler for Java. In Proc. Conf. Programming Language Design and Implementation, pp. 95–107. ACM

SIGPLAN,2000.

[55] G. Morrisett, K. Crary, N. Glew, and D. Walker. Stack_based typed assembly language. In Xavier Leroy and Atsushi Ohori, editors, Proc. Workshop on Types in Compilation, LNCS 1473, pp. 28–52, Springer–Verlag, March 1998.

[56] G. Morrisett, K. Crary, N. Glew, D. Grossman, R. Samuels, F. Smith, D. Walker, S. Weirich, and S. Zdancewic. TALx86: A realistic typed assembly language. In Proc. Workshop on Compiler Support for System Software, pp. 25–35. ACM SIGPLAN, May 1999.

[57] Dexter Kozen. Efficient code certication. Technical Report 98–1661, Computer Science Department, Cornell University, January 1998.

[58] Andrew C. Myers. Jflow: Practical static information flow control. In Proc. 16th Symp. Principles of Programming Languages, ACM, January 1999.

[59] Fred B. Schneider. Enforceable security policies. Computer Science Technical Report TR98–1644, Cornell University, Computer Science Department, September 1998.

[60] Xinyu Feng, Zhong Shao, Alexander Vaynberg, Sen Xiang and Zhaozhong Ni. . Modular Verification of Assembly Code with Stack–Based Control Abstractions. In Proc. 2006 ACM SIGPLAN Conference on Programming Language Design and Implementation (PLDI'06), Ottawa, Canada, pages 401–414, June 2006.

[61] J. C. Reynolds. Separation logic: A Logic for Shared Mutable Data Structures. In Proc 17th Annual IEEE Symposium on Logic in Computer Science; pp 55–74; IEEE Computer Society; 2002.

[62] J. McCarthy and J. Painter. Correctness of a compiler for arithmetical expressions. In Mathematical Aspects of Computer Science, volume 19 of Proc. of Symposia in Applied Mathematics, pp. 33–41. AMS, 1967.

[63] R. Milner and R. Weyhrauch. Proving compiler correctness in a mechanized logic. In Proc. 7th Annual Machine Intelligence Workshop, volume 7 of Machine Intelligence, pp. 51–72. Edinburgh University Press, 1972.

[64] M. A. Dave. Compiler verification: a bibliography. ACM SIGSOFT Software Engineering Notes, Vol. 28, No. 6, pp. 2–2, Nov. 2003.

[65] A. Chlipala. A certified type-preserving compiler from lambda calculus to assembly language. In Proceedings of the 2007 ACM SIGPLAN conference on Programming language design and implementation, 42 (6), June 2007.

[66] G. Klein and T. Nipkow. A machine–checked model for a java-like language, virtual machine, and compiler. ACM Transactions on Programming Languages and Systems, 28:619–695, 2006.

[67] A. Pnueli, M. Siegel and E. Singerman, "Translation Validation", In Proceedings of TACAS'98, Lecture Notes in Computer Science, Volume 1384, pp 151-166, 1998.

[68] A. Pnueli and O. Shtrichman and M. Siegel. Translation validation for synchronous languages, In Proceedings of ICALP'1998. Lecture Notes in Computer Science, Volume 1443, pp 235-246,1998.

[69] P. Le Guernic, T. Gautier, M. Le Borgne, and C. Le Maire. Programming real time applications with SIGNAL. Proceedings of the IEEE, 79 (9): 1321 - 1336, September 1991.

[70] Jean-Baptiste Tristan and Xavier Leroy. Verified validation of lazy code motion. In PLDI, pages 316-326, 2009.

[71] Jean-Baptiste Tristan and Xavier Leroy. A simple, verified validator for software pipelining. In POPL, pages 83-92, 2010.

[72] Jean-Baptiste Tristan, Xavier Leroy. Formal verification of translation validators: A case study on instruction scheduling optimizations. In 35th symposium Principles of Programming Languages, pages 17-27. ACM Press, 2008.

[73] Tristan, Jean-Baptiste, Paul Govereau, and Greg Morrisett. Forthcoming. Evaluating value-graph translation validation for LLVM. PLDI '11 Proceedings of the 32nd ACM SIGPLAN Conference on Programming and Language Design Implementation, pp. 295-305, June 2011.

[74] Aditya Kanade, Amitabha Sanyal, and Uday Khedker. A PVS based framework for validating compiler optimizations. In 4th Software Engineering and Formal Methods, pages 108-117. IEEE Computer Society, 2006.

[75] George C. Necula. Translation validation for an optimizing compiler. In Programming Language Design and Implementation 2000, pages 83-95. ACM Press, 2000.

[76] Daniel Kästner, Xavier Leroy, Sandrine Blazy, Bernhard Schommer, Michael Schmidt, and Christian Ferdinand. Closing the gap - the formally verified optimizing compiler CompCert. SSS'17: *Safety-critical Systems Symposium*, 2017.

[77] Xavier Leroy and Sandrine Blazy. Formal verification of a C-like memory model and its uses for verifying program transformations. *Journal of Automated Reasoning*, 41(1):1-31, 2008.

[78] L. George and A. W. Appel. Iterated register coalescing. ACM Trans. Prog. Lang. Syst., 18(3):300-324, 1996.

[79] S. Rideau and X. Leroy. Validating register allocation and spilling. In CC 2010, LNCS 6011, pages 224-243, 2010.

[80] S. Blazy, B. Robillard, and A. W. Appel, Formal verification of coalescing graph-

coloring register allocation. ESOP 2010, pp 145-164, 2010.

[81] Greg Morrisett, Technical Perspective: A Compiler's Story, Communications of the ACM, Volume 52, Number 7, pp. 106-106, 2009.

[82] Elango V, Rubin N, Ravishankar M, et al. Diesel: DSL for linear algebra and neural net computations on GPUs[C]//Proceedings of the 2nd ACM SIGPLAN International Workshop on Machine Learning and Programming Languages. 2018: 42-51.

[83] Ragan-Kelley J, Barnes C, Adams A, et al. Halide: a language and compiler for optimizing parallelism, locality, and recomputation in image processing pipelines[J]. Acm Sigplan Notices, 2013, 48(6): 519-530.

[84] Jia Y, Shelhamer E, Donahue J, et al. Caffe: Convolutional architecture for fast feature embedding [C]//Proceedings of the 22nd ACM international conference on Multimedia. 2014: 675-678.

[85] Abadi M, Agarwal A, Barham P, et al. Tensorflow: Large-scale machine learning on heterogeneous distributed systems[J]. arXiv preprint arXiv:1603.04467, 2016.

[86] Chen T, Li M, Li Y, et al. Mxnet: A flexible and efficient machine learning library for heterogeneous distributed systems[J]. arXiv preprint arXiv:1512.01274, 2015.

[87] Paszke A, Gross S, Massa F, et al. Pytorch: An imperative style, high-performance deep learning library [J]. Advances in neural information processing systems, 2019, 32.

[88] Chen T, Moreau T, Jiang Z, et al. TVM: An Automated End-to-End Optimizing Compiler for Deep Learning[J]. arXiv preprint arXiv:1802.04799, 2018.

[89] Sabne A. Xla: Compiling machine learning for peak performance[J]. 2020.

[90] Cyphers S, Bansal A K, Bhiwandiwalla A, et al. Intel ngraph: An intermediate representation, compiler, and executor for deep learning [J]. arXiv preprint arXiv: 1801.08058, 2018.

[91] Vasilache N, Zinenko O, Theodoridis T, et al. Tensor comprehensions: Framework-agnostic high-performance machine learning abstractions [J]. arXiv preprint arXiv: 1802.04730, 2018.

[92] Rotem N, Fix J, Abdulrasool S, et al. Glow: Graph lowering compiler techniques for neural networks[J]. arXiv preprint arXiv:1805.00907, 2018.

[93] ONNX, 2017, [online] Available: https://github.com/onnx/onnx.

[94] Roesch J, Lyubomirsky S, Weber L, et al. Relay: A new ir for machine learning frameworks[C]//Proceedings of the 2nd ACM SIGPLAN international workshop on machine learning and programming languages. 2018: 58-68.

[95] Lattner C, Amini M, Bondhugula U, et al. MLIR: Scaling compiler infrastructure for

domain specific computation[C]//2021 IEEE/ACM International Symposium on Code Generation and Optimization (CGO). IEEE, 2021: 2-14.

[96] Niu W, Guan J, Wang Y, et al. DNNFusion: accelerating deep neural networks execution with advanced operator fusion[C]//Proceedings of the 42nd ACM SIGPLAN International Conference on Programming Language Design and Implementation. 2021: 883-898.

[97] Siracusa M, Ferrandi F. Tensor optimization for high-level synthesis design flows [J]. IEEE Transactions on Computer-Aided Design of Integrated Circuits and Systems, 2020, 39(11): 4217-4228.

[98] Yin J, Zhang X. An Optimization Toolchain Design of Deep Learning Deployment Based on Heterogeneous Computing Platform[C]//2020 International Conference on Wireless Communications and Signal Processing (WCSP). IEEE, 2020: 631-635.

[99] Yu M, Kwon Y, Lee J, et al. PartitionTuner: An operator scheduler for deep - learning compilers supporting multiple heterogeneous processing units[J]. ETRI Journal, 2023, 45(2): 318-328.

[100] Pal S, Venkataramani S, Srinivasan V, et al. OnSRAM: Efficient Inter-Node On-Chip Scratchpad Management in Deep Learning Accelerators[J]. ACM Transactions on Embedded Computing Systems, 2022, 21(6): 1-29.

[101] Li M, Liu Y, Liu X, et al. The deep learning compiler: A comprehensive survey [J]. IEEE Transactions on Parallel and Distributed Systems, 2020, 32(3): 708-727.

图书在版编目（CIP）数据

编译原理与技术 / 张莉等编著. --北京：高等教育出版社，2024.9（2025.5重印）
ISBN 978-7-04-061986-7

Ⅰ.①编… Ⅱ.①张… Ⅲ.①编译程序-程序设计 Ⅳ.①TP314

中国国家版本馆 CIP 数据核字（2024）第 052438 号

Bianyi Yuanli yu Jishu

策划编辑	张　曦
责任编辑	张　曦
封面设计	王凌波
责任绘图	邓　超
版式设计	王凌波
责任校对	刘丽娴
责任印制	赵义民

出版发行	高等教育出版社
社　　址	北京市西城区德外大街 4 号
邮政编码	100120
印　　刷	北京印刷集团有限责任公司
开　　本	787 mm × 1092 mm　1/16
印　　张	34
字　　数	740 千字
购书热线	010-58581118
咨询电话	400-810-0598
网　　址	http://www.hep.edu.cn
	http://www.hep.com.cn
网上订购	http://www.hepmall.com.cn
	http://www.hepmall.com
	http://www.hepmall.cn
版　　次	2024 年 9 月第 1 版
印　　次	2025 年 5 月第 3 次印刷
定　　价	75.00 元

物 料 号　61986-00